全国教育科学"十五"规划课题项目

新世纪地方高等院校专业系列教材

普通物理学

（上册）第二版

主　编　张晋鲁　黄新民

副主编　阿克木哈孜·马力克

　　　　周恒为　郭　玲　孙　毅

编　者　（以姓氏笔画为序）

　　　　付清荣　古丽姗　古丽娜尔·瓦孜汗

　　　　李玉强　孙　毅　宋太平　沐仁旺

　　　　阿克木哈孜·马力克　张晋鲁　张国梁

　　　　周恒为　赵新军　郭　玲

　　　　黄新民　潘宏利

主　审　黄以能

南京大学出版社

内 容 简 介

本书以普通物理学教学大纲(非物理专业)为依据,系统地论述了物理学的基本内容,包括力学、振动与波、热学、电磁学、光学和量子物理6篇共25章.全书内容丰富,观点明确,并注重物理思想方法的训练,以达到启发思维,培养能力的目的.该书特别对基本概念、基本理论、基本规律和方法的叙述严密、准确,重点突出,脉络分明,尤其对定理和公式的推导、分析、应用表述简明、清晰.

本书可作为理工科、师范院校及各类成人大学普通物理课程的教材,也可供广大青年自学参考.

图书在版编目(CIP)数据

普通物理学:全2册/张晋鲁,黄新民主编. -- 2版. -- 南京:南京大学出版社,2015.8(2022.1重印)
新世纪地方高等院校专业系列教材
ISBN 978 - 7 - 305 - 15721 - 9

Ⅰ.①普… Ⅱ.①张… ②黄… Ⅲ.①普通物理学一高等学校一教材 Ⅳ.①O4

中国版本图书馆 CIP 数据核字(2015)第 188434 号

出版发行　南京大学出版社
社　　址　南京市汉口路22号　　　　邮　编　210093
出 版 人　金鑫荣
丛 书 名　新世纪地方高等院校专业系列教材
书　　名　普通物理学(上册)(第二版)
主　　编　张晋鲁　黄新民
责任编辑　孟庆生　吴　华　　　　编辑热线　025 - 83592146
照　　排　南京南琳图文制作有限公司
印　　刷　常州市武进第三印刷有限公司
开　　本　787×1092 1/16　印张 12.75　字数 295 千
版　　次　2015 年 8 月第 2 版　2022 年 1 月第 3 次印刷
ISBN 978 - 7 - 305 - 15721 - 9
总 定 价　64.00 元(上、下册)

网址:http://www.njupco.com
官方微博:http://weibo.com/njupco
官方微信号:njupress
销售咨询热线:(025)83594756

第二版前言

本教材自 2005 年出版发行后,在全国多所"新世纪地方高等院校教材编委会"成员院校使用,不仅得到了较好的评价,也极大地促进了所在学校的教育教学改革,如,伊犁师范学院物理科学与技术学院(原物理与电子信息学院)"大学物理"教研团队在创作和使用教材的过程中,不断深化和加大"大学物理"教学改革,取得了丰硕成果,先后获得了自治区高等学校优秀教学成果三等奖、"大学物理"自治区精品课程、教学团队和实验教学示范中心等诸多殊荣。另外,通过 10 年对教材的不断挖掘总结,我们也发现许多不足和问题,我们对众多问题进行了论证,最后提出了修订意见并融入此书,修改的主要内容包括:

1. 将原教材部分章节的顺序进行了调换,如,调换"第三篇 电磁学"和"第四篇 热学"的顺序。这样授课教师可以在第一学期把力学和热学部分讲完(即第一编、第二篇和第三篇),第二学期完成电磁学、光学和量子物理学内容的讲解,更方便教学。

2. 发现并且修订了原教材存在的一些问题,这不仅使得原教材更加细致和精练,而且极大地减少了由于错误导致学生在阅读时花费的大量时间和精力。

3. 修改了原教材的部分插图,使之更形象、准确。

4. 根据广大学生和教师的愿望,我们增加了习题答案,给学生提供了解题线索和思路。

在陕西理工学院、伊犁师范学院、喀什大学、昌吉学院和新疆教育学院通力合作和辛勤努力下,特别是在此过程中得到了新疆教育学院科学教育学院院长蔡万玲教授的特别关注和帮助,本书修订工作得以圆满完成,对上述各位老师和专家表示衷心感谢。

本书在再版过程中得到了南京大学出版社、"新世纪地方高等院校教材编委会"的大力支持和帮助,对此表示衷心感谢。

本书主编为新疆教育学院张晋鲁、陕西理工学院黄新民,副主编为伊犁师范学院阿克木哈孜·马力克、周恒为,新疆喀什大学郭玲,昌吉学院孙毅,编委则由长期从事"大学物理"教学的专业教师担任。本书习题解答由李祯、阿布都外力·卡力、刘什敏等老师完成,数据由鹿桂花、玛丽娜·阿西木汗等老师整理。南京大学物理学院博士生导师、新疆"天山特聘教授"黄以能仔细审核了此书。对他(她)们所付出的努力表示衷心感谢。

相信本书的修订版一定会在保持原貌的基础上,更加丰富多彩。当然,再版后的本书也必将会存在不妥之处,这既反映了科学进步和教育发展,也说明作者的水平有限,恳请专家学者及广大读者不吝指正。

该书可作为师范院校、综合院校非物理专业本专科学生"大学物理学"的教材,也可作为高等学校理科双语班"大学物理学"的教材。同时,也是"大学物理"研究生考试科目重要参考书和广大物理爱好者的理想读物。

编者

2015 年 7 月

目 录

第一篇 力 学

第二篇　振　动　与　波

第三篇 热 学

第一篇　力　学

第1章　质点运动学

经典力学是研究物体的机械运动规律的. 所谓机械运动,是一个物体相对另一个物体的位置,或一个物体内部的一部分相对其他部分的位置随时间的变化过程. 描述机械运动常用位移、速度、加速度等物理量. 力学中描述物体怎样运动的内容叫作运动学,即描述物体的位移、速度、加速度等随时间的变化规律.

§1.1　参照系和坐标系

1. 参照系和坐标系

为了描述物体的机械运动,即它的位置随时间的变化规律,就必须选择一个物体或几个相互间保持静止或相对静止的物体作为参考. 被选为参考的物体称为参照系. 例如,确定交通车辆的位置时,我们用固定在地面上的一些物体,如路旁的树或房子等作为参照系.

同一物体的运动,由于选择的参照系不同,会表现为各种不同的形式. 例如,在地面上匀速前进的车厢中一个自由下落的石块,以车厢为参照系,石块是做直线运动. 如果以地面作参照系,则石块将做曲线运动. 物体运动的形式随参照系的不同而不同,这个事实叫运动的相对性. 由于运动的相对性,当我们描述一个物体的运动时,就必须指明是相对于什么参照系来说的.

确定了参照系之后,为了定量地说明一个物体相对于此参照系的空间位置,就在此参照系上建立固定的坐标系. 一般地选用笛卡儿直角坐标系,根据需要也可以选用其他坐标系,如极坐标系、球面坐标系或柱面坐标系等.

2. 时间和时刻

"时间"这个词在我们生活中随时都能遇到. 在物理学中,它代表一个重要物理量,是国际单位制(SI)中的七个基本物理量之一. 但是,在生活的习语中,时刻和时间这两个概念常被混淆了. "时刻"是指时间流逝中的"一瞬",对应于时间轴上一点. 时刻为正或负表明在计时起点以后或以前. 物体在某一位置必与一定时刻相对应. "时间"是指自某一初始时刻至终止时刻所经历的时间间隔,它对应于时间轴上一个区间,物体位置变动总在一定时间内发生.

§1.2 质点 位矢和位移

1. 质点

我们知道,任何实际物体,大至宇宙中的天体,小至原子核、电子以及其他微观粒子,都具有一定的体积和形状. 如果在所研究的问题中,物体的体积和形状是无关紧要的,我们就可以把它看作质点. 所谓"质点",是没有体积和形状,只具有一定质量的理想模型. 质点是力学中一个十分重要的概念. 一个质点的运动,即它的位置随时间的变化,可以用数学函数的形式表示出来. 作为时间函数的三个直角坐标值一般可以表示为

$$x = x(t),\ y = y(t),\ z = z(t). \tag{1-1}$$

这样的一组函数叫作质点的运动函数(或运动方程).

2. 位置矢量

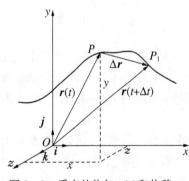

图 1-1 质点的位矢 $r(t)$ 和位移 Δr

质点的位置可以用矢量的概念更简洁清楚地表示出来. 为了表示质点在时刻 t 的位置 P,我们从原点向此质点引一有向线段 OP,并记作矢量 r 如图 1-1 所示. r 的方向说明了 P 点相对于坐标轴的方位,r 的大小(即它的模)表明了原点到 P 点的距离. 方位和距离都知道了,P 点的位置也就确定了. 由参照系上的参考点 O 引向质点所在位置的矢量 r 叫作质点的位置矢量,简称位矢. 质点在运动时,它的位矢是随时间变化的,这一变化规律一般可以用函数

$$r = r(t) \tag{1-2}$$

来表示. 上式就是质点的运动函数的矢量表示式.

在直角坐标系中,位置矢量 r 沿三个坐标轴的投影,即坐标分量 x, y, z. 以 i, j, k, 分别表示沿 x, y, z 轴正方向的单位矢量,则位矢 r 和它的三个分量的关系就可以用矢量合成公式

$$r = xi + yj + zk \tag{1-3}$$

表示,式中等号右侧各项分别是位矢 r 沿各坐标轴的分矢量,它们的大小分别等于各坐标

值的大小,其方向是各坐标轴的正向或负向,取决于各坐标值的正或负.

位置矢量 r 的大小为

$$r = | \boldsymbol{r} | = \sqrt{x^2 + y^2 + z^2};$$

位置矢量 r 的方向,可用方向余弦表示

$$\cos \alpha = \frac{x}{r}, \ \cos \beta = \frac{y}{r}, \ \cos \gamma = \frac{z}{r}.$$

它们之间有如下的关系为

$$\cos^2 \alpha + \cos^2 \beta + \cos^2 \gamma = 1.$$

根据以上的讨论,我们还可以得到如下的关系

$$\boldsymbol{r}(t) = x(t)\boldsymbol{i} + y(t)\boldsymbol{j} + z(t)\boldsymbol{k}. \tag{1-4}$$

式(1-4)表明,质点的实际运动是各分运动的矢量合成.

3. 位移

经过 Δt 时间,质点由 P 点移动到 P_1 点,在这一段时间内它的位置的改变叫作它在这段时间内的位移.设质点在 t 和 $t + \Delta t$ 时刻分别通过 P 和 P_1 点(图1-1),其位矢分别是 $\boldsymbol{r}(t)$ 和 $\boldsymbol{r}(t + \Delta t)$,则由 P 引到 P_1 的矢量表示位矢的增量,即

$$\Delta \boldsymbol{r} = \boldsymbol{r}(t + \Delta t) - \boldsymbol{r}(t).$$

这一位矢的增量就是质点在 t 到 $t + \Delta t$ 这一段时间内的位移.

位移描述了质点在一段时间内位置变动的总效果,既有大小又有方向.它不表示质点在其轨迹上所经路径的长度.在一段时间内,质点在其轨迹上经过的路径的总长度叫路程.应注意两者的区别.

§1.3　速度　加速度

1. 速度

研究质点的运动,不仅要知道质点的位移,还必须知道在多长时间内发生了这一位移,即要知道质点运动的快慢程度.设质点在 Δt 时间内的位移为 $\Delta \boldsymbol{r}$,则

$$\bar{\boldsymbol{v}} = \frac{\Delta \boldsymbol{r}}{\Delta t} \tag{1-5}$$

称作质点在这一段时间内的平均速度,以 $\bar{v}$ 表示.平均速度也是矢量,它的方向就是位移的方向(如图1-2所示).如果我们要知道任一时刻质点的速度,用平均速度

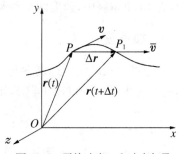

图1-2　平均速度 $\bar{v}$ 和速度矢量 v

是不够精确的,故取极限,当 Δt 趋于零时,(1-5)式的极限,即质点位矢对时间的变化率,叫作质点在时刻 t 的瞬时速度,简称速度.用 $\boldsymbol{v}$ 表示速度,就有

$$\boldsymbol{v} = \lim_{\Delta t \to 0} \bar{\boldsymbol{v}} = \lim_{\Delta t \to 0} \frac{\Delta \boldsymbol{r}}{\Delta t} = \frac{\mathrm{d}\boldsymbol{r}}{\mathrm{d}t}. \tag{1-6}$$

速度的方向,就是 Δt 趋于零时,$\Delta \boldsymbol{r}$ 的方向.如图 1-2 所示,当 Δt 趋于零时,P_1 点向 P 点趋近,而 $\Delta \boldsymbol{r}$ 的方向最后将与质点运动轨道在 P 点的切线一致.

速度的大小叫速率,以 v 表示,则有

$$v = |\boldsymbol{v}| = \left| \frac{\mathrm{d}\boldsymbol{r}}{\mathrm{d}t} \right| = \lim_{\Delta t \to 0} \frac{|\Delta \boldsymbol{r}|}{\Delta t}. \tag{1-7}$$

描述质点沿轨道运动的快慢,也常用速率的概念.设质点在 Δt 时间内,沿轨道移动了 Δs 的路程,则平均速率为

$$\bar{v} = \frac{\Delta s}{\Delta t}.$$

当 Δt 趋于零时,位移的大小 $|\Delta \boldsymbol{r}|$ 可以认为与路程 Δs 相等,因此可以得到

$$v = \lim_{\Delta t \to 0} \frac{|\Delta \boldsymbol{r}|}{\Delta t} = \lim_{\Delta t \to 0} \frac{\Delta s}{\Delta t} = \frac{\mathrm{d}s}{\mathrm{d}t} = |\boldsymbol{v}|. \tag{1-8}$$

这就是说速率又等于质点所走过的路程对时间的变化率.

将式(1-4)代入式(1-6),由于沿三个坐标轴的单位矢量都不随时间改变,所以有

$$\boldsymbol{v} = \frac{\mathrm{d}x}{\mathrm{d}t}\boldsymbol{i} + \frac{\mathrm{d}y}{\mathrm{d}t}\boldsymbol{j} + \frac{\mathrm{d}z}{\mathrm{d}t}\boldsymbol{k} = v_x\boldsymbol{i} + v_y\boldsymbol{j} + v_z\boldsymbol{k}, \tag{1-9}$$

等号右面三项分别表示沿三个坐标轴方向的分速度.上式表明,质点的速度 $\boldsymbol{v}$ 是各分速度的矢量和.速度沿三个坐标轴的分量 v_x,v_y,v_z 分别为

$$v_x = \frac{\mathrm{d}x}{\mathrm{d}t}, \ v_y = \frac{\mathrm{d}y}{\mathrm{d}t}, \ v_z = \frac{\mathrm{d}z}{\mathrm{d}t}. \tag{1-10}$$

在直角坐标系中,速度的大小用各分速度大小表示为

$$v = \sqrt{v_x^2 + v_y^2 + v_z^2}. \tag{1-11}$$

在 SI 单位制中,速度的单位是 m $\cdot$ s^{-1}.

2. 加速度

加速度是反映瞬时速度变化快慢的物理量.与求速度的过程一样,设质点经过 Δt 时间,速度变化量为 $\Delta \boldsymbol{v}$(图 1-3),则平均加速度为

$$\bar{\boldsymbol{a}} = \frac{\Delta \boldsymbol{v}}{\Delta t}. \tag{1-12}$$

它反映了质点在 Δt 这段时间内的速度的平均变化率.当 Δt 趋于零时,此平均加速度的极

限,即速度对时间的变化率,叫质点在时刻 t 的瞬时加速度,简称加速度.以 $\boldsymbol{a}$ 表示加速度,就有

$$\boldsymbol{a} = \lim_{\Delta t \to 0} \frac{\Delta \boldsymbol{v}}{\Delta t} = \frac{\mathrm{d}\boldsymbol{v}}{\mathrm{d}t}. \quad (1-13)$$

它是速度对时间的变化率,所以不管是速度的大小发生变化,还是速度的方向发生变化,都有加速度.利用(1-6)式,还可得

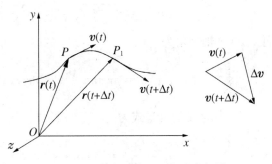

图 1-3 平均加速度 $\bar{\boldsymbol{a}}$ 和加速度矢量 $\boldsymbol{a}$

$$\boldsymbol{a} = \frac{\mathrm{d}\boldsymbol{v}}{\mathrm{d}t} = \frac{\mathrm{d}^2 \boldsymbol{r}}{\mathrm{d}t^2}, \quad (1-14)$$

即加速度等于速度对时间的一阶导数,或等于位矢对时间的二阶导数.在直角坐标系中,加速度的分量表示式如下:

$$\boldsymbol{a} = \frac{\mathrm{d}v_x}{\mathrm{d}t}\boldsymbol{i} + \frac{\mathrm{d}v_y}{\mathrm{d}t}\boldsymbol{j} + \frac{\mathrm{d}v_z}{\mathrm{d}t}\boldsymbol{k} = a_x\boldsymbol{i} + a_y\boldsymbol{j} + a_z\boldsymbol{k}, \quad (1-15)$$

加速度沿三个坐标轴的分量分别是

$$\begin{cases} a_x = \dfrac{\mathrm{d}v_x}{\mathrm{d}t} = \dfrac{\mathrm{d}^2 x}{\mathrm{d}t^2}, \\[2mm] a_y = \dfrac{\mathrm{d}v_y}{\mathrm{d}t} = \dfrac{\mathrm{d}^2 y}{\mathrm{d}t^2}, \\[2mm] a_z = \dfrac{\mathrm{d}v_z}{\mathrm{d}t} = \dfrac{\mathrm{d}^2 z}{\mathrm{d}t^2}, \end{cases} \quad (1-16)$$

加速度的大小用分量表示为

$$a = \sqrt{a_x^2 + a_y^2 + a_z^2}. \quad (1-17)$$

加速度的方向是速度增量 $\Delta \boldsymbol{v}$ 的极限方向,一般与同一时刻的速度方向不相一致.在直线运动中,加速度和速度的方向在同一条直线上,可以有同向或反向两种情况;在曲线运动中,加速度 $\boldsymbol{a}$ 的方向总是指向曲线凹的一侧.

在 SI 单位制中,加速度的 SI 单位是 $\mathrm{m \cdot s^{-2}}$.

例题 1.1 质点的运动方程为 $x = -10t + 30t^2$ 和 $y = 15t - 20t^2$,式中 x,y 的单位是 m,t 的单位是 s.试求:(1)初速度的大小和方向;(2)加速度的大小和方向.

解 (1)速度的分量式为

$$v_x = \frac{\mathrm{d}x}{\mathrm{d}t} = -10 + 60t, \quad v_y = \frac{\mathrm{d}y}{\mathrm{d}t} = 15 - 40t.$$

当 $t = 0$ 时,$v_{0x} = -10 \ \mathrm{m \cdot s^{-1}}$,$v_{0y} = 15 \ \mathrm{m \cdot s^{-1}}$,则初速度大小为

$$v_0 = \sqrt{v_{0x}^2 + v_{0y}^2} = \sqrt{100 + 225} = 18.0 (\mathrm{m \cdot s^{-1}}).$$

而 v_0 与 x 轴夹角为

$$\alpha = \arctan \frac{v_{0y}}{v_{0x}} = \arctan \frac{15}{-10} = 123°41'.$$

（2）加速度的分量式为

$$a_x = \frac{\mathrm{d}v_x}{\mathrm{d}t} = 60\ \mathrm{m \cdot s^{-2}}, \quad a_y = \frac{\mathrm{d}v_y}{\mathrm{d}t} = -40\ \mathrm{m \cdot s^{-2}},$$

则其加速度的大小为

$$a = \sqrt{a_x^2 + a_y^2} = \sqrt{60^2 + (-40)^2} = 72.1 (\mathrm{m \cdot s^{-2}}).$$

a 与 x 轴的夹角为

$$\beta = \arctan \frac{a_y}{a_x} = \arctan \frac{-40}{60} = -33°41' (\text{或 } 326°19').$$

由上例可以看出,如果知道了质点的运动函数,我们就可以根据速度和加速度的定义用求导数的方法求出质点在任何时刻(或经过任意位置时)的速度和加速度.然而,在许多实际问题中,往往可以先求质点的加速度,而且要求在此基础上求出质点在各时刻的速度和位置.求解这类问题需要用积分的方法,下面我们以匀变速运动为例来说明这种方法.

§1.4　直 线 运 动

在直线运动中,位移、速度和加速度各矢量都在同一条直线上,所以我们可把各有关量作为标量来处理.设质点沿 Ox 轴做直线运动,显然,质点的坐标 x 是随时间而变化的,因此,质点的运动方程可写为

$$x = x(t).$$

相应地,瞬时速度和加速度也可分别写为

$$v = \frac{\mathrm{d}x}{\mathrm{d}t}, \quad a = \frac{\mathrm{d}v}{\mathrm{d}t} = \frac{\mathrm{d}^2 x}{\mathrm{d}t^2}.$$

v 和 a 的正负,并不表示质点在原点的右边或左边,只表示它们的指向是沿 Ox 轴正方向或负方向.

1. 匀速直线运动

在匀速直线运动中,由于加速度 a 等于零,速度 v 为常数 c,即

$$a = 0, \quad v = \frac{\mathrm{d}x}{\mathrm{d}t} = c.$$

设质点沿 Ox 轴做匀速直线运动的初始状态为：$t = 0$ 时，$x = x_0$，则通过对上式的积分即可求出质点做匀速直线运动的运动学方程为

$$v = \frac{\mathrm{d}x}{\mathrm{d}t} = c, \; v\mathrm{d}t = \mathrm{d}x, \; \int_0^t v\mathrm{d}t = \int_{x_0}^x \mathrm{d}x,$$

$$x = x_0 + vt. \tag{1-18}$$

这就是匀速直线运动的运动学方程.

2. 匀变速直线运动

在匀变速直线运动中，设质点沿 Ox 轴做匀变速直线运动，加速度 a 为一常数 c，即

$$a = \frac{\mathrm{d}v}{\mathrm{d}t} = \frac{\mathrm{d}^2 x}{\mathrm{d}t^2} = c.$$

初始状态为：$t = 0$ 时，$x = x_0$，$v = v_0$. 同样通过对上式进行积分，就可导出匀变速直线运动的三个基本公式.

因为 $a = \dfrac{\mathrm{d}v}{\mathrm{d}t}$，所以 $a\mathrm{d}t = \mathrm{d}v$，对两边积分，即

$$\int_{v_0}^v \mathrm{d}v = \int_0^t a\mathrm{d}t.$$

积分得

$$v = v_0 + at. \tag{1-19}$$

这就是确定质点在匀变速直线运动中速度 v 的时间函数式.

因为

$$v = \frac{\mathrm{d}x}{\mathrm{d}t}, \quad v\mathrm{d}t = \mathrm{d}x,$$

所以将 (1-19) 式代入上式，得

$$(v_0 + at)\mathrm{d}t = \mathrm{d}x,$$

两边取积分得

$$\int_{x_0}^x \mathrm{d}x = \int_0^t (v_0 + at)\mathrm{d}t, \quad x - x_0 = v_0 t + \frac{1}{2}at^2,$$

或

$$x = x_0 + v_0 t + \frac{1}{2}at^2. \tag{1-20}$$

这就是在匀变速直线运动中确定质点位置的时间函数式，也就是质点的运动方程.

另外,如果把瞬时加速度改写为

$$a = \frac{\mathrm{d}v}{\mathrm{d}t} = \frac{\mathrm{d}v}{\mathrm{d}x} \cdot \frac{\mathrm{d}x}{\mathrm{d}t} = v\frac{\mathrm{d}v}{\mathrm{d}x},$$

即

$$v\mathrm{d}v = a\mathrm{d}x,$$

则两边积分得

$$\int_{v_0}^{v} v\mathrm{d}v = \int_{x_0}^{x} a\mathrm{d}x, \quad \frac{1}{2}(v^2 - v_0^2) = a(x - x_0),$$

或

$$v^2 = v_0^2 + 2a(x - x_0). \tag{1-21}$$

这就是质点做匀变速直线运动时,质点坐标 x 和速度 v 之间的关系式.

在这三个匀变速直线运动的基本公式中,只有两个是独立的,如(1-21)式可由(1-19)式和(1-20)式消去时间 t 得到.

例题 1.2　一质点由静止出发,它的加速度在 x 轴和 y 轴上的分量为 $a_x = 10t$ 和 $a_y = 5t^2$ (a 的单位为 m·s^{-2}). 试求 5 s 时质点的速度和位置.

解　取质点的出发点为坐标原点. 质点的加速度为

$$\boldsymbol{a} = a_x\boldsymbol{i} + a_y\boldsymbol{j} = 10t\boldsymbol{i} + 5t^2\boldsymbol{j}. \tag{1}$$

依据 $\boldsymbol{a} = \mathrm{d}\boldsymbol{v}/\mathrm{d}t$ 及初始条件 $t = 0$ 时, $v_0 = 0$,对式(1) 进行分离变量并积分,则

$$\int_0^v \mathrm{d}\boldsymbol{v} = \int_0^t (10t\boldsymbol{i} + 5t^2\boldsymbol{j})\mathrm{d}t,$$

$$\boldsymbol{v} = 5t^2\boldsymbol{i} + \frac{5}{3}t^3\boldsymbol{j}. \tag{2}$$

当 $t = 5$ s 时,则

$$\boldsymbol{v} = \left(125\boldsymbol{i} + \frac{1}{3} \times 625\boldsymbol{j}\right)\mathrm{m} \cdot \mathrm{s}^{-1}.$$

又由 $\boldsymbol{v} = \mathrm{d}\boldsymbol{r}/\mathrm{d}t$ 及初始条件 $t_0 = 0$ 时, $r_0 = 0$. 对式(2)进行分离变量并积分,则

$$\int_0^r \mathrm{d}\boldsymbol{r} = \int_0^t \left(5t^2\boldsymbol{i} + \frac{5t^3}{3}\boldsymbol{j}\right)\mathrm{d}t.$$

得

$$\boldsymbol{r} = \frac{5t^3}{3}\boldsymbol{i} + \frac{5t^4}{12}\boldsymbol{j}.$$

当 $t = 5$ s 时,有

$$\boldsymbol{r} = \left(\frac{625}{3}\boldsymbol{i} + \frac{3\,125}{12}\boldsymbol{j}\right)\mathrm{m}.$$

§1.5 曲 线 运 动

自然界和工程技术中常见的物体的运动,多数是曲线运动,直线运动只是一种特殊情况,这里将着重讨论质点做平面曲线运动中的两个最常见的运动——圆周运动、抛体运动.

1. 匀速率圆周运动

质点做匀速率圆周运动时,它的速率恒定不变,速度的方向时刻在变化.设圆周的半径为 R,圆心为 O,在 t 时刻,质点处在圆周上的 A 点处,速度为 v;在 $t+\Delta t$ 时刻,质点在 B 处,速度为 v',$|v|=|v'|$,如图 $1-4$(a)所示.在 Δt 时间内,速度的变化为 $\Delta v=v'-v$,如图 $1-4$(b),则质点在 t 时刻的瞬时加速度为

$$a = \lim_{\Delta t \to 0} \frac{\Delta v}{\Delta t}.$$

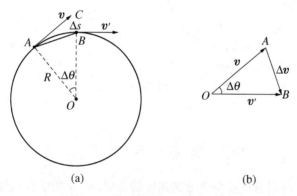

$$(a) \qquad\qquad (b)$$

图 $1-4$ 匀速圆周运动的加速度

由图 $1-4$ 可知,图(a)中 $\triangle OAB$ 和图(b)中 $\triangle OAB$ 是两个相似等腰三角形.

$$\frac{|\Delta v|}{v} = \frac{\overline{AB}}{R}.$$

当 $\Delta\theta \to 0$ 时,弦 $\overline{AB}$ 趋于弧 $\overset{\frown}{AB}$,即 Δs.所以

$$\frac{|\Delta v|}{\Delta t} = \frac{v}{R} \cdot \frac{\Delta s}{\Delta t}.$$

因此,瞬时加速度的大小为

$$|a| = \lim_{\Delta t \to 0} \frac{|\Delta v|}{\Delta t} = \lim_{\Delta t \to 0} \frac{v}{R} \cdot \frac{\Delta s}{\Delta t} = \frac{v^2}{R}. \qquad (1-22)$$

瞬时加速度的方向如图 $1-4$ 所示,当 $\Delta t \to 0$ 时,$\Delta\theta \to 0$,因此,加速度 a 的方向与 v 垂直,指向圆心,所以加速度 a 也称为向心加速度或法向加速度.

2. 变速圆周运动

质点做变速圆周运动时,它的速率不再恒定不变,速度除了方向变化外,大小也时刻在变化. 设在 t 时刻,质点处在圆周上的 A 点处,速度为 v;在 $t+\Delta t$ 时刻,质点在 B 处,速度为 v',如图 1-5(a)所示. 在 Δt 时间内,速度的变化为 $\Delta v = v' - v$,如图 1-5(b),Δv 可以分解为 $\Delta v = \Delta v_n + \Delta v_t$,其中,$\Delta v_n$ 是由于运动方向改变引起的速度增量,Δv_t 是由于速度大小改变引起的速度增量,则质点在 t 时刻的瞬时加速度为

$$a = \lim_{\Delta t \to 0} \frac{\Delta v}{\Delta t} = \lim_{\Delta t \to 0} \frac{\Delta v_n}{\Delta t} + \lim_{\Delta t \to 0} \frac{\Delta v_t}{\Delta t} = a_n + a_t, \qquad (1-23)$$

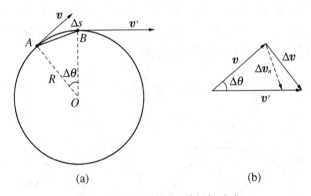

(a)　　　　　　　　　(b)

图 1-5　变速圆周运动的加速度

其中

$$a_n = \lim_{\Delta t \to 0} \frac{\Delta v_n}{\Delta t}, \quad a_t = \lim_{\Delta t \to 0} \frac{\Delta v_t}{\Delta t}.$$

这就是说,加速度 a 可以看成是两个分加速度的合成. a_n 反映质点速度方向的改变,称法向加速度,指向圆心;a_t 反映质点速度大小的改变,其极限方向在 A 点的切线方向上,称切向加速度. 它们的大小分别为

$$a_n = \frac{v^2}{R}, \quad a_t = \lim_{\Delta t \to 0} \frac{\Delta v_t}{\Delta t} = \frac{\mathrm{d}v}{\mathrm{d}t}.$$

因此,质点做变速圆周运动时,加速度的大小和方向可由下式确定

$$a = \sqrt{a_n^2 + a_t^2} = \sqrt{\left(\frac{v^2}{R}\right)^2 + \left(\frac{\mathrm{d}v}{\mathrm{d}t}\right)^2}$$

$$\tan \theta = \frac{a_n}{a_t},$$

其中,θ 是加速度 a 与圆周切线方向之间的夹角. 当质点做匀速率圆周运动时,$a_t = 0$,$\theta = 90°$.

3. 圆周运动的角量表示

设一质点做以 O 为圆心,R 为半径的圆周运动(图 $1-6$),在 t 时刻,质点在圆周上的 A 点处,半径 OA 与 x 轴的夹角为 θ,θ 称为角位置. 在 $t+\Delta t$ 时刻,质点在 B 处,半径 OB 与 x 轴的夹角为 $\theta+\Delta\theta$,$\Delta\theta$ 称为质点在 Δt 时间内的角位移,通常规定角位移逆时针方向为正,顺时针方向为负.

角位移 $\Delta\theta$ 与时间 Δt 之比称为质点在 Δt 时间内对于 O 点的平均角速度,以 $\bar{\omega}$ 表示,即

$$\bar{\omega} = \frac{\Delta\theta}{\Delta t}.$$

当 $\Delta t \to 0$ 时,$\bar{\omega}$ 的极限称为质点在某时刻对于圆心 O 点的瞬时角速度,简称角速度,即

$$\omega = \lim_{\Delta t \to 0} \frac{\Delta\theta}{\Delta t} = \frac{\mathrm{d}\theta}{\mathrm{d}t}.$$

设质点在 $t \to t+\Delta t$ 时间内,角速度由 $\omega \to \omega+\Delta\omega$,$\Delta\omega$ 与 Δt 之比称为质点在 Δt 时间内对于 O 点的平均角加速度,以 $\bar{\alpha}$ 表示,即

$$\bar{\alpha} = \frac{\Delta\omega}{\Delta t}.$$

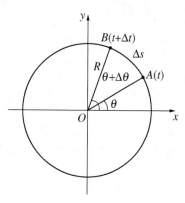

图 $1-6$ 圆周运动的角量表示

当 $\Delta t \to 0$ 时,$\bar{\alpha}$ 的极限称为质点在某时刻对于圆心 O 点的瞬时角加速度,简称角加速度,即

$$\alpha = \lim_{\Delta t \to 0} \frac{\Delta\omega}{\Delta t} = \frac{\mathrm{d}\omega}{\mathrm{d}t}.$$

在 SI 单位制中,角位移的单位是弧度(rad),角速度和角加速度的单位分别为弧度/秒($\mathrm{rad \cdot s^{-1}}$)和弧度/秒²($\mathrm{rad \cdot s^{-2}}$).

质点做匀速圆周运动时,角速度 ω 是恒量,角加速度 α 为零;质点做变速圆周运动时,角速度 ω 不是恒量,角加速度 α 也可能不是恒量. 如果角加速度 α 为恒量,这就是匀变速圆周运动.

质点做匀速和匀变速圆周运动时,用角量表示的运动方程与匀速直线运动和匀变速直线运动的运动方程完全相似. 匀速圆周运动的运动方程为

$$\theta = \theta_0 + \omega t, \tag{1-24}$$

匀变速圆周运动的运动方程为

$$\begin{cases} \omega = \omega_0 + \alpha t, \\ \theta = \theta_0 + \omega_0 t + \frac{1}{2}\alpha t^2, \\ \omega^2 = \omega_0^2 + 2\alpha(\theta - \theta_0), \end{cases} \tag{1-25}$$

式中 θ_0, ω_0 分别是 $t = 0$ 时质点的初角位置和初角速度.

4. 抛体运动

在抛体运动中,物体具有恒定的重力加速度,它做平面曲线运动,可以将其分解为互相垂直的两个直线运动来处理. 因此,我们建立如图 1-7 所示坐标系 xOy. 将抛体运动分

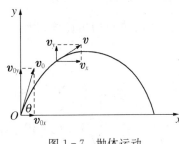

图 1-7 抛体运动

解为 x 方向的匀速直线运动和 y 方向的加速度为 $-g$ 的匀加速直线运动. 设抛体在原点以初速度 $\boldsymbol{v}_0$ 抛出,$\boldsymbol{v}_0$ 与 x 轴的夹角为 θ,则 $\boldsymbol{v}_0$ 沿 x 轴和 y 轴上的分量分别是

$$v_{0x} = v_0 \cos \theta, \quad v_{0y} = v_0 \sin \theta.$$

物体在空中的加速度为

$$a_x = 0, \quad a_y = -g,$$

其中负号表示加速度的方向与 y 轴的方向相反,以抛出时为计时起点,利用这些条件,可以得出物体在空中任意时刻的速度为

$$\begin{cases} v_x = v_0 \cos \theta, \\ v_y = v_0 \sin \theta - gt. \end{cases} \tag{1-26}$$

由(1-24)式可以得出物体在空中任意时刻的位置为

$$\begin{cases} x = v_0 \cos \theta \cdot t, \\ y = v_0 \sin \theta \cdot t - \dfrac{1}{2} g t^2. \end{cases} \tag{1-27}$$

从(1-27)式的两式中消去 t,可得抛体的轨道方程

$$y = x \tan \theta - \frac{1}{2} \frac{g x^2}{v_0^2 \cos^2 \theta}.$$

对于一定的 v_0 和 θ,此式表示一条通过原点的二次曲线——抛物线.

例题 1.3 汽车在半径为 200 m 的圆弧形公路上刹车,刹车开始阶段的运动学方程式为 $s = 20t - 0.2t^2$,求汽车在 $t = 1$ s 时的加速度.

解 根据题意可得

$$v_\tau = \frac{\mathrm{d}s}{\mathrm{d}t} = 20 - 0.4t.$$

汽车速率随时间线性地减小. 加速度的切向、法向分量为

$$a_\tau = \frac{\mathrm{d}v_\tau}{\mathrm{d}t} = -0.4 \ \mathrm{m \cdot s^{-2}},$$

$$a_n = \frac{v_\tau^2}{R} = \frac{(20 - 0.4t)^2}{R}.$$

将 $R = 200$ m 及 $t = 1$ s 代入上式得

$$a_n = \frac{(20 - 0.4 \times 1)^2}{200} = 1.92 \text{ m} \cdot \text{s}^{-2}.$$

$$a = \sqrt{a_n^2 + a_\tau^2} = \sqrt{1.92^2 + (-0.4)^2} = 1.96 \text{ m} \cdot \text{s}^{-2}.$$

加速度的方向可用 $\boldsymbol{a}$ 与 $\boldsymbol{v}_\tau$ 的夹角 θ 表示

$$\tan\theta = \frac{a_n}{a_\tau} = \frac{1.92}{-0.4} = -4.8,$$

$$\theta = 101.8°.$$

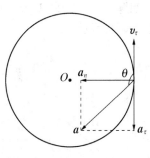

图 1-8　例 1.3 图

例题 1.4　一人在 O 处以投射角 θ 向小山坡上某目标 A 投掷一个手榴弹,如图 1-9 所示,已知从 O 看 A 的仰角为 φ,O 到 A 的水平距离为 l.如果不计空气阻力,问手榴弹的出手速率多大才能击中目标?

解　建立坐标系 xOy,如图 1-9 所示,Ox 为水平轴,Oy 为竖直轴.设手榴弹出手时刻 $(t = 0)$ 的速率为 v_0.在时刻 t,手榴弹的位置为

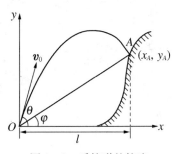

图 1-9　手榴弹的轨迹

$$x = (v_0\cos\theta)t, \quad y = (v_0\sin\theta)t - \frac{1}{2}gt^2.$$

已知目标的位置为 $x_A = l$,$y_A = l\tan\varphi$,所以手榴弹击中目标时上两式应得到满足,即 $x = x_A$,$y = y_A$,则

$$(v_0\cos\theta)t = l,$$

$$(v_0\sin\theta)t - \frac{1}{2}gt^2 = l\tan\varphi.$$

由第一式 $t = \dfrac{1}{v_0\cos\theta}$ 代入第二式,整理后可得到

$$2v_0^2\cos\theta(\sin\theta\cos\varphi - \cos\theta\sin\varphi) = gl\cos\varphi,$$

$$v_0 = \sqrt{\frac{gl\cos\varphi}{2\cos\theta\ \sin(\theta - \varphi)}}.$$

§1.6　相 对 运 动

由前面的研究我们知道,对于不同的参考系,同一质点的位移、速度和加速度都可能不同,而在力学问题中常常需要从不同的参考系来描述同一物体的运动.如在下雨天观察雨点的下落过程,在地面上观察时,你看到的雨点做竖直向下的直线运动,而在一条平直马路上匀速开动的汽车中观察,你看到的雨点运动的轨迹就是倾斜的直线运动,车速越大,雨点的倾斜度越大.为什么相同的雨点,会看到不同的运动呢? 这就是相对运动问题.这类问题实际上涉及两个参照系.一般说来,可以选择某物体作为基本参照系,在其上建立坐标系 $Oxyz$,选择另一相对于基本参照系运动的运动参照系 $O'x'y'z'$.在我们所研究

的问题中, O' 点在 $Oxyz$ 中做直线运动, 且两坐标系中各对应坐标轴始终保持平行, 如图 1-10 所示.

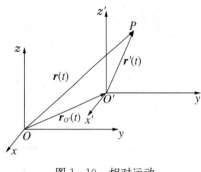

图 1-10　相对运动

对于所研究的质点, 相对于基本参照系的位置矢量为 $r(t)$, 相对于运动参照系的位置矢量为 $r'(t)$, 用 $r_{O'}(t)$ 表示运动参照系参考点 O' 对基本参照系的位置矢量, 如图 1-10 所示. 根据矢量三角形合成法则, 有

$$r(t) = r_{O'}(t) + r'(t),$$

将此式对时间求导数, 得

$$\frac{\mathrm{d}}{\mathrm{d}t}r(t) = \frac{\mathrm{d}}{\mathrm{d}t}r_{O'}(t) + \frac{\mathrm{d}}{\mathrm{d}t}r'(t). \quad (1-28)$$

我们把在基本参照系中观察到的质点运动速度称作绝对速度, 记作

$$v = \frac{\mathrm{d}}{\mathrm{d}t}r(t),$$

把在基本参照系中观察到的运动参照系的运动速度称作牵连速度, 记作

$$v_{O'} = \frac{\mathrm{d}}{\mathrm{d}t}r_{O'}(t),$$

把在运动参照系中观察到的质点运动速度称作相对速度, 记作

$$v' = \frac{\mathrm{d}}{\mathrm{d}t}r'(t),$$

于是由 (1-25) 式得

$$v = v_{O'} + v'. \quad (1-29)$$

此式表明绝对速度等于牵连速度与相对速度的矢量和.

如果质点运动速度是随时间变化的, 则将 (1-29) 式对时间求导数, 就可得到相应的加速度之间的关系, 即

$$\frac{\mathrm{d}v}{\mathrm{d}t} = \frac{\mathrm{d}v_{O'}}{\mathrm{d}t} + \frac{\mathrm{d}v'}{\mathrm{d}t},$$

即

$$a = a_{O'} + a'. \quad (1-30)$$

此式表明绝对加速度等于牵连加速度与相对加速度的矢量和.

例题 1.5　火车在雨中以 $30 \, \mathrm{m \cdot s^{-1}}$ 的速率向南行驶, 雨被风吹向南方, 在地球上静止的观察者测得单个雨滴的径迹与铅直方向成 $21°$ 角, 而坐在火车里的观察者看到雨的径迹却恰好沿铅直方向. 求雨相对于地球的速率.

解　首先选择地面作为基本参照系, 火车作为运动参照系; 然后分析给出的已知条

件,根据(1-29)式

$$\boldsymbol{v} = \boldsymbol{v}_{O'} + \boldsymbol{v}'$$

画出速度的矢量关系如图 1-11 所示.

因为 $|\boldsymbol{v}_{O'}| = 30 \text{ m·s}^{-1}$，$\boldsymbol{v}$ 与铅直方向成 21°角,所以根据矢量三角形可解得

$$|\boldsymbol{v}| = \frac{|\boldsymbol{v}_{O'}|}{\sin 21°} = \frac{30}{0.358\ 4} = 83.7 \text{ m·s}^{-1}.$$

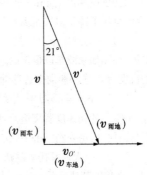

图 1-11 相对运动

习　题

1.1　一质点沿 y 轴方向运动,它在任一时刻 t 的位置由式 $y = 5t^2 + 10$ 给出,式中 t 以 s 计,y 以 m 计.计算下列各段时间内质点的平均速度的大小:

(1) 2 s 到 3 s;

(2) 2 s 到 2.1 s;

(3) 2 s 到 2.001 s;

(4) 2 s 到 2.000 1 s.

1.2　一质点沿 Ox 轴运动,其运动方程为 $x = 3 - 5t + 6t^2$;式中 t 以 s 计,x 以 m 计.试求:

(1) 质点的初始位置和初始速度;

(2) 质点在任一时刻的速度和加速度;

(3) 质点做什么运动;

(4) 作出 $x-t$ 图和 $v-t$ 图.

1.3　一质点做直线运动,其瞬时加速度的变化规律为 $a = -A\omega^2\cos\omega t$,在 $t = 0$ 时,$v_x = 0$,$x = A$,其中 A,ω 均为正常数,求此质点的运动学方程.

1.4　一同步卫星在地球赤道平面内运动,用地心参考系,以地心为坐标原点,以赤道平面为 xOy 平面.已知同步卫星的运动函数可写成 $x = R\cos\omega t$,$y = R\sin\omega t$.

(1) 求卫星的运动轨道以及任一时刻它的位矢、速度和加速度;

(2) 以 $R = 4.23 \times 10^4$ km,$\omega = 7.27 \times 10^{-5}$ s^{-1},计算卫星的速率和加速度的大小.

1.5　列车沿一水平直线运动,刹车后列车的加速度 $a = -kv$,k 为正常数,刹车时的初速度为 v_0,求刹车后列车最多能行进多远?

1.6　一质点沿半径为 R 的圆周按规律 $s = v_0 t - \frac{1}{2}bt^2$ 而运动,v_0,b 都是常数.

求:(1) t 时刻质点的总加速度;(2) t 为何值时总加速度在数值上等于 b?

(3) 当加速度达到 b 时,质点已沿圆周运行了多少圈?

1.7　在水平桌面上放置 A,B 两物体用一根不可伸长的绳索按图示的装置把它们连接起来,C 点与桌面固定.已知物体 A 的加速度 $a_A = 0.5$ m·s^{-2},求物体 B 的加速度.

1.8　有一自由落体,它在最后 1 s 内所通过的路程等于全程的一半.问该物体是从多高的地方落下的? 物体下落共用多少时间?

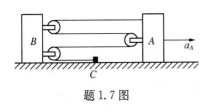

题 1.7 图

1.9　电梯以 $1.0\,\mathrm{m\cdot s^{-1}}$ 的匀速率下降,小孩在电梯中跳离地板 $0.50\,\mathrm{m}$ 高,问当小孩再次落到地板上时,电梯下降了多长距离?

1.10　通过岸崖上的绞车拉动纤绳将湖中的小船拉向岸边,如图所示.如果绞车以恒定的速率 u 拉动纤绳,绞车定滑轮离水面的高度为 h,求小船向岸边移动的速度和加速度.

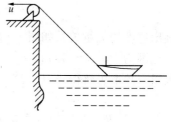

题 1.10 图

1.11　在打靶演习中,炮筒与地面的仰角为 $30°$,炮弹以 $v_0 = 30\,\mathrm{m\cdot s^{-1}}$ 的初速度脱离炮筒,射向离地面 $2\,\mathrm{m}$ 的靶心.问:靶应置于地面何处,炮弹刚好击中靶心.

1.12　一人乘摩托车跳跃一个大坑,如图所示.它以与水平成 $22.5°$ 夹角的初速度 $65\,\mathrm{m\cdot s^{-1}}$ 从西边起跳,准确地落在坑的东边.已知东边比西边低 $4\,\mathrm{m}$,忽略空气阻力,且取 $g = 10\,\mathrm{m\cdot s^{-2}}$,问:

(1) 坑有多宽?他跳跃的时间多长?

(2) 他在东边落地时速度多大?

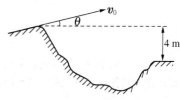

题 1.12 图

1.13　一无风的下雨天,一列火车以 $20\,\mathrm{m\cdot s^{-1}}$ 的速度前进,在车内旅客看见玻璃上的雨滴和垂线成 $75°$ 下降.求雨滴下落的速度(设下降的雨滴做匀速运动).

1.14　一人能在静水中以 $1.1\,\mathrm{m\cdot s^{-1}}$ 的速度划船前进.今欲横渡一宽为 $4\,000\,\mathrm{m}$,水流速度为 $0.55\,\mathrm{m\cdot s^{-1}}$ 的大河.(1) 他若要从出发点横渡这河,而到达对岸的一点,那么应如何确定划行方向? 到达正对岸需多少时间?(2) 如果希望用最短的时间过河,应如何确定划行方向? 船到达对岸的位置在什么地方?

第2章　牛顿运动定律

第1章讨论了质点运动学,即如何描述一个质点的运动.本章将讨论质点动力学,即讨论质点为什么会发生这样或那样的运动,研究物体之间的相互作用对物体运动的影响.质点动力学的基本定律是牛顿三定律,我们首先加以讨论,并对有关概念、物理量的含义以及所涉及的物理思想进行全面、深入的阐述.

§2.1　牛顿运动定律

牛顿的三条运动定律,是从无数事实中归纳出来的,是动力学的基础,具体内容可陈述如下:

第一定律:任何物体都保持静止或匀速直线运动的状态,直到其他物体所作用的力迫使它改变这种状态为止.

第二定律:物体受到外力作用时,物体所获得的加速度的大小与合外力的大小成正比,并与物体的质量成反比;加速度的方向与合外力的方向相同.

第三定律:作用力和反作用力在同一直线上,大小相等而方向相反.

这三条定律大家已经相当熟悉了,下面就这三条基本定律所涉及内容的要点作进一步的说明.

在牛顿第一定律中,涉及两个力学基本问题.一个是物体的惯性.物体之所以能保持静止或匀速直线运动状态,是在不受力的条件下,由物体本身的特性来决定的.物体所固有的、保持原来运动状态不变的特性叫惯性.另一个是确定了力的涵义.物体的运动并不需要力去维持,只有当物体的运动状态发生改变,即产生加速度时,才需要力的作用.

由于运动只有相对于一定的参考系来说才有意义,所以牛顿第一定律也定义了一种参考系.在这种参考系中观察,一个不受力作用的物体将保持静止或匀速直线运动状态不变.这样的参照系叫惯性参照系,简称惯性系.或者说,牛顿第一定律能适用的参照系称为惯性参照系或惯性系.反之,牛顿第一定律不能适用的参照系称为非惯性系.可见,牛顿第一定律除了描述不受外力的自由运动(匀速直线运动状态和静止状态)之外,还通过这种自由运动去确定运动定律在其中生效的参照系——惯性参照系.所以,牛顿第一定律是动力学的出发点,不首先确定惯性系,就无法正确地表述其他定律.因此,牛顿第一定律应当看作是一条独立的定律.

牛顿第二定律给出了力和运动的定量关系.引入了"力"和"质量"这两个重要的物理量,并确定了力 F,质量 m 和加速度 a 之间的关系,在 SI 单位制中,其关系式可写为

$$F = ma, \tag{2-1}$$

即物体所受的力等于它的质量和加速度的乘积. 这一公式是大家早已熟知的牛顿第二定律公式. 如果知道物体所受的外力, 以及物体的初始位置和速度, 那么, 受力物体在任何时刻的位置和速度就可以确定. 所以这一方程也称为牛顿运动方程.

当一个物体(质点)同时受到几个力的作用时, 经验证明: 几个力同时作用于一个质点上时所产生的加速度, 等于每个力分别作用时所产生的加速度的矢量和. 这称为力的叠加原理或力的独立作用原理. 力的叠加原理不仅确定了力的矢量性质, 而且还使我们在解决动力学问题时, 可以用一个力代替几个力的作用. 在图 2-1 中以 F_1, F_2 表示同时作用在物体上的两个力, 以 F 表示它们的矢量和, 则力的叠加原理可表示为

$$F = F_1 + F_2, \tag{2-2}$$

而且

$$F = ma. \tag{2-3}$$

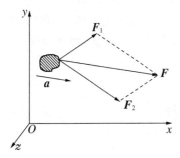

图 2-1 力的叠加原理

上两式是在实际问题中常用的牛顿第二定律公式, 其中 F 表示物体所受的合力.

根据(2-3)式还可以比较两物体的质量. 用同样的外力作用在两个质量分别是 m_1 和 m_2 的物体上, 以 a_1 和 a_2 分别表示它们由此产生的加速度的数值, 则由(2-3)式可得

$$\frac{m_1}{m_2} = \frac{a_2}{a_1},$$

即在相同外力的作用下, 物体的质量和加速度成反比, 质量大的物体产生的加速度小. 这意味着质量大的物体抵抗运动状态变化的性质强, 也就是它的惯性大. 因此可以说, 质量是物体惯性大小的量度. (2-3)式中的质量叫作物体的惯性质量. 如果选定 m_1 为标准物体的质量, 并作为单位质量, 那么 m_2 的质量就可以确定. 因此设外力 F 的大小发生改变, 相应地所产生的加速度 a_1 和 a_2 也随之而变, 但两者的比值 $\frac{a_1}{a_2}$ 却是一个恒量. 由此可见, 物体的质量是恒量, 而且不同的物体在相等外力作用下, 加速度与质量成反比的定律具有普遍的意义.

(2-3)式是矢量式, 实际应用时常用它们的分量式. 在直角坐标系中, 这些分量式是

$$F_x = ma_x, \quad F_y = ma_y, \quad F_z = ma_z. \tag{2-4}$$

对于平面曲线运动, 常用沿切向和法向的分量式, 即

$$F_t = ma_t, \quad F_n = ma_n. \tag{2-5}$$

关于牛顿第三定律, 若以 F_{12} 表示第一个物体受第二个物体的作用力, 以 F_{21} 表示第二个物体受第一个物体的作用力, 则这一定律可用数学形式表示为

$$F_{12} = -F_{21}. \tag{2-6}$$

应该十分明确,这两个力是分别作用在两个物体上的,是同时作用而且沿着同一条直线,是性质相同的力,它们各产生其效果.

§2.2　力学的单位制和量纲

在物理学中,物理学方程式中出现的物理量最终将表现为以一定单位测出的数值.因此,物理方程式要和一定的单位规定相联系.这就牵涉到单位制和物理量的量纲问题,这一节将就力学中的单位和量纲进行讨论.

1. 基本单位和导出单位　单位制

物理学中的物理量,通常都包含数值和单位两部分,只有少数的物理量是没有单位的纯数.由于物理量之间存在着规律性的联系,所以没有必要对每个物理量的单位都进行规定,可以选取一些物理量作为基本量,对这些选为基本量的物理量规定其单位,这些单位称作基本单位.不直接规定其单位的物理量称为导出量,其单位可由该物理量和基本量的关系推导出来,称为导出单位.还有一些不能归类到基本单位或导出单位的单位称为辅助单位.不同基本单位、导出单位和辅助单位就形成不同的单位制.

2. 国际单位制和力学中常见的单位制

1960 年第 11 届国际计量大会通过了国际单位制(代号 SI),制定其基本单位、导出单位和辅助单位.它选择 7 个量作为基本量,即长度、质量、时间、电流、温度、物质的量和光强度.其基本单位为 m(米),kg(千克,公斤),s(秒),A(安培),K(开尔文),mol(摩尔),cd(坎德拉).速度、加速度、力等其他物理量都可以由这些基本量根据一定的物理公式导出,因而称为导出量.

在国际单位制(SI)中,对平面角的单位 rad(弧度)和立体角 Sr(球面度)并未指定它们是基本单位还是导出单位,故为辅助单位,且可随意将它们当作基本单位或导出单位.辅助单位也可参与构成导出单位,如角速率的单位($\text{rad} \cdot \text{s}^{-1}$)等.

在国际单位制中,力是导出单位,需要根据力和各基本量的关系式,即牛顿第二定律来规定力的单位.我们规定使 1 kg 质量的物体产生 $1 \text{ m} \cdot \text{s}^{-2}$ 加速度所需的力是 1 N(牛顿),则根据牛顿第二定律可表示为

$$F[\text{N}] = m[\text{kg}] \cdot a[\text{m} \cdot \text{s}^{-2}].$$

显然,速度和加速度等的单位也都是导出单位.

在厘米克秒制中,以厘米、克和秒作为长度、质量和时间的单位,力的单位是 dyn(达因),1 dyn 等于使 1 g 质量的物体产生 $1 \text{ cm} \cdot \text{s}^{-2}$ 加速度所需的力.

$$F[\text{dyn}] = m[\text{g}] \cdot a[\text{cm} \cdot \text{s}^{-2}].$$

达因与牛顿的关系是　　　　　　　　　　$1 \text{ N} = 10^5 \text{ dyn}.$

还有一种力的单位,称为千克力或公斤力,记作 kgf 按定义:

$$1\,kgf = 9.806\,65\,N,$$

这个单位在历史上流传极广,在工程上常用,但目前国际计量委员会建议一般不用.

3. 量纲式

导出单位取决于基本单位及导出量和基本量关系式的选择. 导出单位对基本单位的依赖关系称为该导出量的量纲式. 在 SI 制中,基本量是长度、质量和时间,分别以 L, M, T 表示,因此,每个力学量 Q 都可以写出以下形式的关系式

$$[Q] = L^p M^q T^r. \tag{2-7}$$

在物理量 Q 的量纲中,指数 p, q, r 称为 Q 的量纲,有时也直接把量纲式简称为量纲. 例如速度、加速度、力和动量的量纲可以分别表示为

$$[v] = LT^{-1}, [a] = LT^{-2}, [F] = MLT^{-2}, [P] = MLT^{-1}.$$

量纲的概念在物理学中很重要. 可以用量纲来检验表达式的正确性,因为只有量纲相同的量才可以加减或相等. 如果一个表达式中各项的量纲不全相同,就可以肯定这个表达式有错. 例如,如果得出了一个结果是 $F = mv^2$,则左边的量纲为 MLT^{-2},右边的量纲为 ML^2T^{-2}. 由于两者不相符合,所以可以判定这一结果一定是错误的. 当然,只是量纲正确,并不能保证结果就一定正确,因为还可能出现数字系数的错误.

§2.3 牛顿定律的应用

1. 力学中常见的几种力

(1) 万有引力

万有引力定律:任何两个质点之间都存在互相作用的引力,力的方向沿着两质点的连线;力的大小与两质点质量 m_1 和 m_2 的乘积成正比,与两质点之间的距离 r_{12} 的平方成反比,即

$$F_{12} = G\frac{m_1 m_2}{r_{12}^2},$$

式中 $G = 6.672\,59 \times 10^{-11}\,N \cdot m^2 \cdot kg^{-2}$,称为引力常量.

宇宙中的一切物体都在相互吸引着. 地球和其他行星绕太阳的运动;月亮和人造地球卫星绕地球的运动;上抛的物体若没有别的物体托住,总要落回地面. 这些现象都是物体之间存在吸引力的表现,这种吸引力就是万有引力.

(2) 弹性力

当两个物体直接接触时,只要物体发生形变,物体之间就产生一种相互作用力,并且

在一定限度内,形变越大,力也越大,形变消失,力也随之消失,这种力就称为弹性力.如拉伸或压缩的弹簧作用于物体的力,桌面作用于放在其上的物体的力,绳子作用于系在其末端的物体的力等,都属于弹性力.

实验表明,在弹性限度内,弹簧产生的弹性力与弹簧的形变(拉伸量或压缩量)成正比,即

$$F = -kx,$$

式中 k 是弹簧的劲度系数,表示使弹簧产生单位长度形变所需施加的力的大小,它与弹簧的材料和形状有关.

（3）摩擦力

摩擦力也是普遍存在的,并在我们的生活和技术中产生重要作用.在桌面上滑动的物体,由于摩擦力的存在,其运动速度会逐渐减小;机床和车轮的转轴,由于摩擦力的作用,会逐渐磨损.但是,如果没有摩擦力,我们的一举一动都会变得不可思议了.人无法行走,车子无法行驶,即使将车子开动起来也无法使它停止,连吃饭都变得十分困难了.

当一个物体在另一个物体表面上滑行或有滑行趋势时,在这两个物体的接触面上就会产生阻碍物体间做相对滑动的力,这种力就是摩擦力.当物体有滑动趋势但尚未滑动时,作用在物体上的摩擦力称为静摩擦力.静摩擦力的大小与外力的大小相等,而方向相反.

当一个物体在另一个物体的表面上滑动时,在接触面上所产生的摩擦力,称为滑动摩擦力.实验表明,滑动摩擦力的大小与接触面上的正压力 N 的大小成正比,即

$$f = \mu N,$$

式中 μ 称为滑动摩擦因数,其数值主要由接触面的状况和材料性质所决定.

2. 牛顿定律的应用举例

应用牛顿运动定律去解决质点动力学问题大体包括以下三类:第一类是已知作用于质点的力,求质点的加速度或运动情况;第二类是已知物体加速度,求作用于质点的力;第三类是已知作用于质点的某些力和运动学条件,求质点所受的另一些力和质点的运动情况.

利用牛顿定律求解力学问题时,可按下述思路对问题进行分析求解:

（1）选择研究对象

在了解有关问题的物理现象的基础上,选出一个或几个物体(当成质点)作为"隔离体"或研究对象.分析周围环境对它们的作用力和隔离体的运动情况.

（2）分析运动状态

分析所认定的隔离体的运动状态,包括它的轨道、速度和加速度.问题涉及几个隔离体时,还要找出它们运动之间的联系,即它们的速度或加速度之间的关系.

（3）画出受力图

对选择的隔离体进行受力分析,画出简单的受力示意图,表示隔离体受力情况与运动情况.

（4）建坐标　列方程

建立适当的坐标系,在图中注明坐标轴方向.把上面分析出的质量、加速度和力用牛顿运动定律联系起来,列出方程式.在方程式足够的情况下就可以求解未知量了.

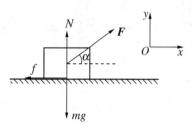

例题 2.1　如图 2 - 2 所示,物体在粗糙的水平面上在恒力 F 的作用下做加速运动,物体与表面的滑动摩擦因数是 μ,力与运动方向成 α 角,求 α 角为多大时物体的加速度最大?

解　画出物体的受力图,并建立坐标系,坐标轴的方向如示,由牛顿第二定律得

图 2-2　水平加速运动

$$x \text{ 方向:} F\cos \alpha - f = ma; \tag{1}$$

$$y \text{ 方向:} N - F\sin \alpha - mg = 0, \tag{2}$$

其中滑动摩擦力 $f = \mu N$,由(2)式解出 N 代入,得

$$f = \mu(mg - F\sin \alpha). \tag{3}$$

将(3)式代入(1)式得

$$a = \frac{1}{m}[F\cos \alpha - \mu(mg - F\sin \alpha)].$$

这是一个加速度 a 与角 α 的函数关系.本题要确定 α 为多大时加速度 a 最大,实际就是求加速度函数的极值,所以令

$$\frac{\mathrm{d}a}{\mathrm{d}\alpha} = 0,$$

解得

$$\alpha = \arctan \mu,$$

即当 $\alpha = \arctan \mu$ 时物体的加速度最大.

例题 2.2　单摆实验中,长为 l 的细线一段固定一质量为 m 的重物,初始时刻,重物被拉到水平位置,然后释放,求当细线摆过 θ 角时,重物的速率和线的张力.

解　如图 2 - 3 所示,把重物作为研究对象,对其进行受力分析.在切线方向有

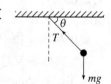

图 2-3　单摆实验

$$mg\cos \theta = ma_t = m\frac{\mathrm{d}v}{\mathrm{d}t}$$

$$mg\cos \theta = m\frac{\mathrm{d}v}{\mathrm{d}s} \cdot \frac{\mathrm{d}s}{\mathrm{d}t}$$

$$= m\frac{\mathrm{d}v}{l\mathrm{d}\theta} \cdot v,$$

$$gl\cos \theta \cdot \mathrm{d}\theta = v\mathrm{d}v. \tag{1}$$

对(1)式两边取积分,我们得到

$$\int_0^\theta gl\cos\theta \cdot \mathrm{d}\theta = \int_0^v v\mathrm{d}v,$$

$$v = \sqrt{2gl\sin\theta}. \tag{2}$$

在法线方向有

$$T - mg\sin\theta = ma_n = m\frac{v^2}{l}.$$

在(2)式中 v 值代入上式可得细线对重物的拉力,即线中的张力,即

$$T = 3mg\sin\theta.$$

例题 2.3　图 2-4 中 A 为定滑轮,B 为动滑轮,三个物体的质量分别为 $m_1 = 200\ \mathrm{g}$,
$m_2 = 100\ \mathrm{g}$,$m_3 = 50\ \mathrm{g}$. 求:

(1) 每个物体的加速度;

(2) 两根绳中的张力 T_1 和 T_2. 假定滑轮和绳的质量以及绳的
伸长和摩擦力均可忽略.

解　本题注意参照系的选取及相对加速度问题.

取地面参照系,Oy 轴向下为正. m_1,m_2 与 m_3 对地加速度分别
为 a_1,a_2 与 a_3,假设其方向为 a_1 向下,a_2 向上,a_3 向下.

(1) 三物体的运动方程分别为

$$m_1 g - T_1 = m_1 a_1,$$

$$T_2 - m_2 g = m_2 a_2,$$

$$m_3 g - T_2 = m_3 a_3.$$

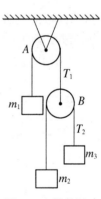

图 2-4　滑轮运动

又由 $a_{2对地} = a_{2对1} + a_{1对地}$,得 $a_2 = a' + a_1$(a' 为 m_2 对 m_1 的加速度).

对 m_3,同理有 $a_3 = a' - a_1$,再注意 $T_1 = 2T_2$,联解可得

$$a' = \frac{(m_1 - 2m_2)g - (m_1 + 2m_2)a_1}{2m_2} = -3.92\ \mathrm{m \cdot s^{-2}},$$

$$a_1 = \frac{m_1(m_2 + m_3) - 4m_2 m_3}{m_1(m_2 + m_3) + 4m_2 m_3}g = 1.96\ \mathrm{m \cdot s^{-2}}(\text{向下}),$$

$$a_2 = -1.96\ \mathrm{m \cdot s^{-2}}(\text{向下}),\ a_3 = -5.88\ \mathrm{m \cdot s^{-2}}(\text{向上}).$$

(2) $T_1 = m_1(g - a_1) = 1.57\ \mathrm{N}$,$T_2 = \dfrac{T_1}{2} = 0.784\ \mathrm{N}$.

§2.4　圆周运动的向心力

我们先来讨论匀速圆周运动. 在第 1 章的讨论中已经知道, 做匀速圆周运动的物体具有大小等于 $\dfrac{v^2}{R}$, 方向永远指向圆心的向心加速度(法向加速度)a_n. 若用 F_n 表示做匀速圆周运动的物体所受各力的合力, 则根据牛顿第二定律, 有

$$\boldsymbol{F}_n = m\boldsymbol{a}_n.$$

显然, $\boldsymbol{F}_n$ 的方向就是 $\boldsymbol{a}_n$ 的方向, 因此 $\boldsymbol{F}_n$ 永远指向圆心; F_n 的大小为

$$F_n = ma_n = m\frac{v^2}{R}. \tag{2-8}$$

F_n 称为向心力或法向力. 向心力是物体做圆周运动的条件, 在向心力的作用下, 物体才能不断地改变运动方向沿着圆周运动, 而不会沿着某个速度方向飞出去.

例如用细绳拴住一小球, 使其在水平面内做匀速圆周运动(如图 2-5). 在水平面内, 小球受到指向圆心的绳子的拉力. 绳子对小球的拉力就是向心力. 如果绳子断了, 向心力就消失, 小球就沿着圆周上的某点切线方向飞出去.

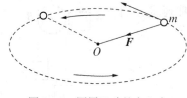

图 2-5　圆周运动的向心力

当物体做匀变速圆周运动时, 物体的加速度 $\boldsymbol{a}$ 可以分解成向心加速度(法向加速度)a_n 和切向加速度 a_t, 即

$$\boldsymbol{a} = \boldsymbol{a}_n + \boldsymbol{a}_t. \tag{2-9}$$

因此, 由牛顿第二定律可知, 做变速圆周运动的物体所受各力的合力 $\boldsymbol{F}$ 为

$$\boldsymbol{F} = m\boldsymbol{a}_n + m\boldsymbol{a}_t.$$

显然, 向心力 $\boldsymbol{F}_n$ 为

$$\boldsymbol{F}_n = m\boldsymbol{a}_n,$$

其大小为

$$F_n = ma_n = m\frac{v^2}{R}.$$

切向力 F_t 为

$$F_t = ma_t.$$

因切向加速度 a_t 在速度方向的投影为

$$a_t = \frac{\mathrm{d}v}{\mathrm{d}t},$$

故 F_t 在速度方向的投影为

$$F_t = m \frac{\mathrm{d}v}{\mathrm{d}t}.$$

在变速圆周运动中,向心力使物体不断地改变运动方向,沿着圆周运动,切向力使物体的速率发生变化.

例题 2.4　有一长为 R 的细绳,一端固定于 O 点,另一端系一质量为 m 的小球,令小球绕 O 点在重力作用下于一竖直面内做圆周运动. 若欲小球位于最高点时,绳的张力为零而小球又不离开圆形轨道下落,其速率应为多大? 并求出此条件下小球在轨道上任一位置的速率和绳中的张力.

解　取地面为惯性系. 图 2 - 6(a)表示小球在最高点的受力情况,图 2 - 6(b)表示小球在其他任意一点的情况. 选择自然坐标系. 小球在最高点时的法向力应为小球的重力与绳的张力之和,但题设绳的张力这时为零,所以

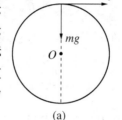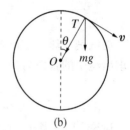

$$(a) \qquad (b)$$

图 2 - 6　竖直平面内的圆周运动

$$mg = m \frac{v_0^2}{R},$$

式中 v_0 为小球在最高点的速率,由上式得　　$v_0 = \sqrt{gR}.$ 　　　　　　　　(1)

现在求小球在轨道上任意点时的速率和绳中的张力. 图 2 - 6(b)中绳与竖直方向成 θ 角. 则切向与法向运动方程为

$$ma_t = mg\sin\theta, \quad ma_n = T + mg\cos\theta,$$

即

$$m\frac{\mathrm{d}v}{\mathrm{d}t} = mg\sin\theta, \tag{2}$$

$$m\frac{v^2}{R} = T + mg\cos\theta. \tag{3}$$

因为小球做圆周运动,所以小球的速率为

$$v = R\frac{\mathrm{d}\theta}{\mathrm{d}t},$$

或

$$\mathrm{d}t = R\frac{\mathrm{d}\theta}{v}.$$

将 $\mathrm{d}t$ 代入(2)式

$$vdv = gR\sin\theta d\theta,$$

两边积分得

$$\frac{1}{2}v^2 = -gR\cos\theta + C.$$

根据已知条件可确定 C，当 $\theta = 0$ 时，$v = \sqrt{gR}$，所以

$$\frac{1}{2}gR = -gR + C, \quad C = \frac{3}{2}gR,$$

于是

$$\frac{1}{2}v^2 = -gR\cos\theta + \frac{3}{2}gR,$$

$$v = \sqrt{gR(3 - 2\cos\theta)}. \tag{4}$$

这就是小球在题设条件下当悬线与竖直线成 θ 角时的速率. 将此结果代入(3)式，即可求出绳中的张力为

$$T = 3mg(1 - \cos\theta).$$

讨论：(1) 当 $\theta = 0$ 时，$T = 0$，与题设一致；当 $\theta = \frac{\pi}{2}$ 时，$T = 3mg$；当 $\theta = \pi$ 时，$T = 6mg$，绳中张力达到最大值.

(2) 如果将本题给定条件改为"在某位置 θ_0 时，小球速率为 v_0"，计算步骤相同，只是积分常数 C 将取另外的值.

§2.5 惯性系和非惯性系

1. 惯性系　力学的相对性原理

在运动学中，按照研究问题的方便，参照系的选择可能是任意的. 但在应用牛顿运动定律时，参照系却不能任意选择，因为牛顿运动定律并非在任何参照系中都适用的. 例如，当两人同时从一平台上跳下来时，如各自以自身为参照系，观察对方的运动，会发现对方是静止的，按照牛顿第一定律，他不应受到力的作用，然而每个人都确实受到重力的作用，与牛顿第一定律发生矛盾；又如，我们坐在加速运动的汽车里时，以车厢为参照系观察周围的现象，将看到路边的树木、房屋朝后方加速运动，但它们确实未受到任何推动力，故在加速运动的车厢里观察的现象，也与牛顿第一运动定律不符. 可见，并非对一切参照系牛顿第一定律都成立. 因此牛顿第一定律成立的参照系为惯性参照系，否则，为非惯性系. 牛顿运动定律只能在惯性系运用.

在宇宙中严格的惯性系并没有. 太阳系、地球等都不是严格的惯性系，但如果我们把地球对太阳的向心加速度和地面对地心的向心加速度计算出来，就可以发现，这些向心加

速度都是极其微小的. 因此,在一般精确度范围内,地球或静止在地面上的任一物体都可以近似地看作惯性系.

如果一个参照系相对于某个惯性系静止或做匀速直线运动,在惯性系中静止或做匀速直线运动的质点,在这个参照系中也必然静止或做匀速直线运动. 因而,相对于惯性参照系静止或做匀速直线运动的任何其他参照系也一定是惯性系. 在一切惯性参照系中,一切力学现象都是相同的,即物体所遵从的力学规律完全相同——称为力学的相对性原理或伽利略相对性原理.

2. 惯性力

反过来我们也可以说,相对于一个已知惯性系做加速运动的参考系,一定不是惯性参考系,或者说是一个非惯性系. 在实际问题中常常需要在非惯性系中观察和处理物体的运动现象. 在这种情况下,为了方便起见,我们也常常形式地利用牛顿第二定律分析问题,为此我们引入惯性力这一概念.

首先讨论加速平动参考系的情况. 设有一质点,质量为 m,相对于某一惯性系 S,它在实际的外力 F 作用下产生加速度 a,根据牛顿第二定律,有

$$F = ma.$$

设想另一参考系 S',相对于惯性系 S 以加速度 a_0 平动. 在 S' 参考系中,质点的加速度是 a' (图 2-7). 由运动的相对性可知

$$a = a' + a_0.$$

将此式代人上式可得

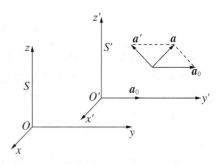

图 2-7　加速平动参照系

$$F = m(a' + a_0) = ma' + ma_0,$$

或者写成

$$F + (-ma_0) = ma'. \tag{2-10}$$

此式说明,质点受的合外力 F 并不等于 ma',因此牛顿定律在参考系 S' 中不成立. 但是如果我们认为在 S' 系中观察时,除了实际的外力 F 外,质点还受到一个大小和方向由 $(-ma_0)$ 表示的力,并将此力也计入合力之内,则 (2-10) 式就可以形式上理解为:在 S' 系内观测质点所受的合外力也等于它的质量和加速度的乘积. 这样就可以在形式上应用牛顿第二定律了.

为了在非惯性系中应用牛顿第二定律而必须引入的力叫作惯性力. 由 (2-10) 式可知,在加速平动参考系中,它的大小等于质点的质量和此非惯性系相对于惯性系的加速度的乘积,而方向与此加速度的方向相反. 以 F_i 表示惯性力,则有

$$F_i = -ma_0. \tag{2-11}$$

引进了惯性力,在非惯性系中就有了下述牛顿第二定律的形式:

$$F + F_i = ma',\qquad(2-12)$$

其中 F 是实际存在的各种力,即"真实力".它们是物体之间的相互作用的表现,其本质都可归结四种基本的自然力.惯性力 F_i 只是参考系的非惯性运动的表观显示,或者说是物体的惯性在非惯性系中的表现.它不是物体间的相互作用,也没有反作用力.因此惯性力又称作虚拟力.

例题 2.5 如图 $2-8$ 所示,小车以加速度 a 沿水平方向运动,小车的木架上悬挂小球,小球相对于木架静止,此时悬线与铅直方向夹角为 θ,求小车的加速度 a.

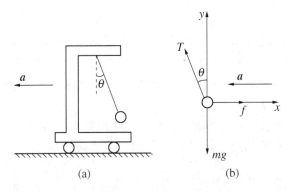

图 $2-8$ 平动加速小车的运动

解 选择隔离体:小球.

选择参照系:选小车为加速直线运动的参照系,选坐标系如图 $2-8$ 所示.

画隔离体受力图:小球所受三个力如图 $2-8$ 所示,其中重力为 mg,绳子张力为 T,惯性力为 f,因本题选用非惯性系小车作为参照系,因此,惯性力为 $f = -ma$,m 为小球的质量.

列方程:$mg + f + T = 0$,投影式为

Ox 方向:$f - T\sin\theta = 0$;

Oy 方向:$T\cos\theta - mg = 0$.

在这里,θ 角以逆时针转向为正,反之为负.由上面的方程组解出

$$f = mg\tan\theta,$$

但 $f = -m(-a) = ma$,所以得出

$$a = g\tan\theta.$$

讨论:若 $\theta > 0$,则 $a > 0$,由 $a = -ai$ 可知小车的加速度与原假设方向相同,即与 x 轴正方向相反;反之,若 $\theta < 0$,则 $a < 0$,表示小车加速度与原假设方向相反,即沿 x 轴正向;若 $\theta = 0$,则 $a = 0$,表示小车做匀速直线运动或静止.

下面我们再讨论转动参考系.只讨论一种简单的情况——物体相对于转动参考系静止.一个小铁块静止在一个转盘上,如图 $2-9$ 所示.对于铁块相对于地面参考系的运动,牛顿第二定律给出

$$f_s = ma_n = -m\omega^2 r,$$

式中 r 为由圆心沿半径向外的位矢,此式也可以写成

$$f_s + m\omega^2 r = 0. \qquad (2-13)$$

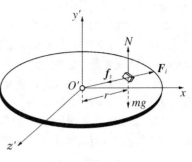

图 2-9　转动参考系

　　站在圆盘上观察,即相对于转动的圆盘参考系,铁块是静止的,加速度 $a' = 0$. 如果还要套用牛顿第二定律,则必须认为铁块除了受到静摩擦力这个"真实的"力以外,还受到一个惯性力或虚拟力 F_i 和它平衡. 这样,相对于圆盘参考系,应该有

$$f_s + F_i = 0.$$

将此式和(2-13)式对比,可得

$$F_i = m\omega^2 r. \qquad (2-14)$$

　　这个惯性力的方向与 r 的方向相同,即沿着圆的半径向外,因此称为惯性离心力. 这是在转动参考系中观察到的一种惯性力. 实际上当我们乘坐汽车拐弯时,我们体验到的被甩向弯道外侧的"力",就是这种惯性离心力.

　　由于惯性离心力和在惯性系中观察到的向心力大小相等,方向相反,所以常常有人(特别是那些把惯性离心力简称为离心力的人们)认为惯性离心力是向心力的反作用力,这是一种误解. 首先,向心力作用在运动物体上使之产生向心加速度. 惯性离心力,如上所述,也是作用在运动物体上. 既然它们作用在同一物体上,当然就不是相互作用,所以谈不上作用和反作用. 再者,向心力是真实力(或它们的合力)作用的表现,它可能有真实的反作用力. 图 2-9 中的铁块受到的向心力(即盘面对它的静摩擦力 f_s)的反作用力就是铁块对盘面的静摩擦力. (在向心力为合力的情况下,各个分力也都有相应的真实的反作用力,但因为这些反作用力作用在不同物体上,所以向心力谈不上有一个合成的反作用力.)但惯性离心力是虚拟力,它只是运动物体的惯性在转动参考系中的表现,它没有反作用力,因此也不能说向心力和它是一对作用力和反作用力.

习　题

　　2.1　质量为 10 kg 的物体,放在水平桌面上,原为静止. 现以力 F 推该物体,该力的大小为 20 N,方向与水平成 37°角,如图所示. 已知物体与桌面之间的滑动摩擦因数为 0.1,求物体的加速度.

题 2.1 图　　　　　　　　　　　题 2.2 图

　　2.2　质量 $M = 2$ kg 的物体,放在斜面上,斜面与物体之间的滑动摩擦因数 $\mu = 0.2$,斜面倾角 $\alpha =$

$30°$,如图所示.今以大小为 19.6 N 的水平力 F 作用于 M,求物体的加速度.

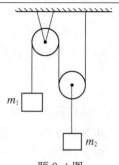

2.3　雨滴下降时,因受空气阻力,在落地前已是等速运动,速率为 $5.0\ \mathrm{m\cdot s^{-1}}$.假定空气阻力大小与雨滴速率的平方成正比,问雨滴速率为 $4.0\ \mathrm{m\cdot s^{-1}}$ 时的加速度是多大?

2.4　一装置如图所示,求质量为 m_1 和 m_2 的两个物体加速度的大小和绳子的张力.假设滑轮和绳的质量以及摩擦力可以忽略不计.

2.5　如图所示,一根轻杆,左端用铰链固定在车上,右端系一小球.当车以向右的加速度 a 行驶时,轻杆和车的夹角 θ 为多大?

题 2.4 图

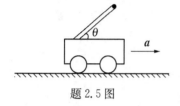

题 2.5 图

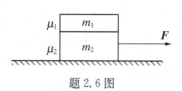

题 2.6 图

2.6　桌面上叠放着两块木板,质量各为 m_1,m_2,如图所示:m_2 和桌面间的摩擦因数为 μ_2,m_1 和 m_2 间的静摩擦因数为 μ_1.问沿水平方向用多大的力才能把下面的木板抽出来.

2.7　如图所示,物体 A,B 放在光滑的桌面上,已知 B 物体的质量是 A 物体的两倍,作用力 F_1 是 F_2 的四倍.求 A,B 两物体之间的相互作用力.

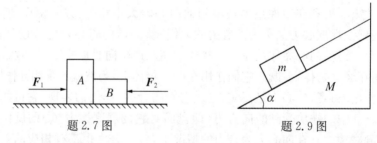

题 2.7 图　　　　　　　　　　　　　题 2.9 图

2.8　北京设有供试验用高速列车环形铁路,回转半径为 9 km. 将要建设的京沪列车时速 250 km·h^{-1}. 若在环路上做此项列车实验且欲铁轨不受侧压力,外轨应比内轨高多少? 设轨距为 1.435 m.

2.9　光滑水平面上放一光滑斜块,斜面与水平面的夹角为 α,质量为 M,物体 m 放在斜块上并用绳子拴在立柱上,如图所示.问斜块在水平面上以多大加速度运动时?（1）斜块对 m 支持力等于零;（2）绳子拉力等于零.

2.10　把一个质量为 m 的木块,放在与水平成 θ 角的固定斜面上,如图所示. 木块和斜面间的摩擦因数 μ_0 较小,如果不加支持,木块将沿斜面下滑. 试问,必须施加多大的水平力 F,可使木块恰不下滑? 此时,木块对斜面的正压力为多大?

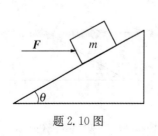

题 2.10 图

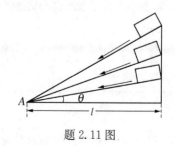

题 2.11 图

2.11　如图所示,物体沿不同倾斜角的光滑斜面下滑到达同一点 A,问费时最少的斜面倾角是多少?

2.12　在一只半径为 R 的半球形碗内,有一质量为 m 的小钢球.当小钢球以角速度 ω 在水平面内沿碗内壁做匀速圆周运动时,它距碗底有多高?

2.13　设有两个物体 A,B,其质量分别为 m_1,m_2,且 $m_2 > m_1$,如图所示,开始时两物体离开地面的高度均为 h,初速为零,如果绳与滑轮的质量忽略不计,同时不考虑所有摩擦阻力.问:

(1) m_2 落到地面需要多少时间? 落地时速度多大?

(2) m_1 能够上升的最大高度是多少?

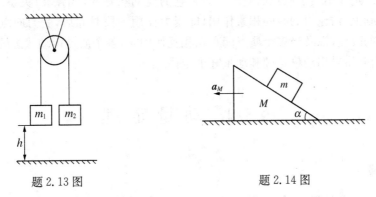

题 2.13 图　　　　　　　　　　　题 2.14 图

2.14　如图所示,在光滑的水平面上,放一质量为 M 的三棱柱,它的斜面的倾角为 α.现把一质量为 m 的滑块放在三棱柱的光滑斜面上.试求:

(1)三棱柱相对地面的加速度;

(2)滑块相对于地面的加速度;

(3)滑块与三棱柱之间的正压力.

第3章 动量定理

牛顿第二定律给出了质点所受的合力和它的运动状态变化的瞬时关系.本章将在牛顿定律的基础上,讨论力的时间积累作用,即当力作用一段时间后,受力质点的运动状态将产生怎样的改变,以及当多个质点间存在相互作用时,各个质点运动状态的改变之间有什么关系,由此将导出动量定理和动量守恒定律.

§3.1 动 量 定 理

1. 动量

为了描述质点的运动状态,除了上一章讨论的动能之外,我们将再引进一个物理量——动量.从实际经验可知,质点运动的动量的大小不仅与其运动速度大小有关,而且与质点的质量大小有关.

设一质点的质量为 m,速度为 $\boldsymbol{v}$,我们把质点的质量与速度的乘积定义为质点的动量.通常用 $\boldsymbol{p}$ 表示,即

$$\boldsymbol{p} = m\boldsymbol{v}. \tag{3-1}$$

动量是矢量,其方向与速度方向相同.

牛顿第二定律的一般表述形式应为

$$\boldsymbol{F} = \frac{\mathrm{d}(m\boldsymbol{v})}{\mathrm{d}t}, \tag{3-2}$$

上式表明,从动力学角度看,要使质点的运动状态发生变化,亦即要使质点的动量发生变化,就必须对质点施以力的作用.

只有当质点的质量不随时间变化时,(3-2)式才可改写为

$$\boldsymbol{F} = m\frac{\mathrm{d}\boldsymbol{v}}{\mathrm{d}t} = m\boldsymbol{a}. \tag{3-3}$$

实验表明,当质点的质量随时间变化时,虽然以(3-3)式表示的牛顿定律不再成立,但是(3-2)式仍然成立.由此可见,用动量形式表示的牛顿第二定律具有更大的普遍性.

在 SI 单位制中,动量的单位是 $\mathrm{kg \cdot m \cdot s^{-1}}$.

2. 冲量

(3-2)式说明了质点动量随时间的瞬时变化率与所受力的关系.如果我们要进一步

研究质点在力的作用下,经过一定时间间隔动量是如何变化的,只要将(3-2)式改写为

$$d(m\boldsymbol{v}) = \boldsymbol{F}dt, \qquad (3-4)$$

此式说明,质点动量要发生变化,不但要有力的作用,而且这个力还必须持续作用一段时间,亦即力必须在时间上发生一定的累积作用.

在力学中,我们把力和力的作用时间的乘积定义为力的冲量. 冲量是表示力在时间上累积作用的物理量,通常用 $\boldsymbol{I}$ 表示,它是矢量.

如果外力 $\boldsymbol{F}$ 为一恒力,作用时间为 $\Delta t = t - t_0$,则力在 Δt 时间内的冲量为

$$\boldsymbol{I} = \boldsymbol{F}\Delta t = \boldsymbol{F}(t - t_0). \qquad (3-5)$$

如果外力 $\boldsymbol{F}$ 为一变力,那么,我们必须把力的作用时间 $t - t_0$ 分成许多极小的时间间隔 Δt_i 使在这极短的时间内,力可视为不变($= \boldsymbol{F}_i$),于是时间 Δt_i 中的元冲量为

$$\Delta \boldsymbol{I}_i = \boldsymbol{F}_i \Delta t_i. \qquad (3-6)$$

而在时间 $t - t_0$ 中的冲量为

$$\boldsymbol{I} = \sum_{i=1}^{i} \Delta \boldsymbol{I}_i = \sum_{i=1}^{i} \boldsymbol{F}_i \Delta t_i.$$

如果取 $\Delta t_i \to 0$,则上式可改写为积分形式

$$\boldsymbol{I} = \int_0^t \boldsymbol{F}dt. \qquad (3-7)$$

在直角坐标系中,沿各坐标轴的分量式是

$$\begin{cases} I_x = \int_0^t F_x dt = \overline{F_x}(t - t_0), \\ I_y = \int_0^{t'} F_y dt = \overline{F_y}(t - t_0), \\ I_z = \int_0^{t'} F_z dt = \overline{F_z}(t - t_0), \end{cases} \qquad (3-8)$$

式中 F_x,F_y,F_z 是变力 F 的三个分量,$\overline{F_x}$,$\overline{F_y}$,$\overline{F_z}$ 相应的是 F_x,F_y,F_z 三个分量在这段作用时间内的平均值.

3. 动量定理

方程(3-2)式 $\boldsymbol{F} = \dfrac{d(m\boldsymbol{v})}{dt}$,可改写为

$$d(m\boldsymbol{v}) = \boldsymbol{F}dt. \qquad (3-9)$$

上式表明质点动量的微分等于作用在质点上合力的元冲量,称为质点动量定理的微分形式. 这个定理告诉我们,质点的动量要发生任何变化,只有在冲量的作用下才有可能. 也就是说,仅有力的作用是不够的,这个力必须积累作用一定的时间.

设质点在变力 $\boldsymbol{F}$ 作用下沿一曲线轨迹运动,在 t_1 时刻的速度为 $\boldsymbol{v}_1$,动量为 $m\boldsymbol{v}_1$;在 t_2

时刻的速度为 $\boldsymbol{v}_2$，动量为 $m\boldsymbol{v}_2$，如图 $3-1$ 所示. 将 $(3-9)$ 式在时间 (t_2-t_1) 内积分可得

$$m\boldsymbol{v}_2 - m\boldsymbol{v}_1 = \int_{t_1}^{t_2} \boldsymbol{F}\mathrm{d}t = \boldsymbol{I}. \tag{3-10}$$

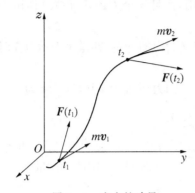

图 3-1 变力的冲量

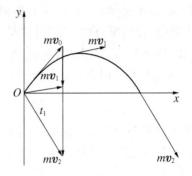

图 3-2 动量的增量与重力的方向相同

此时表明在某一段时间间隔内质点动量的增量 $\Delta\boldsymbol{p} = m\boldsymbol{v}_2 - m\boldsymbol{v}_1$，等于在同一时间间隔内作用在质点上合力的冲量 $\boldsymbol{I}$. 这就是质点动量定理的积分形式.

$(3-10)$ 式在直角坐标系各轴上的投影为

$$
\begin{cases}
m v_{2x} - m v_{1x} = \displaystyle\int_{t_1}^{t_2} F_x \mathrm{d}t, \\[2mm]
m v_{2y} - m v_{1y} = \displaystyle\int_{t_1}^{t_2} F_y \mathrm{d}t, \\[2mm]
m v_{2z} - m v_{1z} = \displaystyle\int_{t_1}^{t_2} F_z \mathrm{d}t,
\end{cases}
\tag{3-11}
$$

$(3-11)$ 式表明：在某一时间间隔内，质点动量沿某一坐标轴投影的增量，等于作用在质点上的合力沿该坐标轴的投影在同一时间间隔内的冲量.

如果作用在质点上的合力 $\boldsymbol{F}$ 为一恒力，则由 $(3-10)$ 式可得

$$m\boldsymbol{v}_2 - m\boldsymbol{v}_1 = \boldsymbol{F}(t_2 - t_1). \tag{3-12}$$

此时质点动量增量的方向与合力 F 的方向一致. 如，在不考虑阻力情况下的抛射体运动中，抛体在任意两时刻之间动量增量的方向，总是与重力的方向相同而铅直向下，如图 $3-2$ 所示.

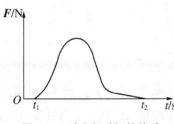

图 3-3 冲力与时间的关系

质点动量定理表明，作用在质点上的合力在某一段时间间隔内的冲量，只与该段时间的末了时刻和初始时刻的动量之差有关，而与质点在该段时间间隔内动量变化的细节无关. 因此，动量定理在打击、碰撞等类问题中特别有用. 在这类问题中，物体相互作用的时间极短（如两个钢球相碰撞的作用时间仅为 10^{-5} s 的数量级），但力却很大，而且变化很快，如图 $3-3$ 所示的那样. 这种力通常称为冲力，冲力随时间变化的规律很难测定，然而我们

能够很容易地测出物体在冲力作用下动量的增加,再根据动量守恒定理计算出冲力的冲量. 如果我们知道碰撞所经历的时间,就可以求出平均冲力来.

应该指出的是,和牛顿定律一样,质点动量定理只适用于惯性系.

对由若干个质点所组成的质点系,质点系的内力虽然改变质点系内诸质点的动量,但不改变质点系的总动量. 如有外力作用,它不仅改变诸质点的动量,也有可能改变质点系的总动量. 因此,质点系的动量的变化是外力引起的. 因而,质点系动量对时间的变化率等于外力的矢量和,即

$$\sum_{i=1}^{i} \boldsymbol{F}_i = \frac{\mathrm{d}\left(\sum_{i=1}^{i} \boldsymbol{p}_i\right)}{\mathrm{d}t}, \tag{3-13}$$

此即质点系动量定理. 质点系动量定理在直角坐标系中的投影式为

$$\sum_{i=1}^{i} F_{ix} = \frac{\mathrm{d}\left(\sum_{i=1}^{i} p_{ix}\right)}{\mathrm{d}t},$$

$$\sum_{i=1}^{i} F_{iy} = \frac{\mathrm{d}\left(\sum_{i=1}^{i} p_{iy}\right)}{\mathrm{d}t}, \tag{3-14}$$

$$\sum_{i=1}^{i} F_{iz} = \frac{\mathrm{d}\left(\sum_{i=1}^{i} p_{iz}\right)}{\mathrm{d}t},$$

将(3-9)式改写为

$$\left(\sum_{i=1}^{i} \boldsymbol{F}_i\right)\mathrm{d}t = \mathrm{d}\left(\sum_{i=1}^{i} \boldsymbol{p}_i\right). \tag{3-15}$$

用 $\boldsymbol{p}_0$ 和 $\boldsymbol{p}$ 分别表示 t_0 和 t 时质点系的动量,通过对上式积分,可得

$$\int_0^t \left(\sum_{i=1}^{i} \boldsymbol{F}_i\right)\mathrm{d}t = \boldsymbol{p} - \boldsymbol{p}_0. \tag{3-16}$$

它表明,在一段时间内质点系动量的增量等于作用于质点系外力矢量和在这段时间内的冲量,此即用冲量表示的质点系的动量定理.

例题 3.1 用棒打击质量为 0.3 kg,速度 20 m·s⁻¹的水平飞来的小球. 击球后,球以 30°的倾角飞回,飞行中小球离地面的最大高度是 5.0 m. 假定小球的运动始终在同一竖直平面内,击球点离地 1.0 m,击球时间 0.02 s,求小球在被击前后的动量变化及击球中的平均冲击力.

解 建立坐标系如图 3-4. 击球后,小球获得的速度为 $\boldsymbol{v}'$,运动轨道是抛物线,到达最高点时,小球在竖直方向的速度分量为零,即

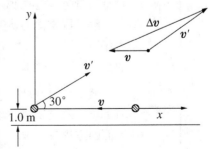

图 3-4 击打过程中小球动量的改变

$$v' \sin \theta - gt = 0,$$

$$t = \frac{v' \sin \theta}{g}.$$

小球上升的最大高度为

$$y_{max} = v' \sin \theta \cdot \frac{v' \sin \theta}{g} - \frac{1}{2} g \cdot \left(\frac{v' \sin \theta}{g}\right)^2$$

$$= \frac{v'^2 \sin^2 \theta}{2g},$$

$$v' = \frac{\sqrt{2gy_{max}}}{\sin \theta} = \frac{\sqrt{2 \times 9.8 \times (5.0 - 1.0)}}{\sin 30°} \, \text{m} \cdot \text{s}^{-1} = 17.7 \, \text{m} \cdot \text{s}^{-1}.$$

小球在打击前后的动量为

$$\boldsymbol{p} = m\boldsymbol{v} = 0.3 \times (-20)\boldsymbol{i} = -6.0\boldsymbol{i}.$$

$$\boldsymbol{p}' = mv_x'\boldsymbol{i} + mv_y'\boldsymbol{j}$$

$$= 0.3 \times 17.7 \times \cos 30°\boldsymbol{i} + 0.3 \times 17.7 \times \sin 30°\boldsymbol{j}$$

$$= 4.61\boldsymbol{i} + 2.7\boldsymbol{j}.$$

动量变化为

$$\Delta \boldsymbol{p} = \boldsymbol{p}' - \boldsymbol{p} = 10.6\boldsymbol{i} + 2.7\boldsymbol{j}.$$

$$\Delta p = \sqrt{(10.6)^2 + (2.7)^2} \, \text{kg} \cdot \text{m} \cdot \text{s}^{-1} = 11 \, \text{kg} \cdot \text{m} \cdot \text{s}^{-1},$$

$$\alpha = \arctan \frac{2.7}{10.6} = 14°17',$$

式中 α 为 Δp 与 x 轴的夹角,平均冲击力为

$$\overline{F} = \frac{\Delta p}{\Delta t} = 550 \, \text{N}.$$

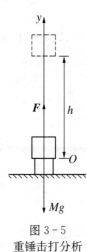

图 3-5
重锤击打分析

例题 3.2 质量为 $M = 5.0 \times 10^2 \, \text{kg}$ 的重锤从高度为 $h = 2.0 \, \text{m}$ 处自由下落打在工件上,经 $\Delta t = 1.0 \times 10^{-2} \, \text{s}$ 时间速度变为零.若忽视重锤自身的重量,求重锤对工件的平均冲力.

解 取重锤为研究对象,并视为质点. 在打击工件时,重锤受到两个力作用(见图 3-5),工件对重锤的冲力 F,竖直向上;另一个是重锤自身的重力 Mg,竖直向下,按题意后者可以忽略.

取 y 轴竖直向上. 当重锤与工件接触时,重锤的动量向下,大小为 $M\sqrt{2gh}$,经过 Δt 时间动量变为零. 根据质点动量定理的分量式可写出下面的方程,即

$$\int_0^{\Delta t} F \mathrm{d}t = Mv_2 - Mv_1,$$

即

$$\overline{F}\Delta t = 0 - (-M\sqrt{2gh}\,).$$

解得

$$\overline{F} = \frac{M\sqrt{2gh}}{\Delta t} = \frac{5.0\times10^2\times(2\times9.8\times2.0)^{1/2}}{1.0\times10^{-2}}\,\mathrm{N} = 3.1\times10^5\,\mathrm{N},$$

$\overline{F}$ 是工件对重锤的平均冲力,工件所受重锤的平均冲力则是 $\overline{F}$ 的反作用力,它们大小相等,方向相反.

重锤的重量为 $Mg = 5.0\times10^2\times9.8 = 1\,900(\mathrm{N})$,上面算得的平均冲力约是它的 63 倍. 可见,只要作用时间足够短,忽略重力作用是合理的.

§3.2 动量守恒定律

根据上一节的讨论,对于质点系的动量定理,如果质点系所受的合外力为零,即 $\sum_{i=1}^{i}\boldsymbol{F}_i = 0$,则由式(3-9)可得

$$\frac{\mathrm{d}\left(\sum_{i=1}^{i}\boldsymbol{p}_i\right)}{\mathrm{d}t} = 0,$$

于是有

$$\sum_{i=1}^{i}\boldsymbol{p}_i = 常矢量. \tag{3-17}$$

这就是说,当一个质点系所受的合外力为零时,这一质点系的总动量就保持不变. 这一结论叫作动量守恒定律.

对于动量守恒定律,作如下的说明:

(1) 质点系的动量守恒条件是合外力为零,即 $\sum_{i=1}^{i}\boldsymbol{F}_i = 0$. 在自然界中不受外力的孤立的质点系实际上是不存在的,因而, $\sum_{i=1}^{i}\boldsymbol{F}_i = 0$ 实际上是指外力相互抵消而言的. 然而外力作用严格相互抵消的质点系实际上也是很少遇到的. 在处理实际问题时,如果质点系内部的相互作用,远比它们所受到的外界的作用大时,就可把这些质点看作一个合外力为零的质点系来处理. 例如两物体的碰撞过程,由于相互撞击的内力往往很大,所以此时即使有摩擦力或重力等外力,也常可忽略它们,而认为系统的总动量守恒. 又如爆炸过程也属于内力远大于外力的过程,也可以认为在此过程中系统的总动量守恒.

(2) 因为动量是矢量,因此所谓质点系的总动量是指组成质点系的所有质点的动量的矢量和,而不是指代数和. 在合外力为零的条件下,组成质点系的所有质点的动量的矢

量和是恒定不变的,而它们的代数和并不一定守恒.

(3) 在合外力为零的情况下,尽管质点系的总动量恒定不变,但组成系统的各个质点的动量却可能不断地变化. 根据牛顿第三定律我们是不难理解这一事实的. 因此,内力尽管能使各个质点的动量发生变化,但却不能改变质点系的总动量.

(4) 动量守恒表示式(3 - 17)是矢量关系式. 在实际问题中,常应用其沿坐标轴的分量式. 例如,在直角坐标系中,有

$$\begin{cases} \text{当 } F_x = 0 \text{ 时,} \sum_{i=1}^{i} m_i v_{ix} = p_x = \text{常量,} \\[2mm] \text{当 } F_y = 0 \text{ 时,} \sum_{i=1}^{i} m_i v_{iy} = p_y = \text{常量,} \\[2mm] \text{当 } F_z = 0 \text{ 时,} \sum_{i=1}^{i} m_i v_{iz} = p_z = \text{常量.} \end{cases} \qquad (3-18)$$

由此可见,如果质点系沿某坐标方向所受的合外力为零,则沿此坐标方向的总动量的分量守恒. 例如,一个物体在空中爆炸后碎裂成几块,在忽略空气阻力的情况下,这些碎块受到的外力只有竖直向下的重力,因此它们的总动量在水平方向的分量是守恒的.

例题 3.3 α 粒子散射. 在一次 α 粒子散射过程中,α 粒子(质量为 m)和静止的氧原子核(质量为 M)发生"碰撞"(如图 3-6 所示). 实验测出碰撞后 α 粒子沿与入射方向成 $\theta = 72°$ 的方向运动,而氧原子核沿与 α 粒子入射方向成 $\beta = 41°$ 的方向"反冲". 求 α 粒子碰撞后与碰撞前的速率之比.

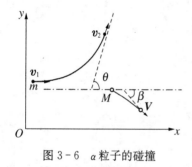

图 3-6　α 粒子的碰撞

解　粒子的这种"碰撞"过程,实际上是它们在运动中相互靠近,继而由于相互斥力的作用又相互分离的过程. 考虑由 α 粒子和氧原子核组成的系统. 由于整个过程中仅有内力作用,所以系统的动量守恒. 设 α 粒子碰撞前、后速度分别为 v_1, v_2,氧核碰撞后速度为 V. 选如图坐标系,令 x 轴平行于 α 粒子的入射方向. 根据动量守恒的分量式,有

x 方向　　　　　　　　$m v_2 \cos \theta + MV \cos \beta = m v_1$;

y 方向　　　　　　　　$m v_2 \sin \theta - MV \sin \beta = 0$.

两式联立可解出

$$v_1 = v_2 \cos \theta + \frac{v_2 \sin \theta}{\sin \beta} \cos \beta = \frac{v_2}{\sin \beta} \sin(\theta + \beta),$$

$$\frac{v_2}{v_1} = \frac{\sin \beta}{\sin(\theta + \beta)} = \frac{\sin 41°}{\sin(72° + 41°)} = 0.71,$$

即 α 粒子碰撞后的速率约为碰撞前速率的 71%.

例题 3.4　一原先静止的装置炸裂为质量相等的三块,已知其中两块在水平面内各以 $80\,\mathrm{m \cdot s^{-1}}$ 和 $60\,\mathrm{m \cdot s^{-1}}$ 的速率沿互相垂直的两个方向飞开. 求第三块的飞行速度.

解 设碎块的质量都为 m,速度分别为 $\boldsymbol{v}_1$,$\boldsymbol{v}_2$ 和 $\boldsymbol{v}_3$,根据题意,$\boldsymbol{v}_1 \perp \boldsymbol{v}_2$,并处于水平面内,取水平面为 xy 平面,并设 $\boldsymbol{v}_1$ 和 $\boldsymbol{v}_2$ 分别沿 x 轴负方向和 y 轴负方向,如图 3-7 所示.

将整个装置视为一个系统,在炸裂过程中内力远大于外力,可以用动量守恒定律来处理.炸裂前动量为零,炸裂后总动量也必为零,即

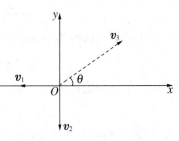

$$m_1 \boldsymbol{v}_1 + m_2 \boldsymbol{v}_2 + m_3 \boldsymbol{v}_3 = 0.$$

因为三碎块质量相等,所以

$$\boldsymbol{v}_1 + \boldsymbol{v}_2 + \boldsymbol{v}_3 = 0. \tag{1}$$

图 3-7 碎片速度方向

题意已示明,两个碎块的动量都处于 xy 平面内,第三个碎块的动量也必定处于 xy 平面内,设其方向与 x 轴成 θ 角,于是可将式(1)写成两个分量方程

$$-v_1 + v_3 \cos \theta = 0, \tag{2}$$

$$-v_2 + v_3 \sin \theta = 0. \tag{3}$$

两式联立可解得

$$\tan \theta = \frac{v_2}{v_1} = \frac{60}{80} = 0.75,$$

$$\theta = 37°.$$

将 θ 值代入式(2),求得

$$v_3 = \frac{v_1}{\cos \theta} = \frac{80}{\cos 30°} = 1.0 \times 10^2 (\mathrm{m \cdot s^{-1}}).$$

§3.3 火箭的运动

作为动量守恒定律的一个应用,我们在本节中讨论一下火箭的运动规律.火箭是一种利用燃料燃烧后喷出的气体产生反冲推力的发动机.它自带燃料与助燃剂,因而可以在空间任何地方发动.

为简单起见,设火箭在自由空间飞行,即它不受引力或空气阻力等任何外力的作用.

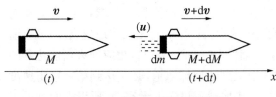

图 3-8 火箭飞行原理说明图

如图 3-8 所示,把某时刻 t 的火箭(包括火箭体和其中尚存的燃料)作为研究系统,其总质量为 M,以 $\boldsymbol{v}$ 表示此时刻火箭的速度,则此时刻系统的总动量为 $M\boldsymbol{v}$(沿空间坐标 x 轴正向).此后经过 dt 时间,火箭喷出质量为 dm 的气体,相

对于火箭体的喷出速度为定值 u. 在 $t+\Delta t$ 时刻, 火箭体的速度增加到 $v+\Delta v$. 则此时刻系统沿 x 方向的总动量的大小为

$$\mathrm{d}m \cdot (v-u) + (M-\mathrm{d}m)(v+\mathrm{d}v).$$

由于喷出气体的质量 $\mathrm{d}m$ 等于火箭质量的减小, 即 $-\mathrm{d}M$, 所以上式可写为

$$-\mathrm{d}M \cdot (v-u) + (M+\mathrm{d}M)(v+\mathrm{d}v).$$

由动量守恒定律可得

$$-\mathrm{d}M \cdot (v-u) + (M+\mathrm{d}M)(v+\mathrm{d}v) = Mv,$$

展开此等式, 略去二阶无穷小量 $\mathrm{d}M \cdot \mathrm{d}v$, 可得

$$u\mathrm{d}M + M\mathrm{d}v = 0,$$

或者

$$\mathrm{d}v = -u\frac{\mathrm{d}M}{M}. \tag{3-19}$$

设火箭点火时质量为 M_0, 初速为 v_0, 燃料烧完后火箭质量为 M_t, 达到的末速度为 v_t, 对上式积分则有

$$\int_{v_0}^{v_t} \mathrm{d}v = -u\int_{M_0}^{M_t} \frac{\mathrm{d}M}{M}.$$

由此得

$$v_t - v_0 = u\ln\frac{M_0}{M_t}. \tag{3-20}$$

此式表明, 火箭在燃料燃烧后所增加的速度和喷气速度成正比, 也与火箭的始末质量比(以下简称质量比)的自然对数成正比.

如果只以火箭本身作为研究的系统, 以 F 表示喷出气体对火箭体的推力, 则根据牛顿第二定律, 应有

$$F = M\frac{\mathrm{d}v}{\mathrm{d}t}.$$

将(3-19)式 $M\mathrm{d}v = -u\mathrm{d}M = u\mathrm{d}m$ 代入, 可得

$$F = u\frac{\mathrm{d}m}{\mathrm{d}t}. \tag{3-21}$$

此式表明, 火箭发动机的推力与燃料燃烧速率 $\mathrm{d}m/\mathrm{d}t$ 以及喷出气体的相对速度 u 成正比.

为了提高火箭的末速度以满足发射地球人造卫星或其他航天器的要求, 就得提高喷射速度和质量比. 但喷射速度和质量比由于实际条件的限制, 并不能无限制地提高. 一般火箭的喷射速度最大只能达到 $2.5\,\mathrm{km} \cdot \mathrm{s}^{-1}$ 左右, 质量比只能达到 6 左右, 相应地火箭能达到的速度是 $4.5\,\mathrm{km} \cdot \mathrm{s}^{-1}$. 我们知道, 要使人造地球卫星到达地球轨道, 必须达到第一宇宙速度($7.9\,\mathrm{km} \cdot \mathrm{s}^{-1}$), 因此, 利用单级火箭是不能把人造地球卫星送上天空的. 所以人们制造了若干单级火箭串联形成的多级火箭(通常是三级火箭).

§3.4 碰 撞

在力学中,具有相对接近速度的两个或两个以上的物体,在短时间内宏观上直接接触并且发生形变的现象称为碰撞.碰撞会使这些物体或其中的某个物体的运动状态发生明显的变化.

碰撞过程一般都非常复杂,难以对过程进行仔细分析.但由于我们通常只需要了解物体在碰撞前后运动状态的变化,而对发生碰撞的物体系来说,外力的作用又往往可以忽略,所以碰撞系统的总动量守恒,即

$$\sum_{i=1}^{i} \boldsymbol{p}_i = 常矢量.$$

一般物体在碰撞过程中,有部分动能要转变为热能、形变能等其他形式的能.如果碰撞过程中物体的动能完全没有损失,这种碰撞称作弹性碰撞,否则就称为非弹性碰撞;如果碰撞后两物体以相同的速度运动,这种碰撞称为完全非弹性碰撞.如果两物体碰撞前速度在两物体的连心线上,那么碰撞后的速度也都在这一连线上,这种碰撞称为对心碰撞或正碰.以下讨论对心碰撞的几种情况.

1. 弹性碰撞

两个小球的质量分别为 m_1 和 m_2,沿一条直线分别以速度 v_{10} 和 v_{20} 运动,两球发生弹性对心碰撞.设碰撞后的速度分别为 v_1 和 v_2,则由于碰撞后两者仍沿着原来的直线运动,根据动量守恒定律可得

$$m_1 v_{10} + m_2 v_{20} = m_1 v_1 + m_2 v_2. \tag{3-22}$$

由于是弹性的碰撞,所以总动能应保持不变,即

$$\frac{1}{2} m_1 v_{10}^2 + \frac{1}{2} m_2 v_{20}^2 = \frac{1}{2} m_1 v_1^2 + \frac{1}{2} m_2 v_2^2. \tag{3-23}$$

由(3-22)式和(3-23)式两个方程式可得两球碰撞后的速度为

$$v_1 = \frac{m_1 - m_2}{m_1 + m_2} v_{10} + \frac{2m_2}{m_1 + m_2} v_{20}, \tag{3-24}$$

$$v_2 = \frac{m_2 - m_1}{m_1 + m_2} v_{20} + \frac{2m_1}{m_1 + m_2} v_{10}, \tag{3-25}$$

所以

$$v_2 - v_1 = -(v_{20} - v_{10}),$$

即对心碰撞中,两球碰撞后相互分离的速度等于碰撞前相互趋近的速度.

如果两个球的质量相等,即 $m_1 = m_2$,则

$$v_1 = v_{20}, \quad v_2 = v_{10},$$

即碰撞结果是两个球互相交换速度. 如果原来一个球是静止的,则碰撞后它将接替原来运动的那个球继续运动.

如果一球的质量远大于另一球,如 $m_2 \gg m_1$,而且大球的初速为零,即 $v_{20} = 0$. 这时,有

$$v_1 = -v_{10}, \quad v_2 \approx 0,$$

即碰撞后大球几乎不动而小球以原来的速率返回.

2. 完全非弹性碰撞

如果两个质量分别为 m_1 和 m_2 的小球发生完全非弹性碰撞,碰撞前两小球的速度分别为 v_1 和 v_2. 设碰后合在一起的速度为 v,则由动量守恒定律可得

$$m_1 v_1 + m_2 v_2 = (m_1 + m_2)v.$$

由此求得

$$v = \frac{m_1 v_1 + m_2 v_2}{m_1 + m_2}.$$

两球在碰撞前的动能为

$$E_k = \frac{1}{2} m_1 v_1^2 + \frac{1}{2} m_2 v_2^2;$$

碰撞后的动能为

$$E'_k = \frac{1}{2}(m_1 + m_2)v^2 = \frac{(m_1 v_1 + m_2 v_2)^2}{2(m_1 + m_2)};$$

碰撞过程中损失的动能为

$$\Delta E = E_k - E'_k = \frac{m_1 m_2 (v_1 - v_2)^2}{2(m_1 + m_2)}. \tag{3-26}$$

在完全非弹性碰撞中,损失的动能变为永久形变中耗散的能量.

3. 非弹性碰撞

一般的碰撞,既不是弹性的,也不是完全非弹性的,碰撞后形变部分恢复,两物体具有不同的速度,但系统动能不再守恒. 牛顿总结了各种碰撞实验的结果,引进了恢复系数 e 的概念,在对心碰撞中 e 被定义为

$$e = \frac{v_2 - v_1}{v_{10} - v_{20}}. \tag{3-27}$$

可以看出,在弹性碰撞中,$e = 1$;在完全非弹性碰撞中,$v_1 = v_2$,$e = 0$;一般的非弹性碰撞,$0 < e < 1$.

e 的值可由实验测定,由(3-22)式与(3-27)式,可解得非弹性碰撞后两球的速度为

$$v_1 = \frac{(m_1 - em_2)v_{10} + (1 + e)m_2 v_{20}}{m_1 + m_2},$$

$$v_2 = \frac{(1+e)m_1 v_{10} + (m_2 - em_1)v_{20}}{m_1 + m_2},$$

从而可求得非弹性碰撞过程中损失的能量

$$\Delta E = E_k - E'_k = \frac{1}{2}(1-e^2)\frac{m_1 m_2}{m_1 + m_2}(v_{10} - v_{20})^2.$$

例题 3.5　一个质量为 $M = 10$ kg 的物体放在光滑水平面上,并与一水平轻弹簧相连,如图 3-9. 弹簧的劲度系数 $k = 1\,000$ N·m^{-1}. 今有一质量为 $m = 1$ kg 的小球,以水平速度 $v_0 = 4$ m·s^{-1} 飞来,与物体 M 相撞后以 $v_1 = 2$ m·s^{-1} 的速度弹回.

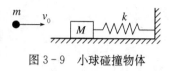

图 3-9　小球碰撞物体

(1) M 起动后,弹簧将被压缩,弹簧可缩短多少?

(2) 小球 m 和物体 M 的碰撞是弹性碰撞吗? 恢复系数多大?

(3) 如果小球上涂有粘性物质,相撞后可与 M 粘在一起,则(1)(2)所问的结果又如何?

解　(1) 碰撞过程水平方向无外力,系统动量守恒,设 m 与 M 碰撞后分离时 M 的速度为 v_M,有

$$mv_0 = Mv_M = mv_1.$$

又设 M 对弹簧最大压缩量为 Δx,则弹簧压缩过程中机械能守恒,即

$$\frac{1}{2}Mv_M^2 = \frac{1}{2}k\Delta x^2.$$

联解以上两式,得

$$\Delta x = \sqrt{\frac{M}{k}} \cdot \frac{m}{M}(v_0 + v_1) = \sqrt{\frac{10}{1\,000}} \times \frac{1}{10} \times (4+2)\ \text{m} = 0.06\ \text{m}.$$

(2) $E_{k前} = \frac{1}{2}mv_0^2 = \frac{1}{2} \times 1 \times 4^2\ \text{J} = 8\ \text{J}.$

$E_{k后} = \frac{1}{2}mv_1^2 + \frac{1}{2}Mv_M^2 = (2 + 1.8)\ \text{J} = 3.8\ \text{J}.$

两者不等,可见是非弹性碰撞.

根据恢复系数定义,有

$$e = \frac{v_M - (-v_1)}{v_0} = \frac{\frac{m}{M}(v_0 + v_1) + v_1}{v_0} = \frac{\frac{1}{10} \times (4+2) + 2}{4} = 0.65.$$

(3) 此种情况为完全非弹性碰撞,系统动量守恒,则

$$mv_0 = (M + m)v.$$

碰撞后两物体在压缩弹簧过程中,机械能守恒,则

$$\frac{1}{2}(M+m)v^2 = \frac{1}{2}k(\Delta x)^2.$$

联解得

$$\Delta x = \sqrt{\frac{M+m}{k}}\left(\frac{mv_0}{M+m}\right) = \sqrt{\frac{1}{k(M+m)}} \cdot mv_0$$

$$= \sqrt{\frac{1}{1\,000(10+1)}} \times 1 \times 4 \text{ m} = 0.04 \text{ m},$$

恢复系数 $e = 0$.

习 题

3.1 质量为 0.5 kg 的棒球,以大小为 20 m·s^{-1} 的速度向前运动,被棒一击以后,以大小为 30 m·s^{-1} 的速度沿反向运动. 设球与棒接触的时间为 0.04 s,求:

(1) 棒作用于球的冲量的大小;

(2) 棒作用于球的冲力的平均值.

3.2 枪身质量为 6 kg,射出质量为 50 g,速率为300 m·s^{-1} 的子弹. 求:

(1) 试计算枪身的反冲速度的大小;

(2) 设枪托在士兵肩上,士兵用 0.05 s 的时间阻止枪身后退,问枪身推在士兵肩上的平均冲力多大?

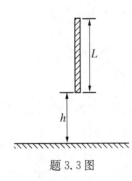

题 3.3 图

3.3 质量为 m 的匀质链条,全长为 L,手持其上段,下端与地面的距离为 h,手一松,链条自由下落在地面上,如图所示. 求链条下落在地面的长度为 l 瞬时,地面所受链条的作用力的大小.

3.4 质量为 M 的人,手里拿着一个质量为 m 的物体,此人以与地平线成 α 角的速度 v_0 向前上方跳起,当他达到最高点时,将物体以相对速度 u 水平向后抛出. 由于物体的抛出,人跳的距离增加多少? 假设空气阻力不计.

3.5 速度为 v_0 的物体甲和一个质量为甲的 2 倍的静止物体乙作对心碰撞,碰撞后甲物体以 $\frac{1}{3}v_0$ 的速度沿原路径弹回. 求:

(1) 乙物体碰撞后的速度. 问这碰撞是完全弹性碰撞吗?

(2) 如果碰撞是完全非弹性碰撞,碰撞后两物体的速度为多大? 动能损失多少?

3.6 如图所示,质量为 m 的物体从斜面上高度为 h 的 A 点处由静止开始下滑,滑至水平段 B 点停止. 今有一质量为 m 的子弹射入物体中,使物体恰好能返回到斜面上的 A 点处. 求子弹的速度(AB 段摩擦因数为恒量).

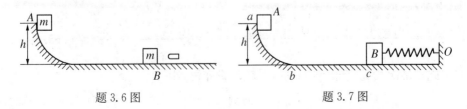

题 3.6 图   题 3.7 图

3.7 如图所示,劲度系数 $k = 100\,\text{N} \cdot \text{m}^{-1}$ 的弹簧,一端固定于 O 点,另一端与一质量为 $m_B = 3\,\text{kg}$ 的物体 B 相连,另一质量为 $M_A = 1\,\text{kg}$ 的物体 A,从 $h = 0.2\,\text{m}$ 处沿光滑轨道 abc 由静止滑下,然后与物体 B 相碰撞,碰撞后粘贴在一起压缩弹簧.碰撞前 B 静止,试计算弹簧的最大压缩距离.

3.8 一根长为 $l = 1\,\text{m}$ 的轻绳,上端固定,下端系一质量为 $M = 4.89\,\text{kg}$ 的木块,如图所示.设绳能承受的最大张力为 $67.72\,\text{N}$.问质量为 $m = 10\,\text{g}$ 的子弹至少需以多大的水平速度射入木块才能使绳断开?

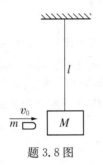

题 3.8 图

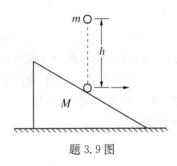

题 3.9 图

3.9 在光滑的水平面上静放着一个质量为 M 的斜面体,一个质量为 m 的小球从高 h 处自由下落.小球与斜面碰撞后沿水平方向飞去,如图所示.设碰撞时系统无机械能损失,求碰撞后斜面体的速度.

3.10 如图所示,质量为 $m_1 = 0.790\,\text{kg}$ 和 $m_2 = 0.800\,\text{kg}$ 的物体以劲度系数为 $10\,\text{N} \cdot \text{m}^{-1}$ 的轻弹簧相连,置于光滑水平桌面上.最初弹簧自由伸张,质量为 $0.01\,\text{kg}$ 的子弹以速率 $v = 100\,\text{m} \cdot \text{s}^{-1}$ 沿水平方向射入 m_1 内,问弹簧最多被压缩了多少?

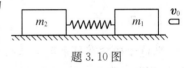

题 3.10 图

3.11 一个中子撞击一个静止的碳原子核,如果碰撞是完全弹性正碰,求碰撞后中子动能减少的百分数.已知中子与碳原子核的质量之比为 $1:12$.

3.12 质量为 $2\,\text{g}$ 的子弹以 $500\,\text{m/s}$ 的速度射向用 $1\,\text{m}$ 长的绳子悬挂着的摆,摆的质量为 $1\,\text{kg}$.子弹穿过摆后仍然有 $100\,\text{m/s}$ 的速度.问摆沿铅直方向上升的高度是多少?

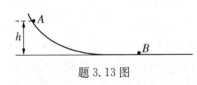

题 3.13 图

3.13 如图所示,在一铅直面内有一个光滑的轨道,左边是一个上升的曲线,右边是足够长的水平直线,两者平滑连接,现有 A,B 两个质点,B 在水平轨道上静止,A 在曲线部分高 h 处由静止滑下,与 B 发生完全弹性碰撞,碰后 A 仍可返回上升到曲线轨道某处,并再度滑下,已知 A,B 两质点的质量分别为 m_1 和 m_2.求 A,B 至少发生两次碰撞的条件.

3.14 如图所示,两车厢质量均为 M.左边车厢地板上放一质量为 M 的货箱,它们共同以 v_0 速度向右运动.另一车厢以 $2v_0$ 从相反方向向左运动并与左车厢碰撞挂钩,碰撞后,左边车厢中的货箱在地板上滑行的最大距离为 l,求:

(1) 货箱与车厢地板间的摩擦因数;

(2) 车厢在挂钩后走过的距离,不计车、地间摩擦.

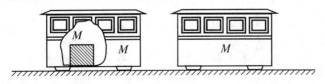

题 3.14 图

第4章 功和能

从研究力学问题的方法上看,对某些问题直接应用牛顿运动定律并不方便,但用能量的概念去讨论却比较简捷,所以功和能的概念为解决力学问题开辟了更宽广的途径.本章将以牛顿运动定律为基础,从力对物体的空间累积效应出发,研究物体的运动规律.由此引出功、动能和势能等的概念,并建立功和能之间的关系式,即质点和质点组的动能定理、功能原理和机械能守恒定律.

§4.1 功 和 功 率

1. 功

功这个概念在日常生活具有多种涵义,而物理学中的这一概念的科学涵义是极其确切的.当物体在力的作用下,沿力的方向产生了一段位移时,我们就说力对物体做了功.如果一物体在力 F 作用下发生了 Δr 的位移,F 与 Δr 之间的夹角为 φ(图 4-1),则力 F 对物体所做的功为

$$A = |F| \cdot |\Delta r| \cos \varphi.$$

根据标量积的定义,有

$$A = F \cdot \Delta r. \tag{4-1}$$

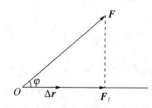

图 4-1 功的定义

这就是说,功等于质点受的力和它的位移的标量积.注意,按 (4-1)式定义的功是标量,它没有方向,但有正负.当 $0 \leqslant \varphi \leqslant \pi/2$ 时,$A > 0$,力对质点做正功;当 $\varphi = \pi/2$ 时,$A = 0$,力对质点不做功;当 $\pi/2 < \varphi \leqslant \pi$ 时,$A < 0$,力对质点做负功,我们也常说成是质点在运动中克服力 F 做了功.

如果质点在变力 F(可以是随位置改变的力)作用下,沿一曲线从 A 点运动到达 B 点(图 4-2),在这一路径上力对质点做的功可按如下方法计算.先把路径分成许多小段,任取一小段位移,用 dr 表示,在这段位移上质点受的力 F 可视为恒力,因而力对质点做的元功 dA 可表示为

$$dA = F_t |dr|$$
$$= |F| \cdot |dr| \cos \varphi, \tag{4-2}$$

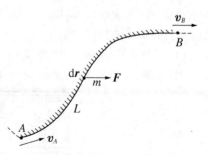

图 4-2 力沿一段曲线做的功

式中 F_t 为 $\boldsymbol{F}$ 沿 $\mathrm{d}\boldsymbol{r}$ 方向亦即轨道切线方向的分量,φ 为力 $\boldsymbol{F}$ 与位移 $\mathrm{d}\boldsymbol{r}$ 之间的夹角. 按标量积的定义,(4-2)式又可写成

$$\mathrm{d}A = \boldsymbol{F} \cdot \mathrm{d}\boldsymbol{r}, \tag{4-3}$$

然后把沿整个路径的所有元功加起来就得到沿整个路径力对质点做的功,即对(4-3)式求积分. 因此,质点沿路径 L 从 A 运动到 B,力 $\boldsymbol{F}$ 对它做的功就是

$$A_{AB} = \int_A^B \mathrm{d}A = \int_A^B \boldsymbol{F} \cdot \mathrm{d}\boldsymbol{r}, \tag{4-4}$$

这一积分在数学上叫作力 $\boldsymbol{F}$ 沿路径 L 从 A 到 B 的线积分.

当质点同时受到几个力,如 $\boldsymbol{F}_1$,$\boldsymbol{F}_2$,$\cdots$,$\boldsymbol{F}_N$ 的作用而沿路径 L 由 A 运动到 B 时,合力 $\boldsymbol{F}$ 对质点做的功应为

$$\begin{aligned} A_{AB} &= \int_A^B \boldsymbol{F} \cdot \mathrm{d}\boldsymbol{r} = \int_A^B (\boldsymbol{F}_1 + \boldsymbol{F}_2 + \cdots + \boldsymbol{F}_N) \cdot \mathrm{d}\boldsymbol{r} \\ &= \int_A^B \boldsymbol{F}_1 \cdot \mathrm{d}\boldsymbol{r} + \int_A^B \boldsymbol{F}_2 \cdot \mathrm{d}\boldsymbol{r} + \cdots + \int_A^B \boldsymbol{F}_N \cdot \mathrm{d}\boldsymbol{r} \\ &= A_{1AB} + A_{2AB} + A_{3AB} + \cdots + A_{NAB}. \end{aligned}$$

这一结果表明合力做的功等于各分力沿同一路径所做的功的代数和.

在 SI 单位制中,功的量纲是 ML^2T^{-2},单位名称是焦[耳],符号为 J.

2. 功率

物理学中用功率这个物理量来描述物体做功的快慢. 设在 Δt 时间内,力所做的功为 ΔA,则在这段时间内的平均功率为

$$\overline{N} = \frac{\Delta A}{\Delta t}. \tag{4-5}$$

当时间 Δt 趋于零时,力的平均功率的极限即为时刻 t 的瞬时功率,即

$$N = \lim_{\Delta t \to 0} \frac{\Delta A}{\Delta t} = \frac{\mathrm{d}A}{\mathrm{d}t}. \tag{4-6}$$

将 $\mathrm{d}A = \boldsymbol{F} \cdot \mathrm{d}\boldsymbol{r}$ 代入上式,得

$$N = \boldsymbol{F} \cdot \boldsymbol{v}, \tag{4-7}$$

即力的瞬时功率等于该力与受力点速度的标积. (4-7)式表明,对于一定功率的机械,当速度小时,力就大,当速度大时,力必定小.

在 SI 单位制中,功率的单位是焦耳/秒,称瓦特,用符号 W 表示.

例题 4.1 已知弹簧的劲度系数 $k = 200\,\mathrm{N} \cdot \mathrm{m}^{-1}$,若忽略弹簧的质量和摩擦力,求将弹簧压缩 $10\,\mathrm{cm}$,弹性力所做的功和外力所做的功.

解 这也是变力做功的例子. 取弹簧未被压缩时自由端的位置为坐标原点,建立坐标系,如图 4-3 所示.

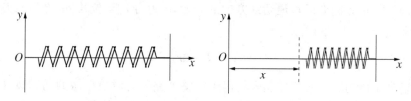

图 4 - 3 弹性力做功

弹簧的弹性力可表示为

$$\boldsymbol{F} = -kx\boldsymbol{i},$$

式中负号表示弹性力的方向与端点位移的方向相反. 现将弹簧的自由端压缩到 x 处, 若继续使自由端作位移 dx, 弹性力所做的元功则为

$$dA = \boldsymbol{F} \cdot dx\boldsymbol{i} = -kx\boldsymbol{i} \cdot dx\boldsymbol{i} = -kx\,dx,$$

那么, 将弹簧压缩 10 cm, 弹性力所做的总功为

$$A = \int dA = \int_0^{0.1} -kx\,dx = -1.0(\text{J}),$$

负号表示在这种情况下弹性力做负功, 也就是外力克服弹簧的弹性力而做功. 外力当然做正功, 即

$$A' = -A = 1.0\,\text{J}.$$

例题 4.2 如图 4 - 4 所示, 水平桌面上有一个质量为 m 的物体, 在外力的作用下沿半径为 R 的圆由 A 到 B 移动了 3/4 个圆周, 求在这一过程中摩擦力所做的功, 设物体与桌面间的滑动摩擦因数为 μ_k.

解 该物体所受摩擦力的大小为

$$f_k = \mu_k N = \mu_k mg,$$

则物体经过位移 dr 时, 摩擦力所做的功为

$$dA = \boldsymbol{f}_k \cdot d\boldsymbol{r} = -f_k |d\boldsymbol{r}|.$$

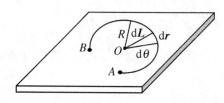

以弧长 dL 表示元位移 $d\boldsymbol{r}$ 的大小, dL 对应的圆心角度为 $d\theta$, 则有

图 4 - 4 物体在水平面上做圆周运动

$$dA = -\boldsymbol{f}_k \cdot d\boldsymbol{L} = -\mu_k mgR\,d\theta.$$

物体从 A 到 B 的过程中, 摩擦力所做的功

$$A = \int_A^B dA = \int_A^B -\mu_k mg\,d\theta = -\mu_k mgR\int_0^{\frac{3}{2}\pi} d\theta = -\frac{3}{2}\pi\mu_k mgR,$$

式中负号表示相对于桌面的移动来说, 摩擦力做负功.

本题是一个典型的变力做功的问题, 变力可以分为三种, 即力的大小不变, 方向发生变化; 力的大小发生变化, 但方向不变和力的大小方向都发生变化, 本题属于力的大小不

变,但方向发生变化的情况.

§4.2 动能定理

1. 动能

物体由于有速度而具有的能量叫动能,而且物体的动能与物体的质量及速度有关.功是能量变化的量度.为简便起见,设一质量为 m 物体,在恒力 F 作用下做匀加速直线运动,s 表示速度由零增加到 v 时所走过的路程.根据功的定义,合力 F 在此过程中所做的功为

$$A = Fs. \tag{4-8}$$

根据牛顿第二定律和匀变速直线运动基本公式,得

$$\begin{cases} F = ma, \\ s = \dfrac{v^2}{2a}. \end{cases} \tag{4-9}$$

将(4-9)式代入(4-8)式得

$$A = ma\,\frac{v^2}{2a} = \frac{1}{2}mv^2.$$

这就是在物体的速度由零增加到 v 的过程中,作用在物体上的合力所做的功.它在数值上就等于质量为 m 的物体在速度为 v 时的动能.通常用 E_k 来表示动能,则

$$E_k = \frac{1}{2}mv^2.$$

2. 动能定理

设物体在变力 F 作用下沿一曲线由 A 点运动到 B 点(图 4-2),在一微小位移 $d\boldsymbol{r}$ 上做的元功为

$$dA = \boldsymbol{F} \cdot d\boldsymbol{r} = F_t dr = ma_t dr.$$

由于

$$a_t = \frac{dv}{dt}, \ dr = vdt,$$

所以

$$dA = mvdv = d\left(\frac{1}{2}mv^2\right). \tag{4-10}$$

将(4-10)式沿从 A 到 B 的路径积分,可得

$$A_{AB} = \frac{1}{2}mv_B^2 - \frac{1}{2}mv_A^2 = E_{kB} - E_{kA}, \qquad (4-11)$$

式中 v_A 和 v_B 分别是质点经过 A 和 B 时的速率,而 E_{kA} 和 E_{kB} 分别是相应时刻质点的动能.(4-10)式和(4-11)式说明:合外力对质点所做的功等于质点动能的增量——动能定理.

根据动能定理,如果我们能够求出质点在运动过程的始末位置的动能,就能求出任何力在这段路程中所做的功,因此,在解某些力学问题时,用动能定理可能比直接用牛顿第二定律更方便些.

动能和功的量纲和单位都相同,即都为 ML^2T^{-2} 和 J.

例题 4.3 如图 4-5 所示,一物体由斜面底部以初速度 $v_0 = 10 \text{ m} \cdot \text{s}^{-1}$ 向斜面上方冲去,到达最高处后又沿着斜面下滑,由于物体与斜面之间的摩擦,滑到底部时速度变为 $v_f = 8 \text{ m} \cdot \text{s}^{-1}$,已知斜面倾角为 $\theta = 30°$,求物体冲上斜面最高处的高度及摩擦因数 μ.

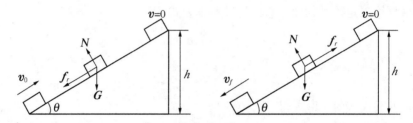

图 4-5 物体沿斜面的运动的受力分析

解 物体在斜面上受重力 $G = mg$,斜面弹力 N 以及物体与斜面摩擦力 f_r 作用,重力 mg 沿斜面法向的分量与 N 平衡,即

$$N = mg\cos\theta.$$

摩擦力 f_r 的大小为

$$f_r = \mu N = \mu mg\cos\theta.$$

当物体上冲时,f_r 沿斜面向下;物体下滑时,f_r 沿斜面向上.设物体沿斜面上冲的最大距离为 l,取沿斜面向上为正方向,则上冲过程中,物体所受的合力做的功为

$$W_1 = (-mg\sin\theta - \mu mg\cos\theta)l.$$

物体冲到最高处速度为零,根据动能定理有

$$W_1 = 0 - \frac{1}{2}mv_0^2,$$

即 $$(mg\sin\theta + \mu mg\cos\theta)l = \frac{1}{2}mv_0^2. \qquad (1)$$

物体在下滑过程中合力所做的功为

$$W_2 = (-mg\sin\theta + \mu mg\cos\theta)(-l).$$

根据动能定理

$$W_2 = \frac{1}{2}mv_f^2 - 0,$$

即

$$(mg\sin\theta - \mu mg\cos\theta)l = \frac{1}{2}mv_f^2. \tag{2}$$

在(1)(2)两式中消去 μ,得

$$l = \frac{v_0^2 + v_f^2}{4g\sin\theta} = \frac{10^2 + 8^2}{4 \times 9.8 \times \sin 30°} = 8.4\,(\text{m}).$$

最高处高度为

$$h = l\sin\theta = 8.4 \times \sin 30° = 4.2\,(\text{m}).$$

由(1)式得

$$\mu = \frac{v_0^2}{2lg\cos\theta} - \tan\theta = \frac{10^2}{2 \times 8.4 \times 9.8 \times \cos 30°} - \tan 30° = 0.12.$$

§4.3 势 能

1. 保守力与非保守力

在牛顿第二定律中所讲的合力,对力的性质并没有任何限制,下面我们将看到,按做功性质来说,力可以分为两类,一类叫作保守力,另一类叫作非保守力. 在保守力作用下,物体就具有与该保守力相关的势能. 引入势能后,不仅计算保守力做功变得很简单,而且为机械能转化与守恒定律的建立奠定了基础.

我们首先来讨论重力所做的功. 如图 4-6 所示,质量为 m 的质点,在重力作用下,自 A 点经平面曲线 ACB 运动到 B 点,建立直角坐标系 xOy,y 轴方向铅直向上. 由于 $F_x = 0$,$F_y = -mg$. 因此,重力在 A 到 B 的过程中所做的功为

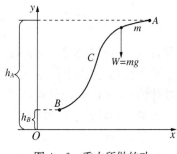

图 4-6 重力所做的功

$$A_{AB} = \int_A^B \boldsymbol{F} \cdot d\boldsymbol{r} = -\int_{h_A}^{h_B} mg\,dy$$
$$= mg(h_A - h_B) \tag{4-12}$$

表明,重力所做的功与所经过的路径无关,仅决定于质点的始、末高度.

再讨论万有引力所做的功. 如图 4-7 所示,一静止质点的质量为 M,在其引力场中,一质量为 m 的质点由 $\boldsymbol{r}_1$ 沿某一曲线运动至 $\boldsymbol{r}_2$. 现计算作用于 m 的引力 $\boldsymbol{F}$ 所做的

功. 首先讨论质点 m 处于曲线上某位置 r 附近时引力的元功. 将位移 $\mathrm{d}r$ 分解为沿 r 方向和与 r 垂直方向的二分位移, 引力只在沿 r 方向的分位移上做功. 用 r_0 表示沿 r 方向的单位矢量, 则沿 r 方向的分位移可表示作 $\mathrm{d}rr_0$, 引力 F 所做的元功为

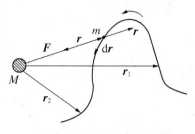

图 4-7 万有引力的功

$$\mathrm{d}A = -\frac{GMm}{r^2}r_0 \cdot \mathrm{d}rr_0 = -\frac{GMm}{r^2}\mathrm{d}r.$$

当质点 m 自 r_1 运动至 r_2 时, 引力做的总功为

$$A = -\int_{r_1}^{r_2} \frac{GMm}{r^2}\mathrm{d}r = GMm\left(\frac{1}{r_2} - \frac{1}{r_1}\right). \tag{4-13}$$

结果表明, 与重力做的功相似, 引力做的功也仅仅和受力质点的始、末位置有关, 与质点所经路径无关.

我们再来讨论弹性力做功的问题. 如图 4-8 弹簧放置在光滑的水平面上, 一端固定,

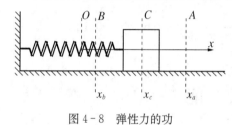

图 4-8 弹性力的功

另一端与一质量为 m 的质点相连接. 弹簧在水平方向不受外力时, 它不发生形变, 即处于自然状态, 这时物体所处的位置称为平衡位置.

取平衡位置为坐标原点, 向右为 x 轴正方向. 这样, 质点在任一位置 x 时, 弹性力就可以表示为

$$f_x = -kx.$$

质点的位置由 A 移到 B 的过程中, 弹性力所做的功为

$$A_{AB} = \int_A^B \boldsymbol{f} \cdot \mathrm{d}\boldsymbol{r} = \int_{x_A}^{x_B} f_x \mathrm{d}x = \int_{x_A}^{x_B} (-kx)\mathrm{d}x.$$

计算此积分, 可得

$$A_{AB} = \frac{1}{2}kx_A^2 - \frac{1}{2}kx_B^2. \tag{4-14}$$

可见, 弹性力所做的功与重力做功一样, 只取决于物体的始、末位置, 与中间过程无关.

重力做功、弹性力和万有引力做功, 都有一个共同的特点, 力所做的功仅仅取决于受力物体的始、末位置, 而与物体所经过的路径无关. 我们把具有这种特性的力叫作保守力. 保守力的这种特性也可以表述为: 物体在保守力的作用下, 沿任意闭合路径绕一周所做的功等于零, 即

$$\oint \boldsymbol{F} \cdot \mathrm{d}\boldsymbol{r} = 0. \tag{4-15}$$

在物理学中并非所有的力做功都具有与路径无关这一特性, 例如常见的摩擦力, 它所做的功就与路径有关, 路径不同摩擦力做功的数值也不同. 我们把这种做功与路径有关的

力叫作非保守力,或者说,凡沿闭合路径做功不为零的力叫作非保守力,即

$$\oint \boldsymbol{F} \cdot \mathrm{d}\boldsymbol{r} \neq 0. \tag{4-16}$$

2. 势能

既然一切保守力做功均由受力物体的始末位置决定,那么对于任一保守力,都可以找到一个相应的位置函数,该函数的始末位置的增量,恰好等于保守力对受力物体由初位置经任一路径到达末位置所做的功,这个函数就是势能.

用 E_{p0} 和 E_p 分别表示质点在始、末位置的势能,用 $A_保$ 表示自始位置到末位置保守力做的功,则

$$A_保 = E_{p0} - E_p,$$

或者

$$-A_保 = E_p - E_{p0}. \tag{4-17}$$

上式表明,与一定保守力相对应的势能的增量等于保守力所做功的负值,此即势能的定义.若保守力做正功,则势能减少,若保守力做负功,则势能增加.

势能的定义是就势能的增量来说的,那么对应于某一位置的势能是多少呢? 我们把势能等于零的空间点叫作势能零点,它是人为规定的.若规定计算保守力做功的起始位置为势能零点,$E_{p0} = 0$,那么终止位置的势能为

$$-A_保 = E_p, \tag{4-18}$$

即一定位置的势能在数值上等于从势能零点到此位置保守力所做功的负值,这可以看作是势能定义的另一种叙述.

选择不同的势能零点,势能的函数值不同,因此,对于某一点的势能只具有相对意义.但势能的增量与势能零点的选取无关.因势能与质点间的保守力相联系,故势能属于以保守力相互作用的质点系.例如,重力势能属于地球和受重力作用的质点所共有;弹簧弹性势能属于弹簧和相连质点所共有.

根据上面的讨论,重力对物体做的功,可由(4-12)式确定,即

$$A_{AB} = mgh_A - mgh_B.$$

结合(4-17)式可得

$$-A_保 = E_{pB} - E_{pA} = mgh_B - mgh_A.$$

若选取 B 点为势能零点,即 $h_B = 0$,并规定 $E_{pB} = 0$,则就可得在任意高度(去掉下标 A)时,质量为 m 的物体的重力势能为

$$E_p = mgh. \tag{4-19}$$

也就是说,物体在某一高度时的重力势能等于该物体由该高度移到零高度的过程中重力

所做的功.

万有引力所做的功,由(4-13)式确定,即

$$A = GMm \left(\frac{1}{r_2} - \frac{1}{r_1} \right).$$

从(4-17)式可知

$$E_{p1} - E_{p0} = GMm \left(\frac{1}{r_2} - \frac{1}{r_1} \right).$$

对于引力势能,通常选取无穷远处为参考点,即令无穷远处的引力势能为零,这样物体系的引力势能(去掉 r 的下标)为

$$E_p = -G\frac{Mm}{r}. \tag{4-20}$$

可见,若取两吸引质点相距无穷处为引力势能零点,则引力势能总取负值.

同样弹性力做的功由(4-14)式得出,即

$$A_{AB} = \frac{1}{2}k x_A^2 - \frac{1}{2}k x_B^2.$$

又可得

$$E_{pA} - E_{pB} = \frac{1}{2}k x_A^2 - \frac{1}{2}k x_B^2.$$

通常就以弹簧处于自然长度时为弹性势能零点,即规定 $x_B = 0$ 时,$E_{pB} = 0$. 这样,弹簧在任意伸长为 x 时的弹性势能为(A)

$$E_p = \frac{1}{2}k x^2. \tag{4-21}$$

3. 势能曲线

质点系的势能决定于质点系中各质点的相对位置. 各质点的相对位置可用坐标系中的坐标表示,因而势能是质点系中各质点坐标的函数. 在一般情况下,需要很多坐标才能表明各质点的相对位置,因而这个函数可能相当复杂,但在不少重要的特殊情况中,函数的形式相当简单. 从重力势能和弹性势能的表达式

$$E_p^{重} = mgy, \quad E_p^{弹} = \frac{1}{2}k x^2, \quad E_p^{引} = -G\frac{Mm}{r}$$

中可以看出,这几种常见的势能都仅由一个表示相对位置的坐标有关. 若以这种坐标为横坐标,势能为纵坐标作图,则可得势能曲线如图4-9所示.

势能曲线的主要用途有下面两个方面:

(1) 从势能曲线上可以直观地看出与该势能相对应的保守力如何随坐标而变化. 将重力势能的表示式 $E_p^{重} = mgy$ 对 y 求导数,就可得到重力,即

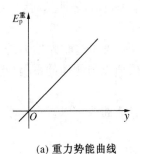

(a) 重力势能曲线

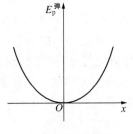

(b) 弹性势能曲线

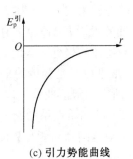

(c) 引力势能曲线

图 4-9　势能曲线

$$\frac{\mathrm{d}E_{\mathrm{p}}^{\text{重}}}{\mathrm{d}y} = mg,$$

另一方面，重力沿 y 轴的投影

$$F_y = -mg,$$

所以

$$F_y = -\frac{\mathrm{d}E_{\mathrm{p}}^{\text{重}}}{\mathrm{d}y}.$$

类似地可将弹性力沿 x 轴的投影 $F_x = -kx$ 表示为

$$F_x = -\frac{\mathrm{d}E_{\mathrm{p}}^{\text{弹}}}{\mathrm{d}x}.$$

如果我们用 E_{p} 代表势能，用 x 代表坐标，可以证明上两式可用一个式子表示为

$$F_x = -\frac{\mathrm{d}E_{\mathrm{p}}}{\mathrm{d}x}, \qquad (4-22)$$

即保守力沿某坐标轴 x 的投影等于势能对坐标 x 的导数再乘以 -1。

根据微分学，$\dfrac{\mathrm{d}E_{\mathrm{p}}}{\mathrm{d}x}$ 等于 E_{p} 曲线上切线的斜率，因而根据 (4-21) 式，我们可以从势能曲线的形状看出 F_x 的大小和方向如何随 x 而变化的。我们以弹性势能曲线 (图 4-10) 为例稍加说明，当物体的坐标为 x_A 时，势能曲线上 A 点处切线的斜率为正值，表明这时弹性力 F 沿 x 轴的投影 F_x 必为负值，即 F 的方向必与 x 轴的正方向相反。当物体的坐标为 x_B 时，势能曲线上 B 点处切线的斜率仍为正值，表示 F 的方向仍与 x 轴的正方向相反。B 点处切线斜率的绝对值小于 A 点处切线斜率的绝对值，说明 B 点处的弹性力小于 A

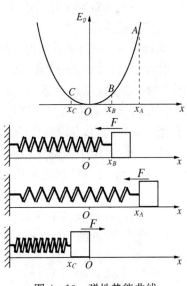

图 4-10　弹性势能曲线

点处的弹性力.当坐标为 x_C 时,势能曲线上 C 点处切线的斜率为负值,表明这时弹性力 F 沿 x 轴的投影 F_x 必为正值,即 F 的方向必与 x 轴的正方向相同.

当物体的坐标为零时,势能曲线上 O 点处切线的斜率为零,表明这时弹性力的大小为零,亦即 O 点是物体的平衡位置.由此可见,势能曲线上的极值点与物体的平衡位置相对应.所以由势能曲线可以很方便地确定物体的平衡位置.

(2) 已知质点系动能 E_k 与势能 E_p 之和 E 守恒,则利用势能曲线可以直观地看出物体的运动范围和动能与势能相互转化的具体情形.

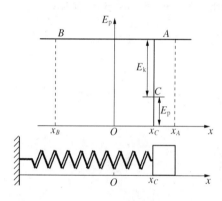

图 4-11 从势能曲线看物体运动的范围以及势能的相互转化

仍以弹性系统为例.若如图 4-11 所示弹性系统中的物体受到的摩擦阻力忽略不计,则该系统动能 E_k 与弹性势能 E_p 之和 E 保持不变.在 E_p 曲线图上作垂线,该垂线与势能线交于 A 点与 B 点.因 E 保持不变,故物体在任一位置 x_C 的势能 E_p 和动能 E_k 可用图 4-11 中所示线段的长度来表示.因为动能 E_k 只能取正值,不能取负值,所以从图上可以明显地看出,物体只能在坐标为 x_B 及 x_A 的两点间运动.

从图上表示的 E_p 和 E_k 线段的长度可以看出,在位置 x_A 时,势能最大,动能为零.因 x_A 不是平衡位置,故物体必向左运动.物体在向左移动过程中,势能逐渐减小,动能逐渐增大,在位置 C 时,动能最大,势能为零.因这时物体具有速度,故必将继续向左移动,在继续向左移动时,动能逐渐减小,势能逐渐增大.在位置 x_B 时,势能最大,动能为零.因此,根据弹性势能曲线的形状和能量 E 的数值可以十分清楚地看出弹性系统中物体运动的范围和运动过程中能量转化的具体情况.

由于势能曲线对于分析物体的运动很有帮助,所以在物理学中获得了广泛的应用.

例题 4.4 一劲度系数为 k 的轻弹簧,上端固定,下端系质量为 m 的物体.把物体静止时所处的位置(图 4-12 中过 O 点的水平面)叫作平衡位置.扰动这个系统,使物体以初速度 v_0 离开平衡位置.当物体相对于平衡位置有一位移 x 时,求物体运动的速度、加速度和作用于物体的力,并求物体的最大位移.计算时不考虑空气阻力.

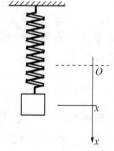

图 4-12 弹性运动

解 当物体由平衡位置过渡到图中位置时,重力和弹性力都要做功.求出这两种力的功就可用质点的动能定理确定速度的大小,从而求出加速度和物体所受的力.

过平衡位置 O 点向下作 x 轴.当物体处于平衡位置时,弹簧的伸长为 mg/k.在物体从平衡位置过渡到图中位置时,弹性力做的功为

$$A_{弹} = -\left[\frac{1}{2}\left(\frac{mg}{k}+x\right)^2 - \frac{1}{2}k\left(\frac{mg}{k}\right)^2\right] = -mgx - \frac{1}{2}kx^2,$$

重力做的功为

$$A_重 = mgx.$$

设物体在图中位置的速度为 v,由质点的动能定理得

$$\frac{1}{2}mv^2 - \frac{1}{2}mv_0^2 = -mgx - \frac{1}{2}kx^2 + mgx = -\frac{1}{2}kx^2,$$

$$v = \pm \sqrt{\frac{mv_0^2 - kx^2}{m}}, \tag{1}$$

式中正号表示物体向下运动,负号表示向上运动,我们取正号.

设物体的加速度在 Ox 轴上的投影为 a,则

$$a = \frac{\mathrm{d}v}{\mathrm{d}t} = \frac{\mathrm{d}v}{\mathrm{d}x} \cdot \frac{\mathrm{d}x}{\mathrm{d}t} = v\frac{\mathrm{d}v}{\mathrm{d}x}$$

$$= \left(\frac{mv_0^2 - kx^2}{m}\right)^{1/2} \cdot \frac{1}{2}\left(\frac{mv_0^2 - kx^2}{m}\right)^{-1/2} \cdot \frac{-2kx}{m}$$

$$= -\frac{kx}{m}.$$

物体所受的合力在 Ox 轴上的投影为

$$F = ma = -kx. \tag{2}$$

当物体达到最大位置的位置时,瞬时速度为零,即振动在这个位置改变运动的方向. 在(1)式中,命 $v = 0$, 便可求出向下的最大位移

$$x_{\max} = \sqrt{\frac{m}{k}}v_0. \tag{3}$$

§4.4 功能原理与机械能守恒定律

1. 功能原理

在 §4.2 中所讲的动能定理,也可以推广到由若干个质点组成的质点系. 显然,系统的动能定理的形式与(4-11)式相同,即

$$A = E_k - E_{k0}. \tag{4-23}$$

这里,E_k 和 E_{k_0} 分别表示系统在终态和初态的总动能,A 表示作用在各质点上所有的力做功的总和.

对于一个质点系来说,必须要区分内力和外力. 质点系内各质点之间的相互作用力称为内力. 质点系以外的其他物体对质点系内各质点的作用力称为外力. 因此(4-23)式中

的 A 应包括一切外力和一切内力做的功. 内力当中,又可将保守内力和非保守内力加以区分,所以,可将(4-23)式改写为

$$E_k - E_{k0} = A_\text{外} + A_\text{保守内力} + A_\text{非保守内力}, \qquad (4-24)$$

这是适用于质点系的动能定理表达式.

对于保守内力,我们知道,保守力所做的功等于势能增量的负值,即

$$A_\text{保守内力} = -(E_p - E_{p0}). \qquad (4-25)$$

将(4-25)式代入(4-24)式中,得

$$E_k - E_{k0} = A_\text{外} + A_\text{非保守内力} - (E_p - E_{p0}),$$

或

$$(E_p + E_k) - (E_{p0} + E_{k0}) = A_\text{外} + A_\text{非保守内力}, \qquad (4-26)$$

系统的总动能和势能之和叫作系统的机械能,通常用 E 表示,即

$$E = E_k + E_p. \qquad (4-27)$$

以 E_A 和 E_B 分别表示系统初、末状态的机械能,则(4-26)式又可写成

$$A_\text{外} + A_\text{非保守内力} = E_B - E_A. \qquad (4-28)$$

此式表明:质点系在运动过程中,外力所做的功与系统内非保守力所做功的总和等于它的机械能的增量. 这一结论称作质点系的功能原理.

在应用功能原理求解动力学问题时,只需要计算外力所做的功 $A_\text{外}$ 和非保守内力所做的功 $A_\text{非保守内力}$,而对保守内力所做的功不需进行计算,因为它们所做的功已用势能增量表示出来了,由于计算势能的增量常常比直接计算功要方便,所以,用功能原理解题往往比直接运用动能定理要简捷.

2. 机械能守恒与转化定律

在物理学中常讨论的一种重要情况是:在质点系运动过程中,只有保守内力做功,也就是外力做的功和非保守内力做的功都等于零或可以忽略不计. 这样,(4-26)式就直接给出

$$E_B = E_A = 常量. \qquad (4-29)$$

这就是说:在只有保守内力做功的情况下,质点系的机械能保持不变. 这就是机械能守恒定律.

在实际问题中,由于摩擦力等非保守力普遍存在,它们要对质点系做功. 因此,机械能严格守恒的情况是少见的. 但在许多情况下,外力和非保守内力所做的功引起的机械能的改变量,比起质点系机械能的总量小得多,我们可以近似地认为外力和非保守内力不做功,机械能是守恒的.

在自然界中,除机械运动外,还有热运动、电磁运动、原子及原子核内部的运动、化

学运动和生命运动等. 不同的运动形式对应着不同形式的能量. 任何一种运动形式都能够直接或间接地转化为其他形式的运动. 也就是说, 一种形式的能量能够转换为另一种形式的能量. 大量的实验表明: 各种形式的能量是可以相互转换的, 但是无论如何转换, 能量既不能产生, 也不能消灭. 这一结论叫作能量转换与守恒定律. 它是自然界的基本定律之一.

根据能量转化与守恒定律, 对于一个与外界没有能量交换的孤立系统来说, 无论在这个系统内发生何种变化过程, 各种形式的能量可以相互转换, 但能量的总和始终保持不变. 反之, 当一个系统的能量发生变化时, 必然同时伴随着另一些系统能量的变化, 以使这个系统与另一些系统的能量之和保持恒定.

例题 4.5 试求抛体在飞行中任意时刻的动能、势能、总机械能的函数表达式.

解 设抛体质量为 m, 具有初速度 v_0, 发射角为 θ, 取发射处所在水平面为零势能面, 则抛体初势能为零, 初动能 E_{k0} 等于总机械能为

$$E_0 = E_{k0} = \frac{1}{2}mv_0^2.$$

在任意时刻 t, 有

$$v_x = v_0\cos\theta, \quad v_y = v_0\sin\theta - gt,$$

$$y = v_0\sin\theta \cdot t - \frac{1}{2}gt^2.$$

抛体动能

$$
\begin{aligned}
E_k &= \frac{1}{2}mv^2 = \frac{1}{2}m(v_x^2 + v_y^2) \\
&= \frac{1}{2}m\big[(v_0\cos\theta)^2 + (v_0\sin\theta - gt)^2\big] \\
&= \frac{1}{2}mv_0^2 - mgv_0\sin\theta \cdot t + \frac{1}{2}mg^2t^2;
\end{aligned}
$$

抛体势能

$$E_p = mgy = mgv_0\sin\theta \cdot t - \frac{1}{2}mg^2t^2;$$

总能量

$$E = E_k + E_p = \frac{1}{2}mv_0^2.$$

例题 4.6 用一个轻弹簧把一个金属盘悬挂起来(图 4-13), 这时弹簧伸长了 $l_1 = 10$ cm. 一个质量和盘相同的泥球, 从高于盘 $h = 30$ cm 处由静止下落到盘上. 求此盘向下运动的最大距离 l_2.

解 本题可分为三个过程进行分析.

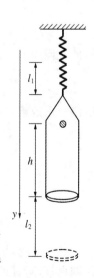

图 4-13
性系统的碰撞图示

首先是泥球自由下落过程. 它落到盘上时的速度为

$$v = \sqrt{2gh}.$$

接着是泥球和盘的碰撞过程. 把盘和泥球看作一个系统, 因两者之间的冲力远大于它们所受的外力(包括弹簧的拉力和重力), 而且作用时间很短, 所以可以认为系统的动量守恒. 设泥球与盘的质量都是 m, 它们碰撞后刚粘合在一起时的共同速度为 V, 按图写出沿 y 方向的动量守恒的分量式, 可得

$$mv = (m+m)V,$$

由此得

$$V = \frac{v}{2} = \sqrt{\frac{gh}{2}}.$$

最后是泥球和盘共同下降的过程. 选弹簧、泥球和盘以及地球为系统, 以泥球和盘开始共同运动时为系统的初态, 两者到达最低点时为末态. 在此过程中只有保守内力做功, 所以系统的机械能守恒. 以弹簧的自然伸长为它的弹性势能的零点, 以盘的最低位置为重力势能零点, 则系统的机械能守恒表示为

$$\frac{1}{2} \cdot 2mV^2 + 2mgl_2 + \frac{1}{2}kl_1^2 = \frac{1}{2}k(l_1 + l_2)^2,$$

此式中弹簧的劲度系数可以通过最初盘的平衡状态求出, 结果是

$$k = \frac{mg}{l_1}.$$

将此值以及 $V^2 = gh/2$ 和 $l_1 = 10\ \text{cm}$ 代入上式, 化简后可得

$$l_2^2 - 20l_2 - 300 = 0.$$

解此方程得

$$l_2 = 30, \text{或} -10,$$

取前一正数解, 即得盘向下运动的最大距离为 $l_2 = 30\ \text{cm}$.

§4.5　行星的运动　宇宙速度

1. 行星的运动

日月升落, 星光闪烁, 自古以来就吸引着人们去探究其奥秘. 古代, 经过对日月星辰的长期观察, 对其运动形成了多种解释, 产生了很多宇宙理论. 我们知道, 在探究历史上曾出现的以地球为中心的"地心说", 一度成为中世纪的欧洲占统治地位的宇宙观. 直到 16 世纪哥白尼提出了"日心说", 才逐步地把人们从对神权的盲从中解放出来, 以自由探索的精

神重新认识、寻找自然规律. 在这个过程中,被称为天文大师的第谷,经过 20 多年的精密观测,积累了大量的珍贵资料,又经过助手开普勒的整理,总结出了行星运动的三大定律:

(1) 行星沿椭圆轨道绕太阳运行,太阳位于椭圆的一个焦点上;

(2) 对任一行星,它的位置矢量(以太阳中心为参考点)在相等的时间内扫过相等的面积;

(3) 行星绕太阳运动周期 T 的平方和椭圆轨道的半长轴 a 的立方成正比,即

$$\frac{T^2}{a^3} = 恒量,$$

这一恒量对各行星都是相同的.

在开普勒发现了行星运动的定律之后,牛顿在开普勒定律的基础上,以微积分为工具,导出了万有引力定律(见 §2.3). 万有引力定律成为关于行星运动的理论支柱.

2. 宇宙速度

发射人造星体,必须使它有足够大的速度,才能在空间运行. 第一宇宙速度就是物体可以环绕地球运动而不下落到地面所需要的速度;第二宇宙速度使物体完全脱离地球所需要的最小速度;第三宇宙速度就是由地球出发,使物体脱离太阳系所需的最小速度. 现在来分别讨论.

(1) 第一宇宙速度

已经知道,如果不计空气阻力,在离地面高度为 h 的地方沿水平方向发射物体,物体将受到地球引力的作用而做抛物线运动(严格来说是椭圆的一个部分). 发射的速度越大,射程也越远,如果继续增加发射速度,当到达某一速度 v_1 时,物体虽然仍受到地球的引力,但不再落到地面上. 这是地球的引力起着向心力的作用,它使物体环绕地球做匀速圆周运动,如图 4-14 所示. 在这种情况下,该物体就成为地球的人造卫星,物体的向心加速度为

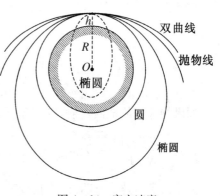

图 4-14 宇宙速度

$$a_n = \frac{v_1^2}{r}.$$

如果物体的质量为 m,那么,它所受的向心力为

$$F_n = \frac{mv_1^2}{r},$$

这个向心力也就是物体所受到的地球的引力,而

$$\frac{mv_1^2}{r} = \frac{GMm}{r^2},$$

式中,M 为地球的质量,G 为引力常数,r 为物体 m 离地心的距离. 由此公式可算出速度

v_1 的大小

$$v_1 = \sqrt{\frac{GM}{r}}. \qquad (4-30)$$

如果物体 m 沿地表面附近轨道运动,也就是假定高度 h 很小,那么 r 就近似地等于地球的半径 R,地球的引力就等于 mg,所以

$$\frac{GMm}{R^2} = mg, \quad GM = R^2 g.$$

把这个关系式代入(4-30)式,即得

$$v_1 = \sqrt{Rg} = \sqrt{6.37 \times 10^6 \times 9.80} \approx 7.9 \times 10^3 (\text{m} \cdot \text{s}^{-1}).$$

这就是使物体在地球表面附近环绕地球做匀速圆周运动所需要的最小速度,通常称为第一宇宙速度. 在上述公式中,物体质量 m 已消去,所以这个速度对于任意质量的物体都适用. 但是质量越大,发射时所需要的能量越大,因此,一般发射卫星时,总尽量使发射质量小些.

(2) 第二宇宙速度

要使物体脱离地球引力成为"人造卫星",必须要使物体脱离地球引力范围. 由于物体从地面升高时势能增加,而动能不断减小,若不考虑其他天体的作用,因物体在无穷远处的势能为 $E_0 = 0$. 按机械能守恒定律,这物体从地面发射时的机械能至少应为零,将最小发射速度记作 v_2,则有

$$\frac{1}{2} m v_2^2 - \frac{GMm}{r} = 0,$$

$$v_2 = \sqrt{\frac{2GM}{r}}. \qquad (4-31)$$

如果物体是从地面发射,则 r 等于地球半径 R,所以最小的发射速度大小应为

$$v_2 = \sqrt{\frac{2GM}{R}} = \sqrt{2Rg} = \sqrt{2 \times 6.37 \times 10^6 \times 9.8} = 11.2 \times 10^3 (\text{m} \cdot \text{s}^{-1}).$$

这就是第二宇宙速度,或称逃逸速度.

当发射速度大于第一宇宙速度而小于第二宇宙速度时,人造卫星不能脱离地球引力的束缚,而是绕地球做偏心率不同的椭圆轨道运动(图同上). 在发射速度大于第二宇宙速度时,则发射的人造卫星脱离地球引力,但仍受太阳引力的作用,成为太阳系的人造卫星.

(3) 第三宇宙速度

由于地球发射人造星体,使之不仅能脱离地球引力,而且还能脱离太阳引力,这时所需要的最小速度,称为第三宇宙速度. 计算它是较为复杂的,这里仅介绍一种近似方法.

我们分两步来计算. 第一步,要使一个物体脱离太阳的引力而飞向无限远,这个物体相对于太阳至少有多大速度? 正如计算脱离地球引力所需要的最小速度一样来计算,可以得出

$$\frac{1}{2}mv_2'^2 - \frac{GM_s m}{r} = 0,$$

$$v_2' = \sqrt{\frac{2GM_s}{r}}, \tag{4-32}$$

式中 v_2' 为物体脱离太阳引力范围所需要的最小速率,M_s 为太阳的质量,它等于地球质量的 3.33×10^5 倍,G 为引力常数,r 为物体到太阳中心的距离,近似地等于地球到太阳的距离,亦即 $r = 1.49 \times 10^{11}$ m,把这些数据代入(4-30)式,即得

$$v_2' = \sqrt{\frac{2GM_s}{r}} = \sqrt{\frac{2GM \times 3.33 \times 10^5}{1.49 \times 10^{11}}} = 42.2 \times 10^3 (\text{m} \cdot \text{s}^{-1}).$$

速度 v_2' 是相对于太阳-恒星参照系而言的.

我们知道,一个物体相对于太阳的速度等于物体相对于地球的速度加上地球相对于太阳的速度,亦即

$$\boldsymbol{v}_{物对日} = \boldsymbol{v}_{物对地} + \boldsymbol{v}_{地对日}.$$

如果物体沿地球公转轨道线速度方向上发射,则上式可写成标量式,即

$$v_{物对日} = v_{物对地} + v_{地对日}.$$

已知地球绕太阳公转的速度即地球相对于太阳的速度大小为 29.8×10^3 m·s^{-1},则物体相对于地球的速度大小为

$$v_{物对地} = v_{物对日} - v_{地对日} = 42.2 \times 10^3 - 29.8 \times 10^3 = 12.4 \times 10^3 (\text{m} \cdot \text{s}^{-1}).$$

这也就是说,由于地球绕太阳公转有 29.8×10^3 m·s^{-1} 的速度,如果要使物体能够脱离太阳的引力作用,仅需要物体在脱离地球引力场后在与地球公转一致的方向上具有大小为 12.4×10^3 m·s^{-1} 的相对于地球的速度.

那么,物体在地球附近发射时究竟需要多大速度,才能使它在脱离地球引力场时还具有 12.4×10^3 m·s^{-1} 的速度呢? 现在让我们再作第二步计算.

如果我们设物体在地球附近发射时速度为 v_3,则根据机械能守恒定律有

$$\frac{1}{2}mv_3^2 - \frac{GMm}{R} = \frac{1}{2}mv_{物对地}^2.$$

由(4-31)式知

$$\frac{GMm}{R} = \frac{1}{2}mv_2^2,$$

所以

$$\frac{1}{2}mv_3^2 - \frac{1}{2}mv_2^2 = \frac{1}{2}mv_{物对地}^2,$$

因此

$$v_3 = \sqrt{v_2^2 + v_{物对地}^2} = \sqrt{(11.2 \times 10^3)^2 + (12.4 \times 10^3)^2}$$
$$= 16.7 \times 10^3 (\mathrm{m \cdot s^{-1}}).$$

这就是从地球附近发射物体,使它能够脱离太阳的引力作用所需要的最小速度,这个速度称为第三宇宙速度.

习　题

4.1　一人站在地面上利用一个定滑轮将质量为 50 kg 的物体拉起来.问:

(1) 当他将物体匀速拉起 2 m 时,它做了多少功?

(2) 当他将物体匀加速地拉起同样高度时,它做了多少功? 设物体初速度为零,到 2 m 高处时,速度增为 1 m·s⁻¹.

4.2　有一弹簧,当悬挂上质量为 2 kg 的砝码时,伸长 4 cm.计算将弹簧拉长 10 cm 拉力做的功.

4.3　一个人从 10 m 深的井中,把 10 kg 的水匀速地提上来.由于桶漏水,每升高 1 m 漏去 0.2 kg 的水.问把水从井的水面提到井口,人所做的功.

4.4　一物体按规律 $x = ct^3$ 做直线运动.设媒质对物体的阻力正比于速度的平方.试求物体由 $x_0 = 0$ 运动到 $x = l$ 时,阻力所做的功,已知阻力系数为 k.

4.5　一货车能以每小时 20 km 的速率沿斜面向上运动,路面坡度为每 50 m 升高 1 m.设摩擦力为重量的 $\frac{1}{25}$,问此货车以相同功率沿这斜面向下运动时,其速率为多大?

4.6　一个物体先沿着与水平方向成 15° 角的斜面由静止下滑,然后继续在水平面上滑动.如果物体在水平面上滑行的距离与在斜面上滑行的距离相等,试求物体与路面之间的摩擦因数.

4.7　如图所示,在弹簧原长位置处,质量为 M 的物体具有向右的速度 V_0,设弹簧的劲度系数为 k,物体与桌面之间的摩擦因数为 μ_k,问物体移动距离为 l 时

(1) 摩擦力做功多少?

(2) 弹性力做功多少?

(3) 其他力做功多少?

(4) 外力做的总功是多少?

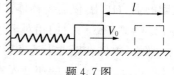

题 4.7 图

4.8　如图所示,小球系于细绳的一端,质量为 m,并以恒定的角速度 ω_0 在光滑水平面上围绕一半径为 R 的圆周运动.细绳穿过圆心小孔,若手握绳的另一端用力 F 向下拉绳,使小球运转的半径减小一半,求力对小球所做的功.

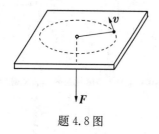

题 4.8 图

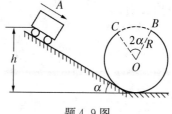

题 4.9 图

4.9　如图所示,一小车从光滑的轨道上某处由静止滑下,接着在半径为 R 的竖直圆轨道内侧滑动,圆轨道的上方有一对称的夹角为 2α 的缺口 BC,欲使小滑块恰好越过缺口 BC,求小滑块应从多高处由

静止滑下?

4.10 设两个粒子之间的相互作用力是排斥力,其大小随它们之间的距离 r 而变化. 他们的规律为 $f = k/r^3$,k 为常量. 试求两粒子相距为 r 时的势能,设力为零的地方,势能为零.

4.11 一质量为 m 的质点在 xOy 平面上运动,其位置矢量为 $\mathbf{r} = a\cos\omega t\mathbf{i} + b\sin\omega t\mathbf{j}$,式中 a,b,ω 试正值常数,且 $a > b$.

(1) 说明这质点沿一椭圆运动,方程为 $\dfrac{x^2}{a^2} + \dfrac{y^2}{b^2} = 1$;

(2) 求质点在 A 点 $(a, 0)$ 时和 B 点 $(0, b)$ 时的动能;

(3) 当质点从 A 点到 B 点,求力 F 所做的功. 并求 F 的分力 $F_x\mathbf{i}$ 和 $F_y\mathbf{j}$ 所做的功;

(4) F 力是不是保守力?

4.12 如果一个物体从高为 h 处静止下落. 试以(1) 时间为自变量;(2) 高度为自变量,画出它的动能和势能图线. 并证明两曲线中动能和势能之和相等.

4.13 一质量为 m 的地球卫星,沿半径为 $3R_e$ 的圆轨道运动,R_e 为地球的半径. 已知地球的质量为 M_e. 求(1) 卫星的动能;(2) 卫星的引力势能;(3) 卫星的机械能.

4.14 如图所示,小球在外力作用下,由静止开始从 A 点出发做匀速运动,到达 B 点时撤销外力,小球无摩擦地冲上竖直的半径为 R 的半圆环,到达最高点 C 时,恰能维持在圆环上做圆周运动,并以此速度抛出而刚好落回到原来的出发点 A 处,如图. 试求小球在 AB 段运动的加速度为多大?

4.15 如图所示,有一自动卸货矿车,满载时的质量为 M,从与水平成倾角 $\alpha = 30°$ 斜面上的点 A 由静止下滑. 设斜面对车的阻力为车重的 0.25 倍,矿车下滑距离 l 时,矿车与缓冲弹簧一道沿斜面运动. 当矿车使弹簧产生最大压缩形变时,矿车自动卸货,然后矿车借助弹簧的弹性力作用,使之返回原位置 A 再装货. 试问要完成这一过程,空载时车的质量与满载时车的质量之比应为多大?

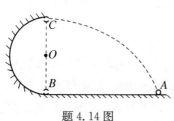

题 4.14 图

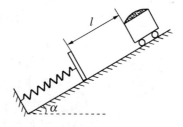

题 4.15 图

4.16 半径为 R 的光滑半球状圆塔的顶点 A 上,有一木块 m,今使木块获得水平初速 v_0,如图. 问:

(1) 木块在何处(即 $\varphi = ?$)脱离圆塔.

(2) 初速度为多大时,方能使木块在一开始便脱离圆塔?

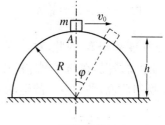

题 4.16 图

第5章 刚体力学

　　刚体是物体的理想模型. 实际的物体在受力作用时总是要发生或大或小的形状和体积的改变. 如果在讨论一个物体的运动时, 这种形状或体积的改变可以忽略, 我们就把这个固体当作刚体处理. 这就是说, 刚体是受力时不改变形状和体积的物体.

　　刚体可以看成由许多质点组成, 每一个质点叫作刚体的一个质元, 刚体这个质点系的特点是, 在外力作用下各质元之间的相对位置保持不变. 既然是一个质点系, 所以, 以前讲的关于质点系的基本定律就都可以应用. 当然, 由于刚体这一特殊质点系有其自身的特点, 所以这些基本定律就表现为更适合于研究刚体运动的特殊形式.

§5.1 刚体的基本运动

1. 平动

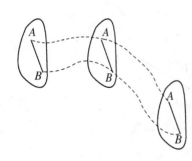

图 5-1　刚体的平动

　　刚体的运动可以是平动、转动或两者的结合. 如果刚体在运动中, 连接体内两点的直线在空间的指向总保持平行, 这样的运动就叫平动. 例如, 车床上的车刀、刨床的滑板以及在直线轨道上行驶的列车车厢等都在作平动. 如图 5-1 所示, 薄板在运动时, 其中任意两点所连成的直线始终与它的初始位置平行, 所以该薄板的运动是平动, 但薄板上各点的轨迹是曲线而不是直线.

　　刚体做平动时, 其上各质点的运动情况完全相同, 刚体内各质元的运动轨迹都一样, 而且在同一时刻的速度和加速度都相等. 因此, 对于刚体平动, 只要了解其上某一质元的运动, 就足以掌握整个刚体的运动情况, 在描述刚体的平动时, 就可以用刚体中任一点的运动来代表整个刚体的平动. 换句话说, 平动刚体的运动可以简化为质点来处理.

2. 定轴转动

　　转动中最简单的情况是定轴转动. 在这种运动中各质元均做圆周运动, 而且各圆的圆心都在一条固定不动的直线上, 这条直线叫转轴. 转动是刚体的基本运动形式之一. 刚体的一般运动都可以认为是以某点为代表的平动和绕该点的转动的结合. 而刚体的定轴转动是刚体转动中最基本的形式, 本章将作重点讨论.

　　刚体绕某一固定转轴转动时,刚体上各质元的线速度、加速度一般是不同的(图 5 - 2).但由于各质元的相对位置保持不变,所以描述各质元运动的角量,如角位移、角速度和角加速度都是一样的.因此描述刚体整体的运动时,用角量最为方便.根据第 1 章对圆周运动的讨论,以 $d\theta$ 表示刚体在 dt 时间内转过的角位移,则刚体的角速度为

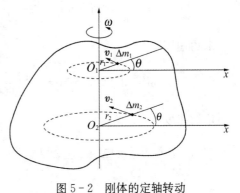

$$\omega = \frac{d\theta}{dt}. \qquad (5 - 1)$$

图 5 - 2　刚体的定轴转动

角速度 ω 可以定义为矢量,以 $\boldsymbol{\omega}$ 表示.它的方向用右手螺旋法则确定(图 5 - 2).

　　刚体的角加速度为

$$\alpha = \frac{d\omega}{dt} = \frac{d^2\theta}{dt^2}. \qquad (5 - 2)$$

　　刚体作定轴转动时,若刚体上某质元距转轴的距离为 r,则质元的线速度和角速度的关系为

$$v = r\omega, \qquad (5 - 3)$$

而其加速度与角加速度和角速度的关系分别为

$$a_t = r\alpha, \qquad (5 - 4)$$

$$a_n = r\omega^2. \qquad (5 - 5)$$

　　在刚体定轴转动中,若角加速度 α 保持不变,则刚体做匀变速转动.以 ω_0 表示刚体在 $t = 0$ 时的角速度,以 ω 表示 t 时的角速度,以 θ 表示它在从 0 到 t 时刻这一段时间内的角位移,仿照匀变速直线运动公式的推导可得匀变速转动的相应公式,即

$$\omega = \omega_0 + \alpha t, \qquad (5 - 6)$$

$$\theta = \omega_0 t + \frac{1}{2}\alpha t^2, \qquad (5 - 7)$$

$$\omega^2 - \omega_0^2 = 2\alpha\theta. \qquad (5 - 8)$$

例题 5.1　汽车发动机的转速在 7.0 s 内由 200 r/min 均匀地增加到 3 000 r/min.
(1)求在这段时间内的初角速度和末角速度以及角加速度;
(2)求这段时间内转过的角度;
(3)发动机轴上装有一半径为 $r = 0.2$ m 的飞轮,求它的边缘上一点在第 7.0 s 末的切向加速度、法向加速度和总加速度.

解　(1)初角速度

$$\omega_0 = 200 \text{ r/min} = \frac{2\pi \times 200}{60} \text{ rad} \cdot \text{s}^{-1} = 20.9 \text{ rad} \cdot \text{s}^{-1}.$$

末角速度

$$\omega = 3\,000 \text{ r/min} = \frac{2\pi \times 3\,000}{60} \text{ rad} \cdot \text{s}^{-1} = 314 \text{ rad} \cdot \text{s}^{-1}.$$

角加速度

$$\beta = \frac{\omega - \omega_0}{t} = \frac{314 - 20.9}{7} \text{ rad} \cdot \text{s}^{-2} = 41.9 \text{ rad} \cdot \text{s}^{-2}.$$

(2) $\theta = \omega_0 t + \frac{1}{2}\beta t^2 = 20.9 \times 7 + \frac{1}{2} \times 41.9 \times 7^2 = 1\,173(\text{rad}).$

(3) $a_t = r\beta = 0.2 \times 41.9 \text{ m} \cdot \text{s}^{-2} = 8.38 \text{ m} \cdot \text{s}^{-2},$

$$a_n = \frac{v^2}{r} = r\omega^2 = 0.2 \times 314^2 \text{ m} \cdot \text{s}^{-2} = 1.97 \times 10^4 \text{ m} \cdot \text{s}^{-2},$$

$$a = \sqrt{a_n^2 + a_t^2} = 1.97 \times 10^4 \text{ m} \cdot \text{s}^{-2}.$$

设 a 与切向加速度 a_t 夹角 α,则

$$\alpha = \arctan \frac{a_n}{a_t} = \arctan \frac{1.97 \times 10^4}{8.38} = 89°59'.$$

§5.2 质心运动定理

1. 质心

我们在讨论由多个质点组成的质点系时,引入质量中心(简称质心)的概念,会给问题的讨论带来很大的方便. 设质点系由 N 个质点组成,以 $m_1, m_2, \cdots, m_i, \cdots, m_n$ 分别表示各质点的质量,以 $r_1, r_2, \cdots, r_i, \cdots, r_n$ 分别表示各质点对某一坐标原点的位矢.

我们用公式

$$r_c = \frac{\sum\limits_{i=1}^{i} m_i r_i}{\sum\limits_{i=1}^{i} m_i} = \frac{\sum\limits_{i=1}^{i} m_i r_i}{m} \tag{5-9}$$

定义这一质点系的质心的位矢,式中 $m = \sum\limits_{i=1}^{i} m_i$ 是质点系的总质量.

位矢 r_c 在直角坐标系各坐标轴上的分量为

$$\begin{cases} x_c = \dfrac{\sum\limits_{i=1}^{i} m_i x_i}{m}, \\[3mm] y_c = \dfrac{\sum\limits_{i=1}^{i} m_i y_i}{m}, \\[3mm] z_c = \dfrac{\sum\limits_{i=1}^{i} m_i z_i}{m}. \end{cases} \tag{5-10}$$

一个连续的物体(如刚体),可以认为是由许多质点(或叫质元)组成的,以 dm 表示其中任意质元的质量,以 r 表示其位矢,则物体(或刚体)的质心位矢可用积分法求得,即有

$$r_c = \frac{\int r \, dm}{\int dm}, \tag{5-11}$$

它在直角坐标系中的分量式分别为

$$\begin{cases} x_c = \dfrac{\int x \, dm}{\int dm}, \\[3mm] y_c = \dfrac{\int y \, dm}{\int dm}, \\[3mm] z_c = \dfrac{\int z \, dm}{\int dm}, \end{cases} \tag{5-12}$$

(5-11)式和(5-12)式是计算刚体质心的一般公式.

力学上还常应用重心的概念. 重心是一个物体各部分所受重力的合力作用点. 可以证明尺寸不十分大的物体,它的质心和重心的位置重合.

2. 质心运动定理

将(5-9)式对时间 t 求导,可得出质心运动速度为

$$v_c = \frac{dr_c}{dt} = \frac{\sum\limits_{i=1}^{i} m_i \dfrac{dr_i}{dt}}{m} = \frac{\sum\limits_{i=1}^{i} m_i v_i}{m}, \tag{5-13}$$

由此可得

$$m v_c = \sum_{i=1}^{i} m_i v_i,$$

上式等号右边就是质点系的总动量 p,所以有

$$p = mv_c, \tag{5-14}$$

即质点系的总动量 p 等于它的总质量与它的质心运动速度的乘积,此乘积也称作质心的动量.这一总动量的变化率为

$$\frac{\mathrm{d}p}{\mathrm{d}t} = m\frac{\mathrm{d}v_c}{\mathrm{d}t} = ma_c,. \tag{5-15}$$

式中 a_c 是质心运动的加速度.由(5-15)式又可得一个质点系的质心的运动和该质点系所受外力的关系为

$$F = \frac{\mathrm{d}p}{\mathrm{d}t} = ma_c. \tag{5-16}$$

它表明,一个质点系的质心的运动,就如同这样一个质点的运动,该质点质量等于整个质点系的质量并且集中在质心,而此质点所受的力是质点系所受的所有外力之和.这就是质心运动定理.

质心运动定理表明了"质心"这一概念的重要性.首先,质点系的内力不会影响质心的运动状态.如果作用在质点系的所有外力矢量和为零,那么,尽管质点系内的各质点可能在内力的作用下做各种复杂的运动,但质心仍处于静止或匀速直线运动状态.宇航员离开飞船,不受外力,不论做什么动作,其质心总做匀速直线运动.若外力矢量和不为零,则质心的加速度与把全部质量集中到质心处的质点的加速度相同.跳水运动员无论在空中做多复杂的动作,其质心仍将沿抛物线运动.

质心的运动并不能反映质点系运动的全貌,但它在一定程度上反映了质点系整体的运动特征.质心运动定理对于质点系动力学是很重要的.

§5.3 刚体的转动惯量

在质点运动中,质点的质量是质点惯性的量度,质量越大,运动速度就越不容易改变.而在刚体转动中,也有类似的现象,即转动惯量越大的刚体,其角速度越不容易改变.

1. 刚体的转动惯量

设在转动刚体上有一质量为 Δm_i 质元,距转动轴的垂直距离为 r_i,则刚体转动惯量 I 定义为

$$I = \sum_{i=1}^{i} \Delta m_i r_i^2, \tag{5-17}$$

即刚体对某转轴的转动惯量等于刚体中各质元的质量与它们各自离该转轴的垂直距离平方的乘积的总和.

对于质量连续分布的刚体,上述求和应以积分代替,即

$$I = \int r^2 \mathrm{d}m. \tag{5-18}$$

用 ρ 表示刚体的密度,$\mathrm{d}V$ 表示 $\mathrm{d}m$ 的体积元,$\mathrm{d}m = \rho \mathrm{d}V$,则

$$I = \int \rho r^2 \mathrm{d}V. \tag{5-19}$$

如果刚体是均匀的,密度是常数,上式又可改写为

$$I = \rho \int r^2 \mathrm{d}V. \tag{5-20}$$

由上面讨论可知,刚体的转动惯量决定于刚体各部分的质量对给定转轴的分布.具体地说,刚体的转动惯量与下列几个因素有关:

(1) 与物体的质量有关.形状、大小相同的均匀刚体总质量越大,转动惯量越大.

(2) 在质量一定的情况下,与质量的分布有关.即总质量相同的刚体,质量分布离轴越远,转动惯量越大.

(3) 与转轴的位置有关.同一刚体,转轴不同,质量对轴的分布就不同,因而转动惯量就不同.

在 SI 单位制中,转动惯量的量纲为 ML^2,单位是 $\mathrm{kg \cdot m^2}$.

下面举几个求刚体转动惯量的例子.

例题 5.2 求质量为 m,半径为 R 的均匀薄圆环的转动惯量,轴与圆环平面垂直并且通过其圆心.

解 如图 5-3 所示,环上各质元到轴的垂直距离都相等,而且等于 R,

所以

$$I = \int R^2 \mathrm{d}m = R^2 \int \mathrm{d}m.$$

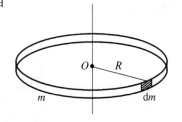

图 5-3 圆环的转动惯量

后一积分的意义是环的总质量 m,所以有

$$I = mR^2.$$

由于转动惯量是可加的,所以一个质量为 m,半径为 R 的薄壁圆筒对其轴的转动惯量也是 mR^2.

例题 5.3 求质量为 m,半径为 R,厚为 l 的均匀圆盘的转动惯量,轴与盘面垂直并通过盘心.

解 如图 5-4 所示,圆盘可以认为是由许多薄圆环组成.取任一半径为 r,宽度为 $\mathrm{d}r$ 的薄圆环.它的转动惯量按例 5.2 计算出的结果为

$$\mathrm{d}I = r^2 \mathrm{d}m,$$

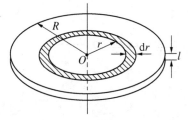

图 5-4 圆盘的转动惯量

其中 $\mathrm{d}m$ 为薄圆环的质量.以 ρ 表示圆盘的密度,则有

$$\mathrm{d}m = \rho 2\pi r l \,\mathrm{d}r.$$

代入上一式可得

$$\mathrm{d}I = 2\pi r^3 l \rho \,\mathrm{d}r,$$

因此

$$I = \int \mathrm{d}I = \int_0^R 2\pi r^3 l \rho \,\mathrm{d}r = \frac{1}{2}\pi R^4 l \rho.$$

由于

$$\rho = \frac{m}{\pi R^2 l},$$

所以

$$I = \frac{1}{2}mR^2.$$

此例中对 l 并不限制,所以一个质量为 m,半径为 R 的均匀实心圆柱对其轴的转动惯量也是 $\frac{1}{2}mR^2$.

例题 5.4 求长度为 L,质量为 m 的均匀细棒 AB 的转动惯量:

(1) 对于通过棒的一端与棒垂直的轴;

(2) 对于通过棒的中点与棒垂直的轴.

解 (1) 如图 5-5(a)所示,沿棒长方向取 x 轴,取任一长度元 $\mathrm{d}x$. 以 ρ_t 表示单位长度的质量,则这一长度元的质量为 $\mathrm{d}m = \rho_t \mathrm{d}x$. 对于在棒的一端的轴来说,有

$$I_A = \int x^2 \mathrm{d}m = \int_0^L x^2 \rho_t \,\mathrm{d}x = \frac{1}{3}\rho_t L^3.$$

将 $\rho_t = m/L$ 代入,可得

$$I_A = \frac{1}{3}mL^2.$$

(2) 对于通过棒的中点的轴来说,如图 5-5(b)所示,棒的转动惯量应为

$$L_c = \int x^2 \mathrm{d}m = \int_{-\frac{L}{2}}^{+\frac{L}{2}} x^2 \rho_t \,\mathrm{d}x = \frac{1}{12}\rho_t L^3.$$

以 $\rho_t = m/L$ 代入,可得

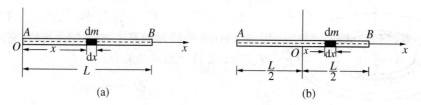

(a)　　　　　　　　　　　　　　　(b)

图 5-5　细棒的转动惯量

$$I_c = \frac{1}{12}mL^2.$$

2. 平行轴定理

同一刚体对于不同的轴有不同的转动惯量. 设有两平行的轴 Cz 和 Oz',其中 Cz 通过刚体的质心 C(图 5-6). 现在来讨论刚体对这两根平行轴的转动惯量之间的关系.

取坐标系 $Cxyz$ 及 $Ox'y'z'$(图 5-6),Cz 和 Oz' 平行、Cx 和 Ox' 平行、Cy 和 Oy' 重合、Cz 轴和 Oz' 轴之间距离 $CO = d$. 质元 Δm_i 与轴 Cz 和轴 Oz' 的距离分别为 r_i 及 r_i',Δm_i 在两坐标系中的坐标分别为 (x_i, y_i, z_i) 及 (x_i', y_i', z_i'). 刚体对 Cz 轴和 Oz' 轴的转动惯量分别为

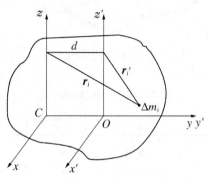

图 5-6 平行轴定理

$$I_C = \sum_{i=1}^{i} \Delta m_i r_i^2 = \sum_{i=1}^{i} \Delta m_i (x_i^2 + y_i^2),$$

$$I_O = \sum_{i=1}^{i} \Delta m_i r_i'^2 = \sum_{i=1}^{i} \Delta m_i (x_i'^2 + y_i'^2).$$

Δm_i 在两坐标系中的坐标有如下关系

$$x_i' = x_i, \quad y_i' = y_i - d, \quad z_i' = z_i.$$

将它们代入 I_O 的表示式,得

$$
\begin{aligned}
I_O &= \sum_{i=1}^{i} \Delta m_i (x_i^2 + (y_i - d)^2) \\
&= \sum_{i=1}^{i} \Delta m_i (x_i^2 + y_i^2) + d^2 \sum_{i=1}^{i} \Delta m_i - 2d \sum_{i=1}^{i} \Delta m_i y_i,
\end{aligned}
$$

式中 $\sum_{i=1}^{i} \Delta m_i y_i = my_C$,$y_C$ 为刚体质心的坐标. 现在刚体质心与坐标原点重合,故 $y_C = 0$,因而 $\sum_{i=1}^{i} \Delta m_i y_i = 0$,于是

$$I_O = I_C + md^2. \tag{5-21}$$

上式表明,刚体对于某轴的转动惯量等于刚体对于通过其质心且和该轴平行的轴的转动惯量与刚体的质量和两轴间距离平方的乘积之和. 这就是平行轴定理.

3. 垂直轴定理

设有一薄板,建立坐标系 $Oxyz$,Oz 轴垂直于板面,Ox 轴和 Oy 轴在板面内(图 5-7). 薄板对 Oz 轴的转动惯量为

$$I_z = \sum_{i=1}^{i} \Delta m_i r_i^2 = \sum_{i=1}^{i} \Delta m_i (x_i^2 + y_i^2).$$

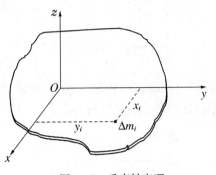

图 5-7　垂直轴定理

薄板对 Ox 轴和 Oy 轴的转动惯量分别为

$$I_x = \sum_{i=1}^{i} \Delta m_i y_i^2, \quad I_y = \sum_{i=1}^{i} \Delta m_i x_i^2.$$

显然

$$I_z = I_x + I_y. \qquad (5-22)$$

这表明,薄板对于垂直于板面的轴 Oz 的转动惯量,等于薄板对位于板面内与 Oz 轴交于一点的两相互垂直的轴 Ox 和 Oy 的转动惯量之和.这就是垂直轴定理.

一些常见均匀刚体的转动惯量如表 5-1 所示.

表 5-1　一些常见的均匀刚体的转动惯量

刚 体 形 状	轴 的 位 置	转 动 惯 量
细环(半径 R)	通过环心垂直于环面	mR^2
	直　径	$\dfrac{1}{2}mR^2$
细棒(棒长 L)	通过一端垂直于棒	$\dfrac{1}{3}mL^2$
	通过中点垂直于棒	$\dfrac{1}{12}mL^2$
圆盘(半径 R)	通过盘心垂直于盘面	$\dfrac{1}{2}mR^2$
	直　径	$\dfrac{1}{4}mR^2$
实心圆柱体(半径 R,长度 L)	通过中心轴(几何轴)	$\dfrac{1}{2}mR^2$
	通过中点垂直于柱	$\dfrac{1}{4}mR^2 + \dfrac{1}{12}mL^2$
空心圆棒体(内径 R_1,外径 R_2)	通过中心轴(几何轴)	$\dfrac{1}{2}m(R_1^2 + R_2^2)$
圆　球	通过球心	$\dfrac{2}{5}mR^2$
薄圆球壳	通过球心	$\dfrac{2}{3}mR^2$

§5.4　转动定律

1. 力矩

一个具有固定轴的物体,在外力作用下,可能发生转动,也可能不发生转动. 物体的转动与否,不仅与力的大小有关,还与力作用点以及力的作用方向有关. 设刚体所受外力 $\boldsymbol{F}$ 在垂直于转动轴的转动平面内(如图 5-8 所示),作用点位置 P,在转动平面内相对于转轴的位置矢量为 $\boldsymbol{r}$,作用力 $\boldsymbol{F}$ 相对于转轴的力矩 $\boldsymbol{M}$ 定义为

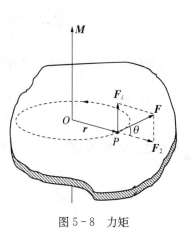

$$\boldsymbol{M} = \boldsymbol{r} \times \boldsymbol{F}. \qquad (5-23)$$

$\boldsymbol{M}$ 是矢量,它与矢量 $\boldsymbol{r}$,$\boldsymbol{F}$ 组成右手螺旋系. 在定轴转动中,力矩的方向沿着转轴的方向. $\boldsymbol{M}$ 的大小为

图 5-8　力矩

$$|\boldsymbol{M}| = |\boldsymbol{r}| \cdot |\boldsymbol{F}| \sin\theta, \qquad (5-24)$$

其中 θ 为 $\boldsymbol{F}$ 和 $\boldsymbol{r}$ 之间的夹角.

如果外力不在垂直于转轴的平面内,可以把外力分解成两个分力 F_1 和 F_2,一个是与转轴平行的分力 F_1;另一个是在转动平面内的分力 F_2. 只有在转轴平面内的分力 F_2 才能使物体转动.

在 SI 单位制中,力矩的单位和量纲分别为 m・N 和 ML^2T^{-2}.

2. 转动定律

由于外力矩的作用,绕定轴转动刚体的运动状态要发生改变. 在这一过程中,刚体的角速度也要发生变化,即有角加速度. 这个角加速度和外力矩有什么关系呢?

设有一刚体绕固定轴 Oz 轴转动,如图 5-8 所示. 取刚体上任一质元 Δm_i,它相对于 O 点的位矢是 $\boldsymbol{r}_i$,质元所受外力为 $\boldsymbol{F}_i$,所受内力为 $\boldsymbol{f}_i$. 为了讨论简单起见,假设外力 $\boldsymbol{F}_i$ 和内力 $\boldsymbol{f}_i$ 都位于质元 Δm_i 所在的平面内,它们与矢径 $\boldsymbol{r}_i$ 的夹角分别为 φ_i 和 θ_i. 根据牛顿第二定律,质元 Δm_i 的运动方程为

$$\boldsymbol{F}_i + \boldsymbol{f}_i = \Delta m_i \cdot \boldsymbol{a}_i.$$

将上述矢量方程投影至圆周轨道的法向和切向得

$$\begin{cases} -F_i\cos\varphi_i - f_i\cos\theta_i = \Delta m_i\,\omega^2 r_i, \\ F_i\sin\varphi_i + f_i\sin\theta_i = \Delta m_i\,\alpha r_i. \end{cases}$$

第一式左边表示质元 Δm_i 所受的法向力,其作用线通过转轴,对转轴不产生力矩作

用. 将第二式两边分别乘以 r_i 得

$$F_i r_i \sin \varphi_i + f_i r_i \sin \theta_i = \Delta m_i \alpha r_i^2,$$

上式左边第一项为外力 $\boldsymbol{F}_i$ 对转轴的力矩, 第二项为内力 $\boldsymbol{f}_i$ 对转轴的力矩. 对刚体中的所有质元求和得

$$\sum_{i=1}^{i} F_i r_i \sin \varphi_i + \sum_{i=1}^{i} f_i r_i \sin \theta_i = \Big(\sum_{i=1}^{i} \Delta m_i r_i^2 \Big) \alpha.$$

根据牛顿第三定律, 所有内力矩之和 $\sum_{i=1}^{i} f_i r_i \sin \theta_i = 0$, 于是有

$$\sum_{i=1}^{i} F_i r_i \sin \varphi_i = \Big(\sum_{i=1}^{i} \Delta m_i r_i^2 \Big) \alpha,$$

等式左边是作用在刚体上所有外力的力矩总和 M, 故得

$$\boldsymbol{M} = \Big(\sum_{i=1}^{i} \Delta m_i r_i^2 \Big) \boldsymbol{\alpha},$$

即

$$M = I\alpha. \tag{5-25}$$

这就是刚体定轴转动的转动定律. 表明, 刚体在合外力矩的作用下, 所获得的角加速度与合外力矩的大小成正比, 与转动惯量成反比.

将 (5-25) 式和牛顿第二定律公式 $\boldsymbol{F} = m\boldsymbol{a}$ 加以对比可以发现, 前者中的合外力矩相当于后者中的合外力, 前者中的角加速度相当于后者中的加速度, 而刚体的转动惯量 I 则和质点的惯性质量 m 相对应.

例题 5.5　设定滑轮是一个质量为 M, 半径为 R 的圆盘, 轴间摩擦忽略不计. 绕过滑轮的一根轻绳, 两端分别挂着质量为 m_1 和 m_2 的两个物体, 如图 5-9 所示. 若绳与滑轮间无相对滑动, 求两物体的加速度和滑动转动的角加速度.

解　取两物体和滑轮分别为研究对象, 其受力如图 5-9 所示. 设物体的加速度为 a, 若绳的长度不变, 则两物体的加速度数值相等, 滑轮转动的角加速度为 α, 对转轴的转动惯性量为 I. 根据牛顿第二定律有

$$m_1 g - T_1 = m_1 a, \tag{1}$$

$$T_2 - m_2 g = m_2 a. \tag{2}$$

根据转动定律, 对滑轮来说轴对滑轮的作用力及 Mg (图上未画出) 对轴的力矩为零, 所以有

$$(T_1' - T_2')R = I\alpha, \tag{3}$$

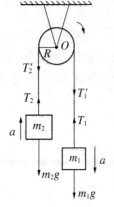

图 5-9
定滑轮运动分析

其中 $I = \frac{1}{2}MR^2$. 因为 $T'_1 = T_1$，$T'_2 = T_2$，故式(3)可写为

$$(T_1 - T_2)R = \frac{1}{2}MR^2\alpha.$$

由于绳与滑轮无相对滑动，可知 $a = R\alpha$，代入上式联立求解可得

$$a = \frac{(m_1 - m_2)g}{m_1 + m_2 + \frac{1}{2}M},$$

$$\alpha = \frac{a}{R} = \frac{m_1 - m_2}{m_1 + m_2 + \frac{1}{2}M} \cdot \frac{g}{R}.$$

例题 5.6 如图 5-10，某飞轮直径为 50 cm，转动惯量为 2.4 kg·m²，转速为 1 000 rad/min. 若制动时闸瓦对轮的压力为 490 N，闸瓦与轮间的滑动摩擦因数 μ 为 0.4. 试问制动后飞轮转过多少圈停止.

解 制动时作用在飞轮上的力矩只有闸瓦对飞轮的摩擦力矩. 摩擦力的大小为

$$f = \mu N = 0.4 \times 490 \text{ N} = 196 \text{ N},$$

故摩擦力对 z 轴（z 轴的正方向指向读者）的力矩为

$$M_z = -f\frac{d}{2} = -196 \times \frac{0.5}{2} \text{ N·m}$$

$$= -49 \text{ N·m}.$$

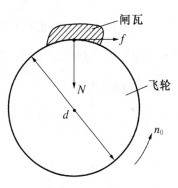

图 5-10 飞轮转动

根据转动定律，飞轮的角加速度为

$$\alpha = \frac{M_z}{I} = \frac{-49 \text{ N·m}}{2.4 \text{ kg·m}^2} = -20.4 \text{ rad·s}^{-2}.$$

负号表示飞轮做减速运动.

飞轮做匀变速转动，故由匀变速转动的基本公式

$$\omega^2 - \omega_0^2 = 2\alpha\theta$$

可知，飞轮由开始制动到静止所转过的角度为

$$\theta = \frac{\omega^2 - \omega_0^2}{2\alpha} = \frac{0 - \left(\frac{\pi n_0}{30}\right)^2}{2\alpha} = \frac{-(105)^2}{-40.8} = 270 \text{ rad}.$$

因此飞轮所转过的圈数

$$N = \frac{\theta}{2\pi} = \frac{270}{2\pi} = 43 \text{ round}.$$

§5.5 刚体定轴转动的动能定理

1. 刚体的动能

刚体绕定轴转动时,刚体中各质点都在做不同半径的圆周运动,某一时刻各质点都具有一定的线速度,也即具有一定的动能,所有质点的动能之和即为该时刻整个刚体转动的动能.

设刚体绕固定轴以角速度 ω 转动,可以认为刚体是由 n 个质元所组成,各质元的质量分别为 Δm_1, Δm_2, $\cdots$, Δm_n,各质元到转轴的距离依次是 r_1, r_2, $\cdots$, r_n. 显然,整个刚体的转动动能应该等于这 n 个质元绕轴做圆周运动动能的总和,即

$$E_k = \sum_{i=1}^{i} \frac{1}{2} \Delta m_i v_i^2 = \frac{1}{2} \Big(\sum_{i=1}^{i} \Delta m_i r_i^2 \Big) \omega^2 = \frac{1}{2} I \omega^2. \tag{5-26}$$

此式对应于质点运动动能的表达式 $\frac{1}{2} m v^2$,动能与刚体转动惯量成正比,与刚体绕定轴转动的角速度的平方成正比,本质上是所有质元做线运动的动能的总和.

2. 力矩的功

由质点力学中的动能定理可知,力所做的功使质点的动能发生变化. 讨论刚体做定轴转动中的这种关系,就需要研究作用于刚体上的力所做的功.

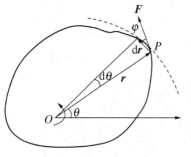

图 5-11　力矩的功

设以 F 表示作用在刚体上 P 点的外力(如图 5-11),当刚体绕固定轴 O 有一角位移 $d\theta$ 时,力 F 做的元功为

$$dA = \boldsymbol{F} \cdot d\boldsymbol{r} = F\cos\varphi \mid d\boldsymbol{r} \mid = F\cos\varphi r d\theta.$$

由于 $F\cos\varphi$ 是力 F 沿 $d\boldsymbol{r}$ 方向的分量,因而垂直于 $\boldsymbol{r}$ 的方向,所以 $F\cos\varphi r$ 就是力对转轴的力矩 M. 因此有

$$dA = Md\theta, \tag{5-27}$$

即力对转动刚体做的元功等与相应的力矩和角位移的乘积. 反映力矩的空间累积作用.

对于有限的角位移,力做的功应该用积分,有

$$A = \int_{\theta_1}^{\theta_2} M d\theta. \tag{5-28}$$

这就是力做的功在刚体转动中的表示形式,也叫力矩的功. 力矩所做的功本质上仍为力所做的功,是力做功的另一种表达形式,在讨论刚体转动时,采用这种形式较方便. 如果刚体受多个外力的作用,则上式中的 M 应为刚体所受的合力矩. 如果力矩是恒量,则

$$A = M \int_{\theta_1}^{\theta_2} \mathrm{d}\theta = M\Delta\theta. \tag{5-29}$$

按照功率的定义

$$P = \frac{\mathrm{d}A}{\mathrm{d}t} = M\frac{\mathrm{d}\theta}{\mathrm{d}t} = M\omega, \tag{5-30}$$

即力矩的功率等于力矩与角速度的乘积.

3. 刚体绕定轴转动的动能定理

在刚体的转动定律 $M = I\alpha$ 中,对 α 作如下的变换

$$\alpha = \frac{\mathrm{d}\omega}{\mathrm{d}t} = \frac{\mathrm{d}\omega}{\mathrm{d}\theta} \cdot \frac{\mathrm{d}\theta}{\mathrm{d}t} = \omega\frac{\mathrm{d}\omega}{\mathrm{d}\theta},$$

有

$$M\mathrm{d}\theta = I\omega\mathrm{d}\omega.$$

设刚体在力矩 M 作用下,角速度由 ω_0 变化到 ω,角位置由 θ_0 变化到 θ,则

$$\int_{\theta_0}^{\theta} M\mathrm{d}\theta = \int_{\omega_0}^{\omega} I\omega\mathrm{d}\omega = \frac{1}{2}I\omega^2 - \frac{1}{2}I\omega_0^2, \tag{5-31}$$

式中等式左边是外力矩对刚体做的功,等式右边是刚体动能的变化,这就是刚体定轴转动的动能定理,即刚体动能的增量等于刚体所受外力矩做的功.

§5.6 动量矩守恒定律

1. 动量矩

先讨论单个质点绕固定轴转动的情况(如图 5-12).设一质量为 m 的质点在垂直于轴线的平面上运动,具有线动量 $\boldsymbol{p} = m\boldsymbol{v}$,$\boldsymbol{r}$ 为 m 相对于 O 的矢径,O 是质点运动平面与轴线的交点.

我们定义质点 m 绕 z 轴转动的动量矩为

$$\boldsymbol{J} = \boldsymbol{r} \times \boldsymbol{p} = \boldsymbol{r} \times m\boldsymbol{v}, \tag{5-32}$$

它等于质点相对于 O 的位矢 $\boldsymbol{r}$ 与其线动量 $m\boldsymbol{v}$ 的矢积. 它的大小等于

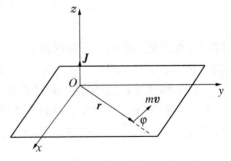

图 5-12 刚体定轴转动的动量矩

$$|\boldsymbol{J}| = |\boldsymbol{r}| \cdot |m\boldsymbol{v}| \sin\varphi,$$

其中 φ 为 $\boldsymbol{r}$ 与 $\boldsymbol{v}$ 之间的夹角.方向垂直于 $\boldsymbol{r}$ 与 $\boldsymbol{v}$ 所组成的平面,遵从右手螺旋法则,即在 z 轴上.

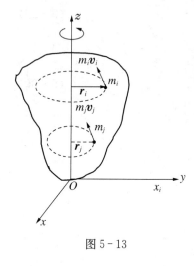

图 5-13

对定轴转动刚体来说,每个质元都在与转轴 z 相垂直的平面上做半径不同的圆周运动(图 5-13),其中任一质元的动量矩为

$$J_i = r_i \times m_i v_i.$$

因 r_i 与 v_i 垂直,所以,其大小为 $r_i m_i v_i$,方向沿转轴 z.

整个刚体对 z 轴的动量矩是所有质元动量矩之和

$$J = \sum_{i=1}^{i} m_i r_i v_i = \left(\sum_{i=1}^{i} m_i r_i^2 \right) \omega = I\omega. \quad (5-33)$$

方向在转轴 z 上,且与角速度 ω 方向一致. 所以用矢量式表示为

$$\boldsymbol{J} = I\boldsymbol{\omega}. \quad (5-34)$$

以上两式即为刚体绕定轴转动的动量矩表达式. 表明刚体绕定轴转动时,其动量矩等于刚体的转动惯量 I 与其角速度 ω 的乘积.

在 SI 单位制中,动量矩的单位是 $kg \cdot m^2 \cdot s^{-1}$.

2. 动量矩定理

引入动量矩概念后,很容易由转动定律推出刚体定轴转动的动量矩定理. 由(5-25)式可得

$$M = I\alpha = I \frac{d\omega}{dt} = \frac{d(I\omega)}{dt}, \quad (5-35)$$

与(5-34)式比较可得

$$\boldsymbol{M} = \frac{d\boldsymbol{J}}{dt}, \quad (5-36)$$

即刚体对固定轴的动量矩对时间的变化率等于作用于刚体上的合外力矩,称刚体绕固定轴转动的动量矩定理.

对于刚体,因对给定轴的转动惯量是不变的,因此上式与(5-25)式是等价的. 但是,在其他一些场合,上式比(5-25)式适用范围更广. 例如对于非刚体,转动中的转动惯量是可以改变的,(5-25)式不再适用,而上式仍然成立.

3. 动量矩守恒定律

将(5-35)式改写为

$$Mdt = d(I\omega), \quad (5-37)$$

上式左边反映力矩对时间的累积效应,称为力矩对固定轴的元冲量矩. 上式是刚体对固定

轴的动量矩定理的微分形式,即力矩对固定轴的元冲量矩等于刚体绕定轴转动的动量矩的微分.

将(5-37)式在一段时间内积分得

$$\int_0^t M \mathrm{d}t = \int_{\omega_0}^{\omega} \mathrm{d}(I\omega) = I\omega - I\omega_0. \tag{5-38}$$

这就是刚体绕定轴转动的动量矩定理的积分形式,刚体对固定轴的动量矩的增量等于外力矩对同轴的冲量矩.

根据(5-35)式,在刚体定轴转动中,若 $M = 0$,则

$$I\omega = 恒量,$$

即刚体所受合外力矩为零时,刚体绕定轴转动的动量矩保持不变,称刚体绕定轴转动的动量矩守恒定律.

因为刚体的动量矩等于刚体的转动惯量与角速度的乘积,所以动量矩守恒有两种情况:一是转动惯量和角速度都保持不变,如转动中的飞轮,如果没有摩擦力矩,角速度可以不变;另一种情况是转动惯量和角速度同时发生变化,但乘积保持不变,如花样滑冰运动员在旋转时,往往先把两臂张开,然后迅速把两臂收回抱紧,使自己的转动惯量迅速减小,因而旋转速度加快.

动量矩守恒定律同前面介绍的动量守恒定律和能量守恒定律一样,是自然界中的普遍规律.

例题 5.7 如图 5-14 所示,质量为 m 的均质圆盘 A 绕过盘心且与盘面垂直的轴在水平面内无摩擦地转动.圆盘的半径是 R,在圆盘的边缘绕有足够长的细绳(质量不计).细绳跨过一个很小很轻的定滑轮 C 与质量为 m_1 的物体 B 相连.开始时,系统处于静止状态.求当物体 B 下降高度为 h 时的速度.

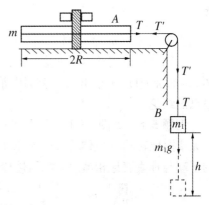

图 5-14 转动系统运动图示

解 以圆盘 m,物体 m_1 组成的系统为研究对象.首先用隔离体法画出它们的受力图.由于定滑轮的质量不计,滑轮的转动惯量为零,两边的张力 T' 相等,它们的反作用力 T 也相等.这两个力一个作用在物体 B 上,另一个作用于圆盘 A 上产生使圆盘转动的力矩.当物体 B 下落 h 高度时,对物体 B 和圆盘 A 分别用动能定理和转动动能定理,得

$$(m_1 g - T)h = \frac{1}{2} m_1 v^2, \tag{1}$$

$$TR\theta = \frac{1}{2} I\omega^2. \tag{2}$$

当物体下落高度 h 时,圆盘转过的角度是

$$\theta = h/R, \tag{3}$$

将(3)式代入(2)式,得

$$Th = \frac{1}{2}I\omega^2. \tag{2'}$$

将(1)式和(2′)式合并相加得

$$m_1gh = \frac{1}{2}m_1v^2 + \frac{1}{2}I\omega^2, \tag{4}$$

即外力所做的功等于整个系统动能的增量.(4)式中的 I 是圆盘的转动惯量,即

$$I = \frac{1}{2}mR^2.$$

角速度 ω 与物体 m_1 的线速度的关系是

$$v = R\omega,$$

所以(4)式可化成

$$m_1gh = \frac{1}{2}\left(m_1 + \frac{m}{2}\right)v^2.$$

解得

$$v = \sqrt{\frac{2gh}{1 + \dfrac{m}{2m_1}}}.$$

由此式可见,如果不计圆盘的转动惯量(相当于 $m = 0$),则

$$v = \sqrt{gh}.$$

这相当于质量为 m_1 的物体自由下落.

本题也可以用动力学方法解出. 及画出受力图,列牛顿第二定律的运动方程,解出物体 m_1 的加速度,再求出 v. 显然,用动力学方法要比用能量关系复杂. 读者不妨试试,得出自己的结论.

例题 5.8 如图 5 - 15,质量为 M,长为 l 的均匀直棒,可绕垂直于棒的一端的水平轴 O 无摩擦地转动. 它原来静止在平衡位置上. 现有一质量为 m 的弹性小球飞来,正好在棒的下端与棒垂直地相撞. 相撞后,使棒从平衡位置处摆动到最大角度 $\theta = 30°$.

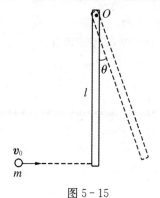

图 5 - 15
小球与细棒的碰撞过程

(1)设该碰撞为弹性碰撞,试计算小球初速度 v_0 的值;

(2)相撞时,小球受到多大的冲量?

解 本题应用角动量守恒定律与机械能守恒定律.

(1)设碰撞后小球速度为 v,棒转动角速度为 ω,棒绕 O 轴的转动惯量为 $I = \frac{1}{3}Ml^2$,由碰撞前后角动量守恒有

$$mv_0l = mvl + I\omega.$$

又因为碰撞为弹性碰撞,所以碰撞前后机械能守恒,有

$$\frac{1}{2}mv_0^2 = \frac{1}{2}mv^2 + \frac{1}{2}I\omega^2.$$

从碰后到摆动至最大角度 $\theta = 30°$ 处,棒的机械能守恒,则又有

$$\frac{1}{2}I\omega^2 = Mg \cdot \frac{l}{2}(1 - \cos 30°).$$

联解以上三方程,可得

$$v_0 = \frac{l\omega}{2}\left(1 + \frac{I}{ml^2}\right) = \frac{\sqrt{6(2 - \sqrt{3})}}{12} \cdot \frac{3m + M}{m}\sqrt{gl}.$$

(2)根据冲量定义,相撞时小球收到的冲量为

$$\int F \mathrm{d}t = \Delta(mv) = mv - mv_0,$$

计算得

$$mv - mv_0 = -\frac{I\omega}{l} = -\frac{1}{3}Ml\omega = -\frac{\sqrt{6(2 - \sqrt{3})}}{6}M\sqrt{gl},$$

负号表示所受冲量的方向与初速度 v_0 方向相反.

习　题

5.1　飞轮以转速 $n = 1\,500\ \text{round} \cdot \text{min}^{-1}$ 转动,受到制动而均匀地减速,经 $50\ \text{s}$ 而停止. 试求:

(1)角加速度的大小;

(2)从制动算起到停止,转过的圈数;

(3)制动后,第 $25\ \text{s}$ 时角速度的大小.

5.2　已知飞轮的半径为 $1.5\ \text{m}$,初速度为 $2\ \text{rad} \cdot \text{s}^{-1}$,角加速度为 $10\ \text{rad} \cdot \text{s}^{-2}$. 试计算 $t = 2\ \text{s}$ 时的

(1)角速度;

(2)角位移;

(3)边缘上一点的速度;

(4)边缘上一点的加速度.

5.3　某发动机飞轮在时间间隔 t 内的角位移为

$$\theta = at + bt^3 - ct^4.$$

求: t 时刻的角速度和角加速度.

5.4　如图所示,钢制炉门由两个长 $1.5\ \text{m}$ 的平行臂 AB 和 CD 支撑,以角速度 $\omega = 10\ \text{rad} \cdot \text{s}^{-1}$ 逆时针转动,求臂与铅直成 $45°$ 时门中心 G 的速度和加速度.

5.5　桑塔纳汽车时速为 $166\ \text{km/h}$,车轮滚动半径为 $0.26\ \text{m}$,自发动机至驱动轮的转速比为 0.909. 问发动机转速为每分钟多少转?

5.6　长度为 l 的均质杆,令其竖直地立于光滑的桌面上,然后放开手,由于杆不可能绝对沿铅直方向静止,故随即倒下. 求杆子的上端点运动的轨迹(选定坐标系,求出轨迹方程).

5.7　一矩形均匀薄板,边长为 a 和 b,质量为 M. 其转轴通过板的质心且垂直于板面. 试证薄板对该轴的转动惯量为 $I = \frac{1}{12}M(a^2 + b^2)$.

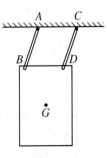

题 5.4 图

5.8　现在用阿特伍德机测滑轮转动惯量.用轻线且尽可能润滑轮轴.两端悬挂重物质量各为 $m_1 = 0.46\,\text{kg}$, $m_2 = 0.5\,\text{kg}$, 滑轮半径为 $0.05\,\text{m}$. 自静止始, 释放重物后并测得 $5.0\,\text{s}$ 内下降了 $0.75\,\text{m}$. 滑轮转动惯量是多少?

5.9　一个具有单位质量的质点在力场 $\boldsymbol{F} = (3t^2 - 4t)\boldsymbol{i} + (12t - 6)\boldsymbol{j}$ 中运动, 其中 t 是时间. 设该质点在 $t = 0$ 时位于原点, 且速度为零. 求 $t = 2\,\text{s}$ 时该质点对原点所受的力矩.

5.10　如图所示, 质量为 $m_1 = 5\,\text{kg}$ 的木块在倾角 $\theta = 30°$ 的斜面上滑动, 滑动摩擦因数 $\mu = 0.25$, 木块由绕过定滑轮的细绳拴着, 绳的另一端挂着质量 $m_2 = 10\,\text{kg}$ 的重物. 设绳与滑轮之间无滑动, 并已知圆盘滑轮质量 $m = 20\,\text{kg}$, 半径 $R = 20\,\text{cm}$, 求重物的加速度 a 及绳子的张力 T.

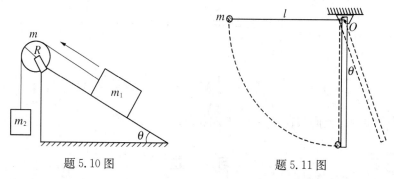

题 5.10 图　　　　　　　　　　　　　　题 5.11 图

5.11　长为 l 的均质细棒, 一端悬于 O 点, 自由下垂, 紧靠 O 点悬一单摆, 轻质线摆长亦为 l, 摆球的质量为 m, 单摆从水平位置开始自由下摆, 并与细棒做完全弹性碰撞, 碰撞后, 单摆正好静止, 如图所示. (棒的转动惯量 $I_M = \dfrac{1}{3}Ml^2$)

求: (1) 细棒的质量 M;

(2) 细棒摆动的最大角度 θ.

5.12　如图所示, 有一轻绳跨过质量可忽略不计的定滑轮, 绳的一端系一重物, 另一端有一人抓住绳子. 设此人由静止以相对绳子的速度 u 向上爬, 求重物相对地面的速度. 设人与重物的质量相等.

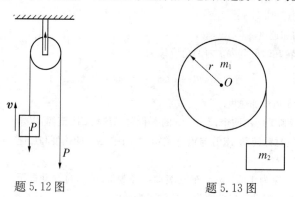

题 5.12 图　　　　　　　　　　　　　题 5.13 图

5.13　如图所示, 质量为 $m_1 = 16\,\text{kg}$ 的实心圆柱体, 半径 $r = 15\,\text{cm}$, 可绕其固定水平轴转动, 阻力忽略不计, 一条轻质绳绕在圆柱体上, 其另一端系一个质量 $m_2 = 8.0\,\text{kg}$ 的物体. 求: (1) 由静止开始过 $1\,\text{s}$ 后, 物体 m_2 下降的距离; (2) 绳的张力.

5.14　一根长 l, 质量为 m 的均匀直棒静止在一光滑水平面上. 它的中点有一竖直光滑固定轴, 一个质量为 m' 的小球以水平速度 v_0 垂直于棒冲击其一端而粘上. 求碰撞后球的速度 v 和棒的角速度 ω 以及由此碰撞而损失的机械能.

第6章 狭义相对论基础

经典力学只适用于宏观低速运动的物体,对于物体的高速运动问题,必须用相对论力学处理. 相对论是关于空间、时间和引力的现代物理理论,它给出了高速运动物体的力学规律,其核心是关于空间和时间观念的论述. 大量实验证明,相对论正确地反映了客观世界的运动规律,并成为近代物理和近代科学技术的一个重要支柱. 在相对论理论中,局限于惯性参照系,在引力场可以忽略的条件下,关于时间、空间和运动关系的理论称为狭义相对论;推广到一般参照系和包括万有引力场在内的理论称为广义相对论. 本章只介绍狭义相对论的基本原理、时空观以及相对论力学的主要结论.

§6.1 相对论的实验基础

1. 相对论产生的历史背景

牛顿力学的时空观是绝对时空观,即认为时间和空间与物质的运动状态无关,并且时间和空间也无任何联系. 伽利略变换是这种绝对时空观的数学体现,所有牛顿力学的规律对伽利略变换都具有协变性. 它在解决宏观、低速现象的问题中,取得了辉煌的成就. 但是当物体的运动速率与光速可以相比时,牛顿力学就遇到了不可克服的困难,比较突出的困难是伽利略变换与电磁实验的矛盾. 解决这些困难成为当时理论研究的动机和任务.

19 世纪下半叶,麦克斯韦由电磁理论求得电磁波在真空中传播的速度与真空中的光速相同,是一个恒定的常量 $c(c = 2.997\,924\,58 \times 10^8 \text{ m} \cdot \text{s}^{-1})$,并由此建立了光的电磁理论,认为光是一种特殊频率的电磁波.

由于机械波只能在介质中传播,人们自然会想到,电磁波也应在介质中才能传播. 以至于认为真空中的电磁波乃至光波都在一种特殊的"以太"介质中传播着. 以太具有许多特殊的性质:不具有质量;不仅在真空中存在,而且无处不在,充满整个宇宙,且可以渗透到一切物质的内部,用来传播电磁波;同时对宏观物体的运动又没有任何托拽. 如果认为电磁波在相对以太静止的参考系中的传播速度为 c,则根据伽利略的速度变换公式,在以速度 v 相对以太做匀速直线运动的参考系中,电磁波的传播速度应在 $c+v$ 和 $c-v$ 之间. 这表明麦克斯韦方程组对伽利略变换不具有协变性,即电磁规律不满足伽利略相对性原理. 于是经典物理学面临这样一个问题:电磁学的定理与伽利略变换之间不能相容,至少有一个是不正确的.

当时有人试图修改电磁场理论以解决上述矛盾,但均被实验否定而遭到失败. 这实际上也证明麦克斯韦电磁场理论的正确性.

所以大多数物理学家认为相对性原理不能普遍使用,电磁场理论仅对绝对静止的以太参考系成立. 在 19 世纪末,寻找以太或说寻找这个绝对的惯性系就成为物理学中的一项重要工作. 为此物理学家做了许多观测和实验,这些观测和实验的整体结果否定了以太的存在,即否定了绝对惯性系的存在. 这一系列的观测和实验构成了狭义相对论的实验基础.

2. 相对论的实验基础

下面我们只介绍光行差的观测和迈克尔逊-莫雷实验.

（1）光行差现象

所谓光行差现象,就是从地面上看到的恒星位置(视位置)与恒星真实位置稍有偏移的现象. 1727 年英国天文学家布拉德雷(J. Bradley,1693~1762)首先报道了光行差观测结果：当观测处于天顶正上方的恒星时,必须把望远镜偏离竖直线约 20.5″,在一年中,望远镜的轴线均匀地画出一个光行差圆锥.

设以太存在并相对太阳静止,而地球绕太阳以公转速率 3×10^4 m·s^{-1} 运动. 以太如同静止不动的空气,光在其中以 $v_1 = c = 3 \times 10^8$ m·s^{-1} 竖直向下传播;地球以 $v_2 = 3 \times 10^4$ m·s^{-1} 运动,处于地面的观察者会看到光的传播方向将偏转 α 角,且

$$\tan \alpha = 1 \times 10^{-4},$$

$\alpha \approx 20.5''$. 而地球绕太阳公转的轨道近似是圆,每隔六个月地球公转速度即反向,光行差的方向也会反向,那么望远镜的轴线在一年中的确会描画出一光行差圆锥. 即光行差现象说明,若以太存在,则以太相对太阳静止,以太没有被地球拖曳着一起运动.

（2）迈克尔逊-莫雷实验

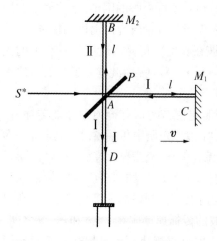

图 6-1 迈克尔逊-莫雷实验的原理图

这个实验的目的是验证以太存在且以太相对太阳静止的假说. 1881 年迈克尔逊(A. A. Michelson)首先做了这个实验,1887 年迈克尔逊和莫雷(F. W. Morley)又合作进行了更精密的测量.

实验使用的是迈克尔逊发明的干涉仪. 其实验原理如图 6-1 所示,光源 S 发出的一束光在 A 点由半透半反镜 P 分成两束. 光束 I 透过 P 传到 C,经 C 点的平面反射镜 M_1 反射后又返回到 A,再经 P 反射到目镜 D;另一束光 II 则由 A 点反射到 B 点,经 B 点的平面反射镜 M_2 反射又回到 A,再透过 A 射向目镜 D. 两束光重新相遇时会由于相位差而发生振幅相加或相消的干涉现象,从而出现明暗的干涉条纹;如果相位差发生变化,则将出现干涉条纹的移动. 这就是迈克尔逊-莫雷实验的原理.

设以太存在并相对太阳静止,干涉仪随地球以 $v = 3 \times 10^4$ m·s^{-1} 的速率相对以太运

动,则以太以 $v = 3 \times 10^4$ m·s^{-1} 相对于干涉仪运动.设以太相对干涉仪的速度 v 与 PM_1 方向平行.光相对以太的速率为 c,据伽利略速度变换公式可知,光速 I 由 P 到 M_1 时相对干涉仪的速率为 $c-v$,由 M_1 到 P 时为 $c+v$, P 与 M_1 的距离用 l 表示,则光束 I 由 P 经 M_1 到 P 所用时间为

$$t_1 = \frac{l}{c-v} + \frac{l}{c+v} = \frac{2l}{c(1-v^2/c^2)}.$$

PM_2 与 PM_1 垂直,设光相对干涉仪的速度为 v',则根据经典速度合成公式(见图 6-2),知光线对于干涉仪的速率 $v' = \sqrt{c^2 - v^2}$. P 与 M_2 的距离为 l,则光速 II 由 P 经 M_2 到 P 所用的时间为

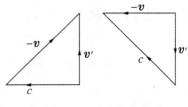

图 6-2　速度的合成

$$t_2 = \frac{2l}{\sqrt{c^2 - v^2}} = \frac{2l}{c(1-v^2/c^2)^{1/2}},$$

所以光束 I 和 II 所经历的时间差为

$$\Delta t = t_1 - t_2 = \frac{2l}{c(1-v^2/c^2)} - \frac{2l}{c(1-v^2/c^2)^{1/2}}.$$

由于 $v \ll c$,上式分母用牛顿二项式定理展开.略去 (v^2/c^2) 的高阶项,则

$$\Delta t = \frac{2l}{c}\left(1 + \frac{v^2}{c^2}\right) - \frac{2l}{c}\left(1 + \frac{v^2}{2c^2}\right) = \frac{l}{c} \cdot \frac{v^2}{c^2},$$

于是,两束光的光程差为

$$\delta = c\Delta t \approx l\frac{v^2}{c^2}.$$

如果将仪器在水平面旋转 $90°$,使臂 AC 与 AB 对易位置,则光束 I 与光束 II 所经历的时间差为 $\Delta t' = \frac{l}{c} \cdot \frac{v^2}{c^2}$,两次实验的时间差的改变量为 $\frac{2l}{c} \cdot \frac{v^2}{c^2}$,则前后两次的光程差为 2δ,由光波干涉理论可知,两次实验测到的干涉条纹的移动条数为

$$\Delta N = \frac{2lv^2}{\lambda c^2}, \tag{6-1}$$

式中 λ, c, 和 l 均为已知,如能测出条纹移动的条数 ΔN,即可由上式算出地球相对以太的绝对速度 v,从而就可把以太作为绝对参考系了.

在迈克尔逊-莫雷实验中, l 约为 11 m,光的波长 $\lambda = 590$ nm,取地球公转速度为 $v = 3 \times 10^4$ m·s^{-1},由(6-1)式估算出,干涉条纹移动的条数应约为 0.4,而干涉仪可测量出 0.01 条条纹的变化,但他们没有观察到干涉条纹的移动,实验在不同季节,不同时间,不同方向上反复进行,均有同样的结果.实验结果表明:不存在干涉条纹的移动,这就是著名的"零结果".

迈克尔逊-莫雷实验的结果说明,如果以太存在,它应和地球一起运动,这样迈克尔

逊-莫雷实验就和光行差现象发生深刻的矛盾,所以说实验证实了以太假说是不正确的,即否定了特殊参考系的存在.于是经典物理学面临这样一个问题:电磁学的定理与伽利略变换之间不能相容,至少有一个是不正确的,面临的选择只有两种:一是承认伽利略变换,修改麦氏方程组的形式,使它在伽利略变换下具有协变性,这种选择符合人们传统的观念,但为此所做的种种努力都失败了;二是保持麦氏方程组的形式,采用新的变换形式来代替伽利略变换,使之具有协变性.这种选择要涉及修改传统的时空观念,这是人们不易接受的.在这个关键的时刻,爱因斯坦选择了后者,于1905年创立了狭义相对论,成为物理学史上的一次重大革命.

§6.2　相对论的基本原理　洛仑兹变换

1. 相对论的基本原理

爱因斯坦根据他提出的相对性原理和光速不变原理这两条基本假设,建立了狭义相对论,这个理论能统一地解释惯性系中的各种力学现象和电磁现象.

(1) 相对性原理

在所有惯性系中,一切物理学定律都相同,即具有相同的数学表达式.或者说,对于所有物理规律,一切惯性系都是等价的.

(2) 光速不变原理

在所有惯性系中,真空中光速沿各个方向传播的速率都等同于一个恒量 c,与光源和观察者的运动状态无关.

相对性原理和光速不变原理是两条互相独立的原理.狭义相对性原理是力学相对性原理的推广和发展,它肯定了一切物理规律都同样遵从相对性原理.光速不变原理是经典力学中所没有的.光速的不变性同牛顿速度相加定理相抵触,它实际上对不同惯性系间坐标及速度变换关系提出了一个新的要求,且光速的这种绝对不变性的假定为同时性定义提供了一种手段.所以光速不变原理是狭义相对论与经典力学之间的根本差别所在.

2. 洛仑兹变换

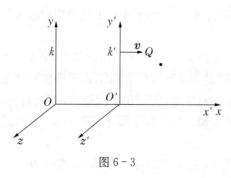

图 6-3

(1) 洛仑兹变换

根据光速不变原理和相对性原理可以导出狭义相对论中同一事件在不同惯性系中时空坐标间的变换关系——洛仑兹变换.

设有两个惯性系的直角坐标系 k 和 k' 的 x 轴和 x' 轴重合,y 轴和 y' 轴,z 轴和 z' 轴平行.以 O 和 O' 重合时为计时起点 $(t = t' = 0)$,k' 系相对于 k 系沿 x 轴匀速运动,速率为 v(见图 6-3).

若有一事件 Q 在 k 系的时空坐标为 (x, y, z, t),在 k' 系的时空坐标为 (x', y', z', t').这两组时空坐标之间的关系遵守洛仑兹变换,即为

$$\begin{cases} x' = \dfrac{x - vt}{\sqrt{1 - v^2/c^2}}, \\[2mm] y' = y, \\[1mm] z' = z, \\[1mm] t' = \dfrac{t - vx/c^2}{\sqrt{1 - v^2/c^2}}, \end{cases} \quad 或 \quad \begin{cases} x = \dfrac{x' + vt'}{\sqrt{1 - v^2/c^2}}, \\[2mm] y = y', \\[1mm] z = z', \\[1mm] t = \dfrac{t' + vx'/c^2}{\sqrt{1 - v^2/c^2}}. \end{cases} \quad (6-2)$$

(2) 洛仑兹变换的导出

设在 O 和 O' 点重合时 $(t = t' = 0, x = x' = 0)$,从坐标原点恰好发出一个光讯号,根据光速不变原理,在 k 系中观察此信号的波振面,应该是一个半径为 ct 的球面,即

$$x^2 + y^2 + z^2 = (ct)^2.$$

根据相对性原理,两个惯性系是等价的,因此两个惯性系中的空间和时间都是均匀的,即长度的测量应与地点无关,其变换式应具有对称的形式.则在 k' 系中观察,光信号的波阵面也应该是一球面,由于光速不变,它的半径为 ct',即

$$x'^2 + y'^2 + z'^2 = (ct')^2.$$

显然

$$x^2 + y^2 + z^2 - c^2 t^2 = x'^2 + y'^2 + z'^2 - c^2 t'^2. \tag{6-3}$$

由于假设了 k' 系沿 x 轴正方向运动,且 x' 轴与 x 轴重合,因此

$$y' = y, \ z' = z, \tag{6-4}$$

于是(6-3)式简化为

$$x^2 - c^2 t^2 = x'^2 - c^2 t'^2. \tag{6-5}$$

相对性原理要求新的变换关系必须是线性的,即 x', t' 分别是 x, t 的线性函数,设

$$x' = \alpha(x - vt), \ t' = \beta x + \gamma t, \tag{6-6}$$

式中 α, β, γ 是待定系数.

将(6-6)式代入(6-5)式,得

$$(1 - \alpha^2 + c^2\beta^2)x^2 + \beta(\alpha^2 v + c^2\beta\gamma)xt + (c^2\gamma^2 - \alpha^2 v^2 - c^2)t^2 = 0.$$

由于 x, t 各自独立变化,因此各项系数为 0,得

$$\alpha^2 - c^2\beta^2 = 1, \quad \alpha^2 v + c^2\beta\gamma = 0, \quad c^2\gamma^2 - \alpha^2 v^2 = c^2, \tag{6-7}$$

解得

$$\alpha = \frac{1}{\sqrt{1 - v^2/c^2}}, \ \beta = -\frac{v/c^2}{\sqrt{1 - v^2/c^2}}, \ \gamma = \frac{1}{\sqrt{1 - v^2/c^2}}. \tag{6-8}$$

将(6-8)式代入(6-6)式并与(6-4)式组成方程组,即

$$
\begin{cases}
x' = \dfrac{x - vt}{\sqrt{1 - v^2/c^2}}, \\[2mm]
y' = y, \\[1mm]
z' = z, \\[1mm]
t' = \dfrac{t - vx/c^2}{\sqrt{1 - v^2/c^2}}.
\end{cases}
$$

这是事件从 k 系到 k' 系的时空坐标变换关系.

由上式解出 x, t,可得从 k' 系到 k 系的时空变换关系,即

$$
\begin{cases}
x = \dfrac{x' + vt'}{\sqrt{1 - v^2/c^2}}, \\[2mm]
y = y', \\[1mm]
z = z', \\[1mm]
t = \dfrac{t' + vx/c^2}{\sqrt{1 - v^2/c^2}}.
\end{cases}
$$

从而看出,洛仑兹变换具有对称形式,符合相对性原理的要求.

关于洛仑兹变换中,应注意以下几点:

(1) 在洛仑兹变换中,(x, y, z, t) 和 (x', y', z', t') 是同一事件在两个不同惯性系内的时空坐标,只有两组时空坐标表示同一事件时,才能用洛仑兹变换.

(2) 在洛仑兹变换中,由变换式可以看到,时间与空间是不可分割的,同一事件不仅在不同惯性系中的时间坐标不同,而且时间坐标与空间坐标紧密相连,不存在经典力学中认为的那种可以与运动割裂,彼此截然分开的绝对空间与绝对时间.

(3) 在洛仑兹变换中 (x, y, z, t) 和 (x', y', z', t') 的关系是线性的,这是因为一个事件在 k 系和 k' 系中的坐标是一一对应的缘故,是相对性原理的要求.

(4) 若 $v \ll c$,则 $v/c \to 0$,$\alpha = \gamma = \dfrac{1}{\sqrt{1 - v^2/c^2}} \to 1$,即洛仑兹变换过渡到伽利略变换. 由此可见,伽利略变换是洛仑兹变换在惯性系之间做低速相对运动条件下的近似,在处理低速问题时应用伽利略变换就足够精确了,只有当物体的速率达到可以与光速 c 相比拟的高速时,才必须采用洛仑兹变换处理问题.

(5) 由于实在的物理量数值必须是有限的实数,所以洛仑兹变换中的 $\sqrt{1 - v^2/c^2}$ 只能取不为 0 的实数,因此要求 $v < c$. 即在任何惯性系中实物粒子的速度 v 小于 c. 这表明,真空中光速 c 是物质运动的上限速度.

例题 6.1 某粒子在惯性系 k' 中 $x'y'$ 平面内做匀速运动,速率为 $\dfrac{1}{4}c$,其轨道同 x' 轴成 30° 角.设 k' 系沿 x 轴相对于惯性参考系 k 的运动速度是 $0.8c$,求粒子在 k 系中的运动方程(设 $t = 0$ 时粒子位于原点).

解 k' 中所确定的粒子运动方程为

$$x' = v'_x t' = \frac{c}{4}(\cos 30°)t', \tag{1}$$

$$y' = v'_y t' = \frac{c}{4}(\sin 30°)t'. \tag{2}$$

将(1)式代入(6-2)式,得

$$\frac{x - vt}{\sqrt{1 - v^2/c^2}} = \frac{c}{4}(\cos 30°)\frac{t - \dfrac{v}{c^2}x}{\sqrt{1 - v^2/c^2}},$$

即

$$x - 0.8ct = \frac{c}{4}(\cos 30°)\left(t - \frac{0.8x}{c}\right),$$

$$x = 0.866\,43ct.$$

将(2)式代入(6-2)式,得

$$y = 0.063\,93ct,$$

故,在 k 系中粒子的运动方程为

$$\begin{cases} x = 0.866\,43ct, \\ y = 0.063\,93ct, \end{cases}$$

消去 t 后,得轨迹方程为 $y = 0.073\,784x$,即轨迹为直线,与 x 轴夹角 $\theta = 30°$.

（3）洛仑兹速度

若 k' 系相对于惯性系 k 速度 v 沿 x 轴正方向运动,由(6-2)式对时间求导,则得质点在 k' 系和 k 系中的速度 (v'_x, v'_y, v'_z) 和 (v_x, v_y, v_z) 之间的相对论变换为

$$\begin{cases} v'_x = \dfrac{v_x - v}{1 - \dfrac{v}{c^2}v_x}, \\ v'_y = \dfrac{v_y}{1 - \dfrac{v}{c^2}v_x}\sqrt{1 - v^2/c^2}, \\ v'_z = \dfrac{v_z}{1 - \dfrac{v}{c^2}v_x}\sqrt{1 - v^2/c^2}, \end{cases} \quad 或 \begin{cases} v_x = \dfrac{v'_x + v}{1 + \dfrac{v}{c^2}v'_x}, \\ v_y = \dfrac{v'_y}{1 + \dfrac{v}{c^2}v'_x}\sqrt{1 - v^2/c^2}, \\ v_z = \dfrac{v'_z}{1 + \dfrac{v}{c^2}v'_x}\sqrt{1 - v^2/c^2}. \end{cases} \tag{6-9}$$

由(6-9)式知,相对论中的速度变换公式与经典力学中的速度变换公式不同,不仅速度的 x 分量要变换,而且 y 分量和 z 分量也要变换.且在 $v \ll c$ 的情况下,洛仑兹速度变换过渡为伽利略速度变换.

例题 6.2 设 k' 系相对于 k 系做匀速直线运动,速率为 $v = 0.9c$,粒子在 k' 系中的运动速度为 $v'_x = 0.9c$, $v'_y = v'_z = 0$. 求粒子相对于 k 系的速度是多少?

解 利用(6-9)式,得

$$v_x = \frac{v'_x + v}{1 + \frac{v}{c^2} v'_x} = \frac{0.9c + 0.9c}{1 + 0.9 \times 0.9} = 0.994c.$$

$$v_y = \frac{v'_y}{1 + \frac{v}{c^2}} \sqrt{1 - v^2/c^2} = 0.$$

例题 6.3　设 k 系中有一束光在折射率为 1.5 的玻璃中沿 x 轴正向传播，k' 系沿 x 轴正向以速度 $0.6c$ 运动，求在 k' 系中测得该光束的传播速率.

解　因 $v_x = \dfrac{c}{n} = \dfrac{c}{1.5} = \dfrac{2}{3} c$，$v = 0.6c$，则由(6-9)式，得

$$v'_x = \frac{0.667c - 0.6c}{1 - \dfrac{2}{3}c \times \dfrac{0.6c}{c^2}} = 0.11c.$$

可见，在 k 系和 k' 系中观测到的介质中的光速是不同的，光速不变原理是说在真空中传播的光的速率相对不同惯性系都是 c.

(4) 不同惯性系中时间间隔及空间间隔的变换关系

设有任意两个事件 A 和 B，事件 A 在惯性系 k 和 k' 中的坐标分别为 (x_1, y_1, z_1, t_1) 和 (x'_1, y'_1, z'_1, t'_1)，事件 B 的时空坐标分别为 (x_2, y_2, z_2, t_2) 和 (x'_2, y'_2, z'_2, t'_2)，则这两个事件在 k 和 k' 系中的时间间隔及沿惯性参考系相对运动方向的空间间隔之间的变换关系为

$$\begin{cases} \Delta t' = \dfrac{\Delta t - \dfrac{v}{c^2} \Delta x}{\sqrt{1 - v^2/c^2}}, \\ \Delta x' = \dfrac{\Delta x - v\Delta t}{\sqrt{1 - v^2/c^2}}, \end{cases} \quad 或 \quad \begin{cases} \Delta t = \dfrac{\Delta t' + \dfrac{v}{c^2} \Delta x'}{\sqrt{1 - v^2/c^2}}, \\ \Delta x = \dfrac{\Delta x' + v\Delta t'}{\sqrt{1 - v^2/c^2}}. \end{cases} \tag{6-10}$$

上式中 $\Delta x = x_2 - x_1$，$\Delta t = t_2 - t_1$，$\Delta x' = x'_2 - x'_1$，$\Delta t' = t'_2 - t'_1$ 都是代数量，不难看出，对于两个事件的时间间隔和空间间隔，在不同惯性参考系中观测，所得结果一般是不同的. 也即，两事件之间的时间间隔和空间间隔都是相对的，随观察者不同而不同，这反映了相对论时空观和绝对时空观的根本区别.

§6.3　相对论的时空理论

从洛仑兹变换可以看出，一个惯性系的时空坐标，不仅与另一惯性系的时空坐标有关，还与惯性系间的相对运动有关. 这种认为时间和空间彼此联系，并且又都与运动有关的时空观点，称为相对论的时空观. 下面我们具体讨论洛仑兹变换所体现的狭义相对论的时空观.

1. 同时的相对性

设两个事件 A 和 B,在 k 系中的坐标分别为 (x_1, y_1, z_1, t_1) 和 (x_2, y_2, z_2, t_2),在 k' 系中的坐标分别为 (x'_1, y'_1, z'_1, t'_1) 和 (x'_2, y'_2, z'_2, t'_2)(见图 6-4),则由洛仑兹变换式 (6-2) 中的第四式知对事件 A, $t'_1 = \left(t_1 - \dfrac{v}{c^2}x_1\right)\Big/\sqrt{1-v^2/c^2}$ 对事件 B,

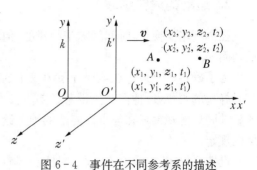

图 6-4　事件在不同参考系的描述

$$t'_2 = \left(t_2 - \frac{v}{c_2}x_2\right)\Big/\sqrt{1-v^2/c^2},$$

则 A, B 事件在 k 系和 k' 系中的时间间隔之间的关系为

$$t'_2 - t'_1 = \frac{(t_2 - t_1) - \dfrac{v}{c^2}(x_2 - x_1)}{\sqrt{1-v^2/c^2}}. \tag{6-11}$$

由(6-11)式可知

(1) 当 $x_1 = x_2$, $t_1 = t_2$ 时,有 $t'_2 = t'_1$.

这说明在 k 系中同时同地发生的两件事,在 k' 系中也是同时发生的,这种同时性是绝对的,与参考系无关.

(2) 当 $x_2 \neq x_1$, $t_1 = t_2$ 时,则 $t'_2 \neq t'_1$, $x'_2 \neq x'_1$.

这说明 k 系中同时不同地发生的两个事件在 k' 系中不是同时发生的,即同时具有相对性.下面我们用爱因斯坦火车的理想实验来说明同时的相对性.一列火车以速度 v 相对于地面做匀速直线运动(见图 6-5).设想在其运动过程中,可用列车中部的灯来校准车头和车尾的钟.有两个观察者 k 和 k',k 在站台上,k' 在列车上,因为灯光向前和向后的速率都是 c,开灯后,灯光应同时到达车头和车尾.在地上的观察者 k 看来,灯光向前和向后的速率也都是 c.但由于列车以速度

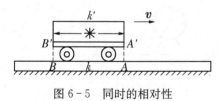

图 6-5　同时的相对性

v 向前运动,传到车尾的灯光比传到车头的灯光少走了一段路,因而灯光先到车尾,后到车头.所以 k' 校准了的两个钟,在 k 看来未校准.换句话说,从 k' 看是同时的两事件从 k 看是一先一后发生于不同时刻.就是说,同时的概念是相对的,与观测者的运动情形有关.

(3) 当 $x_1 \neq x_2$,且 $t_1 \neq t_2$ 时,则 $t'_2 - t'_1$ 情况有三种可能,即大于 0,小于 0,等于 0.

这说明在 k 系中不同时不同地发生的两个事件在 k' 系中可能同时发生,也可能不同时发生,而且在两个不同参考系中两事件发生的先后顺序有可能颠倒.对于两个无关事件,发生顺序的颠倒是无关紧要的.

但是,有些事件是有因果联系的.例如在开枪和枪弹击中目标、父母出生在前、儿女出生在后等问题中,第二个事件必须在第一个事件之后发生,因果关系是不可颠倒的,具有

绝对性.

2. 运动的时钟延缓

在伽利略变换下,时间间隔是绝对的.但在相对论中,时间间隔是相对的,随观察者的运动而异.

为了确定一个事件在某惯性系中发生的时刻,我们认为在此惯性系中遍布着与 k 系相对静止的观察者.他们全携带着经同步校准的钟,任一事件在 k 系中发生的时刻均由与该事件同地的观察者在与事件同地的钟上读出.在其他参照系中关于时刻的确定也作同样的规定.

设图 6-6 中 k' 系中的某点 x' 处放一静止的时钟 a',在 k 系中有若干个相同的静止时钟 a,a 与 a' 时钟完全相同,令 k' 系相对于 k 系以速率 v 沿 x 轴运动,那么 a' 也以 v 相对于 k 系运动.若在 x' 点(即同地)先后发生两事件 $A(x',\ t_1')$ 和 $B(x',\ t_2')$,其时间差为 $\Delta t' = t_2' - t_1'$.

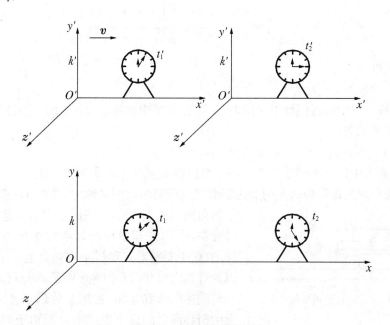

图 6-6 运动时钟的延缓

上述两事件 A,B 在 k 系中的对应时刻分别为 t_1,t_2,由洛仑兹变换(6-8)式,a 中读数的时间差为

$$t_2 - t_1 = \frac{t_2' - t_1'}{\sqrt{1 - v^2/c^2}} = \frac{\Delta t'}{\sqrt{1 - v^2/c^2}} > \Delta t'. \tag{6-12}$$

可见,在 k' 系中同地发生两事件的时间间隔在 k 系中测量却延长了.

同理,在 k 系中发生的先后两事件的时间差 $\Delta t = t_2 - t_1$,在 k' 系看来时间间隔为

$$t_2' - t_1' = \frac{\Delta t}{\sqrt{1 - v^2/c^2}} > \Delta t. \tag{6-13}$$

从(6-12)和(6-13)式知,两惯性系的观察者都认为运动的时钟变慢了.至于到底是哪个钟"变慢"没有绝对的意义.在不同的参照系观测有不同的结论,各自的结论都正确.一个质点所携带的钟在与它相对静止的参考系中的读数称为该钟的固有时或本征时,用 τ 表示,其时间间隔采用 $\Delta\tau$ 表示.

故(6-12)和(6-13)式又可表示为

$$\Delta t = \frac{\Delta\tau}{\sqrt{1 - v^2/c^2}}. \tag{6-14}$$

综上所述,可得如下结论:对于 k 系中同一地点发生的,固有时间间隔为 $\Delta\tau$ 的两个事件,在 k' 系中观测时,它们的时间间隔 Δt 等于 $\Delta\tau$ 的 $\dfrac{1}{\sqrt{1 - v^2/c^2}}$ 倍.显然 $\Delta t > \Delta\tau$,反之亦然,这一现象叫时钟延缓效应,或时间膨胀效应,常称 $\dfrac{1}{\sqrt{1 - v^2/c^2}}$ 为膨胀因子.

运动的时钟延缓标志着运动的一切过程变慢,如高速运动的不稳定粒子的衰变过程变慢、生物的代谢过程变慢,这是一种时空属性,与物理的、化学的因素无关,已被大量实验所证实.

例题 6.4　μ 子的平均本征寿命 $\Delta\tau = 2.2 \times 10^{-6}$ s. 在高能物理实验中测得它的速率 $v = 0.996\,6c$,求:

(1) 在实验室中测得 μ 子的平均寿命;

(2) μ 子衰变前在实验室中通过的平均距离.

解　(1) 取 k' 系固定于 μ 子上,μ 子的生、灭就是 k' 系中的同地不同时的两事件.取 k 系固定于实验室,则实验室观察运动的 μ 子的平均寿命 Δt 由(6-12)式给出,即

$$\Delta t = \frac{\Delta\tau}{\sqrt{1 - v^2/c^2}} = \frac{2.2 \times 10^{-6}}{\sqrt{1 - 0.996^2}} = 2.67 \times 10^{-5} \text{ s.}$$

实验室测得运动 μ 子平均寿命为 2.64×10^{-5} s. 理论结果与实验结果在 1‰ 精度内符合.

(2) μ 子在实验室中衰变前后所通过的平均距离为

$$l = v\Delta t = 0.996\,6 \times 3 \times 10^8 \times 2.67 \times 10^{-5} = 7.98 \times 10^3 \text{ m.}$$

实验测得平均距离为 8 km,理论结果与实验值符合较好.

3. 运动尺度的缩短

在经典物理中,长度是不变量,而在洛仑兹变换条件下,长度具有相对性.下面我们借助洛仑兹变换来考虑相对论中长度的相对性.

在讨论问题之前,首先要弄清楚长度的测量问题.

一把尺的长度由它的两个端点的坐标来确定.当尺相对于观测者静止时,对尺两端点坐标的测量无论同时,还是不同时,均不影响该尺的测量结果.该尺静止于 k' 系的 x' 轴上,k' 系测得的尺长度就是两端点坐标之差,即

$$l_0 = x_2' - x_1',$$

l_0 称为该尺的固有长度或原长. 当尺相对于观测者运动时, 观测者必须对该尺的两端点坐标同时进行测量, 才能用端点坐标来确定尺的长度, 否则测量是无意义的. 设在尺上建立 k' 系, 尺沿 k 系的 x 轴正方向以速率 v 运动. 在 k 系中同时 $(t_1 = t_2 = t)$ 读出两端点在 x 轴上的对应坐标分别为 x_1, x_2, 则 k 系中观测者测得尺的长度为 $l = x_2 - x_1$. 如图 6-7 所示, 尺尾经 P 点为事件 1, 尺头经 Q 点为事件 2, 它们在 k 和 k' 系中的时空坐标分别为 (x_1, t_1), $(x_2,$

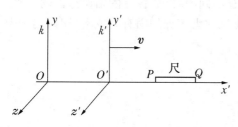

图 6-7　运动尺度的缩短

$t_2)$ 和 (x'_1, t'_1), (x'_2, t'_2). 在 k 系和 k' 系中测得的尺长分别为 $l = x_2 - x_1$, $l_0 = x'_2 - x'_1$.

由洛仑兹变换 (6-8) 式知

$$x'_1 = \frac{x_1 - vt_1}{\sqrt{1 - v^2/c^2}}, \quad x'_2 = \frac{x_2 - vt_2}{\sqrt{1 - v^2/c^2}}.$$

因 $t_2 = t_1$, 故

$$x'_2 - x'_1 = \frac{x_2 - x_1}{\sqrt{1 - v^2/c^2}},$$

即

$$l_0 = \frac{l}{\sqrt{1 - v^2/c^2}}, \text{或} \ l = l_0 \sqrt{1 - v^2/c^2}. \tag{6-15}$$

同理可得, 若静止于 k 系的尺长为 l_0, 在 k' 系测得尺的长度就为

$$l = \frac{l_0}{\sqrt{1 - v^2/c^2}}.$$

综上所述, 在与尺相对运动的 k 系中测得的长度小于尺的固有长度. 这种现象叫运动的尺度缩短, 也称洛仑兹收缩. 若尺沿 y 轴或 z 轴放置, 因 $y' = y$, $z' = z$, 则在 k 和 k' 系中测得的尺长度相等, 运动的尺收缩只在尺的运动方向上发生. 运动的尺收缩不是尺的内部结构发生变化, 而是由于同时的相对性造成.

例题 6.5　一艘火箭飞船, 其静止长度为 10 m, 当它在太空中相对于地球以 $v = 0.6c$ 速率飞行时, 地面上观测者测得其长度 l 是多少?

解　由 (6-15) 式, 有

$$l = l_0 \sqrt{1 - v^2/c^2} = 10 \sqrt{1 - (0.6)^2} = 8 (\text{m}),$$

即在地球上的观察者测得其长度是缩短了.

§6.4　相对论力学

狭义相对性原理要求力学规律在洛仑兹变换下保持形式不变. 但是, 牛顿力学的基本规律在洛仑兹变换下不能保持形式不变. 因此, 必须按狭义相对论的要求, 对经典力学中

的物理量(如动量、质量、能量等)和动力学基本规律做必要的修改,使之既在洛仑兹变换下具有协变性,又能在速度 $v \ll c$ 时,合理地过渡到经典力学.同时尽量保持基本守恒定律继续成立.

在经典力学中,动量定义为 $\boldsymbol{p} = m\boldsymbol{v}$, m 与 $\boldsymbol{v}$ 是无关的.

在相对论力学中,由相对性原理,动量仍可定义为

$$\boldsymbol{p} = m\boldsymbol{v}. \tag{6-16}$$

只是动量守恒定律要在洛仑兹变换下保持不变,则质点的质量 m 就不再是一个与其速率 v 无关的常量,而是随速率的变化而变化,即

$$m = m(v). \tag{6-17}$$

以下我们来导出 m 与 v 的关系.

如图 6-8 所示,考虑两个全同粒子 P 和 Q 的完全非弹性对心碰撞,正碰后结合为一个复合粒子.我们从 k 和 k' 两个惯性参考系来讨论这个事件:设粒子相对于参考系静止时的质量为 m_0 ,相对于参考系以速度 $\boldsymbol{v}$ 运动时,测得它的质量为 $m(v)$.若在 k 系测得 P 粒子的速度为 v , Q 粒子的速度为 $-v$,碰撞后变成一个质量为 M 的复合粒子,显然为了满足动量守恒律,复合粒子的速度应为零[见图 6-8(a)].

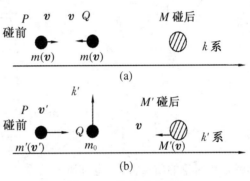

图 6-8　粒子对心碰撞

在 k 系中,据守恒定律有

动量守恒　　　　　　$mv - mv = M \cdot 0 = 0$;

质量守恒　　　　　　$M = m + m = 2m.$ 　　　　　　(6-18)

在与 Q 粒子固定在一起的惯性系 k' 中看[见图 6-8(b)], Q 粒子的质量为 m_0 ,由于复合粒子相对于 k 系的速度为零,则其相对于 k' 的速度为 $-v$,质量为 $M'(v)$, P 粒子质量为 $m'(v')$,它的速度大小由(6-8)式可得

$$v' = \frac{v+v}{1+v^2/c^2} = \frac{2v}{1+v^2/c^2}. \tag{6-19}$$

在 k' 系中,据守恒定律有

质量守恒　　　　　　$M' = m' + m$;　　　　　　(6-20)

动量守恒　　　　　　$M'v = m'v'.$ 　　　　　　(6-21)

将(6-19)式和(6-20)式代入(6-21)式可得

$$v = \frac{m'v'}{m'+m_0} = \frac{m'}{m'+m_0} \cdot \frac{2v}{1+\dfrac{v^2}{c^2}},$$

故

$$1 + \frac{v^2}{c^2} = \frac{2m'}{m' + m_0},$$

$$v = c \sqrt{\frac{m' - m_0}{m' + m_0}}.$$

将其代入(6-21)式中可得

$$v' = c \sqrt{1 - \left(\frac{m_0}{m'}\right)^2},$$

从中可解得

$$m' = \frac{m_0}{\sqrt{1 - \dfrac{v'^2}{c^2}}},$$

即

$$m(v) = \frac{m_0}{\sqrt{1 - \dfrac{v^2}{c^2}}}. \qquad\qquad (6-22)$$

这就是相对论的质量公式,也称质速关系.

　　由(6-22)式可见:(1)当 $v = 0$ 时, $m = m_0$,故 m_0 称为静止质量,它是一个不变量.
(2)当速度由 0 逐渐增大时, m 值随 v 值的增大而连续不断地增大;当 $v \to c$ 时, $m \to \infty$
即当 v 和 c 很接近时, m 将是一个很大的数值.(3)当 $v \ll c$ 时, $m \approx m_0$,此即经典力学所
讨论的情况.

　　质速关系已被实验证实,早在 1901 年,考夫曼(W. Kaufmann)在研究 β 射线的电子
荷质比的实验中,发现电子的荷质比随电子速率增加而减少,根据电荷守恒定律,他认为
电子电荷与其运动速率无关,否则原子就不能在电子能量可以改变的条件下保持严格的
电中性.由此他得出了质量随速率增大的结论.在 1909 年,布塞勒(A. H. Bucherer)以很
高的精确度重新测量了 β 射线中的电子荷质比,得出了相同的结论.近年来狭义相对论的
质速关系已用于高能加速器的设计,质子加速器已在 m/m_0 高达 200 的情况下工作,电子
加速器的 m/m_0 高达 40 000,高能加速器的成功运转及其实验结果进一步证明了质速关
系的正确.

习　　题

　　6.1　设有两个惯性系 k 和 k' ,它们的原点在 $t = 0$ 和 $t' = 0$ 时重合在一起.在 k 系中测得 A, B 两
事件的时空坐标分别为 $x_A = 6 \times 10^4$ m, $t_A = 2 \times 10^{-4}$ s,以及 $x_B = 12 \times 10^4$ m, $t_B = 1 \times 10^{-4}$ s.而在
k' 系中测得该两事件同时发生.若 k' 系相对于 k 系中沿 x 轴做匀速运动.试问:(1) k' 系相对于 k 系的速

度是多少？（2）k' 系中测得的两事件的空间间隔是多少？

6.2　一列静止长度为 $L = 450$ m 的火车，以速度 $v = 100$ km/h 的速度相对于地面做匀速直线运动. 在地面上的观察者发现有两个闪电同时击中火车头尾，问在火车上的观察者测出这两个闪电发生的时间间隔是多少？

6.3　在惯性系 k 中，有 A，B 两个事件发生在 x 轴上相距 800 m 的两点，已知 B 事件较 A 事件晚发生 4×10^{-6} s. 问：（1）在什么样的参照系中将测得上述两个事件发生在同一地点？（2）试找出一个参照系在其中测得上述两个事件同时发生.

6.4　一火箭以 $0.8c$ 的相对速度经过地球朝月球飞去，（1）按地球上的参观者来说，从地球到月球的旅程需要多长时间？（2）按火箭上的乘客来看，地球到月球的距离多大？（3）按火箭的乘客来看，这旅程需要多长时间？

6.5　设两只飞船相对于太阳分别以 $0.70c$ 和 $0.90c$ 的速率沿着同一方向（如 x'，x 轴）飞行，试求两飞船的相对速率.

6.6　一艘飞船和一颗彗星相对地面分别以 $0.6c$ 和 $0.8c$ 的速度相向而行. 在地面上观测，再有 5 s 两者就要相撞，问：

（1）飞船上看彗星的速度是多少？

（2）观察飞船上的钟再经过多少时间两者将相撞？

6.7　一运动员，在地球上以 10 s 的时间跑完 100 m，在飞行速度为 $0.98c$ 的飞船中的观看者看来，这名运动员跑了多长时间和多长距离？

6.8　原长为 4 m 的飞船以 $v = 9 \times 10^3$ m/s 的速度相对于地面匀速飞行，从地面上测量，它的长度是多少？

6.9　μ 子的固有寿命约为 $\Delta \tau = 2 \times 10^{-6}$ s，今在离地 8×10^3 m 的高空，由 π 介子衰变而产生一个速度为 $v = 0.998c$ 的 μ 子. 求：地面参考系中测得 μ 子一生的行程，判断 μ 子是否可能到达地面.

6.10　一物体的速度使其增加了 20%. 试问此物体在运动方向上缩短的百分比.

第二篇 振动与波

第7章 振动学基础

自然界中最常见的运动之一是振荡(或振动). 物体在一平衡位置附近做周期性往复运动,称之为机械振动. 除机械振动,还有电磁振动,如电视、广播、电话信号的发射、传播和接收,激光信号的放大和传播等等.

本章主要研究质点的机械振动,其遵循的规律和研究方法也适用于一般物体和电磁振动. 质点的简谐振动是最基本的振动,任何复杂的振动都可以看成是许多简谐振动的合成. 物体振动开始是因为受到外力的作用,在周期性的振动过程中,物体离开平衡位置后之所以又能返回来,是因为受到系统内力的作用,它的方向倾向于把物体拉回平衡位置,并且物体离开平衡位置越远,力的作用越大,这种力称为回复力. 回到平衡位置时,物体具有一定的速度和加速度,惯性的作用又使它离开平衡位置而继续振动. 由此可见,机械振动的动力学特征是: 物体所受的回复力和物体所具有的惯性力交替地作用着.

§7.1 简 谐 振 动

1. 弹簧振子 简谐振动

如图7-1(a)所示,一个物体和一个轻弹簧连接,置于光滑水平杆面上,弹簧的另一端固定. 在水平方向没有外力作用时,弹簧保持原长,物体位于 O 点(平衡位置),物体所受合力为零. 如果把物体拉离平衡位置到达 A 点后释放,由于受到弹簧弹性力的作用,物体就会在 A,B 两点之间来回往复地做周期性振动. 由轻弹簧和物体构成的这个振动系统,弹簧质量可以忽略不计,它只提供物体做周期性振动所需要的回复力,物体质量集中于它的质心,具有一定的惯性,可以等效为一质点,这种系统称为弹簧振子. 在系统内,回复力显然属于内力.

在上图垂直方向,物体所受重力和杆所施的正压力保持平衡,在垂直方向合外力为零;在水平方向,杆光滑,摩擦力可以忽略,物体仅受弹簧弹性力作用,理想弹簧的弹性力

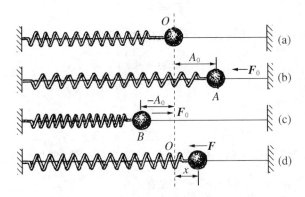

图 7 - 1　弹簧振子作简谐振动示意图

大小正比于弹簧离开平衡位置的距离 x，其方向总是指向平衡点 O，即服从胡克定律 $\boldsymbol{F} = k\boldsymbol{x}$，将物体拉到 A 点后释放，它在变弹力的作用下向 O 点做变加速运动，速度逐渐增大，弹力和加速度逐渐减小；到达 O 点时，弹力变为零，速度最大；在惯性的作用下，物体要脱离平衡位置向 B 点继续运动；此时，由于弹簧被压缩，弹力和运动方向相反，物体做减速运动，到 B 点时，速度减为零. 接着物体经 BO，OA 返回开始运动的状态. 此后就不断重复上述运动. 把在线性回复力 $\boldsymbol{F} = k\boldsymbol{x}$ 作用下，质点在平衡位置附近做的周期性的振动，称为简谐振动. 弹簧振子是简谐振动的理想模型.

2. 振动方程

（1）振幅、周期和频率

在振动过程中，物体偏离平衡位置能达到的最大距离称为振幅，如图 7 - 1(b) 和图 7 - 1(c) 中的 A_0 和 $|-A_0|$.

从任何一点开始直到物体下一次又回到这一状态（位置、速度、加速度相同）所用的时间称为一个振动周期，用 T 表示. 在单位时间内系统经历 $\frac{1}{T}$ 个振动周期，把 $\frac{1}{T}$ 叫作振动频率（f 或 ν），即单位时间内振动的次数. 有

$$\nu = \frac{1}{T}. \tag{7 - 1}$$

频率的单位是 s^{-1}，称为赫兹. 通常用每秒振动多少周来表示振动的快慢，每秒振动一周则频率为 1 赫兹（Hz）.

（2）振动方程

下面根据牛顿第二定律推出简谐振动的振动方程. 在弹簧振子振动过程中，物体所受的弹性力为

$$\boldsymbol{F} = -k\boldsymbol{x},$$

其中 k 为弹簧的劲度系数，只与弹簧本身的材料有关，式中负号表示物体所受力的方向与它相对于平衡点的位移方向相反. 把上式写成标量形式，即

$$F = -kx.$$

设物体质量为 m,将上式代入牛顿第二定律,可得

$$ma = -kx,$$

则物体的加速度为

$$a = -\frac{k}{m}x. \tag{7-2}$$

对于给定的弹簧振子,m 和 k 都是常量,而且都是正值,所以它们的比值可用另一常量的平方来表示,令 $\omega^2 = \frac{k}{m}$ 代入(7-2)式有

$$a = -\omega^2 x, \tag{7-3}$$

即物体的加速度 a 与它离开平衡位置的位移 x 成正比,方向与位移相反. 这是简谐振动的运动学方程,通常也把具有(7-3)式这种特征的振动称为简谐振动.

因为 F 和 a 都是变量,物体在做变加速运动,把瞬时加速度 a 写成 $a = \frac{\mathrm{d}^2 x}{\mathrm{d}t^2}$,则(7-3)式可以写成

$$\frac{\mathrm{d}^2 x}{\mathrm{d}t^2} = -\omega^2 x, \tag{7-4}$$

$$\frac{\mathrm{d}^2 x}{\mathrm{d}t^2} + \omega^2 x = 0. \tag{7-5}$$

上述两式的物理意义和(7-3)式是等同的,把(7-5)式称为简谐振动的微分方程式,也可作为简谐振动的定义式.

求解微分方程(7-5)式可得

$$x = A\cos(\omega t + \alpha), \tag{7-6}$$

式中 A 和 α 为待定常数. (7-6)式说明在简谐振动中,物体位移 x 随时间 t 按余弦(或正弦)函数规律变化. 这就是简谐振动的运动规律,称为简谐振动的表达式,简称振动方程.

（3）简谐振动的速度和加速度

把物体的振动方程对时间 t 求导,可得出物体的速度随时间的变化规律为

$$v = \frac{\mathrm{d}x}{\mathrm{d}t} = -A\omega\sin(\omega t + \alpha). \tag{7-7}$$

上式再对时间 t 求导可得加速度随时间的变化规律为

$$a = \frac{\mathrm{d}v}{\mathrm{d}t} = \frac{\mathrm{d}[-A\omega\sin(\omega t + \alpha)]}{\mathrm{d}t} = -\omega^2 A\cos(\omega t + \alpha). \tag{7-8}$$

上列几式中 A 和 α 分别称为简谐振动的振幅、角频率和初相位,它们是任何简谐振动的三个特征量. 以后再详细讨论它们的物理意义.

由(7-6),(7-7),(7-8)这三个式子可以看出,由于位移 x,速度 v 和加速度 a 都是

时间的正弦或余弦函数,因此它们总是在做周期性的变化.

3. 简谐振动的矢量图示法

为了更清楚地说明简谐振动的振幅、角频率和位相,更直观地认识简谐振动的位移和时间的关系,为以后研究振动叠加提供简便的方法,下面用矢量图示的方法来进一步研究简谐振动.

如图 7-2 所示,长度为 A 的矢量 A 绕 O 点以角速度 ω 逆时针匀速转动,在时刻 $t=0$,矢量 A 位于 Q_0 点,和 x 轴的夹角等于初相位 α. 在时刻 t 到达 Q 点,旋转矢量 A 和 x 轴夹角为 $(\omega t+\alpha)$.

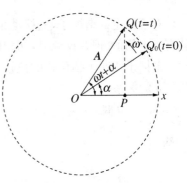

图 7-2 简谐振动的矢量图示

把旋转矢量 A 向 x 轴方向投影,则 Q 点在 x 轴上投影点 P 就在 x 轴上作简谐运动. 因为 $OP = OQ\cos(\omega t+\alpha)$,即 $x=A\cos(\omega t+\alpha)$,这正是简谐振动方程式. 因此,在任意时刻 t,旋转矢量 A 的末端点 Q 在 x 轴上的投影点 P,就是作简谐振动的质点在该时刻的位置. 由此可知,分析质量为 m 的质点所做的任何一个简谐振动,都可以用一个旋转矢量来直观地说明. 对照图 7-2,旋转矢量的长度 A 就是做简谐振动的质点在振动过程中离开平衡点所能达到的最大幅度,即振幅. 在 $t=0$ 时刻,旋转矢量和 x 轴的夹角 α 的大小反映做简谐振动的质点 P 在初始时刻时的位置及此时的振动趋势,这就是初相位 α 的物理意义.一般情况下,初相位 α 不超过 2π. 当 α 在一、三象限时,初始振动趋向平衡点;当其在二、四象限时,初始振动趋向于离开平衡点. 经过时间 t,旋转矢量转过角度 ωt,此时它和 x 轴的夹角为 $(\omega t+\alpha)$,$(\omega t+\alpha)$ 称为简谐振动在时刻 t 的位相. 由图 7-2 及 $x=A\cos(\omega t+\alpha)$ 可以看出,ωt 每增加 2π,质点就又回到初始位置,因此,质点作简谐振动的周期为

$$T = \frac{2\pi}{\omega}. \tag{7-9}$$

由 (7-1) 式得

$$\omega = 2\pi\nu, \tag{7-10}$$

ω 称为简谐振动的角频率.它等于旋转矢量在单位时间内所转过的角度,是质点简谐振动频率 ν 的 2π 倍. 由 (7-1),(7-9),(7-10) 式可以看出,在 T,ν,ω 三个量中,只有一个量是独立的,只要知道其中的一个量,就可以求出另外两个量.

对于质量为 m,劲度系数为 k 的弹簧振子来说,由 $\omega^2 = \dfrac{k}{m}$ 可得其振动周期为

$$T = 2\pi\sqrt{\frac{m}{k}}. \tag{7-11}$$

可见弹簧振子的振动周期只由系统本身的性质(惯性 m,劲度系数 k)决定,而与它的

初始状态及振幅无关.这个结论可以推广到其他作简谐振动的系统.

§7.2　初始条件　谐振子的能量

1. 初始条件

对于给定的谐振子,其振动角频率 ω 就有确定的值,因而其振动周期 T,振动频率 ν 就有确定的值.但其振幅 A,初相位 α 必须由初始条件来决定.所谓初始条件,就是指初始时刻谐振子相对平衡位置的位移 x 和初始速度 v.下面讨论初始条件 x_0,v_0 与振幅 A,初相位 α 的关系.

在 $t = 0$ 时,$x = x_0$,$v = v_0$ 由(7-6)和(7-7)式有

$$x_0 = A\cos\alpha, \tag{7-12}$$

$$v_0 = -A\omega\sin\alpha. \tag{7-13}$$

由此两式消去 α,并注意振幅恒为正,则有

$$A = \sqrt{x_0^2 + \frac{v_0^2}{\omega^2}}. \tag{7-14}$$

将此式代入(7-12)或(7-13)式有

$$\alpha = \arccos\frac{x_0}{\sqrt{x_0^2 + \frac{v_0^2}{\omega^2}}}. \tag{7-15}$$

反余弦函数在 0 和 2π 之间有两个值,要取哪一个值,可结合(7-13)式及初速度的方向来确定.(7-14)式和(7-15)式表明,如果已知初位移 x_0 和初速度 v_0,就能决定谐振动的振幅和初位相.我们也可以说,有了振动系统的力学性质以及初始条件 x_0 及 v_0,就可完全写出具体的振动方程.

例题　有一弹簧振子,质量为 $m = 0.01\,\text{kg}$,劲度系数 $k = 0.49\,\text{N}\cdot\text{m}^{-1}$,$t = 0$ 时,小球过 $x_0 = 0.04\,\text{m}$ 处,并以 $v_0 = 0.21\,\text{m}\cdot\text{s}^{-1}$ 的速度沿 x 轴正向运动.试求弹簧振子的:(1) 振幅;(2) 初相位;(3) 振动表达式.

解　弹簧振子做简谐振动,由式 $\omega^2 = \dfrac{k}{m}$ 可求得它的角频率为

$$\omega = \sqrt{\frac{k}{m}} = 7\,\text{rad}\cdot\text{s}^{-1}.$$

由(7-14)式可求得它的振幅为

$$A = \sqrt{x_0^2 + \frac{v_0^2}{\omega^2}} = 0.050\,\text{m}.$$

由(7-15)式得

$$\alpha = \arccos \frac{x_0}{A} = 36°52'.$$

由(7-12)式,因 v 为正,$\sin\alpha$ 应为负,故初相位为

$$\alpha = -36°52' = -0.634 \text{ rad}.$$

由(7-6)式,可得弹簧振子的振动表达式为

$$x = 0.05\cos(7t - 0.634) \text{ m}.$$

2. 简谐振动的能量

弹簧振子(谐振子)是简谐振动的典型代表,下面仍以它为例来讨论简谐振动的能量. 所得结论也适用于一般做简谐振动的系统. 做简谐振动的系统不仅有动能,而且有势能. t 时刻弹簧振子的位移为 $x = A\cos(\omega t + \alpha)$,速度为 $v = \mathrm{d}x/\mathrm{d}t = -A\omega\sin(\omega t + \alpha)$. 故 t 时刻的动能为

$$E_k = \frac{1}{2}mv^2 = \frac{1}{2}mA^2\omega^2\sin^2(\omega t + \alpha). \tag{7-16}$$

取质点在平衡点势能为 0,则弹性势能为

$$E_p = \frac{1}{2}kx^2 = \frac{1}{2}kA^2\cos^2(\omega t + \alpha).$$

将 $\omega^2 = \dfrac{k}{m}$ 代入上式得

$$E_p = \frac{1}{2}mA^2\omega^2\cos^2(\omega t + \alpha), \tag{7-17}$$

故 t 时刻系统的机械能(亦称振动能)为

$$E = E_k + E_p = \frac{1}{2}mA^2\omega^2 = \frac{1}{2}kA^2, \tag{7-18}$$

即简谐振动系统的机械能与振幅的平方成正比. 在振动过程中,动能、势能不断相互转化,其和恒定不变,服从机械能守恒定律. 如图 7-1 所示,物体在 B 点速度为零,因其只受弹性内力作用,系统全部机械能表现为弹性势能;在物体从 B 点向 O 点运动过程中,随着物体速度不断增大,势能不断向动能转化,当到达平衡点 O 时,弹性内力等于零,物体速度最大,系统全部机械能表现为动能. 图 7-3(a)和 7-3(b)分别画出了简谐振动系统动能、势能、总能量对时间的曲线及动能、势能、总能量对离开平衡位置的位移的曲线.

总之,任一简谐振动都有三个不可缺少的物理量 ω,A,α. ω 由振动系统的力学性质决定,A 由振动能量决定,α 由初始位置决定. 当 ω 已知时,A 和 α 可由初始条件决定.

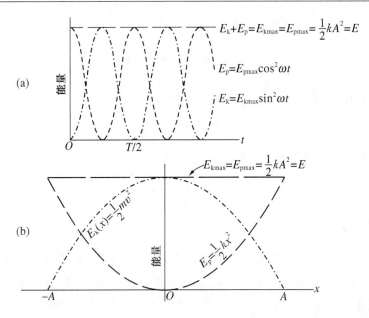

图 7-3 （a）势能、动能和总能量对时间的曲线；（b）势能、动能和能量对位移的曲线

§7.3　阻尼振动　受迫振动　共振

1. 阻尼振动

简谐振动是理想化的振动形式,作简谐振动的系统在振动过程中所受的合外力为零,系统只受弹性内力的作用,它是一种等幅振动. 事实上,阻力不可避免,系统抵抗阻力做功,其总能量要逐渐减少,实际发生的一切自由振动(在振动系统的内力和阻力作用下发生的振动),振幅总是在逐渐减少,直到最终为零,这种振动,称为阻尼振动. 空气阻力是讨论自由振动最常考虑的一种外力,如果物体的速度 v 不大,实验结果表明,阻力 f 和 v 成正比而方向相反. 下面研究只有空气阻力的自由振动. 设物体在 x 方向振动,则

$$f = -\gamma v = -\gamma \frac{\mathrm{d}x}{\mathrm{d}t}, \tag{7-19}$$

γ 称为阻力系数,与物体的大小和周围媒质的性质有关.

设振动质点质量为 m,在弹性力 $-kx$ 和阻力 $-\gamma \dfrac{\mathrm{d}x}{\mathrm{d}t}$ 的作用下运动,加速度为 $\dfrac{\mathrm{d}^2 x}{\mathrm{d}t^2}$. 根据牛顿第二定律得

$$m \frac{\mathrm{d}^2 x}{\mathrm{d}t^2} = -kx - \gamma \frac{\mathrm{d}x}{\mathrm{d}t}. \tag{7-20}$$

令

$$\frac{k}{m} = \omega_0^2, \; \frac{\gamma}{m} = 2\beta, \tag{7-21}$$

ω_0 和 β 都是恒量，β 称为阻尼因数，ω_0 表示无阻尼时的固有圆频率. 将(7-21)式代入(7-20)式有

$$\frac{\mathrm{d}^2 x}{\mathrm{d}t^2} + 2\beta \frac{\mathrm{d}x}{\mathrm{d}t} + \omega_0^2 = 0, \tag{7-22}$$

上式就是阻尼振动的运动微分方程，它的解将说明质点位移 x 随时间 t 变化的函数规律.

在阻尼比较小（指 $\beta^2 < \omega_0^2$，如空气中振动的单摆）的情况下，用数学方法可以求出(7-22)式的解，即

$$x = A_0 \mathrm{e}^{-\beta t} \cos(\omega_0' t + \alpha_0),$$
$$\omega_0' = \sqrt{\omega_0^2 - \beta^2}, \tag{7-23}$$

上式中 A 和 α_0 是待定常数，由初始条件决定；ω_0' 为阻尼振动的圆频率. 以 x 为纵坐标，以 t 为横坐标，图7-4画出了(7-23)式阻尼振动中物体位移随时间的变化曲线，很明显，振幅随时间的流逝在不断减小而趋向于零.

从(7-23)式得

$$A = A_0 \mathrm{e}^{-\beta t}.$$

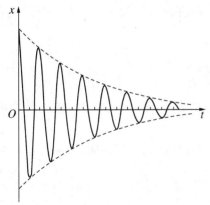

图7-4 阻尼振动中位移对时间曲线

因此阻尼振动的振幅以指数规律随时间衰减. 如果仍把位相变化 2π 所经历的时间叫作周期，则从(7-23)式可知阻尼振动的周期为

$$T = \frac{2\pi}{\omega_0'} = \frac{2\pi}{\sqrt{\omega_0^2 - \beta^2}}.$$

从上式可以看出，由于有阻尼因素 β 存在，阻尼振动的周期要比无阻尼振动的周期大，可以说，由于有阻尼，振动减慢了.

2. 受迫振动　共振

振动系统在周期性外力作用下发生的振动称为受迫振动. 这种周期性外力称为强迫力. 假设系统在 x 方向振动，考虑一种在 x 方向最简单的周期性强迫力 $f = H\cos(pt)$，H 为力幅，表示强迫力的最大值，p 为强迫力的圆频率. 现在，系统受到弹性内力 $-kx$，阻力 $-\gamma\dfrac{\mathrm{d}x}{\mathrm{d}t}$，强迫力 $H\cos(pt)$ 的作用，由牛顿第二定律，质量为 m 的质点强迫振动的微分方程为

$$m\frac{\mathrm{d}^2 x}{\mathrm{d}t^2} = -kx - \gamma\frac{\mathrm{d}x}{\mathrm{d}t} + H\cos(pt).$$

令

$$\frac{H}{m} = h,$$

利用(7-21)式,则上式可简化成

$$\frac{\mathrm{d}^2 x}{\mathrm{d}t^2} + 2\beta \frac{\mathrm{d}x}{\mathrm{d}t} + \omega_0^2 x = h\cos(pt), \tag{7-24}$$

此式的解为

$$x = A_0 \mathrm{e}^{-\beta t} \cos(\omega_0' t + \alpha_0) + A\cos(pt + \alpha). \tag{7-25}$$

这个解表示,受迫振动可以分成两个部分:第一部分表示振动系统中的阻尼振动,因为阻尼振动以指数规律迅速衰减为零,所以,这一部分只在振动初期能够表现出来;第二部分是稳定的,只要强迫力继续作用,系统就继续做这个振动,其振幅和频率就由它来决定,因而第二部分最重要.由以上分析可以看出,受迫振动有一个从最初比较复杂的非稳定到后来的稳定振动过程,当然,一旦强迫力取消,系统又回到阻尼振动的形式直到振动停止.

　　事实上,受迫振动在达到稳定以后,阻尼力和强迫力都在起作用:一方面,阻尼力不断消耗系统的能量使振幅趋向减小;另一方面,强迫力同时向系统补充能量使振幅保持不变.因此,稳定的受迫振动是一个和简谐振动同形的等幅振动,其振动频率为强迫力的频率,振幅 A 由下式决定

$$A = \frac{h}{\sqrt{(\omega_0^2 - p^2)^2 + 4\beta^2 p^2}}. \tag{7-26}$$

　　可见,它与系统本身、阻尼力、强迫力三方面因素有关,(7-25)式中的 α 表示受迫振动的稳定部分的初相位.

　　现在分析(7-26)式,它表示受迫振动系统在达到稳定振动时的振幅值.由此式可以看出,如果保持其他因素不变,振幅随强迫力的频率 p 变化,并且会有一个极大值,这时,称系统发生了共振.因为在一般情况下,使系统发生共振的强迫力频率和系统的固有频率很接近,所以有时我们也说:如果强迫力的频率 p 和系统的固有频率 ω 相等,系统发生共振,共振时振幅最大.另外,系统在共振时的振幅还与反映强迫力力幅的因子 h 及阻尼因子 β 有关.在强迫力力幅保持不变的情况下,共振时,阻尼越小,振幅越大,阻尼为零时,振幅达到极大值.图7-5画出了几条不同阻尼情况下受迫振动振幅与强迫力频率的曲线.

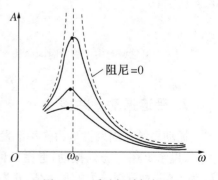

图 7-5　受迫振动振幅和外力频率的关系

§7.4　同方向简谐振动的合成　拍

在实际问题中,常常碰到一个质点参与几个振动的情况,例如,两列声波传到某处,该处的空气质点就同时参与两个振动. 根据叠加原理,这时质点所作的运动就是这两个振动的合成. 作为最简单的情况,本节只研究两个振动方向相同的简谐振动的合成. 所谓同方向,是指质点在进行合振动的过程中,每一简谐振动所引起质点的振动方向都在同一条直线上. 由于这两个简谐振动的振幅、频率和初位相可能不同,质点最终表现的合振动就比较复杂.

1. 同方向同频率的简谐振动的合成

设一质点同时参与两个振动方向都在 x 轴的简谐振动,这两个简谐振动的频率 ω 相同,振幅和初相位分别是 A_1, A_2 及 α_1, α_2,则它们各自引起质点在 x 轴上的位移为

$$x_1 = A_1\cos(\omega t + \alpha_1), \tag{7-27}$$

$$x_2 = A_2\cos(\omega t + \alpha_2), \tag{7-27a}$$

则质点振动合位移为

$$x = x_1 + x_2 = A_2\cos(\omega t + \alpha_1) + A_2\cos(\omega t + \alpha_2),$$

上式可以写成

$$x = A\cos(\omega t + \alpha), \tag{7-28}$$

式中 A 和 α 的值分别为

$$A = \sqrt{A_1^2 + A_2^2 + 2A_1A_2\cos(\alpha_2 - \alpha_1)}, \tag{7-29}$$

$$\tan\alpha = \frac{A_1\sin\alpha_1 + A_2\sin\alpha_2}{A_1\cos\alpha_1 + A_2\cos\alpha_2}. \tag{7-29a}$$

由(7-28),(7-29),(7-29a)式可以看出,两个同方向、同频率简谐振动合成后还是一个简谐振动,频率保持不变,振幅和初相位由原来分振动的振幅和初相位决定.

用旋转矢量图示法也可以直观地研究简谐振动的合成,如图 7-6 所示,矢量 $\boldsymbol{A}_1$, $\boldsymbol{A}_2$ 以同一角速度 ω 逆时针旋转,它们在 x 轴上的投影 x_1 和 x_2 分别代表满足(7-27),(7-27a)式的两个同频率简谐振动. 通过矢量合成后的合矢量 $\boldsymbol{A}$ 也以角速度 ω 逆时针旋转,该矢量在 x 轴上投影 x 也是满足(7-27),(7-27a)式的简谐振动,并且频率和分振动频率相同. 由图示的几何关系有

$$x = x_1 + x_2 = A\cos(\omega t + \alpha),$$

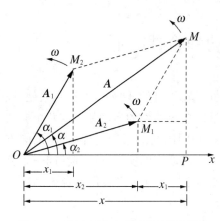

图 7-6　两个同方向、同频率的谐振动
　　　　合成的旋转矢量示意图

其中合振动振幅 A 的表达式(7-29)可在图中相关三角形内运用余弦定理得到,合振动初相位 α 的正切表达式(7-29a)式可通过在直角三角形 OMP 中运用 $\tan\alpha = MP/OP$ 得到.

现在进一步讨论振动合成的结果,从(7-29)式可以看出,合振动的振幅与两个分振动的初相位差($\alpha_2 - \alpha_1$)有密切关系.下面说明两个特例.

(1)初相位相同或初相位差 $\alpha_2 - \alpha_1 = 2k\pi$,$k$ 为零或任意整数.这时 $\cos(\alpha_2 - \alpha_1) = 1$,由(7-29)式有

$$A = \sqrt{A_1^2 + A_2^2 + 2A_1A_2} = A_1 + A_2,$$

即合振动的振幅等于原来两个振动的振幅之和,这是合振动振幅能达到最大值的一种情况.

(2)初相位相反或初相位差 $\alpha_2 - \alpha_1 = (2k+1)\pi$,$k$ 为零或任意整数.这时 $\cos(\alpha_2 - \alpha_1) = -1$,由(7-29)式有

$$A = \sqrt{A_1^2 + A_2^2 - 2A_1A_2} = |A_1 - A_2|,$$

即合振动的振幅(振幅是正量,所以上式中取绝对值)等于原来两个振动的振幅之差.这是合振动振幅能达到最小值的一种情况.如果 $A_1 = A_2$,则 $A = 0$,这时,振动合成的结果使质点处于静止状态.

上述结果说明,两个分振动的初相位差对合振动起着重要作用.

2. 同方向不同频率的简谐振动的合成　拍

如果两个同方向简谐振动的频率不相同,振动合成相对比较复杂,但讨论方法和同方向、同频率简谐振动合成基本相同.设两个分振动角频率分别为 ω_1,ω_2,且 $\omega_2 > \omega_1$,仍用旋转矢量图示法(参见图 7-6)来研究这两个简谐振动的合成.这时 A_1 和 A_2 的旋转角速度分别为 ω_1,ω_2,因此 A_1 和 A_2 之间的相位差 $(\omega_2 t + \alpha_2) - (\omega_1 t + \alpha_1)$ 将随时间而变化.这时,合矢量 A 的长度和角速度将随时间而变化.合矢量 A 所代表的合振动虽然仍与原振动的方向相同,但不再是简谐振动.每当 A_1 比 A_2 超前半圈,即两者方向相背时,两个振动的相位相反,合振动的振幅最小;而当 A_1,A_2 在相同方向时,两个振动同相,合振动的振幅最大.在实验室中,这种合振动振幅交替达到最大和最小的现象在两个分振动频率相差比较小的情况下表现得非常明显.用两个频率相差不大的音叉在同时振动时,我们会听到合振动间隔的振幅达到最大时的"嗡"、"嗡"、"嗡"……声.这种两个同方向简谐振动在合成时,由于频率的微小差别而造成的合振动振幅时而加强、时而减弱的现象称为拍,合振动在单位时间内加强或减弱的次数称为拍频.假设两个分振动的频率分别为 ν_1,ν_2,可以证明拍频

$$\nu = |\nu_2 - \nu_1|. \tag{7-30}$$

为了更直观地理解同方向、不同频率简谐振动的合成,图7-7画出了两个等幅分振动振幅随时间变化的曲线及它们在每一时刻振幅叠加后合振动振幅随时间变化的曲线. 从图中可以清楚看出,合振动不是简谐振动,它的振幅发生周期性变化,每当两个分振动同相时,合振动振幅达到最大;反相时,合振动振幅达到最小. 拍频等于两分振动的频率之差.

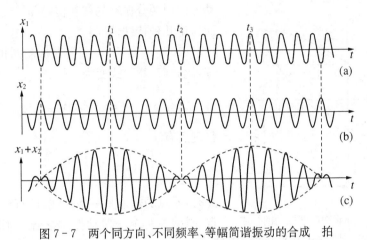

图7-7 两个同方向、不同频率、等幅简谐振动的合成 拍

§7.5 相互垂直的简谐振动的合成

以上讨论了在同一直线上两个简谐振动的合成,此外,也存在相互垂直的简谐振动的合成问题. 此类问题,特别是两振动同频率的情况,在电学、光学中有重要应用. 本节着重研究两个相互垂直、同频率简谐振动的合成.

根据质点运动合成的原理,当一质点同时参与两个不同方向的运动时(如质点的斜抛或平抛运动),每一时刻质点的位移是它在同一时刻独立参与每个运动所能获得的几个位移的矢量和. 因此,当一质点同时参与两个相互垂直的简谐振动时,质点的位移是这两个振动的位移的矢量和. 如果两个相互垂直的分振动在空间的振动方向是固定的,则质点将在这两个垂直方向所构成的平面上做曲线运动. 从下面讨论中可以看出,其轨道的形状由两个振动的频率、振幅和初相位来决定.

设两个同频率简谐振动分别在 X 和 Y 轴上振动,振动的位移方程分别为

$$x = A_1\cos(\omega t + \alpha_1), \quad y = A_2\cos(\omega t + \alpha_2),$$

式中 ω 为两个振动的角频率,A_1,A_2 和 α_1,α_2 分别为两振动的振幅和初相位. 在任何时刻 t 都可以从上两式中得到一组质点的位置坐标(x, y),不同时刻,质点的位置对应不同的坐标. 因此,上列两方程,就是由参量 t 表示的质点运动轨道的参数方程. 如果把参量 t 消去,就得到质点运动轨道的直角坐标方程

$$\frac{x^2}{A_1^2} + \frac{y^2}{A_2^2} - 2\frac{xy}{A_1A_2}\cos(\alpha_2 - \alpha_1) = \sin^2(\alpha_2 - \alpha_1), \qquad (7-31)$$

此式代表一个一般的椭圆. 因为 X 方向振动的振幅不会超过 A_1, Y 方向不会超过 A_2, 因此, 椭圆的大小会被限制在以 $2A_1$ 和 $2A_2$ 所组成的矩形范围内, 如图 7-8 所示, 该图是所有垂直、同频率简谐振动合成后的一个具有代表性的椭圆轨道. 在 A_1, A_2 确定的情况下, 椭圆长短轴的大小、方位及质点在轨道上的转动方向由两分振动的初相位差 $(\alpha_2 - \alpha_1)$ 来确定. 下面讨论几种特殊情况:

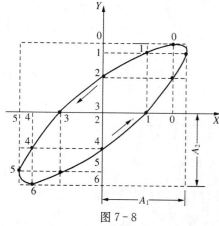

图 7-8

两个相互垂直同频率简谐振动的合成

(1) $\alpha_2 - \alpha_1 = 0$, 两简谐振动同相或初相差为零, 此时 (7-31) 式变为

$$\left(\frac{x}{A_1} - \frac{y}{A_2}\right)^2 = 0,$$

整理后有

$$x = \frac{A_1}{A_2}y.$$

此时, 质点的轨道是一条直线, 此直线通过坐标原点, 斜率为两个分振动振幅之比, 如图 7-9(a) 所示. 在任一时刻 t, 质点离开平衡位置的位移

$$s = \sqrt{x^2 + y^2} = \sqrt{A_1^2 + A_2^2}\cos(\omega t + \alpha),$$

所以, 合振动也是简谐振动, 角频率和原来的相同, 振幅为 $\sqrt{A_1^2 + A_2^2}$.

(2) $\alpha_2 - \alpha_1 = \pi$, 两简谐振动反相, 同样, 质点在另一条直线 $x = -\frac{A_1}{A_2}y$ 上做简谐振动, 振幅也为 $\sqrt{A_1^2 + A_2^2}$, 如图 7-9(b).

(3) $\alpha_2 - \alpha_1 = \frac{\pi}{2}$, 这时 (7-31) 式变为

$$\frac{x^2}{A_1^2} + \frac{y^2}{A_2^2} = 1,$$

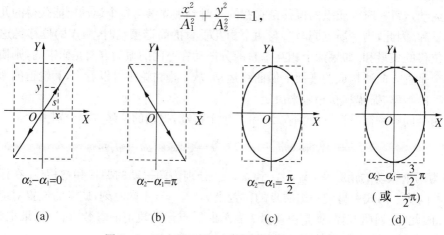

(a)   (b)   (c)   (d)

图 7-9 两个相互垂直同频率简谐振动的合成

即质点的运动轨道是以坐标轴为主轴的椭圆,如图 7 - 9(c)所示,显然,x 方向半轴长度为 A_1,y 轴方向半轴长度为 A_2.箭头表示质点的运动方向.

(4) $\alpha_2 - \alpha_1 = \dfrac{3\pi}{2}\left(\text{或} - \dfrac{\pi}{2}\right)$,此时质点运动轨道仍为上例中的椭圆,但质点的运动方向和上例中相反,如图 7 - 9(d)所示.

如果两分振动振幅相同,则上面所讨论的后两种情况下所对应的图(c)(d)会变为圆.

总之,两个相互垂直振幅确定的同频率简谐振动合成后,合振动的轨道是椭圆,椭圆的性质由两个分振动的初相位差决定.

最后,如果两相互垂直的简谐振动频率不同,合成起来将得到比较复杂的运动,所经轨迹一般是不稳定的.但如果频率比成简单整数比,合成运动将沿一条稳定的闭合曲线进行,曲线的形状由两振动的振幅、初相位和频率比来决定,此曲线图称为利萨如(J. A. Lissajos)图.图 7 - 10 画出了两振动频率比分别为 1∶1,2∶1,3∶1 及 3∶2 四种情况下,初相位差 $\alpha = \alpha_2 - \alpha_1$ 为 0,$\dfrac{\pi}{4}$,$\dfrac{\pi}{2}$,$\dfrac{3\pi}{4}$,π 的利萨如曲线图.

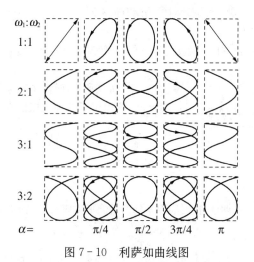

图 7 - 10　利萨如曲线图

习　题

7.1　质量为 10×10^{-3} kg 的小球与轻弹簧组成的系统,按 $x = 0.1\cos(8\pi t + 2\pi/3)$ 的规律做振动,式中 t 以 s 为单位,x 以 m 为单位,试求:

(1) 振动的圆频率、周期、初相位及速度与加速度的最大值;

(2) 最大恢复力、振动能量、平均动能和平均势能;

(3) $t = 1$ s,2 s,5 s,10 s 等时刻的位相各为多少?

(4) 分别画出位移、速度、加速度与时间的关系曲线;

(5) 画出振动的旋转矢量图,并在图中指明 $t = 1$ s,2 s,5 s,10 s 等时刻矢量的位置.

7.2　一个沿 X 轴作简谐振动的弹簧振子,振幅为 A,周期为 T,其振动方程用余弦函数表示,如果在 $t = 0$ 时刻,质点的状态分别为:

(1) $x_0 = -A$;

(2) 过平衡位置向正向运动;

(3) 过 $x = A/2$ 处向负向运动;

(4) 过 $x = \dfrac{A}{\sqrt{2}}$ 处向正向运动.

试求出相应的初相位之值,并写出振动方程.

7.3 作简谐振动的小球,速度的最大值为 $0.03\ \mathrm{m \cdot s^{-1}}$,振幅为 $0.02\ \mathrm{m}$,若令速度具有正最大值的时刻为 $t = 0$,试求:

(1) 振动周期;

(2) 加速度的最大值;

(3) 振动的表达式.

7.4 有一系统作简谐振动,周期为 T,初位相为零,问在哪些时刻,物体的动能和势能相等?

7.5 一轻弹簧下挂一质量为 $0.1\ \mathrm{kg}$ 的砝码,砝码静止时,弹簧伸长 $0.05\ \mathrm{m}$,如果把砝码竖直拉下 $0.02\ \mathrm{m}$ 释放,求其振动频率、振幅和能量.

7.6 一轻弹簧的劲度系数为 k,其下悬有一质点为 m 的盘子. 现有一质量为 M 的物体从离盘 h 高度处自由下落到盘中并和盘子粘在一起开始振动:

(1) 此时的振动周期和空盘子做振动时的周期有何不同?

(2) 此时的振动振幅多大?

(3) 取平衡位置为原点,位移向下为正,并以弹簧开始振动时为计时起点,求初位相,并写出物体与盘子的振动方程.

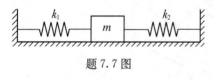

题 7.7 图

7.7 如图所示,两轻弹簧与物体 m 串联置于光滑水平面上,两端固定于墙面. 试证,在这种情况下,振动频率为 $f = \dfrac{1}{2\pi}\sqrt{\dfrac{k_1 + k_2}{m}}$,式中 k_1, k_2 为两弹簧的劲度系数,m 为物体的质量.

7.8 试证:

(1) 在简谐振动中,一个周期内,按时间取平均的动能平均值与势能平均值相等,且等于 $\dfrac{1}{4}kA^2$(参看图 7-3a).

(2) 在运动一周内,按位置取平均值,则势能的平均值为 $\dfrac{1}{6}kA^2$,而动能的平均值为 $\dfrac{1}{3}kA^2$(参看图 7-3b).

(3) 试说明上述两种不同结果的原因.

7.9 已知两个同方向简谐振动:

$$x_1 = 0.05\cos(10t + 3/5\pi),\ x_2 = 0.06\cos(10t + 1/5\pi),$$

式中 x 以 m 计,t 以 s 计.

(1) 求合振动的振幅和初位相;

(2) 另有一同方向简谐振动 $x_3 = 0.07\cos(10t + \alpha)$,问 α 为何值时,$x_1 + x_3$ 的振幅最大? α 为何值时,$x_2 + x_3$ 的振幅为最小?

(3) 用旋转矢量法表示(1)和(2)的结果.

7.10 质量为 $0.4\ \mathrm{kg}$ 的质点同时参与两个垂直的简谐振动:

$$x = 0.08\cos(\pi/3t + \pi/6),\ y = 0.06\cos(\pi/3t - \pi/3).$$

(1) 每隔 $T/12$(T 为振动周期)绘出质点的位置,并将合成振动的轨迹画出;

(2) 求运动轨道方程;

(3) 质点在任一位置所受的力.

7.11 设某质点的位移可用两个简谐振动的叠加来表示,即

$$x = A\sin(\omega t) + B\cos(2\omega t).$$

(1) 写出质点的速度和加速度表达式;

(2) 此运动是否是简谐振动?

(3) 画出其 x-t 曲线.

第 8 章　波 动 学 基 础

振动和波动是密切关联又互相区别的两种运动形式,任何波动都是由振动引发的,激发波动的振动系统称为波源.波动分为两大类:一类是机械振动在媒质中的传播,称为机械波,例如水波、声波等都是机械波;另一类是变化电场和变化磁场在空间的传播,称为电磁波,例如无线电波.光波、X 射线等都是电磁波.机械波和电磁波虽然本质不同,但都具有波动的共同特征.例如机械波和电磁波都有一定的传播速度,都伴随着能量传播,并且都具有反射、折射、衍射和干涉等性质.本章只讨论机械波的主要性质及其遵循的基本规律.

§8.1　机械波的产生和传播　简谐波

1. 机械波的产生

由连续不断的、无穷个质点构成的系统,若其各部分间有相互作用力而且可以有相对运动,就称为连续媒质;如果相互作用力是弹性的,便称为弹性媒质,它可以是气体,也可以是液体或固体.在正常状态下,弹性媒质中各质点都有一个平衡位置.如果媒质中一个质点受到外界干扰而离开平衡位置,它将受到邻近各质点的弹性力作用,其合力指向其平衡位置,由于该质点具有惯性,它就在平衡位置附近振动起来.与此同时,由于反作用力的作用,该质点周围的质点也开始振动,它们又进一步引起外层质点振动,这样,振动便由最初受到外界干扰的那一质点的位置以一定的速度逐渐传播开来.如果提供外界干扰的物体使媒质以一定的频率不断振动,则在媒质中振动就会持续地传播,这种机械振动在弹性媒质中的传播过程称为机械波.就每一质点来说,只是做振动,就全部媒质来说,振动传播形成机械波.振动的传播速度称为波速,因此,产生机械波的条件为:具有波源和弹性媒质.在声学中,发声器,如声带、乐器、电话机的膜片等,都是波源,空气就是传播声波的媒质.

2. 横波和纵波

在波动中,如果质点的振动方向和波的传播方向相互垂直,这种波称为横波.例如,固定绳的一端,手持另一端,拉成水平后,上下抖动,将见有一波沿绳传播,绳的每一个质点在上下方向振动,波形沿水平方向传播.如果质点的振动方向与波的传播方向相互平行,这种波称为纵波,如声波就是纵波.横波和纵波可以同时存在于同一波动中,如地震波.它们是最简单的两种波,各种复杂的波都可以分解为横波和纵波.在波动中,真正传播的是振动、波形和能量;波形传播是现象,振动传播是实质,能量传播是波动的量度.

如果产生波动的波源做简谐振动,在振动传播过程中,从波源所在位置开始,媒质中各质点相继开始也做简谐振动,如果媒质是各向同性均匀且完全弹性的(即媒质不消耗能量),则媒质中各质点的振动频率和波源相同,且各质点具有相同的振幅,这种波称为简谐波.

3. 波振面和波射线

假设波源是一个点波源,媒质均匀无限大.在 $t = 0$ 时该波源的振动会随着时间的推移由周围媒质向外传播,以波源为中心沿径向,各质点的振动是依次发生的,前一质点振动的位相比后一质点振动的位相提前,因此,沿径向向外,各质点的位相依次落后.因为以波源为中心的各个方向振动都在沿径向传播,在 t 时刻,振动信号到达的位置形成一个球面,在这个球面上,各质点的振动具有相同的位相.把任一时刻在各方向上振动信号所传到的点的轨迹称为波振面或波前,它是一个振动位相完全相同(即位相差为零)的点的轨迹.

把波振面为球面的波动称为球面波,点波源在均匀媒质中产生的波就是球面波.把波振面为平面的波动称为平面波,若点波源在很远处,则球面波波振面的一小部分,可被看作平面,此时,球面波的一部分可认为是平面波.波的传播方向称为波射线.显然,在波振面上每一点,波射线总是和波振面正交.图 8-1 所示,画出了这两种典型波的波振面和波射线.

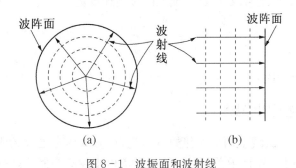

图 8-1　波振面和波射线

§8.2　波速　波长　波的周期和频率

1. 波的传播速度

波速就是一定振动状态(或位相)传播的速度,即单位时间内一定振动位相在传播方向上所传的距离,也称相速.波的传播速度决定于媒质的特性.对于弹性波来说,波的传播速度决定于媒质的惯性和弹性,具体地说,就是决定于媒质的密度和弹性模量.在均匀媒质中,波速是一个恒量.

液体和气体只有容变弹性,在液体和气体内部只能传播与容变有关的弹性纵波.可以证明,在液体和气体中纵波的传播速度为

$$c = \sqrt{\frac{B}{\rho}}, \tag{8-1}$$

式中 B 为媒质的容变弹性模量,ρ 为媒质的密度. 0℃时空气中的声速为331 m·s^{-1}.

需要指出的是,在液体表面可以出现一种由重力和表面张力所引起的表面波,这是一种由纵波和横波叠加的波,传播速度决定于重力加速度和表面张力系数.

固体能产生切变、容变和长变等各种弹性形变,所以固体中既能传播与切变有关的横波,又能传播与容变或长变有关的纵波. 在固体中,横波和纵波的传播速度可分别用下列两式计算:

横波的波速
$$c = \sqrt{\frac{G}{\rho}}, \tag{8-2}$$

纵波的波速
$$c = \sqrt{\frac{Y}{\rho}}, \tag{8-3}$$

式中 G 和 Y 分别为媒质的切变弹性模量和杨氏弹性模量,ρ 为媒质的密度. 从弹性理论可以证明,在无限大的各向同性均匀媒质中,只能有纵波和横波传播,(8-3)式是近似的,仅当纵波在细长棒中沿棒的长度方向传播时才是准确的.

在一根张紧的柔软绳索或弦线中,横波的传播速度为

$$c = \sqrt{\frac{T}{\mu}}, \tag{8-4}$$

式中 T 为绳索或弦线中的张力,μ 是其单位长度的质量.

2. 波长、波的周期和频率

波动传播时,同一波线上两个相邻的位相差为 2π 的质点之间的距离,即一个完整波的长度,称为波长,用 λ 表示. 在波动中,还有波峰和波谷两个概念,它们主要用来描述横波,当然也适用纵波. 波峰是指由于波动某一任意确定时刻在媒质中具有最大位移的质点的位置;波谷是指由于波动某一任意确定时刻在媒质中具有最小位移的质点的位置. 在横波中,波长 λ 等于两相邻波峰之间或两相邻波谷之间的距离,如图 8-2(a)所示. 在纵波中,波长 λ 等于两相邻密集部分的中心之间或两相邻稀疏部分的中心之间的距离,如图 8-2(b)所示.

波传过一个波长的时间,或一个完整的波通过波线上某点所需要的时间,叫作波的周期,用 T 来表示. 显然,波长、波速和周期的关系为

$$c = \frac{\lambda}{T}. \tag{8-5}$$

周期的倒数 ν 称为波的频率,波的频率是在单位时间内波动推进的距离中所包含的完整波长的数目,或单位时间内通过波线上某点的完整波的数目. 频率、波长和波速之间的关系是

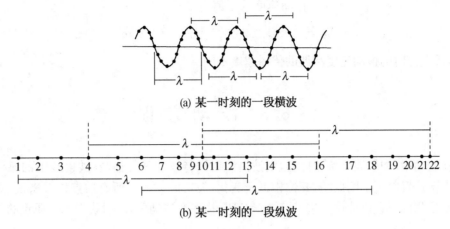

(a) 某一时刻的一段横波

(b) 某一时刻的一段纵波

图 8-2 横波和纵波的波长

$$\nu = \frac{1}{T} = \frac{c}{\lambda}. \tag{8-5a}$$

需要强调的是,在波动中,波峰和波谷是两个动态的概念,某一波峰或波谷随着时间沿着波的传播方向以波速向前传播. 对于某一确定的质点位置来说,某一时刻,它为波峰,经过半个周期后,它就成为波谷.

例题 8.1 频率为 3 000 Hz 的声波,以 1 560 m·s⁻¹ 的传播速度沿一波线传播,经过波线上的 A 点后再经 $\Delta x = 0.13$ m 而传至 B 点,求 B 点的振动比 A 点落后的时间相当于多少个波长? 声波在 A, B 两点振动时的位相差为多少? 又设质点振动的振幅为 1 mm,问振动速度是否等于传播速度?

解 波的周期

$$T = \frac{1}{\nu} = \frac{1}{3\,000} \ \text{s};$$

波长

$$\lambda = \frac{c}{\nu} = \frac{1\,560}{3\,000} = 0.52 \ \text{m}.$$

B 点处振动比 A 点处振动落后的时间为

$$\frac{\Delta x}{c} = \frac{0.13}{1\,560} = \frac{1}{12\,000} \ \text{s,即} \frac{1}{4} \ \text{周期}.$$

与之相当的波长数为 $\frac{1}{4}$ 波长.

B 比 A 点落后的相位差 =(落后的周期数)× 2π

$$= \left[\frac{\left(\frac{\Delta x}{c} \right)}{T} \right] 2\pi = 2\pi \times \frac{0.13}{0.52} = \frac{\pi}{2}.$$

当振幅 $A = 0.001\,\text{m}$ 时,振动速度的幅值为

$$v_m = A\omega = 0.001 \times 3\,000 \times 2\pi = 18.8\,(\text{m} \cdot \text{s}^{-1}),$$

显然,质点此时的振动速度和波的传播速度不同.

§8.3 波 动 方 程

在波动中,如果波源持续振动,则波沿波射线持续向外传播,在波射线上的每一质点在其平衡位置附近不断振动,其位相不断变化,但对波射线上所有质点位置来说,具有某一确定位相的位置以波速前进. 波动方程就是描述在波动中,波射线上每一质点的位移随时间变化的规律.

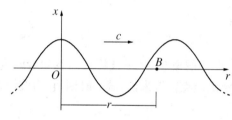

图 8-3 波动方程推导示意图

在所有波动中,平面简谐波是最简单和最具有代表性的,本节着重讨论平面简谐波的波动方程. 如图 8-3 所示,设有一平面简谐波,在完全弹性无限大均匀各向同性媒质中沿波射线 r 以波速 c 传播. 以 r 为坐标轴,在轴上任取一点 O,其上的质点在其平衡位置做简谐振动,振幅随时间周期性变化. 取该质点振幅为某一最大值时为计时时刻 $t = 0$. 则 O 处质点的振动方程为

$$x = A\cos \omega t,$$

式中 A 为振幅,ω 为角频率,x 为 O 点处质点离开平衡位置在时刻 t 的位移(如系横波,位移方向和波射线垂直,如系纵波,位移方向和波射线平行). 设 B 为波射线上另一任意点,离开 O 点的距离为 r. 现在要确定 B 点的质点在时刻 t 的位移. 因为振动是从 O 点传播到 B 点的,所以 B 点处质点的振动将落后于 O 点处的质点. 这段落后的时间就是振动从 O 点传到 B 点所需要的时间,其值为 $\dfrac{r}{c}$,所以 B 点处质点在时刻 t 的位移等于 O 点处质点在时刻 $\left(t - \dfrac{r}{c}\right)$ 的位移. 由于平面波在弹性媒质中无吸收,所以各质点振动的振幅相等,于是 B 点处质点的振动方程为

$$x = A\cos \omega \left(t - \frac{r}{c}\right). \tag{8-6}$$

由于 B 点是任意的,所以上式表示出在波射线上任一点(距原点为 r)处的质点在任一时刻的位移. 上式就是平面简谐波的波动方程.

因为 $\omega = 2\pi/T = 2\pi\nu$,又 $\lambda = cT$,所以上式也可以写成

$$x = A\cos \frac{2\pi}{\lambda}(r - ct). \tag{8-7}$$

上述平面简谐波波动方程中含有两个参量 r 和 t. 为了更准确地理解波动方程的物理意义,下面分别加以讨论.

(1) 如果 r 给定(即考虑给定点处的质点),那么位移 x 将只是 t 的函数,这时波动方程表示距原点 r 处的质点在不同时刻的位移,即反映该质点做简谐振动情况. 如果 r 取一系列确定值,上式表明,不同位置处的质点都在做简谐振动,且 r 值越大,位相落后越多;故在传播方向上,各质点的振动位相依次落后. 这是波动的基本特征. 此外,$r = \lambda$ 处的质点振动位相比原点处质点的位相落后 2π,对于余弦函数来说,这两点的振动曲线完全相同,因此波长标志波在空间上的同期性.

(2) 如果 t 给定,即在同一时刻观察波射线上所有质点离开其平衡位置的位移. 以 r 为横坐标表示各质点的平衡位置,以 x 为纵坐标表示各质点在 t 时刻离开其平衡位置的位移,取 $t=0$ 时刻按上式画出一条曲线,如图 8-4 曲线 1,此曲线称为该波在 $t=0$ 时刻的波形曲线. 此时,(8-7)式变为

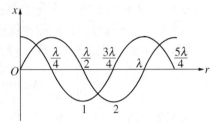

图 8-4　波的传播

$$x = A\cos \omega \frac{2\pi}{\lambda} r.$$

在 $t = T/4$ 时刻,即在 $T/4$ 后,(8-7)式变为

$$x = A\cos \frac{2\pi}{\lambda}\left(r - c\,\frac{T}{4}\right) = A\sin \frac{2\pi}{\lambda} r.$$

同法绘波形曲线,如图 8-4 曲线 2 与曲线 1 比较,波形相同,但已向右移动了 $\lambda/4$,即波的传播表现为波形的传播. 此外,$t = T$ 时的波形曲线与 $t = 0$ 时的相同,说明周期反映了波在时间上的周期性.

在推导波动方程(8-6)及(8-7)式时,是假定波沿 r 轴正向传播的. 如果波沿 r 轴的负向传播,那么,在图 8-3 中,在 B 点处的质点的振动要比 O 点处质点先开始一段时间,即 B 点处质点在时刻 t 的位移等于 O 点处质点在时刻 $(t+r/c)$ 的位移,所以 B 点处质点的振动方程为

$$x = A\cos \omega\left(t + \frac{r}{c}\right) = A\cos 2\pi\left(\frac{t}{T} + \frac{r}{\lambda}\right) = A\cos \frac{2\pi}{\lambda}(r + ct). \tag{8-8}$$

此式即为沿 r 轴负方向传播的平面简谐波的波动方程. 如果把向 r 轴正向传播的 r 值取正,向 r 轴负向传播的 r 值取负,则(8-6),(8-7)和(8-8)式就可以统一起来.

例题 8.2　有一平面简谐波沿 Y 轴正向传播,波速为 c,已知位于坐标原点处的质点的振动规律为 $x = A\cos(\omega t + \alpha)$. 试求此波的表达式.

解　波由原点传到坐标为 y 的任一点处 P,需时 $\dfrac{y}{c}$,故在任一时刻 t,P 点的位移与 $\dfrac{y}{c}$ 时间前(即 $t - \dfrac{y}{c}$ 时刻)原点的位移相等,其值可将 $x = A\cos(\omega t + \alpha)$ 中的 t 换成 $t - \dfrac{y}{c}$ 而

得,即

$$x = A\cos\left[\omega\left(t - \frac{y}{c}\right) + \alpha\right]. \tag{8-9}$$

这就是所求的波动方程.

例题 8.3 在前例中,若波速为 $c = 1\,\mathrm{m \cdot s^{-1}}$,振幅为 $A = 0.001\,\mathrm{m}$,圆频率为 $\omega = \pi(\mathrm{rad \cdot s^{-1}})$;在 $t = 0$ 时刻,位于原点处质点的振动速度 $v_0 = 0.001\pi\,\mathrm{cm \cdot s^{-1}}$(注意区别波的传播速度 c 和质点的振动速度 v). 试求:

(1) 数值形式的波动表达式;

(2) $t = 1\,\mathrm{s}$ 时,Y 轴上各质点的位移分布规律;

(3) $y = 0.5\,\mathrm{m}$ 处质点的振动规律.

解 (1) 为了求得波动方程,应先求位于原点处质点的振动初位相. 该质点振动速度为

$$v = \frac{\mathrm{d}x}{\mathrm{d}t} = -A\omega\sin(\omega t + \alpha) = -0.001\pi\sin(\pi t + \alpha).$$

由初始条件 $t = 0$ 时,$v = v_0 = 0.001\pi\,\mathrm{cm \cdot s^{-1}}$,代入上式得

$$\alpha = -\frac{\pi}{2}.$$

将各有关数值代入(8-9)式,得数值形式的波动方程表达式为

$$x = 0.001\cos\left[\pi(t - y) - \frac{\pi}{2}\right]. \tag{8-10}$$

(2) 将 $t = 1\,\mathrm{s}$ 代入上式,则该时刻 Y 轴上各质点的位移分布规律为

$$x = 0.001\cos\left(\frac{\pi}{2} - \pi y\right) = 0.001\sin\pi y\,\mathrm{m}.$$

(3) 将 $y = 0.5\,\mathrm{m}$ 代入(8-10)式,该处质点的振动规律为

$$x = 0.001\cos\pi(t - 1) = -0.001\cos\pi t\,\mathrm{m}.$$

例题 8.4 有一以速率 c 沿 r 轴正向传播的平面简谐波,已知始点 P_0 的平衡位置的坐标为 r_0,振动规律为 $x = A\cos\omega t$,试求此波的波动方程.

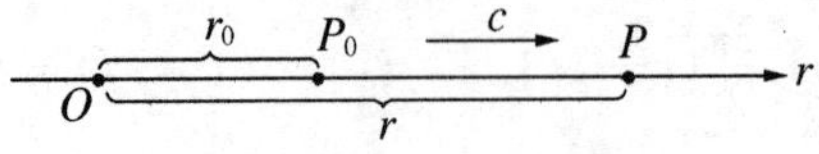

解 在 r 轴上取任意点 P,其坐标为 r. $P_0P = r - r_0$,振动由 P_0 传到 P,需时 $\dfrac{r - r_0}{c}$,故 P 点处

图 8-5 例题 8.4 用图

质点在 t 时刻的位移 x 等于在 $\dfrac{r - r_0}{c}$ 时间之前,即 $\left(t - \dfrac{r - r_0}{c}\right.$时刻$\left.\right)P_0$ 处质点的位移,于是得

$$x = A\cos\omega\left(t - \frac{r - r_0}{c}\right).$$

这就是所求平面简谐波的表达式.

§8.4 波的能量和能流

1. 能量及能量密度

波动在形式上表现为波形或相位的传播,实质上波动最本质的特征是能量的传播,其特点是质量无须迁移,能量却以波速向外传播. 因为当弹性波传播到媒质中的某处时,该处原来不动的质点开始振动,因而具有动能,同时该处的媒质也将产生形变,因而也具有势能. 波动传播时,媒质由近及远地一层接着一层地振动,由此可见,能量是逐层地传播出来的. 本节仅以平面余弦弹性纵波在棒中传播为例说明波动能量的传播.

在棒中任取一体积元 ΔV,其质量为 $\Delta m (= \rho \Delta V)$ 的体积元(式中 ρ 为棒的体密度). 当波动传播到这个体积元时,这体积元将具有动能 W_k 和弹性势能 W_p. 如果棒中平面余弦波的波动方程为

$$x = A\cos \omega \left(t - \frac{r}{c} \right),$$

可以证明

$$W_k = W_p = \frac{1}{2} \rho A^2 \omega^2 (\Delta V) \sin^2 \omega \left(t - \frac{r}{c} \right). \qquad (8-11)$$

而体积元总机械能 W 为

$$W = W_k + W_p = \rho A^2 \omega^2 (\Delta V) \sin^2 \omega \left(t - \frac{r}{c} \right). \qquad (8-12)$$

(8-11)式指出,在波动传播过程中,体积元的动能和势能是相同的. 动能达到最大值时势能也达到最大值,动能为零时势能也为零. (8-12)式指出,体积元的总机械能随着时间 t 在零和最大值之间做周期性变化. 对于任一给定时刻,所有体积元的总能量(即该时刻波的总能量)又随波射线的位置 r 周期性分布. 这说明任一体积元都在不断地接受和放出能量,这就是波动能量传播的机制.

由以上讨论可知,波的能量和简谐振子(如弹簧振子)的能量是不同的,一是因为在弹簧的固定端虽有外力作用,但该外力并不做功,因此振动系统的机械能不与外界交换而守恒,振动中只有动能和势能的相互转化. 上面所讨论的体积元 ΔV,左右都和媒质的相邻部分接触,其间作用的弹力是做功的,通过做功,能量就向前传递,因此在这部分媒质中机械能就不守恒. 第二个原因在于势能不同,对弹簧振子来说,势能取决于弹簧的伸长量或小球的位移,位移最大时,势能最大,动能为零;对波来说,势能取决于胁变,当媒质质点的位移最大时,胁变最小,因而动能为零时,势能也为零.

媒质中单位体积的能量,称为波的能量密度 w,即

$$w = \frac{W}{\Delta V} = \rho A^2 \omega^2 \sin^2 \omega \left(t - \frac{r}{c} \right). \qquad (8-13)$$

波的能量密度是随时间而变化的,通常取其在一个周期内的平均值.因为正弦函数平方的平均值为 1/2,所以能量密度在一个周期内的平均值为

$$\overline{w} = \frac{1}{2}\rho A^2 \omega^2. \tag{8-14}$$

这一公式虽然是从平面简谐纵波的特殊情况下导出的,但对所有机械波都是适用的.

由上式可知,机械波的能量与振幅的平方、频率的平方以及媒质密度成正比.

2. 能流及能流密度

在波动中,伴随着波形的传播,能量沿着波射线的方向也向外传播,为了描述波动中能量传递的快慢,引入能流及能流密度的概念.

在波动中,单位时间内通过媒质中某一面积的能量称为波在该面积上的能流.由于能量总是沿着波射线的方向传播,所以某一面积上能流的大小不仅与波本身和面积大小有关,而且与该面积的方位有关.显然,如果波射线和面积平行,则其能流始终为零,如果波射线和面积垂直,则其能流最大.对一个有确定面积及方位的面来说,通过它的能流也随时间做周期性变化,通常用平均能流及平均能流密度来反映能量传播快慢.

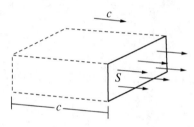

图 8-6　体积 cS 内的能量在一秒内通过 S 面

如图(8-6)所示,波射线和面 S 垂直,则平均能流为

$$\overline{P} = \overline{w}cS, \tag{8-15}$$

式中 $\overline{w}$ 为平均能量密度.

单位时间内通过垂直于波动传播方向的单位面积的平均能流,称为能流密度或波的强度.用 I 来表示,即

$$I = \overline{w}c = \frac{1}{2}c\rho A^2 \omega^2. \tag{8-16}$$

3. 声强和声强级

声波的能流密度,称为声强.超声波的频率很大,所以声强也很大.声频为 1 000 Hz 时,人耳可以感觉到的声强约在 10^4 W·cm^{-2} 与 10^{-16} W·cm^{-2} 之间.最低声强常取作度量声强的标准,以 I_0 表示.由于声强的变化范围过大,直接使用它的数值,反而不方便;为了突出它相对于最低声强的数量级,引入声强级 L 作为声强 I 的一种量度,它与 I 和 I_0 之比的以 10 为底的对数成正比

$$L = k\log\frac{I}{I_0}, \tag{8-17}$$

式中 k 为比例常数,取 $k=1$,则声强级的单位为贝尔或贝;若 I 为 I_0 的 100 倍,则 $L=1$ 贝.这个单位太大,若取 $k=10$,则相应的声强级的单位称为分贝(dB).若 $I/I_0 = 100$,则

$L = 20\,\mathrm{dB}$. 经验告诉我们,人耳对声强的感觉是与声强级成正比的,引入声强级这个物理量的主要原因就在于此.

4. 波的吸收

前面讨论中,我们假设媒质是完全弹性均匀的,波在传播中媒质不消耗波的能量,因此波在各点的振幅不变,实际上,平面波在均匀媒质中传播时,媒质总是要吸收波的一部分能量,因此,波的强度和振幅都将逐渐减小,所吸收的能量将转换成其他形式的能量(如媒质的内能).这种现象称为波的吸收.

有吸收时,平面波振幅的衰减规律可用下法求出.通过极薄的厚度为 $\mathrm{d}x$ 的一层媒质后,振幅的减弱$(-\mathrm{d}A)$正比于此处的振幅 A,也正比于 $\mathrm{d}x$,即

$$- \mathrm{d}A = \alpha A \mathrm{d}x.$$

积分便得

$$A = A_0 \mathrm{e}^{-\alpha x}, \tag{8-18}$$

式中 A_0 和 A 分别为 $x = 0$ 和 $x = x$ 处的振幅,α 为一恒量,称为媒质的吸收系数.

由于波强与振幅的平方成正比,所以平面波强度衰减规律是

$$I = I_0 \mathrm{e}^{-2\alpha x}, \tag{8-19}$$

式中的 I_0 和 I 分别为 $x = 0$ 和 $x = x$ 处的波的强度.

§8.5 惠更斯原理 波的反射和折射

1. 惠更斯原理

前面讲过,波动的起源是波源的振动,波动的传播是由于媒质中质点之间的相互作用.如果媒质是连续分布的,媒质中任何一点的振动将直接引起邻近各点的振动,因而在波动中任何一点都可看作新的波源,例如,水面上有一任意波动传播(如图 8-7 所示),在前进中遇到一个障碍物 AB,AB 上有一小孔 O,小孔的孔径 a 与波长 λ 相比很小,这样,我们就可以看到,穿过小孔的波是圆形的波,与原来波的形状无关,这说明小孔可以看作是一个新的波源.

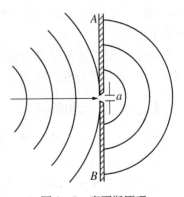

图 8-7 惠更斯原理

惠更斯(Huygens, Christian)总结了上述现象,于 1690 年提出,媒质中波动传到的各点,都可以看作是发射子波的波源;在其后的任一时刻,这些子波的包迹就决定新的波振面.这就是惠更斯原理.惠更斯原理对任何波动过程都是适用的,不论是机械波或电磁波,不论这些波动

经过的媒质是均匀的还是非均匀的,只要知道了某一时刻的波阵面,便可根据这一原理用几何的方法来决定次一时刻的波阵面,因而在很广泛的范围内解决了波的传播问题.

下面举例说明惠更斯原理的应用.设有波动从波源O以速度c向周围传播.已知在时刻t波阵面是半径为R_1的球面S_1,现在要应用惠更斯原理求出在时刻$(t+\Delta t)$的波阵面S_2.如图8-8(a)所示,先以S_1面上各点为中心(即应用惠更斯原理,以同一波阵面上各点作为子波源),以$r=c\Delta t$为半径,画出许多半球面形的子波,再作公切于各子波面的包迹面,就得到波阵面S_2.显然S_2就是以O为中心,以$R_2=R_1+c\Delta t$为半径的球面.

半径很大的球面波波阵面上的一小部分,事实上可看作平面波波阵面.例如从太阳射出的球面光波,到达地面时,就可以看作是平面波.如果已知平面波在某时刻的波阵面S_1,用惠更斯原理也可求出在次一时刻的波阵面S_2,如图8-8(b).

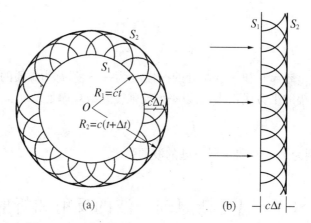

图8-8　用惠更斯原理求球面波和平面波的波阵面

当波动在均匀的各向同性的媒质中传播时,用上述作图法所求得的波阵面形状总是不变的,当波在不均匀的或在各向异向的媒质中传播时,在考虑波速可能发生变化的前提下,同样可用上述作图法求出波阵面,显然,这时波阵面的几何形状和波的传播方向都可能发生变化.

应该指出,惠更斯原理并没有说明各个子波在传播中对某一点的振动究竟有多少贡献,这将在光学部分介绍菲涅耳对惠更斯原理的补充.

2. 波的反射和折射

实验发现,当波从一种媒质进入另一种媒质时,部分波将被两媒质交界面反射,这部分波称为反射波;而另一部分波则透过交界面进入另一媒质,并改变了传播方向,这部分波称为折射波.实验和理论都证明,机械波和光波都满足反射和折射定律:

(1) 反射线和折射线都在由入射线与界面法线所组成的同一平面内.

(2) 反射角(反射线与界面法线的夹角)等于入射角(入射线与界面法线的夹角).

(3) 入射角的正弦与折射角(折射线与界面法线的夹角)的正弦之比等于两种媒质中的波速之比.

现在,利用惠更斯原理来证明最后一条定律.

图 8-9 中 OQ 为媒质 I(波速为 v_1)与媒质 II(波速为 v_2)的交界面.波以入射角 i 从媒质 I 传播到界面,OA 为此时的波前.其后,部分波进入媒质 II 而速度改变为 v_2,另一部分波继续在媒质 I 中以速度 v_1 传播.设波从 A 点传播至界面 Q 点所经历的时间为 τ,则 $AQ = \tau v_1$;同一时间,O 点的波在媒质 II 中传播至 B 点,$OB = \tau v_2$.在界面 OQ 上各点作出相应的次级子波(以虚线画出),并画出其包迹 BQ,即折射波的波前,则垂直它的波射线为折射线,折射角为 i.

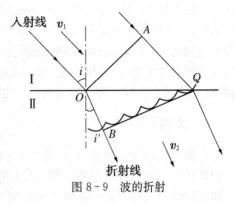

入射线 v_1

i

I

II

O

i' B

Q

v_2

折射线

图 8-9 波的折射

由 $\triangle OAQ$ 得

$$\sin i = \frac{AQ}{OQ} = \frac{\tau v_1}{OQ};$$

由 $\triangle OBQ$ 得

$$\sin i' = \frac{OB}{OQ} = \frac{\tau v_2}{OQ}.$$

以上两式相除,即得折射定律的数学表达式为

$$\frac{\sin i}{\sin i'} = \frac{v_1}{v_2}. \tag{8-20}$$

对于光波,上式同样有效.若以 c 表示光在真空中的传播速度,可得

$$\frac{\sin i}{\sin i'} = \frac{c}{v_2} \cdot \frac{v_1}{c} = \frac{n_1}{n_2},$$

式中 $n_1 = \dfrac{c}{v_1}$ 为媒质 I 的绝对折射率,$n_2 = \dfrac{c}{v_2}$ 为媒质 II 的绝对折射率,它们分别由各媒质的性质决定.于是,光波的折射定律可以写成

$$n_2 \sin i = n_1 \sin i'. \tag{8-21}$$

由于任何媒质中的光速 v 都小于真空中的光速 c,因此任何媒质的绝对折射率都小于真空中的绝对折射率 1.

§8.6 波的叠加原理 波的干涉

1. 波的叠加原理

在我们听乐队演奏时,所以能大致辨出每种乐器发出的声音,这是因为,每种乐器发出的声波并不受其他乐器发出声波的影响. 也就是说,一个波的振幅、频率、波长、振动方向和传播方向等,不因存在别的波而改变;或者说,在媒质中的每一个波都保持其独立的传播特性,不因其他波的存在而改变,这叫作波的独立传播原理. 因此,当几个波在媒质中的某点相遇时,该点的振动位移必然是各个波单独存在时在该点引起的位移的矢量和,这叫作波的叠加原理. 它实际上是运动的叠加原理的一个特例. 波的独立传播必然导致波的叠加,上述两个原理是同一问题的两个方面.

2. 波的干涉

一般来说,振幅、频率、位相等都不相同的几列波在某一点叠加时,情形是很复杂的. 我们现在只讨论一种最简单的但又是最重要的情形,就是两个频率相同、振动方向相同、位相相同或位相差恒定的波源所发出的波的叠加. 满足这些条件的两列波在空间任何一点相遇时,该点的两个分振动也将有恒定的位相差,但是对空间不同的点,这一位相差是逐点不同的,因而在空间某些点处,振动始终加强,而在另一些点处,振动始终减弱或完全抵消. 这种同频率、振动方向且具有恒定位相差的两列波叠加后产生的这种现象称为波的干涉. 相应的波源称为相干波源.

设有两个相干波源 S_1 和 S_2,振动方程分别为

$$y_{10} = A_{10}\cos(\omega t + \alpha_1), \qquad y_{20} = A_{20}\cos(\omega t + \alpha_2),$$

式中 ω 为角频率,A_{10},A_{20} 为波源的振幅,α_1,α_2 为波源的初相位,根据相干波源的条件,可知两波源的位相差 $\alpha_2 - \alpha_1$ 是恒定的. 从这两个波源发出的波在空间任一点 P 相遇时,P 处质点的振动可按叠加原理来计算. 设 P 点和两波源位置 S_1 和 S_2 的距离分别为 r_1 和 r_2,并设这两个波到达 P 点时的振幅分别为 A_1 和 A_2,波长为 λ,那么在 P 点的两个分振动为

$$y_1 = A_1\cos\left(\omega t + \alpha_1 - \frac{2\pi r_1}{\lambda}\right), \qquad y_2 = A_2\cos\left(\omega t + \alpha_2 - \frac{2\pi r_2}{\lambda}\right),$$

因而在 P 点的合成振动为

$$y_1 + y_2 = A\cos(\omega t + \alpha),$$

式中

$$A = \sqrt{A_1^2 + A_2^2 + 2A_1 A_2 \cos\left(\alpha_2 - \alpha_1 - 2\pi\frac{r_2 - r_1}{\lambda}\right)},$$

$$\tan\alpha = \frac{A_1\sin\left(\alpha_1 - \frac{2\pi r_1}{\lambda}\right) + A_2\sin\left(\alpha_2 - \frac{2\pi r_2}{\lambda}\right)}{A_1\cos\left(\alpha_1 - \frac{2\pi r_1}{\lambda}\right) + A_2\cos\left(\alpha_2 - \frac{2\pi r_2}{\lambda}\right)}.$$

因为两列相干波在空间任一点所引起的两个振动的位相差

$$\Delta\alpha = \alpha_2 - \alpha_1 - \frac{2\pi(r_2 - r_1)}{\lambda}$$

是一个恒量,可知每一点的合振动 A 也是恒量.并由 A 的计算式可知,适合下述条件

$$\Delta\alpha = \alpha_2 - \alpha_1 - \frac{2\pi(r_2 - r_1)}{\lambda} = \pm 2\pi k, \quad k = 0,1,2,\cdots \tag{8-22}$$

的空间各点,合振幅最大,这时 $A = A_1 + A_2$. 适合下述条件

$$\Delta\alpha = \alpha_2 - \alpha_1 - \frac{2\pi(r_2 - r_1)}{\lambda} = \pm 2\pi\left(k + \frac{1}{2}\right), \quad k = 0,1,2,\cdots \tag{8-23}$$

的空间各点,合振幅最小,$A = |A_2 - A_1|$.

如果 $\alpha_1 = \alpha_2$,即对于同相位相干波源,上述条件可简化为

$$\delta = r_1 - r_2 = \pm k\lambda, \quad k = 0,1,2,\cdots(最大) \tag{8-24}$$

$$\delta = r_1 - r_2 = \pm\left(k + \frac{1}{2}\right)\lambda, \quad k = 0,1,2,\cdots(最小) \tag{8-25}$$

$\delta = r_1 - r_2$ 表示从波源 S_1 和 S_2 出发的两列相干波到达 P 点所经路程之差,称为波程差.所以上式说明,当两个相干波源为同相位时,在两列波的叠加区域内,波程差等于零或等于波长的整数倍的各点,振幅最大;波程差等于半波长的奇数倍的各点,振幅最小.

相干波可用下述方法产生:如图 8-10 所示,设一波源 S 发出圆形波(如水面的水波)或球面波(如点光源发出的光波),在 S 附近放一障碍物 AB,在 AB 上有两个小孔 S_1 和 S_2,且 S_1 和 S_2 对 S 来说是对称的.根据惠更斯原理,S_1 和 S_2 可看作两个同位相的相干波源,在 AB 的右边媒质中即产生干涉现象.在图中,振幅最大的各点用粗实线绘出,振幅最小的各点用粗虚线绘出.

图 8-11 所示的是水槽内用两个同位相的点波源来产生圆形水波时所看到的水波干涉现象.如图 8-10 所示的情况,如果在 S 处放一点光源,$A'B'$ 处放一屏幕,我们在屏幕上可以看到明暗相间的条纹,称为干涉条纹.

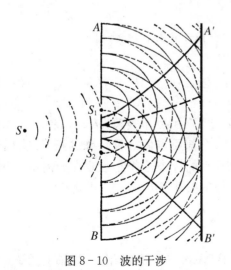

图 8-10 波的干涉

图 8-11 水波干涉现象

必须指出,干涉现象是波动形式所独有的重要特征之一,因为只有波动的合成,才能

产生干涉现象,干涉现象不但对于光学、声学等非常重要,而且对于近代物理的发展也有重大作用.

<h1>§8.7 驻 波</h1>

同频率、同振幅、同振动方向的两列简谐波,在相反方向按同一速度传播时,叠加而生成的波,称为驻波.波在有限范围媒质中传播时,由于有媒质界面的存在,在界面上,波会发生反射,显然,入射波和反射波叠加的结果,就会产生驻波.

如图8-12所示,是一种最简单的,最常见的驻波现象.细弦的一端 B 系在音叉上,它通过滑轮加以重量,使弦中产生一定张力,C 处为一支枕,使弦在 C 点不能振动,音叉振动时,一列波沿弦向右传播,在 C 点反射,于是在 BC 弦上同时有入射波和反射波;如果弦中的张力大小适当,两列波叠加的结果,在弦上看不到波的传播,只见弦分段振动,一些点振幅最大,一些点几乎不动,这就是驻波的表现.振幅最大

图 8-12 驻波现象

的点称为波腹;不动的点,称为波节.波腹和波节等距离交互排列,其他点振动的振幅介于最大和最小之间.

设有两列同频率、同振幅、同振动方向简谐波 x_1 和 x_2,它们的表达式为

$$x_1 = A\cos 2\pi\left(\nu t - \frac{y}{\lambda}\right), \quad x_2 = A\cos 2\pi\left(\nu t + \frac{y}{\lambda}\right),$$

其中 x_1 沿 y 轴向右传播,x_2 沿 y 轴向左传播,上两式表示任一时刻 t 两列波分别引起任一点(坐标为 y)的位移.按波的叠加原理,合成波为

$$x = x_1 + x_2 = A\left[\cos 2\pi\left(\nu t - \frac{y}{\lambda}\right) + \cos 2\pi\left(\nu t + \frac{y}{\lambda}\right)\right]$$

$$= 2A\cos\left(\frac{2\pi y}{\lambda}\right)\cos(2\pi\nu t). \tag{8-26}$$

这就是驻波的表达式.因为 y 和 t 分别出现在两个因子中,并不表现为 $t-y/\lambda$ 和 $t+y/\lambda$ 的形式,所以合成波既不向左传播,也不向右传播,全部质点做一种特殊的振动.由因子 $\cos 2\pi\nu t$ 可知,各点均做同频率的简谐振动;驻波振动的特殊规律性,表现在振幅和位相的分布上,分析(8-26)式,可进一步深入地解释驻波的振动现象,找出它的规律.

1. 振幅分布 波腹和波节

由(8-26)式可以看出,驻波振幅分布由因子 $2A\cos\frac{2\pi y}{\lambda}$ 决定,因而 Y 轴上任一点 y 有恒定的合振幅,其值随 y 的增加在空间作周期性变化,因振幅恒为正,故任一点 y 的合

振幅为

$$\left| 2A\cos\frac{2\pi y}{\lambda} \right|. \tag{8-27}$$

(1) 若 $\frac{2\pi y}{\lambda}=k\pi$, $k=0,\pm1,\pm2,\cdots$, 则 $\left|2A\cos\frac{2\pi y}{\lambda}\right|=2A$. 表明坐标为 $y=k\lambda/2$ 的点,振幅极大,等于 $2A$,这些点就是前面定义的波腹. 显然相邻波腹相距为半波长.

(2) 若 $\frac{2\pi y}{\lambda}=(2k+1)\frac{\pi}{2}$, $k=0,\pm1,\pm2,\cdots$, 则 $\left|2A\cos\frac{2\pi y}{\lambda}\right|=0$, 表明坐标为 $y=(2k+1)\lambda/4$ 的点,振幅极小,恒等于 0,这些点就是前面定义的波节. 显然相邻波节相距也为半波长.

比较(1)(2)这两种情况可知,波腹、波节是等距离交互排列分布的,相邻波节和波腹相距 1/4 波长.

2. 驻波的位相分布

仅仅知道振幅如何分布,还不能说明驻波是如何振动的,要弄清这个问题还必须研究驻波的位相分布,为简单计,取 $k=-1,0,+1$ 的三个波节 N_{-1}, N_0, N_1 来分析,如图 8-13,这三点的 y 值和 $\frac{2\pi y}{\lambda}$ 的值,可由上面对 y 点的合振幅讨论(2)求得.

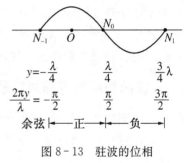

图 8-13 驻波的位相

(1) 对于在 N_{-1}, N_0 之间的各点, $\frac{2\pi y}{\lambda}$ 在第一、四象限, $\cos\left(\frac{2\pi y}{\lambda}\right)$ 为正,由 (8-26) 式知, $x=2A\cos\left(\frac{2\pi y}{\lambda}\right)\cdot\cos(2\pi\nu t)$. 故 y 在坐标 $-\lambda/4$ 到 $\lambda/4$ 之间的各点,振幅依次由 0 增加到 $2A$, 再由 $2A$ 减少到 0;在 N_{-1} 与 N_0 间的这些点振幅不同,但随时间变化的因子 $\cos 2\pi\nu t$ 是一样的,在这个余弦函数中,初位相都等于 0,所以各点同一时刻的振动位相都相同,即位移同时达到最大,同时过平衡位置向同侧(上或下)运动.

(2) 对于在 N_0, N_1 之间的各点, $\frac{2\pi y}{\lambda}$ 在第二、三象限, $\cos\frac{2\pi y}{\lambda}$ 为负

$$\cos\frac{2\pi y}{\lambda}=-\left|\cos\frac{2\pi y}{\lambda}\right|.$$

由(8-26)式得

$$x=-2A\left|\cos\frac{2\pi y}{\lambda}\right|\cos 2\pi\nu t=2A\left|\cos\frac{2\pi y}{\lambda}\right|\cos(2\pi\nu t+\pi),$$

故坐标 y 在 $\lambda/4$ 到 $3\lambda/4$ 之间的各点,其初相位都等于 π,即同时刻振动位相也相同. 由此可见,在 N_0 两侧,初位相各为 0 和 π,即位相相反.

　　总之,两相邻波节间各点的振动位相相同;一波节两侧的点的振动位相相反,这侧的振幅达最大,那侧的振幅达最小;这侧的质点离开平衡位置向上运动,那侧的质点同时离开平衡位置向下运动.

　　相对于驻波而言,过去讨论过的行进着的波称为行波.

　　因为驻波一般由入射波和反射波叠加而成.在媒质界面反射处究竟出现波节还是波腹,取决于媒质的性质(密度 ρ 和波速 v),可以证明,当 $\rho_1 v_1 < \rho_2 v_2$ 时,在分界面第一媒质的一侧出现波节.

§8.8　多普勒效应

　　在以上的讨论中,波源和观察者都是对媒质静止的,波源的频率和观察者感觉到的频率相同.若波源或观察者或它们两者均对媒质运动,则感觉到的频率 ν' 和波源的真实频率 ν 一般并不相同,这个现象称为多普勒效应.如火车进站,笛声较高,火车出站,笛声较低,是最常遇到的这类现象.

　　为了便于研究问题,在寻找这个现象的规律之前,先规定符号规则.以 u 表示波源对媒质的速度,v 表示观察者对媒质的速度,V 表示波的传播速度.若波源趋近观察者,u 取正,反之为负;若观察者趋近波源,v 作为正,反之为负;V 则恒取正值.

1. 波源和观察者都对媒质静止

　　单位时间内波源振动 ν 次,发出的波分布在长度 V 上,共有 ν 个波长.观察者感觉到的频率 ν',是单位时间通过观察者所在处的波数,故

$$\nu' = \frac{V}{\lambda} = \nu, \tag{8-28}$$

表明在这种情况下,感觉到的频率与波源的频率相同.

2. 波源对媒质静止,观察者以速度 v 对媒质运动

　　若 v 为正,则波对观察者的相对速度为 $V+v$,波长仍为 $\lambda = \dfrac{V}{\nu}$,所以

$$\nu' = \frac{V+v}{\lambda} = \left(1 + \frac{v}{V}\right)\nu, \tag{8-29}$$

表示观察者向波源运动时,感觉到的频率增加为波源频率的 $(1+v/V)$ 倍.若 v 为负,表示观察者离开波源运动,由(8-29)式,$\nu' < \nu$,这里,还可以分为两种情况:若 $|v| = V$,观察者随波一起运动,应无感觉;若 $|v| > V$,则 ν' 为负,表示若观察者的前面已有波列存在,则观察者将追过前面的波,他将感到波仿佛迎面而来,即波源好像在相反方向,这就是 ν' 为负值的涵义.

3. 观察者对媒质静止,波源以速度 u 对媒质运动

设 u 为正,且 $u < V$. 如图 8 - 14,设波源在 B 点时,开始发出一列波,一周期后,"波头"达到 C 点,若波源不动,波形如虚线所示;事实上,一周期后,当波源发出"波尾"时,波源本身已进到 B' 点,$BB' = uT$,整个波挤在 $B'C$ 之间,波形如实线所示,由于波源是匀速运动的,所以挤压均匀,波形并无畸变只是波长变短,其值为 $\lambda' = B'C = \lambda - uT = (V - u)T = (V - u)/\nu$. 因波对观察者的速度仍为 V,故

$$\nu' = \frac{V}{\lambda'} = \frac{V}{V - u}\nu, \qquad (8 - 30)$$

表明波源向观察者运动时,感觉到的频率是波源频率的 $V/(V - u)$ 倍. 若 u 为负,则 $\nu' < \nu$.

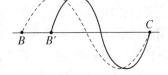

图 8 - 14　多普勒效应

综合以上两段,可以解决波源和观察者同时对媒质运动的情况. 读者自己可以加以分析.

多普勒效应在天体运动速度测量上有很大的用途.

§8.9　声波　超声波　次声波

在弹性媒质中,如果波源所激起的纵波的频率在 20 Hz 到 20 000 Hz 之间,就能引起人的听觉,在这一频率范围内的振动称为声振动. 由声振动激起的纵波称为声波. 频率高于 20 000 Hz 的机械波叫作超声波,频率低于 20 Hz 的机械波称为次声波.

现代声学研究中,超声频率可达 10^{14} Hz,次声波可以低达 10^{-4} Hz,在这样的频率范围内,按频率的大小研究声波的各种性质是具有重大意义的.

1. 声压

为了描述声波在媒质中各点的强弱,常用声压和声强两个物理量.

媒质中声波传播时的压强与无声波时的静压强之间有一个差额. 这一压强差额称为声压. 声压的成因是很明显的,由于声波是疏密波,在稀疏区域,实际压强小于原来静压强,在稠密区域,实际压强大于原来静压强,前者声压为负值,后者声压为正值,显然,由于媒质中各点声振动的周期性变化,声压也在作周期性变化,对平面简谐波来说,可以证明声压振幅 P_m 为

$$P_m = \rho c A \omega, \qquad (8 - 31)$$

式中的 ρ 是媒质密度,c 是声速,A 是声振动的振幅,ω 是振动角频率.

2. 超声波

高频超声波最明显的传播特性之一就是方向性很好,射线能定向传播,超声波的穿透本领很大,在液体、固体中传播时,衰减很小,在不透明的固体中,超声波能穿透几十米的

厚度,超声波碰到杂质或媒质界面有显著的反射,这些特性使得超声波成为探伤、定位等技术的一个重要工具.

此外,超声波在媒质中的传播特性如波速、衰减、吸收等,都与媒质的各种宏观的非声学的物理量有着紧密联系.例如声波与媒质的弹性模量、密度、温度、气体的成分等有关.声强的衰减与材料的空隙率、粘滞性等有关.利用这些特性,已制成了测定这些物理量的各种超声仪器.

从本质上看,超声波的这些传播特性,都决定于媒质的分子特性.声速、吸收和频散与分子的能量、分子的结构等,都有密切的关系.由于超声波测量方法的方便,可以获得大量实验数据,所以在生产实践和科学研究中,已经发现超声波对物质的许多特殊作用,而且这些特殊作用都有广泛应用.下面只介绍主要的作用和一些典型的应用.

(1) 超声波的机械作用

超声波不仅能使物质作激烈的强迫机械振动,而且还发现能够产生单向力的作用.这些机械作用,在许多超声波技术中,如超声焊接、钻孔、清洗、除尘,都起到主要作用.

(2) 超声波的空化作用

液体中,特别是液固边界处,往往存在一些小空泡,这些小空泡可能是真空的,也可能含有少量气体或蒸气.这些小泡有大有小,尺寸不一,使一定频率的超声波通过液体时,只有尺寸适宜的小泡能发生共振现象,这个尺寸叫作共振尺寸,原来就大于共振尺寸的小泡,在超声作用下,就被逐出液外,原来就小于共振尺寸的小泡,能在超声作用下逐渐变大,接近共振尺寸.

(3) 超声波的热作用

媒质对超声波的吸收会引起温度上升.一方面,频率愈高,这种热效应愈显著;另一方面,在不同媒质的分界面上,特别是在流体媒质与固体媒质的分界面上,或流体媒质与其中悬浮粒子的分界面上,超声能量将大量地转换成热能,往往造成分界面处的局部高温,甚至产生电离效应.这种作用也有很多重要用途.

以上几种超声波的作用是最基本的作用,此外,超声波还有许多其他作用(如化学作用、生物作用等).其中有一些已能用上述基本作用来初步说明,有一些至今还不能圆满解释.这些作用的用途极广泛.例如,用超声波的生物作用,可以进行种子的处理使农业增产,也可以进行超声治疗获得好的治疗效果.因此,进一步研究超声波的作用是非常必要的.

3. 次声波

次声波又称亚声波,也是一种人耳听不到的声波,振动频率低于 20 Hz,在大自然的许多活动中,常可接收到次声波的信息,例如,在火山爆发、地震、陨石落地、大气湍流、雷暴、磁暴等自然活动中,都有次声波的发生.次声波可以把自然信息传播得很远很远,所经历的时间也很长,如 1883 年苏门答腊和爪哇之间一次火山爆发产生的次声波,绕地球三匝,历时 108 小时.次声波的传播速度和声速相同,在 20℃时都是 344 m·s^{-1}.振动周期为 1 s 的次声波,波长就是 344 m;振动周期为 10 s 的次声波,波长就是 3 440 m.周期越长,波长也就越长,和声波相比较,大气对次声波的吸收是很少的,次声波在大气中传播几千千米后，其吸收还不到万分之一分贝.利用次声波通过大气所引起的压力波动效应,可以测量次声波.次声波的测量表明,次声波是平面波,它沿着与地球表面平行的方向传播.在强烈地震时,沿地面传播的地震波有三种:纵向波、横向波和表面波,它们所激发的次声波的强度各不相同.接收这三种不同的次声波,可以推算出地震波的垂直幅度、方向和水平速度.由于次声波有远距离传播的突出优点,它的应用已受到越来越多的注意,它不仅用于探测气象、地震,而且也用于军事侦察.对次声波的产生、传播、接收、影响和应用的研究,已导致现代声学的一个新分支的形成,这就是次声学.

习　　题

8.1　已知波源在原点 $(x=0)$ 的平面简谐波的方程为 $y=A\cos(Bt-Cx)$ 式中 A,B,C 为正值恒量.试求:

(1) 波的振幅、波速、频率、周期与波长;

(2) 写出传播方向上距离波源 l 处一点的振动方程;

(3) 试求任何时刻,在波传播方向上相距为 D 的两点的位相差.

8.2　一列横波沿绳子传播时的波动方程为 $y=0.05\cos(10\pi t-4\pi x)$,式中 x,y 以 m 计,t 以 s 计.

(1) 求此波的振幅、波速、频率、和波长;

(2) 求绳子上各质点振动时的最大速度和最大加速度;

(3) 求 $x=0.2$ m 处的质点在 $t=1$ s 时的位相,它是原点处质点在哪一时刻的位相? 这一位相所代表的运动状态在 $t=1.25$ s 时刻到达哪一点? 在 $t=1.5$ s 时刻到达哪一点?

(4) 分别图示 $t=1$ s,1.1 s,1.25 s 和 1.5 s 各时刻的波形.

8.3　已知平面余弦波源的振动周期 $T=\dfrac{1}{2}$ s,所激起的波的波长 $\lambda=10$ m,振幅为 0.1 m,当 $t=0$ 时,波源处振动的位移恰为正方向的最大值,取波源处为原点并设波沿 $+X$ 方向传播,求:

(1) 此波的方程;

(2) 沿波传播方向距离波源为 $\lambda/2$ 处的振动方程;

(3) 当 $t=T/4$ 时,波源和距离波源为 $\lambda/4,\lambda/2,3\lambda/4$ 及 λ 的各点各自离开平衡位置的位移;

(4) 当 $t=T/2$ 时,波源和距离波源为 $\lambda/4,\lambda/2,3\lambda/4$ 及 λ 的各点各自离开平衡位置的位移;并根据(3)(4)计算结果画出波形(y-x 关系)曲线;

(5) 当 $t=T/4$ 和 $T/2$ 时,距离波源 $\lambda/4$ 处质点的振动速度.

8.4　一波源做简谐振动,周期为 $1/100$ s,经平衡位置向正方向运动时,作为计时起点.设此振动以 $c=400$ m·s^{-1} 的速度沿直线传播,求:

(1) 这波沿某一波线的方程;

(2) 距波源为 16 m 处和 20 m 处质点振动方程和初位相;

(3) 距波源为 15 m 和 16 m 的两质点的位相差是多少?

8.5　已知某平面简谐波的波源振动方程为 $y=0.06\sin\left(\dfrac{\pi}{2}t\right)$,式中 y 以 m 计,t 以 s 计.设波速为 2 m·s^{-1},试求离波源 5 m 处质点的振动方程.这点的位相所表示的运动状态相当波源在哪一时刻的运动状态?

8.6　如图所示,A 和 B 是两个同位相的波源,相距 $d=0.10$ m,同

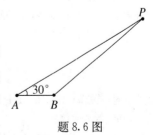

题 8.6 图

时以 30 Hz 的频率发出波动, 波速为 $0.50 \text{ m} \cdot \text{s}^{-1}$. P 点位于 AB 上方, AP 与 AB 夹角为 $30°$, 且 $PA = 4 \text{ m}$, 求两波通过 P 点位相差.

8.7 S_1 和 S_2 是两个相干波源, 相距 $1/4$ 波长, S_1 比 S_2 的位相超前 $\pi/2$. 设两列波在 S_1, S_2 连线方向上的强度相同且不随距离变化, 问 S_1, S_2 连线上在 S_1 外侧各点处的合成波的强度如何? 又在 S_2 外侧各点处的强度如何?

8.8 如图所示, 设平面横波 1 沿 BP 方向传播, 它在 B 点的振动方程为 $y_1 = 0.2 \times 10^{-2} \cos 2\pi t$, 平面横波 2 沿 AP 方向传播, A 点的振动方程为 $y_2 = 0.2 \times 10^{-2} \cdot \cos(2\pi t + \pi)$, 两式中 y 以 m 计, t 以 s 计,

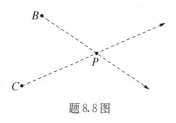

题 8.8 图

P 处与 B 相距 0.40 m, 与 A 相距 0.05 m, 波速为 $0.20 \text{ m} \cdot \text{s}^{-1}$. 求:

(1) 两波传到 P 处的位相差;

(2) 在 P 处合振动的振幅;

(3) 如果在 P 处相遇的两横波, 振动方向是相互垂直的, 则合振动的振幅又如何?

8.9 一列正弦式空气波, 沿直径为 0.14 m 的圆柱形管行进, 波的平均强度为 $18 \times 10^{-3} \text{ J} \cdot \text{s}^{-1} \cdot \text{m}^{-2}$, 频率为 300 Hz, 波速为 $300 \text{ m} \cdot \text{s}^{-1}$, 问:

(1) 波中的平均能量密度和最大能量密度是多少?

(2) 每两个相邻的、位相差为 2π 的同相面(亦即相距 1 波长的两同相面)之间的波段中有多少能量?

8.10 为了保持波源的振动不变, 需要消耗 4 W 的功率, 如果波源发出的是球面波, 且认为媒质不吸收波的能量, 求距离波源 1 m 和 2 m 处的能流密度.

8.11 两个波在一根很长的细绳上传播, 它们的方程设为

$$y_1 = 0.06 \cos \pi(x - 4t),$$

$$y_2 = 0.06 \cos \pi(x + 4t),$$

式中 x, y 以 m 计, t 以 s 计:

(1) 求各波的频率、波长、波速和传播方向;

(2) 试证这细绳上是做驻波式振动, 求节点的位置和腹点的位置;

(3) 波腹处的振幅多大? 在 $x = 1.2 \text{ m}$ 处, 振幅多大?

8.12 设入射波的波动方程为 $y_1 = A\cos 2\pi\left(\dfrac{t}{T} + \dfrac{x}{\lambda}\right)$, 在 $x = 0$ 处发生反射, 反射点为一自由端. 求:

(1) 反射波的波动方程;

(2) 合成波(驻波)的方程, 并由合成波方程说明那些点是波腹, 那些点是波节.

8.13 在实验室中做驻波实验时, 将一根长 3 m 的弦线的一端系于电动音叉的一个臂上, 这音叉在垂直于弦线长度的方向上以 60 Hz 的频率做振动, 弦线的质量为 $60 \times 10^{-3} \text{ kg}$. 如要使这根弦线产生有 4 个波腹的振动, 必须对这根弦线施多大的张力.

8.14 把两端固定的一根弦线拨动一下, 就有横向振动向弦线的两固定端传去, 并被反射回来而形成驻波图样. 一根长度为 l 的弦线, 它的驻波图样是一定的, 所以它可按呈现一个波腹、二个波腹、三个波腹、……的形式做振动或这种基本振动的叠加. 试证明: 一根长度 l 为的弦线只能发出下列一些固有频率

$$\nu_n = \frac{n}{2l}\sqrt{\frac{T}{\mu}}, \quad n = 1, 2, 3, \cdots$$

式中 μ 是弦线单位的质量, T 是绳中的张力(由此式可知, $n = 1$ 时的频率最低, 叫基频, 其他频率都叫泛音, 是基频的整数倍).

8.15 (1) 有一支频率未知的音叉和一支频率已知为 384 Hz 的标准音叉一起振动时每秒产生三

个拍,当这音叉的臂上涂了少许石蜡时,拍频减少,问这支音叉频率是多少?

(2) 某一波形可用下式表示:

$$Y = A\sin x + \frac{1}{3}A\sin 3x + \frac{1}{5}A\sin 5x + \cdots$$

试分别作出该级数前三项的图形,并作出叠加之后的图形.

第三篇　热学

　　物质运动形式多种多样,表现的现象也是错综复杂.热运动是物质世界的一种基本运动形式,热学的任务就是研究物质热运动的规律,它的研究对象则是由大量粒子组成的系统,即宏观物体.

　　描述个别分子的物理量称为微观量,如分子的体积、质量、速度等,描述大量分子集体特征的物理量称为宏观量,如温度、压强和密度.

　　由于研究方法的不同,热学可分为宏观理论和微观理论.宏观理论叫热力学,是从能量观点出发,根据能量守恒定律,分析研究在物质状态变化过程中有关热功转换的关系和条件的问题.微观理论叫统计物理学,它是从物质的微观模型出发,用力学规律和统计方法,研究大量粒子的热现象及其规律.

　　热力学与统计物理学彼此联系,相互补充,不可偏废.本篇对热力学只介绍一些最基本的概念和规律,对统计物理学只介绍其中的分子动理论.

第9章　气体分子动理论

　　本章从分子动理论的观点阐明气体的一些宏观性质和规律,并研究气体处于平衡态时,分子无规则热运动所遵从的统计规律.

§9.1　气体的状态参量　平衡态

1. 分子动理论的基本概念

　　(1) 宏观物体是由大量分子(或原子)组成的.大量的实验表明,宏观物体是由大量不连续的分子组成,分子之间存在着一定的空隙.

　　气体很容易被压缩,说明气体分子间存在空隙,而且空隙很大.水和酒精这两种不同液体加以混合,混合后的体积小于两者原来的体积之和,说明液体分子间也有空隙.把油放在钢筒中加压到一定值时,油可以从筒壁渗出,说明固体分子间也有空隙.用高分辨率的电子显微镜已能观察到某些晶体的原子结构图像,这直接显示了物质是由大量分子(或原子)组成,分子之间存在空隙.

(2) 物体内的分子都在不停地做无规则运动,其剧烈程度与温度有关. 在室内打开一瓶香水的瓶盖,很快就会闻到香水的气味;在一杯清水中滴入一滴红墨水,隔一段时间后,就会发现整杯清水中都染上了红色. 把磨得很平滑的铅板与金板紧压在一起,二三年后就会发现在金板中有铅分子,在铅板中有金分子. 这些扩散现象都是分子不停地做无规则运动的结果.

1827 年英国植物学家布朗(Brown)用显微镜观察悬浮在液体中的花粉颗粒,看到这些悬浮粒子不停地做无规则的混乱运动,这种运动称为布朗运动,这种悬浮粒子称为布朗粒子. 引起布朗运动的原因,是液体由大量的并做无规则运动的分子组成,分子的直径远小于布朗粒子的直径. 任一瞬间,从不同方向与布朗粒子碰撞的分子数各不相同,有时在这个方向受到的碰撞多一些,布朗粒子就在此受到一个合力作用;有时在另一方向受到的碰撞多一些,就在另一方向受到一个合力,结果布朗粒子在流体分子施加给它的合力的作用下,做无规则的运动. 如图 9 - 1 所示,表示两个布朗粒子每隔一定的时间所在位置的连线.

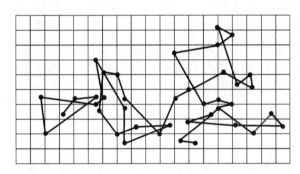

图 9 - 1　布朗运动

必须指出:a. 布朗运动是流体中的布朗粒子的运动,它间接地反映了液体分子的无规则运动,决不能认为布朗运动就是分子的运动. b. 如果悬浮颗粒较大,任一瞬间,同它碰撞的分子数较多,从各个方向施于颗粒的力基本抵消,所以,对于较大的颗粒其运动缓慢,甚至不动. 只有当布朗粒子足够小时,分子从各个方向的冲击均等,此时布朗运动才可反映流体内分子的无规则运动.

实验表明扩散的快慢与温度有关,温度越高,扩散进行的就越快,分子的无规则运动就越剧烈. 故把分子的无规则运动称为热运动.

(3) 分子间有相互作用力. 物体内的分子在不停地做无规则热运动,为什么这类物体还能保持一定的体积呢? 固体还能保持一定的形状呢? 因为分子间有相互的吸引力存在,要拉断一根固体棒,需加较大的力;分离液体需加较小的力;气体很容易被分开. 这些现象说明分子间存在着相互吸引力,而这种相互吸引力随分子间距离的变化而变化.

固体和液体很难被压缩,把气体压缩到一定程度后很难再压缩,这又说明分子间除存在吸引力外,还存在排斥力. 研究结果表明,排斥力发生作用的距离比吸引力发生作用的距离要小得多.

综上所述,宏观物体是由大量的分子或原子所组成,分子间有间隙;所有分子都处在不停的无规则运动中;并且分子间存在相互作用力,这就是宏观物体的微观模型.

2. 状态参量

对于物质系统的研究,主要是研究其宏观状态的变化规律.

由于物质系统内分子的无规则运动,描述单个分子的运动状态毫无意义. 常用能反映系统内分子集体特征的物理量(宏观量)来描述物质系统的状态.

对一定量(质量已知)的给定气体(摩尔质量已知)的状态,常用气体的体积 V,压强 p,温度 T 三个物理量来描述,把这三个标志气体状态的物理量叫状态参量.

(1) 体积 V:气体的体积表示气体分子运动所能达到的空间,也就是容纳气体的容器的容积. 显然,它不是气体分子本身体积的总和.

在国际单位制中,体积的单位是米^3(m^3),有时也用升(L),厘米^3(cm^3)表示. 它们的换算关系为

$$1\,\mathrm{m}^3 = 10^3\,\mathrm{L} = 10^6\,\mathrm{cm}^3.$$

(2) 压强 p:气体的压强表示气体分子施于容器壁单位面积上的垂直压力. 气体内部某点处的压强则是设想为放置在该点处的一个小面积所受的压强.

在国际单位制中,压强的单位为帕斯卡(Pa),定义为每平方米面积受到 1N 压力时的压强为 1Pa(即 1N·m^{-2}). 常用单位还有标准大气压(atm)、厘米汞柱高(cmHg)、毫米汞柱高(mmHg)、托(torr),它们的换算关系为

$$1\,\mathrm{atm} = 76\,\mathrm{cmHg} = 760\,\mathrm{mmHg} = 1.013 \times 10^5\,\mathrm{Pa},\ 1\,\mathrm{torr} = 133.32\,\mathrm{Pa}.$$

(3) 温度 T:宏观上温度是表征物体冷热程度的物理量. 在微观上,反映大量分子热运动的剧烈程度. 要定量地描述温度,必须引入温标,温标就是温度的标定方法,常用的温标有摄氏温标 t,单位为摄氏度(℃);热力学温标 T,单位为开尔文(K). 国际单位制中,取热力学温标为基本温标,热力学温标 T 和摄氏温标 t 之间的关系为

$$T = (273.15 + t/℃)\mathrm{K}. \tag{9-1}$$

水的三相点温度为 273.16 K,即 0.01℃.

还须注意:只有在平衡态时,状态参量(p,V,T)才具有一定的量值,否则不确定.那么什么是平衡状态呢?

3. 平衡态

热力学中,把包含大量分子的物体称为热力学系统,处于系统外而与体系的状态直接相关的一切环境称为外界. 热力学系统的状态可以分为平衡态和非平衡态. 一个热力学系统在没有外界影响的条件下,经过足够长的时间以后,系统的宏观状态(p,V,T)不再随时间发生变化,此时的状态叫作平衡状态,简称平衡态,否则为非平衡状态. 这里所说的没有外界影响,是指外界对系统既不做功又不传热. 处于平衡态的系统在同一时刻温度、压强、密度处处均匀.

　　当然,在实际中并不存在完全不受外界影响,而且宏观性质绝对保持不变的系统,所以平衡状态只是一个理想化的模型,它是在一定条件下对实际情况的概括和抽象.

　　应当指出,平衡态是指系统的宏观性质不随时间变化的状态. 从微观方面看,在平衡态下,组成系统的分子的热运动并未停止,只是分子运动的平均效果不随时间改变,而这种平均效果的恒定在宏观上就表现为系统达到了平衡态. 因此,热力学中的平衡是动态平衡,通常把这种平衡叫作热动平衡.

4. 理想气体的状态方程

　　处于平衡态的一定量气体,温度 T,压强 p 和体积 V 这三个状态参量中任一参量发生变化时,其他两个参量也将随之改变. 气体处于某一给定平衡状态时,这三个状态参量之间必有一定的关系,即

$$f(T, V, p) = 0. \tag{9-2}$$

此方程就是一定量气体处于平衡态时的状态方程. 由于气体状态方程与气体的性质有关,在此仅讨论理想气体的状态方程.

　　众所周知,所有的物理定律都有一定的适用范围. 玻意耳-马略特(BoyLe-Mariotte)定律、盖·吕萨克(Gay-Lussac)定律、查理(Charles)定律是在温度不太低(与室温相比)、压强不太大(与大气压相比)的实验条件下总结出来的,因此,满足上述实验条件的气体都遵守这些实验定律. 把在任何情况下都严格遵守上述实验定律的气体叫作理想气体,即理想气体状态参量 p, V, T 之间的关系称为理想气体的状态方程.

　　1834 年克拉珀龙(Clapeyron),把三条实验定律用统一的形式写成

$$\frac{p_1 V_1}{T_1} = \frac{p_2 V_2}{T_2}, \tag{9-3}$$

(9-3)式表示的是一定质量的同一种理想气体,从 p_1, V_1, T_1 的状态变化到 p_2, V_2, T_2 的状态时,前后两个平衡态的状态参量之间的关系.

　　在标准状态下,即压强 $p_0 = 1\,\mathrm{atm}$,温度 $T_0 = 273.15\,\mathrm{K}$ 时,1 mol 的任何理想气体所占的体积均为 $V_0 = 22.4 \times 10^{-3}\,\mathrm{m^3}$, 所以

$$\frac{pV}{T} = \frac{p_0 V_0}{T_0} = R,$$

R 是对 1 mol 的任何理想气体都适用的恒量,叫作气体普适恒量. 由上式可得

$$pV = RT, \tag{9-4}$$

这是 1 mol 的理想气体的状态方程.

　　对于质量为 $M\,\mathrm{kg}$,摩尔质量为 $\mu\,\mathrm{kg}$ 的理想气体其状态方程变为

$$pV = \frac{M}{\mu} RT, \tag{9-5}$$

R 的取值随状态方程中各量的单位不同而异,有

$$R = 8.314\,510\,\mathrm{J \cdot mol^{-1} \cdot K^{-1}} = 8.205\,68 \times 10^{-2}\,\mathrm{atm \cdot L \cdot mol^{-1} \cdot K^{-1}}$$

$$= 2 \text{ cal} \cdot \text{mol}^{-1} \cdot \text{K}^{-1}.$$

例题 9.1 一容器内贮有氧气 $0.100\,\text{kg}$, 压强为 $10\,\text{atm}$, 温度为 47℃. 因容器漏气, 过一段时间后, 压强减到原来的 $5/8$, 温度降到 27℃, 若把氧气看作理想气体, 问: (1) 容器的容积为多大? (2) 漏了多少氧气?

解 (1) 根据理想气体状态方程 $pV = \dfrac{M}{\mu}RT$ 可求得容器的容积为

$$V = \frac{MRT}{\mu p} = \frac{0.100 \times 8.21 \times 10^{-2} \times (273+47)}{32 \times 10^{-3} \times 10} = 8.21(\text{L}).$$

(2) 容器漏气后, 压强降为 p', 温度降为 T', 若用 M' 表示容器中剩下的氧气质量, 则 M' 可由状态方程求出, 即

$$M' = \frac{\mu p' V}{RT} = \frac{32 \times 10^{-3} \times 10 \times \dfrac{5}{8} \times 8.21}{8.21 \times 10^{-2} \times (273+27)} = 6.3 \times 10^{-2}(\text{kg}).$$

因此漏掉的氧气质量为

$$\Delta M = M - M' = 0.100\,\text{kg} - 0.063\,\text{kg} = 0.037\,\text{kg}.$$

§9.2 理想气体的压强公式

1. 理想气体的分子模型

根据实验, 我们对理想气体的分子模型假设如下:

(1) 由于气体容易被压缩, 故气体分子本身的大小比分子间的距离小很多, 所以我们可以认为气体分子的大小与它们之间的平均距离相比, 可忽略不计. 因此, 可以把分子看成质点, 它的运动遵从牛顿运动规律.

(2) 因为分子间的平均距离比分子大得多, 所以可以认为除碰撞一瞬间外, 分子间的相互作用可以忽略不计.

(3) 可把分子看成是弹性小球, 它们之间的相互碰撞以及它们与器壁的碰撞都是完全弹性碰撞.

系统内的分子是在杂乱无章地运动着, 在平衡状态下系统内各处的状态是均匀的. 对大量的分子的统计理论可知, 分子沿各个方向运动的几率是均等的. 即在气体中, 任一时刻, 沿各个方向运动的分子数目均相等, 沿各个方向速度的统计平均值也是均等的.

可见, 从微观的角度看, 理想气体是由大量的分子组成的; 分子间距远大于分子的半径, 除碰撞器壁的一瞬间外, 其余时间内为自由运动的质点, 碰撞为完全弹性碰撞.

2. 理想气体的压强公式

气体分子不停地做无规则热运动, 必然要和器壁碰撞, 碰撞的结果会给器壁一定的冲

量. 大量分子与器壁碰撞的平均效果表现为器壁受到一个均匀、连续的压力. 此即为气体对容器壁的压强.

下面推导理想气体的压强公式

（1）一个分子与器壁碰撞一次施于器壁的冲量. 如图 9-2 所示, 在一个边长为 a,b,c 的立方体容器内, 有 N 个气体分子, 分子质量为 m, 设第 i 个分子的速度为$\boldsymbol{v}_i$, 三个分量为 v_{ix},v_{iy},v_{iz}, 现考虑第 i 个分子与 S_1 面的碰撞. 由于是弹性的碰撞, 第 i 个分子必然是以速度$-v_{ix}$ 由 S_1 弹回, 分子动量的改变

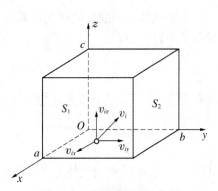

图 9-2　分子对器壁的作用

$$\Delta p_{ix} = (-mv_{ix}) - mv_{ix} = -2mv_{ix}.$$

根据动量定理及牛顿第三定律, 第 i 个分子在一次碰撞中施于器壁 S_1 的冲量为 $2mv_{ix}$.

（2）单位时间内第 i 个分子施于器壁的冲量. 第 i 个分子从 S_1 弹回, 飞回 S_2, 碰撞后又回到 S_1, 由于是弹性碰撞, 所以 v_{ix} 的大小不变. i 分子与 S_1 相继两次碰撞之间, 在 x 方向上经历的路程为 $2a$, 从而单位时间内第 i 个分子与 S_1 碰撞的次数为 $\dfrac{v_{ix}}{2a}$, 单位时间内第 i 个分子施于 S_1 的冲量为

$$2mv_{ix}\frac{v_{ix}}{2a} = \frac{mv_{ix}^2}{a}.$$

（3）N 个分子在单位时间内, 施于 S_1 的总冲量为

$$\sum_{i=1}^{N} \frac{mv_{ix}^2}{a} = \frac{m}{a}\sum_{i=1}^{N} v_{ix}^2.$$

据冲量的定义, 单位时间内施于 S_1 的总冲量, 等于分子施于 S_1 的作用力, 即

$$F = \frac{m}{a}\sum_{i=1}^{N} v_{ix}^2.$$

（4）分子施于 S_1 的压强为

$$p = \frac{F}{S_1} = \frac{m}{abc}\sum_{i=1}^{N} v_{ix}^2 = \frac{m}{V}\sum_{i=1}^{N} v_{ix}^2.$$

引入

$$\bar{v}_x^2 = \frac{1}{N}\sum_{i=1}^{N} v_{ix}^2,$$

并称$\bar{v}_x^2$ 为分子速度 x 分量平方的平均值, 则有

$$p = nm\overline{v_x^2},$$

其中 $n = \dfrac{N}{V}$ 为单位体积内的分子数.

由于气体分子的运动是无规则的,处于平衡态时,向各个方向运动的几率均等,对大量分子而言,必有

$$\overline{v_x^2} = \overline{v_y^2} = \overline{v_z^2}, \quad \overline{v_x^2} + \overline{v_y^2} + \overline{v_z^2} = \overline{v^2},$$

故有 $\overline{v_x^2} = \dfrac{1}{3}\overline{v^2}$,从而得到理想气体的压强公式

$$p = \frac{1}{3}nm\overline{v^2} = \frac{2}{3}n\overline{\varepsilon_k}, \tag{9-6}$$

其中 $\overline{\varepsilon_k} = \dfrac{1}{2}m\overline{v^2}$ 称为气体分子的平均平动动能. 可见,从分子动理论来看,气体作用于器壁上的压强决定于单位体积内的分子数 n 和分子的平均平动动能 $\overline{\varepsilon_k}$,单位体积内的分子数越多,分子的平均平动动能越大,器壁所受的压强也就越大.

在推导(9-6)式中引入了统计平均值的概念,并用了统计假设,显然个别分子服从力学规律,但大量分子无规则运动总体上却是遵从统计规律. 因而压强公式所表示的是一个统计规律. 从微观角度讲,压强这一概念只具有统计意义,对少数分子组成的体系,压强就失去意义.

§9.3 气体分子的平均动能

根据理想气体压强公式和状态方程,可得出气体的温度与分子平均平动动能之间的关系,从而说明温度这一宏观量的微观本质.

1. 气体分子的平均平动动能与温度的关系

对处于平衡状态下的理想气体,根据压强公式和理想气体状态方程有

$$p = \frac{2}{3}n\overline{\varepsilon_k}, \quad pV = \frac{M}{\mu}RT.$$

设质量为 M 的气体中含有 N 个同类分子,每个分子的质量为 m,则 $M = Nm$. 同理可得1 mol同种气体它的摩尔质量 $\mu = N_0 m$,把这两个值代入状态方程得

$$p = \frac{N}{V}\frac{R}{N_0}T, \tag{9-7}$$

式中 R,N_0 均为常数,R 为普适恒量,N_0 为阿伏伽德罗常数(Avogadro),其比值 $\dfrac{R}{N_0}$ 叫作玻尔兹曼(Boltzmann)常数,用 k 表示,其值和单位为

$$k = \frac{R}{N_0} = \frac{8.314}{6.022 \times 10^{23}} = 1.38 \times 10^{-23}(\text{J} \cdot \text{K}^{-1}),$$

(9-7)式中 $\dfrac{N}{V}$ 仍为单位体积内的分子数,故(9-7)式变为

$$p = nkT, \tag{9-8}$$

(9-8)式是理想气体状态方程的另一种形式,它表明气体的压强 p 与气体的温度和气体分子数密度 n 成正比.

把理想气体的压强公式(9-6)式与(9-8)式比较可得

$$\overline{\varepsilon_k} = \frac{1}{2}m\overline{v}^2 = \frac{3}{2}kT. \tag{9-9}$$

这表明,处于平衡态时的理想气体分子的平均平动动能(微观量)与气体的绝对温度(宏观量)成正比. 由于分子的平均平动动能越大,分子热运动就越剧烈. 因此,温度是大量分子热运动剧烈程度的量度,对理想气体,其绝对温度是气体分子平均平动动能的量度.

上式反映了温度具有统计意义. 因此对于个别分子来说温度毫无意义.

例题 9.2　一容器贮有氧气,其压强 $p = 1\,\text{atm}$, 温度为 $t = 27\,^\circ\text{C}$, 求:(1) 单位体积内的分子数;(2) 氧气的质量密度;(3) 氧分子的质量;(4) 分子的平均平动动能.

解　(1) 由 $p = nkT$ 得单位体积内的分子数为

$$n = \frac{p}{kT} = \frac{1.013 \times 10^5}{1.38 \times 10^{-23} \times (273 + 27)} = 2.45 \times 10^{25}(\text{个} / \text{m}^3).$$

(2) 根据质量密度定义 $\rho = \dfrac{M}{V}$ 和理想气体状态方程 $pV = \dfrac{M}{\mu}RT$ 得氧气密度为

$$\rho = \frac{p\mu}{RT} = \frac{1.013 \times 10^5 \times 32 \times 10^{-3}}{8.31 \times (273 + 27)} = 1.30(\text{kg} \cdot \text{m}^{-3}).$$

(3) 氧分子的质量为

$$m = \frac{\mu}{N_0} = \frac{32}{6.022 \times 10^{23}} = 5.31 \times 10^{-23}(\text{g}).$$

(4) 分子的平均平动动能为

$$\overline{\varepsilon_k} = \frac{3}{2}kT = \frac{3}{2} \times 1.38 \times 10^{-23} \times (273 + 27) = 6.21 \times 10^{-21}(\text{J}).$$

2. 重力场中的粒子分布

前面讨论的是不受外力场作用时理想气体分子的分布情况. 由于气体分子的无规则运动,使得容器内的气体在平衡态时,均匀地分布于整个容器中,即每单位体积内具有相同的分子数. 但当有外力作用时,情况就不同了. 例如,有重力作用时,气体分子无规则热运动将使分子均匀分布在它们所能达到的空间,而重力则会使气体分子聚集到地面上. 这两种作用达到平衡时,气体分子在空间作非均匀分布,分子数按高度而减少.

下面,首先导出大气压随高度变化的公式,进而导出大气密度随高度变化的规律.

如图 9-3 所示,在重力场中取一铅直的空气柱. 设地球表面 $y=0$ 处,气体的压强为

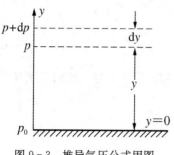

图 9-3　推导气压公式用图

p_0,在距地面高为 y 处,压强为 p.当高度变化 dy 时,压强变化 dp.在给定高度处气体的压强应等于该处单位面积上空气柱的重力,因此 dp 等于在高度 y 和 $y+dy$ 之间作用在单位面积上的空气柱重力,即等于高为 dy,底面积为 1 的气柱重力,则有

$$dp = -\rho g \, dy,$$

式中负号表示压强随高度的增加而减小,ρ 为空气的密度(在 dy 内 ρ 为常数),g 为重力加速度.气体的密度等于分子的质量 m 与单位体积的分子数 n 的乘积,即 $\rho = mn$.由压强公式知 $n = \dfrac{p}{kT}$,所以,$\rho = \dfrac{mp}{kT}$,将 ρ 代入 dp 的关系式可得

$$\frac{dp}{p} = -\frac{mg}{kT} dy.$$

假定温度不随高度而变化,对上式积分有

$$\ln p = -\frac{mg}{kT} y + \ln C,$$

C 为积分常数,由于 $y=0$ 处,$p = p_0$,可得积分常数 $C = p_0$,上式为

$$p = p_0 e^{-\frac{mg}{kT} y}. \tag{9-10}$$

已知玻尔兹曼常数 $k = \dfrac{R}{N_0}$,所以 $\dfrac{m}{k} = \dfrac{mN_0}{R} = \dfrac{\mu}{R}$,于是(9-10)式可写成

$$p = p_0 e^{-\frac{\mu g}{RT} y}. \tag{9-11}$$

(9-10),(9-11)式是重力场中气体压强随高度变化的公式,亦叫气压公式.利用 $p = nkT$,(9-10)式变为

$$n = n_0 e^{-\frac{\mu g}{RT}}, \tag{9-12}$$

式中 n_0 和 n 为高度相差 y 的两点处分子数密度.(9-12)式是重力场中气体分子数密度随高度变化的规律.表明气体分子数密度随高度的增加而按指数规律减少.分子质量 m 越大,重力作用越显著,分子数密度减小得越迅速,但当气体的温度升高时,分子数密度减小得比较缓慢,如图9-4所示.为什么会有这种情况呢?这是因为温度越高,气体分子无规则运动越剧烈,剧烈的热运动降低了分子数密度随高度的变化,从而使分子数密

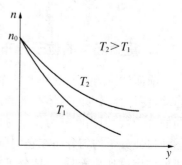

图 9-4　n 随 T 变化的曲线

度减小得比较缓慢.

在(9-12)式中,除 k 以外,其他几个量都可以由实验测定.因此,如测出在 $y=0$ 和 $y=y$ 处分子数密度为 n_0 和 n,那么由(9-12)式可算出玻尔兹曼常数 k,从而可算出阿伏伽德罗常数 N_0.

§9.4 能量均分定理

我们在研究大量气体分子无规则运动时,只考虑了每个分子的平动.事实上,分子的运动不仅有平动,还有转动及同一分子内原子间的振动,分子热运动的能量应为这些运动的能量的总和.为了说明分子无规则运动的能量所遵从的规律,并在这个基础上计算理想气体的内能,先引入自由度的概念.

1. 自由度

所谓某一物体的自由度,就是决定这一物体在空间的位置所需要的独立坐标的数目.

如果一个质点可以在空间自由运动,那么它的位置需要 3 个独立坐标来决定,例如:x,y,z,即有 3 个自由度.如果质点被限制在平面或曲面上运动,它的位置只需要 2 个独立坐标来决定.这个质点只有 2 个自由度.如果质点被限制在一直线或曲线上运动,用 1 个独立坐标就足以决定它的位置,即这个质点只有 1 个自由度.

一个自由刚体在空间的位置由 6 个自由度决定,如图 9-5 所示.

(1) 刚体上某定点(质心)C 的位置,需要三个独立坐标来决定.

(2) 用两个独立坐标 α,β 决定转轴的方位.

(3) 用一个独立坐标 θ 决定刚体相对于某一起始位置转过的角度.因此决定自由刚体在空间的位置共有 6 个自由度.但当刚体的转动受到某种限制时,刚体的自由度数就减少.

分子有复杂的内部结构.如果分子只由 1 个原子组成,叫作单原子分子,如氦(He)、氖(Ne)等分子.如

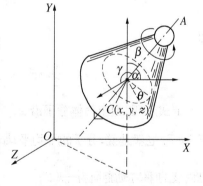

图 9-5 刚体的自由度

果分子是由 2 个原子组成的,则叫作双原子分子,如氢(H_2)、氧(O_2)等分子.如果双原子分子中的 2 个原子间距离固定不变,则这种分子叫作刚性双原子分子.如果分子是由 3 个以上原子组成的,叫作多原子分子,如二氧化碳(CO_2)、氨(NH_3)等分子.

对于单原子分子,由于原子很小,可以看作是一个自由运动的质点,所以它有 3 个平动自由度.对于刚性的双原子分子,可以形象地看作是由两个质点组成的哑铃式分子,其分子的任意运动可视为两质点连线上某一点 C 的平动和连线绕 C 点转动的合成.描述 C 点的平动,有 3 个自由度;确定连线的方位需 2 个独立坐标,有 2 个自由度.因此,刚性双原子分子共有 5 个自由度.对于刚性多原子分子,原子间的相互位置保持不变,整个分子

就可看作自由刚体,则有 3 个平动自由度,3 个转动自由度,共有 6 个自由度.

实际上,双原子或多原子气体分子一般不是完全刚性的,原子间的距离要发生变化,分子内部要发生振动.因此,除平动自由度和转动自由度外,还有振动自由度.例如,非刚性的双原子分子,2 个原子可沿着原子的连线方向做振动,还具有 1 个振动自由度,所以它共有 6 个自由度.在通常温度下,许多气体分子可以看成是刚性的,只有平动和转动自由度.

2. 能量均分定理

(1) 能量按自由度均分定理

前面在推导理想气体压强的微观表示式及分子平均平动动能时,采用了一个分子在三维空间中的运动,只有 x, y, z 的 3 个独立变量,所以它有 3 个自由度.而且已经推导出理想气体分子的平均平动动能为

$$\overline{\varepsilon_k} = \frac{1}{2} m \overline{v}^2 = \frac{3}{2} kT.$$

按统计假设,大量气体分子做无规则的热运动时,各个方向运动的机会是均等的,则

$$\overline{v}_x^2 = \overline{v}_y^2 = \overline{v}_z^2,$$

所以可以得到

$$3\left(\frac{1}{2} m \overline{v}_x^2\right) = \frac{3}{2} kT,$$

即

$$\frac{1}{2} m \overline{v}_x^2 = \frac{1}{2} m \overline{v}_y^2 = \frac{1}{2} m \overline{v}_z^2 = \frac{1}{2} kT. \tag{9-13}$$

上式表明,理想气体分子沿 x, y, z 的 3 个方向运动的平均平动动能完全相等,都等于 $\frac{1}{2} kT$.也就是说,分子的平均平动动能 $\frac{3}{2} kT$ 是均匀分配在每个自由度上,每一个平动自由度的平均动能均为 $\frac{1}{2} kT$.

上述结论虽是对分子的平动动能而言,但考虑到分子运动的无规则性,可以把每一个平动自由度均分 $\frac{1}{2} kT$ 的能量的结果推广到分子的转动和振动上去.于是得到能量按自由度的均分定理:在温度为 T 的平衡态下,气体分子任何一种运动形式的每一个自由度都具有相同的平均动能 $\frac{1}{2} kT$.根据这个定理,如果气体分子有 i 个自由度,则每一个分子的平均动能就是 $\frac{i}{2} kT$.如单原子气体分子 $i = 3$,则每个分子的平均动能就是 $\frac{3}{2} kT$;刚性双原子气体分子 $i = 5$,则每个分子的平均动能就是 $\frac{5}{2} kT$.

（2）平均能量

一般说来，一个由两个或多个原子组成的分子，除平动外，还有转动和振动. 以 t 表示其平动自由度，以 r 表示其转动自由度，以 s 表示其振动自由度，则在计算平均能量时，其总自由度为

$$i = t + r + 2s,$$

式中 $2s$ 项是因为与一个振动自由度相对应，除有 $\frac{1}{2}kT$ 的平均动能外，还有等值的平均势能，计算分子的平均能量时，每一振动自由度有 $\frac{1}{2}kT \times 2$ 的振动能. 为简便计，技术上可以把每一个振动看成有 2 个自由度，每一个自由度仍只有 $\frac{1}{2}kT$ 的平均能量. 那么一个分子的平均总能量为

$$\bar{\varepsilon} = \frac{1}{2}(t + r + 2s)kT = \frac{1}{2}ikT. \tag{9-14}$$

能量均分定理是关于分子热运动动能的统计规律，是对大量分子统计平均的结果. 对于个别分子来说，在任一瞬时它的各种形式的动能和总能量完全可能与根据能量均分定理所确定的平均值有很大差别，而且每一种形式的动能也不一定按自由度均分. 对大量分子整体而言，动能之所以会按自由度均分，是因为依靠分子的无规则碰撞来实现的. 在碰撞过程中，一个分子的能量可以传递给另一个分子，一种形式的能量可以转化为另一种形式的能量，而且能量还可以从一个自由度转移到另一个自由度. 若分配给某一自由度的能量多了，则在碰撞时，由此自由度转移到其他自由度的可能性就大. 因此，在达到平衡状态时，能量就按自由度均匀分布.

3. 理想气体的内能

除了分子的平动动能、转动动能和振动能（动、势能）以外，实验还证明：气体分子间还存在着一定的相互作用力，故分子间也具有一定的势能. 气体分子的动能与势能的总和叫气体的内能.

对于理想气体，由于分子间的相互作用力可忽略，故其势能忽略不计，内能只包括各种形式的动能.

若每一个分子的平均能量为 $\frac{i}{2}kT$，那么 1 mol 理想气体的内能为

$$E_0 = N_0\left(\frac{i}{2}kT\right) = \frac{i}{2}RT, \tag{9-15}$$

质量为 M kg，摩尔质量为 μ kg 的理想气体的内能就为

$$E = \frac{M}{\mu}\frac{i}{2}RT. \tag{9-15a}$$

由（9-15a）式可知，对一定量的给定理想气体的内能完全决定于分子的自由度 i 和

气体的热力学温度 T,而与气体的体积和压力无关.

应该注意,内能与力学中的机械能不同,静止在地球表面上物体的机械能可以等于零,但物体内部的分子仍然在运动着和相互作用着,因此内能永远不会等于零.

例题 9.3 试计算 $1\,\mathrm{mol}$ 氧分子在温度 $t = 27\,℃$ 时的平均平动动能,平均转动动能和内能.(不计分子内原子间的振动能量)

解 (1) $1\,\mathrm{mol}$ 氧分子的平均平动动能为

$$E_1 = N_0\,\frac{3}{2}kT = \frac{3}{2}RT = \frac{3}{2} \times 8.31 \times (273 + 27) = 3.74 \times 10^3\,(\mathrm{J}).$$

(2) $1\,\mathrm{mol}$ 氧分子的平均转动动能为

$$E_2 = N_0\,\frac{2}{2}kT = RT = 8.31 \times (273 + 27) = 2.49 \times 10^3\,(\mathrm{J}).$$

(3) $1\,\mathrm{mol}$ 氧分子的内能为

$$E = E_1 + E_2 = (3.74 + 2.49) \times 10^3 = 6.23 \times 10^3\,(\mathrm{J}).$$

§9.5 麦克斯韦分子速率分布律

在讨论气体分子的平均平动动能时,就可由平均平动动能得出气体分子的方均根速率 $\sqrt{\overline{v^2}}$. 说明方均根速率 $\sqrt{\overline{v^2}}$ 只是分子运动速率的一种统计平均值. 在平衡状态下,并非气体分子中所有分子都以一个速率运动,而是以各种不同的速率沿各个方向运动着. 而且由于碰撞,每一个分子的速度都在不断改变. 因此,若在某一特定时刻去观察某一特定分子,它的速度具有怎样的量值和方向完全是偶然的. 一般来说,任一分子的速率都可以具有从零到无限大之间的任意可能值. 然而在给定温度情况下,分子的方均根速率却又是确定的. 即从大量分子整体来看,在平衡状态下,它们的速率分布却遵从着一定的统计规律,这又是必然的. 在近代测量气体分子速率的实验获得成功之前,麦克斯韦(Maxwell)等人已从理论上确定了气体分子速率分布的统计规律.

1. 麦克斯韦速率分布规律

设在平衡状态下的一定量气体的分子总数为 N,其中速率在 $v \to v + \Delta v$ 区间内的分子数为 ΔN. 那么 $\dfrac{\Delta N}{N}$ 就表示速率在这一区间内的几率. 当 $\Delta v \to 0$ 时,则单位速率区间内的分子数 $\dfrac{\Delta N}{\Delta v}$ 与总分子数 N 之比,即 $\dfrac{\Delta N}{\Delta v N}$ 就变成 v 的一个连续函数. 我们把这一函数叫作速率分布函数,并用 $f(v)$ 表示. 于是有

$$f(v) = \lim_{\Delta v \to 0} \frac{\Delta N}{N\Delta v} = \frac{1}{N} \lim_{\Delta v \to 0} \frac{\Delta N}{\Delta v} = \frac{1}{N}\frac{\mathrm{d}N}{\mathrm{d}v},$$

$$\frac{\mathrm{d}N}{N} = f(v)\mathrm{d}v, \tag{9-16}$$

式中$\frac{\mathrm{d}N}{N}$为 N 个气体分子中,速率在 $v \rightarrow v+\mathrm{d}v$ 内的分子数 $\mathrm{d}N$ 与总分子数 N 的比值.这个比值称为分子在速率 v 附近处于速率间隔 $\mathrm{d}v$ 内的几率.可见速率分布函数的物理意义是:气体分子在速率 v 附近处于单位速率间隔的几率.它表明分布在速率 v 附近单位速率区间的分子数占总分子数的比率随速率 v 变化的规律.亦叫几率密度.

　　1860 年麦克斯韦首先从理论上导出在平衡态时,气体分子的速率分布函数的数学形式为

$$f(v) = 4\pi\left(\frac{m}{2\pi kT}\right)^{3/2}\mathrm{e}^{-\frac{mv^2}{2kT}}v^2, \tag{9-17}$$

式中 T 为气体的热力学温度,m 为每个分子的质量,k 为玻耳兹曼常量.把(9-17)式代入(9-16)式可得

$$\frac{\mathrm{d}N}{N} = 4\pi\left(\frac{m}{2\pi kT}\right)^{3/2}\mathrm{e}^{-\frac{mv^2}{2kT}}v^2\mathrm{d}v. \tag{9-18}$$

(9-18)式给出了一定量的理想气体处于平衡态时,分布在速率区间 $v \rightarrow v+\mathrm{d}v$ 的相对分子数为$\frac{\mathrm{d}N}{N}$,此分子速率分布规律叫作麦克斯韦速率分布定律.

　　为了形象地描绘气体分子按速率分布的情况,根据麦克斯韦速率分布定律画出了速率分布曲线如图9-6所示.由图可以看出:

　　(1) 曲线由坐标原点出发经过一极大值后,随速率的增大而渐近于横坐标轴.这说明:速率很大和很小的分子占的比率都很小,而具有中等速率的分子所占的比率都很大.与曲线中极大值对应的速率叫作最可几速率,通常用 v_p 表示.v_p 的物理意义是:在一定温度下,对相同的速率间隔来说,分布在 v_p 所在速率区间内的分子的几率最大.

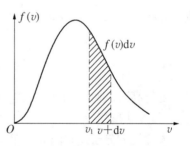

图 9-6　某一温度下分子速率分布曲线

　　(2) 速率分布曲线下的总面积,表示各个速率区间中分子数的几率的总和,亦即$\sum\frac{\mathrm{d}N}{N}$,这个几率的总和应等于1.应用速率分布函数运算,则为$\int_0^\infty f(v)\mathrm{d}v$,表示速率分布在由 0 $\rightarrow\infty$ 整个速率区间内的分子数占总分子数的比率,其结果显然为 1,即

$$\int_0^\infty f(v)\mathrm{d}v = 1,$$

上式叫作速率分布函数的归一化条件,它是速率分布函数 $f(v)$ 必须满足的条件.

　　(3) 气体的温度 T 和分子质量 m 是速率分布函数的两个参量,分布曲线的形状与这两个参量的数值有关.对于某种气体,分布曲线随温度而变,在同一温度下,分布曲线的形

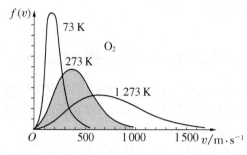

图 9-7 不同温度下的分子速率分布曲线

状随气体不同(分子质量 m 的不同)而不同. 如图 9-7 所示,给出了一定量的氧气在三种不同温度下的速率分布曲线. 当温度升高时,v_p 将向 v 增大的方向移动. 同时随着温度的升高,分子速率的平均值将增大,速率较小的分子数百分率减小,速率较大的分子数百分率增大,要满足分布曲线下的面积恒等于 1,因此速率分布曲线将向 v 增大方向移动,并变得宽而扁平些. 同理在同一温度下,由于

v_p 与 $\sqrt{m}$ 成反比,则分子质量较小的气体其速率分布曲线的高峰也将向 v 增大方向移动,并变得宽而扁平些.

最后必须指出,麦克斯韦速率分布定律是一个统计规律,它只对由大量分子组成的处于平衡态的气体成立,当气体处于非平衡态时,分子速率的分布不再满足麦克斯韦速率分布定律.

2. 下面从麦克斯韦速率分布定律求出平衡态下气体分子的三种统计速率

(1) 最可几速率

前面已经知道,速率分布曲线有一极大值. 与极大值对应的速率通常用 v_p 表示,叫作最可几速率. 最可几速率可由 $\dfrac{\mathrm{d}f(v)}{\mathrm{d}v}=0$ 求出. 把麦克斯韦速率分布函数代入可解得 $v_p=\sqrt{\dfrac{2kT}{m}}$,由于 $\mu=N_0 m,R=N_0 k$,故上式可写成

$$v_p=\sqrt{\frac{2kT}{m}}=\sqrt{\frac{2RT}{\mu}}\approx 1.41\sqrt{\frac{RT}{\mu}}, \tag{9-19}$$

即温度越高,v_p 越大;分子质量越大,v_p 越小.

(2) 平均速率

大量气体分子速率的算术平均值叫作平均速率,用 $\bar{v}$ 表示. 设在速率区间 $v_i \rightarrow v_i+\Delta v_i$ 内的分子数为 ΔN_i,则由算术平均值的定义有

$$\bar{v}=\frac{\sum\limits_{i=1}^{i} v_i \Delta N_i}{\sum\limits_{i=1}^{i} \Delta N_i}=\frac{\sum\limits_{i=1}^{i} v_i \Delta N_i}{N}.$$

考虑到分子速率是连续分布的,在速率区间 $v \rightarrow v+\mathrm{d}v$ 间隔的分子数为 $\mathrm{d}N$,故分子的平均速率为

$$\bar{v}=\frac{\int v \mathrm{d}N}{N}=\frac{\int_0^\infty vNf(v)\mathrm{d}v}{N}=\int_0^\infty vf(v)\mathrm{d}v.$$

把(9-17)式代入上式,积分后得

$$\bar{v} = \sqrt{\frac{8kT}{\pi m}} = \sqrt{\frac{8RT}{\pi \mu}} \approx 1.59 \sqrt{\frac{RT}{\mu}}. \qquad (9-20)$$

（3）方均根速率

气体分子速率的平方的平均值再开平方根叫作气体分子的方均根速率，通常由$\sqrt{\overline{v^2}}$表示. 按照上面求平均速率类似的方法，可求出分子速率平方的平均值为

$$\overline{v^2} = \frac{\int_0^\infty v^2 N f(v) \mathrm{d}v}{N} = \int_0^\infty v^2 f(v) \mathrm{d}v.$$

把（9-17）式代入上式，积分后得

$$\overline{v^2} = \frac{3kT}{m}.$$

分子的方均根速率为对上式开平方根，即

$$\sqrt{\overline{v^2}} = \sqrt{\frac{3kT}{m}} = \sqrt{\frac{3RT}{\pi}} \approx 1.73 \sqrt{\frac{RT}{\mu}}. \qquad (9-21)$$

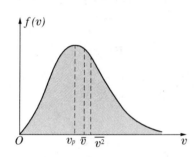

图 9-8　三个速率之间的关系

将以上结果作图如图 9-8 所示，方均根速率最大，平均速率次之，最可几速率最小. 当温度升高时，三者都随$\sqrt{T}$而增加. 这三种速率就不同的问题有着各自的应用. 在讨论速率分布时，就要用到分子的最可几速率；计算分子运动的平均距离时，就要用到平均速率；计算分子的平均平动动能时，就要用到方均根速率.

三种速率均含有统计平均的意义，都是反映大量分子热运动的统计规律. 当温度升高时，气体分子热运动加剧，其中速度较小的分子数减少，而速率较大的分子数则有所增加，分布曲线中的最高点将向速率大的方向移动.

3. 实验验证

直到 1920 年以后才陆续有人对麦克斯韦速率分布定律进行实验验证. 这里简单介绍蔡特曼（Zartman）和我国葛正权于 1930 年～1934 年测定分子速率的实验. 实验装置简图如图 9-9 所示. 金属银在小炉 O 中熔化并蒸发，银分子束通过炉上小孔逸出，再通过限制分子束方向的狭缝 S_1 和 S_2 射向空心圆筒 C，整个装置封闭在高真空容器中. 当圆筒静止时，银分子束经圆筒 C 的狭缝 S_3 直接沉积于弧形玻璃屏 $\overset{\frown}{BD}$ 的 B 端. 当圆筒 C 以转速 ω（约为 $100\,\mathrm{rev \cdot s^{-1}}$）绕中心轴旋转时，如圆筒的直径为 d，则速率为 v 的分子通过圆筒的时间 $t = \dfrac{d}{v}$，这时圆筒已转过一角度 $\theta =$

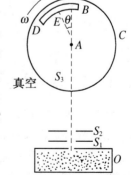

图 9-9　测定分子速率
分布的实验装置

$\dfrac{\omega d}{v}$，并沉积在弧形玻璃屏的 E 处，其弧长为

$$\widehat{BE} = \frac{d}{2}\theta = \frac{\omega d^2}{2v}.$$

速率大的分子将沉积在屏前端 B 附近，大部分分子将沉积在屏的中间区域，速率小的分子将沉积在屏的后端 D 附近，所以玻璃屏变黑的程度就是分子束的"速率谱"的一般量度，取下玻璃屏，用自动测微光度计可测量出沉积层的黑度，从而估算出分子速率分布情况，实验结果与麦克斯韦速率分布规律极为接近.

例题 9.4 已知氢气和氧气的摩尔质量分别为 $\mu_{H_2} = 2.00 \times 10^{-3} \text{ kg} \cdot \text{mol}^{-1}$，$\mu_{O_2} = 3.20 \times 10^{-2} \text{ kg} \cdot \text{mol}^{-1}$，试计算它们在 $t = 20℃$ 时的三种速率.

解 由 $T = 273 + 20 = 293(\text{K})$，$R = 8.31 \text{ J} \cdot \text{mol}^{-1} \cdot \text{K}^{-1}$ 得

$$(v_p)_{H_2} = \sqrt{\frac{2RT}{\mu_{H_2}}} = \sqrt{\frac{2 \times 8.31 \times 293}{2.00 \times 10^{-3}}} = 1.56 \times 10^3 (\text{m} \cdot \text{s}^{-1});$$

$$(\bar{v})_{H_2} = \sqrt{\frac{8RT}{\pi\mu_{H_2}}} = \sqrt{\frac{8 \times 8.31 \times 293}{3.14 \times 2.00 \times 10^{-3}}} = 1.76 \times 10^3 (\text{m} \cdot \text{s}^{-1});$$

$$(\sqrt{\bar{v^2}})_{H_2} = \sqrt{\frac{3RT}{\mu_{H_2}}} = \sqrt{\frac{3 \times 8.31 \times 293}{2.00 \times 10^{-3}}} = 1.91 \times 10^3 (\text{m} \cdot \text{s}^{-1});$$

$$(v_p)_{O_2} = \sqrt{\frac{2RT}{\mu_{O_2}}} = \sqrt{\frac{2 \times 8.31 \times 293}{3.20 \times 10^{-2}}} = 3.90 \times 10^2 (\text{m} \cdot \text{s}^{-1});$$

$$(\bar{v})_{O_2} = \sqrt{\frac{8RT}{\pi\mu_{O_2}}} = \sqrt{\frac{8 \times 8.31 \times 293}{3.14 \times 3.20 \times 10^{-2}}} = 4.40 \times 10^2 (\text{m} \cdot \text{s}^{-1});$$

$$(\sqrt{\bar{v^2}})_{O_2} = \sqrt{\frac{3RT}{\mu_{O_2}}} = \sqrt{\frac{3 \times 8.31 \times 293}{3.20 \times 10^{-2}}} = 4.78 \times 10^2 (\text{m} \cdot \text{s}^{-1}).$$

计算表明，在常温下三种速率的数量级约为 $10^2 \text{ m} \cdot \text{s}^{-1} \sim 10^3 \text{ m} \cdot \text{s}^{-1}$.

§9.6 分子平均碰撞次数与平均自由程

1. 分子间的弹性碰撞

如上所说，在常温下，气体分子是以每秒几百米的平均速率运动着. 这样看来，气体中的一切过程好像都应该在瞬时完成，但实际情况并非如此. 当我们打开一瓶汽油，离瓶几米远处，不是一下子就闻到，而是要经过一段时间才闻到气味，也就是说，汽油的实际传播速度与计算结果相差较大，这是为什么呢？

原来，在分子由一处移至另一处的过程中，它要不断地与其他分子碰撞（假定追踪一个分子，其余分子不动），这就使分子沿着迂回的折线前进. 气体的扩散、热传导过程

等进行的快慢都取决于分子相互碰撞的频繁程度.

气体分子在运动中经常与其他分子碰撞,在任意两次连续的碰撞之间一个分子所经过的自由路程的长短显然不同,经历的时间也不同.我们不可能也没有必要一个一个地求出这些距离和时间,但是我们可以求出在 1 s 内 1 个分子和其他分子碰撞的平均次数,以及每两次连续碰撞间 1 个分子自由运动的平均路程,我们把前者叫作平均碰撞次数或平均碰撞频率,以 $\overline{Z}$ 表示,后者叫作分子的平均自由程,以 $\overline{\lambda}$ 表示. $\overline{Z}$ 的大小反映了分子间碰撞的频繁程度,现在我们来计算分子的平均碰撞次数 $\overline{Z}$.

2. 碰撞次数

为了使计算简单起见,我们假定每个分子都是直径为 d 的圆球,并且假定只有某一个分子以平均速率 $\overline{v}$ 运动,而其他分子则静止不动,这一分子与其他分子做弹性碰撞.

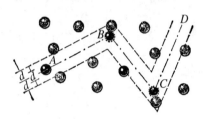

设在空间分布了一些分子,这些分子的分布是无规则的.现以分子球 1 s 内球心所经过轨道为轴、d 为半径作一圆柱体如图 9 - 10 所示.圆柱体的半径为 d,长为 $\overline{v}$,所以体积是 $\pi d^2 \overline{v}$,也就是说:凡是球心在这个圆柱体内的其他分子,均将在 1 s 内和运动分子碰撞.设分子数密度为 n,则圆柱体内的分子数为 $\pi d^2 \overline{v} n$,显然这就是运动分子在 1 s 内和其他分子碰撞的平均碰撞次数 $\overline{Z}$.所以

图 9 - 10 $\overline{\lambda}$ 和 $\overline{\tau}$ 的计算

$$\overline{Z} = \pi d^2 \overline{v} n,$$

式中 $\pi d^2 = \sigma$ 叫作分子的碰撞截面.

上面是假设一个分子运动而其余的分子都静止不动而得来的结果.实际上,一切分子都在运动着,所以平均碰撞次数式必须加以修正.麦克斯韦从理论上求出,如果考虑到所有的分子都在运动而且按分子速率分布定律分布,那么分子平均碰撞次数的数值应该是

$$\overline{Z} = \sqrt{2} \pi d^2 \overline{v} n. \tag{9-22}$$

3. 平均自由程

由于 1 s 内每个分子平均走过的路程为 $\overline{v}$,而 1 s 内每一个分子和其他分子碰撞的平均次数为 $\overline{Z}$,因此分子平均自由程应为

$$\overline{\lambda} = \frac{\overline{v}(\text{长度})}{\overline{Z}} = \frac{1}{\sqrt{2} \pi d^2 n}. \tag{9-23}$$

上式为平均自由程 $\overline{\lambda}$ 和分子直径 d 以及分子数密度 n 的关系.根据 $p = nkT$,我们可以求出 $\overline{\lambda}$ 和温度 T 及压强 p 的关系式为

$$\overline{\lambda} = \frac{kT}{\sqrt{2} \pi d^2 p}. \tag{9-24}$$

由此可见,当温度一定时,$\overline{\lambda}$ 与 p 成反比.压强越小,气体的密度也越小,则平均自由

程越长.

在地球的海平面上大气压强约为 1.013×10^5 Pa,空气分子的平均自由程 $\bar{\lambda} = 10^{-7}$ m;在地面上空 100 km 处大气压强约为 0.133 Pa,$\bar{\lambda} = 1$ m;在高空 300 km 处大气压强约为 1.33×10^{-5} Pa,$\bar{\lambda} = 10$ km,但在每立方米容积中还有 10^{15} 个分子.

例题 9.5 求氢在标准状态下,1 s 内,分子的平均碰撞次数.已知氢分子的有效直径为 2×10^{-10} m.

解 按气体分子平均速率公式 $\bar{v} = \sqrt{\dfrac{8RT}{\pi\mu}}$ 得

$$\bar{v} = \sqrt{\frac{8RT}{\pi\mu}} = \sqrt{\frac{8 \times 8.31 \times 273}{3.14 \times 2 \times 10^{-3}}} = 1.70 \times 10^3 (\text{m} \cdot \text{s}^{-1}).$$

根据 $p = nkT$ 得出每立方米中的分子数为

$$n = \frac{p}{kT} = \frac{1.013 \times 10^5}{1.38 \times 10^{-23} \times 273} = 2.69 \times 10^{25} (\text{个} \cdot \text{m}^{-3}),$$

因此

$$\bar{\lambda} = \frac{1}{\sqrt{2}\pi d^2 n} = \frac{1}{1.41 \times 3.14 \times (2 \times 10^{-10})^2 \times 2.69 \times 10^{25}}$$
$$= 2.14 \times 10^{-7} (\text{m}).$$

$\bar{\lambda}$ 的值约为分子直径的 $1\,000$ 倍.

平均碰撞次数为

$$\bar{Z} = \frac{\bar{v}}{\bar{\lambda}} = \frac{1.70 \times 10^4}{2.14 \times 10^{-7}} = 7.95 \times 10^9 (\text{次} \cdot \text{s}^{-1}),$$

即在标准状态下,在 1 s 内,1 个氢分子的平均碰撞次数约有 80 亿次.

§9.7 气体的迁移现象

处于非平衡态的气体有一个普遍的倾向,就是由于其本身内部的作用,总要向平衡态过渡.当气体各部分流速不同时,各部分气体之间的相互作用有使各部分的流速趋于均匀的趋向,这就是粘滞现象或内摩擦现象;当气体各部分温度不同时,各部分气体的相互作用有使温度趋于均匀的倾向,这就是热传导现象;当混合气体中某一部分的密度分布不均匀时,这一成分的气体会逐渐散开使其密度趋于均匀,这就是扩散现象.粘滞现象、热传导现象和扩散现象统称为迁移现象.

1. 内摩擦现象

当气体各层的流速不同时,则通过任一平行于流速的截面,相邻两部分气体将互施平行于此截面的作用力,力的作用使流动慢的气层加速,使流动快的气层减速.设气体平行

于 xOy 平面沿 y 轴正方向流动,如图 9-11 所示,且流速 u 随 z 逐渐加大. 如在 $z = z_0$ 处,垂直于 z 轴作一截面将气体分成 A,B 两部分,则 A 部将施于 B 部一平行于 y 轴负方向的力,而 B 部将施于 A 部一大小相等,方向相反的力. 根据对实验结果的分析可以确定,如以 f 表示 A,B 两部分相互作用的粘滞力的大小,以 dS 表示所取的截面积,以 $\left(\dfrac{du}{dz}\right)_{z_0}$ 表示截面所在处的速度梯度,则

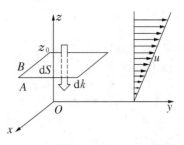

图 9-11　推导内摩擦力公式用图

$$f = \eta \left(\frac{du}{dz}\right)_{z_0} dS. \qquad (9-25)$$

(9-25)式叫牛顿粘滞定律. 式中的比例系数 η 叫气体的粘滞系数,它与气体的性质和状态有关,单位为牛·秒·米$^{-2}$(Pa·s)或(N·s·m^{-2})或(kg·m^{-1}·s^{-1}).

粘滞现象的基本规律还可以用另一种形式来表示. 从效果上看粘滞力的作用将使 B 部的流动动量减小,使 A 部的流动动量加大,如以 dk 表示在一段时间 dt 内通过截面积 dS 沿 z 轴方向输运的动量,即由 B 传递给 A 部的动量,则根据动量定理 $dk = fdt$,则

$$dk = -\eta \left(\frac{du}{dz}\right)_{z_0} dSdt. \qquad (9-26)$$

因为动量是沿着流速减小的方向输运的,若 $\dfrac{du}{dz} > 0$,则 $dk < 0$,而粘滞系数总是正的,所以应加一负号.

从分子动理论的观点来看,当气体流动时,每个分子除了具有热运动动量外,还附加有定向运动的动量. 如果用 m 表示分子的质量,u 表示气体的流速,则每个分子的定向运动动量为 mu. 按照前面的假设,气体的流速沿 z 轴的正方向增大,所以截面 dS 以下(A 部)分子的定向动量小,而截面以上(B 部分)分子的定向动量大. 由于热运动,A,B 两部分的分子不断地交换,A 部分子带着较小的动量转移到 B 部,B 部的分子带着较大的定向动量转移到 A 部,结果 A 部总的流动动量增大,而 B 部总的流动动量减小,其效果在宏观上就相当于 A,B 两部分互施粘滞力. 而内摩擦现象的微观本质是气体分子的定向运动动量沿着与速度梯度的相反方向迁移的结果.

从分子动理论的观点可以导出

$$\eta = \frac{1}{3} \rho \bar{v} \bar{\lambda}.$$

由此可见,气体的内摩擦系数 η 与气体的密度 ρ,分子的平均速率 $\bar{v}$ 和平均自由程 $\bar{\lambda}$ 有关,即取决于气体的性质和状态.

2. 热传导现象

当气体内各处的温度不均匀时,就会有热量从温度较高处传递到温度较低处,这种现象叫作热传导现象. 为简单起见,设温度沿 z 轴正方向逐渐升高,如图 9-12 所示. 如果在

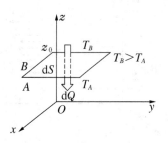

图 9-12 推导热传导公式用图

$z = z_0$ 处垂直于 z 轴取一截面 $\mathrm{d}S$,将气体分成 A,B 两部分,则热量将通过 $\mathrm{d}S$ 由 B 部传递到 A 部. 如以 $\mathrm{d}Q$ 表示在时间 $\mathrm{d}t$ 内通过 $\mathrm{d}S$ 面沿 z 轴正方向传递的热量,以 $\left(\dfrac{\mathrm{d}T}{\mathrm{d}z}\right)_{z_0}$ 表示 $\mathrm{d}S$ 所在处的温度梯度,则热传导的基本规律可写成

$$\mathrm{d}Q = -k\left(\frac{\mathrm{d}T}{\mathrm{d}z}\right)_{z_0}\mathrm{d}S\mathrm{d}t. \qquad (9-27)$$

(9-27)式叫作傅里叶(Fourier)定律. 式中的比例系数 k 叫作气体的导热系数,其单位为瓦·米$^{-1}$·开$^{-1}$(W·m^{-1}·K^{-1})或(kg·m·s^{-3}·K^{-1}),负号表明热量沿温度减小的方向输运.

从分子动理论的观点看,气体的温度与分子的平均热运动能量有关. A 部的温度低,分子的平均热运动能量小,B 部的温度高,分子的平均热运动能量大. 由于热运动,A,B 两部分将不断交换分子,B 部的分子平均能量大,A 部的分子平均能量小,因此在相同的时间内,进行的是不等量的热运动的能量交换,其结果使一部分热运动能量从 B 部输运到 A 部,使 A 部的分子热运动总能量增加,B 部的分子热运动总能量减少. 从宏观上看,分子热运动能量逐渐从高温气层向低温气层迁移,这就表现为热量从高温处逐渐向低温处传递. 从微观上看,是气体分子的热运动能量沿着温度梯度的相反方向迁移的结果.

从分子动理论的观点,可以导出

$$k = \frac{1}{3}\frac{C_V}{\mu}\rho\,\bar{v}\,\bar{\lambda}.$$

由此可见,气体的热传导系数 k 与气体的定容摩尔热容量 C_V,气体的摩尔质量 μ,气体的密度 ρ,气体的平均速率 $\bar{v}$ 和平均自由程 $\bar{\lambda}$ 有关,即决定于气体的性质和状态.

3. 扩散现象

在混合气体内部,当某种气体的密度不均匀时,则这种气体分子将从密度大的地方迁移到密度小的地方,这种现象叫作扩散现象. 例如,从液面蒸发出来的水气分子不断地散播开来,就是依靠扩散,扩散过程比较复杂. 单就一种气体来说,在温度均匀的情况下,密度的不均匀将导致压强的不均匀,从而将产生宏观气流,这样在气体内发生的主要过程不是扩散过程. 就两种分子组成的混合气体来说,也只有保持温度和总压强处处均匀的情况下,才可能发生单纯的扩散过程. 我们只研究单纯的扩散过程,而且只研究一种最简单的情形:两种气体的化学成分相同,但其中一种分子具有放射性(例如,两种气体都是 CO_2,但两种气体分子中的碳原子却是不同的同位素,一种是 ^{12}C,一种是 ^{14}C),它们的温度和压强都相同,放置在同一容器中,中间用板隔开如图 9-13 所示. 若将隔板抽去,扩散就开始进行,在设想的情况下,总的密度各处一样,各部分的压强是均匀的,所以不产生宏观气流,又因温度均匀、分子量相近,所以两种分子的平均速率接近相等,这样,每种气体将因其本身密度的不均匀而进行单纯扩散. 下面,我们

来讨论其中任一气体的扩散规律.（如^{14}C）

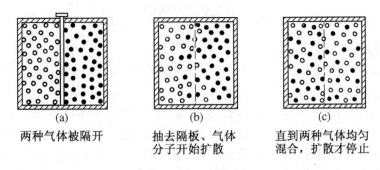

(a)	(b)	(c)
两种气体被隔开	抽去隔板、气体 分子开始扩散	直到两种气体均匀 混合，扩散才停止

图 9 - 13　扩散过程

　　扩散的基本规律在形式上与粘滞现象和热传导现象相似. 设气体的密度沿 z 轴正方向逐渐加大，如图 9 - 14 所示. 如在 $z = z_0$ 处垂直于 z 轴取一截面 dS，将气体分成 A，B 两部分，则气体将从 B 部扩散到 A 部，而在时间 dt
内沿 z 轴正方向穿过 dS 的气体的质量为

$$dM = -D\left(\frac{d\varrho}{dz}\right)_{z_0} dSdt. \qquad (9-28)$$

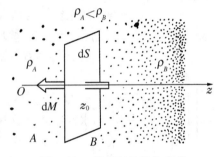

(9 - 28)式叫作斐克（Fick）定律. 式中 $\left(\frac{d\varrho}{dz}\right)_{z_0}$ 表示
在 $z = z_0$ 处的密度梯度，比例系数 D 叫气体的扩散系数，单位为米^2·秒$^{-1}$（m^2·s^{-1}），负号的意义同前. 需指出的是，这个定律对任意两种不同气体的相互扩散过程同样适用.

图 9 - 14　推导气体扩散公式

　　从分子动理论的观点看，A 部气体的密度小，表示该气体单位体积内的分子数小，亦表示该气体单位体积的质量小. B 部气体的密度大，即单位体积内的分子数多，亦即单位体积的质量大. 因此，在相同的时间内，由 A 部迁移到 B 部的分子少，而由 B 部迁移到 A 部的分子多，即这里进行的是不等量的分子数交换，亦即进行着不等量的质量交换. 从宏观上看，该种气体的质量从密度大的气层向密度小的气层迁移. 从微观上看，是气体分子数沿着与密度梯度的相反方向迁移的结果.

　　从分子动理论的观点，可以导出

$$D = \frac{1}{3}\bar{\lambda}\bar{v}.$$

由此可见，气体的扩散系数 D 与气体的平均速率 $\bar{v}$ 和平均自由程 $\bar{\lambda}$ 有关，亦即决定于气体的性质和状态.

§9.8　真空的获得

严格地说,真空只是压强比 1 个大气压小的任何气体空间. 一般工程技术常用的所谓真空,气压约为 10^{-4} mmHg~10^{-7} mmHg.

真空技术已有很长历史,它的应用也很广泛,尤其在现代许多生产技术中起着重要的作用. 首先在电真空器件制造工业,此外在金属的冶炼或提炼(如半导体材料锗和活泼金属铍、锆、钛等),仪器制造工业和医药工业等方面,都对真空技术有一定的要求.

获得真空要用抽气机,又叫真空泵. 最常用的高真空抽气机是水银或油扩散式抽气机.

1. 扩散式抽气机

图 9-15 是最简单的水银扩散抽气机的示意图. 容器 A 中贮有水银,用电炉加热可使水银蒸发,水银蒸气沿 B 管上升,至喷口 L 处高速向下喷出进入粗管 C(蒸发炉 A 和导管 B 外包有石棉,以便蒸发炉加热均匀,并防止水银蒸气过早凝结). 在管外有冷水循环,水银蒸气被冷却而凝结于 C 管的内壁,经 D 管而回到蒸发炉 A. 图中 D 称为缓冲器,管内经常积存一段水银以防止 A 中的水银蒸气直接被前级泵抽走.

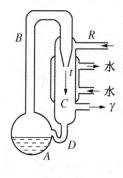

图 9-15
水银抽气机示意图

当水银蒸气从喷口上高速喷出时,其中气体的分压几乎为零,而在 C 管上端气体的分压则由预备室真空来决定. 这样就出现了气体的分压梯度,因此来自待抽容器 R 的气体就会扩散到水银蒸气中去,被水银蒸气带到 C 管下方,被前级泵 γ 抽出. C 管的下方和喷口 L 之间也存在着一个可以引起反向扩散的分压梯度. 这对扩散抽气机的作用是不利的,因此在扩散抽气机工作之前,必须先有预备真空(即需要一定的真空度),尽量减低这种反向扩散的作用.

为了得到较高的真空度,可以设计几个喷口串联(称为多级)和几个喷口并联(称为多喷口)的扩散泵.

水银扩散泵的缺点之一是水银蒸气会从扩散泵进入被抽容器中. 在室温(25℃)下,水银的饱和蒸气压为 1.8×10^{-3} torr. 因此,单用水银扩散泵不能得到比 1.8×10^{-3} torr 更低的压强. 为了克服这一缺点,在扩散泵与待抽容器之间联结一用液态空气或液态氮气冷却的冷凝陷阱,水银在这种温度下的饱和蒸气压远低于扩散泵一般的极限真空度.

由于水银蒸气有剧毒,发生漏气或爆裂时,将造成危险事故. 为了避免这些缺点,现在常用不易挥发的有机性油类(高沸点的衍生石油、如阿匹仁油)代替水银. 这种油脂不易挥发,可不用冷凝陷阱及液态空气冷却,称为油扩散泵. 改良后的油扩散泵可产生 10^{-9} torr 的低压.

2. 其他超高真空抽气机

要获得更高的真空,还应采用其他措施,其中一种是利用吸气剂,它是一些化学活性较强的金属,如钛、锆、钡、钼或它们的合金,在真空中加热这些金属,所生蒸气凝结在容器内表面上形成膜层.各种化学活性的气体分子落在膜上就被类似于化学键的作用力牢固地吸附着,不再释放出.如果在容器内安装电极,产生电场,可使惰性气体分子电离,这些离子也能沉积到吸气膜层中去,并被埋没在膜层内部.因为多半用钛,所以这种设备称为钛泵,它可以产生低于 10^{-10} torr 的极限压强.

另一种设备是低温吸附泵,它利用一种新的现象:当固体表面温度很低时,和表面相碰的气体分子,会受到固体分子的吸引力作用,吸附在固体表面上.这种现象称为低温吸附,可用多孔材料作为吸附元件,因为它有很大的表面积,能吸附大量气体分子.使用时,先烘烤吸附元件,使其活化,然后冷却到液氮温度(77 K),通过大量地吸附气体,可使密闭真空系统的压力迅速下降.它可以从大气压开始工作,极限压强达 10^{-8} torr,也可以用不锈钢或玻璃作为吸气元件,在液氦温度(4 K)下工作,除 H_2,He 外,其他气体的压强可降到目前还无法测量的极高真空(估计达 10^{-20} torr 以下).

用来测量真空度的仪器称为真空计(或真空规).实际上也就是测量低压的压强计.真空计有许多种类型,它们的灵敏度和量程各不相同.工作中应按实际需要来选用不同类型的真空计.常用的真空计有麦克劳真空计(可测量数量级为 10^{-3} mmHg $\sim 10^{-6}$ mmHg 的真空度)、皮喇尼真空计(可测量 10^{-1} mmHg $\sim 10^{-4}$ mmHg 的真空度)、热阴极电离真空计(一般可测量 10^{-3} mmHg $\sim 10^{-7}$ mmHg 的真空度).另外用改进了的电离真空计能测量的真空度可达到 10^{-11} mmHg $\sim 10^{-12}$ mmHg 的超高真空.下面仅介绍麦克劳真空计.

麦克劳真空计的主要原理是隔离一部分待测压强的气体,加以压缩,直至压强放大到可以测量的程度,然后用玻意耳定律算出原始压强.图 9-16 是麦克劳真空计的基本结构.真空计的一端 D 与待测容器连接,另一端通过橡皮管与一可以上下移动的水银容器 R 相连. K_1 和 K_2 是直径相同、互相平行的两根毛细管, B 是一容器, m 是一标记,刻在 B 和 C 管相连的地方.测量时,先降低 R,使水银面低于 m 点,这时容器 B 中的气压与待测气压相同,设为 p_0,然后提高 R 使水银面上升,并使容器 B 与待测容器隔开.当水银面连续上升时, B 中的气体被压缩.由于待测容器的容积比 C 管和 K_2 管大得多,所以当水银面沿 C 和 K_2 上升时,待测容器的气压基本上不受影响.调节 R 的高度使 K_2 管中的水银面正好与 K_1 管的顶端相齐.这时 K_2,K_1 两管中水银面的高度差 h 可直接用标尺测定.若以 mmHg 为压强的单位,则被压缩气体的压强即为 $h+p \approx h$(因 $p \ll h$).设毛细管 K_1 的内截面积为 a,则压缩后气体的体积为 ah.设压缩前气体的体积,亦即 B 和 K_1 的总容积为 V(由于 K_1 的容积很小, V 可近似地取为

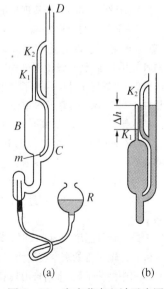

(a)　　　　　(b)

图 9-16　麦克劳真空计示意图

容器 B 的容积),则根据玻意耳定律有

$$pV = hah, \quad p = \frac{ah^2}{V},$$

式中 a 和 V 是仪器常数,因此测量出 h 就可确定 p 的数值. 麦克劳真空计可以有不同的量程,它所能测量的最高真空度决定于容器 B 的容积 V 和毛细管 K_1, K_2 的截面 a, 由上式可看出, V 越大, a 越小, 真空计可以测量的真空度就越高. 实际上, 用麦克劳真空计可测到 10^{-6} torr. 麦克劳真空计全部用玻璃制成, 易于破碎, 所以必须谨慎操作. 麦克劳真空计, 大多用于校正其他真空测量仪表.

习　题

9.1　理想气体状态方程 $pV = \frac{M}{\mu}RT$ 是根据哪些实验定律导出的? 这些实验定律的成立各有什么条件?

9.2　使下列参量增大一倍, 而其他参量保持不变, 问理想气体的压强将如何变化?

(1) 温度 T; (2) 体积 V; (3) 气体的摩尔数 $\frac{M}{\mu}$.

9.3　在推导理想气体的压强公式时, 何处用到了理想气体的微观模型假设? 何处用到了统计平均的概念?

9.4　有时候热水瓶的塞子会自动地跳出来如何解释这个现象?

9.5　保持压强和体积不变. 但质量和温度可以改变, 某种理想气体的内能是否改变?

9.6　如果氢(H_2)和氦(He)的温度相同, 摩尔数相同, 那么, 这两种气体的:

(1) 平均动能是否相等?

(2) 平均平动动能是否相等?

(3) 内能是否相等?

9.7　产生气体的内迁移现象的条件是什么? 原因是什么?

9.8　氧气瓶的容积为 32 L, 其中氧气的压强为 1.274×10^7 Pa, 氧气厂规定压强降到 9.8×10^5 Pa 时, 就应重新充气, 以免经常洗瓶. 某小型吹玻璃车间, 平均每天用 400 L 1 个工程大气压下的氧气, 问一瓶氧气能用多少天? (设使用过程中, 温度不变, 1 工程大气压 $= 9.8 \times 10^4$ Pa)

9.9　水银气压计中混进了一个空气泡, 因此它的读数比实际的气压要小一些. 当精确的气压计的水银柱为 0.768 m 时, 它的水银柱只有 0.748 m 高, 此时管中水银面到管顶的距离为 0.080 m. 试问此气压计的水银柱为 0.734 m 高时, 实际的气压应是多少? (空气看作理想气体, 并设温度不变)

9.10　2 g 氢气装在 20 L 的容器内, 当容器内压强为 300 mmHg 高时, 氢分子的平均平动动能为多大?

9.11　在温度为 27℃ 时, 1 mol 氧气具有的平动动能、转动动能各是多少?

9.12　目前真空设备可达到的真空度为 10^{-15} atm. 求在此压强下, 温度为 27℃ 时单位体积内的分子数.

9.13　计算温度为 300 K 时, 氧分子的最可几速率、方均根速率和平均速率.

9.14　电子管的真空度约为 1.0×10^{-5} mmHg 高, 设气体分子的有效直径为 3×10^{-10} m, 求 27℃ 时单位体积中的分子数、平均自由程和平均碰撞次数.

9.15　已知氧在标准状态下的粘滞系数为 19.2×10^{-5} Pa·s, 求 O_2 的平均自由程与分子的有效直

径.(其中 $n = 2.68 \times 10^{19} \text{ cm}^{-3}$)

9.16　容器中储有氧气,其压强为 $p = 1\,\text{atm}$,温度为 27℃,求:

(1) 单位体积中的分子数 n;

(2) 氧分子质量 m;

(3) 气体密度 ρ;

(4) 分子间的平均距离;

(5) 平均速率 $\bar{v}$;

(6) 方均根速率 $\sqrt{\overline{v^2}}$;

(7) 分子的平均动能 $\bar{\varepsilon}_k$.

9.17　储有氧气的容器以速度 $v = 100\,\text{m·s}^{-1}$ 运动.假设该容器突然停止,全部定向运动的动能都变为气体分子热运动的动能,问容器中氧气的温度将会上升多少?

9.18　(1) 气体分子速率与最可几速率之差不超过 1% 的分子占全部分子的百分之几?

(2) 设氧气的温度为 300 K,求速率在 3 000 m·s⁻¹ 到 3 010 m·s⁻¹ 之间的分子数 n_1 与速率在 1 500 m·s⁻¹ 到 1 510 m·s⁻¹ 之间的分子数 n_2 之比。

9.19　杜瓦瓶夹层内层的外径为 10 cm,外层的内径为 10.6 cm.瓶内盛着冰水混合物,瓶外室温为 25℃.

(1) 如果夹层中充有 1 atm 的氢气,近似地估算由于气体热传导引起的单位时间内通过单位高度杜瓦瓶流入的热量;

(2) 要使热传导流入的热量为(1)的答案的 $\dfrac{1}{10}$,夹层中气体的压强需降低到多少毫米汞柱?

9.20　如图所示,设一个容器被一隔板分成两部分,其气体的压强、分子数密度分别为 p_1,n_1 和 p_2,n_2,温度都是 T,分子量都是 m.如隔板上有一面积为 A 的小孔,证明:单位时间通过小孔的质量为

$$Q_m = \frac{A(p_2 - p_1)}{\sqrt{2\pi RT}},$$

其中 R 为单位质量的气体常量.

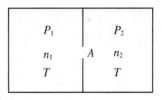

题 9.20 图

第10章　热力学基础

前1章,我们以分子动理论的观点和统计方法研究了气体的运动规律.本章将以能量转化的观点,用热力学方法来研究物体热运动的宏观规律.

§10.1　内能　功　热量

1. 内能

在热力学中,常把所要研究的宏观物体(气体、液体、固体等)叫作热力学系统,简称系统;把与热力学系统相互作用的环境称为外界.一个系统在不受外界影响的条件下,经过一段时间后终将达到一个宏观性质不随时间变化的状态,这种状态就是热力学平衡状态.如果系统的状态随时间变化,我们就说系统经历了一个热力学过程,简称过程.

在一定的状态下,热力学系统具有一定的能量,叫作系统的内能.例如,气体分子由于无规则热运动而具有动能,同时又因分子间的相互作用而具有势能.因此,对一般气体来说,气体的内能是所有分子的动能和分子间势能的总和.对于理想气体,分子间的势能可以忽略不计,它的内能是所有分子热运动动能的总和,由第6章讨论可知,对于一定量的理想气体,内能为 $E = \dfrac{M}{\mu}\dfrac{i}{2}RT$,仅是气体温度的单值函数.在一定状态下,对于任一热力学系统(真实气体),其内能具有惟一确定的值.因为气体分子的势能与气体分子数密度 n 有关,或者说与气体的体积 V 有关.所以,对一般气体来说,内能是温度和体积的函数,即 $E = E(V, T)$.只要状态参量 p, V, T 确定,内能也就惟一确定.因此,我们说系统的内能是它的状态的单值函数.

2. 功和热量

要使系统的内能发生变化,通常有两种方式,一种是外界向系统传递热量,另一种是外界对系统做功.例如,用活塞压缩气缸内的气体(系统),可以使气体的内能增大;而直接对气体加热,也可以使气体内能增大.

可见,对系统做功或对系统传递热量,都能使系统的内能增加.反之,当系统对外界做功或对外界传递热量时,系统的内能就会减小.所以,要改变某一系统的内能,可以通过做功和传递热量两种方式进行,因而功与热量的量值都可以作为内能变化的量度.

在国际单位制中,功和热量的单位均为焦耳(J).但在热学中人们曾用卡(cal)作为热量单位,并规定使 1g 纯水的温度升高 1K 时,所需要吸收的热量是 1cal. 实验测得,对 1g 纯水作 4.184 0 J 的功,可以使它的温度升高 1K,所以 1cal 的热量与 4.184 0J 的功相当,通常用热功当量 J 来表示这一关系,即

$$J = 4.184\,0\ \text{焦耳} / \text{卡}(\text{J} \cdot \text{cal}^{-1}).$$

应该指出,做功和传递热量虽然都是能量转化和传递的方式,但它们有本质的区别,做功是通过系统与外界物体发生宏观的相对位移来完成的,所起的作用是外界物体的有规则运动与系统内分子无规则运动之间的转换,从而改变系统的内能;传递热量是通过接触边界上分子之间的碰撞来完成的,所起的作用是系统外物体的分子无规则运动与系统内分子无规则运动之间的转换,从而改变系统的内能. 因此,做功是和物体宏观的有规律机械运动相联系的,是传递能量的宏观方式. 而传递热量则是和物体内微观的无规则热运动相联系的,是传递能量的微观方式. 这就是它们的本质区别.

还应注意,内能与功和热量虽有密切的关系,但它们是两类不同性质的物理量. 内能是系统状态的单值函数,决定于系统的状态,叫作状态量;做功和传递热量都是在过程中发生的,功和热量的数值不仅与系统的始末状态有关,而且还与系统所经历的具体过程有关. 所以,功和热量都是过程量.

§10.2　热力学第一定律

1. 热力学第一定律

前面讲过,经系统做功或传递热量都能使系统的状态发生变化. 在一般情况下,系统从一个平衡状态变到另一个平衡状态的过程中,做功和传递热量往往是同时进行的. 如果有一个系统初态时内能为 E_1,由于外界作用,系统经过某一过程后变到另一状态,其内能为 E_2,系统从外界吸收热量为 Q,它对外界所做的功为 A,它们之间满足

$$Q = (E_2 - E_1) + A. \tag{10-1}$$

此即热力学第一定律的数学表示式. 上式表明:系统从外界吸收的热量,一部分使系统的内能增加,另一部分用于系统对外界做功. (10-1)式中各量可正可负. 规定:系统从外界吸收热量时 Q 为正值,系统向外界放热时 Q 为负值,系统对外界做功时 A 为正值,外界对系统做功时 A 为负值;系统内能增加时,$(E_2 - E_1)$ 为正值,系统内能减小时,$(E_2 - E_1)$ 为负值.

应该注意:应用(10-1)式时,Q, A 和 $(E_2 - E_1)$ 三个量的单位要统一. 在国际单位制中,它们都以焦耳(J)为单位.

对于系统状态的微小变化过程,热力学第一定律可以写为

$$\mathrm{d}Q = \mathrm{d}E + \mathrm{d}A. \tag{10-2}$$

由于内能 E 是状态的单值函数,所以用 $\mathrm{d}E$ 代表内能函数的微小增量. 而功和热量都不是状态函数,且与过程有关,所以 $\mathrm{d}Q, \mathrm{d}A$ 都不是状态函数的微小增量,而只表示在无限

小过程中的无限小量. 从热力学第一定律可以看出,如果我们使系统进行一个过程,在这个过程中系统的内能保持不变,那么系统从外界所吸收的热量(或给外界放出的热量)必然转变为系统对外界所做的功(或外界对系统所做的功),即为能量守恒的表现.

在历史上,有人企图制造一种机器,它能使系统经历一系列的状态后回到初始状态($\Delta E=0$),不消耗任何动力和燃料,但能不断地对外做功,这种机器叫作第一类永动机. 显然,系统经历一个变化过程回到初始状态,则系统的内能不变,按照热力学第一定律,在系统内能不变的情况下,系统必须从外界吸收热量才能对外界做功. 因此,第一类永动机是违反热力学第一定律的. 所以,热力学第一定律又可表示为第一类永动机是不可能的.

2. 准静态过程

如果在系统变化过程中,每一个中间状态都无限地接近于平衡状态,这种过程叫作平衡过程,或准静态过程.

对于一定的气体来说,每一个平衡状态都可用一组状态参量 p,V,T 来描述. 由于 p,V,T 三者中只有两个是独立的,所以给出任意两个参量的量值,就对应于一个平衡状态. 如果以 V 为横坐标,p 为纵坐标,那么在 p-V 图上任一点就对应于一个平衡状态(如图 10-1 中的 A,B 两点),而任一条曲线就代表一个平衡过程(如图 10-1 中的曲线 AB),应该指出,虽然平衡过程是一个理想的过程,但只要实际过程进行得足够缓慢,使得系统在每一时刻都近似于平衡状态,就可把它看作平衡过程. 例如,把气缸中的气体作为研究对象,当气缸中活塞做一微小的移动时,气体的体积将发生微小的变化,靠近活塞内侧的气体压强、温度都随之发生微小变化,使系统的平衡状态被破坏. 但是,由于气体分子无规则运动,很快就可以达到新的平衡状态. 因此,只要活塞移动

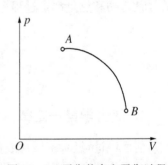

图 10-1 平衡状态和平衡过程

得比较缓慢,使气体在任何时刻都能及时地恢复到平衡状态,这样的过程实际上就可以近似认为是平衡过程.

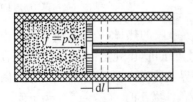

图 10-2 气体膨胀时所做的功

为了研究系统在状态变化过程中所做的功,我们以气体膨胀为例. 设有一气缸,其中气体的压强为 p,活塞的面积为 S,如图 10-2 所示,当活塞移动一微小距离 $\mathrm{d}l$ 时,在这一微小变化过程中,压强 p 处处相等,因此是个平衡过程. 在这一过程中,气体所做的功为

$$\mathrm{d}A = f\mathrm{d}l = pS\mathrm{d}l, \tag{10-3}$$

式中 $S\mathrm{d}l = \mathrm{d}V$ 是气体体积的微小增量,所以

$$\mathrm{d}A = p\mathrm{d}V. \tag{10-3a}$$

在气体膨胀时,$\mathrm{d}V$ 为正,$\mathrm{d}A$ 也是正的,表示系统对外做功;在气体被压缩时,$\mathrm{d}V$ 为负,$\mathrm{d}A$ 也为负,表示外界对系统做功. 因此在气体的微小变化过程中,热力学第一定律可

写成

$$dQ = dE + pdV.$$

系统从一定的初状态 I 变到一定的末状态 II 的整个平衡过程（如图 10-3 中实线所示），dA 可用画斜线的小面积表示. 而从状态 I 变到状态 II 气体所做的总功等于上述所有小面积的总和，即等于实线下的面积，由积分得

$$A = \int_{I \to II} dA = \int_{V_1}^{V_2} p dV. \qquad (10-4)$$

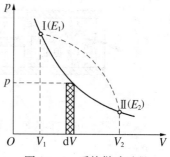

图 10-3　系统做功过程

系统从状态 I 变到状态 II 的过程有多种，过程不同，功 A 的值也不同. 例如若系统是沿着虚线所示的过程进行的，那么其总功就等于虚线下面的面积. 显然虚线下的面积大于实线下的面积. 由此可见：系统由一个状态变化到另一个状态时，所做的功不仅取决于系统的始、末状态，而且与系统所经历的过程有关. 在整个系统状态变化的准静态过程中，热力学第一定律可写成

$$Q = (E_2 - E_1) + \int_{V_1}^{V_2} p dV. \qquad (10-5)$$

应该指出，在系统状态变化过程中，功和热量之间的转换不是直接进行的，总是通过系统来完成的，即向系统传递热量，使系统的内能增加，再由系统的内能减小而对外做功.

§10.3　摩尔热容量

在一定的过程中，当 1 mol 的物质温度升高（或降低）1 K 时，所吸收（或放出）的热量，称为此物质在该过程中的摩尔热容量. 摩尔热容量用 C 表示. 它的精确定义是，在一定过程中，1 mol 物质温度升高 dT 时，吸收热量为 dQ，则此物体在该过程中的摩尔热容量为

$$C = \frac{dQ}{dT}. \qquad (10-6)$$

摩尔热容量的单位是焦耳/开($J \cdot K^{-1}$).

由于热量与过程有关，所以对于同一系统（或同种物质），其热容量是随过程的不同而异，常用的、最具有实际意义的是定容摩尔热容量 C_V 和定压摩尔热容量 C_p.

1. 等容过程的摩尔热容量 C_V

（1）等容过程：在系统状态变化中，系统的体积保持不变的过程叫作等容过程. 等容过程在 p-V 图上是一条平行于 p 轴的直线，此线叫等容线，如图 10-4 所示.

在等容过程中，由于体积不变，所以系统对外做功为零，则热力学第一定律变为

$$Q_V = E_2 - E_1. \qquad (10-7)$$

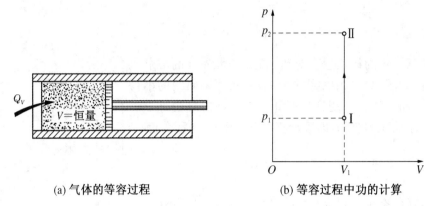

(a) 气体的等容过程　　　　　　　　(b) 等容过程中功的计算

图 10 - 4　等容过程

由上式可知,等容过程中,系统吸收的热量全部用来增加系统的内能.若系统放出热量,则放出的热量等于系统内能的减少量.

(2) 定容摩尔热容量:在气体的等容变化过程中,1 mol 气体温度升高 dT 时,所吸收的热量为 dQ_V,按摩尔热容量的定义,气体的定容摩尔热容量为

$$C_V = \frac{dQ_V}{dT}.$$

对于理想气体,若仅考虑一微小变化过程,则等容过程中因 $dV = 0$,故 $dA = pdV = 0$,而 1 mol 理想气体的内能增量为 $dE = \frac{i}{2}RdT$. 由热力学第一定律可知,$dQ_V = dE = \frac{i}{2}RdT$. 因此理想气体的定容摩尔热容量

$$C_V = \frac{dQ_V}{dT} = \frac{dE}{dT} = \frac{i}{2}R, \qquad (10-8)$$

i 为气体分子的自由度,R 为普适恒量,即理想气体的定容摩尔热容量只是分子自由度的函数,而与气体的温度无关.

根据热容量的定义,可以求出质量为 M kg,摩尔质量为 μ kg 的理想气体在等容过程中,当温度由 T_1 变到 T_2 时,系统吸收的热量. 由(10-8)式可得

$$dQ_V = \frac{M}{\mu}C_V dT,$$

两边积分后得

$$Q_V = \frac{M}{\mu}C_V(T_2 - T_1). \qquad (10-9)$$

2. 等压过程的摩尔热容量 C_p

(1) 等压过程:在系统状态变化中,系统的压强保持不变的过程叫作等压过程. 等压过程在 p-V 图上是平行于 V 轴的一条直线,此线叫等压线,如图 10-5 所示.

在等压过程中,系统的压强不变,若系统吸收热量,则系统体积将增大,系统对外所做

的功在数值上等于等压线下的矩形面积,即 $A_p = p(V_2 - V_1)$,则热力学第一定律变为

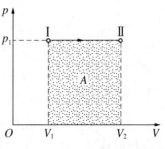

图 10-5　等压过程中功的计算

$$Q_p = (E_2 - E_1) + p(V_2 - V_1) \quad (10-10)$$

(2) 定压摩尔热容量 C_p

对于理想气体,若仅考虑一微小变化过程,则等压过程中,系统对外做功 $dA = pdV$,由 1 mol 理想气体的状态方程 $pV = RT$ 两边微分得 $pdV + Vdp = RdT$,因 $dp = 0$,所以 $pdV = RdT$,即 $dA = RdT$. 而 1 mol 理想气体的内能增量仍为 $dE = \dfrac{i}{2}RdT$,由热力学第一定律可知

$$dQ_p = dE + dA = \frac{i}{2}RdT + RdT.$$

由此可得理想气体的定压摩尔热容量为

$$C_p = \frac{dQ_p}{dT} = \frac{i}{2}R + R = \frac{i+2}{2}R, \quad (10-11)$$

或

$$C_p = C_V + R, \quad (10-12)$$

即理想气体的定压摩尔热容量亦只与分子自由度有关,与气体温度无关.

在实际应用中,常常用到 C_p 与 C_V 的比值,并将其比值用 γ 表示

$$\gamma = \frac{C_p}{C_V} = \frac{\dfrac{i+2}{2}R}{\dfrac{i}{2}R} = \frac{i+2}{i}. \quad (10-13)$$

由(10-13)式看出,理想气体的 C_p , C_V 和 γ 只与气体分子的自由度有关,而与气体的温度无关.

根据热容量的定义,亦可以求出质量为 M kg,摩尔质量为 μ kg 的理想气体在等压过程中温度由 T_1 变到 T_2 时,系统所吸收的热量. 由(10-11)式可得

$$dQ_p = \frac{M}{\mu}C_p dT,$$

两边积分后得

$$Q_p = \frac{M}{\mu}C_p(T_2 - T_1). \quad (10-14)$$

§10.4 等温过程 绝热过程

1. 等温过程

在系统状态变化时,系统的温度保持不变的过程叫作等温过程.能够实现等温过程的装置是恒温热源.

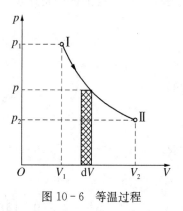

图 10-6 等温过程

对理想气体,当温度不变时,$pV = $ 常量,所以等温过程在 p-V 图上是一条双曲线,叫作等温线,如图 10-6 所示.

因为理想气体的内能仅是温度的单值函数,因此在等温过程中理想气体的内能保持不变,$\Delta E = 0$,根据热力学第一定律,则有

$$Q_T = A_T = \int_{V_1}^{V_2} p \, dV. \qquad (10-15)$$

上式表示在等温过程中,气体从外界吸收的热量 Q_T 全部用于对外做功,其数值等于图 10-6 中 p-V 图上阴影的面积.

等温过程中,理想气体对外所做的功也可以由如下计算得出.设理想气体由状态 Ⅰ (p_1, V_1, T) 变化到状态 Ⅱ (p_2, V_2, T),如图 10-6 所示,由理想气体状态方程可得

$$p = \frac{M}{\mu} RT \frac{1}{V}.$$

将 p 代入(10-15)式,则理想气体在等温过程中对外所做的功为

$$A_T = \int_{V_1}^{V_2} \frac{M}{\mu} RT \frac{dV}{V} = \frac{M}{\mu} RT \ln \frac{V_2}{V_1}.$$

若应用 $p_1 V_1 = p_2 V_2$ 的关系式,上式可改写为

$$Q_T = A_T = \frac{M}{\mu} RT \ln \frac{V_2}{V_1} = \frac{M}{\mu} RT \ln \frac{p_1}{p_2}. \qquad (10-16)$$

由上式可见,在气体等温膨胀过程中,因 $V_2 > V_1$,则 A_T 及 Q_T 均为正值,即气体所吸收的热量全部转变为对外界所做的功.在气体等温压缩时,因 $V_2 < V_1$,所以,A_T 及 Q_T 均为负值,外界对气体所做的功,全部转为气体传给外界的热量,即气体放出的热量.

2. 绝热过程

如果系统在整个状态变化过程中,始终不与外界交换热量,则此过程称为绝热过程.在绝热过程中,因 $Q = 0$,根据热力学第一定律,则有

$$A = -\Delta E = -(E_2 - E_1),$$

即系统内能的改变完全是由于外界对系统做功所致. 当理想气体由温度 T_1 变化到温度 T_2 时,绝热过程中系统对外做功为

$$A_Q = -\frac{M}{\mu} C_V (T_2 - T_1). \tag{10-17}$$

对理想气体的一个微小绝热过程,$dA = p dV = -dE.$ 设质量为 M kg,摩尔质量为 μ kg 的理想气体,当温度升高 dT 时,内能增量为

$$dE = \frac{M}{\mu} C_V dT,$$

亦即

$$dA = p dV = -\frac{M}{\mu} C_V dT. \tag{10-18}$$

在绝热过程中,因 p,V,T 三量都在变化,所以对理想气体状态方程 $pV = \frac{M}{\mu} RT$ 取微分,则

$$p dV + V dp = \frac{M}{\mu} R dT, \quad dT = \frac{p dV + V dp}{\frac{M}{\mu} R}.$$

将 dT 代入(10-18)式可得

$$p dV = -\frac{M}{\mu} C_V \left(\frac{p dV + V dp}{\frac{M}{\mu} R} \right),$$

整理后得

$$R p dV = -C_V (p dV + V dp).$$

由 $C_p = C_V + R$ 得,$R = C_p - C_V$,代入上式化简后得

$$C_p p dV + C_V V dp = 0.$$

因 $\gamma = \frac{C_p}{C_V}$,上式整理得

$$\gamma \frac{dV}{V} + \frac{dp}{p} = 0. \tag{10-19}$$

这就是理想气体的绝热过程所满足的微分方程. 对(10-19)式积分即得

$$\ln p + \gamma \ln V = 恒量,$$

或

$$pV^{\gamma} = 恒量. \tag{10-20}$$

(10-20)式是理想气体在绝热过程中,压强和体积变化的关系式,称为泊松(Poisson)方程.

利用理想气体状态方程 $\frac{pV}{T} =$ 恒量,可以求出绝热过程中 V 与 T 以及 p 与 T 之间的

关系如下：

$$TV^{\gamma-1} = 恒量, \qquad (10-20a)$$

$$p^{\gamma-1}T^{-\gamma} = 恒量. \qquad (10-20b)$$

(10-20),(10-20a),(10-20b)这三个关系式称为绝热方程(注意三式中的恒量各不相同).

3. 绝热线与等温线

由泊松方程知,绝热线在 p-V 图上也是一条曲线,而等温线在 p-V 图上是一条双曲线,这两条曲线有什么区别呢?

图 10-7 画出了两条曲线 α 和 i. 一条为绝热线,一条为等温线,A 是两线的交点. 由绝热方程 $pV^{\gamma} = $ 恒量可求出绝热线在 A 点的斜率为

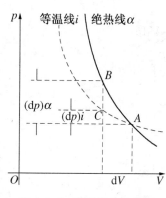

图 10-7 等温线和绝热线

$$\frac{\mathrm{d}p}{\mathrm{d}V} = -\gamma\frac{p_A}{V_A},$$

而由等温方程 $pV = $ 恒量,亦可示出等温线在 A 点的斜率为

$$\frac{\mathrm{d}p}{\mathrm{d}V} = -\frac{p_A}{V_A}.$$

因为 $\gamma > 1$,所以绝热线的斜率比等温线的斜率大,也就是说,α 是绝热线,i 是等温线,即绝热线比等温线要陡一些.

从分子动理论的观点来解释绝热线比等温线陡. 设想对同样的气体,从同样的初态出发,一次用绝热压缩,一次用等温压缩,使其体积都减小 ΔV. 在等温条件下,随着体积的减小,气体分子数密度将增大,但分子的平均平动动能不变,根据公式 $p = \frac{2}{3}n\bar{\varepsilon}$,气体的压强将增大 Δp_i. 在绝热过程中,随着体积的减小,不但分子数密度要增大,而且由于外界对气体做了功,也增大了分子的平均平动动能,所以气体的压强增大得更多,即 $\Delta p_\alpha > \Delta p_i$. 因此,绝热线要比等温线陡.

4. 多方过程

前面讨论的等容、等压、等温过程和绝热过程都是一些特殊情况. 实际上系统所进行的过程通常介于绝热和等温之间. 在热力学中,把既不是等温,也不是绝热的过程称为多方过程. 理想气体在多方过程中 p 和 V 满足

$$pV^n = 恒量, \qquad (10-21)$$

(10-21)式中 n 称为多方指数. 显然,当 $n=1$ 时,表示等温过程;当 $n=\gamma$ 时,表示绝热过程;当 n 的数值介于 1 与 γ 之间时,多方过程可近似地代表气体内进行的实际过程. 当然,

多方过程并不限于此范围. 当 $n = 0$ 时, 表示等压过程; 当 $n = \infty$ 时, 由 $p^{\frac{1}{n}}V =$ 恒量可知, 表示等容过程.

理想气体在多方过程中所做的功, 可由 $A = \int_{V_1}^{V_2} p\mathrm{d}V$ 求得. 若气体从状态 I (p_1, V_1) 经多方过程而变为状态 II (p_2, V_2), 这时 $pV^n =$ 恒量 $= p_1 V_1^n = p_2 V_2^n$. 在此过程中气体所做的功为

$$
\begin{aligned}
A &= \int_{V_1}^{V_2} p\mathrm{d}V = \int_{V_1}^{V_2} \frac{p_1 V_1^{\ n}}{V^n}\mathrm{d}V = p_1 V_1^{\ n}\int_{V_1}^{V_2} \frac{\mathrm{d}V}{V^n} \\
&= p_1 V_1^{\ n}\Big(\frac{1}{1-n}V_2^{\ 1-n} - \frac{1}{1-n}V_1^{\ 1-n}\Big) \\
&= \frac{p_1 V_1 - p_2 V_2}{n-1}.
\end{aligned}
\tag{10-22}
$$

对于 $1\,\mathrm{mol}$ 理想气体, 摩尔热容量定义为 $C = \dfrac{\mathrm{d}Q}{\mathrm{d}T}$, 故等容过程的摩尔热容量为 C_V; 等压过程的摩尔热量为 C_p, 且 $C_p > C_V$; 等温过程的摩尔热容量 $C_T = \infty$, 绝热过程的摩尔热容量 $C_a = 0$. 下面我们来计算在多方过程中理想气体的摩尔容量 C_n. 当系统温度变化 $\mathrm{d}T$ 时, 系统从外界吸收的热量为 $C_n\mathrm{d}T$. 根据热力学第一定律和理想气体的内能公式则有

$$
C_n\mathrm{d}T = C_V\mathrm{d}T + p\mathrm{d}V.
$$

将 $1\,\mathrm{mol}$ 理想气体状态方程 $pV = RT$ 微分后可得

$$
p\mathrm{d}V + V\mathrm{d}p = R\mathrm{d}T.
$$

对 (10-21) 式两边取对数再微分, 并考虑到 n 为常数, 可得

$$
\frac{\mathrm{d}p}{p} + n\frac{\mathrm{d}V}{V} = 0.
$$

由以上三式可消去 $\mathrm{d}p, \mathrm{d}V$ 和 $\mathrm{d}T$, 从而得到

$$
C_n = \frac{(n-1)C_V - R}{n-1} = C_V - \frac{R}{n-1},
\tag{10-23}
$$

或

$$
C_n = C_V - \frac{C_p - C_V}{n-1} = C_V\Big(\frac{\gamma - n}{1-n}\Big).
$$

下面将理想气体的热力学过程的有关公式列于表 10-1 中, 便于比较.

表 10 - 1　理想气体热力学过程有关公式对照表

过程	特征	过程方程	能量转换关系	内能增量 ΔE	对外做功 A	吸收热量 Q	摩尔热容
等容	$V =$ 恒量	$\dfrac{p}{T} =$ 恒量	$Q = \Delta E$	$\dfrac{M}{\mu}C_V(T_2 - T_1)$	0	$\dfrac{M}{\mu}C_V(T_2 - T_1)$	$C_V = \dfrac{i}{2}R$ $i = t + r + 2s$
等压	$p =$ 恒量	$\dfrac{V}{T} =$ 恒量	$Q = \Delta E + A$	$\dfrac{M}{\mu}C_V \cdot (T_2 - T_1)$	$p(V_2 - V_1)$ 或 $\dfrac{M}{\mu}R(T_1 - T_2)$	$\dfrac{M}{\mu}C_p(T_2 - T_1)$	$C_p = C_V + R$
等温	$T =$ 恒量	$pV =$ 恒量	$Q = A$	0	$RT\dfrac{M}{\mu}\ln\dfrac{V_2}{V_1}$ 或 $\dfrac{M}{\mu}RT\ln\dfrac{p_1}{p_2}$	$RT\dfrac{M}{\mu}\ln\dfrac{V_2}{V_1}$ 或 $\dfrac{M}{\mu}RT\ln\dfrac{p_1}{p_2}$	∞
绝热	$Q = 0$	$pV^\gamma =$ 恒量 $V^{\gamma-1}T =$ 恒量 $p^{\gamma-1}T^{-\gamma} =$ 恒量	$A = -\Delta E$	$\dfrac{M}{\mu}C_V \cdot (T_2 - T_1)$	$-\dfrac{M}{\mu}C_V(T_2 - T_1)$ 或 $\dfrac{p_1V_1 - p_2V_2}{\gamma - 1}$	0	0
多方		$pV^n =$ 恒量	$Q = \Delta E + A$	$\dfrac{M}{\mu}C_V \cdot (T_2 - T_1)$	$\dfrac{p_1V_1 - p_2V_2}{n - 1}$	$\dfrac{M}{\mu}C_n(T_2 - T_1)$	$C_n = C_V \cdot \left(\dfrac{\gamma - n}{1 - n}\right)$

例题 10.1 水在标准大气压下沸腾时，1.000 kg 的水（体积是 0.001 m³）变化为 1.671 m³ 的水蒸气，它的内能增加多少？在标准大气压下水的汽化热 $L = 2.153 \times 10^6$ J·kg⁻¹.

解 水在沸点时汽化需吸收热量为

$$Q = ML = 1.000 \times 2.153 \times 10^6 = 2.153 \times 10^6 \text{(J)}.$$

水沸腾时，由体积 $V_1 = 0.001$ m³ 膨胀为 $V_2 = 1.671$ m³，汽化过程中压强保持不变，系统在等压过程中对外所做的功为

$$A = \int_{V_1}^{V_2} p\mathrm{d}V = p(V_2 - V_1) = 1.013 \times 10^5 \times (1.671 - 0.001)$$
$$= 1.692 \times 10^5 \text{(J)}.$$

根据热力学第一定律，系统内能的增量为

$$\Delta E = Q - A = 2.153 \times 10^6 - 0.169 \times 10^6 = 1.984 \times 10^6 \text{(J)}.$$

ΔE 为正值，故系统内能增加了. 由于系统的变化是在沸点进行的，温度不变，水蒸气的平均平动动能不变，这时内能的增加不是因为分子的平均平动动能变化引起的，而是因为水蒸气分子之间的引力势能增加而引起的. 可见，热力学系统的内能是状态的单值函数，这与理想气体的内能仅是温度的单值函数有所不同.

例题 10.2 如图所示，1 mol 的氧气由 a 等温变化到 b，由 b 等压变化到 c，由 c 等容变化到 a.

（1）试计算每个分过程所做的功和吸收的热量；

（2）整个闭合过程中气体吸热、放热各是多少？对外界做的净功是多少？

解 （1）由 a 到 b 是等温过程，所以

$$p_a V_a = p_b V_b,$$

$$V_b = \frac{p_a V_a}{p_b} = \frac{2V_a}{1} = 2 \times 22.4 \times 10^{-3}$$
$$= 44.8 \times 10^{-3} \text{(m}^3\text{)}.$$

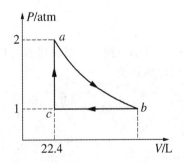

图 10-8 题 10.2 图

因为 1 mol 的气体在标准状态下，压强为 1 atm，体积为 22.4×10^{-3} m³，由题可知 $T_c = 273$ K. 因为 c 到 a 是等容过程，所以

$$\frac{T_a}{T_c} = \frac{p_a}{p_c},$$

$$T_a = \frac{p_a}{p_c} T_c = \frac{2}{1} \times 273 \text{ K} = 546 \text{ K}.$$

因此，a, b, c 三个状态的状态参量为

压强：$p_a = 2$ atm, $p_b = p_c = 1$ atm;

体积：$V_a = V_c = 22.4 \times 10^{-3}$ m³, $V_b = 44.8 \times 10^{-3}$ m³;

温度：$T_a = T_b = 546\,\mathrm{K}$，$T_c = 273\,\mathrm{K}$.

氧气由 a 到 b 在等温膨胀过程对外所做的功为

$$A_1 = \frac{M}{\mu}RT\ln\frac{V_b}{V_a} = p_b V_b \ln\frac{V_b}{V_a}$$

$$= 1 \times 1.013 \times 10^5 \times 44.8 \times 10^{-3} \times \ln\frac{44.8 \times 10^{-3}}{22.4 \times 10^{-3}}$$

$$= 3.15 \times 10^3\,(\mathrm{J}).$$

由于等温过程中氧气的内能不变,吸收的热量就等于系统对外界所做的功,即

$$Q_1 = A_1 = 3.15 \times 10^3\,\mathrm{J}.$$

氧气由 b 到 c 是等压压缩过程,气体所做的功为

$$A_2 = p_c(V_c - V_b)$$

$$= 1 \times 1.013 \times 10^5 \times (22.4 \times 10^{-3} - 44.8 \times 10^{-3})$$

$$= -2.27 \times 10^3\,(\mathrm{J}).$$

根据热力学第一定律的符号规定,A 为负表示外界对系统做功.

在等压过程中,系统所放的热量为

$$Q_2 = \frac{M}{\mu}C_p(T_c - T_b) = \frac{M}{\mu}\left(\frac{i+2}{2}\right)R(T_c - T_b)$$

$$= 1 \times \frac{5+2}{2} \times 8.31 \times (273 - 546)$$

$$= -7.94 \times 10^3\,(\mathrm{J}).$$

氧气由 c 到 a 是等容过程,由于气体的体积不变,所以气体做功为零. 在等容过程,气体吸收热量为

$$Q_3 = \frac{M}{\mu}C_V(T_a - T_c) = \frac{M}{\mu}\frac{i}{2}R(T_a - T_c)$$

$$= 1 \times \frac{5}{2} \times 8.31 \times (546 - 273)$$

$$= 5.67 \times 10^3\,(\mathrm{J}).$$

(2) 在整个闭合过程中,气体吸热为

$$Q_{吸} = Q_1 + Q_3 = (3.15 + 5.67) \times 10^3 = 8.82 \times 10^3\,(\mathrm{J}),$$

放热为

$$Q_{放} = Q_2 = -7.94 \times 10^3\,\mathrm{J}.$$

气体所做的净功为

$$A = A_1 + A_2 = 3.15 \times 10^3 - 2.27 \times 10^3 = 8.80 \times 10^2\,(\mathrm{J}).$$

可见,在整个闭合过程中,系统的内能变化为零,系统吸收的总热量($Q_{吸} - Q_{放}$)等于

对外所做的净功 A,符合能量守恒定律.

例题 10.3 设有 8×10^{-3} kg 氧气,体积为 0.41×10^{-3} m³,温度为 27℃. 如氧气做绝热膨胀,膨胀后的体积为 4.1×10^{-3} m³,问气体所做功是多少? 如氧气做等温膨胀,膨胀后的体积也是 4.1×10^{-3} m³,问这时气体做功又是多少?

解 根据绝热过程方程式 $T_1 V_1^{\gamma-1} = T_2 V_2^{\gamma-1}$ 可得

$$T_2 = \left(\frac{V_1}{V_2}\right)^{\gamma-1} T_1,$$

将 $T_1 = 273 + 27 = 300$ K,$\gamma = 1.4$,$\dfrac{V_1}{V_2} = \dfrac{1}{10}$ 代入上式得

$$T_2 = 300 \times \left(\frac{1}{10}\right)^{1.4-1} = 300 \times \left(\frac{1}{10}\right)^{0.4} = 119 \text{ K}.$$

又由热力学第一定律 $Q = (E_2 - E_1) + A$ 和绝热过程特征 $Q = 0$ 得

$$A_\alpha = -(E_2 - E_1) = -\frac{M}{\mu} C_V (T_2 - T_1)$$

$$= -\frac{8 \times 10^{-3}}{32 \times 10^{-3}} \times \frac{5}{2} \times 8.31 \times (119 - 300) = 941 \text{(J)}.$$

如果氧气做等温膨胀,则由(10 - 16)式有

$$A_T = \frac{M}{\mu} R T_1 \ln \frac{V_2}{V_1} = \frac{8 \times 10^{-3}}{32 \times 10^{-3}} \times 8.31 \times 300 \times \ln 10 = 1\,435 \text{(J)}.$$

§10.5 循 环 过 程

1. 循环过程

热力学理论最初是在研究热机工作过程的基础上发展起来的. 反过来,热力学理论也对热机的改进起着重要的指导作用. 热机是利用从燃料燃烧或其他方式得到的热来做功的机器,例如蒸汽机、内燃机、汽轮机等. 在热机中被用来吸收热量并对外做功的物质叫工作物质. 各种热机都重复地进行着某些过程而不断地吸热做功. 为了研究热机的工作过程,引入循环过程的概念,即物体系统的状态经历一系列的变化后又返回到初始状态的整个过程叫作循环过程,简称循环. 此后周而复始,可以重复同一循环若干次. 研究循环过程的规律在实践上和理论上都有很重要的意义.

循环所包括的每个过程叫作分过程,如果组成循环的每个分过程都是准静态过程,则此循环过程可在 p - V 图上用一闭合曲线表示,如图 10 - 9 所示. 由于工作物质(系统)的内能是状态的单值函数,系统经历了一个循环后回到初始状态,所以它的内能不发生变化,这是循环过程的重要特征.

按过程进行的方向不同,可以把循环分为两类. 如果在 p-V 图上按顺时针(即 $ABCDA$)方向进行的循环过程叫作正循环;在 p-V 图上按逆时针方向(即 $ADCBA$)进行的循环过程叫作逆循环. 利用工作物质连续不断地把热转换为功的装置叫作热机,热机也就是工作物质做正循环的机器. 工作物质做逆循环的机器叫作制冷机,它是利用外界做功获得低温的机器. 对于正循环,由图 10-9 可见,在膨胀过程(ABC)中,系统对外界做正功,其数值等于闭合曲线 $ABCNMA$ 所包围的面积;

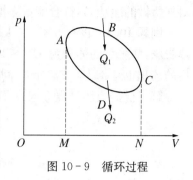

图 10-9 循环过程

在压缩过程(CDA)中,外界对系统做功,其数值等于闭合曲线 $CNMADC$ 所包围的面积. 因此,在一个正循环中,系统对外界所做的净功 A 为正,其数值等于 $ABCDA$ 所包围的面积(又叫循环面积). 因为在一个循环中,系统内能不变,由热力学第一定律知,在整个循环过程中,系统从外界吸收的热量的总和 Q_1 必然大于放出热量的总和 Q_2. 其差值 Q_1-Q_2 应与系统对外界所做的净功 A 的数值相等. 由此可见,系统在一个正循环中,将把从某些高温热源处吸收的热量,一部分用来对外界做功,另一部分则传给某些低温热源,最后系统返回初始状态.

2. 循环的效率

(1) 热机的效率 热机效率是热机性能的一个重要标志,即系统从外界吸收热量的总和 Q_1 中,有多大比例转换为有用的功. 它的定义为:系统在循环过程中,对外界所做的净功 A 与吸收热量的总和 Q_1 的比值,以 η 表示效率,则有

$$\eta = \frac{A}{Q_1} = \frac{Q_1-Q_2}{Q_1} = 1 - \frac{Q_2}{Q_1}. \qquad (10-24)$$

不同的热机其循环过程不同,因而有不同的效率.

(2) 制冷机的效率 逆循环过程反映了制冷机的工作原理. 它是依靠外界对系统做功,使系统从低温热源处吸取热量,向高温热源放出热量,使低温热源的温度降低以达到制冷的目的.

制冷机的效率,常用从低温热源吸取的热量 Q_2 和外界对系统所做的净功的比值来衡量,这个比值叫作制冷系数,用 ε 表示. 因此制冷机的制冷系数为

$$\varepsilon = \frac{Q_2}{A} = \frac{Q_2}{Q_1-Q_2}. \qquad (10-25)$$

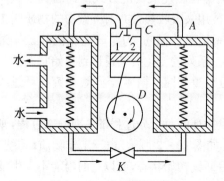

图 10-10 电冰箱原理图

一般生活用的电冰箱,就是采用的逆循环的制冷原理. 如图 10-10 所示,工作物质多采用氟利昂 12(ccL_2F_2),其沸点为 $-29.8\,^\circ\text{C}$,汽化热 $165\,\text{KJ}\cdot\text{kg}^{-1}$,常温下在 10 atm 下液化,它是电冰箱和空调机常用的工作物质. 氟利昂蒸气(1.5 atm,

$-10℃$)在压缩机 C 内被压缩至 9 atm 左右,温度升高至 $46℃$ 左右,从排气阀 1 进入冷凝器 B,将热量传给冷水或空气(高热源),凝结为低温高压液态(9 atm,$37℃$),然后经节流阀 K 减压变成低温低压液体进入冷冻室 A 内的蒸发器,在蒸发器中由于压缩机的吸气阀 2 的抽气作用,液态氟利昂在 1.5 atm,$-20℃$ 条件下迅速汽化,并从冷冻室吸收大量汽化热,使冷冻室温度降至 $-10℃$ 左右,氟利昂蒸气再进入压缩机进行下一次循环,外界不断做功,将冷冻室 A 的热量吸走而达到制冷的目的. 如果 B 接室外大气,A 放室内,在夏季使用可使室内获得"冷气";如果 B 放室内,A 接室外大气,在冬天使用可使室内变得暖和,此即为空调机的工作原理.

例题 10.4 如图 10-11 所示的循环过程中,设 $T_1 = 300 \, \text{K}$,$T_2 = 400 \, \text{K}$,在等压膨胀过程中吸收热量 $Q_1 = 2.35 \times 10^5 \, \text{J}$. 问在一次循环中热机对外做功多少? 设气体视为理想气体.

解 由 p-V 图可知,在等压膨胀过程吸热 Q_1 为

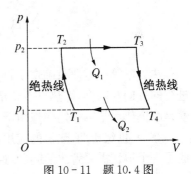

图 10-11 题 10.4 图

$$Q_1 = \frac{M}{\mu} C_p (T_3 - T_2).$$

在等压压缩过程中放出热量 Q_2 为

$$Q_2 = \frac{M}{\mu} C_p (T_4 - T_1).$$

两绝热过程无热量交换,则此循环效率为

$$\eta = 1 - \frac{Q_2}{Q_1} = 1 - \frac{\dfrac{M}{\mu} C_p (T_4 - T_1)}{\dfrac{M}{\mu} C_p (T_3 - T_2)} = 1 - \frac{T_4 - T_1}{T_3 - T_2}.$$

由绝热过程方程 $p_1^{\gamma-1} T_1^{-\gamma} = p_2^{\gamma-1} T_2^{-\gamma}$ 得

$$\frac{T_2}{T_1} = \left(\frac{p_1}{p_2}\right)^{\frac{1-\gamma}{\gamma}};$$

由绝热方程 $p_3^{\gamma-1} T_3^{-\gamma} = p_4^{\gamma-1} T_4^{-\gamma}$ 得

$$\frac{T_3}{T_4} = \left(\frac{p_4}{p_3}\right)^{\frac{1-\gamma}{\gamma}}.$$

由于 $p_2 = p_3$,$p_1 = p_4$,所以

$$\frac{T_3}{T_4} = \left(\frac{p_1}{p_2}\right)^{\frac{1-\gamma}{\gamma}},$$

因此

$$\frac{T_2}{T_1} = \frac{T_3}{T_4}, \quad \text{或} \frac{T_4}{T_1} = \frac{T_3}{T_2}.$$

$$\eta = 1 - \frac{T_4 - T_1}{T_3 - T_2} = 1 - \frac{\left(\dfrac{T_4}{T_1} - 1\right)T_1}{\left(\dfrac{T_3}{T_2} - 1\right)T_2} = 1 - \frac{T_1}{T_2}$$

$$= 1 - \frac{300}{400} = 0.25 = 25\%,$$

故一次循环中热机对外所做的功为

$$A = \eta Q_1 = 0.25 \times 2.35 \times 10^5 = 5.88 \times 10^4 (\text{J}).$$

由于各种损耗,热机的实际效率比理论计算值 25% 还要小,所以,一般热机的效率都是很低的.

§10.6　热力学第二定律

热力学第一定律只确定了自然变化过程中能量转化的数量关系,而并未涉及到过程进行的方向和限度,即热可否全部转变为功? 热量 Q 的传递方向如何? 热力学第二定律就是解决热力学第一定律遗留下来的问题.

在 19 世纪初期,热机的应用已很广泛,但是效率很低. 因此,如何提高热机的效率,就成了一个迫切需要解决的问题.通过对热机效率的研究,发现了热力学第二定律.

由热力学第一定律知道,效率高于 100% 的循环动作的热机是第一类永动机,它是不可能制成的. 但是,是否可以制成效率等于 100% 的循环动作的热机呢? 也就是说,是否可能制成一种循环动作的热机,从一个热源吸取热量,将全部变为功,而不必向低温热源放出热量.这种热机并不违背热力学第一定律,然而所有尝试都失败了.这就意味着,这里存在着一个新的客观规律,此即热力学第二定律.

1. 开尔文表述

开尔文(Kelvin)把热力学第二定律叙述为:不可能制成一种循环动作的热机,只从单一热源吸收热量,使之完全变为有用的功,而其他物体不发生任何变化.

应当指出,热力学第二定律的开尔文表述中:"单一热源"是指温度均匀、并且恒定不变的热源. 若热源不是单一热源,则工作物质就可以由热源中温度较高的一部分吸热,而向热源中温度较低的另一部分放热,这样实际上仍相当于两个热源. 而且热力学第二定律的开尔文表述指的是"循环动作"的热机,如果工作物质进行的不是循环过程,而是像等温膨胀这样的过程,那就可以把从单一热源吸收的热量全部用来做功. 显然,单一的等温膨胀过程是不可能构成循环动作的机器.

人们把能够从单一热源吸收热量,并使之完全变为有用的功而不产生其他变化的机器叫作第二类永动机. 这种永动机并不违背热力学第一定律,因为在它的工作过程中能量仍是守恒的. 如果能制成第二类永动机,使它从海水中吸热而做功,那么只要海水的温度下降 0.01 K,所做的功就可以使全世界的机器开动 1 000 多年. 但是,我们无法制成这种热机. 在发现热力学第二定律以后,人们认识到,第二类永动机是不可能实现的. 所以热力学第二定律的开尔文表述说明了热量与功转换的限度,即热机的效率不可能是 100%.

2. 克劳修斯表述

在制冷机中,工作物质做逆循环. 因制冷的目的是使热量从低温物体传到高温物体. 从制冷系数 ε 的定义式

$$\varepsilon = \frac{Q_2}{A}$$

可看出,当从低温物体吸取一定的热量时,若外界所做的功越少,则 ε 越大,即制冷的效果越好. 然而长期的实践经验表明,必须有外界做功,即 $A \neq 0$. 也就是说,一台制冷机的工作物质在经历了一个循环过程后恢复了原状,其惟一的效果就是把热量从低温物体传到高温物体而不引起其他变化是不可能的. 根据这一事实,德国物理学家克劳修斯(Clausius)于 1850 年提出:热量不可能自动地从低温物体传到高温物体. 这就是热力学第二定律的克劳修斯表述.

在克劳修斯叙述中,我们应当注意"自动"两字. 热量可以从低温物体传递给高温物体,但必然依靠外界做功,而不是"自动"地进行.

我们知道,通过摩擦做功可以全部变为热,而热力学第二定律却说明热量不能通过一循环过程全部变为功;热量可以从高温物体自动传给低温物体,而热力学第二定律却说明热量不可能自动地从低温物体传给高温物体. 热力学第一定律说明在任何过程中能量必须守恒;热力学第二定律却说明并非所有能量守恒的过程均能实现. 热力学第二定律是反映自然界过程进行的方向和条件的一个规律,它指出自然界中出现的过程是有方向性的,所以热力学第二定律是对热力学第一定律的补充和完善. 在热力学中,第二定律和第一定律相辅相成,缺一不可.

由此容易理解,在热力学中之所以要把做功和传递热量这两种能量传递方式加以区别,就是因为热量具有只能自动从高温物体传向低温物体的方向性.

3. 两种表述的等效性

热力学第二定律的这两种表述,表面上看来好像是互不相关的,其实两者是统一的,等效的. 为了说明这一点,我们采用反证法可证明:凡违背开尔文表述的,也一定违背克劳修斯表述;凡违背克劳修斯表述的,也一定违背开尔文表述.

先假设开尔文表述不成立,即能从单一热源吸取热量使之完全变成功,而不引起其他变化. 这样,我们可以用摩擦的办法,将此功全都变成热量来加热另外一个热源,此热源开始的温度是任意的,所以我们总可以使此热源的温度高于第一个热源,这样我们就将热量自动从低温热源传到高温热源而没有引起其他变化,这是违反克劳修斯表述的. 由此可见,违反开尔文表述的,也一定违背克劳修斯表述.

再假设克劳修斯表述不成立,即能从热源 T_1 吸取热量 Q,使之自动传给温度更高的热源 T_2 而不产生其他影响. 借助于工作在这两个热源之间的一台热机,我们将可利用这

个高温热源 T_2 所得到的 Q 来做功,此时高温热源得到热量 Q,又放出热量 Q,等于本身无变化.整个过程将使我们从单一低温热源获得功,并不引起其他影响,这与开尔文表述相违背.

所以,两种说法表面上虽不同,但实质是等效的.

克劳修斯表述指出热传导过程中的不可逆性,开尔文指出了热、功转化过程的不可逆性.由两种表述的一致性,可知这两种不可逆性存在着内在的联系.由其中一种过程的不可逆性可以推断出另一种过程的不可逆性.事实上自然界中存在着无数个不可逆过程.一切不可逆过程之间都存在着这种内在联系.下面讨论可逆与不可逆过程.

§10.7　可逆过程和不可逆过程

为了阐明自然界中的过程具有方向性这一规律,下面简单介绍可逆过程和不可逆过程.

1. 可逆过程与不可逆过程

设有一个系统,由某一状态 A 出发,经过某一过程达到另一状态 B,如果我们能使系统从末状态 B 恢复到初状态 A,而且当系统恢复到初状态 A 时周围一切也都各自恢复原状态,这一过程叫作可逆过程.如果用任何方法都不能使系统和外界完全恢复原状,则这种过程叫不可逆过程.可逆过程是一种理想化的过程,严格的可逆过程是不存在的.下面举例说明可逆与不可逆过程判别的条件.

如一小球自由下落与桌面相碰,若忽略空气阻力,且小球与桌面的碰撞是完全弹性的,则小球又可弹回到原来位置,而对周围没有任何影响.因此小球的自由下落与桌面相碰的过程是可逆过程,但是,实际上小球与空气的摩擦不能忽略,碰撞也不可能是完全弹性的,都要消耗能量,所以小球不能回到原来的高度,因此小球自由下落与桌面碰撞的实际过程是不可逆的.

若气缸与活塞间是完全光滑的,没有摩擦力作用,且活塞运动是无限缓慢的,使得气体状态的整个变化过程可以看成由一系列无限缓慢变化的平衡状态组成,只有这样,才能使过程反方向进行时经历一系列和原来一样的中间平衡状态.在经历了正、逆两个过程,外界环境也不会发生任何变化.因此,无限缓慢的无摩擦的过程是可逆过程.实际上,气体在膨胀和压缩两个正、逆过程中,过程不可能无限缓慢,气体在迅速膨胀时,气缸内的气体上疏下密;而迅速压缩时则上密下疏,正、逆两个过程不能按相反的状态依相反的次序进行,加之摩擦、散热等能量消耗,使气体和外界不可能经过正、逆过程后完全恢复原状,所以实际的过程是不可逆的.

由上可知,在热力学中,过程的可逆与否和系统所经历的中间状态是否是平衡态密切相关.只有过程进行的无限缓慢,同时又没有摩擦等引起的机械能的耗散,即由一系列无限接近于平衡态的中间状态组成的平衡过程,才是可逆过程.这在实际情况中很难得到.例如,高处的石块落地,再也不能自动地回到原来的位置;从香水瓶中扩散到空间的香水分子,不可能自动地全部回到香水瓶中;热水可以向冷水中扩散,最后变成温水,但温水不能自动的变回热水等等.所以说,一切自发过程和一切实际过程都是不可逆过程.可逆过程实际是不存在的,一切实际过程只能或多或少地接近可逆过程.

2. 各种不可逆过程是互相联系的

热力学第二定律的开尔文表述说明"功变热"是一个不可逆过程;克劳修斯说明"热传导"过程也是一个不可逆过程,又证明了这两种表述是等效的,说明这两种不可逆过程是互相联系着的.其实,与热现象有关的各种宏观过程都是不可逆的,它们也都互相联系在一起,只需承认其中之一的不可逆性,便可以论证其他过程的不可逆性.下面以理想气体向真空自由膨胀为例说明这一问题.

如图 10-12 所示,一容器中间有一隔板,把它分为 A,B 两部分.A 室中贮有理想气体,B 室内为真空.若抽去隔板后,则 A 室气体将向 B 室做自由膨胀,最后气体均匀分布于整个容器中.因为没有外界做功,也没有和外界交换热量,由热力学第一定律知,气体的内能不变,因而温度与原来相同.当然,我们可以用活塞将气体压入 A 室,使气体回到初始状态.不过,等温压缩过程所做的功必须转换为气体向外界传出的热量.因为功变热的过程是不可逆的,所以气体的自由膨胀过程也是不可逆的,它的不可逆性与功变为热的不可逆性有内在联系.

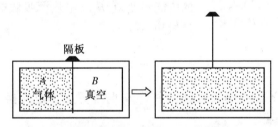

图 10-12　气体自由膨胀的不可逆性

由于自然界中各种不可逆过程有内在联系,即承认其中之一,便可论证其他,所以每一个不可逆过程都可以选为叙述热力学第二定律的基础,因而热力第二定律就可以有多种不同的叙述方式.但不管具体叙述方式如何,热力学第二定律的实质都是揭示一切实际宏观过程的不可逆性这一客观规律,从而指出实际宏观过程进行的条件和方向.

§10.8　卡诺循环　卡诺定理

在 19 世纪初,蒸汽机的效率是很低的,在生产需要的推动下,人们开始从理论上研究热机的效率.为了解决热机的最大可能效率问题,1824 年法国青年工程师卡诺(Carnot)研究了一种理想热机(称为卡诺热机)的效率,在这种理想热机中,工作物质只与两个恒温热源(温度恒定的高、低温热源)交换热量,而没有其他散热、漏气、摩擦等因素存在,并且过程都是平衡过程,这种循环称为卡诺循环,卡诺热机在一循环过程中能量转换情况如图

10 - 13 所示. 卡诺循环是以实践为基础的科学抽象,它的研究抓住了实际热机问题的关键,在热力学中占有十分重要的地位.

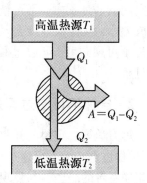

图 10 - 13　卡诺循环工作示意图

1. 卡诺循环

在卡诺循环中,工作物质为理想气体,而且全部过程都是平衡过程. 所以工作物质在与高温热源接触时,两者基本上无温差. 这样工作物质与高温热源接触的吸热过程可看作是温度为 T_1 的等温过程. 同样,工作物质与低温热源接触的散热过程也可看作是温度为 T_2 的等温过程. 因为只与两个热源交换热量,所以当工作物质和两热源分开时的过程必然是绝热过程. 这样,卡诺循环就是由两个等温过程和两个绝热过程组成的,循环过程如图 10 - 14 所示.

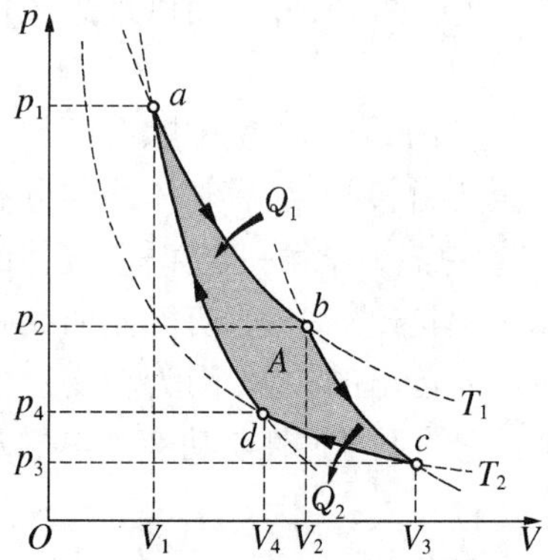

图 10 - 14　卡诺循环的 P - V 图

为了计算理想气体的卡诺循环的效率,下面分析各分过程中能量转化情况.

设理想气体以状态 a 为始点,沿闭合曲线 $abcda$ 做正循环. 在状态 a 到状态 b 的等温膨胀过程中,气体的内能不变,它从高温热源吸收热量 Q_1,全部用来对外做功 A_1,即

$$Q_1 = A_1 = \frac{M}{\mu} R T_1 \ln \frac{V_2}{V_1}.$$

在状态 b 到状态 c 的绝热膨胀过程中,气体与外界无热量交换,绝热膨胀对外做功 A_2 等于内能的减小,即

$$A_2 = -\Delta E = -\frac{M}{\mu} C_V (T_2 - T_1).$$

在状态 c 到状态 d 的等温压缩过程中,气体的内能无变化,这时,传递给低温热源的热量 Q_2 等于外界对气体所做的功 A_3,即

$$Q_2 = A_3 = \frac{M}{\mu} R T_2 \ln \frac{V_3}{V_4}.$$

最后,在状态 d 回到状态 a 的绝热压缩过程中,气体和外界不交换热量,外界对气体所做的功全部用于增加气体的内能,即

$$A_4 = -\Delta E = -\frac{M}{\mu} C_V (T_2 - T_1).$$

经过整个循环过程,气体内能没有变化,气体净吸收的热量 Q 等于气体对外所做的净功为

$$Q = Q_1 - Q_2 = A.$$

A 就是图 10-14 中 $abcda$ 所包围的面积. 将 Q_1 和 Q_2 的数值代入(10-24)式,即得卡诺循环的效率为

$$\eta = \frac{A}{Q_1} = \Big(\frac{Q_1 - Q_2}{Q_1}\Big) = \Big(T_1 \ln \frac{V_2}{V_1} - T_2 \ln \frac{V_3}{V_4}\Big) \Big/ \Big(T_1 \ln \frac{V_2}{V_1}\Big).$$

卡诺循环的 bc 和 da 过程为绝热过程,由绝热过程方程有

$$T_1 V_2^{\gamma-1} = T_2 V_3^{\gamma-1} \quad T_1 V_1^{\gamma-1} = T_2 V_4^{\gamma-1},$$

即

$$\frac{T_2}{T_1} = \Big(\frac{V_2}{V_3}\Big)^{\gamma-1} = \Big(\frac{V_1}{V_4}\Big)^{\gamma-1},$$

所以

$$\frac{V_2}{V_1} = \frac{V_3}{V_4}.$$

因此,卡诺循环的效率变为

$$\eta_{卡诺} = \frac{T_1 - T_2}{T_1} = 1 - \frac{T_2}{T_1}. \tag{10-26}$$

综上所述,可以得出如下结论:

(1) 要完成一次卡诺循环,必须有高温和低温两个热源.

(2) 卡诺循环的效率只由两个热源的温度决定. 高温热源的温度越高,低温热源的温度越低,则效率就越高,指出了提高热机效率的方向.

(3) 卡诺循环的效率总是小于 1.

现代热电厂的汽轮机中利用的水蒸气最高温度可达 853 K,冷凝温度约为 303 K. 如果用一个卡诺热机在这两温度之间进行工作,则效率为

$$\eta_{卡诺} = 1 - \frac{T_2}{T_1} = 1 - \frac{303}{853} = 64.5\%.$$

实际汽轮机的效率比这低得多,约 36% 左右.

卡诺机也可以进行逆循环. 例如某种理想气体,从状态 a 出发,与卡诺热机方向相反地沿闭合曲线 $adcba$ 所作的循环即为卡诺制冷机,如图 10-15 所示. 显然在此循环过程中,气体接受外界所做的功 A,从低温热源吸取热量 Q_2 向高温热源放出热量 $Q_1 = A + Q_2$. 系统所以能从低温热源处吸取热量 Q_2,使低温热源的温度降低,完全依靠外界对系统做功来完成的. 这样的逆循环不断进行,低温热源的温度将不断降低. 这就是制冷机的工作原理.

由制冷系数定义有

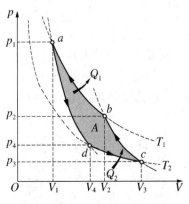

图 10-15　卡诺循环的 p-V 图

$$\varepsilon = \frac{Q_2}{A} = \frac{Q_2}{Q_1 - Q_2} = \frac{T_2}{T_1 - T_2}. \qquad (10-27)$$

由(10-27)式可见，T_2 越小(即低温热源温度越低)，制冷系数 ε 也越小. 这表明要从温度很低的热源吸取热量，必须消耗的外界功越大.

2. 卡诺定理

热力学第二定律否定了第二类永动机，即效率为 1 的热机是不可能实现的. 那么热机的最高效率可以达到多高呢? 如何实现这一热机呢? 为了回答这些问题，卡诺在 1824 年提出了热机理论中非常重要的卡诺定理. 其内容可表述为以下两点:

(1) 在相同的高温热源(温度为 T_1)和相同的低温热源(温度为 T_2)之间工作的一切可逆热机其效率都相等，都等于 $1 - \dfrac{T_2}{T_1}$，与工作物质无关.

(2) 在相同的高温热源和相同的低温热源之间工作的一切不可逆热机的效率，不可能高于(实际上是小于)可逆机的效率，即

$$\eta \leqslant 1 - \frac{T_2}{T_1}.$$

卡诺定理对于研究如何提高热机的效率具有重要的指导意义. 就过程而言，应当使实际的不可逆循环尽量地接近可逆循环; 对热源来说，就尽量地增大两个热源的温度差. 还应指出，在实际热机中，要降低低温热源的温度就需用制冷机，而开动制冷机则需要消耗功，因而用降低低温热源的温度来提高热机的效率是不经济的. 所以应从提高高温热源的温度着手来提高热机的效率.

卡诺定理的证明:

设有一卡诺热机与另一可逆热机(工作物质任意)同时在温度为 T_1 的高温热源和温度为 T_2 的低温热源之间工作，如图 10-16(a)所示，经过一个循环后，它们分别从高温热源吸收热量为 Q_1 和 Q_1'，向低温热源放出热量 Q_2 和 Q_2'; 分别对外做功 A 和 A'. 因此它们的效率分别为

$$\eta = \frac{A}{Q_1}, \quad \eta' = \frac{A'}{Q_1'}.$$

现在用反证法来证明 η 不可能大于 η'. 假设 $\eta > \eta'$，现让卡诺热机甲正向运行，而使另一可逆热机乙逆向运行. 由于乙是可逆热机，因此逆向运行一个循环后，外界对它做功为 A'，从低温热源吸取热量 Q_2'，向高温热源放出热量 Q_1'. 为了使证明方便，现在使两个热机结合成一部复合机. 并设法调节使 $A' = A$ 如图 10-16(b)所示. 在此情况下，按 $\eta > \eta' \left(即 \dfrac{A}{Q_1} > \dfrac{A}{Q_1'}\right)$ 的假设必然有 $Q_1 < Q_1'$，而根据热力学第一定律，在一个循环后又有

$$Q_1 - Q_2 = A, \quad Q_2' - Q_1' = -A'.$$

所以

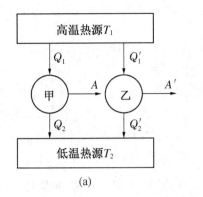
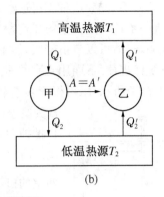

(a)   (b)

图 10 - 16 卡诺定理的证明

$$Q_1 - Q_2 = Q_1' - Q_2', \text{即 } Q_2 < Q_2'.$$

上式表明,复合机完成一次循环时,其结果是外界并没有对该复合机做功,而复合机却把热量 $Q_2' - Q_2$ 从低温热源传给了高温热源. 这违反了热力学第二定律的克劳修斯表述. 所以 η 不可能大于 η',即 $\eta \leqslant \eta'$.

同理,可让可逆热机乙正向运行,而使卡诺热机甲逆向运行,则又可证明,η' 不可能大于 η,即 $\eta' \leqslant \eta$. 卡诺定理第 1 部分得证.

在上述复合机中,如果用一不可逆机代替可逆机,让不可逆机乙正向运动(效率为 η'),而使卡诺机甲逆向运动(效率为 η). 按照上面的证法,可得 η' 不可能大于 η. 卡诺定理第二部分得证.

例题 10.5 有一卡诺热机,其低温热源的温度是 7℃,效率为 40%,如果要把它的效率提高到 50%,求高温热源的温度需提高多少?

解 当卡诺热机的低温热源温度 $T_2 = 273 + 7 = 280(\mathrm{K})$,效率 $\eta = 40\%$ 时,由 (10-26)式可得高温热源的温度为

$$T_1 = \frac{T_2}{1-\eta} = \frac{280}{1-0.4} = 467(\mathrm{K}).$$

保持 T_2 不变,效率提高到 50% 时,T_1 变为 T_1',则

$$T_1' = \frac{T_2}{1-\eta'} = \frac{280}{1-0.5} = 560(\mathrm{K}),$$

即把高温热源温度提高了

$$\Delta T = T_1' - T_1 = 560 - 467 = 93(\mathrm{K}).$$

§10.9 热力学第二定律的统计意义

热力学第二定律所指出的热量传递的方向和热功转换方向的不可逆性是与大量分子

的无规则运动分不开的.这种不可逆性是从实验中总结出来的,但也可以从统计的意义来解释,以便进一步认识热力学第二定律的本质.

事实证明,气体可以自由膨胀,但不能自动收缩,故气体的自由膨胀是一个不可逆过程而且具有统计规律.下面用几率的概念说明此问题.

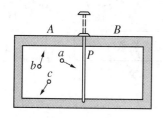

图 10-17 分布的几率

如图 10-17 所示,用隔板 P 将容器分成容积相等的 A,B 两部分,使 A 室充有气体,B 为真空.我们先以一个分子 a 为例讨论它的运动情况.隔板抽掉前,a 分子在 A 室,抽掉隔板后,它将在整个容器中运动.在任一时刻,它可能在 A 室,也可能在 B 室,它在 A,B 两室的机会是均等的,它退回 A 室的几率(可能性)是 $\frac{1}{2}$.如果我们考虑三个分子 a,b,c,它们原先都在 A 室,当隔板抽掉后,在任一时刻分子在容器 A,B 两边的分配有 8 种可能方式,情况如下表.

表 10-2 分布几率的统计

A 室	abc	ab	ac	bc	a	b	c	0
B 室	0	c	b	a	bc	ac	ab	abc

可看出,在 8(即 2^3)种可能性中,a,b,c 三个分子全部回到 A 室只有 1 种.故分子全部"自动收缩"的几率是 $\frac{1}{8} = \frac{1}{2^3}$.可以证明,如果有 N 个分子,那么 他们在 A,B 两室的分配方式有 2^N 种,其中只有一种是 N 个分子全部回到 A 室,故"自动收缩"的几率是 $\frac{1}{2^N}$.由此可见,分子数 N 越大,"自动收缩"的几率越小,假设容器中有 1 mol 的气体分子,分子数为 6×10^{23},则气体自由膨胀后,在任一时刻全部分子退回到 A 室的几率只有 $\frac{1}{2^{6 \times 10^{23}}}$,这个几率是极其微小的,实际上可以认为是零.这就从统计意义上阐明了气体的自由膨胀是一个不可逆过程.我们看到,个别分子的运动是偶然的,但由大量分子组成的气体却遵从自由膨胀后不能自动收缩的必然规律——自由膨胀的不可逆性.

热力学第二定律是一条统计规律.统计规律只适用于大量分子组成的系统,对于少数分子组成的系统,它是不适用的.如前所述,1 个分子,它自动收缩回 A 室的几率为 $\frac{1}{2}$;对于三个分子,自动收缩回 A 室的几率是 $\frac{1}{8}$;虽然这种几率小,但总有可能发生,所以这些都与气体分子只能自由膨胀不能自动收缩的规律有偏离,这种偏离称为"涨落"现象,因此热力学第二定律不能解释"涨落"现象.所以,热力学第二定律只适用于大量分子组成的系统.由系统自由膨胀的不可逆性分析可知,从分子动理论的角度来看,任何不可逆过程实质上是从几率较小的宏观状态向几率较大的宏观状态转变的过程.它的相反过程的转变几率极小.可见热力学第二定律是一条阐明自发过程进行方向的普遍规律.热力学第二定律的统计意义就在于指出在孤立系统内,一切实际过程都向着状态的几率增大的方向进行.

对于热量的传递,我们知道高温物体分子的平均平动动能比低温物体分子的平均平动动能大,两物体相接触,显然能量从高温物体传到低温物体的几率比反向传递的几率大得多. 对于热运动转换的问题,功转换为热是在外力作用下宏观物体的有规则(或有一定方向的)运动变为大量分子的无规则运动的过程,这种转换的几率大. 反之,热转换为功则是分子的无规则运动转变为宏观物体有规则运动的过程,这种转换的几率很小.

值得注意的是,热力学第二定律是在时间和空间都有限的宏观系统中,由大量实验事实总结出来的,有一定的适用范围,而不能无原则地任意推广到无限宇宙中去. 19 世纪有些物理学家把宇宙看成一个孤立系统,认为整个宇宙必须最后达到热平衡而形成再也没有热量传递的"热寂"状态. 唯心主义者企图利用这种"热寂"说来散布上帝创造世界的谬论. 事实上,热力学第二定律是在有限时间和地球这个有限空间范围内总结出来的;对无限时间和地球以外的无限空间的规律,我们还知之甚少. 因此把热力学第二定律任意外推到整个宇宙是十分错误的,其错误就在于把定律赋予了绝对的意义,忘记了物理定律的局限性和近似性.

习 题

10.1 下面各种说法是否正确?
(1) 物体的温度愈高,则热量愈多;
(2) 物体的温度愈高,则热能愈大;
(3) 物体的温度愈高,则内能愈大.

10.2 系统由某一初状态开始,进行不同的过程,问在下列两种情况中,各过程所引起的内能变化是否相同.(1) 各个过程所做的功相同;(2) 各个过程所做的功相同,并且与外界交换的热量也相同.

10.3 有摩尔数相同的三种理想气体:氧、氮和二氧化碳,在相同的初状态下,进行等容吸热过程. 若吸热相同,问温度升高是否相同? 压强增大是否相同?

10.4 理想气体的内能从 E_1 变到 E_2,对于不同的过程(如等压、等容、绝热三种过程)温度变化是否相同? 吸热是否相同?

10.5 根据绝热过程的特征 $dQ = 0$,能否得出 $Q = $ 恒量,在绝热过程中,系统与外界有没有能量交换?

10.6 在一个隔绝外界影响,体积不变的封闭容器中,里面的气体从不平衡状态过渡到平衡状态,于是温度由不均匀趋于均匀. 问在这个过程中,气体的内能有无改变? 为什么?

10.7 压强为 1atm,体积为 8.2L 的氮,从 27℃ 加热到 127℃,如加热时体积不变,或压强不变,问各需热量多少?

10.8 质量为 100g 的氧,其温度由 10℃ 升到 60℃.若温度升高是在下列情况下发生的:(1) 体积不变;(2) 压强不变;(3) 绝热. 问其内能改变各为多少?

10.9 质量为 8g 的氧,温度为 27℃ 时,体积为 0.41L,若在(1) 等温过程;(2) 绝热过程的两种过程中,体积都膨胀至 2.05L,试分别计算膨胀后的压强、温度及膨胀过程中对外所做的功,并说明在上述两种过程中,能量转换有何不同?

10.10 设有以理想气体为工作物质的热机循环,如图所示,试证明其效率:

$$\eta = 1 - \gamma \frac{\left(\dfrac{V_1}{V_2}\right) - 1}{\left(\dfrac{p_1}{p_2}\right) - 1}.$$

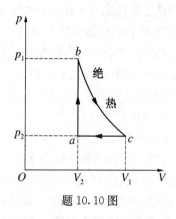

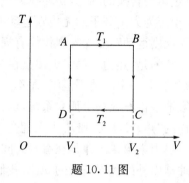

题 10.10 图   题 10.11 图

10.11　320 g 的氧做如图所示的循环,设 $V_2 = 2V_1$,AB,CD 为等温过程,$T_1 = 300\,\mathrm{K}$,$T_2 = 200\,\mathrm{K}$,求循环效率.

10.12　理想的狄赛尔内燃机,如图所示其工作循环由两绝热线 (ab,cd),一等压线 (bc),及一等容线 (da) 组成,试证明此热机效率为

$$\eta = 1 - \frac{\left(\dfrac{V_1'}{V_2}\right)^{\nu} - 1}{\gamma \left(\dfrac{V_1}{V_2}\right)^{\nu-1}\left(\dfrac{V_1'}{V_2} - 1\right)}.$$

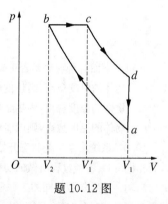

10.13　设一卡诺循环,当热源温度为 100℃,冷却器温度为 0℃ 时,在一循环中所做净功 8 000 J. 今维持冷却器温度不变,提高热源温度,使净功增为 10 000 J,若此两循环都工作于相同的两绝热线之间,工作物为同质量的理想气体,求:(1)热源温度应增为多少? (2)这时效率增为多少?

题 10.12 图

10.14　一卡诺热机从 373 K 的高温热源吸热,向 273 K 的低温热源放热. 若热机从高温热源吸收 1000 J 热量,求该机所做的功及放出的热量.

10.15　一个平均功率为 50 MW 的发电厂,在 $T_{高} = 1000\,\mathrm{K}$ 和 $T_{低} = 300\,\mathrm{K}$ 下工作,试求:

(1)理论上最高效率为多少?

(2)这个厂只能达到这一效率的 70%,一年有多少输入热量转化为电能.

(3)为了生产 50 MW 的电功率,每秒钟需要提供多少焦耳的热量?

(4)如果低温热源是由一条河流来承担,其流量为 10 $\mathrm{m^3 \cdot s^{-1}}$,由于电厂释放的热量引起的温度升高多少度?

10.16　使用一制冷机将 1 mol,1 atm 的空气从 20℃冷却到 18℃时,对制冷机必须提供的最小机械功要多少? 试估算一下. 设已知该机的制冷循环向 40℃的热源放热.

习题参考答案

第1章

1.1 (1) 25 m/s (2) 20.5 m/s (3) 20.005 m/s (4) 20.000 5 m/s

1.2 (1) $x_0 = 3$ m, $v_0 = -5$ m/s (2) $v = -5 + 12t$ (m/s), $a = 12$ m/s² (3) 质点做匀加速度直线运动

(4) 画图略

1.3 $x = A\cos\omega t$

1.4 (1) 略 (2) 0.224 m/s²

1.5 $s = \dfrac{v_0}{k}$

1.6 (1) $\boldsymbol{a} = -b\boldsymbol{e}_t + \dfrac{(v_0 - bt)^2}{R}\boldsymbol{e}_n$ (2) $t = \dfrac{v_0}{b}$ (3) $n = \dfrac{v_0^2}{4\pi bR}$

1.7 $a_B = 0.375$ m/s²

1.8 $h \approx 57.12$ m $t \approx 3.414$ s

1.9 $H = 0.638\ 8$ m

1.10 $v = \dfrac{\sqrt{x^2 + h^2}}{x}u,\ a = -\dfrac{h^2}{x^3}u^2$

1.11 $l = 75.9$ m

1.12 (1) 5.132 s, 308.2 m (2) 65.61 m/s, $\theta' = 23.77°$

1.13 5.36 m/s

1.14 (1) $\theta = 30°$, $t \approx 4\ 198.91$ s $\approx 1.166\ 4$ h (2) $\theta = 90°$ 时所需时间最短, $x = 2\ 000$ m

第2章

2.1 0.5 m/s²

2.2 该物体沿斜面向上以 $a = 0.909$ m/s² 做匀加速度运动

2.3 3.53 m/s²

2.4 $a_1 = \dfrac{2m_2 - 4m_1}{4m_1 + m_2}g$, $a_2 = \dfrac{m_2 - 2m_1}{4m_1 + m_2}g$, $T_1 = \dfrac{3m_1 m_2}{4m_1 + m_2}g$, $T_2 = \dfrac{6m_1 m_2}{4m_1 + m_2}g$

2.5 $\arctan\dfrac{g}{a}$

2.6 $F = \mu_1 m_1 g + \mu_2(m_1 + m_2)g$

2.7 $3F_2$

2.8 0.078 m

2.9 (1) 向右,$a=g\cot\theta$　　(2) 向左,$a=g\tan\theta$

2.10 $F=\dfrac{\sin\theta-\mu_0\cos\theta}{\mu_0\sin\theta+\cos\theta}mg$,$N=\dfrac{mg}{\mu_0\sin\theta+\cos\theta}$

2.11 $\theta=\dfrac{\pi}{4}$

2.12 $h=R-\dfrac{g}{\omega^2}$

2.13 (1) $t=\sqrt{\dfrac{2(m_1+m_2)h}{(m_2-m_1)g}}$,$v_t=\sqrt{\dfrac{2(m_2-m_1)gh}{m_1+m_2}}$　　(2) $h_1=\dfrac{3m_2+m_1}{m_1+m_2}h$

2.14 (1) $a_M=\dfrac{mg\sin\alpha\cos\alpha}{M+m\sin^2\alpha}$　　(2) $a_m=g\sin\alpha\dfrac{\sqrt{M^2+(2Mm+m^2)\sin^2\alpha}}{M+m\sin^2\alpha}$　　(3) $F_{N1}=\dfrac{Mmg\cos\alpha}{M+m\sin^2\alpha}$

第 3 章

3.1 (1) 25 N・s　　(2) 625 N

3.2 (1) 2.5 m/s　　(2) 300 N

3.3 $\dfrac{mg}{L}(3l+2h)$

3.4 $\dfrac{muv_0\sin\alpha}{(M+m)g}$

3.5 (1) 0　　(2) $\dfrac{1}{3}mv_0^2$

3.6 $v_0=4\sqrt{gh}$

3.7 0.1 m

3.8 983 m/s

3.9 $V=\sqrt{\dfrac{2m^2gh}{M(M+m)}}$

3.10 0.25 m

3.11 28.4%

3.12 0.033 m

3.13 $m_B>3m_A$

3.14 (1) $\mu=v_0^2/(4gl)$　　(2) $l/3$

第 4 章

4.1 (1) 980 J　　(2) 1 005 J

4.2 2.45 J

4.3 882 J

4.4 $-\dfrac{27}{7}kc^{\frac{2}{3}}l^{\frac{7}{3}}$

4.5 60 km/h

4.6 $\mu=\dfrac{\sin\theta}{1+\sin\theta}\approx0.21$

4.7 (1) $A_f=-\mu_kMgl$　　(2) $A_k=-\dfrac{1}{2}kl^2$　　(3) 重力和支持力做功为 0　　(4) 外力做的功为 A

　　　$=-\mu_kMgl-\dfrac{1}{2}kl^2$

4.8　$w = \dfrac{3}{2} m R^2 \omega_0^2$

4.9　$h = \left(1 + \cos\alpha + \dfrac{1}{2\cos\alpha}\right) R$

4.10　$E_p(r) = \dfrac{k}{2r^2}$

4.11　(1) $\dfrac{x^2}{a^2} + \dfrac{y^2}{b^2} = 1$　(2) $\dfrac{1}{2} m b^2 \omega^2, \dfrac{1}{2} m a^2 \omega^2$　(3) $\dfrac{1}{2} m a^2 \omega^2 - \dfrac{1}{2} m b^2 \omega^2$　(4) F 是保守力

4.12　略

4.13　(1) $E_k = \dfrac{1}{2} m v^2 = G \dfrac{M_e m}{6 R_e}$　(2) $E_p = -G \dfrac{M_e m}{3 R_e}$　(3) $E = -G \dfrac{M_e m}{6 R_e}$

4.14　$\dfrac{5}{4} g$

4.15　$\dfrac{m}{M} = \dfrac{1}{3}$

4.16　(1) $\varphi = \arccos \dfrac{v_0^2 + 2Rg}{3Rg}$　(2) $v_0 = \sqrt{gR}$

第 5 章

5.1　(1) $-\pi$ rad·s^{-2}　(2) 1 250 rad　(3) 25 rad·s^{-1}

5.2　(1) 22 rad·s^{-1}　(2) 24 rad　(3) 33 m·s^{-1}　(4) $a_t = 15$ m·s$^{-2}, a_n = 726$ m·s^{-2}

5.3　$\beta = \dfrac{d\omega}{dt} = 6bt - 12ct^2$

5.4　$v_G = v_B = 15$ m/s,方向指向右下方,与水平方向成 45°; $a_G = a_B = 150$ m/s^2,方向指向右上方,与水平方向成 45°

5.5　1 864 r/min

5.6　$4x^2 + y^2 = l^2 \ (x \geqslant 0, y \geqslant 0)$

5.7　略

5.8　$I = 1.39 \times 10^{-2}$ kg·m^2

5.9　$-40 \boldsymbol{k}$

5.10　$a = 2.52$ m·s$^{-2}, T_1 = 47.69$ N, $T_2 = 72.84$ N

5.11　$M = 3m, \theta = \arccos \dfrac{1}{3}$

5.12　$v = \dfrac{1}{2} u$

5.13　(1) 2.45 m　(2) 32.9 N

5.14　$\omega = \dfrac{6m'v_0}{(3m'+m)l}, \ v = \dfrac{l}{2}\omega = \dfrac{3m'v_0}{3m'+m}, \ \Delta E = \dfrac{mm'v_0^2}{2(3m'+m)}$

第 6 章

6.1　(1) -1.5×10^8 m·s^{-1}　(2) 5.2×10^4 m

6.2　-1.4×10^{-13} s

6.3　(1) 相对于 k 系以 2×10^8 m/s 速度沿 x 轴正向运动　(2) 不存在这样的参考系

6.4　(1) 1.6 s　(2) 2.3064×10^8 m　(3) 2.67 s

6.5　$0.54c$

6.6 (1) $-0.946c$ (2) 4 s

6.7 50.3 s,19.9 m

6.8 3.999 m

6.9 可以到达地面

6.10 16.7%

第7章

7.1 略

7.2 (1) $\alpha=\pi, x=A\cos\left(\dfrac{2\pi}{T}t+\pi\right)$ (2) $\alpha=-\dfrac{\pi}{2}, x=A\cos\left(\dfrac{2\pi}{T}t-\dfrac{\pi}{2}\right)$ (3) $\alpha=\dfrac{\pi}{3}, x=A\cos\left(\dfrac{2\pi}{T}t+\dfrac{\pi}{3}\right)$ (4) $\alpha=-\dfrac{\pi}{4}, x=A\cos\left(\dfrac{2\pi}{T}t-\dfrac{\pi}{4}\right)$

7.3 (1) $\dfrac{4}{3}\pi$ (2) $0.045 \text{ m}\cdot\text{s}^{-2}$ (3) $x=0.02\cos\left(\dfrac{3}{2}t-\dfrac{\pi}{2}\right)$

7.4 $t=\left(k\pm\dfrac{1}{8}\right)T \quad k=0,1,2,3\cdots$

7.5 $2.2 \text{ Hz},0.02 \text{ m},0.392 \text{ J}$

7.6 (1) $T=2\pi\sqrt{\dfrac{m}{k}}$ 变为 $T=2\pi\sqrt{\dfrac{M+m}{k}}$ (2) $A=\dfrac{Mg}{k}\sqrt{\dfrac{2kh}{(M+m)g}+1}$ (3) $\varphi=\arctan\sqrt{\dfrac{2kh}{(M+m)g}}$,
$x=\dfrac{Mg}{k}\sqrt{\dfrac{2kh}{(M+m)g}+1}\times\cos\left(\sqrt{\dfrac{k}{M+m}}t+\arctan\sqrt{\dfrac{2kh}{(M+m)g}}\right)$

7.7 略

7.8 略

7.9 (1) $A=8.92\times10^{-2} \text{ m},\alpha=68.2°$ (2) 当 $\alpha=2k\pi+\dfrac{5}{3}\pi$ 时,振幅最大;当 $\alpha=2k\pi+\dfrac{5}{6}\pi$ 时,振幅最小 (3) 略

7.10 (1) 略 (2) $\dfrac{x^2}{0.08^2}+\dfrac{y^2}{0.06^2}=1$ (3) $\boldsymbol{F}=-0.035\cos\left(\dfrac{\pi}{3}t+\dfrac{\pi}{6}\right)\boldsymbol{i}-0.026\cos\left(\dfrac{\pi}{3}t-\dfrac{\pi}{3}\right)\boldsymbol{j}$

7.11 (1) $v=A\omega\cos(\omega t)-2B\omega\sin(2\omega t),a=-A\omega^2\sin(\omega t)-4B\omega^2\cos(2\omega t)$ (2) 不是简谐振动 (3) 略

第8章

8.1 (1) 振幅为 A,波速为 $\dfrac{B}{C}$,频率为 $\dfrac{B}{2\pi}$,周期为 $\dfrac{2\pi}{B}$,波长为 $\dfrac{2\pi}{C}$ (2) $y=A\cos(Bt-Cl)$ (3) $\Delta\varphi=CD$

8.2 (1) $A=0.05 \text{ m},c=\dfrac{10\pi}{4\pi}=2.5(\text{m/s}),f=\dfrac{10\pi}{2\pi}=5(\text{Hz}),\lambda=\dfrac{c}{f}=0.5(\text{m})$ (2) 最大速度为 1.57 m/s,最大加速度为 49.35 m/s² (3) $\varphi=9.2\pi,x=0.825 \text{ m},x=1.45 \text{ m}$ (4) 略

8.3 (1) $y=0.1\cos\left(4\pi t-\dfrac{\pi}{5}x\right)$ (2) $y=-0.1\cos(4\pi t)$ (3) $y_1=0.1 \text{ m},y_2=0 \text{ m},y_3=-0.1 \text{ m},y_4=0 \text{ m}$ (4) $y_1=0 \text{ m},y_2=0.1 \text{ m},y_3=0 \text{ m},y_4=-0.1 \text{ m}$ (5) $v_1=0 \text{ m/s},v_2=-0.4\pi \text{ m/s}$

8.4 (1) $y=A\cos\left(200\pi t-\dfrac{\pi}{2}x-\dfrac{\pi}{2}\right)$ (2) $y_1=A\cos\left(200\pi t-\dfrac{\pi}{2}\right),\varphi_{10}=-\dfrac{\pi}{2},y_2=A\cos\left(200\pi t-\dfrac{\pi}{2}\right),\varphi_{20}=-\dfrac{\pi}{2}$ (3) $\Delta\varphi=\Delta x\cdot\dfrac{2\pi}{\lambda}=\dfrac{\pi}{2}$

8.5 $y=0.06\sin\left(\dfrac{\pi}{2}t-\dfrac{5\pi}{4}\right),t'=(t-2.5)$ s

8.6 $\Delta\varphi=(PA-PB)\times\dfrac{2\pi}{\lambda}=10.8\pi$

8.7 S_1,S_2 连线上在 S_1 外侧各点处的合成波的强度为 $I=0$,而在 S_2 外侧合成波的强度为 $I=4I_0$

8.8 (1) $\Delta\alpha=-2.5\pi$ (2) 2.83×10^{-2} m (3) $A=A_{10}=0.2\times10^{-2}$ m

8.9 (1) 6×10^{-5} J·m^{-3},1.2×10^{-4} J·m^{-3} (2) 9.23×10^{-7} J

8.10 0.318 W·m^{-2},0.08 W·m^{-2}

8.11 (1) $\omega_1=4\pi,f_1=2$ Hz,$c_1=4$ m/s,$\lambda_1=2$ m,传播方向沿 x 轴正方向;$\omega_2=4\pi,f_2=2$ Hz,$c_2=-4$ m/s,$\lambda_2=2$ m,传播方向沿 x 轴负方向 (2) $x=\dfrac{(2k+1)}{2}$ (m),$x=k$(m) (3) 0.12 m,0.097 m

8.12 (1) $y_2=A\cos2\pi\left(\dfrac{t}{T}-\dfrac{x}{\lambda}\right)$ (2) $y_1+y_2=2A\cos\left(\dfrac{2\pi}{\lambda}x\right)\cdot\cos\left(\dfrac{2\pi t}{T}\right),x=k\dfrac{\lambda}{2},x=(2k+1)\dfrac{\lambda}{4}$

8.13 162 N

8.14 略

8.15 (1) $v_2=387$ Hz 或 381 Hz (2) 略

第 9 章

9.1 略

9.2 略

9.3 略

9.4 略

9.5 略

9.6 略

9.7 略

9.8 $n\approx9.5$ d

9.9 $p=0.983\times10^5$ Pa

9.10 $\bar{\varepsilon}_k=1.464\times10^{-18}$ J

9.11 $\bar{E}_k=3.74\times10^3$ J,2.49×10^3 J

9.12 $n=0.24\times10^{21}$ m^{-3}

9.13 $(v_p)_{O_2}=3.94\times10^2$ m·s^{-1},$(\sqrt{\overline{v^2}})_{O_2}=4.83\times10^2$ m·s^{-1},$(\bar{v})_{O_2}=4.45\times10^2$ m·s^{-1}

9.14 $\bar{\lambda}=7.79$ m,$\bar{Z}=57$ s^{-1}

9.15 $\bar{\lambda}=0.95\times10^{-6}$ m,$d=0.9\times10^{-10}$ m

9.16 (1) $n=2.4\times10^{25}$ m^{-3} (2) $m=5.3\times10^{-26}$ kg (3) $\rho=1.30$ kg·m^3 (4) $d=3.45\times10^{-9}$ m (5) $(\bar{v})_{O_2}=4.45\times10^2$ m·s^{-1} (6) $(\sqrt{\overline{v^2}})_{O_2}=4.83\times10^2$ m·s^{-1} (7) $\bar{\varepsilon}_k=\dfrac{3}{2}kT=6.21\times10^{-21}$ J

9.17 $\Delta T\approx12.8$ K

9.18 (1) 0.83‰ (2) 0.9692

9.19 (1) 2.694×10^{-2} W/m (2) 70.3 cmHg

9.20 略

第 10 章

10. 1 略

10. 2 略

10. 3 略

10. 4 略

10. 5 略

10. 6 略

10. 7 $Q_V = 6.9\ \text{J}, Q_p = 9.5\ \text{J}$

10. 8 (1) $3.24 \times 10^3\ \text{J}$ (2) $4.54 \times 10^3\ \text{J}$ (3) $3.24 \times 10^3\ \text{J}$

10. 9 (1) 3 atm,300 K,1 003.1 J (2) 1.58 atm,157.6 K,294.88 J (1)中外界吸收的热量全部对外界做功,内能不变;(2)中外界不交换热量,对外做功,内能减少

10. 10 略

10. 11 $\eta = \dfrac{A}{Q_1} = 15\%$

10. 12 略

10. 13 (1) $T = 399\ \text{K}$ (2) $\eta = 31.6\%$

10. 14 $A = 270\ \text{J}, Q_2 = 730\ \text{J}$

10. 15 (1) $\eta = 70\%$ (2) $Q = 11 \times 10^{14}\ \text{J}$ (3) $71.4 \times 10^6\ \text{J/s}$ (4) $\Delta t = 0.51\ ℃ \cdot \text{s}^{-1}$

10. 16 $A = 4.4\ \text{J}$

全国教育科学"十五"规划课题项目

新世纪地方高等院校专业系列教材

普通物理学

（下册）第二版

主　编　张晋鲁　黄新民

副主编　阿克木哈孜·马力克

　　　　周恒为　郭　玲　孙　毅

编　者　（以姓氏笔画为序）

　　　　付清荣　古丽姗　古丽娜尔·瓦孜汗

　　　　李玉强　孙　毅　宋太平　沐仁旺

　　　　阿克木哈孜·马力克　张晋鲁　张国梁

　　　　周恒为　赵新军　郭　玲

　　　　黄新民　潘宏利

主　审　黄以能

南京大学出版社

内容简介

本书以普通物理学教学大纲(非物理专业)为依据,系统地论述了物理学的基本内容,包括力学、振动与波、热学、电磁学、光学和量子物理6篇共25章.全书内容丰富,观点明确,并注重物理思想方法的训练,以达到启发思维,培养能力的目的.该书特别对基本概念、基本理论、基本规律和方法的叙述严密、准确,重点突出,脉络分明,尤其对定理和公式的推导、分析、应用表述简明、清晰.

本书可作为理工科、师范院校及各类成人大学普通物理课程的教材,也可供广大青年自学参考.

图书在版编目(CIP)数据

普通物理学：全2册 / 张晋鲁,黄新民主编. — 2

版. — 南京：南京大学出版社,2015.8(2022.1重印)

新世纪地方高等院校专业系列教材

ISBN 978 - 7 - 305 - 15721 - 9

Ⅰ. ①普… Ⅱ. ①张… ②黄… Ⅲ. ①普通物理学—高等学校—教材 Ⅳ. ①O4

中国版本图书馆 CIP 数据核字(2015)第 188434 号

出版发行 南京大学出版社
社　　址 南京市汉口路22号　　　　邮　编　210093
出 版 人 金鑫荣
丛 书 名 新世纪地方高等院校专业系列教材
书　　名 普通物理学(下册)(第二版)
主　　编 张晋鲁　黄新民
责任编辑 孟庆生　吴　华　　　　编辑热线　025 - 83592146
照　　排 南京南琳图文制作有限公司
印　　刷 常州市武进第三印刷有限公司
开　　本 787×1092 1/16　印张 19.25　字数 445 千
版　　次 2015 年 8 月第 2 版　2022 年 1 月第 3 次印刷
ISBN 978 - 7 - 305 - 15721 - 9
总 定 价 64.00 元(上、下册)

网址：http://www.njupco.com
官方微博：http://weibo.com/njupco
官方微信号：njupress
销售咨询热线：(025) 83594756

第二版前言

本教材自 2005 年出版发行后,在全国多所"新世纪地方高等院校教材编委会"成员院校使用,不仅得到了较好的评价,也极大地促进了所在学校的教育教学改革,如,伊犁师范学院物理科学与技术学院(原物理与电子信息学院)"大学物理"教研团队在创作和使用教材的过程中,不断深化和加大"大学物理"教学改革,取得了丰硕成果,先后获得了自治区高等学校优秀教学成果三等奖、"大学物理"自治区精品课程、教学团队和实验教学示范中心等诸多殊荣。另外,通过 10 年对教材的不断挖掘总结,我们也发现许多不足和问题,我们对众多问题进行了论证,最后提出了修订意见并融入此书,修改的主要内容包括:

1. 将原教材部分章节的顺序进行了调换,如,调换"第三篇 电磁学"和"第四篇 热学"的顺序。这样授课教师可以在第一学期把力学和热学部分讲完(即第一编、第二篇和第三篇),第二学期完成电磁学、光学和量子物理学内容的讲解,更方便教学。

2. 发现并且修订了原教材存在的一些问题,这不仅使得原教材更加细致和精练,而且极大地减少了由于错误导致学生在阅读时花费的大量时间和精力。

3. 修改了原教材的部分插图,使之更形象、准确。

4. 根据广大学生和教师的愿望,我们增加了习题答案,给学生提供了解题线索和思路。

在陕西理工学院、伊犁师范学院、喀什大学、昌吉学院和新疆教育学院通力合作和辛勤努力下,特别是在此过程中得到了新疆教育学院科学教育学院院长蔡万玲教授的特别关注和帮助,本书修订工作得以圆满完成,对上述各位老师和专家表示衷心感谢。

本书在再版过程中得到了南京大学出版社、"新世纪地方高等院校教材编委会"的大力支持和帮助,对此表示衷心感谢。

本书主编为新疆教育学院张晋鲁、陕西理工学院黄新民,副主编为伊犁师范学院阿克木哈孜·马力克、周恒为,新疆喀什大学郭玲,昌吉学院孙毅,编委则由长期从事"大学物理"教学的专业教师担任。本书习题解答由李祯、阿布都外力·卡力、刘什敏等老师完成,数据由鹿桂花、玛丽娜·阿西木汗等老师整理。南京大学物理学院博士生导师、新疆"天山特聘教授"黄以能仔细审核了此书。对他(她)们所付出的努力表示衷心感谢。

相信本书的修订版一定会在保持原貌的基础上,更加丰富多彩。当然,再版后的本书也必将会存在不妥之处,这既反映了科学进步和教育发展,也说明作者的水平有限,恳请专家学者及广大读者不吝指正。

该书可作为师范院校、综合院校非物理专业本专科学生"大学物理学"的教材,也可作为高等学校理科双语班"大学物理学"的教材。同时,也是"大学物理"研究生考试科目重要参考书和广大物理爱好者的理想读物。

编者

2015 年 7 月

目　录

第五篇 光 学

第六篇　量 子 物 理

第四篇　电磁学

第 11 章　静电场的基本规律

从本章开始我们将研究物质运动的另一种形态,即电磁运动. 电磁运动是自然界中存在的普遍的运动形态之一. 自然界中的所有变化几乎都与电和磁相联系. 所以,研究电磁运动对于深入认识物质世界是十分重要的. 同时,由于电磁学已经渗透到现代自然科学的各个分支和技术领域的各个部门,并成为其理论基础,因此学习电磁学、掌握电磁运动的基本规律,具有重要意义.

本章的主要研究静电场的基本性质,其中包括库仑定律、电场强度和电势、高斯定理以及静电场的环路定理等.

§11.1　电荷　电场

1. 电荷　电荷量

我们知道,用丝绸摩擦过的玻璃棒,或用毛皮摩擦过的胶木棒,都能吸引轻小物体. 物体有了这种属性,称为带电,或者说有了电荷. 带电的物体称为带电体. 近代物理研究表明,自然界是由基本粒子构成的,其中多数都带有电荷. 电荷有两种,历史上把与用丝绸摩擦过的玻璃棒上电荷相同的称为正电荷,与用毛皮摩擦过的胶木棒上电荷相同的称为负电荷. 实验表明,带同种电荷的物体互相排斥,带异种电荷的物体互相吸引. 通常把带电体之间的这种相互作用称为电力. 电力与万有引力有些相似. 但万有引力总是相互吸引的,而电力却随异号电荷或同号电荷而有吸引与排斥之分. 根据带电体之间相互作用力的大小,我们能够确定物体所带电荷的多寡. 表示物体所带电荷的多寡程度的物理量称为电荷量,简称电荷. 电荷量的单位是库仑,国际单位符号为 C.

2. 电荷的量子化

近代对原子的电结构的研究表明,原子由原子核和绕核运动的电子组成. 原子核中有带正电的质子和不带电的中子. 每个质子和电子带有相等的电荷,即 $e = 1.60 \times 10^{-19}$ C. 正常状态下,原子核外围的电子数目,等于原子核内的质子数目,原子呈现电中性,整个宏观物体也呈中性. 如果原子或分子由于外来原因失去一个或几个电子,就成为带正电的正离子. 反之,原子或分子从外界获得电子,就成为带负电的负离子. 同样,在一定的外因作用下,宏观物体得到或失去一定数量的电子,使质子的总数和电子的总数不再相等,物体就呈现电性.

自然界中电子带有的电荷是最小的,实验发现,所有的带电体或其他微观粒子的电荷都是电子电荷量的整数倍. 这个事实说明,物体所带的电荷量不是以连续值出现,而是以不连续的量值出现的. 这称为电荷的量子化. 由于电子的电荷值是如此之小,所以,在对宏观带电体的电现象进行研究时,可以不考虑电荷的量子性.

3. 电荷守恒定律

除了摩擦的方法可以使物体带电外,还有许多种方法也可以使物体起电. 例如,设一绝缘导体由可分开的独立导体 B 和 C 组成,如图 11-1 所示. 当带正电的玻璃棒 A 移近 B 端时,B,C 因感应而带电,B 端带负电,C 端带正电. 如果这时先将 B,C 两部分分开,再撤走 A,则发现 B,C 两部分带等量异号电荷. 这种方法称为感应起电.

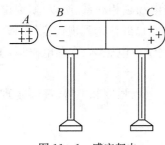

图 11-1 感应起电

人们发现,在感应起电过程中所得到的两部分电荷是相等的,而且精确的实验还表明,玻璃棒和丝绸摩擦后,玻璃棒上所带的正电荷和丝绸上所带的负电荷也是等量的. 这表明,起电过程中,并没有新的电荷产生,而只是发生了电荷的转移. 包括近代物理实验在内的大量实验表明:电荷只能从一个物体转移到另一个物体,或者从物体的一部分转移到另一部分,或者说,在一个与外界没有电荷交换的一孤立系统内,无论发生怎样的物理过程,该系统电荷的代数和保持不变. 这一结论称为电荷守恒定律,它是自然界的基本守恒律之一.

4. 电场

电荷或带电体之间有相互作用力,然而关于电荷或带电体之间的相互作用是怎样进行的问题,历史上曾出现过不同的看法. 在很长一个时期内,人们认为带电体之间的作用是"超距"作用,也就是说,一个带电体所受到的电力是由另一个带电体直接给予的. 这种作用既不需要中间物质进行传递,也不需要时间,而是从一个带电体立即到达另一个带电体,可用下式表示:

近代物理学的发展证明,"超距"作用观点是错误的,两个电荷之间相互作用是由电场来传递的,是需要时间的. 电场是一种物质,与分子、原子等组成的实物物体一样,也具有能量、动量和质量. 场是物质存在的一种形式. 当物体带电时,就在它的周围激发电场,处

在电场中的电荷将受到力的作用,这种力叫作电场力. 这种作用可表示如下:

$$\boxed{电荷} \longleftrightarrow \boxed{电场} \longleftrightarrow \boxed{电荷}$$

相对于观察者静止的电荷所激发的电场叫作静电场. 静电场的对外表现主要有:

(1) 引入电场中的任何带电体都将受到电场所作用的力;

(2) 电场能使引入电场中的导体或电介质分别产生静电感应现象或极化现象;

(3) 当带电体在电场中移动时,电场所作用的力将对带电体做功,这表示电场具有能量.

§11.2　库 仑 定 律

1. 点电荷之间的作用力

在发现电现象以后的 2 000 多年的时期内,人们对电的了解一直处于定性的初级阶段. 1785 年,库仑(Charles Augustin de Coulomb)通过扭秤实验,对电荷之间的相互作用进行了定量研究,总结出如下规律:

真空中两个点电荷 q_1 和 q_2 之间的相互作用力沿其连线方向,同号相斥,异号相吸;作用力的大小与两电荷的电荷量的乘积成正比,与两电荷之间的距离的平方成反比. 这就是著名的库仑定律. 这种相互作用力称为库仑力或静电力.

库仑定律可表示为矢量式

$$\boldsymbol{F}_{12} = k\frac{q_1 q_2}{r_{12}^3}\boldsymbol{r}_{12}, \quad \boldsymbol{F}_{21} = k\frac{q_1 q_2}{r_{21}^3}\boldsymbol{r}_{21}, \tag{11-1}$$

其中,$\boldsymbol{F}_{12}$ 为 q_1 对 q_2 的作用力,$\boldsymbol{r}_{12}$ 为由 q_1 指向 q_2 方向的矢径,$|\boldsymbol{r}_{12}| = |\boldsymbol{r}_{21}| = r$,$r$ 为 q_1 与 q_2 之间的距离,如图 11 - 2 所示. q_1 与 q_2 同号时,$\boldsymbol{F}_{12}$ 沿 $\boldsymbol{r}_{12}$ 方向,是斥力;当 q_1 与 q_2 反号时,$\boldsymbol{F}_{12}$ 与 $\boldsymbol{r}_{12}$ 的方向相反,是引力. $\boldsymbol{F}_{12}$ 的大小为

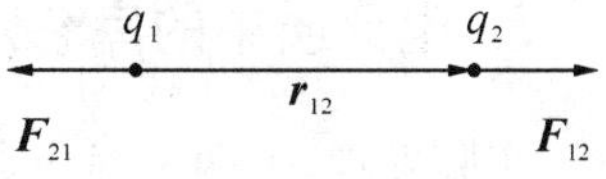

图 11 - 2　两个电荷之间的作用力

$$F_{12} = k\frac{q_1 q_2}{r^2}. \tag{11-2}$$

在国际单位制(SI 制)中

$$k = \frac{1}{4\pi\varepsilon_0} = 8.988\,0 \times 10^9 (\text{N} \cdot \text{m}^2 \cdot \text{C}^{-2}) \approx 9.00 \times 10^9 (\text{N} \cdot \text{m}^2 \cdot \text{C}^{-2}),$$

其中

$$\varepsilon_0 = 8.853\,8 \times 10^{-12} (\text{C}^2 \cdot \text{N}^{-1} \cdot \text{m}^{-2}) = 8.85 \times 10^{-12} (\text{C}^2 \cdot \text{N}^{-1} \cdot \text{m}^{-2})$$

是表征真空特性的物理量,称为真空的介电常数.

在(11 - 1)式中去掉各量的下标,则库仑定律可写成

$$F = \frac{1}{4\pi\varepsilon_0} \frac{q_1 q_2}{r^3} \boldsymbol{r}. \qquad (11-3)$$

按上面的规定,显然有

$$\boldsymbol{F}_{21} = -\boldsymbol{F}_{12}.$$

库仑定律中提到的点电荷,是电学研究中提出的一种理想模型.类似于力学中的质点,是一个具有相对意义的概念.在我们所讨论的电学问题中,若带电体本身的几何线度比起它到另一带电体的距离小得多,使得带电体的形状以及电荷在其上的分布对讨论结果的影响可以忽略不计时,就可以把它抽象为一个集中了全部电荷的几何点.点电荷模型的提出,使得实际问题中可以明确定出两个带电体之间的距离,并应用库仑定律讨论它们之间的相互作用.

2. 叠加原理

所有的直接或间接的实验还表明,库仑力满足叠加原理.即对多个点电荷的系统,其中任一点电荷所受的静电力等于其他点电荷单独存在时作用于该电荷上的静电力的矢量和.设有 n 个电荷的点电荷系,另有点电荷 q 受到 n 个电荷的作用,则 q 所受的库仑力由叠加原理可记为

$$\boldsymbol{F} = \boldsymbol{F}_1 + \boldsymbol{F}_2 + \cdots + \boldsymbol{F}_i + \cdots + \boldsymbol{F}_n, \qquad (11-4)$$

式中 $\boldsymbol{F}_i$ 为第 i 个电荷对 q 的作用力,如图 11-3 所示.

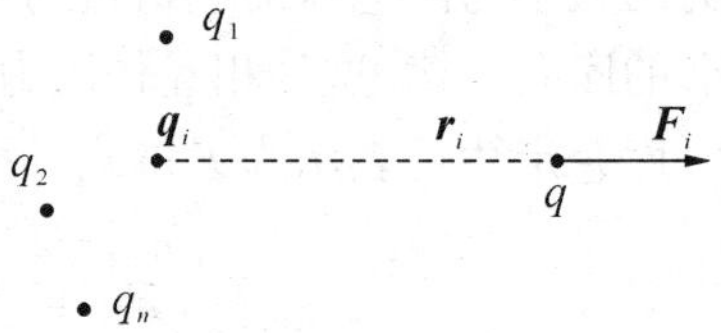

库仑定律和叠加原理是整个电学理论的基础.

图 11-3 点电荷系对点电荷 q 的作用力

3. 电介质中的库仑定律

实验发现,把两个静止点电荷放在无限大的均匀电介质中,它们之间的作用力与放在真空中的情形不同,作用力的大小是该两点电荷在真空中作用力的 $\frac{1}{\varepsilon_r}$ 倍,故有

$$F = \frac{1}{4\pi\varepsilon_0 \varepsilon_r} \frac{q_1 q_2}{r^3} \boldsymbol{r}. \qquad (11-5)$$

上式为无限大均匀电介质中的库仑定律.

ε_r 称为电介质的相对介电常数,是一个无量纲的物理量,描述了电介质的性质.用实验可测得各种电介质的 ε_r 值.各种电介质的 $\varepsilon_r > 1$.把真空看作为一种特殊的电介质,ε_r 等于 1.一般把 ε_0,ε_r 的乘积用 ε 表示,即

$$\varepsilon = \varepsilon_0 \varepsilon_r,$$

ε 称为电介质的介电常数.

§11.3　电场强度　场的叠加原理

1. 电场强度

电场的一个重要性质是电场对处于电场中的电荷有力的作用. 因此,要检验空间某点是否存在电场,可把一试探电荷 q_0 放到要探测的空间某点,如果 q_0 受到电力作用,就表示该点有电场. 实验发现:

(1) 在给定电场中的同一点 P_1,分别放入电荷不同的试探电荷 q_0,q_0 受力的大小随 q_0 的电荷的增减而增减,但比值 F/q_0 不变. 即在给定点处存在一个确定的比值矢量.

(2) 任意选择电场中的不同的点 $P_1,P_2,\cdots,P_n$,重复(1)的实验,对于不同的点比值 F/q_0 在一般情况下并不相同.

由此可知,在给定电场中,比值 F/q_0 只随地点而变,而与试探电荷的大小无关. 为描述电场的这一性质,引入电场强度矢量

$$E = \frac{F}{q_0}. \tag{11-6}$$

在上式中若取 q_0 等于一个单位电荷,则得 $E=F$. 可见,电场中某点的电场强度的方向为正电荷在该点所受电场力的方向,其大小为单位电荷所受的电场力的大小.

在 SI 制中,力以牛顿为单位,电荷以库仑为单位,场强的单位就是牛顿/库仑$(N \cdot C^{-1})$.

如果电场中各点场强的大小和方向都相同,这样的电场称为匀强电场.

若已知电场中任一点的场强 E,则处于该点的电荷 q 受的电场力为

$$F = qE. \tag{11-7}$$

关于试探电荷 q_0 要注意两点:

(1) 试探电荷的几何线度必须足够小,可以被看成是点电荷,以便确定场中每一点的性质.

(2) 试探电荷的电荷量必须充分小,其引入电场后对原电荷的分布及其电场的分布的影响可以忽略.

2. 点电荷的电场

设真空中有一点电荷 q,根据以上所述,其周围空间内的电场分布可计算如下:

在距 q 为 r 处的 P 点(称为场点)放一试探电荷 q_0,由库仑定律可得 q_0 所受的电场力为

$$F = \frac{1}{4\pi\varepsilon_0} \frac{qq_0}{r^3} r = \frac{qq_0}{4\pi\varepsilon_0 r^2} r_0.$$

由电场强度的定义可得 P 点的场强为

$$E = \frac{1}{4\pi\varepsilon_0} \frac{q}{r^2} r_0,$$

为简便起见,一般写成

$$E = \frac{1}{4\pi\varepsilon_0} \frac{q}{r^2} r_0, \tag{11-8}$$

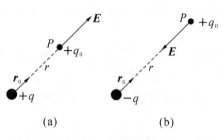

图 11-4 点电荷的电场

其中 r_0 为从 q 指向场点方向上的单位矢量. 若 $q>0$,E 沿 r_0 方向;若 $q<0$,则 E 沿 r_0 反方向,如图 11-4 所示.

如果点电荷 q 放置在无限大的均匀电介质中,电介质的介电常数为 ε,则根据电介质中的库仑定律表达式(11-5),可得空间各点的场强为

$$E = \frac{1}{4\pi\varepsilon} \frac{q}{r^2} r_0. \tag{11-9}$$

3. 场强叠加原理

实验表明,在点电荷系 $q_1, q_2, \cdots, q_n$ 的电场中,试探电荷 q_0 所受的电场力等于各个点电荷单独存在时对 q_0 的作用力 $F_1, F_2, \cdots, F_n$ 的矢量和,即

$$F = F_1 + F_2 + \cdots + F_i + \cdots + F_n.$$

由场强的定义得

$$E = \frac{F}{q_0} = \frac{F_1}{q_0} + \frac{F_2}{q_0} + \cdots + \frac{F_n}{q_0},$$

等式右边各项是各点电荷单独存在时所产生的场强,由此可见

$$E = E_1 + E_2 + \cdots + E_n. \tag{11-10}$$

上式表明,电场中任一点处的总场强等于各点电荷单独存在时在该点所产生的场强的矢量和. 这就是场强叠加原理. 利用叠加原理,原则上可以计算任何带电体系所产生的电场的场强分布.

设点电荷系 $q_1, q_2, \cdots, q_n$ 位于真空中,各点电荷到场点 P 的矢径分别为 $r_1, r_2, \cdots r_n$,各点电荷在 P 点激发的场强分别为

$$E_1 = \frac{1}{4\pi\varepsilon_0} \frac{q_1}{r_1^2} r_{01}, E_2 = \frac{1}{4\pi\varepsilon_0 r_2^2} r_{02}, \cdots, E_n = \frac{1}{4\pi\varepsilon_0} \frac{q_n}{r_n^2} r_{0n}.$$

由场强叠加原理,P 点的总场强 E 为

$$E = \frac{1}{4\pi\varepsilon_0} \sum_{i=1}^{n} \frac{q_i}{r_i^2} r_{0i}. \tag{11-11}$$

根据(11-9)式,在无限大均匀电介质中点电荷系的场强为

$$E = \frac{1}{4\pi\varepsilon}\sum_{i=1}^{n}\frac{q_i}{r_i^2}r_{0i}. \tag{11-12}$$

4. 连续分布电荷的场强

虽然电荷是量子化的,但从宏观来说,一般带电体可以忽略电荷的量子性,其电荷分布可视为连续分布.任意带电体可连续分割为无数电荷为 $\mathrm{d}q$ 的微小带电体的集合.每一个 $\mathrm{d}q$ 可视为点电荷,其在场点 P 处的场强为

$$\mathrm{d}E = \frac{1}{4\pi\varepsilon_0}\frac{\mathrm{d}q}{r^2}r_0, \tag{11-13}$$

其中 r_0 为 $\mathrm{d}q$ 指向 P 点方向上的单位矢量.由场强叠加原理,带电体在 P 点处激发的总场强应是所有 $\mathrm{d}q$ 在 P 点处的场强的矢量叠加,则积分为

$$E = \int\mathrm{d}E = \int\frac{\mathrm{d}q}{4\pi\varepsilon_0 r^2}r_0. \tag{11-14}$$

在实际问题中,带电体按其形状特点,其电荷分布常可简化为体分布、面分布和线分布三种模型,如图 11-5 所示.

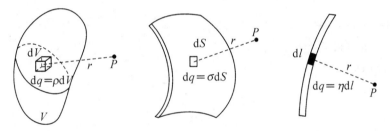

图 11-5　带电体上电荷元的选取

对于电荷的体分布,可取 $\mathrm{d}q = \rho\mathrm{d}V$,其中 ρ 为电荷的体密度(即单位体积中的电荷), $\mathrm{d}V$ 为物理小体元,带电体在 P 点激发的场强为

$$E = \int\mathrm{d}E = \int_V\frac{\rho\mathrm{d}V}{4\pi\varepsilon_0 r^2}r_0. \tag{11-15}$$

对于电荷的面分布,可取 $\mathrm{d}q = \sigma\mathrm{d}S$,其中 σ 为电荷的面密度(即单位面积上的电荷), $\mathrm{d}S$ 为小面元.带电体在 P 点激发的场强为

$$E = \int\mathrm{d}E = \int_S\frac{\sigma\mathrm{d}S}{4\pi\varepsilon_0 r^2}r_0. \tag{11-16}$$

对于电荷的线分布,可取 $\mathrm{d}q = \eta\mathrm{d}l$,其中 η 为电荷的线密度(即单位长度上的电荷), $\mathrm{d}l$ 为小线元.带电体在 P 点激发的场强为

$$E = \int\mathrm{d}E = \int_L\frac{\eta\mathrm{d}l}{4\pi\varepsilon_0 r^2}r_0. \tag{11-17}$$

在具体运算中,应建立适当坐标系,写出 d$\boldsymbol{E}$ 在各坐标轴方向上的分量式,分别积分计算 $\boldsymbol{E}$ 的各分量,再求合成矢量 $\boldsymbol{E}$.

5. 电场求解问题举例

作为场强叠加原理的应用,下面我们具体分析几种带电体系的场强.

例题 11.1　一对等量异号点电荷$+q$和$-q$,相距为 l,求其连线的延长线和中垂面上一点的场强.

解　如图 11-6 建立坐标系.

(1) 在延长线上任取一点 P,$+q$ 和$-q$ 产生的场强方向相反,大小分别为

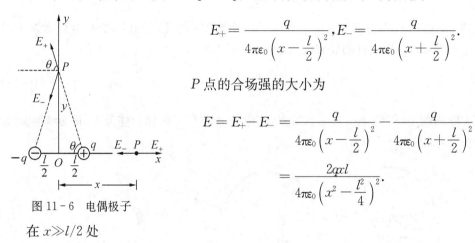

$$E_+ = \frac{q}{4\pi\varepsilon_0\left(x-\frac{l}{2}\right)^2}, \quad E_- = \frac{q}{4\pi\varepsilon_0\left(x+\frac{l}{2}\right)^2}.$$

P 点的合场强的大小为

$$E = E_+ - E_- = \frac{q}{4\pi\varepsilon_0\left(x-\frac{l}{2}\right)^2} - \frac{q}{4\pi\varepsilon_0\left(x+\frac{l}{2}\right)^2}$$

$$= \frac{2qxl}{4\pi\varepsilon_0\left(x^2-\frac{l^2}{4}\right)^2}.$$

图 11-6　电偶极子

在 $x \gg l/2$ 处

$$E = \frac{2ql}{4\pi\varepsilon_0 x^3}.$$

(2) 在中垂线上任取一点 P,E_+ 和 E_- 大小相等,方向关于 x 轴方向对称.因此,两矢量在 y 轴方向上的投影互相抵消,在 x 轴方向上的投影大小相等,方向相同,沿 x 轴的负方向.P 点处的合场强的大小

$$E = 2E_+ \cos\theta = \frac{ql}{4\pi\varepsilon_0\left(y^2+\frac{l^2}{4}\right)^{\frac{3}{2}}},$$

其中

$$\cos\theta = \frac{l}{2\left(y^2+\frac{l^2}{4}\right)^{\frac{1}{2}}}, \quad E_+ = \frac{q}{4\pi\varepsilon_0\left(y^2+\frac{l^2}{4}\right)}.$$

在 $y \gg l/2$ 处

$$E = \frac{ql}{4\pi\varepsilon_0 y^3}.$$

在实际问题中,一般两电荷间的距离远小于它们到场点的距离,这样的电荷系统称为

电偶极子. 由于电偶极子的场强总是和 q 和 l 的乘积有关, 通常把 q 和 l 的乘积叫作电偶极矩矢量 p, 即

$$p = ql,$$

其中 l 的大小为两电荷之间的距离, l 的方向由负电荷指向正电荷. p 矢量描述了电偶极子本身的特性. 这样, 上面的结果可记为

在延长线上

$$E = \frac{2p}{4\pi\varepsilon_0 x^3};$$

(11-18)

在中垂线上

$$E = -\frac{p}{4\pi\varepsilon_0 y^3}.$$

(11-19)

例题 11.2 真空中一均匀带电直线, 长为 L, 带电荷为 Q. 求直线外一点 P 处的场强 (图 11-7). P 点到直线的距离为 a, 到直线两端点的连线与直线的夹角分别为 θ_1 和 θ_2.

解 如图建立坐标系. 此为电荷连续分布问题, 在直线上距原点 O 为 y 处, 取电荷元 $\mathrm{d}q = \eta\mathrm{d}y(\eta = Q/L)$, 其在 P 点处产生的场强大小为

$$\mathrm{d}E = \frac{\mathrm{d}q}{4\pi\varepsilon_0 r^2} = \frac{\eta\mathrm{d}y}{4\pi\varepsilon_0 r^2}.$$

$\mathrm{d}\boldsymbol{E}$ 的分量 $\mathrm{d}E_x$, $\mathrm{d}E_y$ 分别为

$$\mathrm{d}E_x = \mathrm{d}E\sin\theta,$$
$$\mathrm{d}E_y = \mathrm{d}E\cos\theta.$$

由图可知

$$y = -a\cot\theta, \quad \mathrm{d}y = a\csc^2\theta\mathrm{d}\theta, \quad r = \frac{a}{\sin\theta},$$

代入得

$$\mathrm{d}E_x = \frac{\eta}{4\pi\varepsilon_0 a}\sin\theta\mathrm{d}\theta, \quad \mathrm{d}E_y = \frac{\eta}{4\pi\varepsilon_0 a}\cos\theta\mathrm{d}\theta,$$

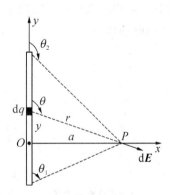

图 11-7 均匀带电直线外任一点处的场强

两式积分得

$$E_x = \int\mathrm{d}E_x = \frac{\eta}{4\pi\varepsilon_0 a}\int_{\theta_1}^{\theta_2}\sin\theta\mathrm{d}\theta = \frac{\eta}{4\pi\varepsilon_0 a}(\cos\theta_1 - \cos\theta_2),$$

(11-20)

$$E_y = \int\mathrm{d}E_y = \frac{\eta}{4\pi\varepsilon_0 a}\int_{\theta_1}^{\theta_2}\cos\theta\mathrm{d}\theta = \frac{\eta}{4\pi\varepsilon_0 a}(\sin\theta_2 - \sin\theta_1).$$

(11-21)

P 点的总场强大小为

$$E = \sqrt{E_x^2 + E_y^2}.$$

若均匀带电直线是无限长的,即 $\theta_1 = 0, \theta_2 = \pi$,则

$$E_y = 0, \quad E = E_x = \frac{\eta}{2\pi\varepsilon_0 a}. \tag{11-22}$$

6. 电场的图示法——电场线

电荷之间的相互作用是通过电场来传递的. 为了形象的描述场的特性,法拉第最早引入电场线和磁感线的概念. 正如对带电体在空间建立的电场,每一点处可引入场强矢量来定量描述场的性质一样. 引入电场线,可以形象地描述场强的大小及方向的分布.

在电场中作一些有方向的曲线,让曲线上每点的切线方向和该点场强方向一致. 这样的曲线就叫作电场线.

为了使电场线不仅能表示场强的方向,还可以表示场强的大小,为此引入电场线密度的概念. 电场中某点处的电场线密度定义为通过与该点电场方向垂直的单位面积上的电场线条数. 在作电场线时,使电场中任一点的电场线密度与该点的场强大小成正比,即

$$\frac{\Delta N}{\Delta S} \propto E, \quad \frac{\Delta N}{\Delta S} = kE. \tag{11-23}$$

这样,场强的大小就可以用电场线的疏密程度反映出来. 如图 11-8 所示,是几种简单电场的电场线图.

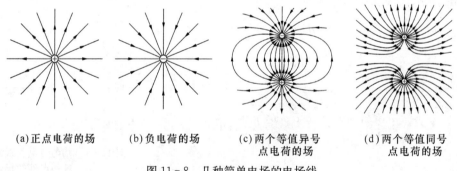

(a)正点电荷的场　　(b)负电荷的场　　(c)两个等值异号　　(d)两个等值同号
　　　　　　　　　　　　　　　　　点电荷的场　　　　点电荷的场

图 11-8　几种简单电场的电场线

静电场的电场线有两条最重要的性质:

性质 1:电场线起始于正电荷(或来自于无限远),终止于负电荷(或伸向无限远). 在没有电荷的空间里,电场线既不会相交,也不会中断.

性质 2:电场线不构成闭合曲线. 这一性质又可表述为:电场线上各点的电位沿电场线方向不断减小.

§11.4 高斯定理

1. 电通量

为了进一步研究电场的性质,我们利用电场线来引入电通量的概念.

穿过电场中某曲面的电场线条数称为电场对该曲面的电通量,用 Φ_e 表示.

首先讨论电场对开曲面的电通量. 如图 11-9(a)所示,设电场为匀强电场,根据电场线密度的定义,穿过垂直于电场方向的平面 S 的电通量为

$$\Phi_e = kES,$$

k 为比例系数,令 $k=1$,则有

$$\Phi_e = ES. \tag{11-24}$$

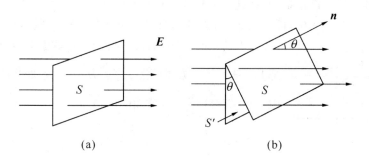

(a)   (b)

图 11-9 电通量的计算

如果在匀强电场中,平面 S 与 E 不垂直,平面 S 的法向矢量 n 与 E 的方向成 θ 角,如图 11-9(b)所示,则穿过 S 的电场线条数与穿过其在垂直电场方向的投影面积 S' 的电场线条数相同. 而 $S' = S\cos\theta$. 所以,穿过 S 面的电通量为

$$\Phi_e = ES\cos\theta. \tag{11-25}$$

如果是非匀强电场,并且 S 面也不是平面,而是一个任意曲面,那么可先求出 S 面上任一面元 dS 的电通量 $d\Phi_e$,即

$$d\Phi_e = EdS\cos\theta,$$

式中 θ 为面积元 dS 的法向矢量 n 与该处场强 E 之间的夹角. 通过整个曲面 S 的电通量 Φ_e,可用积分求得,即

$$\Phi_e = \int d\Phi_e = \iint_S E\cos\theta dS = \iint_S \boldsymbol{E} \cdot d\boldsymbol{S}, \tag{11-26}$$

其中 $d\boldsymbol{S} = \boldsymbol{n}dS$,常叫作面元矢量.

对于电场中的封闭曲面,我们规定曲面上面元的法向为指向曲面外,其电通量为

$$\Phi_e = \oiint_S \boldsymbol{E} \cdot d\boldsymbol{S} = \oiint_S E\cos\theta dS. \qquad (11-27)$$

在电场线穿入曲面处（$\theta > 90°$），电通量 $d\Phi_e$ 为负；电场线穿出曲面处（$\theta < 90°$），电通量 $d\Phi_e$ 为正.

2. 高斯定理

高斯（K. F. Gauss）定理是静电场理论中描述电场性质的基本定理，其表述如下：在电场中，通过一个任意闭合曲面 S 的电通量，等于该曲面所包围的电荷的代数和 q 除以 ε_0，与闭合面外的电荷无关.

高斯定理的数学表达式为

$$\Phi_e = \oiint_S \boldsymbol{E} \cdot d\boldsymbol{S} = \frac{q_{内}}{\varepsilon_0}. \qquad (11-28)$$

式中 $q_{内}$ 是闭合曲面包围电荷的代数和.

高斯定理可加以严格证明. 在此我们仅作简单讨论.

在点电荷 q 的电场中，以 q 为中心，以任意长度 r 为半径，作一球面，如图 11-10 所示. 点电荷 q 的电场具有球对称性，在球面上各点的 $\boldsymbol{E}$ 的大小都是 $\dfrac{1}{4\pi\varepsilon_0}\dfrac{q}{r^2}$，方向沿矢径方向，处处与球面正交. 由（11-27）式可求得球面的电通量为

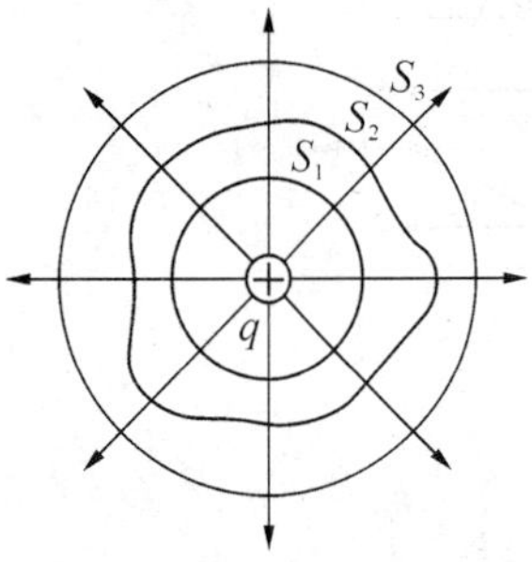

$$\Phi_e = \oiint_S \boldsymbol{E} \cdot d\boldsymbol{S} = \oiint_S E dS = \frac{1}{4\pi\varepsilon_0}\frac{q}{r^2}\oiint_S dS = \frac{q}{\varepsilon_0}.$$

若曲面为任意形状，我们总可以选适当半径作一球面，将曲面包围，如图 11-10 所示. 由于电场线连续通过，因而对两曲面的电通量必定相等，都应等于 q/ε_0.

图 11-10　通过包围点电荷的闭合曲面 S 的电通量

当点电荷位于闭合曲面外时，如图 11-11 所示，可以看到，进入和穿出曲面的电场线条数相等. 由于进入电通量为负，穿出为正，所以总电通量为零.

上面讨论的结果可以推广到任何带电系统的电场中. 由于场强满足叠加原理，可以设想，当封闭曲面内包围多个点电荷时，上式也应成立，只是应将 q 换为曲面所包围电荷的代数和 $q_{内}$. 即

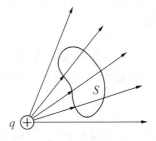

图 11-11　通过不包围点电荷的闭合曲面 S 的电通量

$$\Phi_e = \oiint_S \boldsymbol{E} \cdot d\boldsymbol{S} = \frac{q_{内}}{\varepsilon_0}.$$

高斯定理不仅指明了静电场中电场对任意封闭曲面的电通量与曲面内的电荷之间的

量值关系,而且深刻地揭示了电场与电荷之间的联系.设有一正电荷 q,作一很小的封闭曲面将其包围,由高斯定理可知 $\Phi_e > 0$,即应有电场线从曲面内的 q 处发出,我们把正电荷 q 称为静电场的源头;反之,若 q 为负电荷,则知 $\Phi_e < 0$,即应有电场线终止于曲面内的负电荷上,我们把负电荷 q 称为电场的尾闾.可见高斯定理表明了电场线由正电荷发出,终止于负电荷.所以把静电场称为有源场,这个电场是由电荷激发的.

3. 高斯定理的应用

高斯定理不仅揭示了静电场为有源场,而且提供了求解具有对称性的电场的方法.下面是几个典型例子.

例题 11.3 求均匀带正电球面内外的场强分布.设球面半径为 R,带电荷为 q,如图 11-12 所示.

解 由于电荷分布具有球对称性,因而在球内外产生的电场也具有球对称性,即在以 O 为中心,以 r 为半径的同心球面上各点的电场强度的大小相等,方向沿半径方向指向球外.为此,作与球壳同心且半径为 r 的球形高斯面.通过其上的电通量为

$$\oiint\limits_{S} E\cos\theta \mathrm{d}S = E\oiint\limits_{S} \mathrm{d}S = E4\pi r^2.$$

由高斯定理得

$$E4\pi r^2 = \frac{q_{内}}{\varepsilon_0}, \quad \boldsymbol{E} = \frac{q_{内}}{4\pi\varepsilon_0 r^2}\boldsymbol{r}_0.$$

当 $r > R$ 时,则 $q_{内} = q$,所以

$$\boldsymbol{E} = \frac{q}{4\pi\varepsilon_0 r^2}\boldsymbol{r}_0. \quad (r > R)$$

当 $r < R$ 时,则 $q_{内} = 0$,所以

$$\boldsymbol{E} = 0. \quad (r < R)$$

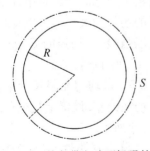

图 11-12 均匀带电球面场强的计算

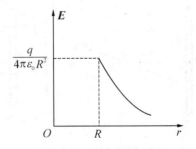

图 11-13 均匀带电球面场强的分布

上面结果表明均匀带电球面内部无电场,球面外部的电场与球面上电荷全部集中在球心时产生的电场相同.电场分布曲线如图 11-13 所示.

例题 11.4 求均匀带电球体内外的电场分布.设球体的半径为 R,所带电荷为 q.

解 此题与上题相似,电荷分布具有球对称性,其产生的电场也具有球对称性,在与球体同心的球面上,场强大小相等,方向沿半径方向.同样,我们以 O 为中心,以 r 为半径

作球形高斯面,如图 11-14 所示.通过高斯面上的电通量为

$$\Phi_e = \oiint_S \boldsymbol{E} \cdot d\boldsymbol{S} = \oiint_S E dS = E \oiint_S dS = E 4\pi r^2.$$

由高斯定理得

$$E 4\pi r^2 = \frac{q_内}{\varepsilon_0}, \quad \boldsymbol{E} = \frac{q_内}{4\pi\varepsilon_0 r^2} \boldsymbol{r}_0.$$

当 $r > R$ 时,则 $q_内 = q$ 所以

$$\boldsymbol{E} = \frac{q}{4\pi\varepsilon_0 r^2} \boldsymbol{r}_0, \quad (r > R)$$

当 $r < R$ 时,则 $q_内 = \dfrac{q}{\dfrac{4}{3}\pi R^3} \cdot \dfrac{4}{3}\pi r^3 = \dfrac{qr^3}{R^3}$,所以

$$\boldsymbol{E} = \frac{\dfrac{qr^3}{R^3}}{4\pi\varepsilon_0 r^2} \boldsymbol{r}_0 = \frac{qr}{4\pi\varepsilon_0 R^3} \boldsymbol{r}_0. \quad (r < R)$$

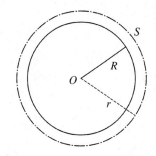

图 11-14　均均带电球体场强的计算

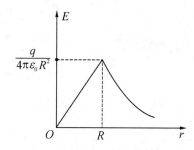

图 11-15　均匀带电球体场强的分布

由此可见,带电球体外部的场强,相当于所有电荷集中于球心时的点电荷的场强,而球体内部的场强的大小与 r 成正比,且在球体表面上场强最大.场强的 E-r 分布曲线如图 11-15 所示.

例题 11.5　求均匀无限长带电直细棒的电场中的场强分布.设棒上线电荷密度为 η,如图 11-16 所示.

解　首先分析对称性.以棒为轴线,作半径为 r,圆心在细棒上的圆环,在环面两侧

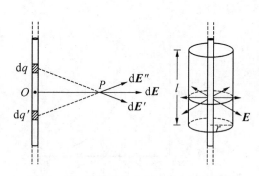

图 11-16　无限长均匀带电直细棒的场强

对称地取电荷元 dq 和 $dq'(dq = dq')$.由于对称的缘故,它们在环上任一点 P 的激发的场强 $d\boldsymbol{E}(d\boldsymbol{E}'$ 和 $d\boldsymbol{E}''$ 矢量和)均沿环的径向方向 OP,且大小相等.由于整个带电细棒可看成由一对对与 O 对称的电荷元组成,故整个带电直细棒在圆环上各点的电场均沿径向且大小相等.又因为棒为无限长,所以环的位置并无特定意义,也就是说,在以棒为轴的同一圆柱面上各处的场强相同.

根据上面分析,取以棒为轴,以 r 为底面半径,l 为高作圆柱形高斯面,圆柱的侧面上应用高斯定理有

$$\oiint E\cos\theta \mathrm{d}S = \iint\limits_{\text{侧面}} E\cos\theta \mathrm{d}S + \iint\limits_{\text{上底}} E\cos\theta \mathrm{d}S + \iint\limits_{\text{下底}} E\cos\theta \mathrm{d}S.$$

由于上下底面上 $\theta = \dfrac{\pi}{2}$,$\cos\theta = 0$,所以后两项积分均为零.而侧面上 $\theta = 0$,$\cos\theta = 1$,上式化为

$$\oiint E\cos\theta \mathrm{d}S = \iint\limits_{\text{侧面}} E\mathrm{d}S = 2\pi rlE.$$

由高斯定理得

$$2\pi rlE = \frac{\eta l}{\varepsilon_0}, \quad \boldsymbol{E} = \frac{\eta}{2\pi\varepsilon_0 r}\boldsymbol{r}_0.$$

这与用叠加原理计算的结果一致,显然用高斯定理计算要简单得多.

例题 11.6　求均匀带电的无限大平面的场强分布.设电荷面密度为 σ,如图 11-17 所示.

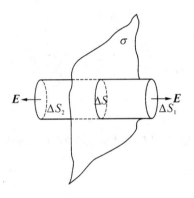

解　由于是无限大均匀带电平面,电荷分布具有平面对称性,因而由对称性分析可以确定电场分布关于带电面对称,且场强方向垂直于平面(请读者自己分析).为此,可通过平面上一小圆面积 ΔS,作一封闭柱面,柱面轴线和平面正交,两底面的面积 $\Delta S_1 = \Delta S_2 = \Delta S$.且 ΔS_1 和 ΔS_2 到带电面的距离相等,如图 11-17 所示,应用高斯定理有

图 11-17　无限大均匀带电平面场强

$$\oiint E\cos\theta \mathrm{d}S = \iint\limits_{\Delta S_1} E\cos\theta \mathrm{d}S + \iint\limits_{\Delta S_2} E\cos\theta \mathrm{d}S + \iint\limits_{\text{侧面}} E\cos\theta \mathrm{d}S = \frac{\sigma\Delta S}{\varepsilon_0}.$$

对于侧面,$\cos\theta = 0$,通量为零.两底面处 $\cos\theta = 1$,且 E 为常数,可将上式转化为

$$E\Delta S_1 + E\Delta S_2 = 2E\Delta S = \frac{\sigma\Delta S}{\varepsilon_0},$$

所以

$$\boldsymbol{E} = \frac{\sigma}{2\varepsilon_0}\boldsymbol{n}_0,$$

其中 $\boldsymbol{n}_0$ 为背离带电平面的单位矢量.

从上面几个例子可以看出,在某些情况下,若电荷分布已知,电场的分布具有对称性,又可以找到适当的封闭曲面,使积分 $\oiint\limits_{S} E\cos\theta \mathrm{d}S$ 易于计算,则利用高斯定理计算带电系统的电场分布是很方便的.

§11.5 电场力的功 电势

上面我们从电荷在静电场中受力的研究,得到了静电场的一个重要定理,即高斯定理.现在我们再从电场力对电荷做功的讨论,进一步研究静电场的性质.

1. 电场力的功

首先讨论点电荷 Q 的电场中,电场力对试探电荷 q 做的功.

设 q 从电场中的 a 点沿任意路径移动到 b 点,由于是变力做功,可以在路径上任取元位移 $\mathrm{d}l$,设该处的电场强度为 $\boldsymbol{E}$,如图 11 - 18 所示,电场力对 q 所做的元功为

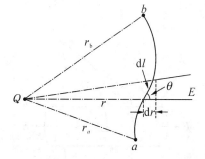

图 11 - 18 点电荷电场中电场力做功

$$\mathrm{d}A = q\boldsymbol{E} \cdot \mathrm{d}\boldsymbol{l} = qE\cos\theta\mathrm{d}l$$
$$= \frac{1}{4\pi\varepsilon_0}\frac{Qq}{r^2}\cos\theta\mathrm{d}l$$
$$= \frac{1}{4\pi\varepsilon_0}\frac{Qq}{r^2}\mathrm{d}r,$$

其中 $\cos\theta\mathrm{d}l = \mathrm{d}r$. 当 q 从 a 点沿任意路径移动到 b 点时,电场力所做的总功为

$$A_{ab} = \int\mathrm{d}A = q\int_a^b\boldsymbol{E}\cdot\mathrm{d}\boldsymbol{l} = \frac{Qq}{4\pi\varepsilon_0}\int_{r_a}^{r_b}\frac{\mathrm{d}r}{r^2} = \frac{Qq}{4\pi\varepsilon_0}\left(\frac{1}{r_a} - \frac{1}{r_b}\right), \tag{11-29}$$

式中 r_a 和 r_b 分别为 Q 到 a,b 两点间的距离.

由(11-29)式可见,在点电荷 Q 的电场中,电场力所做的功与路径无关,仅与试探电荷 q 的电荷量及路径的起点和终点的位置有关.

对任意点电荷系的电场,由于场强满足叠加原理,所以电场对试探电荷所做的功也应等于各点电荷的电场力所做的功的代数和,即

$$A = \sum_{i=1}^i A_i = \sum_{i=1}^i \frac{Q_iq}{4\pi\varepsilon_0}\left(\frac{1}{r_{ai}} - \frac{1}{r_{bi}}\right), \tag{11-30}$$

式中求和号后的表达式为第 i 个点电荷 Q_i 对 q 做的功. 由于各个点电荷对 q 做的功与路径无关,所以其代数和也与路径无关. 由此可以得出结论:任何静电场对试探电荷做的功,仅与试探电荷的电荷量及路径的始末位置有关,而与移动路径无关. 这说明静电场是保守力场.

静电场是保守力场的性质还可以用下面的式子来描述. 如图 11-19 所示,设试探电荷 q 从电场中 a 点经路径 L_1 到 b 点,再从 b 点经 L_2 回到 a 点,在这一闭合路径中电场力所做的功为

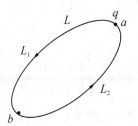

图 11 - 19 在闭合路径中电场力所做的功

$$q \oint_L \boldsymbol{E} \cdot \mathrm{d}\boldsymbol{l} = q \int_{L_1}^b \boldsymbol{E} \cdot \mathrm{d}\boldsymbol{l} + q \int_{L_2}^a \boldsymbol{E} \cdot \mathrm{d}\boldsymbol{l}$$

$$= q \left(\int_{L_1}^b \boldsymbol{E} \cdot \mathrm{d}\boldsymbol{l} - \int_{L_2}^b \boldsymbol{E} \cdot \mathrm{d}\boldsymbol{l} \right).$$

由于电场力做功与路径无关，所以

$$\int_{L_1}^b \boldsymbol{E} \cdot \mathrm{d}\boldsymbol{l} = \int_{L_2}^b \boldsymbol{E} \cdot \mathrm{d}\boldsymbol{l},$$

即

$$\oint_L \boldsymbol{E} \cdot \mathrm{d}\boldsymbol{l} = 0. \tag{11-31}$$

上式称为静电场的环路定理. 环路定理是静电场的另一个重要性质定理，它揭示了静电场的能量的性质，同时它也表明静电力是保守力，因而我们可以引入电势能和电势的概念.

2. 电势能（电位能）

由于静电场力与重力相似，是保守力，所以我们可以仿照重力势能那样，在描述静电场的性质时，引入电势能的概念. 电荷在静电场中一定的位置处，具有一定的势能. 电场力所做的功就是电势能改变的量度. 设以 W_a 和 W_b 分别表示试探电荷 q 在起点 a 和终点 b 处的电势能（或称电位能），可知

$$W_a - W_b = A_{ab} = q \int_a^b E \cos\theta \mathrm{d}l. \tag{11-32}$$

静电势能也与重力势能相似，是一个相对的量. 为了说明电荷在电场中某一点势能的大小，必须有一个作为参考的"零点". 通常规定电荷 q 在无穷远的静电势能为零，亦即令 $W_\infty = 0$，可见电荷 q 在电场中 a 点的静电势能为

$$W_a = A_{a\infty} = q \int_a^\infty E \cos\theta \mathrm{d}l, \tag{11-33}$$

即电荷 q 在电场中某一点 a 处的电势能 W_a 在量值上等于 q 从 a 点处移到无限远处电场力所做的功 $A_{a\infty}$. 电场力所做的功有正（例如在斥力场中）有负（例如在引力场中），所以电势能也有正有负. 应该指出，与重力势能相似，电势能也是属于一定系统的. (11-33)式表示的电势能是试探电荷 q 与电场之间的相互作用能量，电势能是属于试探电荷 q 和电场这整个系统的. 在习惯上，我们仍说电荷 q 在某点的电势能，这是因为在所讨论的问题中，场源电荷的位置不变（即电荷静止，因而其所产生的电场是静电场），系统的能量有变化时，只是可动的试探电荷 q 的位置变化的结果.

3. 电势、电势差

由(11-33)式可知，电荷 q 在电场中 a 点处的电势能与 q 的大小成正比，而比值 $\dfrac{W_a}{q}$

却与 q 无关,只决定于电场的性质以及场中给定点 a 的位置. 所以,这一比值是表征静电场中给定点电场性质的物理量,我们把其称为电势. 用 U_a 表示 a 点的电势,则

$$U_a = \frac{W_a}{q} = \int_a^\infty E\cos\theta \mathrm{d}l. \qquad (11-34)$$

如果令式中 $q=+1$, U_a 就等于 W_a,亦即电场中某点的电势在量值上等于放在该点处的单位正电荷的电势能,也等于单位正电荷从该点经过任意路径到无限远处时电场力所做的功. 电势是标量,其值可正可负.

在国际单位制中电势的单位是伏特(符号为 V). 如果有 1 C 电荷量的点电荷 q 在某处所具有的电势能是 1 J,这点的电势就是 1 V.

在静电场中,任意两点 a 和 b 的电势之差 U_a-U_b 称为电势差,也叫作电压. 以 U_{ab} 表示,即

$$U_{ab} = U_a - U_b.$$

根据(11-34)式可知

$$U_{ab} = \int_a^\infty E\cos\theta \mathrm{d}l - \int_b^\infty E\cos\theta \mathrm{d}l = \int_a^b E\cos\theta \mathrm{d}l. \qquad (11-35)$$

由此可知:在静电场中两点间的电位差,在数值上等于把单位正电荷从 a 点移到 b 点时,电场力所做的功. 因此,当任一电荷 q 在电场中从 a 点移到 b 点时,电场力所做的功可用电势差表示为

$$A_{ab} = qU_{ab} = q(U_a - U_b). \qquad (11-36)$$

在实际应用中,需要用到的往往是两点间的电势差,而不是某一点的电势,因此电势为零的点实际上是可以任意选取的.

4. 电势求解问题举例

(1) 点电荷电场中电势的分布

设有点电荷 Q 在无限大的均匀电介质中产生电场,我们来计算电场中任意一点 P 处的电势 U_P. 设 P 点到 Q 的距离为 r,电介质的介电常数为 ε,以无穷远为势能零点,则由(11-34)式得

$$U_P = \int_P^\infty E\cos\theta \mathrm{d}l = \int_P^\infty \frac{Q}{4\pi\varepsilon r^2}\mathrm{d}r = \frac{Q}{4\pi\varepsilon r}. \qquad (11-37)$$

由此可见,若 Q 是正号的,各点电势也是正的,离点电荷 Q 愈远,电势愈低,在无穷远处电势为零,这是在正电荷的电场中,电势的最小值;若 Q 是负号的,各点电势也是负的;离点电荷 Q 愈远,电势愈高,在无穷远处电势为零,这是在负电荷的电场中,电势的最大值.

如果点电荷 Q 在真空中,则与 Q 的距离为 r 的 P 点处的电势是

$$U_P = \int_P^\infty E\cos\theta \mathrm{d}l = \frac{Q}{4\pi\varepsilon_0 r}. \qquad (11-37a)$$

（2）点电荷系的电场中各点的电势

在点电荷系 $Q_1, Q_2, \cdots, Q_n$ 的电场中，由于场强满足叠加原理，因此任何一段位移上电场力所做的功等于各点电荷电场力所做功的代数和. 由此可推知电场中任一点 P 处的电势为

$$U_P = \sum_{i=1}^{n} U_i = \sum_{i=1}^{n} \frac{Q_i}{4\pi\varepsilon_0 r_i}, \text{（真空中）} \tag{11-38}$$

$$U_P = \sum_{i=1}^{n} U_i = \sum_{i=1}^{n} \frac{Q_i}{4\pi\varepsilon r_i}, \text{（无限大均匀电介质中）} \tag{11-38a}$$

式中 r_i 为 P 点到 Q_i 的距离. 这就是说，n 个点电荷在某点产生的电势，等于各个点电荷单独存在时，在该点产生的电势的代数和. 这个结论称为电势叠加原理.

（3）电荷连续分布的带电体的电场中各点的电势.

对于电荷连续分布的带电体，(11-38)式中的求和应改为积分，设 dq 为电荷分布中的任一电荷元，r 为 dq 到给定点 P 的距离，P 点的电势为

$$U_P = \int \frac{dq}{4\pi\varepsilon_0 r}, \text{（真空中）} \tag{11-39}$$

$$U_P = \int \frac{dq}{4\pi\varepsilon r}. \text{（无限大均匀电介质中）} \tag{11-39a}$$

由于电势是标量，积分是标量积分，所以电势的计算比场强的计算要简便得多.

例题 11.7　求距偶极子相当远处一点的电势.

解　如图 11-20 所示，设偶极子中点 O 与场点 P 的距离为 $r(r \gg l)$，OP 与 l 的夹角为 θ，则有

$$r_+ = r - \frac{l}{2}\cos\theta, \quad r_- = r + \frac{l}{2}\cos\theta.$$

由(11-38)式知，P 点的电势为

$$\begin{aligned} U &= \frac{q}{4\pi\varepsilon_0 r_+} - \frac{q}{4\pi\varepsilon_0 r_-} = \frac{q}{4\pi\varepsilon_0}\left(\frac{r_- - r_+}{r_- r_+}\right) \\ &= \frac{ql\cos\theta}{4\pi\varepsilon_0\left(r^2 - \dfrac{l^2\cos^2\theta}{4}\right)}. \end{aligned}$$

因为 $r \gg l$，略去 l^2 项，则

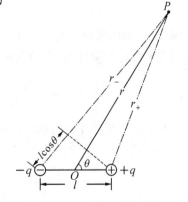

图 11-20　电偶极子的电势

$$U \approx \frac{ql\cos\theta}{4\pi\varepsilon_0 r^2} = \frac{p\cos\theta}{4\pi\varepsilon_0 r^2},$$

式中 p 为电偶极子的电偶极矩 p 的大小.

例题 11.8　求均匀带电圆环轴线上距环心为 x 处 P 点的电势. 设圆环半径为 R，带电荷为 q.

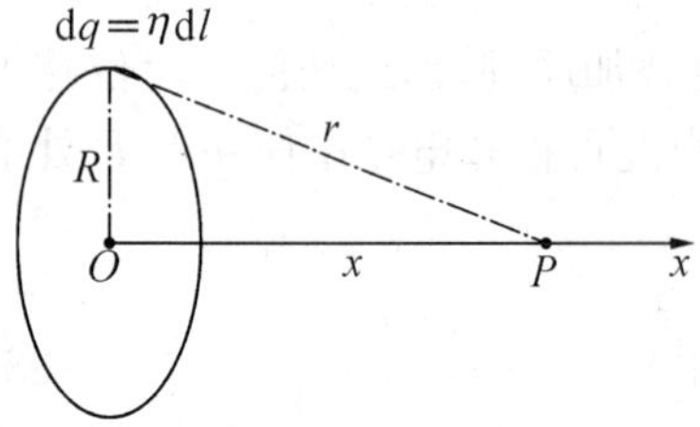

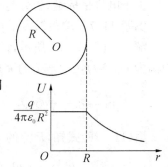

图 11-21 计算均匀带电圆环的电势

解 如图 11-21 所示,在环上取一线元 $\mathrm{d}l$,带电荷为

$$\mathrm{d}q = \eta\mathrm{d}l = \frac{q}{2\pi R}\mathrm{d}l,$$

则 $\mathrm{d}q$ 在轴线上 P 点的电势为

$$\mathrm{d}U = \frac{\mathrm{d}q}{4\pi\varepsilon_0 r} = \frac{\eta\mathrm{d}l}{4\pi\varepsilon_0(x^2+R^2)^{1/2}}.$$

整个带电圆环在 P 点的电势为

$$U = \int\mathrm{d}U = \int_0^{2\pi R}\frac{\mathrm{d}l}{4\pi\varepsilon_0(x^2+R^2)^{1/2}} = \frac{\eta 2\pi R}{4\pi\varepsilon_0(x^2+R^2)^{1/2}} = \frac{q}{4\pi\varepsilon_0(x^2+R^2)^{1/2}}.$$

在 $x\gg R$ 时,则

$$U = \frac{q}{4\pi\varepsilon_0 x},$$

与点电荷的电势公式相同.上式表明,当场点较远时,带电圆环可视为点电荷.

例题 11.9 求均匀带电球面内外的电势分布.设球面半径为 R,带电荷为 q.

解 如图 11-22 所示,题中所述球面上的电荷分布和球面内、外电场分布均具有球对称性,其电场分布在例 11-3 中已由高斯定理求出

$$\boldsymbol{E} = 0, (r < R)$$

$$\boldsymbol{E} = \frac{q}{4\pi\varepsilon_0 r^2}\boldsymbol{r}_0. \ (r > R)$$

因此,可由场强积分的方法求解电势分布,积分沿矢径方向且取无穷远为参考点.当场点在球面外时$(r > R)$,有

$$U = \int_r^\infty \boldsymbol{E}\cdot\mathrm{d}\boldsymbol{r} = \int_r^\infty\frac{q}{4\pi\varepsilon_0 r^2}dr = \frac{q}{4\pi\varepsilon_0 r},$$

相当于 q 集中在球心的点电荷的电势.

图 11-22 均匀带电球面的电势

当场点在球面内时$(r < R)$,积分应分段进行,即

$$U = \int_r^\infty \boldsymbol{E}\cdot\mathrm{d}\boldsymbol{r} = \int_r^R \boldsymbol{E}\cdot\mathrm{d}\boldsymbol{r} + \int_R^\infty \boldsymbol{E}\cdot\mathrm{d}\boldsymbol{r}$$

$$= \int_R^\infty\frac{q}{4\pi\varepsilon_0 r^2}dr = \frac{q}{4\pi\varepsilon_0 R}.$$

可见,球面内电势处处相等,且等于球面表面的电势.U-r 曲线如图 11-22 所示.

5. 电场的图示法——等势面

为形象地描述电场中场强的分布,我们曾借助电场线这一几何手段.同样,我们还可以引入等位面来形象的描述电场的电势分布.电场中电势相等的点所构成的曲面称为等

势面.

图 11-23 给出了几种常见电场的等势面和电场线图.各个图中,虚线表示等势面,实线表示电场线.图中电势沿电场线方向降低.例如点电荷的电势 $U = \dfrac{q}{4\pi\varepsilon_0 r}$,显然 r 相同的各点电势相等,即点电荷的电场中的等势面是以 q 为球心的一系列同心球面,如图 11-23(a)中的虚线所示.

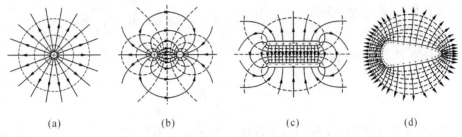

| (a) | (b) | (c) | (d) |

图 11-23　几种常见电场的等势面和电场线图

等势面具有下列两条重要的性质:

性质 1:沿等势面移动电荷,电场力做功为零.

性质 2:等势面和电场线处处正交.

设 a,b 为等势面上两点,沿等势面移动电荷 q 由 a 到 b,电场力所做的功 $A = q(U_a - U_b) = 0$,这就证明了性质 1;又设 a,b 靠得很近,相当于元位移 $\mathrm{d}l$,电场移动电荷 q 的元功为

$$\mathrm{d}A = qE\cos\theta\,\mathrm{d}l = 0,$$

这说明只能在 $\cos\theta=0$,$\theta=\pi/2$ 时,等式才能成立,即 E 与 $\mathrm{d}l$ 正交.

一般来说,过电场中的任一点都可以作等势面,为使等势面能更直观地反映电场的性质,我们在画等势面时,通常规定任意两相邻等势面的电势差为恒量.在此规定下,等势面密集处,电场力移动电荷做等值的功所移动的距离短,表明该处的场强大,反之较小,如图 11-24 所示.即用等势面的疏密程度可以大致描述电场大小的分布.

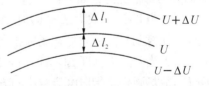

图 11-24　等势面疏密与场强大小的关系

§11.6　电场强度与电势的关系

电场强度和电势都是描述电场性质的物理量,它们之间存在着密切的联系.在电场中任取一点 P_1,过 P_1 做等势面 S_1 及其法线 $\boldsymbol{n}_0$,在法线上取与 P_1 极近的点 P_2,过 P_2 做等势面 S_2,如图 11-25 所示.

规定 S_1 及 S_2 面的法向单位矢量 $\boldsymbol{n}_0$ 由 P_1 指向 P_2,并用 Δn 表示 P_1 与 P_2 间的距离的绝对值($\Delta n>0$).由等势面与电场线垂直的性质知,$\boldsymbol{E}$ 与 $\boldsymbol{n}_0$ 只能同向或反向,以 E_n 表示 E

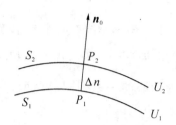

图 11-25 电场强度和电势的关系

在 $\boldsymbol{n}_0$ 方向的投影,则

$$\boldsymbol{E} = E_n \boldsymbol{n}_0.$$

当 $E_n > 0$ 时,$\boldsymbol{E}$ 与 $\boldsymbol{n}_0$ 同向,否则,$\boldsymbol{E}$ 与 $\boldsymbol{n}_0$ 反向.

以 U_1,U_2 分别表示 P_1 及 P_2 点的电势,由(11-35)式可知

$$U_1 - U_2 = \int_{P_1}^{P_2} \boldsymbol{E} \cdot \mathrm{d}\boldsymbol{l} = \int_{P_1}^{P_2} E_n \boldsymbol{n}_0 \cdot \mathrm{d}\boldsymbol{l}.$$

令积分沿 P_1,P_2 的连线进行

$$U_1 - U_2 = \int_{P_1}^{P_2} E_n \mathrm{d}l.$$

由于 P_1 与 P_2 相距很近,可以认为连线上各点的 E_n 不变,故

$$U_1 - U_2 = E_n \Delta n.$$

令 $\Delta U = U_2 - U_1$ 表示电势的增量,代入上式得:

$$E_n = -\frac{\Delta U}{\Delta n}, \tag{11-40}$$

即

$$\boldsymbol{E} = -\frac{\Delta U}{\Delta n} \boldsymbol{n}_0. \tag{11-41}$$

上式表明:

1. 电场中某点的场强与过该点的等势面垂直,而且指向电势减小的方向.有关 $\boldsymbol{E}$ 的方向分两种情况讨论如下:

(1) 当 $U_1 > U_2$(即 $\Delta U < 0$)时,$\Delta U / \Delta n < 0$,由(11-41)式知,$\boldsymbol{E}$ 与 $\boldsymbol{n}_0$ 同向,即从 P_1 指向 P_2.注意到 $U_1 > U_2$,可知场强指向电势降低的方向.

(2) 当 $U_1 < U_2$(即 $\Delta U > 0$)时,$\Delta U / \Delta n > 0$,由(11-41)式得,$\boldsymbol{E}$ 与 $\boldsymbol{n}_0$ 反向,即从 P_2 指向 P_1,故场强仍是指向电势减小的方向.

2. 电场中某点场强的大小等于该点电势沿等势面法向的变化率(沿法向的方向导数).严格来说,令 $P_2 \rightarrow P_1$ 时,(11-41)式应写为

$$\boldsymbol{E} = -\left(\lim_{P_2 \rightarrow P_1} \frac{\Delta U}{\Delta n}\right) \boldsymbol{n}_0 = -\frac{\partial U}{\partial n} \boldsymbol{n}_0. \tag{11-42}$$

这就是电场强度 $\boldsymbol{E}$ 与电势之间的微分关系.

从数学意义上讲,$\dfrac{\partial U}{\partial n} \boldsymbol{n}_0$ 称为电势的梯度,在矢量分析中,常用 grad 或算符 ∇ 表示,因而上式又可写成

$$\boldsymbol{E} = -\mathrm{grad}U = -\nabla U. \tag{11-43}$$

这也就是说,电场中某点的电场强度等于该点电势梯度的负值.因此,在直角坐标系中,电场强度的三个分量可以表示为

$$E_x = -\frac{\partial U}{\partial x}, \quad E_y = -\frac{\partial U}{\partial y}, \quad E_z = -\frac{\partial U}{\partial z}.$$

由(11-42)式,可以很方便地根据电势的分布来求场强,为此只需做一微分运算.由于电势是标量,其计算比场强的计算要容易得多,所以在求场强分布时,可以先求电势分布,然后利用(11-42)式求场强分布.当然如果场强分布已知,或场强分布很容易用高斯定理求得,也可以用 E 的积分求电势 U.

例题 11.10　已知半径为 R,均匀带电 q 的细圆环轴线上距环心 x 处的电势为

$$U = \frac{q}{4\pi\varepsilon_0 \sqrt{R^2 + x^2}},$$

求轴线上离环心为 x 处的场强.

解　由(11-42)式,有

$$E_x = -\frac{\partial U}{\partial x} = -\frac{\partial}{\partial x}\left[\frac{q}{4\pi\varepsilon_0 \sqrt{R^2 + x^2}}\right] = \frac{qx}{4\pi\varepsilon_0 (R^2 + x^2)^{3/2}},$$

$$E_y = -\frac{\partial U}{\partial y} = 0,$$

$$E_z = -\frac{\partial U}{\partial z} = 0.$$

轴线上 x 一点处的场强为

$$E = E_x = \frac{qx}{4\pi\varepsilon_0 (R^2 + x^2)^{3/2}},$$

与场强的矢量叠加法计算的结果完全一致.

习　　题

11.1　氢原子由一质子和一个电子组成.根据经典模型,在正常状态下,电子绕核做圆周运动,轨道半径为 5.29×10^{-11} m.已知质子质量 1.67×10^{-27} kg,电子质量 9.11×10^{-31} kg,电荷分别为 $+e = 1.60\times10^{-19}$ C 和 $-e = -1.60\times10^{-19}$ C,万有引力常数 $G = 6.67\times10^{-11}$ N·m²·kg⁻².

(1) 求电子所受的库仑力.

(2) 库仑力是万有引力的多少倍?

(3) 求电子绕核运动的速率和频率(即单位时间绕核的周数).

(4) 由(1)(2)的结果讨论微观粒子运动时为什么可以忽略万有引力和粒子本身的重力.

11.2　为了得到 1 C 电荷量大小的概念,试计算两个电荷都是 1 C 的点电荷在真空中相距 1 m 时的相互作用力和相距 1 000 m 时的相互作用力.

11.3　两个点电荷带的电荷量分别为 $2q$ 和 q,相距 L.将第三个点电荷放在何处时,它所受的合力

为零？此处由 $2q$ 和 q 产生的合场强是多少？

11.4　三个电荷量均为 q 的点电荷放在等边三角形的各顶点上. 在三角形中心放置怎样的点电荷，才能使作用在每一点电荷上的合力为零？

11.5　两等量同号点电荷相距为 a，在其连线的中垂面上放一点电荷. 根据对称性可知，该点电荷在中垂面上受力的极大值的轨迹是一个圆. 求该圆的半径.

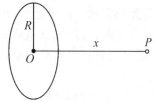

题 11.7 图

11.6　两个点电荷，$q_1 = 8.0\ \mu C$，$q_2 = -1.60\ \mu C$，相距 20 cm. 求离它们都是 20 cm 处的电场强度.

11.7　如图所示，半径为 R 的均匀带电圆环，带电荷为 q.

(1) 求轴线上离环心 O 为 x 处的场强 $\boldsymbol{E}$.

(2) 画出 E-x 曲线.

(3) 轴线上何处的场强最大？其值是多少？

11.8　求均匀带电半圆环的圆心 O 处的场强 $\boldsymbol{E}$. 已知圆环的半径为 R，带电荷为 q.

11.9　计算线电荷密度为 η 的无限长均匀带电线弯成如图所示形状时，半圆心 O 处的场强 $\boldsymbol{E}$. 圆半径为 R，直线 Aa 和 Bb 平行.

11.10　半径为 R 的圆平面均匀带电，电荷面密度为 σ，求轴线上离圆心 x 处的场强.

11.11　(1) 一点电荷 q 位于一立方体中心，立方体边长为 a. 试问通过立方体一面的电通量是多少？

(2) 如果这电荷移到立方体的一个顶点上，这时通过立方体每一面的电通量各是多少？

11.12　一厚度为 d 的无限大平板，体内均匀带电，电荷体密度为 ρ，求板内、外场强分布.

11.13　半径为 R 的无限长直圆柱体内均匀带电，电荷体密度为 ρ，求体内外场强分布，并画出 E-r 分布曲线.

11.14　一对无限长的共轴直圆筒，半径分别为 R_1 和 R_2，筒面上都均匀带电. 沿轴线单位长度的电荷密度分别为 λ_1 和 λ_2. 求

(1) 求各区域内的场强分布；

(2) 若 $\lambda_1 = -\lambda_2$，情况又如何？

11.15　两同心均匀带电球面，带电荷分别为 q_1 和 q_2，半径分别为 R_1 和 R_2.

(1) 求各区域内的场强分布；

(2) 若 $q_1 = -q_2$，情况又如何？

11.16　根据量子理论，氢原子中心是一个带正电 q 的原子核（可视为点电荷），外面是带负电的电子云. 在正常状态（核外电子处在 s 态）下，电子云的电荷密度分布是球对称的：

$$\rho(r) = -\frac{q}{\pi a_0^3} e^{-\frac{2r}{a_0}},$$

式中 a_0 是一常数（相当一经典原子模型 s 态电子圆形轨道半径，称为玻尔半径）. 求原子内电场的分布.

11.17　求半径为 R，带电荷为 q 的均匀带电圆平面轴线上的电势分布. 再利用电势梯度求轴线上一点的场强.

11.18　求 11.15 题中各区域的电势分布并讨论当 $q_1 = -q_2$ 时的电势分布，并画出 U-r 曲线.

11.19　求 11.14 题中当 $\lambda_1 = -\lambda_2 = \lambda$ 时各区域的电势分布及两筒间的电势差.

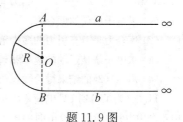

题 11.9 图

第 12 章　静电场中的导体和电介质

在上一章中,我们讨论了真空中静电场的基本规律.而实际空间中存在有大量的物质,按导电性这些物质可分为导体和电介质.处在电场中的导体和电介质由于受到电场的作用,其电性质将会出现一些微小变化.而这些变化,反过来又会对原电场产生影响.本章将讨论静电场中有金属导体和电介质存在时的各种问题,并介绍几个新的物理量,最后讨论静电场的能量,从一个侧面来反映电场的物质性.

§12.1　静电场中的导体

从物质的电结构方面来看,任何物体都有可能带电.当物体的某部分带电后,如果能够将所获得的电荷迅速地向其他部分传布开来,则这种物体称为导电体,简称导体;如果物体的某部分带电后,其电荷只能停留在该部分,而不能显著地向其他部分传布,这种物体称为绝缘体,又称电介质.由于电介质不能导电,所以容易出现带电现象.各种金属以及碱、酸或盐的溶液(即电解质)、人体、地球等都是导体.还有一种导电能力介于导体和电介质两者之间的物质,叫作半导体.在导体、半导体和电介质之间并无严格的界限,只是导电的程度不同罢了.

1. 金属导体的电结构

导体能够很好地导电,是由于导体中存在着大量可以自由移动的电荷.就金属导体而言,这种自由电荷就是自由电子.在各种金属导体中,由于原子中最外层的价电子与原子核之间的吸引力很弱,所以很容易摆脱原子的束缚,脱离原来所属的原子而在金属中自由运动,成为自由电子;而组成金属的原子,由于失去了部分价电子,成为带正电的离子.正离子在金属中按一定的分布规则排列着,形成金属的骨架,称为晶体点阵.因此,从物质的电结构来看,金属导体具有带负电的自由电子和带正电的晶体点阵(图 12-1).

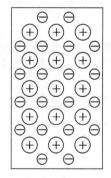

图 12-1　晶体点阵和
自由电子的示意图

当导体不带电也不受外电场作用时,在导体内任意划取的微小体积元内,自由电子的负电荷和晶体点阵上的正电荷的数目是相等的,整个导体或其中任一部分都不显现电性,而呈中性.这时两种电荷在导体内均匀分布,没有宏观移动,只有微观的热运动存在.

2. 导体的静电平衡条件

当导体受到外电场的作用时,不论导体原来是否带电,导体中的自由电子,在外电场力的作用下,将出现宏观运动,使得导体内部的正、负电荷重新分布,直到导体上重新分布的电荷所产生的电场与外电场对自由电子的作用相互抵消,导体中电荷的宏观运动才会停止,达到新的静电平衡.

显然,要使导体内部没有电荷的宏观运动,导体内部的自由电子所受的合力一定为零. 在只有静电力作用时,$F=eE$. 当 $F=0$ 时,一定是导体内任一点的场强 $E_i=0$,否则,导体内自由电子的定向运动就会持续下去,那就不是静电平衡了. 因而可以断定,导体处于静电平衡时,导体内部各点的场强为零,这称为导体的静电平衡条件.

根据静电平衡的条件,容易得出以下结论:

(1) 静电平衡下的导体是等势体,导体的表面是等势面.

由于静电平衡时导体内部场强处处为零,在导体内任意两点间移动电荷时电场力所做的功为零,由(11-36)式知这两点电势相等. 可见,静电平衡下导体是等势体,其表面是等势面.

(2) 在导体表面外,靠近表面处一点的场强的大小与导体表面对应点处的电荷面密度成正比,方向与该处导体表面垂直.

处于静电平衡的导体,表面是等势面. 由于电场线处处与等势面垂直,所以导体表面附近若存在电场,则场强方向必与表面垂直. 场强大小与表面电荷面密度的关系,可由高斯定理导出.

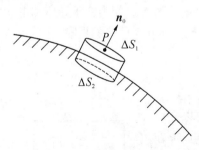

图 12-2　推导导体表面场强与
电荷面密度的关系

如图 12-2 所示,在导体外紧靠表面处任取一点 P,过 P 作导体表面的外法线单位矢量 n_0,则 P 点的场强可表为

$$E = E_n n_0,$$

其中 E_n 是 E 在 n_0 方向上的分量,过 P 作一个与导体表面平行的小面元 ΔS_1,以 ΔS_1 为底,n_0 方向为轴作一个扁平状圆柱面,另一底面 ΔS_2 在导体内部,$\Delta S_1 = \Delta S_2 = \Delta S$. 整个柱体的表面构成封闭曲面. 曲面的电通量由上、下底及侧面的电通量三部分组成. 在下底面 ΔS_2 上 $E=0$,电通量也为零;侧面电通量在导体内为零,导体外由于场强与表面法向正交,因而也为零;所以整个曲面的电通量为

$$\Phi_e = E_n \Delta S = \frac{\sigma \Delta S}{\varepsilon_0},$$

故

$$E_n = \frac{\sigma}{\varepsilon_0}, \tag{12-1}$$

写成矢量式为

$$E = \frac{\sigma}{\varepsilon_0} \boldsymbol{n}_0.\tag{12-2}$$

当 $\sigma > 0$ 时，E 沿 $\boldsymbol{n}_0$ 方向；当 $\sigma < 0$ 时，E 与 $\boldsymbol{n}_0$ 反向.

3. 导体表面上的电荷分布

当导体处于静电平衡时，导体所带电荷的分布情况，可分析如下：

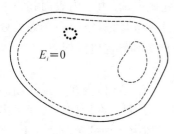

图 12-3　带电导体的电荷
分布在外表面上

设想在导体的内部任取一闭合曲面，如图 12-3 所示. 因为在这一闭合曲面上任一点的场强都是零，通过这一闭合曲面的电通量为零. 根据高斯定理可知，这一闭合曲面内的净电荷也是零. 由于所取闭合曲面的任意性，可推出下述结论：导体处于静电平衡状态时，导体内处处无净余电荷，电荷只能分布在导体的表面上.

实验表明，导体所带电荷在表面上的分布一般是不均匀的. 对于孤立导体（即与其他导体相距足够远的导体）而言，表面上电荷的分布与表面曲率有关，一般情况下，在表面上曲率越大处，电荷面密度也越大，反之越小. 只有孤立球形导体，因球面各处曲率相同，球面上电荷分布才是均匀的.

根据(12-1)式，在导体表面外，靠近表面处的场强与导体表面对应点处的电荷面密度成正比，因此在带电导体表面上曲率较大的地方，电场强度比较大. 譬如具有尖端的带电导体，其尖端处电荷面密度很大，场强也很大，很容易击穿周围空气，形成尖端放电现象.

如图 12-4 所示，是一个演示实验. 图中金属针接在静电起电机的电极上，使之带电. 由于尖端附近处场强很大，当达到一定量值时，空气中的离子在强电场作用下发生激烈运动，与空气中的分子碰撞而产生大量离子. 与导体上电荷异号的离子受吸引而移向尖端，和导体上的电荷中和；而与导体上电荷同号的离子，受导体电荷的排斥而离开尖端，做加速运动，形成一股"电风"，能把附近的烛焰吹向一边. 这就是尖端放电现象. 此外，避雷针也是应用尖端放电的一个例子.

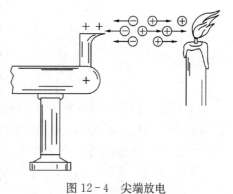

图 12-4　尖端放电

4. 静电屏蔽

处于静电场中的空腔导体在达到静电平衡时，除了具有上面讨论的各种性质之外，还表现出一些新的特性并得到广泛应用，下面简单予以讨论.

（1）空腔内无带电体的情形

此时，空腔导体内表面上处处无感应电荷，电荷只能分布在导体的外表面上. 这可由高斯定理予以证明. 在导体内部作一包围内表面的封闭曲面 S 如图 12-5 所示，由于静电

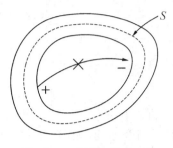

图 12-5　导体空腔内表面
无电荷分布

平衡时导体内 $E=0$,所以曲面 S 上的电通量为零,曲面 S 内的电荷代数和为零. 这有两种可能:一是内表面上处处无电荷;二是导体内表面上一部分带正电,一部分带负电,电荷的代数和为零. 然而,后一种情形并不可能发生,因为若是这样的话,此时必有电场线从正电荷发出,终止于负电荷,导致两部分电势不相等,这不符合导体静电平衡的性质,故只能是内表面上处处无电荷. 由于内表面和空腔内均无电荷,因此空腔内不会有电场线,空腔内场强处处为零,整个空腔是等势区,其电势和导体电势相同.

（2）空腔内有带电体的情形

若空腔内有带电体,设带电荷为 $+q$. 如图 12-6(a)所示,仍在导体内作一封闭曲面 S,由高斯定理可知,导体内表面上将出现等量反号感应电荷 $-q$. 同时在导体外表面上出现感应电荷 $+q$. 由空腔内带电体发出的电场线全部终止在导体内表面的感应电荷上. 当带电体的电荷、形状、空腔内表面的形状以及带电体与内表面的相对位置都确定时,空腔内的电场也惟一确定,与导体外的电场无关.

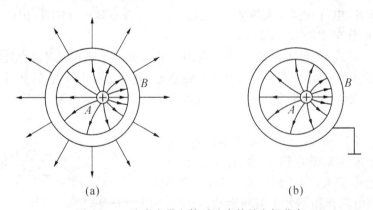

(a)　　　　　　　　　　　　(b)

图 12-6　腔内有带电体时腔内外的电场分布

由以上讨论可以看到,对于空腔导体,无论内部是否有带电体,空腔内部要么无电场,要么电场惟一确定. 两者均表现出与外界电场无关. 空腔导体能把腔内空间与外界隔离,使之不受外界影响,起到了屏蔽作用.

当然,空腔内有带电体时,导体外表面上出现的感应电荷,必然对外界产生影响,如图 12-6(a)所示. 为消除这一影响,可将导体接地,如图 12-6(b)所示.

此时,若空腔导体外部无其他带电体,导体与地（可等同无穷远）等电势,其间不存在电场,不会有电场线. 由此可断定,导体壳外表面上感应电荷全部消失（与大地电荷中和）.

若空腔导体外部有电荷,为简单计,设为点电荷 q,且空腔导体为球形. 由于感应,空腔外表面上的电荷不会完全消失,q 发出的部分电场线终止在球壳外表面因受 q 感应而产生的异号感应电荷上. 但无论空腔内带电体的情形变化与否,怎样变化,空腔外的电场均不受任何影响,如图 12-7 所示. 这表明腔内带电体对外部的影响因导体接地而完全消除,腔外电场完全由腔外电荷 q 和空腔导体因受其感应而产生的表面感应电荷所决定.

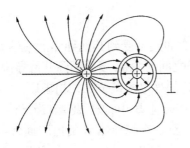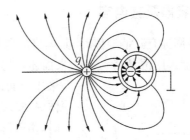

(a) 壳内有一个正点电荷　　　　(b) 壳内有一个偏心的负点电荷

图 12-7　腔外有带电体时,腔内外的电场

由上面讨论可知,空腔导体(不论接地与否)内部电场不受腔外电场的影响;接地导体空腔外部的电场不受腔内电荷的影响.这种隔离作用称为静电屏蔽.

静电屏蔽在电工和电子技术中有广泛的应用.为了避免外界电场对仪器设备(如某些精密电磁测量设备)的干扰,或者为了避免电器设备(如一些高压设备,电磁器件)对外界的影响,一般都在这些设备的外部安装接地的金属外壳.电子信号的传输线一般也包有金属丝隔离层.在高压输电线路上,常进行"等电势高压带电作业",需使用一种保护服,叫作"金属均压服",也是利用了静电屏蔽的原理.

§12.2　电容　电容器

1. 导体的电容

我们知道,导体在静电平衡状态下是一个等势体,其表面上有确定的电荷分布.然而,它的电势和所带的电荷存在什么关系呢?

理论和实验证明,孤立导体表面上的电荷分布由其所带电荷量的大小和表面形状惟一地确定.当电荷量增加时,电荷密度也成正比增加.导体外的电场和导体的电势也成正比增加.即导体的电势与它的所带电荷量成正比,其比值完全由导体的形状和尺寸决定,与导体的所带电荷无关.引入电荷和电势之比,即

$$C = \frac{q}{U}, \tag{12-3}$$

称为孤立导体的电容.在国际单位制中,电容的单位为法拉(F).导体所带的电荷为 1 C,相应的电势 1 V 时,它的电容就是 1 F.法拉这个单位太大,常用微法(μF)或 皮法(pF)等较小的单位.

$$1\,F = 10^6\,\mu F = 10^{12}\,pF.$$

孤立导体的电容的物理意义是使导体升高单位电势所需的电荷,反映了导体容纳电荷的性质.

2. 电容器及其电容

当导体周围有其他导体时,其本身的电荷分布还会受到其他导体上的感应电荷的影响,因而不能再用恒量 $C=q/U$ 来描述 q 与 U 之间的关系. 要想消除其他导体的影响,可

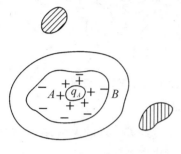

图 12-8　导体 A 和导体壳 B
组成一电容器

采用上面讨论的静电屏蔽方法. 如图 12-8 所示,将导体 A 放入空腔导体 B 中,彼此绝缘. 当导体 A 带电 $+q$ 时,由于静电感应,空腔导体 B 的内表面带电荷为 $-q$,A,B 之间的电场和电势差完全由 A,B 的形状和相对位置以及 A 所带的电荷决定,与导体 B 外的其他导体和电荷无关. 随着 A 所带的电荷的增大,在 A,B 之间产生的场强以及电势差也随之增大,且电荷与电势差存在正比关系,比例关系可写成

$$C = \frac{q}{U_A - U_B} = \frac{q}{U_{AB}}. \tag{12-4}$$

我们把这样的系统称为电容器. 同时把 C 称为电容器的电容,式中 U_{AB} 是 $U_A - U_B$ 差的绝对值.

下面通过对三种电容器电容的计算,了解电容的计算方法和决定电容器的电容的因素.

(1) 球形电容器

球形电容器由一个金属球和一个与它同心的金属球壳构成,内球半径为 R_1,外球壳内半径为 R_2,如图 12-9 所示. 为求得它的电容,可设内球所带电荷为 $+q$,外球壳内表面所带电荷为 $-q$,先计算球与球壳之间的电场分布和电势差,再由公式 (12-4) 求得电容.

由于是球形导体且实现了静电屏蔽,内球上的电荷和球壳内表面上的感应电荷均为球对称分布. 球与球壳间的电场分布也具有球对称性. 由高斯定理可得两者之间任一点 r 处的场强为

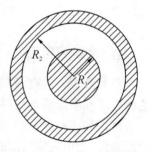

图 12-9　球形电容器

$$\boldsymbol{E} = \frac{1}{4\pi\varepsilon} \frac{q}{r^2} \boldsymbol{r}_0,$$

方向沿半径方向. 取该方向为积分方向,可求得球与球壳间电势差为

$$U_{AB} = \int_{R_1}^{R_2} \frac{q}{4\pi\varepsilon_0 r^2} \mathrm{d}r = \frac{q}{4\pi\varepsilon_0 r}\left(\frac{1}{R_1} - \frac{1}{R_2}\right) = \frac{q(R_2 - R_1)}{4\pi\varepsilon_0 R_1 R_2}.$$

由 (12-4) 式得

$$C = \frac{4\pi\varepsilon_0 R_1 R_2}{(R_2 - R_1)}. \tag{12-5}$$

上式中,当 $R_2 \to \infty$ 时,

$$C = 4\pi\varepsilon_0 R_1, \tag{12-6}$$

此即为孤立球形导体的电容.

（2）平行板电容器

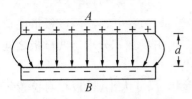

图 12-10　平行板电容器

平行板电容器由两块非常靠近而又相互绝缘的平行导体板构成，如图 12-10 所示. 设平板面积为 S，两板之间的距离为 d，且板面几何线度远大于两板间距 d.

令 A 板均匀带电 $+q$，B 板带等量负电荷 $-q$. 由于板面很大，两板间距很小，所以除板的边缘部分有少量电场泄漏外，两板之间的电场可认为是匀强电场，方向由 $+q$ 指向 $-q$. 前已讨论，两无限大平面带等量异号电荷时，两板之外的场强为零，两板之间的场强为

$$\boldsymbol{E} = \frac{\sigma}{\varepsilon_0}\boldsymbol{n}_0.$$

两板之间的电势差为

$$U_{AB} = U_A - U_B = \int_A^B \boldsymbol{E} \cdot \mathrm{d}\boldsymbol{l} = Ed = \frac{\sigma d}{\varepsilon_0} = \frac{qd}{\varepsilon_0 S}.$$

由（12-4）式得平行板电容器的电容为

$$C = \frac{q}{U_{AB}} = \frac{\varepsilon_0 S}{d}, \tag{12-7}$$

上式表明，平行板电容器的电容与极板面积成正比，与两板的间距成反比，增大面积或减小距离都可增大电容. 当然，还须考虑两板之间的绝缘程度.

（3）圆柱形电容器

圆柱形电容器由一个金属圆柱和一个与它同轴的金属圆筒构成，如图 12-11 所示. 内圆柱体的半径为 R_1，外筒内半径为 R_2，内、外筒之间的距离远小于圆筒的长度 l.

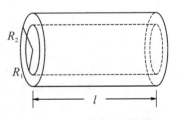

图 12-11　圆柱形电容器

设内、外导体分别均匀带电 $+q$ 和 $-q$. 由于 $l\gg(R_2 - R_1)$，忽略边缘效应，可认为电场完全集中在两导体之间，且由于电荷的分布具有轴对称性，故电场的分布也具有轴对称性. 利用高斯定理，可很容易求出两导体之间任一点 r 处的场强，即

$$\boldsymbol{E} = \frac{\lambda}{2\pi\varepsilon_0 r}\boldsymbol{r}_0 = \frac{q}{2\pi\varepsilon_0 lr}\boldsymbol{r}_0.$$

内外导体之间的电势差为

$$U_{AB} = \int_{R_1}^{R_2} \frac{q}{2\pi\varepsilon_0 lr}\mathrm{d}r = \frac{q}{2\pi\varepsilon_0 l}\ln\frac{R_2}{R_1}.$$

圆柱形电容器的电容为

$$C = \frac{q}{U_{AB}} = \frac{2\pi\varepsilon_0 l}{\ln\dfrac{R_2}{R_1}}. \tag{12-8}$$

由上述例子可以总结出计算电容器的电容的一般步骤:(1) 令电容器两极板带电荷 $\pm q$,即对电容器充电;(2) 求出两极板之间的场强分布;(3) 由场强积分求出两极板之间的电势差;(4) 由电容器的电容定义 $C = q/U_{AB}$ 计算其电容.

上述结果表明,电容器的电容完全由电容器的几何形状,尺寸大小,极板相对位置等因素决定,与两极板所带电荷和电势差无关.一般电容器为保证两板间有良好的绝缘,常填入绝缘材料(电介质).实验表明,填入绝缘材料还可使电容器的电容增大.

市售电容器上除标明电容量外,还标有耐压值,使用时必须考虑这个参数.还有一种电解电容器,使用时必须把标有"+"极的一端接高电位,把标有"-"极的一端接低电位.

3. 电容器的连接方式

实际应用中为满足对电容量和耐压的多种需要,常把电容器连接成电容器组,连接的方法一般分为串联和并联两种.图 12-12(a)是电容器的并联,图 12-12(b)是电容器的串联.对于一个电容器组来说,电容器组所带的电荷与两端电势差之比,称为电容器组的等值电容.

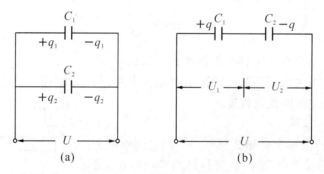

图 12-12 电容器的并联与串联

两电容器并联时,电容器组所带的总电荷 q 为各个电容器上所带电荷之和,电容器组两端电势差 U 与各电容器上电势差相同,即

$$q = q_1 + q_2, \quad U = U_1 = U_2,$$

故并联电容器的等值电容为

$$C = \frac{q}{U} = \frac{q_1}{U} + \frac{q_2}{U} = C_1 + C_2, \tag{12-9}$$

即并联电容器的总电容等于各并联电容器的电容之和.电容器并联时,总电容增大,但电容器组的耐压值与电容器组中耐压最小的电容器的耐压值相同.

两电容器串联时,两端极板充电 $\pm q$,中间各极板由于静电感应在相对极板上出现等

量异号电荷,即各电容器的所带电荷均为 q.若两端电势差为 U,则

$$U = U_1 + U_2,$$

等值电容的倒数为:

$$\frac{1}{C} = \frac{U}{q} = \frac{U_1}{q} + \frac{U_2}{q} = \frac{1}{C_1} + \frac{1}{C_2},\qquad(12-10)$$

即串联电容器的总电容的倒数等于各串联电容器的电容倒数之和. 显然电容器串联时,总电容减小,但耐压值增大. 不过,并不能简单将各电容器耐压值相加作为电容器组的耐压值.

例题 12.1　如图 12-13(a) 所示,电容器 C_1 的电容量已知,当电键 S 打开时给 C_1 充电至正极板带电荷为 q_1,然后断开电源.将电键 S 接通,问最后两个电容器的电压各是多少? 两电容器所带电荷的比是多少?

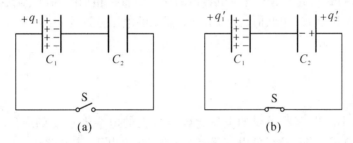

图 12-13　两个电容器的连接

解　首先分析两个电容器的连接方式. 当 K 接通后,C_1 左边极板有一部分正电荷将流到 C_2 右边极板上,如图 12-13(b)所示,设为 q_2',这时 C_1 左边极板上剩余电荷 q_1',显然 $q_1'+q_2'=q_1$,同时,由于静电感应,C_2 左端极板感应出 $-q_2'$,并有 $+q_2'$ 电荷流入 C_1 右极板与其负电荷中和,直到 C_1 右边极板的电荷也为 $-q_1'$.达到静电平衡时,C_1 左极板与 C_2 右极板等电势,C_1 右极板与 C_2 左极板等电势,即两个电容器的电势差相同. 由上分析可知,两电容器是并联连接,可用并联公式求解电容和电压.

$$C = C_1 + C_2,$$

$$U_1 = U_2 = U = \frac{q}{C} = \frac{q_1' + q_2'}{C} = \frac{q_1}{C_1 + C_2},$$

且

$$q_1' = C_1 U = \frac{q_1 C_1}{C_1 + C_2},$$

$$q_2' = C_2 U = \frac{q_1 C_2}{C_1 + C_2},$$

$$\frac{q_1'}{q_2'} = \frac{C_1}{C_2}.$$

上例表明,对连接方式的分析,不能只从形式上而应从物理实质上看.

例题 12.2 在电子仪器中,整流电路常使用滤波电容.现要求滤波电容的耐压为 50 V,电容为 120 μF.但手边只有耐压为 25 V,电容为 200 μF 和 300 μF 的电容若干只.问怎样组合可得所需要的电容?

解 由于电容串联可提升耐压值,故可使用串联的方法.最可行的方法是将两只耐压 25 V,容量 300 μF(或 200 μF)的电容器串联,耐压值可达 50 V,电容为 150 μF(或 100 μF),近似可用.

有同学算出用一只 200 μF 和一只 300 μF 的电容器串联,总电容为

$$C = \frac{C_1 C_2}{C_1 + C_2} = \frac{200 \times 300}{200 + 300} = 120(\mu F),$$

且耐压正好是 $25 + 25 = 50$ (V),岂不更好?但实际上只有容量和耐压值完全相同的电容器串联时,总的耐压值才等于各个电容器的耐压值直接相加的和,否则便须另行计算.

在两个电容器 C_1,C_2 串联时,设两个电容器上的电压分别为 U_1,U_2,由于各极板上电荷均为 q,则

$$q = C_1 U_1 = C_2 U_2, \quad \frac{U_1}{U_2} = \frac{C_2}{C_1}.$$

这表明,电容量小的电容器承受的电压比电容量大的电容器承受的电压要高.若 $C_1 = 200\ \mu F$,$C_2 = 300\ \mu F$,当在这样的电容器组合上加 50 V 电压,容易解出:

$$U_1 = 30\ V, \quad U_2 = 20\ V,$$

显然,电容器 C_1 承受的电压将超过它耐压值 25 V,很容易击穿,从而整个电容器组合也将损坏.

因此,对于这样的电容器组合来说,只能以电容量较小的电容器承压达到其耐压值为基准来具体分析、计算整个组合的耐压值.

容易算出,此例中的电容器组合的耐压值只有

$$25 + \frac{2}{3} \times 25 \approx 41.67\ (V).$$

§12.3 电介质中的静电场 电位移

1. 电介质的电结构

电介质的主要特征是,它的分子中电子被原子核束缚得很紧,即使在外电场作用下,电子一般只能相对原子核有一微观的位移,而不像导体中的电子那样,能够脱离原子做宏观运动.因而电介质在宏观上几乎没有自由电荷,其导电性很差,故亦称绝缘体.但是在外

电场作用下达到静电平衡时,电介质内部的场强也可以不等于零.

由于在电介质中,带负电的电子和带正电的原子核紧密地束缚在一起,故每个电介质分子都可视作中性.但其中正、负电荷并不集中于一点,而是分散于分子所占的体积中.不过,在离开分子的距离比分子本身的线度大得多的地方来观察时,分子中全部正电荷所起的作用可用一个等效的正电荷来代替,全部负电荷所起的作用可用一个等效的负电荷来代替.等效的正、负电荷在分子中所处的位置,称为该分子的正、负电荷"中心".

从分子中正、负电荷中心的分布来看,电介质可分为两类:

一类电介质如氢、氮、甲烷等,分子中的正、负电荷的等效中心在没有外电场时互相重合,这类分子称为无极分子.

另一类电介质如甲醇、二氧化硫、硫化氢等,分子中的正、负电荷的中心在没有外电场时互相不重合,构成一个电偶极子,具有分子电矩 p_m,这类分子称为有极分子.整块的有极分子电介质,可以看成无数多个分子电矩的集合体.

当不加外电场时,有极分子的电矩 p_m 的取向由于分子热运动而表现出空间的各向等几率性,即就介质中任意一个小区域来看,分子电矩都互相抵消,宏观电矩等于零,即 $\sum p_m = 0$,处于电中性状态;至于无极分子电介质在无外场时,当然也是处于宏观电中性状态.

2. 电介质的极化

当电介质置于电场中时,原子中的正、负电荷都将受到电场力的作用,从而会发生一定程度的微小移动,这将导致原子内部的电荷分布发生微小变化,从而出现微小的反向附加电场,这种现象称为电介质的极化.当然,由于有极分子电介质和无极分子电介质的电结构不同,两种电介质在外电场中的极化过程是不相同的.

对于无极分子电介质来说,当其处于外电场 E_0 中时,由于电场力的作用,分子的正、负电荷的中心将发生相对移动,形成了一个沿电场方向的小电偶极矩.就任意小区域看,出现沿电场方向的宏观电矩 $\left(即 \sum p_m \neq 0\right)$,这称为无极分子电介质的位移极化,如图 $12-14(a)$所示.

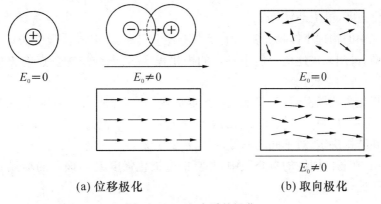

(a) 位移极化　　　　　　　　(b) 取向极化

图 12-14　电介质的极化

对于有极分子电介质来说,在外电场作用下,其分子电矩 $\boldsymbol{p}_m$ 将取向外电场排列,从而在介质中任一小区域也出现宏观电矩(即 $\sum \boldsymbol{p}_m \neq 0$). 这称为有极分子电介质的取向极化,如图 12-14(b)所示.

电介质在电场中极化,出现宏观电偶极矩,也意味着介质中会出现宏观电荷分布. 但与导体不同的是,这些电荷不是自由电荷,而是受到分子束缚,不能在介质中自由移动,称为束缚电荷或极化电荷. 极化电荷在介质中产生附加电场 $\boldsymbol{E}'$,由于这一电场是反抗极化的,称为退极化场. 介质中的总场强

$$\boldsymbol{E} = \boldsymbol{E}_0 + \boldsymbol{E}'.$$

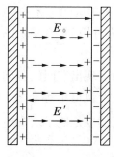

图 12-15 极化电荷产生退极化场

以平行板电容器为例,设在两极板之间放入均匀的电介质平板,如图 12-15 所示. 电容器充电后在两板间产生电场 $\boldsymbol{E}_0$,在 $\boldsymbol{E}_0$ 作用下,介质的分子电矩沿电场排列. 由于是均匀电介质,由图可见,其内部首尾相接的正负电荷作用互相抵消,而在端面处则出现不能抵消的净余电荷. 和电容器正极板相对的一面出现负电荷,和负极板相对的一面出现正电荷. 当然,这些电荷并不能自由移动,而是被分子所束缚. 介质板两端面的束缚电荷在介质内产生电场 $\boldsymbol{E}'$,其方向与 $\boldsymbol{E}_0$ 相反,因而介质中的总场强 $\boldsymbol{E}$ 将比 $\boldsymbol{E}_0$ 小.

3. 电极化强度

从上面关于介质极化机理的讨论中我们知道,无论哪一种介质,当它处于极化状态时,介质内任一物理小体积元 ΔV 内分子电矩的矢量和 $\sum \boldsymbol{p}_m \neq 0$,而且极化程度越强,这个矢量和的数值越大. 为了定量地描述电介质内各处极化的强弱程度,我们引入一个矢量 $\boldsymbol{P}$,定义它为单位体积内分子电矩的矢量和,即

$$\boldsymbol{P} = \frac{\sum \boldsymbol{p}_m}{\Delta V}, \qquad (12-11)$$

$\boldsymbol{P}$ 称为电极化强度,单位是 $C \cdot m^{-2}$.

上述定义中的物理小体积元实际上相当于一个宏观点,电极化强度矢量是一个宏观的矢量点函数,可用来描述电介质中各点的极化程度. 若电介质中各点的 $\boldsymbol{P}$ 的大小和方向都相同,则称为均匀极化.

介质的极化由电场引起,反过来又产生退极化场,使介质内总场强减弱,最终达到一种动态平衡. 可见,反映一点极化强弱的 $\boldsymbol{P}$ 矢量必定与该点的总场强 $\boldsymbol{E}$ 有关. 这一关系由电介质的内在结构决定. 对不同的物质,$\boldsymbol{P}$ 与 $\boldsymbol{E}$ 的关系是不同的.

实验表明,在各向同性的电介质中,某点的电极化强度 $\boldsymbol{P}$ 与该点的场强 $\boldsymbol{E}$ 的方向相同且大小成正比,即

$$\boldsymbol{P} = \varepsilon_0 \chi_e \boldsymbol{E}, \qquad (12-12)$$

式中 χ_e 称为电介质的电极化率,取决于电介质的性质,一般 χ_e 在电介质中各点的值不同.如果电介质中各点的 χ_e 是一个大于零的常数,这样的电介质称为均匀电介质.

4. 电介质中的高斯定理　电位移矢量

根据前面的讨论,电介质的极化过程不过是使原来各部分都呈电中性的物体中有些区域出现过剩的电荷.作为电荷,不管它是如何形成的,我们有理由相信,因极化出现的极化电荷所激发的静电场的特性和自由电荷的电场是一样的,即从激发电场的角度看,与真空中的情形相比,电介质的存在和极化,相当于空间中增加了极化电荷的电场.

于是,前面讨论的真空中的高斯定理应予补充修正,闭合曲面内的电荷应包含束缚电荷,即在电介质中高斯定理应改为

$$\oiint_S \boldsymbol{E} \cdot \mathrm{d}\boldsymbol{S} = \frac{q_0 + q'}{\varepsilon_0}, \tag{12-13}$$

. 其中 q_0 为高斯面内包围自由电荷的代数和,q' 为高斯面内包围束缚电荷的代数和.由于电介质中的束缚电荷 q 不易测定,我们对此式进行变换.为简单起见,我们从均匀电场中充满各向同性的均匀电介质这一特殊情况出发进行讨论如图 12-16 所示,设均匀电场由一平行板电容器激发,平行板电容器的极板面积为 S,间距为 d,其间充满均匀电介质,两极板上均匀分布有正、负自由电荷,这些自由电荷在极板间产生电场 $\boldsymbol{E}_0$.电介质由于极化,在靠近电容器两极板的表面上出现与极板所带自由电荷反号的束缚电荷,整块电介质中所有分子电矩的矢量和

$$\sum \boldsymbol{p}_m \neq 0.$$

设两极板所带自由电荷的面密度分别为 $\pm\sigma_0$,电介质表面出现的极化电荷面密度为 $\pm\sigma'$,根据前面的分析,有

$$E_0 = \frac{\sigma_0}{\varepsilon_0}, \quad \sum p_m = \sigma' S d.$$

由(12-11)式可得介质内极化强度的大小为

$$P = \frac{\sum p_m}{\Delta V} = \frac{\sigma' S d}{S d} = \sigma',$$

方向与 $\boldsymbol{E}_0$ 相同.

在该电场中作一闭合的圆柱形闭合面,如图 12-16 中所示(图中虚线是所作闭合面的截面),其中上、下底面与极板平行,下底面 ΔS_1 在导体极板内,上底面 ΔS_2 在电介质内紧贴电介质的下表面,$\Delta S_1 = \Delta S_2 = \Delta S$,圆柱的侧面与极板垂直.

对整个闭合曲面 S 计算 $\boldsymbol{P}$ 的曲面积分,有

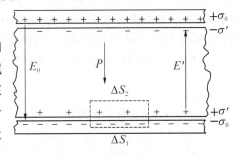

图 12-16　极化电荷与 $\boldsymbol{P}$ 的关系

$$\oiint_S \boldsymbol{P} \cdot \mathrm{d}\boldsymbol{S} = \iint_{\Delta S_1} \boldsymbol{P} \cdot \mathrm{d}\boldsymbol{S} + \iint_{\Delta S_2} \boldsymbol{P} \cdot \mathrm{d}\boldsymbol{S} + \iint_{侧面} \boldsymbol{P} \cdot \mathrm{d}\boldsymbol{S}.$$

因为金属中 $\boldsymbol{P}=0$，而侧面上 $\boldsymbol{P} \cdot \mathrm{d}\boldsymbol{S}=0$，故只剩下 $\boldsymbol{P}$ 对 ΔS_2 的积分，即

$$\oiint_S \boldsymbol{P} \cdot \mathrm{d}\boldsymbol{S} = \iint_{\Delta S_2} \boldsymbol{P} \cdot \mathrm{d}\boldsymbol{S} = -P\Delta S.$$

据前面分析，$P=\sigma'$，所以 $\oiint_S \boldsymbol{P} \cdot \mathrm{d}\boldsymbol{S} = -\sigma'\Delta S = -q'$，

即

$$q' = -\oiint_S \boldsymbol{P} \cdot \mathrm{d}\boldsymbol{S}. \tag{12-14}$$

可见，闭合曲面内极化电荷的电荷量等于极化强度对该曲面通量的负值. 把上式代入(12-13)式得

$$\oiint_S \varepsilon_0 \boldsymbol{E} \cdot \mathrm{d}\boldsymbol{S} = q_0 - \oiint_S \boldsymbol{P} \cdot \mathrm{d}\boldsymbol{S},$$

整理得

$$\oiint_S (\varepsilon_0 \boldsymbol{E} + \boldsymbol{P}) \cdot \mathrm{d}\boldsymbol{S} = q_0. \tag{12-15}$$

令

$$\boldsymbol{D} = \varepsilon_0 \boldsymbol{E} + \boldsymbol{P}, \tag{12-16}$$

$\boldsymbol{D}$ 称为电位移矢量（或电感应矢量）. $\boldsymbol{D}$ 的单位是 $C \cdot m^{-2}$. 据(12-15)式得

$$\oiint_S \boldsymbol{D} \cdot \mathrm{d}\boldsymbol{S} = q_0. \tag{12-17}$$

上式称为电介质中的高斯定理. 它虽是我们从特例推出的，但在一般情形下也是正确的，是有电介质存在时普遍适用的一个重要定理. 其意义是：电位移矢量对任一闭合曲面的通量等于该曲面所包围自由电荷的代数和.

上式表明，$\boldsymbol{D}$ 矢量对闭合面的通量仅与该曲面内的自由电荷有关，而与该曲面内的束缚电荷无关. 但这并不是说 $\boldsymbol{D}$ 本身仅与曲面内的自由电荷有关. 由 $\boldsymbol{D}$ 的定义式可以看出，$\boldsymbol{D}$ 和 $\boldsymbol{P}$ 有关，$\boldsymbol{P}$ 和束缚电荷相联系，而 $\boldsymbol{E}$ 作为总场强，更是由自由电荷和束缚电荷所决定的. 因而，$\boldsymbol{D}$ 既与自由电荷有关，又与极化电荷有关.

对于各向同性的均匀电介质，据(12-12)式有

$$\boldsymbol{P} = \varepsilon_0 \chi_e \boldsymbol{E}.$$

将其代入(12-16)式得

$$\boldsymbol{D} = \varepsilon_0 (1 + \chi_e) \boldsymbol{E}. \tag{12-18}$$

上式说明，介质中任一点的 $\boldsymbol{D}$ 与该点的 $\boldsymbol{E}$ 方向相同，大小成正比.

令

$$\varepsilon_r = 1 + \chi_e > 1, \tag{12-19}$$

ε_r 叫作介质的相对介电常数,是一个大于 1 的常数,由(12-18)式得

$$D = \varepsilon_r \varepsilon_0 E. \tag{12-20}$$

令

$$\varepsilon = \varepsilon_r \varepsilon_0, \tag{12-21}$$

ε 叫作介质的绝对介电常数,简称为介电常数. 如果把真空也看成电介质,其 P 在任何 E 时均为零,则其 $\chi_e = 0, \varepsilon_r = 1, \varepsilon = \varepsilon_0$. 因此在库仑定律中把 ε_0 叫作真空的介电常数,由(12-20)式得

$$D = \varepsilon E, \tag{12-22}$$

它是描述电介质中的 D 与该点的 E 之间非常重要的关系式. 表 12-1 给出一些电介质的介电常数.

表 12-1　部分电介质的相对介电常数

电介质	相对介电常数 ε_r	电介质	相对介电常数 ε_r
真　空	1	普通陶瓷	5.7~6.8
空　气	1.000 590	电　木	7.6
水	78	聚乙烯	2.3
油	4.5	聚苯乙烯	2.6
纸	3.5	二氧化钛	100
玻　璃	5~10	氧化钽	11.6
云　母	3.7~7.5	钛酸钡	$10^2 \sim 10^4$

由(12-17)式和(12-22)式可以导出第 11 章讲过的真空中的高斯定理. 利用介质中的高斯定理可以很方便地求出空间中 D 的分布,然后再利用(12-22)式,把空间中 E 的分布求出来. 对电介质充满电场的情况下,前面针对真空所讨论的结果都可以引用,只需用 ε 代替 ε_0 即可. 如平行板电容器充满线性均匀介质时,仍取图 12-16 中的封闭曲面,应用(12-17)式得

$$\oint_S D \cdot dS = -D\Delta S = -\sigma_0 \Delta S,$$

$$D = \sigma_0.$$

由 $D = \varepsilon E$ 得

$$E = \frac{D}{\varepsilon} = \frac{\sigma_0}{\varepsilon} = \frac{q_0}{\varepsilon_r \varepsilon_0 S} = \frac{1}{\varepsilon_r} E_0,$$

式中 q_0, σ_0 分别为极板所带电荷和电荷面密度,E_0 为没有介质时的场强.

两极板间的电势差

$$U = Ed = \frac{q_0 d}{\varepsilon S},$$

电容器的电容

$$C = \frac{q_0}{U} = \frac{\varepsilon S}{d} = \frac{\varepsilon_r \varepsilon_0 S}{d} = \varepsilon_r C_0, \quad\quad (12-23)$$

式中 C_0 是没有介质时的电容.

可见充满介质后,两极板间的场强减小为原来的 $\frac{1}{\varepsilon_r}$（出现退极化场）,电容增大为原来的 ε_r 倍.

§12.4　电 场 的 能 量

1. 带电体系的静电能

任何物体的带电过程,都是电荷之间相对移动的过程. 由于电荷之间存在着相互作用力,所以在移动电荷到物体上使其成为带电体的过程中,外力要克服电场力做功. 根据能量转化与守恒定律,外力对系统做的功,应当等于系统能量的增加. 因此任何带电系统都具有能量.

为了确定一个带电系统所储藏的能量,我们先研究在系统带电过程中外界能源所做的功. 当某一系统的电荷为 q,电势为 U 时,如果再从电势为零处将 dq 的电荷移到该物体上,而使它的电荷增加 dq,外力所做的功应为

$$dA = Udq,$$

所以在带电体带电 Q 的全过程中,外力所做的总功为

$$A = \int dA = \int_0^Q Udq.$$

上述外力所做的功都将转变为带电系统储藏的能量. 若以 W_e 表示带电系统的能量,则

$$W_e = A = \int_0^Q Udq. \quad\quad (12-24)$$

我们现在再以电容器为例,来计算电容器两极板 A 和 B 分别带有电荷 $+Q$ 和 $-Q$,两极板电势差为 U 时,电容器所具有的能量.

设电容器未充电时,极板上电荷量为零,两板间不存在电场. 现将电容器接在电源的正负极上,则有自由电子从电源负极向电容器右极板迁移,而左极板的自由电子则向电源的正极迁移,如图 12-17 所示. 直到极板间电势差等于电源电压为止. 此时,两极板带等量异号电荷 $\pm Q$,极板间建立起电场. 这是一个虽然短暂但确实是逐渐变化的过程. 设在 t

时刻,电容器上已充电 $q(t)$,它激发的电场强度的大小为 $\dfrac{q}{\varepsilon_0 S}$,两板间电势差为 $u(t) = q(t)/C$. 此时若再移动电荷为 $\mathrm{d}q$ 的电荷,需要反抗电场力做功,即

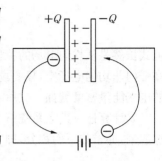

$$\mathrm{d}A = u\mathrm{d}q = \frac{q\mathrm{d}q}{C},$$

至充电结束,电源共向极板移送电荷 Q,反抗电场力所做的总功为

图 12-17　平板电容器极板间电场的建立

$$A = \int \mathrm{d}A = \int_0^Q \frac{q\mathrm{d}q}{C} = \frac{Q^2}{2C}. \qquad (12-25)$$

这功应等于带电荷为 Q 的电容器所具有的能量 W_{e},即

$$W_{\mathrm{e}} = \frac{Q^2}{2C}. \qquad (12-26)$$

由于 $Q = CU$,所以上式又可写为

$$W_{\mathrm{e}} = \frac{1}{2}CU^2, \qquad (12-26\mathrm{a})$$

或

$$W_{\mathrm{e}} = \frac{1}{2}QU. \qquad (12-26\mathrm{b})$$

无论电容器的结构如何,这一结果总是正确的.

2. 电场的能量

一个带电体或一个带电系统的带电过程,实际上也是带电体或带电系统的电场的建立过程. 我们从电场的观点来看,带电体或带电系统的能量也就是电场的能量. 通过对平行板电容器带电过程的分析,我们可以进一步看到这些能量是如何分布的.

设平行板电容器极板的面积为 S,两极板间的距离为 d,当电容器极板上的电荷量为 Q 时,极板间的电势差 $U = Ed$,已知 $C = \varepsilon \dfrac{S}{d}$,将这些关系式代入(12-26)式中,得

$$W_{\mathrm{e}} = \frac{1}{2}CU^2 = \frac{1}{2}\varepsilon E^2 Sd = \frac{1}{2}\varepsilon E^2 V,$$

式中 V 表示电容器内电场空间所占的体积.

由此可见,带电体或带电系统所储藏的电能可以用表征电场性质的场强 E 来表示,而且和电场所占的体积 $V = Sd$ 成正比,这表明电能储藏在电场中.

为了描述静电场中的能量的分布,我们引入能量密度的概念:电场中单位体积内的电场能量,叫作电场在该处的能量密度,用 ω_{e} 表示. 由于平行板电容器中电场是均匀分布的,所储藏的静电场能量也应该是均匀分布的,因此电场中每单位体积的能量,即静电场的能量密度为

$$\omega_e = \frac{W_e}{V} = \frac{1}{2}\varepsilon E^2 = \frac{1}{2}\frac{D^2}{\varepsilon} = \frac{1}{2}DE, \qquad (12-27)$$

上式虽然是从均匀电场的特例中导出的,但可以证明这是一个普遍适用的结论.也就是说在任何非均匀电场中,只要场中某点的介电常数为 ε,场强为 $\boldsymbol{E}$（或电位移为 $\boldsymbol{D}$）,那么该点的电场能量密度就如上式所示.

要计算任一带电系统整个电场中所储存的总能量,只需把整个体积内的电场能量累加起来,亦求如下的积分,即

$$W_e = \int_V \omega_e \mathrm{d}V = \int_V \left(\frac{1}{2}DE\right)\mathrm{d}V. \qquad (12-28)$$

积分区域遍及整个电场空间 V.

因为能量是物质的状态之一,所以它是不能和物质分割开来的.电场具有能量,这证明电场也是一种物质.

例题 12.3 有一带电荷为 Q 的金属球,半径为 R,处于均匀无限大的电介质中.已知介质的介电常数为 ε,求：

(1) 整个电场的电场能；

(2) 以球心为中心,半径为多大的区域内有一半的电场能量？

解 (1) 此问题的电荷分布具有球对称性,以球心为中心,以 r 为半径做球形高斯面,由高斯定理可求得电位移和场强分布分别为

$$\boldsymbol{D} = \frac{Q}{4\pi r^2}\boldsymbol{r}_0, \quad \boldsymbol{E} = \frac{Q}{4\pi\varepsilon r^2}\boldsymbol{r}_0.$$

$\boldsymbol{E}$ 和 $\boldsymbol{D}$ 的方向均沿 $\boldsymbol{r}_0$ 方向,介质中的电场能量密度为

$$w_e = \frac{DE}{2} = \frac{Q^2}{32\pi^2\varepsilon r^4}.$$

在金属球内场强为零,能量密度也为零.整个电场的能量为

$$W_e = \iiint w_e \mathrm{d}V = \iiint \frac{Q^2}{32\pi^2\varepsilon r^4}r^2\sin\theta\mathrm{d}r\mathrm{d}\theta\mathrm{d}\varphi$$

$$= \frac{Q^2}{32\pi^2\varepsilon}\int_R^\infty \frac{\mathrm{d}r}{r^2}\int_0^\pi \sin\theta\mathrm{d}\theta\int_0^{2\pi}\mathrm{d}\varphi = \frac{Q^2}{8\pi\varepsilon R}.$$

(2) 依题意得

$$\iiint w_e\mathrm{d}V = \frac{W_e}{2},$$

即

$$\frac{Q^2}{32\pi^2\varepsilon}\int_r^\infty \frac{\mathrm{d}r}{r^2}\int_0^\pi \sin\theta\mathrm{d}\theta\int_0^{2\pi}\mathrm{d}\varphi = \frac{Q^2}{16\pi\varepsilon R}.$$

解得

$$r = 2R.$$

习　题

12.1　试证明对于两个无限大的平行平面带电导体板：

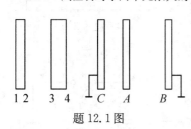

题 12.1 图

（1）相向的两面（题 12.1 图中 2 和 3）上，电荷面密度总是大、小相等而符号相反；

（2）相背的两面（题 12.1 图 中 1 和 4）上，电荷面密度总是大、小相等而符号相同.

12.2　两平行导体分别带有等量的正、负电荷，两板的电势差为 160 V，两板面积都是 3.6 cm²，距离 1.6 mm. 略去边缘效应，求两板间的电场强度和各板上所带的电荷（设其中一极板接地）.

12.3　三块平行金属板 A，B 和 C，面积都是 200 cm²，A，B 相距 4.0 mm，A，C 相距 2.0 mm，B，C 两板都接地. 如果使 A 板带正电 3.0×10^{-7} C，略去边缘效应，则 B 板和 C 板上感应电荷各是多少？以地的电势为零，A 板的电势是多少？设 A 板的厚度可忽略.

12.4　点电荷 q 处在中性导体球壳的中心，壳的内外半径分别为 R_1 和 R_2，求场强和电势的分布，并画出 E-r 和 U-r 曲线.

12.5　在上题中，若 $q = 4 \times 10^{-10}$ C，$R_1 = 2$ cm，$R_2 = 3$ cm，求：

（1）导体球壳的电势；

（2）离球心 $r = 1$ cm 处的电势；

（3）把点电荷移到离球心 1 cm 处，求导体球壳的电势.

12.6　半径为 R 的导体球带有电荷 q，球外有一个内、外半径分别为 R_1 和 R_2 的同心导体球壳，壳上带有电荷 Q.

（1）求两球的电势 U_1 和 U_2；

（2）求两球的电势差 ΔU_2；

（3）用一导线把球和球壳连在一起后，U_1，U_2 和 ΔU 分别是多少？

（4）在情形（1）（2）中若外球接地，U_1，U_2 和 ΔU 分别是多少？

（5）外球离地很远，内球接地，情况如何？

12.7　如图所示，平行板电容器极板面积为 S，相距为 d，其间有一厚为 t 的金属片，略去边缘效应.

（1）求电容 C；

（2）金属片的位置对电容有无影响？

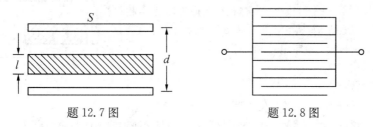

题 12.7 图　　　　　　　　　题 12.8 图

12.8　如图所示，面积为 1.0 m² 的金属箔 11 张平行排列，相邻两箔间的距离都是 5.0 mm，奇数箔联在一起作为电容器的一个极，偶数箔联在一起作为电容器的另一个极，求电容 C.

12.9　如图所示，平行板电容器两极板 A，B 相距 0.5 mm，放在金属盒 K 内，盒的上下两壁与 A，B 分别相距 0.25 mm，不计边缘效应，电容器电容变为原来的几倍？若将电容器的一极板与金属盒相连，此时的电容又为原来的几倍?

12.10 有一些相同的电容器,每个电容都是 2.0 μF,耐压都是 200 V,现用它们连成耐压 1 000 V,(1) $C_1 = 0.40$ μF;(2) $C_2 = 1.2$ μF 的电容器,各需电容器多少个? 怎样连接?

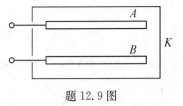

12.11 两个电容器 C_1 和 C_2,标定值为 C_1:200 pF/500 V;C_2:300 pF/900 V. 将它们串联后,加上 1 000 V 电压,是否会被击穿?

题 12.9 图

12.12 如图所示 $C_1 = 20$ μF,$C_2 = 5$ μF,先用 $U = 1 000$ V 的电源给 C_1 充电,然后将 K 拨向另一侧使 C_1 与 C_2 相连,求:

(1) C_1 和 C_2 所带的电荷量;

(2) C_1 和 C_2 两端的电压.

12.13 无限长的圆柱导体,半径为 R,放在介电常数为 ε_r 的无限大均匀介质中. 柱面上沿轴线单位长度上的电荷为 λ_0,求空间的电场分布以及介质面上的极化电荷面密度.

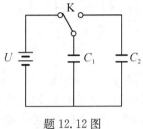

题 12.12 图

12.14 一平行板电容器极板面积为 S,间距为 d,中间充满均匀电介质.已知充电后一板自由电荷为 Q,整块介质的总电偶极矩为 p.求电容器中的电场强度.

12.15 一空气平行板电容器,板面积 $S = 0.2$ m^2,$d = 1.0$ cm,充电后断开电源,其电势差 $U_0 = 3 \times 10^3$ V;当均匀电介质充满两板间后,电势差降至 1.0×10^3 V,试计算:

(1) 原电容 C_0;

(2) 每块导体板上的电荷量 Q;

(3) 放入介质后的电容 C;

(4) 两板间的原电场强度 E_0;

(5) 放入介质后的电场强度 E;

(6) 电介质每一面上的极化电荷 Q';

(7) 电介质的相对介电常数 ε_r.

12.16 一平行板电容器两极板面积为 S,相距为 d,电势差为 U.其中放有一层厚度为 t 的电介质,介质的相对介电常数为 ε_r,介质两边都是空气. 略去边缘效应,试求:

(1) 介质中的电位移矢量 $\boldsymbol{D}$,场强 $\boldsymbol{E}$ 和极化强度 $\boldsymbol{P}$;

(2) 极板上所带的电荷 Q;

(3) 极板和介质间隙中的场强 E_0;

(4) 电容器的电容 C.

12.17 如图所示,一平行板电容器两极板的面积都是 S,相距为 d. 今在其间平行地插入厚度为 l,面积为 $S/2$,相对介电常数为 ε_r 的均匀电介质. 设两极板分别带电 Q 和 $-Q$. 试求:

(1) 电容器的电容 C;

(2) 两极板势差 U;

题 12.17 图

(3) 介质上、下两个表面上的极化电荷面密度 σ'.

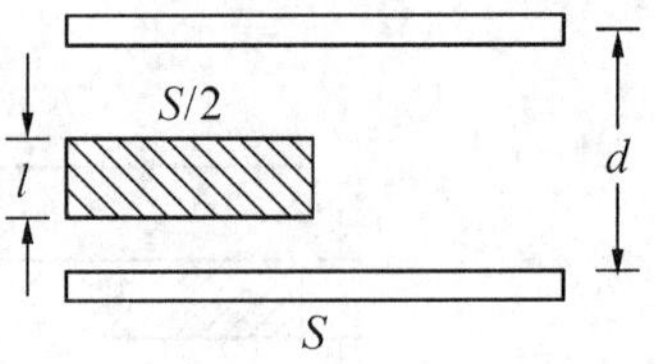

12.18 圆柱形电容器由半径为 R_1 的圆柱形导线和与它同轴的导体圆筒构成. 圆筒内半径为 R_2,长为 L,其间充满相对介电常数为 ε_r 的电介质. 设沿轴线单位长度上圆柱形导体所带电荷为 λ_0,圆筒的所带电荷为 $-\lambda_0$,略去边缘效应,试求:

(1) 介质中的电位移矢量 $\boldsymbol{D}$,场强 $\boldsymbol{E}$ 和极化强度 $\boldsymbol{P}$;

(2) 电容器两极间的电势差 U;

（3）介质表面的极化电荷面密度 σ'.

12.19　如图所示，一平行板电容器极板间距为 d，其间充满面积分别为 S_1 和 S_2，相对介质常数分别为 ε_{r1} 和 ε_{r2} 的电介质.略去边缘效应，求电容 C.

12.20　球形电容器由半径为 R_1 的导体球和与它同心的导体球壳构成，壳的内半径为 R_2，其间有两层均匀电介质，分界面的半径为 r，内层电介质的相对介电常数为 ε_{r1}，外层电介质的相对介电常数为 ε_{r2}.

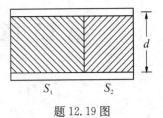

题 12.19 图

（1）求电容 C；

（2）当内球带电 $-Q$ 时，求各介质表面的极化电荷面密度 σ'.

12.21　一平行板电容器有两层电介质，介电常数 $\varepsilon_{r1}=4$，$\varepsilon_{r2}=2$，厚度 $d_1=2\,\mathrm{mm}$，$d_2=3\,\mathrm{mm}$，极板面积 $S=50\,\mathrm{cm}^2$，两板间电压 $U=200\,\mathrm{V}$：

（1）计算每层电介质中的能量密度；

（2）计算每层介质中的总能量；

（3）用下列两种方法计算电容器的总能量：

a）用两层介质中的能量之和计算；

b）用电容器贮能公式计算.

12.22　圆柱形电容器由一长直导线和套在它外面的共轴导体圆筒构成.设导线半径为 a，圆筒内半径为 b.试证明：这电容器所储存的能量有一半是在半径 $r=\sqrt{ab}$ 的圆柱体内.

第13章 恒定电流和恒定电场

§13.1 电流密度 电流连续性方程

1. 电流

在导体和电介质中已经讲过,当导体中的电场强度为零时,导体内的自由电荷将只做无规则的热运动,我们说导体处于静电平衡状态.如果导体内部的电场强度不为零,导体内部的自由电荷除了无规则的热运动之外,还会发生定向移动,形成电流.可见产生电流的条件是:

(1) 存在自由电荷,或存在载流子;

(2) 导体内部存在电场.

在不同的导体内部,存在不同性质的载流子.当导体内存在电场时,正电荷沿着电场方向运动,负电荷逆着电场的方向运动,形成电流.实验表明,在一般情况下,负电荷定向运动形成的电流与等量的正电荷沿反方向运动形成的电流是等效的.习惯上把任何电荷的运动,都等效地看作是正电荷的运动,并且把正电荷运动的方向规定为电流的方向.

在导体中任取一横截面,单位时间内通过该截面的电荷量叫作该截面上的电流,用 I 表示.设在 Δt 时间内,流过该截面上的电荷量为 Δq,则该截面上的电流为

$$I = \lim_{\Delta t \to 0} \frac{\Delta q}{\Delta t}. \tag{13-1}$$

在 SI 单位制中,电流是基本物理量,它的单位为安培(符号为 A),其具体定义将在 §12.6 中介绍.

2. 电流密度

电流虽然能描述导体横截面上的电荷流动的特征,但不能描述导体中每一点的电荷流动的特征.例如在粗细不均匀的导线内取 A, B 两点,正电荷在通过 A, B 时运动的方向是不同的,如图 13-1 所示.为了能更精确、更细致地描述导体内各点的电流的分布情况,我们引入电流密度矢量 j 的概念.

电流密度矢量 j 的定义为:对于导体中的任一点,j 的方向就是正电荷在该点处的运动方向,j 的大小等于通过该点与电流方向垂直的单位面积上的电流(即单位时间内通过单位垂直面积上的电荷).在导体内部某点处取一个与电流方向垂直的面元 $\mathrm{d}S_\perp$,如图 13-2 所示,设通过该面元的电流为 $\mathrm{d}I$,则该点的电流密度的大为

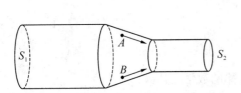

图 13-1　大块导体中各点电流方向不同

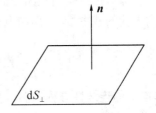

图 13-2　导体中与电流方向垂直的面元 $\mathrm{d}S_\perp$

$$j = \frac{\mathrm{d}I}{\mathrm{d}S_\perp}, \qquad (13-2)$$

其方向与面元的法向 n 的方向一致. 由电流密度的定义可知,电流密度的单位是安培/米²(符号为 $\mathrm{A} \cdot \mathrm{m}^{-2}$). 由(13-2)可知

$$\mathrm{d}I = j\mathrm{d}S_\perp.$$

如果面元 $\mathrm{d}S$ 的法向 n 与 j 的夹角为 θ,如图 13-3 所示,则通过 $\mathrm{d}S$ 上的电流为

$$\mathrm{d}I = j\cos\theta\,\mathrm{d}S = j \cdot n \cdot \mathrm{d}S = j \cdot \mathrm{d}S. \qquad (13-3)$$

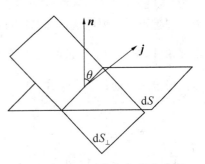

这就是通过任一面元上的电流. 如果要计算通过导体中任意有限曲面 S 上的电流,可将(13-3)式对曲面 S 积分

$$I = \iint\limits_S j \cdot \mathrm{d}S. \qquad (13-4)$$

图 13-3　$\mathrm{d}S$ 上的电流 $\mathrm{d}I$ 与电流密度 j 之间关系的推导

可见,通过一个曲面上的电流等于该曲面上的电流密度的通量.

3. 电流的连续性方程

一般来说,电流密度既是空间位置的函数,又是时间 t 的函数. 在导体内,每一点都有确定的 j,位置不同,电流密度一般也不相同. 如果把电流密度的概念推广到导体外,只不过导体外部各点的电流密度均为零,则在整个空间(包括导体内和导体外)就建立起一个 j 场,我们称之为电流场.

在电流场中,我们可以引入电流线来形象地描述它的性质. 即在电流场中作一些有方向的曲线,让曲线上每一点的切线方向与该点 j 的方向一致,这些曲线就叫作电流线. 同时规定通过与 j 垂直的单位面积上的电流线条数,等于该点 j 的大小. 这样,电流线的切线方向就表示了 j 的方向,电流线的疏密程度就表示了 j 的大小.

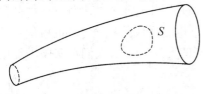

图 13-4　电流场中任意闭合曲面

在电流场中任取一闭合曲面 S,S 内的电荷为 q,如图 13-4 所示,由于闭合曲面的法线总取外法线,所以,在该闭合曲面上 j 的通量就是由 S 内向外

流出的电流,即单位时间内从闭合面内流出电荷. 根据电荷守恒定律,它应该等于单位时间内,面内电荷的减少量,即面内电荷的减少率为

$$\oiint\limits_{S} \boldsymbol{j} \cdot \mathrm{d}\boldsymbol{S} = -\frac{\mathrm{d}q}{\mathrm{d}t}. \tag{13-5}$$

此式叫作电流的连续性方程,它是电荷守恒定律的数学表达式.

4. 稳恒电流和稳恒电场

在特殊情况下,如果电流密度 $\boldsymbol{j}$ 仅是空间位置的函数,而与时间 t 无关,这样的电流叫作稳恒电流,即我们平常说的直流电.

前面已经讲过,产生电流的第二个条件是存在电场,这个电场是由导体内和导体外的电荷共同激发的,自由电荷就是在这个电场的作用下发生定向移动形成电流. 如果空间的电荷分布随时间变化,那么空间的电场分布也要随时间变化,推动电荷定向移动的力(电场力)也随时间变化,导体内部的 $\boldsymbol{j}$ 也随时间变化,这样导体内的电流一定不是稳恒电流. 可见要想形成稳恒电流,空间各点的电荷分布必须不随时间变化,这就是产生稳恒电流的必要条件,简称为稳恒条件. 空间各点电荷分布不随时间变化,即 $\frac{\mathrm{d}q}{\mathrm{d}t} = 0$,由(13-5)式可得到稳恒条件的数学表达式,即

$$\oiint\limits_{S} \boldsymbol{j} \cdot \mathrm{d}\boldsymbol{S} = 0. \tag{13-6}$$

由(13-6)式可得到两条结论:

(1) 流进闭合面的电流,等于流出闭合面的电流. 其物理意义是,在稳恒电流的情况下,单位时间内从闭合面的某些部分流进闭合面的电荷,等于同一时间内从闭合面的其余部分流出的电荷. 由于此结论对任意闭合面均成立,因此,在稳恒电场中各点电荷分布不随时间变化.

(2) 稳恒电流场中的电流线是无头无尾的闭合曲线. 可见流有稳恒电流的电路(即稳恒电路)必须是闭合电路.

在稳恒电流场中,电荷分布不随时间变化,并不意味着电荷不运动,只是对某个体积元来说,在某一段时间内有多少电荷流进去,同时又有多少电荷流出来,虽然电荷在流动,但从宏观上看,该体积元内电荷保持不变.

与稳恒电流场相伴随的电场不随时间变化,通常把它称为稳恒电场,把它与静电场进行比较,可以看出它们的共同点是,两者的电场强度及电荷分布都不随时间变化,且都满足高斯定理和静电场的环路定理. 两者的区别是,静电场是由相对于观察者静止的电荷激发的;而稳恒电场是由运动的电荷激发的. 因此可以把静电场看成是稳恒电场的特例.

既然稳恒电场与静电场遵守相同的规律,具有相同的性质,因此,人们在实验中常用电流场来模拟静电场.

§13.2　欧姆定律　焦耳-楞次定律

1. 欧姆定律

当一段导体两端存在电压时,导体内部就会出现电场,载流子在电场力作用下发生定向移动形成电流. 德国科学家欧姆通过实验总结出了以他的名字命名的定律,即欧姆定律. 具体的内容是:在温度一定的情况下,流过导体的电流 I 与导体两端的电压 U 成正比,即

$$I = GU,\ \text{或}\ I = \frac{U}{R},\qquad\qquad (13-7)$$

其中 $G = \dfrac{1}{R}$ 是比例系数,G(或 R)数值取决于导体的材料、形状、长短、粗细和温度等,我们习惯上把 G 称为电导,把 R 称为电阻. 在 SI 制中,电导的单位为西门子(符号为 S),电阻的单位为欧姆(符号为 Ω). 值得说明的是:

(1) 从(13-7)式可以看出,如果导体两端的电压一定,则导体的电阻 R 越大,流过它的电流 I 就越小,可见电阻 R 反映导体对电流的阻碍程度;而 G 越大,电流 I 就越大,可见电导反映了导体对电流的导通能力.

(2) 欧姆定律对金属和通常情况下的电解液成立,但对半导体二极管、真空二极管以及许多气体导电管等元器件不再成立.

(3) 当导体内部含有电源时,(13-7)式不再成立,其电流与电压的关系服从另一定律,因此,也常常把(13-7)式称为不含源电路的欧姆定律.

2. 电阻

实验表明,一段柱形的均匀导体两端的电阻由下式决定,即

$$R = \rho \frac{l}{S},\qquad\qquad (13-8)$$

其中 l 是导体的长度,S 是导体的横截面积,ρ 是与导体的材料及温度有关的量,叫作导体的电阻率,(13-8)式表明,导体的电阻与其长度和电阻率成正比,与其横截面积成反比. 如果导体用不均匀材料制成,可用积分的方法计算其电阻.

电阻率 ρ 的倒数叫作电导率,用 σ 表示,即

$$\sigma = \frac{1}{\rho}.\qquad\qquad (13-9)$$

表 13 - 1　几种材料在 0 ℃时的电阻率 ρ_0 及温度系数 α

材　　　料	$\rho_0(\Omega \cdot m)$	$\alpha(1/℃)$
银	1.5×10^{-8}	4.0×10^{-3}
铜	1.6×10^{-8}	4.3×10^{-3}
铝	2.5×10^{-8}	4.7×10^{-3}
钨	5.5×10^{-8}	4.6×10^{-3}
铁	8.7×10^{-8}	5×10^{-3}
铂	9.8×10^{-8}	3.9×10^{-3}
汞	94×10^{-8}	8.8×10^{-4}
碳	$3\,500 \times 10^{-8}$	-5×10^{-4}
镍铬合金(60%Ni,15%Cr,25%Fe)	110×10^{-8}	1.6×10^{-4}
铁铬铝合金(60%Fe,30%Cr,5%Al)	140×10^{-8}	4×10^{-5}
镍铜合金(54%Cu,46%Ni)	50×10^{-8}	4×10^{-5}
锰铜合金(84%Cu,11%Mn,4%Ni)	48×10^{-8}	1×10^{-5}

在 SI 单位制中,电阻率的单位是欧姆·米($\Omega \cdot m$),电导率的单位是西门子/米($S \cdot m^{-1}$). 表 13 - 1 列出几种材料的电阻率.

实验表明,所有纯金属的电阻率都随温度的升高而增大,当温度不太低时,导体的电阻率与温度有线性关系,即

$$\rho_t = \rho_0(1 + \alpha t), \tag{13 - 10}$$

其中 ρ_t 和 ρ_0 分别为 t ℃和 0 ℃时的电阻率,α 是由材料决定的常数,叫作温度系数. 由表 13 - 1 可知,银、铜和铝的 ρ_0 很小,是典型的良导体. 但是银的价格昂贵,故一般用铜或铝制作导线. 由表还可以看出,康铜(镍铜合金)和锰铜合金等材料的温度系数很小,可用于制作标准电阻.

当导体的温度降低到绝对零度附近时,一些导体的电阻率会突然减少到零,例如水银在 4 K 附近时,在很小的温度范围之内,电阻突然下降到零,这一现象是荷兰科学家翁纳斯在 1911 年发现的,称为超导现象,这个温度叫作临界温度. 在超导体内电流一旦建立,就能维持极长的时间.

3. 欧姆定律的微分形式

导体内自由电荷定向移动形成电流,是导体内电场力作用的结果,因此,导体内某点的电流密度必然与该点的电场强度有关. 它们之间的关系可由欧姆定律导出.

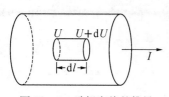

图 13 - 5　欧姆定律的推导

在导体内沿电流方向取一长为 dl 的小圆柱体,横截面积为 dS,两端的电位分别为 U 和 $U + dU$,如图 13 - 5 所示,通过 dS 上的电流为 dI,由欧姆定律得

$$dI = \frac{-dU}{R},$$

其中 R 是小柱体的电阻. 根据(13-8)式, 有

$$R = \rho \frac{\mathrm{d}l}{\mathrm{d}S} = \frac{\mathrm{d}l}{\sigma \mathrm{d}S}.$$

代入前一个式子得

$$\mathrm{d}I = -\sigma \frac{\mathrm{d}U}{\mathrm{d}l} \cdot \mathrm{d}S, \quad \frac{\mathrm{d}I}{\mathrm{d}S} = \sigma \left(-\frac{\mathrm{d}U}{\mathrm{d}l} \right).$$

由于 $\frac{\mathrm{d}I}{\mathrm{d}S} = j, -\frac{\mathrm{d}U}{\mathrm{d}l} = E$, 因此上式可以写成

$$j = \sigma E.$$

因为导体中的 $\boldsymbol{j}$ 与 $\boldsymbol{E}$ 同向, 所以上式又可以写成

$$j = \sigma \boldsymbol{E}. \tag{13-11}$$

我们把(13-11)式称为欧姆定律的微分形式. 为了与(13-7)式相区别, 我们把(13-6)式叫作欧姆定律的积分形式. 值得说明的是, 欧姆定律的微分形式给出了载流导体内部 $\boldsymbol{j}$ 与 $\boldsymbol{E}$ 的点点对应关系, 所以它能更精确、更细致地描述导体的导电规律, 它不仅适用于稳恒情况, 对非稳恒的情况也成立.

例 13.1　已知球形电容器的内、外极板的半径分别为 R_A 和 R_B, 中间充满非理想电介质, 其电阻率为 ρ, 两极之间的电压为 $U_A - U_B$, 求介质内的电场分布.

解　球形电容器的漏电电流是由内极板沿径向流向外极板, 电介质的电阻可看作由许多半径为 r, 面积为 $4\pi r^2$, 厚度为 $\mathrm{d}r$ 的球壳电阻 $\mathrm{d}R$ 串联而成, 且

$$\mathrm{d}R = \rho \frac{\mathrm{d}r}{4\pi r^2},$$

$$R = \int \mathrm{d}R = \int_{R_A}^{R_B} \rho \frac{\mathrm{d}r}{4\pi r^2} = \frac{\rho}{4\pi} \left(\frac{1}{R_A} - \frac{1}{R_B} \right) = \frac{\rho(R_A - R_B)}{4\pi R_A R_B}.$$

漏电电流为

$$I = \frac{U_A - U_B}{R} = \frac{4\pi R_A R_B (U_A - U_B)}{\rho(R_A - R_B)}.$$

在距球心为 r 处的球壳上的电流密度的大小为

$$j = \frac{I}{S} = \frac{I}{4\pi r^2} = \frac{R_A R_B (U_A - U_B)}{\rho(R_A - R_B)} \cdot \frac{1}{r^2},$$

方向沿矢径向外, 由欧姆定律的微分形式, 可得介质中各点场强的大小为

$$E = \rho j = \frac{R_A R_B (U_A - U_B)}{R_A - R_B} \cdot \frac{1}{r^2},$$

方向沿矢径向外.

4. 电流的功和电功率

设有一段导体,两端保持恒定电压 U,导体内自由电荷在电场力的作用下定向运动形成稳恒电流 I. 在时间 t 内通过导体的电荷 q 等于 It,电场力对导体中各处自由电荷所做功的总和,相当于一个 q 的电荷通过整个导体时,电场力对它所做的功,这个功通常叫作电流的功,简称为电功,用 A 表示,即为

$$A = qU = IUt. \tag{13-12}$$

对于一段纯电阻电路,用欧姆定律可把上式改写为

$$A = I^2Rt = \frac{U^2}{R}t. \tag{13-13}$$

单位时间内电流的功叫作电功率,用 P 表示,即

$$P = \frac{A}{t} = IU. \tag{13-14}$$

对于纯电阻电路有

$$P = I^2R = \frac{U^2}{R}. \tag{13-15}$$

在 SI 制中,电功的单位为焦耳(J),在电力工程中常用千瓦小时(kWh)作为电功的单位,电功率的单位为瓦特(W),且

$$1\,W = 1\,A \cdot 1\,V.$$

5. 焦耳-楞次定律

功是能量转化的量度,电流的功就是将电能转变成其他形式的能量,至于变成何种形式的能量,要由电路的性质来决定. 如果电流通过一段纯电阻电路,导体内的自由电荷在做定向运动的过程中,不断与其他粒子相碰撞,把有规则的定向运动动能转变为热能,然后再以热传递的方式向周围的物体传递,传递的热量正好等于电流的功,即

$$Q = A = IUt. \tag{13-16}$$

根据欧姆定律,上式可变为

$$Q = I^2Rt. \tag{13-17}$$

式中热量 Q 的单位为焦耳(J). 上式最初是由焦耳和楞次各自独立地从实验中总结出来的,所以叫作焦耳-楞次定律. 其意义是,电流通过导体时放出的热量 Q 与电流 I 的平方、导体的电阻 R 和通电时间 t 三者的乘积成正比. 按此规律产生的热量习惯上称为焦耳热.

必须注意的是,(13-12)式是电流的功,对任何电路都是成立的,而(13-17)式是电流通过导体时产生的热量,只有在纯电阻电路中,两个式子才是等价的. 如果电路中还有电动机、电解槽等装置存在,(13-12)式仍然成立,但(13-12)式与(13-17)式不再等价. 因为电流的功只把一部分电能转化为焦耳热,把其余的电能转化成了机械能和化学能.

电流通过导体可以发热,称之为电流的热效应,热量是在导体的各个部分向外传递的,为了能更细致地描述导体各处电能与热能的相互转化的性质,我们引入热功率密度的概念.单位时间内在导体单位体积中放出的热量叫作热功率密度,用 p 表示.参见图 13-5,在时间 t 内,小圆柱体内产生的热量为

$$\Delta Q = (\mathrm{d}I)^2 R t.$$

$$p = \frac{\Delta Q}{\Delta V \cdot t} = \frac{(\mathrm{d}I)^2 R t}{\mathrm{d}S \mathrm{d}l t} = \frac{(j\mathrm{d}S)^2 \rho \dfrac{\mathrm{d}l}{\mathrm{d}S} t}{\mathrm{d}S \mathrm{d}l t} = \rho j^2.$$

根据欧姆定律的微分形式

$$j = \sigma E,$$

$$p = \rho \cdot (\sigma E)^2 = \sigma E^2. \tag{13-18}$$

这就是焦耳-楞次定律的微分形式.它说明热功率密度仅与电场强度的平方及导体的电导率成正比,它取决于外加电场与导体的性质,而与导体的几何形状与尺寸无关,所以它能更精确地、更细致地反映电流的热效应的客观规律.

§13.3　电　动　势

1. 电动势

要想在导体内形成稳恒电流,就必须在导体中维持一恒定不变的电场,即保持导体两端的电压不变.导体内的电场是由导体内、外及表面上的电荷共同激发的,这个电场叫作稳恒电场.由于这个电场与静电场的性质相同,所以它也叫作静电场.正电荷受电场力的作用发生定向移动,形成电流,这个电场力是静电力.然而在电路中只有静电力存在,不能形成稳恒电流.

如图 13-6 所示,一个带电的电容器,A 板带正电,B 板带负电,接通时,两板之间存在电位差 $U_A - U_B > 0$,所以正电荷就在静电力的作用下,从 A 板经 R 流向 B 板,在此过程中,导体两端的电压逐渐降低,导体中的电场逐渐减弱,电流逐渐减小,这就是电容器的放电.放电结束,导体中的电流等于零.可见仅有静电力存在,不能形成稳恒电流.因为静电力只能把正电荷从电位高的地方移到电位低的地方.要想在导体中形成稳恒电流,电路中必须存在一种本质上与静电力不

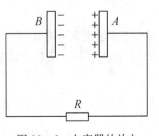

图 13-6　电容器的放电

同的力,我们把它叫作非静电力.它能够把正电荷从电位低的地方移到电位高的地方,能够提供非静电力的装置叫作电源.如果在图 13-6 中,把电容器换成电源,即可维持稳恒电流.

下面定性分析电源中的非静电力如何在闭合电路中维持稳恒电流.如果电源处于开

路状态,如图 13-7 所示,假定电源中的正电荷受到的非静电力 $\boldsymbol{F}_{非}$ 的作用,方向从 B 指向 A,它就要从 B 向 A 运动,于是 A 端带正电,而 B 端带负电. A,B 两端的正、负电荷在电源内建立起一个电场,正电荷除受 $\boldsymbol{F}_{非}$ 作用外,同时还受方向向左的静电力 $\boldsymbol{F}$ 的作用.开始时,$F<F_{非}$,所以正电荷所受合力向右,因而继续向 A 运动,随着 A,B 处电荷的增加,$\boldsymbol{F}$ 逐渐增大,直到 $F=F_{非}$,A,B 两端形成稳定的电位差. 我们把电位高的一端(A 端)叫作电源的正极,电位低的一端(B 端)叫作电源的负极. 当用导线把电源与电阻 R 连接起来以后,如图 13-8 所示,A 与 B 端的正、负电荷便在导体中激发电场,导线内的正电荷便在电场力的作用下做定向运动形成电流,随着这种电流的出现,A 与 B 处的正、负电荷便有减少的趋势,电源中的静电力 $\boldsymbol{F}$ 就有小于非静电力 $\boldsymbol{F}_{非}$ 的趋势,于是电源中的正电荷又从 B 向 A 运动,整个电路中便形成一个稳定的电流. 我们把电源内部的电路称为内电路,电源以外的电路称为外电路. 在外电路中,电流从电源正极流出,经 R 流入负极;在内电路中,电流从电源负极流向正极.

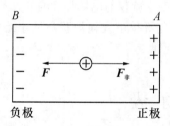

图 13-7　电源中的开路状态

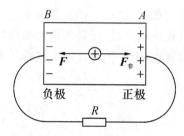

图 13-8　内电路与外电路

　　电源的种类很多,例如化学电池、太阳能电池和发电机等. 在不同的电源中,非静电力是不同的.

　　为了描述电源把其他形式的能量转变为电能的本领,我们先讨论一下非静电力做功.仿照静电场中的电场强度的定义,我们把单位正电荷所受的非静电力叫作非静电性场强,用 $\boldsymbol{E}_{K}$ 表示,即

$$\boldsymbol{E}_{K} = \frac{\boldsymbol{F}_{非}}{q}, \tag{13-19}$$

其中 $\boldsymbol{F}_{非}$ 是电荷 q 在电源中所受的非静电力,在电源外部,$\boldsymbol{F}_{非}$ 为零,$\boldsymbol{E}_{K}$ 也为零. 在电源内部,电源把电荷 q 从负极移到正极过程中,非静电力做的功为

$$A = \int_{-\atop(经电源内)}^{+} q\boldsymbol{E}_{K} \cdot \mathrm{d}\boldsymbol{l}.$$

　　单位正电荷从负极经电源内部移到电源正极过程中,非静电力所做的功叫作电源的电动势,用 $\mathscr{E}$ 表示,即

$$\mathscr{E} = \frac{A}{q} = \int_{-\atop(经电源内)}^{+} \boldsymbol{E}_{K} \cdot \mathrm{d}\boldsymbol{l}. \tag{13-20}$$

　　功是能量变化的量度,电源中的非静电力做了多少功,就有同样多的非静电能转变成

为电能. 由此可知, 电动势是描述电源内部非静电力做功本领的物理量, 它是由电源本身的性质决定的, 与外电路的性质无关. 因此, 一个电源的电动势具有一定的数值.

由于功是标量, 电动势也是标量, 在 SI 制中它的单位为 V, 为了方便, 我们规定电源中 E_K 的方向为电动势的方向, 即自电源负极经电源内部指向正极的方向为电源的电动势的方向.

如果在整个闭合电路中都有非静电力存在, 电动势的定义为

$$\mathcal{E} = \oint_L \boldsymbol{E}_K \cdot \mathrm{d}\boldsymbol{l}, \tag{13-21}$$

即闭合电路中电动势的大小等于单位正电荷绕闭合电路移动一周时, 非静电力做的功, 这种定义更具有普遍意义.

对于只有一个电源的闭合电路, 如图 13-8 所示, 由于外电路中的 $E_K=0$, 所以

$$\mathcal{E} = \oint_L \boldsymbol{E}_K \cdot \mathrm{d}\boldsymbol{l} = \underset{(\text{经电源内})}{\int_-^+ \boldsymbol{E}_K \cdot \mathrm{d}\boldsymbol{l}} + \underset{(\text{经外电路})}{\int_+^- \boldsymbol{E}_K \cdot \mathrm{d}\boldsymbol{l}} = \underset{(\text{经电源内})}{\int_-^+ \boldsymbol{E}_K \cdot \mathrm{d}\boldsymbol{l}}.$$

可见 (13-20) 式是 (13-21) 式的特殊情况.

如果一个回路中有 i 个电源, 则回路中总的电动势

$$\mathcal{E} = \oint_L \boldsymbol{E}_K \cdot \mathrm{d}\boldsymbol{l} = \underset{(\text{经电源1内})}{\int_-^+ \boldsymbol{E}_{K_1} \cdot \mathrm{d}\boldsymbol{l}} + \underset{(\text{经电源2内})}{\int_-^+ \boldsymbol{E}_{K_2} \cdot \mathrm{d}\boldsymbol{l}} + \cdots + \underset{(\text{经电源}i\text{内})}{\int_-^+ \boldsymbol{E}_{K_i} \cdot \mathrm{d}\boldsymbol{l}}$$

$$= \sum_{i=1}^i \mathcal{E}_i,$$

即回路中的总电动势等于回路中所有电动势的代数和.

2. 闭合电路的欧姆定律

图 13-9 表示一闭合电路, 电源电动势为 $\mathcal{E}$, 内阻为 r, 外电路只有电阻 R, 当电路接通时, 电路中的电流为 I, 在时间 t 内, 通过电路任一横截面上的电荷为 $q=It$, 由 (13-21) 式可知, 电源所做的功为 $q\mathcal{E}=I\mathcal{E}t$, 根据能量守恒定律, 将有同样多的非静电能转化为电能, 这些电能又全部转化为焦耳热, 由此可得

$$I\mathcal{E}t = I^2Rt + I^2rt,$$

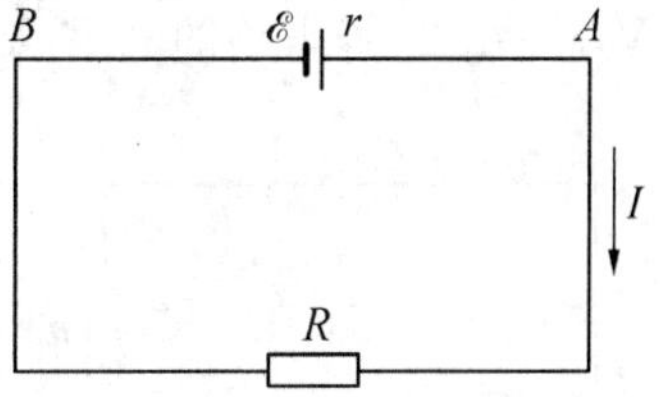

即得

图 13-9　全电路欧姆定律

$$I = \frac{\mathcal{E}}{R+r}, \tag{13-22}$$

上式称为闭合电路的欧姆定律, 又叫作全电路欧姆定律. 它表明, 闭合电路中的电流等于电源的电动势除以内、外电路的总电阻.

如果电路中有多个电源, (13-22) 式也同样适用, 只是 (13-22) 式中的 $\mathcal{E}$ 应为所有电

源的电动势的代数和 $\sum\limits_{i=1}^{i} \mathscr{E}_i$，而总电阻应为所有内、外电阻之和 $\sum\limits_{i=1}^{i} r_i + \sum\limits_{k=1}^{k} R_k$，即

$$I = \frac{\sum\limits_{i=1}^{i} \mathscr{E}_i}{\sum\limits_{i=1}^{i} r_i + \sum\limits_{k=1}^{k} R_k} \qquad (13-23)$$

在图 13-9 中，由欧姆定律得 $U_{AB} = IR$，我们把 U_{AB} 叫作电源的路端电压，即

$$U_{AB} = U_A - U_B = U_+ - U_-,$$

其中 U_+ 和 U_- 分别是电源正极与负极的电位，可见路端电压就是电源正极与负极之间的电位之差. 由(13-22)式可得

$$\mathscr{E} = IR + Ir = U_{AB} + Ir, \qquad (13-24)$$

其中 Ir 称为电源内阻上的电压降. 此式表明，当闭合电路中有电流流过时，电源的电动势等于路端电压与内阻上的电压降的代数和.

（1）当 $R \to \infty$，即外电路处于开路状态，电路中的电流等于零，这时，$\mathscr{E} = U_{AB}$，即电源的电动势等于电源中没有电流流过时电源的路端电压，实用中测量电源电动势的仪器——电位差计就是利用这一原理设计而成的.

（2）当 $R \to 0$，即电源短路，由(13-22)式得，短路电流为 $\mathscr{E}/r$，由于一般情况下电源内阻很小，因而短路电流很大，往往会把电源损坏，所以这种情况应当加以避免.

（3）当电源内阻 $r = 0$，则由(13-24)式可知，$\mathscr{E} = U_{AB}$，即电源的路端电压恒等于电源的电动势，这样的电源称为理想电源（又叫作恒压源）. 由于实际电源内阻都不为零，所以可以把一个实际电源等效成一个电动势为 $\mathscr{E}$ 的理想电源与一个阻值为 r 的电阻串联，如图 13-10 所示.

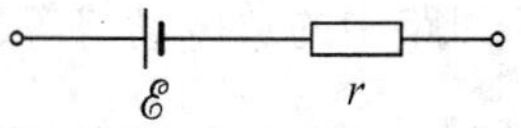

图 13-10　实际电源

例 13.2　在图 13-11 中，已知电源的电动势及内阻分别为 $\mathscr{E}_1 = 6\ \text{V}, r_1 = 1\ \Omega, \mathscr{E}_2 = 4\ \text{V}, r_2 = 2\ \Omega$，外电路的电阻 $R = 2\ \Omega$，求电路中的电流及两电源的路端电压 U_{AB} 和 U_{CD}.

解　由全电路欧姆定律得

$$I = \frac{\mathscr{E}_1 + \mathscr{E}_2}{r_1 + r_2 + R} = \frac{6+4}{1+2+2} = 2(\text{A}).$$

由(13-24)式得

$$U_{AB} = \mathscr{E}_1 - Ir_1 = 6 - 2 \times 1 = 4(\text{V}),$$

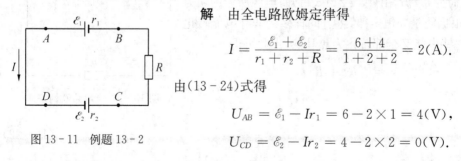

图 13-11　例题 13-2

$$U_{CD} = \mathscr{E}_2 - Ir_2 = 4 - 2 \times 2 = 0(\text{V}).$$

上式说明，由于电源 2 的内阻上的电压降与其电动势相等，且都为 4 V，因而其路端电压 U_{CD} 为零. 如果流过电源 2 的电流大于 2 A，就会出现路端电压为负的情况.

下面我们来讨论电源的输出功率，即电阻 R 上消耗的功率 $P_{出}$，由图 13-9 可知

$$P_{\text{出}} = I^2 R = \left(\frac{\mathscr{E}}{R+r}\right)^2 R. \qquad (13-25)$$

$P_{\text{出}}$ 是 R 的函数. 由于在(13-25)式的分子与分母上都含有 R,可见在 R 太大或太小时,电源的输出功率都不大,只有 R 的值选择适当,电源的输出功率才最大. (13-25)式两边对 R 求导,并令其为零,即

$$\frac{\mathrm{d}P_{\text{出}}}{\mathrm{d}R} = \frac{\mathscr{E}^2(r-R)}{(R+r)^3} = 0,$$

所以 $P_{\text{出}}$ 取最大值的条件为

$$R = r. \qquad (13-26)$$

电源的最大输出功率为

$$P_{\max} = \frac{\mathscr{E}^2}{4r}. \qquad (13-27)$$

$R=r$ 叫作负载电阻与电源的匹配条件. 值得注意的是,匹配条件在电子线路中才有实际意义,而对一般的直流电源,电源内阻很小,如果考虑匹配,就会导致电流过大,烧坏电源.

3. 一段含源电路的欧姆定律

在 §13.2 中讲过的欧姆定律,只适用于一段纯电阻电路,如果一段电路(如图 13-12 所示)中既有电阻,又有电源,这样的一段电路就称为含源电路.

在图 13-12 的电路中,我们预先无法知道各段电路中电流的实际流动方向,但是我们可以首先任意假定各段电路中电流的方向,若最终求得的电流为正,则电路中电流的实际方向与假定的方向相同;若求得的电流为负,则电路中电流的实际方向与假定的方向相反. 因此,不论怎样假定各段电路中电流的方向,所得的结论中电流的实际流动方向

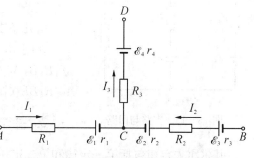

图 13-12 含源电路欧姆定律的推导

都是一样的. 下面我们来计算 A,B 两点间的电位差,即从 A 到 B 的过程中的电位降落.

在图 13-12 中任意标定各段电路中的电流及方向,然后从 A 经过 C 到 B 来计算电位的降落. 在 R_1 上,电压降为 I_1R_1;经过 $\mathscr{E}_1$ 时,由于是从电源的正极到电源的负极,或者说 $\mathscr{E}_1$ 的方向与约定的方向相反,电压降为 $\mathscr{E}_1$,同时经过 r_1 时电压降为 I_1r_1;从 C 到 B 的约定方向与 I_2 的方向相反,所以在电阻 R_2,r_2 和 r_3 上的电压降分别为 $-I_2R_2$,$-I_2r_2$,$-I_2r_3$,相当于电位在升高. 而在 $\mathscr{E}_2$ 和 $\mathscr{E}_3$ 上的电压降分别为 $-\mathscr{E}_2$ 和 $\mathscr{E}_3$. 因此在 ACB 这一段电路上的总压降为

$$U_A - U_B = I_1R_1 + \mathscr{E}_1 + I_1r_1 - \mathscr{E}_2 - I_2r_2 - I_2R_2 - I_2r_3 + \mathscr{E}_3$$

$$= (\mathscr{E}_1 - \mathscr{E}_2 + \mathscr{E}_3) + (I_1R_1 + I_1r_1 - I_2r_2 - I_2R_2 - I_2r_3).$$

可见,A,B 间的电压降等于各电动势与各个电阻上电压降的代数和. 推广到一般电路中有

$$U_{AB} = \sum_{i=1}^{i} (\pm \mathscr{E}_i) + \sum_{i=1}^{i} (\pm I_i r_i) + \sum_{k=1}^{k} (\pm I_k R_k). \qquad (13-28)$$

这就是一段含源电路的欧姆定律. 在应用时,我们对电动势 $\mathscr{E}$ 和电压降 IR,Ir 前的符号规定如下:

(1) 在电阻上,当电流方向与约定方向相同时,IR 或 Ir 前写正号,反之取负号;

(2) 在电源上,当电动势的方向与约定方向相反,$\mathscr{E}$ 前写正号,反之写负号.

§13.4 基尔霍夫定律及其应用

对许多实际电路,很难用串联或并联等效的方法将它们化为一个单一回路,这时就不能直接用全电路欧姆定律求解,对此类问题利用基尔霍夫(G. G. Kirchiff)定律来解决问题.

1. 支路 节点 回路

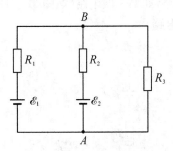

图 13-13 支路与回路

由电源、电阻或由它们串联而成的一条电路称为支路. 由稳恒条件可知,在同一条支路上电流处处相等.

三条或三条以上支路的连接点称为节点.

由几条支路所构成的闭合电路称为回路.

在图 13-13 所示的电路中,共有三条支路,分别为 $A\mathscr{E}_1R_1B,A\mathscr{E}_2R_2B$ 和 AR_3B;两个节点 A 和 B;三个回路 $A\mathscr{E}_2R_2BR_1\mathscr{E}_1A,AR_3BR_2\mathscr{E}_2A$ 和 $AR_3BR_1\mathscr{E}_1A$.

2. 基尔霍夫定律

基尔霍夫定律包括第一定律和第二定律,由它们得到的一系列方程分别称为基尔霍夫第一方程组,联立后可求解复杂电路的问题.

(1) 基尔霍夫第一定律

在任一节点处,流进节点的电流之和等于流出节点的电流之和,或者说汇于任一节点的电流的代数和为 0.

基尔霍夫第一定律的实质是稳恒条件应用在节点处的一种表现. 如图 13-14 所示,有四条支路交于节点 A,围绕 A 点作一个很小的闭合曲面 S(图中虚线所示),S 在各支路上截得曲面分别记为 S_1,S_2,S_3,S_4,把稳恒条件应用到 S 上,注意到各个截面上的法线方向向外,显然有

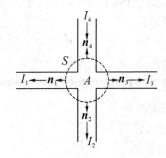

图 13-14 节点电流方程的推导

$$\oint_S \boldsymbol{j} \cdot \mathrm{d}\boldsymbol{S} = \iint_{S_1} \boldsymbol{j} \cdot \mathrm{d}\boldsymbol{S} + \iint_{S_2} \boldsymbol{j} \cdot \mathrm{d}\boldsymbol{S} + \iint_{S_3} \boldsymbol{j} \cdot \mathrm{d}\boldsymbol{S} + \iint_{S_4} \boldsymbol{j} \cdot \mathrm{d}\boldsymbol{S}$$

$$= I_1 + I_2 + I_3 - I_4 = 0,$$

其中 $I_1 + I_2 + I_3$ 是从节点流出的电流之和，I_4 是流进节点的电流，两者正好相等，推广到一般情况，即得

$$\sum_{i=1}^{i} (\pm I_i) = 0. \tag{13-29}$$

根据基尔霍夫第一定律，对每一个节点都可以列出一个方程（即节点电流方程），这些方程叫作基尔霍夫第一方程组. 可以证明，并不是所有的节点方程都是独立的，当电路中有 n 个节点时，只有 $n-1$ 个节点方程是独立的，也就是说第 n 个节点方程可由前 $n-1$ 个节点方程推出.

在应用(13-29)式列方程时，规定凡流进节点的电流前写正号，凡从节点流出的电流前写负号.

（2）基尔霍夫第二定律

任一闭合回路中电压降的代数和为零. 这一定律的实质就是稳恒电场的环路定理 $\oint_L \boldsymbol{E} \cdot \mathrm{d}\boldsymbol{l} = 0$ 应用于闭合回路所得的结果. 根据环路定理，沿回路环绕一周回到出发点，电位的数值不变. 绕行过程中，沿途经过各元件时电位有时升高，而有时降低，统称为电位降落（或电压降），并规定电位从高到低的电压降为正，电位从低到高的电压降为负. 沿回路环绕一周时，电压降的代数和为零. 把环路定理应用于图 13-15 电路中的 $ABCA$ 回路，可以得到

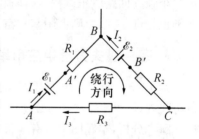

图 13-15　回路电压方程的推导

$$\oint_{ABCA} \boldsymbol{E} \cdot \mathrm{d}\boldsymbol{l} = 0,$$

也可以改写为

$$\int_A^{A'} \boldsymbol{E} \cdot \mathrm{d}\boldsymbol{l} + \int_{A'}^B \boldsymbol{E} \cdot \mathrm{d}\boldsymbol{l} + \int_B^{B'} \boldsymbol{E} \cdot \mathrm{d}\boldsymbol{l}$$
$$+ \int_{B'}^C \boldsymbol{E} \cdot \mathrm{d}\boldsymbol{l} + \int_C^A \boldsymbol{E} \cdot \mathrm{d}\boldsymbol{l} = 0,$$
$$U_{AA'} + U_{A'B} + U_{BB'} + U_{A'C} + U_{CA} = 0,$$

即

$$-\mathscr{E}_1 + I_1 R_1 + \mathscr{E}_2 - I_2 R_2 + I_3 R_3 = 0,$$
$$(-\mathscr{E}_1 + \mathscr{E}_2) + (I_1 R_1 - I_2 R_2 + I_3 R_3) = 0.$$

推广到一般情况，基尔霍夫第二定律可表示为

$$\sum_{i=1}^{i}(\pm\mathscr{E}_i)+\sum_{i=1}^{i}(\pm I_i r_i)+\sum_{k=1}^{k}(\pm I_k R_k)=0. \qquad (13-30)$$

对于任意回路都可应用基尔霍夫第二定律得到的方程(即回路电压方程).对每一个回路都可得到一个方程,这些方程叫作基尔霍夫第二方程组.

(1) 在写回路电压方程以前,要任意选定一个回路的绕行方向,这样才可以顺着绕行方向来写出电压降的变化情况.

(2) 在写回路电压方程时,电动势的方向与绕行方向相反(即绕行方向从正极进入电源)时,$\mathscr{E}$ 取正号;反之取负号.

(3) 在写回路电压方程时,当绕行方向与电阻上电流的方向相同时,该电阻的 IR 项前取正号,反之取负号.

在上面的两种符号规定中,其实质都是沿着绕行方向经过某一元件时,如果电位在升高,其电压降为负;如果电位在降低,其电压降为正.

在写回路方程时,选回路要选独立回路.所谓独立回路,就是回路里至少有一条支路是别的回路所不包含的.例如在图 13-13 中的三个回路中,只有两个回路是独立的.如果一个复杂电路有 p 条支路,n 个节点,那么共可求解 p 个未知量,就需要建立起 p 个独立方程.在节点电流方程中已建立了 $n-1$ 个方程,则运用第二定律时共需建立起 $m=p-n+1$ 个独立回路电压方程.这样独立方程的个数与未知数的个数相等.因此方程可解,而且解也是惟一的.原则上用基尔霍夫方程组可解决任意复杂的直流电路问题.

3. 基尔霍夫方程组应用举例

例 13.3　如图 13-16 所示,已知 $\mathscr{E}_1=32$ V,$\mathscr{E}_2=24$ V,各电源的内阻已移到支路中的电阻内,$R_1=5$ Ω,$R_2=6$ Ω,$R_3=54$ Ω,求各支路中的电流.

解　分析,本题图中共有 3 条支路,两个节点.

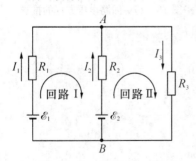

图 13-16　例题 13.3 图

(1) 在图中任意标定各支路中的电流 I_1,I_2,I_3 及其正方向,如图 13-16 所示.

(2) 写出节点电流方程,由于只有 2 个节点,所以只需写出一个节点方程,对于节点 A 有

$$+I_1+I_2-I_3=0.$$

(3) 确定独立回路的个数,图 13-16 中有三个回路,但只有两个回路是独立的,我们选定图中的回路 Ⅰ 和回路 Ⅱ 两个独立回路,并约定其绕行方向为如图所示的箭头方向,即可列出回路的电压方程.

对于回路 Ⅰ：　　　　　$-\mathscr{E}_1+\mathscr{E}_2+I_1 R_1-I_2 R_2=0$；

对于回路 Ⅱ：　　　　　$-\mathscr{E}_2+I_2 R_2+I_3 R_3=0$.

代入数据整理得

$$I_1+I_2=I_3,$$

$$5I_1 - 6I_2 = 8,$$
$$I_2 + 9I_3 = 4.$$

（4）联立求解得

$$I_1 = 1\,\text{A}, \quad I_2 = -0.5\,\text{A}, \quad I_3 = 0.5\,\text{A}.$$

I_1, I_3 都大于零,说明它们的实际流动方向与图中所标的方向一致,I_2 小于零,说明其实际流动方向与图中所标方向相反.

例 13.4　在如图 13-17 所示的电路中,已知 $\mathscr{E}_1 = 6.0\,\text{V}, \mathscr{E}_2 = 4.5\,\text{V}, \mathscr{E}_3 = 4.5\,\text{V}, r_1 = 0.2\,\Omega, r_2 = r_3 = 0.1\,\Omega, R_1 = 0.5\,\Omega, R_2 = 0.5\,\Omega, R_3 = 2.5\,\Omega$,求通过 R_1, R_2 和 R_3 中的电流 I_1, I_1, I_3 的大小与实际流动方向.

解　图中有 6 条支路、4 个节点和 3 个独立回路,这样可写出 6 个方程,即 3 个节点电流方程和 3 个回路电压方程,可解出 6 个未知数. 而题中只要求解出 3 个未知数. 为了尽量减少未知数的个数. 先任意标定 R_1, R_2, R_3 上的电流 I_1, I_2, I_3,标定其他各支路的电流时,在节点 B, C 和 D 处直接利用节点定律,如图 13-17 所示,即用 I_1, I_2 和 I_3 的代数和表示其他 3 条支路上的电流.

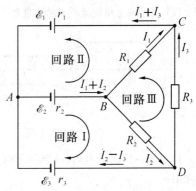

图 13-17　例题 13.4 图

对回路 I：　　$\mathscr{E}_3 - \mathscr{E}_2 + (I_2 - I_3)r_3 + I_2 R_2 = 0$;

对回路 II：　　$\mathscr{E}_1 - \mathscr{E}_2 + (I_1 + I_3)r_1 + I_1 R_1 = 0$;

对回路 III：　　$-I_1 R_1 + I_2 R_2 + I_3 R_3 = 0.$

代入数据整理得

$$8I_1 + I_2 + 2I_3 = -15,$$
$$I_1 + 7I_2 - I_3 = 0,$$
$$I_1 - I_2 - 5I_3 = 0.$$

联立求解得

$$I_1 = -1.8\,\text{A}, \quad I_2 = 0.2\,\text{A}, \quad I_3 = -0.4\,\text{A}.$$

I_2 大于零,说明它的实际流动方向与图中标定的方向一致,I_1, I_3 都小于零,说明它们的实际流动方向与图中所标方向相反.

应用基尔霍夫定律的解题步骤可总结如下:

（1）任意标定各支路中电流 I 及其正方向,并找出 n 个节点,写出 $n-1$ 个节点电流方程.

（2）选定独立回路,任意标定回路的绕行方向,并写出各独立回路的回路电压方程.

（3）对所列出的方程联列求解,并对结果中各电流的实际流动方向进行说明.

注意如果有的电路中要求的是电动势，就可在图中任意标定某个未知电动势的大小和方向，其实际方向的判断，关键在于最终计算结果，如果计算出的电动势为正，说明实际方向与所标定的方向一致，如果电动势为负，说明实际方向与图中所标定的方向相反.

习　题

13.1　如图所示的导体中，均匀地流有 10 A 的电流，已知横截面 $S_1 = 1$ cm^2，$S_2 = 0.5$ cm^2，S_3 的法线与轴的夹角为 $60°$，试求

(1) 三个面与轴线交点处 a, b, c 三点的电流密度；

(2) 三个面上单位面积上的通量 dI.

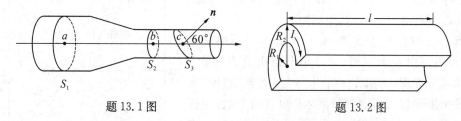

题 13.1 图　　　　　　　　　题 13.2 图

13.2　一长度为 l，内、外半径分别为 R_1 和 R_2 的导体管，电阻率为 ρ. 求下列三种情况下管子的电阻：

(1) 若电流沿长度方向流过；

(2) 电流沿径向流过；

(3) 如图所示，把管子切去一半，电流沿着图示方向流过.

13.3　一长为 l 的均匀锥形导体，底面半径分别为 a 和 b，如图所示，电阻率为 ρ，求它的电阻. 试证当 $a = b$ 时，答案简化为 $\rho l / S$，其中 S 为柱体的横截面积.

13.4　直径为 2 mm 的导线，如果流过它的电流是 20 A，且电流密度均匀，导线的电阻率为 3.14×10^{-8} Ω·m，求导线内部的场强.

13.5　一个电动势为 $\mathscr{E}$，内阻为 r 的电池给电阻为 R 的灯泡供电，试证明当 $R = r$ 时，灯泡最亮，最大功率

$$P_{\max} = \frac{\mathscr{E}^2}{4r} = \frac{\mathscr{E}^2}{4R}.$$

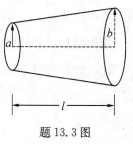

题 13.3 图

13.6　如图所示，$\mathscr{E}_1 = 6$ V，$\mathscr{E}_2 = 10$ V，$r_1 = 3$ Ω，$r_2 = 1$ Ω，$R = 4$ Ω，求 U_{ab}，U_{ac}，U_{cb}.

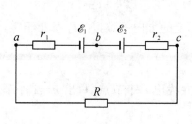

题 13.6 图

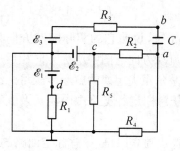

题 13.7 图

13.7　如图所示的电路中,求 a,b,c,d 各点的电位.

13.8　在如图所示的电路中,已知 $\mathscr{E}_1=12$ V, $\mathscr{E}_2=2$ V, R_1 $=1.5$ Ω, $R_3=2$ Ω, $I_2=1$ A,求电阻 R_2,电流 I_1 和 I_3.

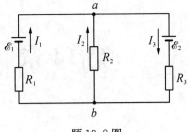

题 13.8 图

第14章 真空中的稳恒磁场

磁场也是一种物质.它是由运动的电荷或电流激发的,描述磁场的物理量是磁感应强度;反过来磁场对电流和运动的电荷会发生作用.磁相互作用和电相互作用统称为电磁相互作用,是自然界四种基本相互作用之一.本章主要研究稳恒电流激发的磁场,即研究稳恒磁场遵从的规律,以及稳恒磁场对电流和运动电荷的作用.

§14.1 磁感应强度 磁场的高斯定理

1. 磁现象

人类最早发现一些天然矿石(其主要成分是四氧化三铁)能够吸引铁片,也就开始认识和研究磁现象的规律.我国是最早发现和应用磁现象的国家.早在春秋战国时期,我国就制造出最初的指南针——司南,用在战车上;到公元11世纪的宋朝,制成了世界上第一架罗盘,并用于航海.

磁铁两端的磁性最强,我们把它们称为磁极.若把一个条形磁铁的中间悬挂或支撑起来,就会发现其静止时总是一端指南,一端指北.我们把指南的一端称为指南极(简称为南极或S极),指北的一端称为指北极(简称为北极或N极).同性磁极相互排斥,异性磁极相互吸引,这就是磁极的性质.由磁极的性质可知,地球本身也是一个大磁体,它的磁北极位于地理南极附近,磁南极位于地理北极附近.指南针正是借助于地球是一个大磁体和利用了磁极的相互作用规律而制成的.

实验表明,若将一个条磁铁分为两段,则会在分界处出现一对异号磁极,使得每一段上仍然同时具有N,S两个极.继续上述实验,我们会发现,无论把磁铁分成多么小的段,每一小段上仍有N,S两个极,如图14-1所示.这表明磁铁的两个极不能单独存在,即磁单极不存在.磁极的这个性质与电荷性质不同.

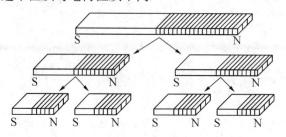

图14-1 分割后的磁体总存在N,S极

　　1820 年以前,人们曾认为磁现象与电现象是互不相关的,因此将它们割裂开来进行研究. 直到 1820 年,丹麦物理学家奥斯特发现了电流的磁效应,第一次使人们认识到磁现象与电现象之间存在密切联系. 从此,人们就把电学和磁学联系起来进行研究,使电磁学进入一个比较迅速发展的阶段. 在其后的短短几年内,人们就发现了稳恒电流的磁相互作用的所有定律.

　　将一个可以自由转动的小磁针,平行放置在南、北取向的直导线的上方(或下方),然后给导线通以电流,发现磁针发生偏转,如图 14‐2 所示. 如果导线中的电流反向,磁针的偏转方向也随之反转过来,这就是电流磁效应实验. 该实验表明,电流可以给它周围的磁体施加作用力. 随后法国科学家安培又发现,磁铁对放在它附近的载流导线或线圈也可以施加作用力,如图 14‐3 所示. 两平行直导线间通上电流时,也会发生相互作

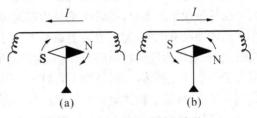

图 14‐2　电流的磁效应实验

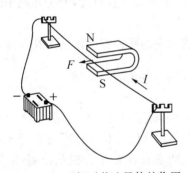

图 14‐3　磁场对载流导体的作用

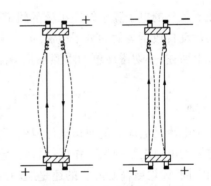

图 14‐4　平行电流间的相互作用

用. 当通以同向电流时,两导线相互吸引,通以反向电流时两导线之间相互排斥,如图 14‐4 所示. 一个圆环形电流与一个永磁薄壳层有相同的磁性能,如图 14‐5 所示. 一个载流直螺线管的外部磁性能相当于一个条形磁铁. 如图 14‐6 所示.

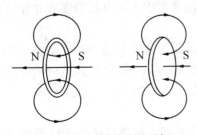

图 14‐5　圆形电流的磁场

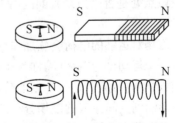

图 14‐6　条形磁铁与直螺线管

　　静止的电荷之间的相互作用力是通过静电场来传递的,这些磁铁与磁铁、磁铁与电流、电流与电流之间的相互作用也都是通过一种场——磁场来传递的. 磁极或电流要在

它周围的空间激发磁场,而磁场的基本性质之一是磁场对置于其中的其他磁极或电流施加作用力,这种力称为磁力.用磁场的观点可以把上述的各种相互作用概括成下面一个图式.

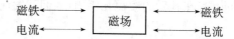

磁场也是一种物质.既然电流会产生磁场,永磁体的磁极也会产生磁场,这就启发人们去探寻磁现象的本质,即磁现象是否都起源于电流,如果磁现象的本源都是电流,那么在永磁体中没有电流,怎么也会有磁性? 为了解释这一问题,1822 年安培提出了分子电流假说.安培认为任何物质的分子中都存在圆形电流,称为分子电流.每一个分子电流都相当于一个基元磁体,一般情况下,这些分子电流做无规则排列,它们对外界产生的磁效应相互抵消,故整个物体对外界不显磁性.在外磁场的作用下,这些分子电流会做定向排列,在宏观上就会显示出 N,S 极.根据分子电流假说,每一个基元磁体的两个磁极对应于圆形电流的两个面,显然基元磁体的两个极不能单独存在,因而磁体的两个极也不能单独存在.

原子核外的电子除了绕原子核的轨道运动外,电子自身还有自旋,分子和原子内部的电子的运动构成了等效的分子电流.

综上所述,一切磁现象的本源都是电流,因此前面讲的几种相互作用图式可简化为

电流 ←——→ 磁场 ←——→ 电流

由于电流是电荷的定向移动形成的,所以电流与电流之间的相互作用,实际上是运动电荷对运动电荷之间的相互作用.值得注意的是,电荷之间的磁相互作用与它们之间的库仑作用不同.无论电荷是静止的还是运动的,它们之间总存在着库仑相互作用,但是只有运动着的电荷之间才存在磁相互作用,即磁场对运动的电荷才施加作用力,对静止的电荷不施加作用力.

2. 磁感应强度

由于电场对处于电场中的电荷有力的作用,因此,空间某点是否存在电场,可以用试探电荷在该点处是否受力来判断.我们从电场力的角度引入了电场强度 E 来描述电场的性质.

由于磁场对运动的电荷会施加作用力,所以判断空间某点是否存在磁场就可以在磁场中引入一个运动试探电荷(简称为运动电荷).根据运动电荷通过该点时所受的磁力来判断.当然运动电荷应该是一个点电荷,且运动电荷自身的磁场应该足够弱,以至于它的磁场不致影响到空间原来的磁场分布.

从运动电荷在磁场中受的磁力的角度,我们可以引入磁感应强度矢量 B 来描述磁场的性质,B 的大小反映该点磁场的强弱,B 的方向为该点磁场的方向.下面我们通过实验,给出磁感应强度 B 的定义,即在磁场中引入运动电荷 q,且 $q>0$,观察 q 通过场点 P 时所受磁力的特点,来研究磁场的性质,并由此给出 B 的定义.

(1) 当运动电荷 q 以相同速率 v,但是沿不同方向通过 P 点时,受到的磁力 F 的大小和方向都不相同. 这说明运动电荷所受的磁力与电荷的运动方向有关,因而我们就不能仿照电场强度的定义那样,把 F 与 q 的比值定义为磁感应强度 B,而应该把运动电荷的速度的方向也考虑进去.

(2) 在实验中发现,磁场中 P 点存在一个特定的方向,当运动电荷沿着这个特定方向(或其反方向)运动经过 P 点时,电荷所受磁力为零. 这个特定方向也表明了场点 P 的一种属性. 若将一个可以自由转动的小磁针放到 P 点,小磁针静止时其北极正好指向这个特定方向,我们就把这个特定方向规定为 P 点磁感应强度 B 的方向.

(3) 无论运动电荷以多大的速度和以什么方向通过 P 点,实验发现运动电荷所受的磁力 F 总是既垂直于该点磁场的方向,又垂直于运动电荷速度的方向,即

$$F \perp B, \quad F \perp v.$$

由此可见,磁场对运动电荷的作用力是侧向力,它只改变电荷的运动方向,不改变电荷的速度的大小.

(4) 当运动电荷速度的方向垂直于 B(即 $v \perp B$)时,运动电荷所受磁力最大,而以相同速率沿其他方向运动时,所受磁力都较小,特别是沿平行于 B 的方向运动时,所受磁力为零. 最大磁力用 $F_\perp$ 表示. 改变运动电荷的电荷量($q>0$)或改变运动电荷的速率,让运动电荷垂直于磁场方向通过 P 点,测得各自不同的 $F_\perp$,实验表明,最大磁力 $F_\perp$ 既与运动电荷的速率(用 $v_\perp$ 表示)成正比,又与运动电荷的电荷量成正比,即

$$F_\perp \propto q v_\perp,$$

那么比值 $F_\perp / q v_\perp$ 就是一个与运动电荷的性质无关的量,它仅由磁场本身的性质来决定. 对于磁场中不同的点,比值 $F_\perp / q v_\perp$ 一般是不一样的,这说明磁场的强弱不一样,但对磁场中确定的点来说,它是一个确定值,可见这个比值反映了该点磁场的特性,我们把这个比值定义为磁感应强度矢量 B 的大小,即

$$B = \frac{F_\perp}{q v_\perp}. \tag{14-1}$$

可见,磁场中任一点的磁感应强度的大小等于运动电荷 q 以垂直于磁场方向的速率 $v_\perp$ 通过该点时受到的磁场力 $F_\perp$ 与乘积 $q v_\perp$ 的比值. 磁感应强度矢量 B 的大小反映了磁场的强弱,B 的方向表示了磁场的方向. 在 SI 单位制中 B 的单位是 $N \cdot C^{-1} \cdot m^{-1} \cdot s$,这个单位叫作特斯拉(T),即

$$1\,T = 1\,N \cdot C^{-1} \cdot m^{-1} \cdot s.$$

在磁学中经常还用到另一种单位制,即高斯制,在高斯制中 B 的单位是高斯(Gs).

$$1\,T = 10^4\,Gs, \text{或}\ 1\,Gs = 10^{-4}\,T.$$

磁感应强度矢量 B 是描述磁场性质的物理量,其作用相当于静电场中的电场强度 E.

3. 磁感应线

类比在静电场中用电场线形象地描述电场的方法,在磁场中也可以引入磁感应线(简称为磁感线或 B 线)来形象地描述磁场. 方法是:在磁场中做一些有方向的曲线,让曲线上每一点的切线方向与该点磁场的方向(即 B 的方向)一致,这些曲线就叫作磁感应线. 同时规定通过磁场中某点与 B 垂直的单位面积上的磁感应线的条数,等于该点 B 的大小. 这样磁感应线既能描述磁场的方向,又能描述磁场的强弱. 磁感应线的切线方向代表了磁场的方向,磁感线的疏密程度表示了磁场的强弱. 磁感应线密的地方磁场强,而稀疏的地方磁场弱.

根据磁感应线的定义,可以描绘出直线电流、圆形电流和条形磁铁的磁场中的磁感应线,如图 14-7 所示. 对条形磁铁来说,只画出了它外部的磁感应线是从 N 极到 S 极,而内部的磁感应线是从 S 极到 N 极(未画出).

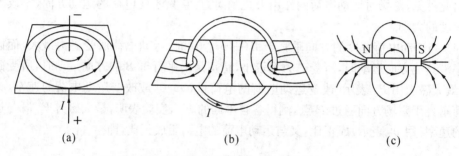

(a)　　　　　　　(b)　　　　　　　(c)

图 14-7　直线电流、圆电流和条形磁铁的磁感应线

从图 14-7 可以看出,磁感应线具有如下两条性质:

性质 1:磁感应线是无头无尾的闭合曲线,并且每条磁感应线都与闭合电流环绕在一起. 磁感应线的这一性质与静电场的电场线的性质完全不同,静电场的电场线是有头有尾不闭合曲线.

性质 2:磁感应线的方向与电流的方向相互符合右手螺旋定则. 即是说,若以右手的拇指指向电流的方向,那么弯曲的四指指的就是磁感应线的方向,如图 14-7(a)所示. 反之,若以弯曲的四指指向电流方向,则拇指所指的就是磁感应线的方向,如图 14-7 (b)所示.

4. 磁通量

在磁场中,若面元 dS 所在处的磁感应强度为 B,则仿照 §11.4 中电通量的定义,我们把

$$d\Phi_B = \boldsymbol{B} \cdot d\boldsymbol{S} = B\cos\theta dS \tag{14-2}$$

定义为通过面元 dS 上的磁通量,其中 θ 为 B 与 dS 之间的夹角. 对于有限曲面 S 来说,其磁通量为

$$\Phi_B = \iint\limits_S \boldsymbol{B} \cdot d\boldsymbol{S} = \iint\limits_S B\cos\theta dS. \tag{14-3}$$

根据磁通量的定义,在 SI 单位制中,磁通量的单位是 $T \cdot m^2$,又称为韦伯(Wb).

$$1 \, Wb = 1 \, T \cdot m^2, \quad 1 \, T = 1 \, Wb \cdot m^{-2}.$$

正如电通量 Φ_e 代表电场线的条数一样,通过某曲面上的磁通量 Φ_B 也可理解为通过该曲面上的磁感应线的数目.

5. 磁场的"高斯定理"

(14-3)式给出了任意有限曲面 S 上的磁通量,如果曲面 S 是闭合曲面,则其上的磁通量为

$$\Phi_B = \oiint_S \boldsymbol{B} \cdot d\boldsymbol{S}.$$

由于磁感应线是无头无尾的闭合曲线,因此,对于任意闭合曲面 S 来说,有多少条磁感应线穿进去,必定有同样多的磁感应线穿出来,穿进闭合面的条数与穿出闭合面的条数必然相等.因为对闭合曲面来说,法线要取外法线,所以有磁感应线穿入的地方,磁通量为负;有磁感应线穿出的地方,磁通量为正,由此可见通过任意闭合曲面 S 上的磁通量恒等于零,即

$$\oiint_S \boldsymbol{B} \cdot d\boldsymbol{S} = \oiint_S B\cos\theta \, dS = 0. \tag{14-4}$$

这个描述磁场性质的结论没有专有的名称,因为它对应着静电场中的高斯定理,所以我们把(14-4)式称为磁场的"高斯定理".由于通过任意闭合曲面上的磁通量恒等于零,所以我们把磁场称为无源场.

§14.2　毕奥-萨伐尔定律

1. 毕奥-萨伐尔定律

静止的电荷产生静电场,而运动的电荷或电流激发磁场,由稳恒电流激发的磁场不随时间变化,叫作稳恒磁场,简称为静磁场.

在电学中,为了计算任意带电体在空间激发的电场分布,是把带电体分成无限多个小体积元,小体积元内带电荷为 dq,先利用点电荷的场强公式求出任一小体积元内的电荷在场点 P 激发的电场强度 $d\boldsymbol{E}$,然后根据场强叠加原理,将所有体积元内的电荷在 P 点激发的电场强度求矢量和,即可得到场点 P 的总电场强度 $\boldsymbol{E}$.

与此类似,欲求任意形状的载流导线在空间激发的磁场分布,可以先把载流导线分成无限多小线元,每一个小线元都叫作电流元,用 $Id\boldsymbol{l}$ 表示,其中 I 是导线中的电流,$d\boldsymbol{l}$ 的大小等于线元的长度,$d\boldsymbol{l}$ 的方向与 $d\boldsymbol{l}$ 所在处的导线中电流密度的方向一致.若能得知任意一个电流元在场点 P 激发的磁场,再假设磁感应强度遵从叠加原理,可求得空间的磁场

分布. 法国物理学家毕奥和萨伐尔根据对实验结果的研究与分析, 最后总结出了电流元产生磁场的基本规律, 被称为毕奥-萨伐尔定律. 其数学表达式为

$$\mathrm{d}\boldsymbol{B} = \frac{\mu_0}{4\pi} \frac{I\mathrm{d}\boldsymbol{l} \times \boldsymbol{r}_0}{r^2}, \qquad (14-5)$$

写成标量式为

$$\mathrm{d}B = \frac{\mu_0}{4\pi} \frac{I\mathrm{d}l\sin\theta}{r^2}, \qquad (14-6)$$

其中 $\mathrm{d}\boldsymbol{B}$ 为电流元 $I\mathrm{d}\boldsymbol{l}$ 在 P 点产生的元磁感应强度, r 为电流元 $I\mathrm{d}\boldsymbol{l}$ 到场点 P 的距离, 如图 $14-8$ 所示. $\boldsymbol{r}_0$ 是 $I\mathrm{d}\boldsymbol{l}$ 由指向场点 P 的矢量 $\boldsymbol{r}$ 上的单位矢量, θ 为 $I\mathrm{d}\boldsymbol{l}$ 与 $\boldsymbol{r}_0$ 之间的夹角. $\mathrm{d}\boldsymbol{B}$ 的方向可用右手螺旋法则来确定. $\mu_0 = 4\pi \times 10^{-7}$ N·A^{-2}, 叫作真空的磁导率, 它和电学中真空的介电常数 ε_0 对应.

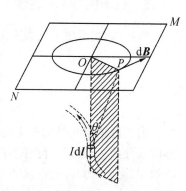

图 14-8 电流元的磁场

2. 磁场叠加原理

某一电流产生的磁场, 在空间某一点的磁感应强度等于各个电流元在该点产生磁感应强度的矢量和. 多个电流在 P 点产生的磁场, 在 P 点的磁感应强度等于各个电流单独存在时在 P 点产生的磁感应强度的矢量和, 这就是磁场叠加原理.

3. 载流直导线的磁场

如图 $14-9$ 所示为一载流直导线, 其上电流为 I, 长为 L, 试计算该导线旁边任意一点 P 的磁感应强度. 设 P 点到导线的垂直距离为 a, 导线两端点到 P 点的连线与导线的夹角分别为 θ_1 和 θ_2.

在导线上距 O 为 l 处取电流元 $I\mathrm{d}\boldsymbol{l}$, 它在 P 点产生的磁感应强度的大小为

$$\mathrm{d}B = \frac{\mu_0}{4\pi} \frac{I\mathrm{d}l\sin\theta}{r^2},$$

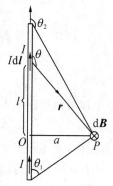

图 14-9 直线电流的磁场

方向垂直于纸面向里. 由毕奥-萨伐尔定律可知, 载流直导线上的任一电流元在 P 点产生的磁感应强度的方向都垂直于纸面向里, 所以求 $\mathrm{d}\boldsymbol{B}$ 的矢量和归结为求代数和. 即

$$B = \int \mathrm{d}B = \int \frac{\mu_0}{4\pi} \frac{I\mathrm{d}l\sin\theta}{r^2},$$

上式中的 l, θ 和 r 都是变量, 必须统一成同一变量才能积分, 为了积分方便, 我们统一到变量 θ 上. 由图 $14-9$ 可知

$$r = \frac{a}{\sin\theta} = a\csc\theta, \quad l = a\cot(\pi-\theta) = -a\cot\theta.$$

上式两边取微分得

$$\mathrm{d}l = \frac{a}{\sin^2\theta}\mathrm{d}\theta = a\csc^2\theta\,\mathrm{d}\theta,$$

$$B = \int_{\theta_1}^{\theta_2}\frac{\mu_0}{4\pi}\frac{Ia\csc^2\theta\sin\theta\,\mathrm{d}\theta}{(a\csc\theta)^2} = \frac{\mu_0 I}{4\pi a}\int_{\theta_1}^{\theta_2}\sin\theta\,\mathrm{d}\theta,$$

$$B = \frac{\mu_0 I}{4\pi a}(\cos\theta_1 - \cos\theta_2). \qquad (14-7)$$

(1) 若导线为无限长,则 $\theta_1 = 0, \theta_2 = \pi$,由(14-4)式得

$$B = \frac{\mu_0 I}{2\pi a}. \qquad (14-8)$$

上式表明,在无限长载流直导线周围的磁感应强度的大小与距离 a 的一次方成反比. 当然在现实中,无限长载流直导线是不存在的,但只要 $L \gg a$ 时,(14-8)式也近似成立. 从(14-8)式和磁感应线的定义很容易得出长直载流导线产生的磁感应线是在垂直于导线的平面内以导线为中心的一系列同心圆.

(2) 如果导线是半无限长,即 $\theta_1 = \pi/2, \theta_2 = \pi$,则

$$B = \frac{\mu_0 I}{4\pi a}. \qquad (14-9)$$

(3) 若 P 点在直导线的延长线上,$\theta_1 = \theta_2 = 0$ 或 π,则 $\boldsymbol{B} = 0$,可见载流直导线在其延长线上产生的磁感应强度为零.

例 14.1　载有电流 I 的无限长直导线旁放置一个与之共面的矩形线圈,边长分别为 a 和 b,如图 14-10 所示. 靠近导线的一边与导线的距离为 d,求通过矩形线圈的磁通量.

解　由于线圈与导线共面,所以线圈平面上的磁场处处与平面垂直,若取矩形线圈平面的法线方向垂直于纸面向里,则在平面上 $\boldsymbol{B}$ 与 $\mathrm{d}\boldsymbol{S}$ 的方向一致,即 $\theta = 0$.

根据(14-8)式知,无限长载流直导线在空间产生的磁感应强度 $\boldsymbol{B}$ 与场点到导线的距离成反比,因此在线圈上距导线为 r 处取一宽为 $\mathrm{d}r$ 的小窄条,由(14-5)式得小窄条上的磁感应强度为

$$B = \frac{\mu_0 I}{2\pi r}.$$

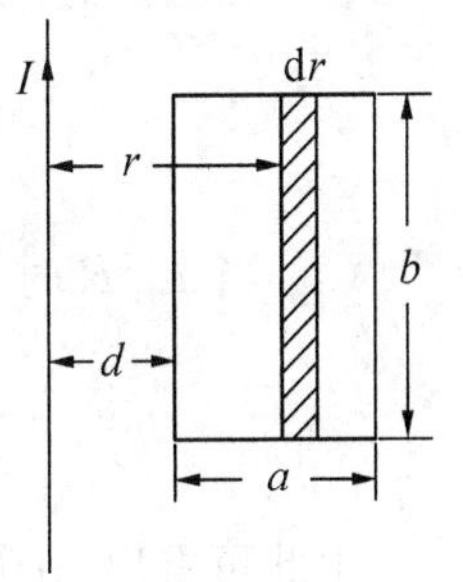

由(14-5)式得小窄条上的磁通量为

$$\mathrm{d}\Phi_B = \boldsymbol{B} \cdot \mathrm{d}\boldsymbol{S} = \frac{\mu_0 I}{2\pi r}b\,\mathrm{d}r.$$

图 14-10

矩形线圈上总的磁通量为

$$\Phi_B = \int\mathrm{d}\Phi_B = \int_d^{d+a}\frac{\mu_0 I}{2\pi r}b\,\mathrm{d}r = \frac{\mu_0 Ib}{2\pi}\ln\frac{d+a}{d}.$$

4. 载流圆线圈轴线上的磁场

设圆线圈的半径为 R，中心为 O，电流为 I，取轴线为 x 轴，如图 14-11 所示，在轴线上任取一点 P，$PO=x$. 在线圈上 A 处取一电流元 $I\mathrm{d}l$，它在 P 点产生的元磁感应强度为 $\mathrm{d}\boldsymbol{B}$，位于 POA 平面内，且与 AP 的连线垂直，由于 r 与 $I\mathrm{d}l$ 垂直，由 (14-6) 式得

$$\mathrm{d}B = \frac{\mu_0}{4\pi}\frac{I\mathrm{d}l}{r^2}.$$

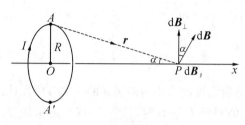

图 14-11 圆形电流的磁场

我们把 $\mathrm{d}\boldsymbol{B}$ 分解为与轴线平行的分量 $\mathrm{d}\boldsymbol{B}_{/\!/}$ 以及与轴线垂直的分量 $\mathrm{d}\boldsymbol{B}_{\perp}$ 两个部分. 由对称性可知，A' 点的电流元在 P 点产生的元磁感应强度 $\mathrm{d}\boldsymbol{B}'$ 与 $\mathrm{d}\boldsymbol{B}$ 的大小相等，方向关于 x 轴对称，那么 $\mathrm{d}\boldsymbol{B}'_{\perp}$ 与 $\mathrm{d}\boldsymbol{B}_{\perp}$ 就相互抵消，而 $\mathrm{d}\boldsymbol{B}'_{/\!/}$ 与 $\mathrm{d}\boldsymbol{B}_{/\!/}$ 相互加强. 可见，载流圆线圈上的所有电流元在 P 点产生的磁感应强度的垂直分量的矢量和为零. 因此，总磁感应强度 $\boldsymbol{B}$ 一定沿 x 轴方向，它的大小等于载流圆线圈上所有电流元在 P 点产生的元磁感应强度沿轴线分量 $\mathrm{d}\boldsymbol{B}_{/\!/}$ 的代数和. 即

$$B = \oint \mathrm{d}B_{/\!/} = \oint \mathrm{d}B\sin\alpha = \oint \frac{\mu_0}{4\pi}\frac{I\mathrm{d}l\sin\alpha}{r^2} = \frac{\mu_0 IR}{4\pi r^3}\int_0^{2\pi R}\mathrm{d}l = \frac{\mu_0 IR^2}{4r^3}.$$

因为 $r = (R^2 + x^2)^{1/2}$，所以

$$B = \frac{\mu_0}{2}\frac{IR^2}{(R^2+x^2)^{3/2}}, \tag{14-10}$$

为载流线圈轴线上任意一点处的磁感应强度.

（1）在圆心处，因为 $x=0$，则

$$B = \frac{\mu_0 I}{2R}. \tag{14-11}$$

（2）当 $x \gg R$ 时，

$$B = \frac{\mu_0}{2}\frac{IR^2}{x^3}. \tag{14-12}$$

由此可看出，在圆形电流轴线上距圆形电流较远处的场与距离的三次方成反比，这和电偶极子在远处产生的电场相似.

（3）如果圆线圈共有 N 匝，则

$$B = \frac{\mu_0 I N R^2}{2(R^2+x^2)^{3/2}}. \tag{14-13}$$

上述三种情况中，$\boldsymbol{B}$ 的方向均沿 x 轴的正方向.

5. 载流直螺线管轴线上的磁场

均匀地绕在圆柱面上的螺线形线圈叫作螺线管,如图 14 - 12(a)所示. 设螺线管的半径为 R,总长度为 L,电流为 I,单位长度上有 n 匝线圈(n 足够大,能将螺线管看成是无限靠近的圆形电流,或者说螺线管是密绕而成). 取螺线管的轴线为 x 轴,P 为轴线上任一点,如图 14 - 12(b)所示. P 点与两管口的连线与轴线的夹角分别为 β_1 和 β_2. 由于密绕的螺线管的每一匝线圈都可看成是一个圆形载流线圈,因而 P 点的磁感应强度就等于螺线管上所有圆形电流在 P 点产生的磁感应强度的叠加. 因为各匝线圈在 P 点产生的磁场的方向相同,所以求总磁感应强度时可用标量积分.

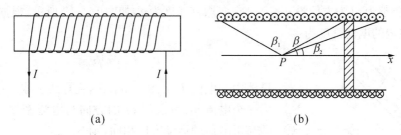

(a)　　　　　　　　　　(b)

图 14 - 12　载流螺线管轴线上的磁场

在螺线管上距 P 为 x 处取一段长为 $\mathrm{d}x$ 的螺线管,其内包含有 $n\mathrm{d}x$ 匝线圈,由 (14 - 13)式得这些线圈在 P 点产生的磁感应强度的大小为

$$\mathrm{d}B = \frac{\mu_0 I R^2 n \mathrm{d}x}{2(R^2 + x^2)^{3/2}},$$

方向沿 x 轴的正方向. 由图 14 - 12 可以看出

$$x = R\cot\beta, \ \mathrm{d}x = -R\csc^2\beta \, \mathrm{d}\beta,$$

$$R^2 + x^2 = R^2(1 + \cot^2\beta) = R^2\csc^2\beta,$$

所以

$$\mathrm{d}B = \frac{\mu_0 I R^2 n (-R\csc^2\beta)\mathrm{d}\beta}{2R^3 \csc^3\beta} = \frac{\mu_0 nI}{2}(-\sin\beta)\mathrm{d}\beta,$$

$$B = \frac{\mu_0 nI}{2}\int_{\beta_1}^{\beta_2}(-\sin\beta)\mathrm{d}\beta = \frac{\mu_0 nI}{2}(\cos\beta_2 - \cos\beta_1), \tag{14 - 14}$$

方向沿 x 轴的正方向.

(1) 若螺线管为无限长,即 $\beta_1 = \pi$,$\beta_2 = 0$,则

$$B = \mu_0 nI. \tag{14 - 15}$$

可见,无限长载流直螺线管内部轴线上的磁场是均匀的.

(2) 若螺线管为半无限长,且 P 点位于螺线管一端的管口处,$\beta_1 = \pi/2$,$\beta_2 = 0$,或 $\beta_1 = 0$,$\beta_2 = \pi/2$,则

$$B = \frac{1}{2}\mu_0 nI, \tag{14-16}$$

即半无限长螺线管一端轴线上的磁感应强度为中间部分的一半.

6. 运动电荷的磁场

电流是由电荷的定向移动形成的,电流的磁场实质上是由运动的电荷产生的. 一个电流元产生的磁场,就是该电流元内部所有的运动电荷共同激发的,下面从毕奥-萨伐尔定律出发,导出运动电荷与其激发的磁场的关系.

设有一个导体,横截面积为 S,通过的电流为 I,单位体积内有 n 个载流子,每个带电粒子的电荷都为 q(为方便设 $q > 0$),定向漂移速度为 v,如图 14-13 所示,根据经典电子理论,导线内的电流密度为

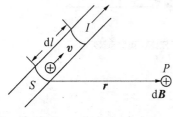

图 14-13　运动电荷的磁场

$$j = nqv.$$

导体中的电流 $I = jS = nqvS$,在导线上取一小段 dl,即为一个电流元,考虑到 dl 的方向与电流密度方向相同,即与正电荷的运动方向相同,则有

$$d\boldsymbol{B} = \frac{\mu_0}{4\pi} \frac{nqSdl\, \boldsymbol{v} \times \boldsymbol{r}_0}{r^2}.$$

该电流元的体积为 $d\tau = Sdl$,电流元内的电荷数 $dN = nd\tau = nSdl$,上式的物理意义为电流元 Idl 内部 dN 个电荷产生的磁场,因而一个为 q 的电荷,以速度 v 运动时在 P 点激发的磁场为

$$\boldsymbol{B} = \frac{d\boldsymbol{B}}{dN} = \frac{\mu_0}{4\pi} \frac{q\boldsymbol{v} \times \boldsymbol{r}_0}{r^2}. \tag{14-17}$$

上式即为运动电荷产生磁场的基本公式,我们可以把式子中的 q 理解为代数量. 当 $q > 0$ 时,表示正电荷,$\boldsymbol{B}$ 与 $\boldsymbol{v} \times \boldsymbol{r}_0$ 同向;$q < 0$ 时,表示负电荷,$\boldsymbol{B}$ 与 $\boldsymbol{v} \times \boldsymbol{r}_0$ 反向.

§14.3　安培环路定理

1. 安培环路定理

安培环路定理是关于磁场的环流的定理,其内容为:在磁场中,磁感应强度 $\boldsymbol{B}$ 沿任意闭合环路 L 的线积分,等于穿过这个环路的所有电流的代数和 $\sum I$ 的 μ_0 倍. 用公式表示

$$\oint_L \boldsymbol{B} \cdot d\boldsymbol{l} = \mu_0 \sum I, \tag{14-18}$$

其中 $\sum I$ 是穿过环路 L 的电流的代数和,电流的正、负规定如下:当穿过环路 L 的电流

方向与环路的环绕方向(即积分方向)符合右手螺旋关系时,$I>0$,反之 $I<0$,如果电流不穿过回路 L,则它对 $\sum I$ 无贡献. 例如在图 14 - 14 中,$\sum I = I_1 - I_2$.

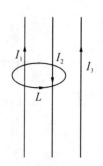

安培环路定理可以从毕奥-萨伐尔定律和磁场叠加原理出发得到证明,但普遍的证明比较复杂,这里只以无限长载流直导线为例,并把闭合环路(以后称为安培环路)限制在与导线垂直的平面内进行证明.

(1) 安培环路包围一根无限长载流直导线. 如图 14 - 15(a) 所示.

图 14 - 14 电流代数和

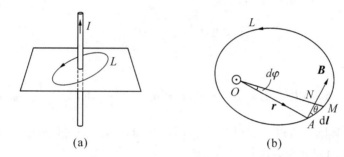

图 14 - 15 安培环路定理的证明(1)

由(14 - 8)式得无限长载流直导线周围的磁感应强度的大小为

$$B = \frac{\mu_0 I}{2\pi r},$$

方向与矢径 $\boldsymbol{r}$ 的方向垂直. 在环路上 A 点处任取一小线元 $\mathrm{d}l$,其方向与 A 处的切线方向一致,如图 14 - 15(b)所示,$\boldsymbol{B}$ 与 $\mathrm{d}l$ 的夹角为 θ,$\mathrm{d}l$ 对 O 点所张角度为 $\mathrm{d}\varphi$,$OA=r$,由于 $\mathrm{d}\varphi$ 很小,故 $\triangle AMN$ 可以看成是直角三角形.

$$\cos\theta\mathrm{d}l = AN = r\mathrm{d}\varphi,$$

所以

$$\oint_L \boldsymbol{B} \cdot \mathrm{d}l = \oint_L B\cos\theta\mathrm{d}l = \int_0^{2\pi} \frac{\mu_0 I}{2\pi r}r\mathrm{d}\varphi = \frac{\mu_0 I}{2\pi}\int_0^{2\pi}\mathrm{d}\varphi = \mu_0 I.$$

如果环路的绕行方向与图中相反

$$\oint_L \boldsymbol{B} \cdot \mathrm{d}l = -\mu_0 I.$$

(2) 安培环路不包围无限长载流直导线,如图 14 - 16 所示,从导线 O 向环路线 L 画夹角为 $\mathrm{d}\varphi$ 的两条射线,这两条射线在 L 上的 A 和 A' 处分别截得两个小线元 $\mathrm{d}l$ 和 $\mathrm{d}l'$,在 A 处,$\boldsymbol{B}$ 与 $\mathrm{d}l$ 成锐角 θ,在 A' 处,$\boldsymbol{B}$ 与 $\mathrm{d}l$ 成钝角 θ',设 $OA=r$,$OA'=r'$,故

$$\mathrm{d}l\cos\theta = r\mathrm{d}\varphi, \quad \mathrm{d}l'\cos\theta' = -r'\mathrm{d}\varphi.$$

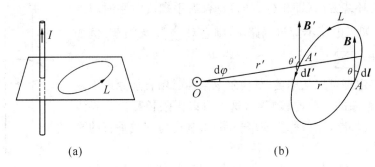

(a)　　　　　　　　　　(b)

图 14-16　安培环路定理的证明(2)

A, A' 两点的磁感应强度的大小分别为

$$B = \frac{\mu_0 I}{2\pi r}, \quad B' = \frac{\mu_0 I}{2\pi r'},$$

所以

$$\boldsymbol{B} \cdot \mathrm{d}\boldsymbol{l} + \boldsymbol{B}' \cdot \mathrm{d}\boldsymbol{l}' = B\cos\theta \mathrm{d}l + B'\cos\theta' \mathrm{d}l' = \frac{\mu_0 I}{2\pi r} r \mathrm{d}\varphi - \frac{\mu_0 I}{2\pi r'} r' \mathrm{d}\varphi = 0.$$

在整个安培环路上可以找到很多对这样的 $\mathrm{d}\boldsymbol{l}$ 和 $\mathrm{d}\boldsymbol{l}'$,它们对积分的贡献相互抵消. 所以整个环路上 $\boldsymbol{B}$ 的积分为零,即

$$\oint_L \boldsymbol{B} \cdot \mathrm{d}\boldsymbol{l} = 0.$$

(3) 多根载流直导线穿过安培环路的情况

为方便,设空间有六根直导线,电流分别为 $I_1, I_2, \cdots, I_6$,其中 I_1, I_3, I_5 穿过安培环路. 如图 14-17 所示.

由磁场叠加原理得,环路上的 B 应该等于这六根载流直导线单独存在时产生磁感应强度的矢量和,即

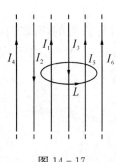

图 14-17
安培环路定理的证明(3)

$$\boldsymbol{B} = \boldsymbol{B}_1 + \boldsymbol{B}_2 + \cdots + \boldsymbol{B}_6,$$

$$\oint_L \boldsymbol{B} \cdot \mathrm{d}\boldsymbol{l} = \oint_L (\boldsymbol{B}_1 + \boldsymbol{B}_2 + \cdots + \boldsymbol{B}_6) \cdot \mathrm{d}\boldsymbol{l},$$

$$= \oint_L \boldsymbol{B}_1 \cdot \mathrm{d}\boldsymbol{l} + \oint_L \boldsymbol{B}_2 \cdot \mathrm{d}\boldsymbol{l} + \cdots + \oint_L \boldsymbol{B}_6 \cdot \mathrm{d}\boldsymbol{l}.$$

根据前面的证明知

$$\oint_L \boldsymbol{B}_1 \cdot \mathrm{d}\boldsymbol{l} = \mu_0 I_1,$$

$$\oint_L \boldsymbol{B}_3 \cdot \mathrm{d}\boldsymbol{l} = -\mu_0 I_3,$$

$$\oint_L \boldsymbol{B}_5 \cdot \mathrm{d}\boldsymbol{l} = \mu_0 I_5,$$

$$\oint_L \boldsymbol{B}_2 \cdot \mathrm{d}\boldsymbol{l} = \oint_L \boldsymbol{B}_4 \cdot \mathrm{d}\boldsymbol{l} = \oint_L \boldsymbol{B}_6 \cdot \mathrm{d}\boldsymbol{l} = 0,$$

所以

$$\oint_L \boldsymbol{B} \cdot \mathrm{d}\boldsymbol{l} = \mu_0(I_1 - I_3 + I_5) = \mu_0 \sum I,$$

这正是要证明的.

　　根据磁场的安培环路定理,磁感应强度沿任意闭合曲线的线积分不为零,我们说稳恒磁场是涡旋场.

2. 安培环路定理的应用举例

　　例 14.2　求均匀无限长圆柱载流直导线在空间产生的磁场分布,已知电流为 I,圆柱的半径为 R.

　　解　在空间任取一点 P,P 点到圆柱体轴线的距离为 r,由于圆柱体的横截面上电流分布是均匀的,关于轴线为对称,因而其激发的磁场也具有轴对称性,即在以点 O 为中心,r 为半径的圆周上,$\boldsymbol{B}$ 的大小处处相等,$\boldsymbol{B}$ 的方向沿圆周的切线方向,且与电流方向成右手螺旋关系. 以 O 为中心,以 r 为半径作圆形环路 L,选定环绕方向,如图 14-18 所示.

　　由安培环路定理得

$$\oint_L \boldsymbol{B} \cdot \mathrm{d}\boldsymbol{l} = \oint_L B \cdot \mathrm{d}l = B 2\pi r = \mu_0 \sum I,$$

故

$$B = \frac{\mu_0 \sum I}{2\pi r},$$

方向沿圆周的切线方向.

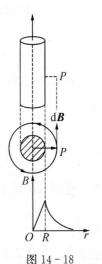

图 14-18

　　当 $r < R$(即 P 点在圆柱体内)时,导线中的电流只有一部分通过环路,

$$\sum I = j\pi r^2 = \frac{I}{\pi R^2}\pi r^2 = \frac{r^2}{R^2}I,$$

所以

$$B = \frac{\mu_0 I}{2\pi R^2}r. \quad (r < R) \tag{14-19}$$

这表明,柱体内的磁场,B 与 r 成正比.

　　当 $r > R$(即 P 点在圆柱体外)时,$\sum I = I$,则

$$B = \frac{\mu_0 I}{2\pi r}. \quad (r > R) \tag{14-20}$$

这表明,柱体外的磁场,相当于把全部电流集中在其轴线上时产生的磁场,且 B 与 r 成反比. 根据(14-19)式和(14-20)式可做出磁感应强度沿矢径的分布图,如图 14-18 所示.

由图可知在导线的表面上磁感应强度最大.

例 14.3　求无限长载流直螺线管内外的磁场分布,已知螺线管是密绕的,单位长度上有 n 匝线圈,电流为 I.

解　前面利用毕奥-萨伐尔定律已计算出无限长载流直螺线管轴线上的磁场分布 $B=\mu_0 nI$,方向用右手螺旋法则确定,下面我们将用安培环路定理来计算.

首先用反证法证明,管内任意一点的 $\boldsymbol{B}$ 的方向平行于轴线,在管内任取一点 $P(P$ 不在轴线上),过 P 作与轴线垂直的直线 zz',假设 P 点处 $\boldsymbol{B}$ 的方向斜向左上方,如图 14-19 所示,现以 zz' 为轴将螺线管转 $180°$,则 P 点的磁感应强度必定沿 $\boldsymbol{B'}$ 的方向.此时若再让螺线管中的电流反向,按毕奥-萨伐尔定律,电流反向,磁场跟着反向,此时 P 点的磁感应强度应沿 $-\boldsymbol{B'}$ 的方向.但是此时的情况与螺线管最初的情况一模一样,P 点的磁感应强度应沿 $\boldsymbol{B}$ 的方向,即 $\boldsymbol{B}$ 与 $-\boldsymbol{B'}$ 应重合,两种结果相矛盾,说明假设不对.因此,螺线管内任一点的磁感应强度 $\boldsymbol{B}$ 的方向都应与轴线平行,且水平向左.如图 14-20 所示.

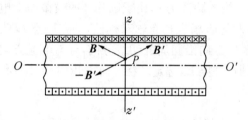

图 14-19　管内 $\boldsymbol{B}$ 的方向的证明

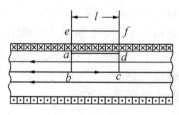

图 14-20　管内、外 $\boldsymbol{B}$ 值的证明

在管内过轴线作矩形安培环路 $abcda$ 于图 14-20 中,由安培环路定理得

$$\oint_{abcda} \boldsymbol{B} \cdot \mathrm{d}l = \int_a^b \boldsymbol{B} \cdot \mathrm{d}l + \int_b^c \boldsymbol{B} \cdot \mathrm{d}l +$$

$$\int_c^d \boldsymbol{B} \cdot \mathrm{d}l + \int_d^a \boldsymbol{B} \cdot \mathrm{d}l = 0.$$

在 ab 段和 cd 段上.$\boldsymbol{B}$ 与 $\mathrm{d}l$ 垂直,则

$$\int_a^b \boldsymbol{B} \cdot \mathrm{d}l = \int_c^d \boldsymbol{B} \cdot \mathrm{d}l = 0.$$

由于螺线管无限长,bc 段上的 $\boldsymbol{B}$ 的大小处处相同,da 段上的 $\boldsymbol{B}$ 的大小也处处相同,因此

$$\oint_{abcda} \boldsymbol{B} \cdot \mathrm{d}l = -B_{bc}\int_b^c \mathrm{d}l + B_{da}\int_d^a \mathrm{d}l = (-B_{bc}+B_{da})l = 0,$$

$$B_{bc} = B_{da} = \mu_0 nI. \tag{14-21}$$

如图 14-20 所示,做矩形环路 $ebcfe$,由安培环路定理得

$$\oint_{ebcfe} \boldsymbol{B} \cdot \mathrm{d}l = \int_e^b \boldsymbol{B} \cdot \mathrm{d}l + \int_b^e \boldsymbol{B} \cdot \mathrm{d}l + \int_e^f \boldsymbol{B} \cdot \mathrm{d}l + \int_f^e \boldsymbol{B} \cdot \mathrm{d}l = -\mu_0 nlI,$$

其中

$$\int_e^b \boldsymbol{B} \cdot \mathrm{d}\boldsymbol{l} = \int_c^f \boldsymbol{B} \cdot \mathrm{d}\boldsymbol{l} = 0,$$

所以

$$\oint_{ebcfe} \boldsymbol{B} \cdot \mathrm{d}\boldsymbol{l} = -B_{bc}\int_b^c \mathrm{d}l + B_{fe}\int_f^e \mathrm{d}l = (-B_{bc} + B_{ef})l = \mu_0 nlI.$$

由于 $B_{bc} = \mu_0 nI$，所以由上式得

$$B_{外} = B_{ef} = 0. \qquad (14\text{-}22)$$

例 14.4　求载流螺绕环内、外的磁场分布，已知螺绕环中心线的半径为 R，环上线圈的半径为 r，且 $R \gg r$，电流为 I，单位长度上有 n 匝线圈.

解　在螺绕环的剖面图中，以圆环的中心为中心，以 R 为半径作圆形环路 L，绕行方向如图 14-21(b) 所示，由对称性可知，环路 L 上的 $\boldsymbol{B}$ 的大小处处相等，$\boldsymbol{B}$ 的方向在环路的切线方向. 由安培环路定理得

$$\oint_L \boldsymbol{B} \cdot \mathrm{d}\boldsymbol{l} = B \cdot 2\pi R = \mu_0 n \cdot 2\pi RI,$$

$$B = \mu_0 nI. \qquad (14\text{-}23)$$

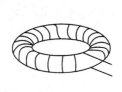 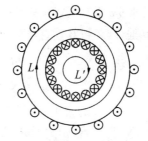

(a) 螺绕环的外形　　　　(b) 螺绕环的剖面

图 14-21　螺绕环的外形和剖面

如果将安培环路定理应用于环外的 L' 上，则有

$$\oint_L \boldsymbol{B} \cdot \mathrm{d}\boldsymbol{l} = B' \cdot L' = 0,$$

$$\boldsymbol{B} = 0. \qquad (14\text{-}24)$$

§14.4　带电粒子在磁场中的运动

1. 运动电荷在磁场中受的力——洛仑兹力

实验表明：运动电荷在磁场中所受的力 $\boldsymbol{F}$ 与电荷 q，运动速度 $\boldsymbol{v}$ 以及磁场的磁感应强

度 $\boldsymbol{B}$ 的下述关系有

$$F = q\boldsymbol{v} \times \boldsymbol{B}. \tag{14-25}$$

写成标量式为

$$F = |q| vB\sin\theta, \tag{14-26}$$

式中 θ 是 $\boldsymbol{v}$ 与 $\boldsymbol{B}$ 之间的夹角. 我们把运动电荷在磁场中受的磁力叫作洛仑兹力. 从(14-25)式可以看出,洛仑兹力的方向可用矢量积的右手螺旋法则来确定.

2. 运动电荷在匀强磁场中的运动

设一质量为 m 的带电粒子,所带电荷为 q,以速度 v 射入磁感应强度为 $\boldsymbol{B}$ 的匀强磁场中,其运动情况可分为以下三种情况.

（1）带电粒子的速度 v 与磁场的方向平行

电荷沿平行于 $\boldsymbol{B}$ 的方向射入磁场,$\theta = 0$ 或 π,由(14-26)式可知,电荷不受磁力作用,因此,在不考虑其他力作用时,带电粒子的速度的大小和方向都不变,即电荷做与磁场方向平行的匀速直线运动.

（2）带电粒子的速度 v 与磁场的方向垂直

当带电粒子以速度 v 垂直入射到磁场中时,$\theta = \pi/2$,$\sin\theta = 1$,这时电荷受到的洛仑兹力最大,其方向既与 $\boldsymbol{v}$ 垂直,又与 $\boldsymbol{B}$ 垂直,即垂直于 $\boldsymbol{v}$ 与 $\boldsymbol{B}$ 所决定的平面,洛仑兹力的大小为

$$F = qvB.$$

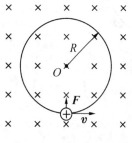

图 14-22 带电粒子的圆周运动

由于洛仑兹力只改变电荷运动的方向,不改变电荷速度的大小,因而 $\boldsymbol{F}$ 的大小始终不变,其方向始终与速度的方向垂直. 由力学知识可知,带电粒子将在与 $\boldsymbol{B}$ 垂直的平面内做匀速圆周运动. 洛仑兹力充当了电荷做匀速圆周运动的向心力,如图14-22所示.

设带电粒子做圆周运动的半径为 R,又称为回转半径. 由牛顿第二定律得

$$qvB = m\frac{v^2}{R},$$

所以

$$R = \frac{mv}{qB}. \tag{14-27}$$

由此可见,回转半径与速率 v 成正比,与磁感应强度的大小成反比.

电荷运动一周所用时间（即回转周期）为

$$T = \frac{2\pi R}{v} = \frac{2\pi m}{qB}. \tag{14-28}$$

在单位时间内所绕的圈数（即回转频率）为

$$f = \frac{1}{T} = \frac{B}{2\pi}\frac{q}{m}, \tag{14-29}$$

q/m 为电荷量与其质量的比值,叫作荷质比.(14-28)式和(14-29)式说明,带电粒子在匀强磁场中做匀速圆周运动的周期、频率都与其速率无关.另外,这两个式子还表明,荷质比相同的粒子,在同一磁场中,不论其速率多大,其运动的周期都相同.

（3）带电粒子的速度 v 与磁场 B 成任意角 θ

当带电粒子的速度 v 与 B 成任意角 θ 射入磁场时,把 v 分解为与 B 垂直的分量 $v_\perp$ 和 B 平行的分量 $v_{/\!/}$,如图 14-23 所示,且

$$v_\perp = v\sin\theta,$$
$$v_{/\!/} = v\cos\theta.$$

$v_{/\!/}$ 不受磁力的影响,而 $v_\perp$ 所受磁力将使电荷在垂直于 B 的平面内做匀速圆周运动,显然其运动轨迹为一螺旋线.如图 14-24 所示.由(14-25)式得螺旋线的半径为

$$R = \frac{mv_\perp}{qB} = \frac{mv\sin\theta}{qB}. \tag{14-30}$$

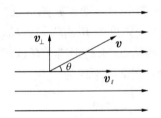

图 14-23　电荷的速度
v 与 B 成 θ 角的运动

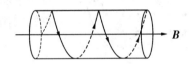

图 14-24　电荷轨迹为螺旋线

在一个周期内电荷沿 B 的方向前进的距离（即螺距）为

$$h = v_{/\!/}T = \frac{2\pi m}{qB}v\cos\theta. \tag{14-31}$$

由此可见 h 仅与 $v_{/\!/}$ 有关,与 $v_\perp$ 无关.

运动电荷在磁场中的螺旋线运动,广泛应用于磁聚焦技术中.图 14-25 是磁聚焦装置的示意图,它的主要部分为一电子枪 K,以及产生匀强磁场的螺线管. K 用于发射电子, G 为控制极, A 为加速阳极,它们组成电子枪.为提高聚焦质量,阳极 A 圆筒上装有较小圆孔的共轴限制膜.由阴极 K 发射的电子,在控制极和阳极电

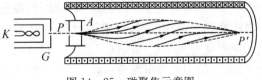

图 14-25　磁聚焦示意图

压作用下,将会聚于 P 点,因而可将 P 点类比于光学成像系统的物点.

电子以速度 v 进入磁场,且 v 与 B 的夹角为 θ,由于限制膜片的作用, θ 角是很小的.因而有

$$v_{/\!/} = v\cos\theta \approx v, \qquad v_\perp = v\sin\theta \approx v\theta.$$

由于电子的垂直速度分量不同,在磁场力的作用下,电子将沿不同半径的螺旋线前进. 但由于电子的水平速度分量 $v_{/\!/}$ 近似相等,所有电子从 P 经过一个螺距之后,又重新会聚于 P' 点. 这与透镜将光束聚焦成像的作用类似. 因此,把它叫作"磁聚焦". 磁聚焦广泛应用于真空系统中.

如果空间 P 点既存在磁场,又存在电场,那么运动电荷通过 P 点所受的合力为

$$\boldsymbol{F} = q(\boldsymbol{E} + \boldsymbol{v} \times \boldsymbol{B}), \tag{14-32}$$

其中 $q\boldsymbol{E}$ 是电场力,$q\boldsymbol{v} \times \boldsymbol{B}$ 为洛仑兹力. 一般把(14-32)式称为洛仑兹力关系式.

3. 质谱仪

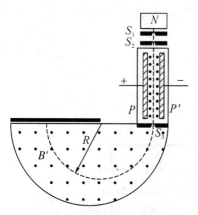

图 14-26　质谱仪示意图

质谱仪是一种研究同位素的装置. 图 14-26 是质谱仪的示意图,N 为离子源,能发射正离子,经 S_1,S_2 两极间高压加速后,进入速度选择器(PP' 间的区域),则从 S_3 孔出来的粒子的速度为 $v = E/B$,其中 E,B 分别是速度选择器中的电场强度和磁感应强度的大小,S_3 的下方为一磁感应强度为 $\boldsymbol{B}'$ 的均匀磁场,其方向垂直于纸面向外,这些从 S_3 来的正离子在该匀强磁场中将做匀速圆周运动,运动的半径为

$$R = \frac{mv}{qB'}. \tag{14-33}$$

(14-33)式中的 q,v 和 B' 均为定值,因此,R 与离子的质量 m 成正比,质量大的半径大,反之半径小,这样就使得原子序数相同而原子量不同的粒子按质量的大小排列,射到照相底片 MM' 上,使底片感光,从底片上量出 R,即可利用(14-33)式求得离子的质量. 这类似于光谱仪的作用,故称为质谱仪.

4. 回旋加速器

静电加速器可以加速带电粒子,使之获得较大的能量,要想再提高带电粒子的能量,必须提高加速器的电压,当电压高到一定程度时,对绝缘材料的要求很高,所以静电加速器就受到一定的限制. 1932 年,人们制造出了回旋加速器,它是利用带电粒子在磁场中运动的回转频率与速度无关的性质,在电压不太高的情况下让带电粒子多次通过电场,使带电粒子一次次得到加速. 图 14-27 是回旋加速器的结构示意图. 其中 D_1,D_2 为两个装在同一水平面上的半圆形空心铜盒(又称为 D 形盒). 两盒间留有一定宽度的空隙,相互绝缘,置于真空中. 两 D 形盒上加有由高频

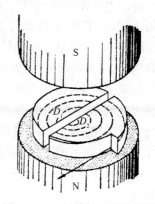

图 14-27　回旋加速器示意图

振荡器产生的交变电压,这个电压将在空隙处产生电场,用于加速带电粒子.由于屏蔽作用,盒内的电场强度近似为零.由大型电磁铁产生的磁场 B 与 D 形盒垂直,在 D 形盒内部存在均匀磁场.

在加速器的中心安放有离子源,可以沿水平方向发射带正电的粒子(一般是发射质子或 α 粒子),设此时 D_1 的电位为高电位,粒子的初速度正好由 D_1 指向 D_2,则带电粒子将在电场力的作用下得到加速而进入 D_2 盒中.D_2 盒中不存在电场,但存在磁场,因此带电粒子将以不变速率在 D_2 盒中做匀速圆周运动.运动的半径 $R=mv/qB$,运动的周期为 $T=2\pi m/qB$,且周期与速度和半径无关.因此带电粒子在 D_2 中经过 $T/2$ 时间运动半周后,从 D_2 中射出.若设计使得振荡电源的周期 $T_0=T$,这时恰好 D_2 的电位比 D_1 高,因而当带电粒子经过缝隙时又一次得到加速获得新的能量.进入 D_1 后又开始做匀速圆周运动,经 $T/2$ 后又从 D_1 中射出来,继续被加速,如此反复循环,直到被加速到所需要的能量.

由于带电粒子的运动半径随速率的增大而增大,因而回旋加速器 D 形盒的半径也限制了粒子的速度不能无限制的增加,当带电粒子趋于 D 形盒的边缘时,借助于特殊装置将带电粒子沿切线方向自缺口处引出来.

5. 霍尔效应

如图 14-28 所示,将一厚度为 d,宽为 l 的导电薄片,沿 y 轴方向通有电流 I,当沿 x 轴的负方向加上匀强磁场 B 时,在导体板的两侧(图中的 A,A')产生电位差 $U_{AA'}$.这个现象是美国科学家霍尔在 1879 年发现的,因而叫作霍尔效应,产生的电位差 $U_{AA'}$ 叫作霍尔电压.

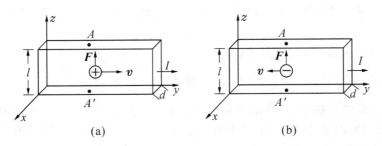

图 14-28　霍尔效应说明图

设导电板的单位体积内有 n 个载流子,每个载流子所带电荷都为 q.若 $q>0$,则其定向漂移的速度 v 与电流密度的方向相同,如图 14-28(a)中所示,v 沿 y 轴正方向.这些载流子在磁场 B 中所受的洛仑兹力 $f=qv\times B$,其方向沿 z 轴的正方向.这些带正电的载流子将向上漂移,在薄片的上、下两侧面上出现正、负电荷的积累,因而形成上正、下负的电位差,即 $U_{AA'}>0$.如果载流子是负电荷,即 $q<0$,则其定向漂移速度 v 与电流密度的方向相反,如图 14-28(b)所示,v 沿 y 轴的反方向.这些载流子所受的洛仑兹力 $f=-|q|v\times B$,其方向沿 z 轴的正方向,这些带负电的载流子将向上漂移,在薄片的上、下两侧面上出现负、正电荷积累,形成上负、下正的电位差,即 $U_{AA'}<0$.由此可见,霍尔效应是由于载流子受到横向的洛仑兹力作用后,发生横向漂移后形成的.

当 $q>0$ 时,导电板的上表面出现正电荷积累,下表面出现负电荷积累,这些电荷产生

自 A 指向 A' 的电场 E_t. 这时载流子除受到向上的洛仑兹力 $f_L = qvB$ 外,还受到向下的电场力 f_e,且 $f_e = qE_t$. 当

$$qE_t = qvB,$$

或当电场 E_t 满足

$$E_t = vB \qquad (14-34)$$

时,载流子在竖直方向所受合力为零. 不再发生横向漂移,在 A,A' 两个侧面上停止电荷继续积累,从而在 A,A' 两个侧面上建立起一个稳定的电位差,即

$$U_{AA'} = \int_A^{A'} E_t \mathrm{d}l = \int_A^{A'} vB \mathrm{d}l,$$

所以

$$U_{AA'} = vBl. \qquad (14-35)$$

因为电流 $I = nqvld$,则定向漂移速度

$$v = I/nqld. \qquad (14-36)$$

将 $(14-36)$ 式代入 $(14-35)$ 式得

$$U_{AA'} = \frac{1}{nq} \frac{IB}{d}. \qquad (14-37)$$

若载流子为负电荷,即 $q<0$ 时,与上面的推导一样可以得到 $(14-37)$ 式,只不过 $U_{AA'}<0$,因此,我们如果把 $(14-37)$ 式中的 q 理解为代数量,则 $(14-37)$ 式即为霍尔电压的一般表达式.

令 $k = 1/nq$,则 $(14-37)$ 式可转化为

$$U_{AA'} = kIB/d. \qquad (14-38)$$

我们把 k 称为霍尔系数,与材料的物理性质有关. 当 $q>0,k>0,U_{AA'}>0$;$q<0,k<0$,$U_{AA'}<0$. 由实验可以测得 $(14-38)$ 式中的 $U_{AA'}$,I,B 和 d,即可求出霍尔系数 k,从而确定材料的载流子浓度 n 以及载流子的电性能.

霍尔效应广泛用于半导体材料的测试和研究中. 例如用霍尔效应可以确定一种半导体材料是电子型半导体(N 型——多数载流子为电子)还是"空穴"型半导体(P 型——多数载流子为空穴). 半导体内载流子的浓度受温度、杂质及其他因素的影响较大,因此霍尔效应为研究半导体的载流子浓度的变化提供了重要的方法.

§14.5 磁场对载流导体的作用

1. 安培力公式

如果把一个载流导体置于磁场中,因为导体中的电流是由电荷的定向运动形成的,所以载流导体中的每一个定向运动的电荷在磁场中,都要受到洛仑兹力的作用. 由于这些电荷(例如金属导体中的自由电子)受到导体的约束,而将这个力传递给导体,宏观上表现为载流导体受到磁场的作用力,通常称为安培力,可见安培力是洛仑兹力的宏观表现. 下面我们从运动电荷在磁场中受的洛仑兹力出发,导出载流导体受的安培力.

这里以金属导体为例导出一个电流元所受的安培力. 图 14-29 是一个固定的电流元,其电流为 I,横截面积为 $\mathrm{d}S$,长为 $\mathrm{d}l$,设电流元所在处的磁感应的强度为 $\boldsymbol{B}$,则金属导体内每一个定向运动的自由电子所受的洛仑兹力为

$$\boldsymbol{f} = -e\boldsymbol{v} \times \boldsymbol{B},$$

其中 $\boldsymbol{v}$ 为电子的定向漂移速度,与电流密度 $\boldsymbol{j}$ 的方向相反(由经典电子论可导出 $\boldsymbol{j} = -ne\boldsymbol{v}$,$n$ 为导体单位体积内的自由电子数). 电流元内的自由电子数为

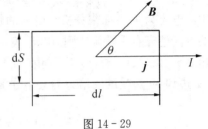

图 14-29

$$N = n\mathrm{d}S\mathrm{d}l.$$

这些运动的自由电子所受的洛仑兹力的合力为

$$\mathrm{d}\boldsymbol{F} = N(-e\boldsymbol{v} \times \boldsymbol{B}) = \mathrm{d}S\mathrm{d}l(-en\boldsymbol{v} \times \boldsymbol{B}) = \mathrm{d}S\mathrm{d}l(\boldsymbol{j} \times \boldsymbol{B}).$$

由于 $\mathrm{d}l$ 的方向与 $\boldsymbol{j}$ 的方向相同,因而可用 $\mathrm{d}l$ 的方向代替 $\boldsymbol{j}$ 的方向. 则

$$\mathrm{d}\boldsymbol{F} = j\mathrm{d}S(\mathrm{d}\boldsymbol{l} \times \boldsymbol{B}) = I\mathrm{d}\boldsymbol{l} \times \boldsymbol{B} \tag{14-39}$$

为一个电流元在磁场中受的安培力. 通常把(14-39)式称为安培力公式. 任意形状的载流导体在磁场中受到的安培力为

$$\boldsymbol{F} = \int_L I\mathrm{d}\boldsymbol{l} \times \boldsymbol{B}, \tag{14-40}$$

其中 L 为导线的积分区域.

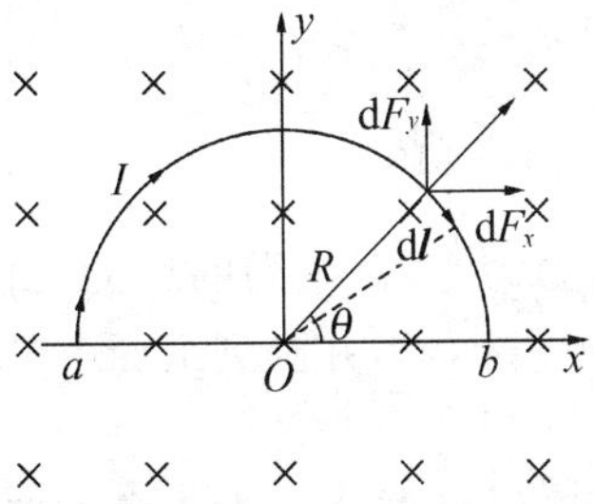

例 14.5 求半圆形的载流导线在匀强磁场中受的磁力. 如图 14-30 所示,已知导线中的电流为 I,半径为 R,磁场的磁感应强度为 $\boldsymbol{B}$,方向垂直纸面向里.

解 如图 14-30 选取坐标系,坐标原点取在圆心处,在导线上任取一电流元,其矢径与 x 轴的夹角为 θ,由(14-39)式得该电流元受的安培力的大小为

图 14-30

$$\mathrm{d}F = IB\mathrm{d}l,$$

其方向沿电流元所在处矢径的方向,我们可以把 d$\boldsymbol{F}$ 分解到 x,y 两个方向上,则

$$\mathrm{d}F_x = \mathrm{d}F\cos\theta = IB\,\mathrm{d}l\cos\theta,$$

$$\mathrm{d}F_y = \mathrm{d}F\sin\theta = IB\,\mathrm{d}l\sin\theta.$$

由对称性分析可知,导线受到的合力的 x 分量等于零,只有 y 分量不为零,因此

$$F = \int \mathrm{d}F_y = \int IB\mathrm{d}l\sin\theta = \int_{-R}^{R} IB\mathrm{d}x = 2IBR,$$

其中用了 $\mathrm{d}l\sin\theta = \mathrm{d}x$ 的变量代换.

2. 匀强磁场对载流矩形线圈的作用

图 14-31 为匀强磁场中的载流矩形线圈 $abcda$,其中 $ab = dc = l_2$,$ad = bc = l_1$,线圈中的电流为 I. 下面来分析它受力的特点. 为讨论方便,规定线圈平面的法线方向与电流的方向遵守右手螺旋法则. 用 $\boldsymbol{n}_0$ 表示法线上的单位矢量,设 $\boldsymbol{n}_0$ 与磁感应强度矢量 $\boldsymbol{B}$ 的夹角为 θ,如图 14-31(a)所示. 由(14-40)式即可求出矩形线圈各边受力的大小和方向. 设 ad 边和 bc 边受的安培力的大小分别为 F_1 和 F_3,则

$$F_1 = \int_0^{l_1} IB\mathrm{d}l\sin(90°+\theta) = IBl_1\cos\theta,$$

$\boldsymbol{F}_1$ 的方向竖直向上.

$$F_3 = \int_0^{l_1} IB\mathrm{d}l\sin(90°-\theta) = IBl_1\cos\theta.$$

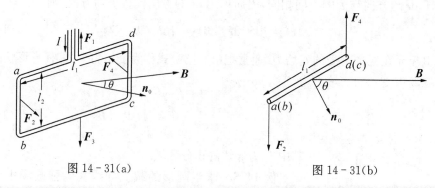

图 14-31(a)　　　　　　　　　图 14-31(b)

$\boldsymbol{F}_3$ 的方向竖直向下. $\boldsymbol{F}_1$ 与 $\boldsymbol{F}_3$ 大小相等,方向相反而共轴,合力为零,对线圈的运动无任何影响. 为了讨论 ab 和 dc 受力时方便,我们从上向下看图 14-31(a),并画到纸面上,即图 14-31(b).

由图可知,$\boldsymbol{B}$ 与 ab,dc 边垂直,由(14-40)式可得 ab 边和 dc 边受力的大小和方向,大小为

$$F_2 = \int_0^{l_2} IB \mathrm{d}l = IBl_2,$$

方向竖直向下,如图 14 - 31(b)所示.

$$F_4 = \int_0^{l_2} IB \mathrm{d}l = IB l_2,$$

方向竖直向上,F_2 与 F_4 的大小相等,方向相反,但不在同一条直线上. 由于 F_2 与 F_4 的合力为零,形成一力偶矩的作用,其大小为

$$T = F_2 l_1 \sin\theta = F_4 l_1 \sin\theta.$$

将 F_2 或 F_4 的大小代入上式得

$$T = IBl_2 l_1 \sin\theta,$$

注意到 $l_1 l_2$ 正好为矩形线圈的面积 S,所以

$$T = IBS \sin\theta. \tag{14-41}$$

力矩 T 的方向垂直纸面向外. 上式中的 θ 为 n_0 与 B 的夹角,写成矢量式

$$\boldsymbol{T} = IS\boldsymbol{n}_0 \times \boldsymbol{B}. \tag{14-42}$$

$IS\boldsymbol{n}_0$ 是由载流线圈自身性质决定的,我们把它定义为一个矢量,用 $\boldsymbol{p}_\mathrm{m}$ 表示,则

$$\boldsymbol{p}_\mathrm{m} = IS\boldsymbol{n}_0 \tag{14-43}$$

称为线圈的磁矩,即线圈磁矩的数值等于 IS,它的方向为载流线圈的法线方向,单位是 $\mathrm{A \cdot m^2}$. 显然(14 - 42)式可以变形为

$$\boldsymbol{T} = \boldsymbol{p}_\mathrm{m} \times \boldsymbol{B}, \tag{14-44}$$

与电偶极子在匀强电场 E 中所受的力矩公式 $\boldsymbol{T} = \boldsymbol{p}_\mathrm{e} \times \boldsymbol{B}$ 相似. 从(14 - 44)式可以看出,当 $\theta = \pi/2$ 时,即线圈平面与磁场平行,或者说线圈的磁矩与磁场垂直,线圈所受的磁力矩最大. 这一磁力矩有使两者之间夹角减少的趋势. 当 $\theta = 0$ 时,即线圈磁矩与磁场方向相同,线圈所受的磁力矩为零,线圈处于稳定平衡位置. 当 $\theta = \pi$ 时,即线圈磁矩与磁场方向相反,线圈所受的磁力矩也为零,但是线圈处于不稳定平衡状态.

由以上的讨论可知,载流矩形平面线圈在匀强磁场中所受的合力为零,但受的磁力矩不为零,磁力矩作用的效果,总是要使得线圈的磁矩向外磁场的方向转动.

§14.6　电流单位的定义

1. 两平行载流直导线间的相互作用力

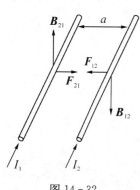

图 14 - 32

如图 14 - 32 所示,是两根分别载有电流 I_1 和 I_2 的无限长载流直导线,两者平行放置,相距为 a,由(14 - 5)式得,直线电流 I_1 在导线 2 处产生的磁感应强度大小为

$$B_{12} = \frac{\mu_0 I_1}{4\pi a}, \qquad (14 - 45)$$

方向如图 14 - 32 所示.同理电流 I_2 在导线 1 处产生的磁感应强度大小为

$$B_{21} = \frac{\mu_0 I_2}{4\pi a}, \qquad (14 - 46)$$

方向如图 14 - 32 所示.

由(14 - 39)式可得,导线 2 上长度为 l 的线段所受的磁场力为

$$\boldsymbol{F}_{12} = \int_0^l I_2 \mathrm{d}\boldsymbol{l} \times \boldsymbol{B}_{12}.$$

由于在该段上的磁场 $\boldsymbol{B}_{12}$ 处处相等,且 $I_2 \mathrm{d}\boldsymbol{l}$ 与 $\boldsymbol{B}_{12}$ 垂直,所以

$$F_{12} = I_2 l B_{12}. \qquad (14 - 47)$$

将(14 - 45)式代入得

$$F_{12} = \frac{\mu_0}{2\pi} \frac{I_1 I_2}{a} l, \qquad (14 - 48)$$

方向在两平行导线所决定的平面内,并指向导线 1.

同理可得,在导线 1 上,长为 l 的线段受到的磁场力为

$$F_{21} = \frac{\mu_0}{2\pi} \frac{I_1 I_2}{a} l, \qquad (14 - 49)$$

方向在两平行导线所决定的平面内且指向导线 2,由此可见,两个流向相同的平行无限长载流直导线间的磁场力是相互吸引力.若两平行导线中电流的方向相反,则两者之间的磁场力是排斥力.

2. 电流的单位——安培

在现行的电磁学单位制 MKSA 制中,除了米(m),千克(kg)和秒(s)这三个基本单位

外,还有一个基本单位,即基本物理量电流的单位——安培(A).这个基本单位可由(14-48)式或(14-49)式给出.

在(14-48)式中,令 $I_1 = I_2 = I$,$a = 1\,\text{m}$,导线单位长度($l = 1\,\text{m}$)上所受的磁力为

$$F = \frac{\mu_0}{2\pi}I^2,$$

$$I = \sqrt{\frac{2\pi F}{\mu_0}} = \sqrt{\frac{F}{2 \times 10^{-7}}}. \tag{14-50}$$

调节两平行直导线中的电流 I,使得上式中的 $F = 2 \times 10^{-7}\,\text{N}$,则上式中的 $I = 1\,\text{A}$,这就是电流的单位——安培的定义.即"载有等量电流,相距 $1\,\text{m}$ 的两根无限长平行直导线,每米长度上的作用力为 $2 \times 10^{-7}\,\text{N}$ 时,每根导线中的电流为 $1\,\text{A}$".有了安培的定义之后,$1\,\text{C}$ 的电荷便等于 $1\,\text{A}$ 的电流在 $1\,\text{s}$ 内通过导线任一截面的总电荷量.

§14.7　磁 场 力 的 功

载流导线或载流线圈在磁场内受到磁场力或磁力矩的作用,磁力矩作用的效果,总是要使得线圈的磁矩的方向转到外磁场的方向上.因此,当导线或线圈的位置与方位改变时,磁力就做了功.

1. 载流导线在磁场中运动时磁力所做的功

设有一匀强磁场,磁感应强度 $\boldsymbol{B}$ 的方向垂直于纸面向外,如图 14-33.磁场中有一载流的闭合电路 $ABCDA$(设在纸面内),电路中的导线 AB 长度为 l,可以沿着 DA 和 CB 滑动,假定当 AB 滑动时,电路中电流 I 保持不变,按安培定律得,载流导线 AB 在磁场中所受的安培力 $\boldsymbol{F}$ 在纸面内,指向如图所示.$\boldsymbol{F}$ 的大小为

$$F = BIl.$$

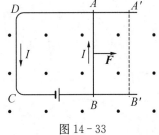

图 14-33

在力 $\boldsymbol{F}$ 的作用下,AB 将从初始位置沿着力 $\boldsymbol{F}$ 的方向移动,当移动到位置 $A'B'$ 时,磁力 F 所做的功为

$$A = F \cdot AA' = BIl \cdot AA'.$$

当导线在初始位置 AB 和在终了位置 $A'B'$ 时,通过回路的磁通量分别为

$$\Phi_0 = Bl \cdot DA, \quad \Phi_t = Bl \cdot DA',$$

所以磁通量的增量为

$$\Delta\Phi = \Phi_t - \Phi_0 = Bl \cdot DA' - Bl \cdot DA = Bl \cdot AA'.$$

可见,在导线移动的过程中,磁力所做的功为

$$A = I\Delta\Phi. \tag{14-51}$$

上式说明当载流导线在磁场中运动时,如果电流保持不变,磁力所做的功等于电流乘以通过回路所环绕的面积内磁通量的增量. 也可以说磁力所做的功等于电流乘以载流导线在移动中所切割的磁感应线数.

2. 载流线圈在磁场内转动时磁力矩所做的功

设有一载流线圈在磁场内转动,设法使线圈中的电流维持不变,现在来计算线圈转动时磁力所做的功.

参看图 14-31(b),设线圈转过极小的角度 $d\theta$,使线圈法线 $\boldsymbol{n}_0$ 与磁场 $\boldsymbol{B}$ 之间的夹角从 θ 增加到 $\theta+d\theta$. 按公式 14-41 知,磁力矩 $M = BIS\sin\theta$,所以磁力矩所做的功为

$$dA = -Md\theta = -BIS\sin\theta d\theta = Id(BS\cos\theta),$$

式中的负号表示磁力矩做正功时将使 θ 减小. 因为 $BS\cos\theta$ 表示通过线圈的磁通量,故 $d(BS\cos\theta)$ 就表示线圈转过 $d\theta$ 后磁通量的增量 $d\Phi$. 所以上式也可写成

$$dA = Id\Phi. \tag{14-52}$$

对上式积分后得磁力矩所做的总功为

$$A = \int_{\Phi_1}^{\Phi_2} Id\Phi = I(\Phi_2 - \Phi_1) = I\Delta\Phi, \tag{14-53}$$

式中的 Φ_1 和 Φ_2 分别表示线圈在 θ_1 和 θ_2 时通过线圈的磁通量.

可以证明,一个任意的闭合电流回路在磁场中改变位置或形状时,如果保持回路中电流不变,则磁力或磁力矩所做的功都可按 $A=I\Delta\Phi$ 计算,亦即磁力或磁力矩所做的功等于电流乘以通过载流线圈的磁通量的增量,这是磁力做功的一般表示.

必须指出,因为恒定磁场不是保守力场,磁力所做的功不等于磁场能的减少. 但是归根到底,洛仑兹力是不做功的,磁力所做的功是消耗电源的能量来完成的.

习 题

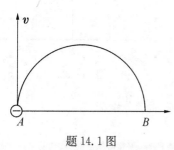

题 14.1 图

14.1 如图所示,AB 长度为 $0.1\,\text{m}$,位于 A 点的电子具有大小为 $v_0 = 10 \times 10^7\,\text{m} \cdot \text{s}^{-1}$ 的初速度. 试问:

(1) 磁感应强度的大小和方向应如何才能使电子从 A 运动到 B;

(2) 电子从 A 运动到 B 需要多长时间?

14.2 有一质点,质量是 $0.5\,\text{g}$,带电荷为 $2.5 \times 10^{-8}\,\text{C}$. 此质点有 $6 \times 10^4\,\text{m} \cdot \text{s}^{-1}$ 的水平初速,要使它维持在水平方向运动,问应加最小磁场的大小与方向如何?

14.3 如图所示,实线为载有电流 I 的导线. 导线由三部分组成,AB 部分为 $1/4$ 圆周,圆心为 O,半径为 a,导线其余部分为伸向无限远的直线,求 O 点的磁感应强度 $\boldsymbol{B}$.

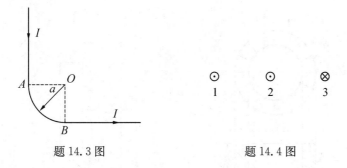

题 14.3 图　　　　　　　　　　　题 14.4 图

14.4　三根平行长直导线处在一个平面内,1,2 和 2,3 之间距离都是 3 cm,其上电流 $I_1 = I_2$ 及 $I_3 = -(I_1 + I_2)$,方向如图所示. 试求一直线的位置,在这一直线上 $\boldsymbol{B} = 0$.

14.5　一密绕圆形线圈,直径是 40 cm,导线中通有电流为 2.5 A,线圈中心处 $B_0 = 1.26 \times 10^{-4}$ T. 问这线圈有多少匝?

14.6　有一螺线管长 20 cm,半径 2 cm,密绕 200 匝导线,导线中的电流是 5 A. 计算螺线管轴线上中点处的磁感应强度 $\boldsymbol{B}$ 的大小.

14.7　如图所示,两根导线沿铁环的互相垂直的半径方向被引到铁环上 B,C 两点. 求环中心 O 处的磁感应强度 B 是多少?

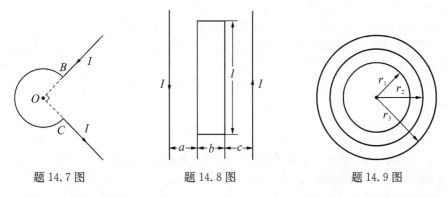

题 14.7 图　　　　　　　　题 14.8 图　　　　　　　题 14.9 图

14.8　两根无限长载流直导线与一长方形框架位于同一平面内(如图所示),已知 $a = b = c = 10$ cm,$l = 10$ m,$I = 100$ A. 求通过框架的磁通量.

14.9　同轴电缆由一导体圆柱和一同轴导体圆筒构成. 使用时电流 I 从一导体流出,从另一导体流回,电流都是均匀地分布在横截面上. 设圆柱的半径为 r_1,圆筒的内、外半径分别为 r_2 和 r_3(如图所示),r 为场点到轴线的垂直距离. 求 r 从 0 到 ∞ 的范围内,各处的磁感应强度 $\boldsymbol{B}$.

14.10　矩形截面的螺绕环,如图所示.

(1) 求环内磁感应强度的分布;

(2) 证明通过螺绕环截面的磁通量为

$$\Phi_B = \frac{\mu_0 N I h}{2\pi} \ln \frac{D_1}{D_2}.$$

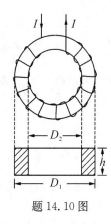

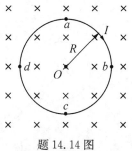

题 14.10 图　　　　　　　　题 14.11 图

14.11 如图所示,厚度为 $2d$ 的无限大导体平板,电流密度 j 沿 z 方向均匀流过导体,求空间磁感应强度 $\boldsymbol{B}$ 的分布.

14.12 有一电子射入磁感应强度为 $\boldsymbol{B}$ 的均匀磁场中,其速度 $\boldsymbol{v}_0$ 与 $\boldsymbol{B}$ 方向成 α 角.证明它沿螺旋线运动一周后在磁场方向前进的距离 l 为:$l = \dfrac{2\pi m v_0 \cos\alpha}{eB}$,式中 m 为电子的质量.

14.13 两根相距 15 cm 的无限长平行直导线,电流方向相反大小相等,即 $I_1 = I_2 = 200$ A.求第一根导线上 1.5 m 长的一段导线所受第二根导线的作用力.

14.14 如图所示,一半径 $R = 0.2$ m 的圆形线圈,通有电流 $I = 10$ A,位于 $B = 1$ T 的均匀磁场中,线圈平面与磁场方向垂直.线圈为刚性,且无其他力作用.试求:

(1) 线圈 a, b, c, d 各处 1 cm 长电流元所受的力(把 1 cm 长的电流元近似看成直线);

(2) 半圆 abc 所受合力如何?

(3) 线圈如何运动?

14.15 有一圆线圈直径为 8 cm,共 12 匝,通有 5 A 的电流,将此线圈置于磁感应强度为 0.6 T 磁场中.试求:

(1) 作用在线圈上的最大转矩;

(2) 线圈平面在什么位置时转矩是(1)中的一半?

题 14.14 图

第 15 章 磁介质中的磁场

上一章研究了真空中的磁场的基本规律,本章将研究磁场对媒质的作用以及媒质对磁场的影响.

在磁场作用下能发生变化,并能反过来影响磁场的媒质叫作磁介质.事实上,任何媒质在磁场的作用下,都或多或少地发生变化,并反过来影响磁场,因此任何媒质都可以看作磁介质.由于磁性是磁介质最基本的属性之一,各种物质有不同程度的磁特性,但是绝大多数物质的磁性都很弱,只有少数物质才有显著的磁性.

§15.1 磁介质 顺磁质和抗磁质的磁化

1. 磁介质的磁化

电解质放到电场中会发生极化,介质极化以后要出现极化电荷,极化电荷在空间产生附加电场,反过来又会影响到空间原来电场的分布.同样的道理,磁介质放到磁场中以后,由于受到磁场的影响会发生某种变化,这种变化叫作磁化,磁介质磁化后要产生附加磁场,反过来又会影响到空间原来磁场的分布.如果用 B_0 表示磁介质不存在时真空中的磁感应强度,B' 表示磁介质磁化后产生的附加磁场的磁感应强度,B 表示介质中的磁感应强度,则

$$B = B_0 + B'. \tag{15-1}$$

按磁介质的磁特性,可把磁介质分为三大类.一类叫作顺磁质,这类磁介质磁化后,介质内部的磁感应强度大于真空中的磁感应强度,即附加磁场 B' 与外磁场 B_0 的方向相同,则

$$B = B_0 + B' > B_0. \tag{15-2}$$

例如铝、锰、铬、氧、一氧化氮等,均属于这一类磁介质.

另一类磁介质叫作抗磁质,这类磁介质磁化以后,介质内部的磁感应强度小于外磁场的磁感应强度,即附加磁场 B' 与外磁场 B_0 的方向相反,则

$$B = B_0 - B' < B_0. \tag{15-3}$$

例如水银、铜、铋、硫、氢、金、银等属于抗磁质.顺磁质和抗磁质,统称为均匀磁介质,他们磁化后,介质内部的磁感应强度 B 只是稍大于或小于真空中的磁感应强度 B_0,也就是说,

介质中的磁感应强度与外磁场的磁感应强度相差甚微.

第三类磁介质叫作铁磁质,这类磁介质磁化以后,介质中的磁感应强度远远大于真空中的磁感应强度,即在外磁场作用下,磁介质产生了很强的与外磁场方向一致的附加磁场

$$B = B_0 + B' \gg B_0. \tag{15-4}$$

例如铁、钴、镍以及它们的合金均属于铁磁质,这类磁介质与均匀磁介质的磁化机制和磁化规律不同.

2. 顺磁质的磁化

顺磁质的每一个分子都有固有磁矩,即顺磁质的分子磁矩均不为零. 在没有外磁场的情况下,由于分子无规则的热运动,使得顺磁质中分子磁矩在空间的排列是杂乱无章的. 因此,在任一个物理小体积元 ΔV 内分子磁矩的矢量 和 $\sum p_m$(m 是磁偶矩符号,下标 m 是"分子"英文的缩写) 为零,对外不显磁性.

在外磁场 B_0 的作用下,各个分子电流受到磁力矩的作用,磁力矩作用的效果,总是使得各个分子磁矩的方向不同程度地转向外磁场的方向(与载流平面线圈在磁场中的取向作用类似),这时在任一个物理小体积元 ΔV 内分子磁矩的矢量和 $\sum p_m$ 不再为零,这就是顺磁质的磁化,介质磁化后产生的附加磁场 B' 与 B_0 同向. 当然,分子的热运动对固有磁矩的规则排列有打乱的作用,因此,在外磁场 B_0 的作用下,所有分子磁矩不可能完全排列到外磁场的方向上,但是外磁场越强,温度越低,分子磁矩排列的就越整齐,我们说介质磁化得越厉害;反之磁化得越弱.

3. 抗磁质的磁化

抗磁质的每一个分子的固有磁矩均为零,或者说,抗磁质的每一个分子无固有磁矩. 因而当没有外磁场作用时,在任一个物理小体积元 ΔV 内分子磁矩的矢量和 $\sum p_m$ 为零,对外不显示磁性;在外磁场 B_0 的作用下,每个分子中的电子除了原有的运动以外,又附加了一种运动,即每一个分子产生一个与外磁场 B_0 方向相反的附加磁矩 Δp_m,这时在任一个物理小体积元 ΔV 内分子附加磁矩的矢量和 $\sum p_m$ 不为零,这就是抗磁质的磁化. 抗磁质磁化后产生的附加磁场 B' 的方向与外磁场 B_0 的方向相反. 由以上的分析可知,正是因为附加磁矩,才产生了抗磁质的磁效应.

值得说明的是,顺磁质在磁化的过程中,也会产生附加磁矩,然而由于顺磁质的每个分子的固有磁矩比它的附加磁矩大得多,以致附加磁矩可以忽略不计,可见分子固有磁矩是顺磁质产生磁效应的主要原因.

4. 磁化强度矢量

在静电场中,我们曾用过极化强度矢量 P 来描述电介质的极化程度,与此相类似,我们用磁化强度矢量 M 来描述磁介质的磁化程度.

在已磁化的顺磁质中取一物理小体积元 ΔV,该体积元内分子磁矩的矢量和为

$\sum \boldsymbol{p}_m$，我们把 $\sum \boldsymbol{p}_m$ 与 ΔV 的比值定义为该点处的磁化程度，用 $\boldsymbol{M}$ 表示，即

$$\boldsymbol{M} = \frac{\sum \boldsymbol{p}_m}{\Delta V}, \qquad (15-5)$$

即单位体积内分子磁矩的矢量和. 在没有外磁场时，分子磁矩排列杂乱无章，$\sum \boldsymbol{p}_m = 0$，$\boldsymbol{M} = 0$，介质没有磁化；若加上外磁场 $\boldsymbol{B}_0$，分子磁矩向外磁场方向趋近，$\sum \boldsymbol{p}_m \neq 0$，$\boldsymbol{M} \neq 0$，说明介质已经磁化. 若外磁场越强，分子磁矩排列得越整齐，$\sum \boldsymbol{p}_m$ 的值越大，$\boldsymbol{M}$ 的值也越大，介质磁化得越厉害. 这说明(15-5)式定义的磁化强度确实可以描述顺磁质的磁化程度.

顺磁质的磁化强度的方向与外磁场 $\boldsymbol{B}_0$ 的方向一致，经磁化后所产生的附加磁场 $\boldsymbol{B}'$ 方向与 $\boldsymbol{B}_0$ 的方向也一致. 由此可见，顺磁质的磁化与有极分子电介质的极化有相似的地方；它们的分子有固有电矩或固有磁矩，外电场或外磁场的作用是使得分子固有电矩或固有磁矩趋近于外电场或外磁场的方向.

对于抗磁质来说，如果任取的小体积元 ΔV 内分子附加磁矩的矢量和为 $\sum \Delta \boldsymbol{p}_m$，则把 $\sum \Delta \boldsymbol{p}_m$ 与 ΔV 的比值定义为该点处的磁化强度用 $\boldsymbol{M}$ 表示，即

$$\boldsymbol{M} = \frac{\sum \Delta \boldsymbol{p}_m}{\Delta V}, \qquad (15-6)$$

即单位体积内分子附加磁矩的矢量和. 当没有加外电场时，由于抗磁质每一个分子固有磁矩为零，附加磁矩为零，$\sum \Delta \boldsymbol{p}_m = 0$，$\boldsymbol{M} = 0$，说明介质未被磁化；当加上外磁场 $\boldsymbol{B}_0$ 后，每一个分子都产生一个与 $\boldsymbol{B}_0$ 反向的附加磁矩，$\sum \Delta \boldsymbol{p}_m \neq 0$，$\boldsymbol{M} \neq 0$，说明介质已经被磁化，这说明由(15-6)式定义的磁化强度 $\boldsymbol{M}$ 确实可以描述抗磁质的磁化强度.

从(15-6)式可见，抗磁质的磁化强度的方向与外磁场 $\boldsymbol{B}_0$ 的方向相反，经磁化后产生的附加磁场 $\boldsymbol{B}'$ 的方向与 $\boldsymbol{B}_0$ 的方向也相反. 由此可见，抗磁质的磁化与无极分子电介质的位移极化相类似，分子的附加磁矩或附加电矩都是在外磁场或外电场作用下产生的，附加磁场或附加电场与外磁场感外电场的方向相反.

如果磁介质中各点 $\boldsymbol{M}$ 均相同，介质的磁化为均匀磁化. 由(15-5)式和(15-6)式可知，磁化强度 $\boldsymbol{M}$ 的单位为 $A \cdot m^{-1}$.

§15.2　磁场强度　磁介质中的安培环路定理

1. 磁化电流与磁化强度的关系

均匀磁介质在磁化以后，会使得介质的表面上或介质内部的分子电流定向排列，形成电流，这个电流叫作磁化电流.

一无限长的螺线管内部充满顺磁质,当螺线管中通以电流时,磁介质被均匀磁化,求长为 l,横截面为 S 的一段磁介质中磁化强度矢量 $\boldsymbol{M}$ 与磁化电流之间的关系.

设螺线管单位长度上有 n 匝线圈,线圈中通过的电流为 I_0,为了与磁化电流相区别,我们把导线中的电流叫作传导电流.则当管内为真空时,由(15-2)式得内部的磁感应强度为

$$B_0 = \mu_0 n I_0.$$

当管内充满顺磁质以后,顺磁质将被均匀磁化,分子磁矩将沿外磁场的方向排列,如图 15-1(a)所示,我们看到顺磁质的某一横截面上的分子磁矩排列如图 15-1(b)所示,在介质内部的每一点附近,都存在两个方向相反的分子电流,因此内部各点上的分子电流相互抵消;只有沿磁介质的表面流动的分子电流不能被抵消,形成磁化电流 I',如图 15-1(c)所示,由右手螺旋法则可知磁化电流 I' 在介质内产生的附加磁场 $\boldsymbol{B}$ 的方向与线圈内传导电流产生的磁场 $\boldsymbol{B}_0$ 方向相同.

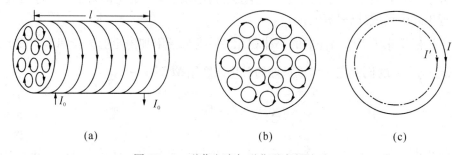

(a)　　　　　　　　(b)　　　　　　　　(c)

图 15-1　磁化电流与磁化强度的关系

介质磁化以后,介质内分子电流产生磁场的总效果,等于介质表面流动的磁化电流产生磁场的效果;介质内分子电流的总的磁矩,相当于介质表面上磁化电流的磁矩.

设介质表面上,单位长度上的磁化电流为 i',i' 也叫作磁化电流线密度.则总的磁化电流为

$$I' = i'l.$$

介质中分子电流的磁矩的大小为

$$\sum p_{\mathrm{m}} = I'S = i'lS.$$

由(15-5)式得介质中的磁化强度的大小为

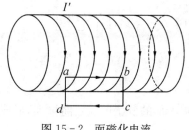

$$M = \frac{\sum p_{\mathrm{m}}}{V} = \frac{i'lS}{lS} = i'. \tag{15-7}$$

由此可见,磁化强度矢量 $\boldsymbol{M}$ 在数值上等于单位长度上分子电流.

如图 15-2 所示,在介质的表面处做矩形环路 $abcda$,其中 $ab=dc=l_1$,$bc=ad$ 很小,ab 在介质内

图 15-2　面磁化电流

部,则磁化强度 M 沿环路 $abcda$ 的积分为

$$\oint_{abcda} M \cdot dl = \int_a^b M \cdot dl + \int_b^c M \cdot dl + \int_c^d M \cdot dl + \int_d^a M \cdot dl.$$

考虑到介质发生均匀磁化,介质内部 M 为恒量,且 M 沿 $a \to b$ 的方向,在其他三段上,要么 $M=0$,要么 M 与 dl 垂直,所以

$$\oint_{abcda} M \cdot dl = \int_a^b M \cdot dl = Ml_1 = i'l_1 = I'_1, \tag{15-8}$$

其中 I'_1 是通过环路 $abcda$ 的磁化电流,由(15-8)式可知,通过闭合曲线 $abcda$ 所包围面积的磁化电流等于磁化强度 M 沿该环路的线积分.值得说明的是,(15-7)式和(15-8)式虽然是通过特殊例子推导出来的,但是这两个式子在一般情况下是成立的,因为从一般情况也可以推导出来这两个式子,只是推导过程较复杂而已.

2. 磁场强度　磁介质中的安培环路定理

磁介质磁化以后,介质内部的磁感应强度 B 等于传导电流在该点产生的磁感应强度 B_0 与磁化电流在该点产生的附加磁场 B' 的矢量和,即

$$B = B_0 + B', \tag{15-1}$$

也就是说,产生总磁场的,除导线中的传导电流外,还有磁化电流.因此,安培环路定理可写成

$$\oint_L B \cdot dl = \mu_0 \sum I. \tag{14-18}$$

应用到磁介质中,式中右边的 $\sum I$ 应该改为传导电流 I_0 与磁化电流 I' 的代数和.即

$$\oint_L B \cdot dl = \mu_0 (I_0 + I'), \tag{15-9}$$

其中 I_0 和 I' 分别穿过环路 L 的传导电流的代数和与磁化电流的代数和.

一般情况下,传导电流可以用仪器测量,而磁化电流无法事先求得.仿照电解质中引入电位移矢量 D 的方法,使计算过程不涉及磁化电流 I',由(15-8)式得

$$I' = \oint_L M \cdot dl.$$

代入(15-9)式得

$$\oint_L B \cdot dl = \mu_0 \left(I_0 + \oint_L M \cdot dl \right),$$

即

$$\oint_L \left(\frac{B}{\mu_0} - M \right) \cdot dl = I_0. \tag{15-10}$$

为方便起见,令

$$H = \frac{B}{\mu_0} - M, \tag{15-11}$$

其中 H 叫作磁场强度,是一个辅助的物理量,没有确切的物理意义,与电位移矢量 D 相仿. (15-10)式便可写成

$$\oint_L H \cdot dl = I_0. \tag{15-12}$$

由此可见,磁场强度 H 沿任意闭合曲线的线积分,等于闭合曲线包围的传导电流的代数和,上式叫作磁介质中的安培环路定理.

3. 磁感应强度、磁场强度与磁化强度之间的关系

在各向同性的均匀磁介质中,某点的磁化强度 M 与该点的磁场强度 H 之间存在下述线性关系,即

$$M = \chi_m H, \tag{15-13}$$

其中 χ_m 是比例系数,量纲为1,其值仅与磁介质的性质有关,称为磁化率. 对于顺磁质来说,$\chi_m > 0$,M 与 H 同方向,对于抗磁质来说,$\chi_m < 0$,M 与 H 反向,不论是顺磁质,还是抗磁质,都是均匀磁介质,统称为非铁磁质.

将(15-13)式代入(15-11)式得

$$H = \frac{B}{\mu_0} - \chi_m H,$$

$$B = (1 + \chi_m)\mu_0 H. \tag{15-14}$$

令

$$\mu_r = 1 + \chi_m, \tag{15-15}$$

μ_r 叫作磁介质的相对磁导率,其量纲为1. 对于顺磁质来说,$\mu_r > 1$. 对于抗磁质 $\mu_r < 1$,因而(15-14)式可写成

$$B = \mu_r \mu_0 H. \tag{15-16}$$

令

$$\mu = \mu_r \mu_0, \tag{15-17}$$

μ 叫作介质的绝对磁导率,简称为磁导率,则(15-16)式可写成

$$B = \mu H. \tag{15-18}$$

这就是在均匀磁介质中 B 与 H 之间的关系,由(15-18)式可以看出,在均匀磁介质中,B 与 H 的方向始终相同,且有简单的线性关系,因而在求介质中的磁场时,可以用介质中的安培环路定理先求 H,再由(15-18)式求磁感应强度 B.

在 SI 制中 H 的单位是 $A \cdot m^{-1}$,在实用中 H 单位也常用奥斯特(Oe). 它与 $A \cdot m^{-1}$ 的

关系是 $1\,\mathrm{Oe} = \dfrac{10^4}{4\pi}\mathrm{A\cdot m^{-1}}$.

例 15.1　在密绕的螺绕环中充满均匀非铁磁质,已知螺绕环线圈中传导电流为 I_0,单位长度上有 n 匝线圈,环的横截面的半径比环的平均半径小得多,已知非铁磁质的磁导率为 μ,求螺绕环内、外的磁场强度 $\boldsymbol{H}$ 及磁感应强度 $\boldsymbol{B}$.

解　在空间任取一点 P,P 点到环的中心 O 的距离为 r,如图 15-3 所示,以 O 为中心,以 r 为半径做圆形环路 L,绕行方向为顺时针,由对称性分析可知,环路上各点 $\boldsymbol{H}$ 的大小相等,且沿 L 的切线方向.由介质中的安培环路定理得

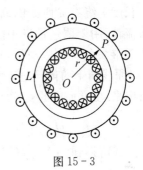

$$\oint_L \boldsymbol{H}\cdot \mathrm{d}\boldsymbol{l} = H2\pi r = \sum I_0,$$

$$H = \frac{\sum I_0}{2\pi r}.$$

图 15-3

当 P 点在螺线环内部时,由于环的横截面半径比环的平均半径小得多,故环路的长度 $2\pi r$ 与环的周长 L 近似相等.且 $\sum I_0 = NI_0 = nLI_0$,所以

$$H = \frac{nLI_0}{L} = nI_0,$$

方向沿环路的切线方向.

如果 P 在环路外,$\sum I_0 = 0$,$\boldsymbol{H} = 0$.

由 $\boldsymbol{B} = \mu\boldsymbol{H}$ 得磁介质中的磁感应强度为

$$B = \mu H = \mu nI_0, \tag{15-19}$$

螺线环外部的磁感应强度为零.

将 (15-19) 式改写成 $B = \mu_r\mu_0 nI_0$ 可以看出,当螺绕环内充满均匀磁介质后,磁感应强度变为原来真空中磁感应强度的 μ_r 倍.

§15.3　铁　磁　质

铁磁质是一种特殊的磁介质,铁磁质磁化以后,将产生很强的附加磁场 $\boldsymbol{B}'$,且 $\boldsymbol{B}'$ 与 $\boldsymbol{B}_0$ 的方向相同.这就使得铁磁化以后,铁磁质中的磁感应强度比真空中的磁感应强度大得多.铁、钴、镍及其合金,以及含铁的氧化物(铁氧体)都属于铁磁质.

1. 铁磁质的磁化性能

磁化性能主要是指磁化强度 $\boldsymbol{M}$ 与磁感应强度 $\boldsymbol{B}$ 之间的关系,由于

$$\boldsymbol{H} = \frac{\boldsymbol{B}}{\mu_0} - \boldsymbol{M}, \tag{15-11}$$

也可以说磁化性能是指 M 与 H 的关系,或者说是 B 与 H 之间的关系. 由于 B 与 H 容易测量和计算,下面就用实验研究 B 与 H 之间的关系. 测量装置如图 15-4 所示,其中 R 为滑线变阻器,S 为换向开关,用来改变原线圈中电流的方向,铁环的单位长度上绕有 n 匝线圈,副线圈接冲击检流计,用于测量铁环中的磁感应强度 B,该装置的工作原理是,当开关 S 扳向 1 时原线圈中的传导电 I 可用电流表测量出来,由介质中的安培环路定理得

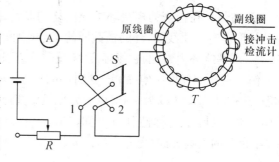

图 15-4 铁磁质磁化曲线的测定

$$H = nI. \qquad (15-20)$$

由上式可得到一系列 H 及其对应的 B 值. 由此所得曲线即可看出铁磁质的特点.

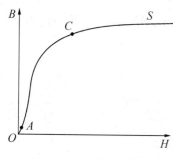

图 15-5 起始磁化曲线

(1)令开关 S 断开,螺线环中的传导电流 $I=0$,铁磁质中的 $H=0,B=0$,铁磁质处于未磁化状态,这个状态对应 $B-H$ 图中的坐标原点,如图 15-5 所示.

(2)令电阻 R 取最大值,将开关 S 扳向 1 方,由安培计中读出的电流很小,由(15-19)式知铁环内的 H 很小,同时测得 B 的值也很小;减少 R,测得 I 增加,H 也增加,B 也增加,这样测出许多 H 和 B 的值,便可描出曲线 OA 段. 从曲线上可以看出,开始时 B 随 H 的增加而增加,但 B 的增加比较慢.

(3)在进一步减小 R,逐渐增大 H ,又可测得 H 和 B 的值,可描出曲线 AC 段,该段曲线比较陡峭,说明 B 随 H 的增加而急剧增加,而后再减少 R,实验中发现,B 随 H 的增加又趋缓慢,对应曲线 CS 段. 过了 S 点后,B 不再随 H 的增加而增加,曲线几乎成了与 H 轴平行的直线. 这条曲线叫作铁磁质的起始磁化曲线. 我们说铁磁质从 S 点开始,磁化达到饱和. 与 S 点对应的 H 叫作饱和磁化强度,记作 H_s.

从起始磁化曲线可以看出,B 与 H 之间不存在线性关系,但非铁磁质中 B 与 H 之间存在着线性关系,除此之外,铁磁质 $B-H$ 曲线比较陡峭,即起始磁化曲线的平均斜率比非铁磁质磁化曲线的斜率大得多,前者为后者的几千乃至几万倍.

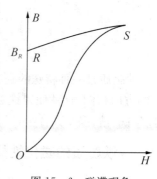

图 15-6 磁滞现象

(4)从 S 点开始,逐渐增大 R,即让 H 从 H_s 逐渐减小到零,再次测出 $B-H$ 曲线,即图 15-6 中的 SR 段,我们发现与起始磁化曲线并不重合,这一事实说明,在铁磁质中 B 与 H 之间不存在单值关系,要想知道与 H 对应的 B 值,必须知道铁磁质磁化的历史,从 SR 段可以看出,B 随 H 的减小而减小,但 B 的减小赶不上 H 的减小. 这种现象叫作磁滞,磁滞的特点是,当 H 减小到零,而 B

还没有减小到零,这说明外磁场撤销后,铁环内部仍有磁性存在,这种磁性叫作剩磁.永久磁铁就是利用铁磁质有剩磁这一特点制成的.

(5) 将开关 S 改扳向 2 方,改变原线圈中传导电流的方向,铁环中 H 的方向也反过来,逐渐减小 R 的值,即让 H 的值反向增加,即可描述出 RS' 段,如图 15-7 所示,从 S' 开始,B 几乎不再随 H 的增加而增加,磁化达到反向饱和,从曲线还可以看出,当磁介质中的磁场强度等于 H_D 时(图 15-7 中 OD 段),铁磁质中的磁感应强度为零,这说明,为了消除剩磁,必须对铁磁质施加一个反向的 H_D,我们把 H_D 叫作矫顽力.

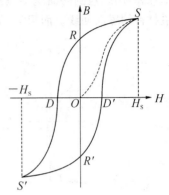

图 15-7　磁滞回线

(6) 从 S' 处开始再增大 R,即让 H 从 $-H_s$ 减小到 0,把换向开关扳向 1,再减小 R,增大 H,让 H 增到 H_s,则描出曲线 $S'R'D'S'$.

从图 15-7 可以看出,在磁场强度 H 从 H_s 变到 $-H_s$,再变到 H_s 的过程中,铁磁质的磁化状态沿闭合曲线 $SRDS'R'D'S$ 变化,我们把这条闭合曲线叫作磁滞回线.它关于原点 O 对称.

由以上的实验事实可以看出,B 与 H 之间不存在线性关系,且由于磁滞,对于一个 H 的值,可以有多个 B 值与其对应.在非铁磁质中 B 与 H 之间存在线性关系,即

$$B = \mu H.$$

在铁磁质中,如果把 μ 理解为常数,显然(15-18)式对铁磁质是不成立的.如果 μ 不是常数,把 B 与 H 的比值定义为铁磁质的磁导率,即

$$\mu = \frac{B}{H}, \tag{15-21}$$

则(15-18)式对铁磁质也是成立的.通常是用起始磁化曲线来定义铁磁质的磁导率,这样对于每一个确定的 H 值来说,就有一个确定的值,但不同的 H 值对应的 μ 值可以不同.

实验和理论计算均表明:铁磁质的磁导率 μ 值很大,一般可达到 μ_0 的几百、几千乃至几万倍,某些铁磁质的最大 μ 值竟达 μ_0 的十万倍以上.

2. 铁磁质的性质和分类

根据上面的实验可以看出铁磁质具有三条重要的性质:

性质 1:高 μ 值,即铁磁质的磁导率远大于真空中磁导率 μ_0.

性质 2:非线性,即铁磁质中的 B 与 H 之间不存在线性关系.

性质 3:磁滞.

当铁磁质处于交变磁场中时,例如制作电机、变压器的铁芯的铁磁质,将沿磁滞回线反复进行磁化,理论上表明,铁磁质在反复磁化过程中要消耗额外的能量,以热的形式从铁磁质中放出,这种能量损耗叫作磁滞损耗.可以证明磁滞损耗和磁滞回线所包围的面积成正比.铁芯中的磁滞损耗和涡流损耗,合起来构成铁芯损耗,简称铁损,但磁滞损耗与涡流损耗在本质上是不同的,涡流损耗属于普通的焦耳热.

由于磁滞现象的存在,会在铁磁质中有一定的剩磁,为了消除剩磁必须施加一个反向的 H_D,即矫顽力.不同的铁磁质,具有不同的矫顽力,根据磁滞回线和矫顽力的大小可以把铁磁质分为软磁材料和硬磁材料两大类.软磁材料的磁滞回线细而窄,如图 15-8 所示,磁滞回线包围的面积小,磁滞损耗小,矫顽力也小,说明容易被磁化,也容易被退磁;硬磁材料的磁滞回线宽而粗大,如图 15-9 所示,说明它不容易被磁化,也不容易退磁.

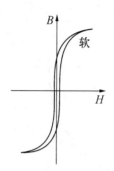
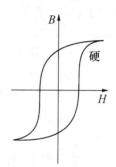

图 15-8　软磁材料的磁化曲线　　　　　图 15-9　硬磁材料的磁化曲线

3. 铁磁质的应用

铁磁质的高 μ 值的特性使得铁磁质得以广泛应用,因为在线圈中通过的传导电流不变的情况下,线圈内充满铁磁质,即可获得较强的磁场,所以在各种电机、电磁铁和变压器的线圈中均放置有铁芯.总的来说,铁磁质的高 μ 值使得人们用较大的电流即可产生较强的磁场.

铁磁质的磁滞现象可以用来制造永久磁铁,当永久磁铁的磁性减弱时,还可以把它放入强磁场中充磁.由于硬材料不易被磁化和退磁,因而一般用来制造永磁体;而软材料的磁滞损耗较小,一般用来制造变压器和电机的铁芯.例如变压器中的硅钢片即属于软磁材料,它是在钢内掺入半导体硅,既提高了磁导率又增大了电阻率,降低了矫顽力,减小了损耗.

利用铁磁质的非线性,可以制成各种非线性元器件,例如铁磁功率放大器、铁磁稳定器、铁磁倍频器及无触点继电器等.但铁磁质的非线性也往往给电机和变压器的设计带来了困难.

4. 铁磁性的微观解释

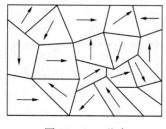

图 15-10　磁畴

近代科学表明,铁磁质的磁性与非铁磁质的磁性完全不同,铁磁质中的电子自旋磁矩可以在小范围内自发地排列起来,形成一个自发磁化的小区域,这些自发磁化的小区域叫作磁畴,每个磁畴的体积约为 10^{-9} cm³ 的数量级,内部大约包含 10^{15} 个原子,由于磁畴中的分子数较多,且分子中电子自旋磁矩定向排列,因而每一个磁畴的磁矩都非常大,如图 15-10 所示.

在没有外磁场作用时,尽管铁磁质中的每一个磁畴都有一定的磁矩,但由于各磁畴内自发磁化的方向不同,即各个磁畴的磁矩排列是无规则的,所以产生的磁效应相互抵消,宏观上铁磁质不显示磁性.

在外磁场的作用下,磁畴发生变化,这种变化可以分成两步.第一步,当外磁场较弱时,磁介质中那些磁矩方向与外磁场方向比较接近的磁畴的体积逐步扩大,而磁矩方向与外磁场方向偏离较多乃至相反的磁畴体积逐渐缩小,即磁矩与外磁场方向接近的磁畴的畴壁向外移动,扩大自己的体积,如图 15-11 所示,当外磁场变到较强时,与外磁场方向偏离较大磁畴消失.第二步,当外磁场增大到一定程度后,每个磁畴的磁矩方向都不同程度地向外磁场趋近,最后一致指向外磁场方向,这时铁磁质单位体积内分子磁矩的矢量和最大(即 M 最大),即使再增大外磁场,M 也不可能再增大,我们说磁化达到了饱和状态,从而产生了一个很强的附加的磁场,这就是铁磁质的磁性比非铁磁质的磁性强得多的原因.

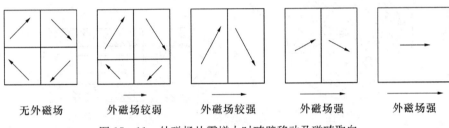

无外磁场　　　外磁场较弱　　　外磁场较强　　　外磁场强　　　外磁场强

图 15-11　外磁场从零增大时畴壁移动及磁畴取向

由于畴壁的外移以及磁畴的磁矩的取向是不可逆的,即当外磁场减弱或消失后,磁畴不按原来的变化规律恢复原状,所以表现在退磁时,磁化曲线不按原来的曲线返回,而是形成磁滞回线.当外磁场撤消后,铁磁质内部一些磁畴的某种排列被保留下来,这是剩磁现象的原因.

当温度高于某一临界值时,由于热运动会破坏铁磁质内部磁畴的有序排列,磁畴也不复存在,铁磁质就变成了顺磁质.这一临界温度叫作居里点.另外强烈的振动也会使磁畴的有序排列遭到破坏,使铁磁质失去磁性,因而在使用永久磁铁时,要避免强烈的冲击、振动,更不要靠近热源,以免磁铁失去磁性.

习　　题

15.1　一均匀磁化的介质棒,直径为 25 mm,长为 75 mm,其总磁矩为 1.2×10^4 A·m². 求棒中的磁化强度 M.

15.2　半径为 R 的磁介质球,被均匀磁化,磁化强度为 M,M 与 z 轴平行(如图所示). 用球坐标表示出介质球面上的面磁化电流密度 i'.

15.3　螺绕环中心线周长为 10 cm,环上均匀密绕线圈为 200 匝,线圈中通有电流为 0.1 A. 求:

(1) 若环内充满相对磁导率 $\mu_r = 4\,200$ 的介质,求环内的 B 和 H

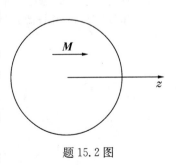

题 15.2 图

各是多少；

(2) 求磁介质中由导线中的电流产生的 $\boldsymbol{B}_0$ 和由磁化电流产生的 $\boldsymbol{B}'$ 各是多少.

15.4　一铁环中心线的周长为 30 cm，横截面积为 1.0 cm^2，在环上紧密地绕有线圈 300 匝. 当导线中通有电流 32 mA 时，通过环的磁通量为 2.0×10^{-6} Wb. 试求：

(1) 铁环内部磁感应强度 $\boldsymbol{B}$ 的大小；

(2) 铁环内部磁场强度 $\boldsymbol{H}$ 的大小；

(3) 铁的绝对磁导率 μ 和磁化率 χ_m；

(4) 铁环的磁化强度 $\boldsymbol{M}$ 的大小.

15.5　同轴电缆由两同轴导体组成，内部是半径为 R_1 的导体圆柱，外层是内、外半径分别为 R_2 和 R_3 的导体圆筒(如图所示)，两导体内电流等量而反向，均匀分布在横截面上，导体的相对磁导率为 μ_{r1}，两导体间充满相对磁导率为 μ_{r2} 的不导电的均匀磁介质. 求各区域中的磁场分布.

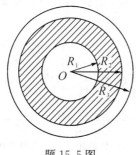

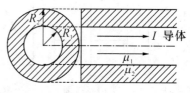

题 15.5 图　　　　　　　　　　题 15.6 图

15.6　一绝对磁导率为 μ_1 的无限长圆柱形直导线，半径为 R_1，其中均匀地通过电流 I. 导线外包一层绝对磁导率为 μ_2 的不导电的圆筒形磁介质，外半径为 R_2(如图所示)，试求：

(1) 空间的磁场强度和磁感应强度的分布；

(2) 半径 R_2 的介质表面上磁化电流面密度 $\boldsymbol{i}'$ 的大小.

15.7　铁环的平均周长为 61 cm，空隙长 1 cm，如图所示. 环上绕有 1 000 匝线圈. 当线圈中电流为 1.5 A 时，空隙中的磁感应强度为 1 800 Gs，求铁芯的 μ 值(忽略空隙中磁感应线的发散).

15.8　一导线弯成半径为 5.0 cm 的圆形，当其中通有 100 A 的电流时，求圆心处的磁场能量密度 w_m.

15.9　一同轴线由很长的两个同轴圆筒构成. 内筒半径为 1.0 mm，外筒半径为 7.0 mm. 有 100 A 的电流由外筒流去，由内筒流回. 两筒厚度可忽略，筒与筒之间介质的相对磁导率 $\mu_r = 1$. 试求：

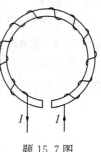

题 15.7 图

(1) 两筒之间的磁能密度分布；

(2) 单位长度(1 m)同轴线所储磁能.

第16章 电磁感应

§16.1 电磁感应定律

1820 年 4 月,丹麦物理学家奥斯特发现了电流的磁效应.从此,人们就把电现象与磁现象联系起来进行研究.与此同时,人们开始考虑这样一个问题,既然电流能产生磁场,那么磁场能否产生电呢? 英国物理学家和化学家法拉第认为:既然电流能产生磁场,那么磁场也一定能产生电.1822 年,法拉第提出"磁能转化为电".1831 年 8 月,法拉第的实验结果表明,当穿过闭合线圈的磁通量发生变化时,线圈中会出现电流.这种现象叫作电磁感应现象.电磁感应现象中出现的电流叫作感应电流,出现的电动势叫作感应电动势.

1. 电磁感应现象

如图 16 - 1(a),1 是永久磁铁,2 是线圈,3 是检流计.线圈通过检流计形成闭合电路.当磁铁插入线圈时,检流计指针偏转;磁铁在线圈内不动时,指针在中间不动;把磁铁从线圈中抽出时,检流计的指针反向偏转.实验说明当穿过闭合线圈的磁通量发生变化时,闭合电路中的确会出现感应电流.以载有稳恒电流的细长线圈代替磁铁重做上述实验,如图 16 - 1(b)所示,也能得到类似的结果.可见关键不在于磁场由什么激发,而在于穿过线圈的磁通量是否有所改变.

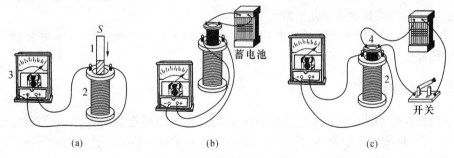

(a)   (b)   (c)

图 16 - 1 电磁感应演示实验

以上两个实验的磁通量变化都是由相对运动引起的.但是相对运动并非磁通量变化的惟一原因.例如,激发磁场的电流变化时,磁通量也会变化.图 16 - 1(c)就是这种情况的一个演示实验.无论开关处于接通或切断状态,检流计指针都不动,但在开关接通或切断的瞬间,指针会突然偏转.开关的接通和切断都使线圈 4 的电流发生变化,从而使穿过线圈 2 的磁通量发生变化.可见不论什么原因,只要通过闭合电路的磁通量发生变化,闭合电路中就会出现感应电流和感应电动势.

2. 法拉第电磁感应定律

要在闭合电路中维持电流必须接入电源,电源内部的非静电力能够把正电荷从电位低的地方搬到电位高的地方. 在图 16-1 的实验中,既然线圈 2 与检流计所组成的闭合电路有感应电流,这个电路内一定存在感应电动势. 电动势的大小与外电路是否接通无关. 与外电路中电阻的阻值也无关. 在电磁感应现象中,只要通过回路的磁通量发生变化,回路中即产生感应电动势. 而感应电流则要由感应电动势和电路的电阻值来决定,因此感应电动势比感应电流更能反映电磁感应现象的本质.

在图 16-1(a)的实验中发现,磁铁插入(或抽出)线圈的速率越大,检流计指针的偏角就越大. 把图 16-1(c)中的开关换成滑线变阻器,则阻值改变的越快时,指针偏角就越大. 这些实验事实表明:磁通量变化越快,感应电动势就越大.

实验证明,导体回路中感应电动势 $\mathscr{E}$ 的大小与穿过回路的磁通量对时间 t 的变化率 $\mathrm{d}\Phi/\mathrm{d}t$ 成正比,这个结论称为法拉第电磁感应定律,用公式可表示为

$$\mathscr{E} = k\frac{\mathrm{d}\Phi}{\mathrm{d}t}, \tag{16-1}$$

式中 k 是比例常数. 在 SI 单位制中,Φ 的单位是 Wb,t 的单位为 s,这时,实验测得 $k=1$,故法拉第电磁感应定律可表示成

$$\mathscr{E} = \frac{\mathrm{d}\Phi}{\mathrm{d}t}. \tag{16-2}$$

法拉第电磁感应定律表明,决定感应电动势大小的不是磁通量 Φ 本身,也不是磁通量的变化量,而是磁通量对时间的变化率 $\mathrm{d}\Phi/\mathrm{d}t$,也就是说,感应电动势既不是与磁通量成正比,也不是与磁通量的变化成正比,而是与磁通量对时间的变化率 $\mathrm{d}\Phi/\mathrm{d}t$ 成正比. 这与图 16-1 的实验观测结果是一致的.

(16-2)式只能用来确定感应电动势的大小. 关于感应电动势的方向,则要由下面的楞次定律确定.

3. 楞次定律

不论感应电动势的数值还是它的方向都与磁通量的变化情况有关. 为了确定感应电动势的方向,俄国物理学家楞次做了大量的实验,并根据实验结果总结出如下规律:

感应电流的磁通总是力图阻碍引起感应电流的磁通变化.

这是楞次定律的第一种表述形式. 楞次定律的内容还可以表达成另外一种形式:

感应电流的方向,总是要使自己的磁场阻碍原来磁场(或磁通量)的变化.

运用楞次定律判定感应电流方向时,可遵循以下基本思路:

(1) 确定闭合电路中原来磁场的方向.

(2) 确定磁场如何变化. 即磁场是增强还是减弱,具体地说,是确定通过闭合回路中的磁通量是增加还是减少.

（3）根据楞次定律确定感应电流产生的磁场方向.若磁通量是增加,感应电流产生反向磁场;磁通量是减弱,感应电流产生同向磁场.

（4）用右手螺旋法则确定感应电流的方向.

在图 16-2 中,当磁铁插入线圈时,穿过线圈的磁通量增加,按照楞次定律,感应电流激发的磁场应与原磁场反向,如图 16-2(a)中虚线所示.再根据右手定则,可知感应电流的方向如图中导线上的箭头所示.反之,当磁铁拔出时,穿过线圈的磁通量在减小,感应电流方向如图 16-2(b)所示.

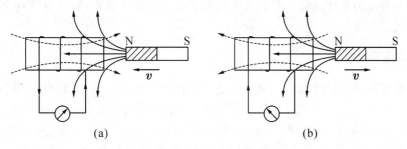

(a)   (b)

图 16-2 楞次定律的图示

4. 考虑楞次定律后的法拉第电磁感应定律

感应电动势的大小可由法拉第电磁感应定律计算,感应电动势的方向则可由楞次定律确定.为了在运算中同时考虑到感应电动势的大小和方向,必须把磁通量 Φ 看成代数量,由于代数量可正可负,所以要对它们的正负赋予确切的含义.当约定感应电动势 $\mathscr{E}$ 的正方向与回路的法线方向 n 互成右手螺旋关系,同时规定 n 的方向为磁通量 Φ 的正方向,考虑楞次定律后的法拉第电磁感应定律应写成如下形式

$$\mathscr{E} = -\frac{\mathrm{d}\Phi}{\mathrm{d}t}, \tag{16-3}$$

式中的负号正是楞次定律在这种正方向约定下的体现.

上面的讨论是针对单匝回路而言的.但在实际应用中回路通常由多匝线圈组成的,如果回路是由 N 匝线圈组成,且通过每匝线圈的磁通量均为 Φ,当磁通量变化时,线圈中总的感应电动势就等于各匝线圈中的电动势之和,即

$$\mathscr{E} = -N\frac{\mathrm{d}\Phi}{\mathrm{d}t} = -\frac{\mathrm{d}\Psi}{\mathrm{d}t}, \tag{16-4}$$

式中 $\Psi = N\Phi$,称为线圈的磁通匝链数,简称为磁链.

§16.2 动生电动势

法拉第电磁感应定律指出,不论什么原因,只要穿过回路所包围的面积的磁通量发生变化,回路中就产生感应电动势.根据磁通量的变化方式不同,感应电动势可以分成两类:

（1）磁场不变，而闭合电路的整体或局部在磁场中做切割磁感应线的运动，导致回路中磁通量的变化，这样产生的感应电动势叫作动生电动势.

（2）闭合电路的任何部分都不动，因空间磁场发生变化，导致回路中磁通量的变化，这样在回路中产生的感应电动势叫作感生电动势.

如果磁场随时间变化，同时闭合导体也运动，不难看出，此时产生的感应电动势是动生电动势和感生电动势的叠加.

前面已讲过，电动势是由非静电力移动电荷做功形成的，那么产生动生电动势和感生电动势的非静电力是什么呢？为了更深刻地了解电磁感应现象，将在本节和下一节做较详尽的讨论.

1. 动生电动势

法拉第电磁感应定律作为一个整体是从实验中归纳出来的，但其中的动生电动势所

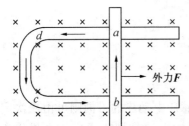

图 16-3　运动着的导体内
产生电动势

服从的规律，却完全可用已有的理论推出来. 现在以图 16-3 为例进行分析. 当导线 ab 以速度 $\boldsymbol{v}$ 向右平移时，它里面的电子也随之向右运动. 由于线框处在外加磁场中，根据（14-25）式得，随导线向右运动的电子受到的洛仑兹力为

$$\boldsymbol{f} = -e(\boldsymbol{v} \times \boldsymbol{B}),$$

其中 e 是电子电荷的绝对值. 由此可知 $\boldsymbol{f}$ 的方向向下，它促使自由电子向下运动，使闭合线框出现逆时针方向的

电流，即感应电流. 产生这个电流的电动势就是存在于 ab 段的动生电动势，因而运动着的 ab 段可看成一个电源，其非静电力是洛仑兹力. 下面推导动生电动势，并证明它与法拉第电磁感应定律的结论一致.

2. 动生电动势的电子论解释

由非静电性场强的定义得

$$\boldsymbol{E}_{非} = \frac{\boldsymbol{f}}{-e} = \boldsymbol{v} \times \boldsymbol{B}. \tag{16-5}$$

这个非静电性场强 $\boldsymbol{E}_{非}$ 的方向由 b 指向 a，它驱使正电荷由 b 点向电势较高的 a 点移动，从而产生动生电动势 $\mathscr{E}_{动}$. 根据电动势的定义（13-21）式知，$\mathscr{E}_{动}$ 等于 $\boldsymbol{E}_{非}$ 沿闭合回路的线积分，即

$$\mathscr{E}_{动} = \oint_L \boldsymbol{E}_{非} \cdot \mathrm{d}\boldsymbol{l}.$$

这里的 $\boldsymbol{E}_{非}$ 只是在运动的导线 ab 上不等于零，且在 ab 的全长上为常量，所以

$$\mathscr{E}_{动} = \oint_L \boldsymbol{E}_{非} \cdot \mathrm{d}\boldsymbol{l} = \int_a^b \boldsymbol{E}_{非} \cdot \mathrm{d}\boldsymbol{l}.$$

由式(16-5),上式可写成

$$\mathscr{E}_{动} = \int_a^b (\boldsymbol{v} \times \boldsymbol{B}) \cdot \mathrm{d}\boldsymbol{l}. \tag{16-6}$$

考虑到 $\boldsymbol{v} \perp \boldsymbol{B}$,矢积 $\boldsymbol{v} \times \boldsymbol{B}$ 的方向与 $\mathrm{d}\boldsymbol{l}$ 的方向相同,上式为

$$\mathscr{E}_{动} = \int_a^b vB\mathrm{d}l = vBl \tag{16-7}$$

这里 l 是导线 ab 段的长度,v 是 ab 在单位时间内移动的距离,故 vl 是导线在单位时间内扫过的面积,即线框 $abcda$ 的面积的变化量,于是 vBl 便是线框的磁通量在单位时间的变化量,即磁通量的变化率 $\mathrm{d}\Phi/\mathrm{d}t$,可见(16-7)式可改写为

$$\mathscr{E}_{动} = \left| \frac{\mathrm{d}\Phi}{\mathrm{d}t} \right|.$$

这与法拉第电磁感应定律一致.此外也不难看出,电动势的方向是由 b 指向 a,这与用楞次定律判断的方向一致.

以上结论对任意形状的闭合导线在任意恒定磁场中做任意运动造成的动生电动势都成立.这表明,关于动生电动势的法拉第电磁感应定律是洛仑兹力公式的必然结果,与动生电动势相应的非静电力就是洛仑兹力.

动生电动势只存在于运动的导体部分,如果只是一段导体在磁场中做切割磁感应线运动,而不构成回路,在这段导体上虽然没有感应电流,但仍有动生电动势.在一般情况下动生电动势由下式计算

$$\mathscr{E}_{动} = \int (\boldsymbol{v} \times \boldsymbol{B}) \cdot \mathrm{d}\boldsymbol{l}. \tag{16-8}$$

若为闭合导线,上式的结果与法拉第电磁感应定律的结果相同;若为非闭合导线,法拉第电磁感应定律不能直接使用,但上式仍然成立.这表明上式更具有普遍意义.

以上我们研究了动生电动势的起因,指出与动生电动势相应的非静电力是洛仑兹力,也就是说,动生电动势是由洛仑兹力做功引起的.运动电荷所受洛仑兹力总与运动方向垂直,即对运动电荷不做功.这不是相互矛盾吗?如图 16-4 所示,随着 ab 段内动生电动势的出现,闭合电路中将有电流产生.在 ab 段内任取一电子,其速度由两部分组成:随导线向右运动的速度 $\boldsymbol{v}$;因受洛仑兹力 $\boldsymbol{f}$ 向下运动(形成感应电流)的速度 $\boldsymbol{v}'$.电子的合速度 $\boldsymbol{V} = \boldsymbol{v} + \boldsymbol{v}'$,因此其所受的总洛仑兹力为

$$\boldsymbol{F} = -e\boldsymbol{V} \times \boldsymbol{B} = -e(\boldsymbol{v} + \boldsymbol{v}') \times \boldsymbol{B}.$$

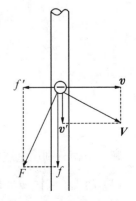

图 16-4 运动的导体内的电子所受的洛仑兹力

这个力也可分为两部分:与 $\boldsymbol{v}$ 相应的部分 $\boldsymbol{f} = -e\boldsymbol{v} \times \boldsymbol{B}$,方向向下;与 $\boldsymbol{v}'$ 相应的部分 $\boldsymbol{f}' = -e\boldsymbol{v}' \times \boldsymbol{B}$,方向向左.因总洛仑兹力 $\boldsymbol{F}$ 与受力电荷的总速度 $\boldsymbol{V}$ 垂直,故不做功.但是,从宏观角度讨论时,$\boldsymbol{F}$ 的两个分力却起着不同的作用:$\boldsymbol{f}$ 与导线平行,起着电源中非静电力的作用;$\boldsymbol{f}'$ 与导线垂直,在宏观上表现为导

线 ab 受到的安培力. 电子在 f 作用下有沿导线的运动速度 v',故 f 做正功;导线 ab 的平移速度 v 与 f' 相反,故 f' 做负功. 在单位时间内 f 所做的功为

$$f \cdot V = f \cdot v' = evv'B.$$

f' 做的功为

$$f' \cdot V = f' \cdot v = -evv'B.$$

由此可以看出 $f \cdot v' + f' \cdot v = 0$,因此 f 和 f' 所做的总功为零. 这就是说,洛仑兹力总的来讲并不做功,但作宏观讨论时往往把它分为两部分 f 和 f',其中一部分做了正功,而另一部分做了负功,两个功的代数和为零.

3. 动生电动势的计算

(1) 用公式 $\mathscr{E}_{动} = \displaystyle\int_a^b (\boldsymbol{v} \times \boldsymbol{B}) \cdot \mathrm{d}\boldsymbol{l}$ 进行计算

这里 v 是导线的运动速度,即线元 $\mathrm{d}l$ 的运动速度. 一般说来,积分路径上各点的 v 和 $\boldsymbol{B}$ 是不同的. 显然,当 v 与 $\boldsymbol{B}$ 平行或 $v \times \boldsymbol{B}$ 与 $\mathrm{d}l$ 垂直时,$\mathscr{E}_{动} = 0$,这是导线运动时不"切割"磁感应线的情况.

(2) 用公式 $\mathscr{E}_{动} = -\dfrac{\mathrm{d}\Phi}{\mathrm{d}t}$ 进行计算

在稳恒磁场中,根据回路运动情况,先求出回路的磁通量 Φ 与时间 t 的函数关系,再对时间求导数即可. 若导线不闭合,可假想另有一条导线与它组成闭合回路. 该回路的磁通量变化率等于该导线在单位时间内扫过面积的磁通量. 亦即在单位时间内"切割"磁感应线的数目. 由于假想的导线不动,磁场恒定,故求得的电动势即为原导线的动生电动势.

例题 16.1　在与均匀恒定磁场 $\boldsymbol{B}$ 垂直的平面内有一长为 L 的直导线 ab,设导线绕 a 端以匀角速度 ω 转动,转轴与 $\boldsymbol{B}$ 平行,如图 16-5 所示,求 ab 上感应电动势的大小和方向.

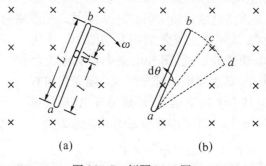

(a)　　　　　　　　(b)

图 16-5　例题 16.1 图

解　下面分别用上述两种方法求解.

(1) 用 $\mathscr{E}_{ab} = \displaystyle\int_a^b (\boldsymbol{v} \times \boldsymbol{B}) \cdot \mathrm{d}\boldsymbol{l}$ 求解

在导线 ab 上,每个线段元的角速度相同而线速度不同,在距 a 端 l 处取一线元 $\mathrm{d}l$,如

图 16-5(a)所示,其线速度 v 的大小为

$$v = l\omega,$$

v 的方向与 $\mathrm{d}l$ 垂直. 考虑到 $v \perp B$, $v \times B$ 与 $\mathrm{d}l$ 同向,故

$$(v \times B) \cdot \mathrm{d}l = vB\mathrm{d}l = \omega Bl\mathrm{d}l,$$

$$\mathscr{E}_{ab} = \int_a^b \omega Bl\mathrm{d}l = \omega B\int_a^b l\mathrm{d}l = \frac{1}{2}\omega BL^2.$$

$E_{ab} > 0$,说明动生电动势的方向由 a 指向 b. 这就是说,将 ab 看成一个电源,b 端为正极,a 端为负极.

(2) 用法拉第电磁感应定律求解

设导线 ab 是闭合回路的一条直边,将它配成扇形回路 $abda$,如图 16-5(b)所示,当 ab 以 a 端为轴转动时,扇形面积将减小,经过时间 $\mathrm{d}t$,导线转过 $\mathrm{d}\theta$ 角,减小的面积为

$$\mathrm{d}S = \frac{1}{2}L^2\mathrm{d}\theta = \frac{1}{2}L^2\omega\mathrm{d}t.$$

取顺时针为感应电动势的正方向(此时也约定了面积的法线方向垂直于纸面向里),在 $\mathrm{d}t$ 时间内扇形 $abcda$ 的磁通量的增量为

$$\mathrm{d}\Phi = -B\mathrm{d}S = -\frac{1}{2}\omega BL^2\mathrm{d}t,$$

故所求的感应电动势为

$$\mathscr{E} = -\frac{\mathrm{d}\Phi}{\mathrm{d}t} = \frac{1}{2}\omega BL^2.$$

$\mathscr{E}$ 为正值,说明 $\mathscr{E}$ 的方向为顺时针,在 ab 内就是从 a 到 b.

例题 16.2 一无限长直导线通过的电流为 I,其旁有一矩形线圈 $abcda$,设它们均在纸面内. 如图 16-6(a)所示是 $t=0$ 时刻线圈的位置. 若线圈以速度 v 在纸面内水平向右运动,求在任意时刻 t 线圈中感应电动势的大小和方向.

解 由安培环路定理可得,长直载流导线周围的磁场分布为

$$B = \frac{\mu_0 I}{2\pi r},$$

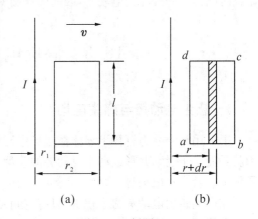

图 16-6 例题 16.2

方向垂直纸面向里. 在线圈平面内距载流导线为 r 处取一面积元 $\mathrm{d}S = l\mathrm{d}r$,如图 16-6(b)所示,$\mathrm{d}S$ 内的磁通量为

$$d\Phi = BdS = \frac{\mu_0 I}{2\pi r} l\, dr.$$

在 t 时刻整个线圈平面的磁通量为

$$\Phi = \int d\Phi = \int_{r_1+vt}^{r_2+vt} \frac{\mu_0 I}{2\pi r} l\, dr = \frac{\mu_0 Il}{2\pi} \ln \frac{r_2+vt}{r_1+vt}.$$

取顺时针方向作为感应电动势的正方向,在时刻 t,线圈中的感应电动势为

$$\mathscr{E} = -\frac{d\Phi}{dt} = -\frac{\mu_0 Il}{2\pi}\left(\frac{v}{r_2+vt} - \frac{v}{r_1+vt}\right) = \frac{\mu_0 Il}{2\pi}\frac{(r_2-r_1)v}{(r_2+vt)(r_1+vt)}.$$

$\mathscr{E}$ 为正值,说明 $\mathscr{E}$ 的方向为顺时针方向. 读者也可用动生电动势的计算公式(16-6)式分别计算 ad 边和 bc 边上的电动势,然后求代数和.

4. 交流发电机

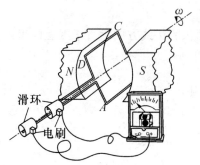

图 16-7　交流发电机模型

发电机是动生电动势的一个应用实例,图 16-7 是交流发电机的示意图. 在永久磁铁的两极间有一个近似均匀的磁场 $\boldsymbol{B}$,线框 $abcda$ 在磁场中以匀角速 ω 做转动切割磁感线,因而有动生电动势. 这个电动势可由法拉第电磁感应定律求得,也可由动生电动势的计算方法求出. 设 $t=0$ 时刻线框与 $\boldsymbol{B}$ 的方向垂直,则线框中的动生电动势为

$$\mathscr{E} = BS\omega\sin\omega t, \qquad (16-9)$$

其中 S 是线框的面积. 需要说明的是,该电动势是一个随时间做正弦变化的电动势,因而叫作交变电动势,这样的发电机叫作交流发电机.

§16.3　涡旋电场—感生电动势

1. 感生电动势与感生电场

上节用洛仑兹力解释了导体在磁场中运动时产生动生电动势的原因,并指出洛仑兹力就是使电子运动并形成动生电动势的非静电力. 如果导体处在变化的磁场中固定不动,导体中也会产生电动势,这种电动势叫作感生电动势. 产生感生电动势的原因是什么呢?

在产生感生电动势的过程中,只有空间磁场的变化,而导体并不发生运动,因此线圈中的电子不会受到洛仑兹力的作用. 在这种情况下,产生电动势的非静电力来自何处呢?

既然线圈不动而磁场发生变化时能产生感生电动势,这就说明,即线圈中的电子必然由于磁场的变化而受到某种力的作用. 显然这种力既不是静电场的库仑力,也不是洛仑兹力. 实验表明,由任何材料制成的任意形状的静止闭合导线,其中的电子在变化的磁场中

都受到这种力的作用. 既然如此, 将静止的带电粒子放入变化的磁场中, 它也应受到这种力的作用. 因此, 变化磁场在其周围的空间会产生某种新的场. 英国科学家麦克斯韦在系统地总结法拉第等人成果的基础上创造性地提出了一个假设: 变化的磁场总是要在其周围空间激发电场, 这种电场不同于静电场, 我们把它称为感生电场或涡旋电场. 同时他还进一步指出, 只要空间有变化的磁场, 感生电场就存在, 而与空间有无导体或导体回路无关. 麦克斯韦的这些假设已为近代众多的实验结果所证实, 它从理论上揭示了电磁场的内在联系, 为整个电磁学的发展起到了非常重要的作用.

根据麦克斯韦的假设, 把电场分为两类, 一种是静电场, 又叫作库仑场, 其电场强度用 $E_库$ 表示; 另一种是由变化的磁场激发的电场, 称为感生电场, 其电场强度用 $E_感$ 表示. 空间总的场强为

$$E = E_库 + E_感. \tag{16-10}$$

显然, 感生电场力是感生电动势产生的原因, 或者说, 与感生电动势相应的非静电力是感生电场力. 那么感生电场 $E_感$ 沿某一闭合曲线 L 积分, 即

$$\oint_L E_感 \cdot dl$$

等于多少呢?

首先, $E_感$ 是感生电场的电场强度, 它等于单位正电荷在感生电场中所受的非静电力, $E_感 \cdot dl$ 是单位正电荷移动 dl 位移过程中, 非静电力所做的功, 而上面的积分, 就等于把单位正电荷沿闭合曲线移动一周过程中非静电力做的功. 由电动势的定义知, 它等于感生电动势. 根据法拉第电磁感应定律

$$\oint_L E_感 \cdot dl = -\frac{d\Phi}{dt}, \tag{16-11}$$

其中 Φ 是穿过以闭合曲线 L 为边线的任意曲面 S 的磁通量, 即

$$\Phi = \iint_S B \cdot dS.$$

代入(16-11)式得

$$\oint_L E_感 \cdot dl = -\frac{d}{dt} \iint_S B \cdot dS.$$

由于线圈固定不动, 此式右边对曲面的积分与对时间的微分可以交换次序, 即

$$\oint_L E_感 \cdot dl = -\iint_S \frac{\partial B}{\partial t} \cdot dS. \tag{16-12}$$

为了避免引起混乱, 我们规定(16-12)式中的积分方向. 选择 dS 法线方向时, 要使计算出的 Φ 为正, 而选择 L 的线积分方向时, 要使得 L 的绕行方向与 dS 的方向构成右手螺旋关系.

(16-12)式表明, 感生电场的环路积分不等于零, 由此可见, 感生电场是非保守力场, 也叫作有旋场. 这一点与静电场有着本质的区别. 因静电场的环路积分总是等于零. 因此,

对感生电场不能像静电场那样引入电位概念.

在一般情况下,空间既存在电荷,也存在变化的磁场,于是这个空间既存在静电场又存在感生电场.这样,空间的总电场就是这两种电场的叠加,由于

$$\oint_L \boldsymbol{E}_库 \cdot \mathrm{d}\boldsymbol{l} = 0,$$

与(16-12)式相加后可得

$$\oint_L \boldsymbol{E} \cdot \mathrm{d}\boldsymbol{l} = -\iint_S \frac{\partial \boldsymbol{B}}{\partial t} \cdot \mathrm{d}\boldsymbol{S}, \tag{16-13}$$

其中 $\boldsymbol{E}$ 是空间总的电场强度,满足(16-10)式,(16-13)式是电磁学的基本方程之一.

$\boldsymbol{E}_感$ 对闭合曲面的通量服从什么规律呢? 麦克斯韦认为,感生电场的电场线应当是无头无尾的闭合曲线,故对任一闭合曲面 S,感生电场的通量均应为零,即

$$\oiint_S \boldsymbol{E}_感 \cdot \mathrm{d}\boldsymbol{S} = 0. \tag{16-14}$$

可见感生电场的电场线与静电场的电场线存在本质上的区别.考虑到在静电场中

$$\oiint_S \boldsymbol{E}_库 \cdot \mathrm{d}\boldsymbol{S} = \frac{q_内}{\varepsilon_0},$$

与(16-14)式相加后得

$$\oiint_S \boldsymbol{E} \cdot \mathrm{d}\boldsymbol{S} = \frac{q_内}{\varepsilon_0}. \tag{16-15}$$

这是电磁学的又一个基本方程.(16-13)式说明 $\boldsymbol{E}$ 是涡旋场,(16-15)式说明 $\boldsymbol{E}$ 是发散场.

2. 感生电动势的计算

(1) 由公式 $\mathscr{E} = \int \boldsymbol{E}_感 \cdot \mathrm{d}\boldsymbol{l}$ 计算

这种方法要求事先知道导线上各点的 $\boldsymbol{E}_感$,由于 $\boldsymbol{E}_感$ 只有在少数情况下才易于求得,所以这种方法用得不多.

(2) 用法拉第电磁感应定律计算

对闭合电路,只需知道回路的 $\mathrm{d}\Phi/\mathrm{d}t$,便可求出感生电动势.对于非闭合的导线段,可假想一条辅助线与该导线段组成闭合回路,只要知道这条闭合回路的 $\mathrm{d}\Phi/\mathrm{d}t$,也可以用法拉第电磁感应定律求得回路中的感生电动势.只不过这不一定等于原导线段的感生电动势,因为辅助线的感生电动势不一定为零.因此,选择辅助线时,应使辅助线上的感生电动势为零或者为一易求的数值.

例题 16.3 半径为 R 的圆柱形无限长螺线管中存在均匀磁场 $\boldsymbol{B}$,而且 $\mathrm{d}B/\mathrm{d}t$ 为一常量,试求螺线管内外感生电场的分布.

解 图 16-8 是螺线管的横截面,其圆心为 O,半径为 R. 取以 O 为圆心,r 为半径的圆周 L 作为积分路径,并取顺时针方向为 L 的绕行方向,即沿顺时针方向进行积分,这样

可以保证使计算出的磁通量为正. 由于对称性,在以 O 为圆心,r 为半径的圆周 L 上,各点的感生电场强度大小应相等. 又根据(16-12)式和(16-14)式可以证明,圆上各点的感生电场都沿着圆周的切线方向. 由于我们不知道 dB/dt 是大于零还是小于零,因而无法事先知道 E 的方向是沿顺时针方向,还是沿逆时针方向,然而我们可以假定 E 的方向与 L 的绕行方向相同. 如果计算出的 $E>0$,说明 E 的实际方向与 L 的绕行方向一致,如果计算出的 $E<0$,说明 E 的实际方向与 L 的绕行方向相反.

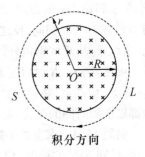

积分方向

图 16-8 例题 16.3 图

$$\oint_L \boldsymbol{E}_感 \cdot \mathrm{d}\boldsymbol{l} = \oint_L E_感 \, \mathrm{d}l = 2\pi r E_感,$$

其中 $E_感$ 是矢量 $\boldsymbol{E}_感$ 在积分方向的切向上的投影. 另外,当选择面积的法线正方向与回路积分方向成右手螺旋关系时,对于 L 所围的圆平面 S 有

$$\iint_S \frac{\partial \boldsymbol{B}}{\partial t} \cdot \mathrm{d}\boldsymbol{S} = \frac{\mathrm{d}}{\mathrm{d}t} \iint_S \boldsymbol{B} \cdot \mathrm{d}\boldsymbol{S}.$$

由于磁场均匀分布在半径为 R 的面积上,所以,当 $r<R$ 时,有

$$\iint_S \boldsymbol{B} \cdot \mathrm{d}\boldsymbol{S} = \iint_S B \, \mathrm{d}S = B\pi r^2,$$

则

$$\iint_S \frac{\partial \boldsymbol{B}}{\partial t} \cdot \mathrm{d}\boldsymbol{S} = \frac{\mathrm{d}B}{\mathrm{d}t}\pi r^2.$$

当 $r>R$ 时

$$\iint_S \boldsymbol{B} \cdot \mathrm{d}\boldsymbol{S} = \iint_S B \, \mathrm{d}S = B\pi R^2,$$

则

$$\iint_S \frac{\partial \boldsymbol{B}}{\partial t} \cdot \mathrm{d}\boldsymbol{S} = \frac{\mathrm{d}B}{\mathrm{d}t}\pi R^2.$$

根据(16-12)式可得,当 $r<R$ 时,有

$$2\pi r E_感 = -\frac{\mathrm{d}B}{\mathrm{d}t}\pi r^2, \quad E_感 = -\frac{r}{2}\frac{\mathrm{d}B}{\mathrm{d}t}.$$

当 $r>R$ 时,则

$$2\pi r E_感 = -\frac{\mathrm{d}B}{\mathrm{d}t}\pi R^2, \quad E_感 = -\frac{R^2}{2r}\frac{\mathrm{d}B}{\mathrm{d}t}.$$

两个式子中的负号表明 $E_感$ 的符号总是与 dB/dt 符号相反,由此可以根据 dB/dt 的

正、负来确定 $E_感$ 的方向. 若 $|B|$ 在减小, 则 $dB/dt<0$, 由上式知 $E_感>0$, 可见 $\boldsymbol{E}_感$ 的方向与 L 的积分方向相同. 反之, 若 $dB/dt>0$, 则 $E_感<0$, 可见 $\boldsymbol{E}_感$ 的方向与 L 的积分方向相反. 由此可见, 螺线管内外的 $\boldsymbol{E}_感$ 无径向分量.

可见, 当 $r<R$ 时, $E_感$ 与 r 成正比; 当 $r>R$ 时, $E_感$ 与 r 成反比. 在螺线管的表面上 $E_感$ 最大. 应注意, 在螺线管外部虽然 $\boldsymbol{B}=0$, $dB/dt=0$, 但 $E_感$ 并不为零. 这是因为螺线管内部磁场随时间的变化, 要在其周围空间 (包括螺线管外部空间) 激发出感生电场.

例题 16.4　求上例中螺旋管内横截面上直导线 MN 上的感生电动势. 如图 $16-9(a)$ 所示, 已知 MN 的长度为 L, 它到圆心的垂直距离为 h.

解　用求感生电动势的两种方法求解.

(1) 用 $\mathscr{E}=\displaystyle\int\boldsymbol{E}_感\cdot d\boldsymbol{l}$ 求解

由例题 16.3 知螺线管内部的 $\boldsymbol{E}_感$ 沿切向且数值为

$$E_感=-\frac{r}{2}\frac{dB}{dt}.$$

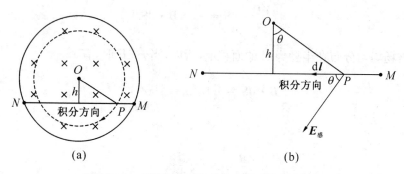

图 $16-9$　例题 16.4 图 (其中 b 是 a 的放大图)

在 MN 上取元段 dl, 如图 $16-9(b)$ 所示, 其感生电动势为

$$d\mathscr{E}=\boldsymbol{E}_感\cdot d\boldsymbol{l}=-\frac{r}{2}\frac{dB}{dt}\cos\theta\,dl=-\frac{h}{2}\frac{dB}{dt}dl.$$

从 M 沿直线积分至 N, 得 MN 段的感生电动势

$$\mathscr{E}=\int_M^N-\frac{h}{2}\frac{dB}{dt}dl=-\frac{1}{2}hL\frac{dB}{dt}.$$

(2) 用法拉第电磁感应定律求解

作辅助线 OM 和 ON, 则其与 MN 构成闭合回路 $MNOM$, 因 $\boldsymbol{E}_感$ 沿切向, 故 $\boldsymbol{E}_感$ 沿 OM 和 NO 的线积分为零, 即 OM 和 ON 段上的感生电动势为零, 可见闭合曲线 $MNOM$ 上的感生电动势即为 MN 段的感生电动势. $MNOM$ 所围面积为

$$S=\frac{1}{2}hL,$$

磁通量

$$\Phi = \frac{1}{2}hLB.$$

由法拉第电磁感应定律知回路 $MNOM$ 中的感生电动势为

$$\mathscr{E} = -\frac{\mathrm{d}\Phi}{\mathrm{d}t} = -\frac{1}{2}hL\,\frac{\mathrm{d}B}{\mathrm{d}t}.$$

这也是直导线 MN 上的感生电动势,与第(1)种方法计算的结果相同.

3. 电子感应加速器

上面讲到,即使空间中没有导体,变化的磁场也要在空间激发涡旋电场. 电子感应加速器就是利用这种涡旋电场加速电子的装置. 它的主要结构如图 16 - 10 所示,N 和 S 是圆形电磁铁的两极,在两极间安置一个环形真空室. 当电磁铁通以频率约 10 Hz 的强大交变电流时,两极间便出现交变磁场,某瞬间的 B 线如图 16 - 10 中所画实线,这交变磁场又在环形室内感应出很强的涡旋电场,其电场线如图 16 - 10 中所画虚线同心圆. 从电子枪注入真空室的电子,一方面受涡旋电场力的作用沿轨道的切线方向加速;另一方面受到磁场的洛仑兹力作用,形成向心力,从而在真空室内沿圆形轨道加速运动. 由于磁场和涡旋电场都是交变的,所以在交变电流的每个周期内,只有当涡旋电场的方向与电子运动的方向相反时,电子才能被加速. 在图 16 - 11 中,我们绘出了磁场变化的四个阶段(在图中,B 向上时,其值取为正;B 向下时,其值取为负),并标出与各阶段相对应的涡旋电场的方向. 此时要使电子加速,涡旋电场应是顺时针方向的,也就是只有在磁场变化的第一个和第四个 1/4 周期才可能. 另一

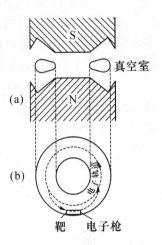

图 16 - 10　电子感应加速器示意图

方面,只有 B 向上时,电子所受洛仑兹力才能指向圆心,而这个条件只能在第一个和第二个 1/4 周期才能满足. 因此整个周期内唯有第一个 1/4 周期才能使电子在真空室内做加速圆周运动. 由于电子在注入真空室时初速度已经相当大,在这个 1/4 周期时间内电子已经转了几万圈或几十万圈,因此只要利用特殊装置,在这个时间结束前将电子从轨道上引出,就能获得能量相当高的电子. 一般小型电子感应加速器可将电子加速到数十万 eV,大型的可达到数百 MeV. 它们的体积和质量也有很大差别. 100

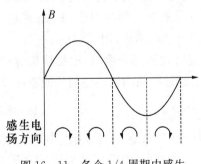

图 16 - 11　各个 1/4 周期内感生电场的方向

MeV 的电子感应加速器所用电磁铁的质量在 100 吨以上,励磁电流的功率近 500 kW,环形真空室的直径约 1.5 m,在被加速的过程中电子经过的路程超过 1 000 km.

电子感应加速器主要用于核物理研究,用被加速的电子束轰击不同的靶时,可以获得 X 射线和 γ 射线. 因此这种技术还可用于工业探伤或医疗上治疗肿瘤等方面.

4. 涡流

当大块导体处在变化的电磁场中时,导体内将出现电动势,由于导体的电阻很小,这时在导体内的电流很大,这个电流就叫作涡电流,简称为涡流.

如果变压器的铁芯是用一大块导体构成,当线圈中通有交变电流时,就产生一交变磁场,通过图中圆环所包围面积内的磁通量时刻都在变化.这样在圆环内就有感应电动势产生,由于导体的电阻很小,圆环内的电流就很大,每一个圆环都如此,这些电流是沿一些同心圆流动,看起来就像水的漩涡一样,所以就把它们叫作涡流.由于涡电流很大,导体中将产生大量的焦耳热.这些热量来自线圈中的电能,不仅耗掉了大量的电能(使变压器的效率降低),而且时间长了,会导致铁芯温度升高,从而危及线圈及绝缘材料的寿命,严重时会把变压器的线圈烧毁,所以在变压器中,涡流是应该尽量避免的.为了减小涡流,变压器的铁芯都不用整块钢铁,而是用很薄的硅钢片叠压而成,硅钢是掺有少量硅的钢,其电阻率比普通钢要大得多.把硅钢造成片状则是为了借用片间的绝缘漆(或自然形成的绝缘氧化层)切断涡流的通路,以进一步减小涡流发热.

涡流与普通电流一样要放出焦耳热,利用涡流的热效应进行加热的方法叫作感应加热.冶炼金属用的高频感应炉就是感应加热的一个重要例子.关于涡流的应用的例子很多,在这里不再赘述.

§16.4 自感与互感

1. 自感

电流流过线圈时,由该电流产生的磁感线要通过线圈本身.当通过线圈的电流发生变化时,穿过线圈本身所围面积的磁通量,也要发生变化.由法拉第电磁感应定律知,在此线圈中有感应电动势产生.这种由于线圈自身电流发生变化而在线圈内引起的电磁感应现象叫作自感应现象.自感现象中产生的感应电动势叫作自感电动势,用 $\mathscr{E}_L$ 表示.

对于一个载有电流 I 的线圈,当其大小和形状不变且无铁磁介质时,根据毕奥-萨伐尔定律,电流 I 在空间任一点都激发磁感应强度.因此,通过线圈的磁链也与 I 成正比,即

$$\Psi = LI, \tag{16-16}$$

这个磁链 Ψ 是由线圈本身的电流激发的,我们把它叫作自感磁链.式中的比例系数 L 叫作自感系数,简称为自感.其数值与线圈的几何形状、尺寸大小、匝数以及周围的介质有关.由(16-16)式可以看出,如果 I 为单位电流,则 $L = \Psi$,可见,线圈的自感系数在数值上等于线圈中的电流为一个单位时,该线圈的自感磁链.

根据法拉第电磁感应定律,由(16-16)式可求得自感电动势为

$$\mathscr{E}_L = -\frac{\mathrm{d}\Psi}{\mathrm{d}t} = -\left(L\frac{\mathrm{d}I}{\mathrm{d}t} + I\frac{\mathrm{d}L}{\mathrm{d}t} \right).$$

如果线圈的形状、大小、匝数及周围介质的磁导率都不随时间变化,则 L 为一常量,$\mathrm{d}L/\mathrm{d}t$ $=0$,因而

$$\mathscr{E}_L = -L\frac{\mathrm{d}I}{\mathrm{d}t}. \tag{16-17}$$

由此式可以看出,自感系数的意义也可以这样来理解:线圈的自感系数,在数值上等于线圈中的电流随时间的变化率为一个单位时,在线圈中所引起的自感电动势的绝对值.

(16-17)式中的负号,是楞次定律的数学表示,它指出,自感电动势将反抗线圈中电流的改变. 从(16-17)式可以看出,在电流对时间的变化率相同时,自感系数越大,线圈中所产生的自感电动势也越大,说明自感作用越强. 由此可知,若使任何回路中的电流发生改变,都会引起自感对电流改变的阻碍,回路的自感系数越大,回路中电流的改变就越困难. 自感的这种保持原有电流不变的性质,很像力学中的惯性作用. 因此,自感系数也可视为回路本身"电磁惯性"的量度.

在 SI 单位制中自感系数的单位用亨利,简称为亨(H).

$$1\ \mathrm{H} = \frac{1\ \mathrm{Wb}}{1\ \mathrm{A}}.$$

在工程技术和日常生活中,自感现象的应用非常广泛,如无线电技术和电工技术中常用的扼流圈,日光灯上用的镇流器等就是自感应用的实例. 但是在有些情况下,自感现象给人也会带来危害,必须采取措施予以防止. 例如,电机和强力电磁铁,在电路中都相当于自感很大的线圈. 因此,在断开电路时,可能就在电路中出现瞬时的大电流,造成事故. 为了减小这种危险,一般都事先增加电阻使电流减小,然后再断开电路. 大电流电力系统中的开关,还附加有"灭弧"装置.

例题 16.5 有一长直螺线管,长度为 l,横截面积为 S,线圈的总匝数为 N,管中介质的磁导率为 μ,试求其自感系数.

解 对于长直螺线管,当有电流 I 通过时,可以把管内的磁场看作是均匀的,由安培环路定理得螺线管内的磁感应强度的大小为

$$B = \mu\frac{N}{l}I.$$

$\boldsymbol{B}$ 的方向与螺线管的轴线平行. 因此,穿过螺线管每一匝的磁通量都等于

$$\Phi = BS = \mu\frac{N}{l}IS.$$

螺线管的自感磁链

$$\Psi = N\Phi = \mu\frac{N^2}{l}IS,$$

所以线圈的自感系数

$$L = \frac{\Psi}{I} = \mu\frac{N^2}{l}S = \mu n^2 V,$$

式中 $n = N/l$,是螺线管单位长度线圈的匝数,$V = lS$ 是螺线管的体积.

2. 互感

如果两个相邻的线圈 1 和 2 中分别通有电 I_1 及 I_2,I_1 所产生的磁感应线有一部分通过线圈 2,如图 16-12 所示.则当线圈 1 中的电流 I_1 发生变化时,将引起线圈 2 中磁通量的变化,由法拉第电磁感应定律知,这时线圈 2 中将产生感应电动势;同理,线圈 2 中的电流 I_2 发生变化时,线圈 1 中也会产生感应电动势.这种相邻两线圈的电流可以相互提供磁通量,由于其中一个线圈的电流发生变化而在另一个线圈中产生感应电动势的现象叫作互感应现象.由此产生的电动势叫作互感电动势.

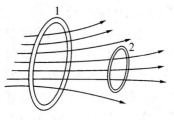

图 16-12 两个有互感的线圈

设线圈 1 中的电流 I_1 在线圈 2 中产生的磁通匝链数为 Ψ_{12},线圈 2 中的电流 I_2 在线圈 1 中产生的磁通匝链数为 Ψ_{21},Ψ_{12} 和 Ψ_{21} 都叫作互感磁链.两线圈的相对位置不变且无铁磁质时,根据毕奥-萨伐尔定律,Ψ_{12} 与 I_1 成正比,Ψ_{21} 与 I_2 成正比.即

$$\Psi_{12} = M_{12} I_1 , \quad \Psi_{21} = M_{21} I_2.$$

以上两式中的 M_{12} 和 M_{21} 均为比例系数,其数值决定于两个线圈的几何形状、尺寸大小、匝数、相对位置以及周围磁介质的磁导率,因此称其为两线圈的互感系数,简称为互感.理论和实验都证明,M_{12} 和 M_{21} 在数值上是相等的.如果令 $M_{21} = M_{12} = M$,则上述两式可写为

$$\Psi_{12} = M I_1, \tag{16-18}$$

$$\Psi_{21} = M I_2. \tag{16-19}$$

由这两式可以看出,两个线圈的互感系数在数值上等于其中一个线圈中的电流为 1 个单位时,在另一个线圈中引起的磁通匝数链数.

若两个线圈的几何形状、尺寸大小、匝数、相对位置以及周围介质的磁导率都不变化,则当线圈 1 中的电流 I_1 发生变化时,根据法拉第电磁感应定律,在线圈 2 中引起的互感电动势为

$$\mathscr{E}_{12} = -\frac{\mathrm{d}\Psi_{12}}{\mathrm{d}t} = -M \frac{\mathrm{d}I_1}{\mathrm{d}t}. \tag{16-20}$$

同理,当线圈 2 中的电流 I_2 发生变化时,在线圈 1 中引起的互感电动势为

$$\mathscr{E}_{21} = -\frac{\mathrm{d}\Psi_{21}}{\mathrm{d}t} = -M \frac{\mathrm{d}I_2}{\mathrm{d}t}. \tag{16-21}$$

可见,互感系数的意义可理解为两个线圈的互感系数 M,在数值上等于其中一个线圈中的电流对时间的变化率为 1 个单位时,在另一个线圈中所引起的互感电动势的绝对值.另外还可看出,当一个线圈中的电流对时间的变化率一定时,互感系数越大,则在另一个线圈中所引起的互感电动势就越大;反之,互感系数越小,则在另一个线圈中所引起的

互感电动势就越小. 所以说,互感系数是反映两个线圈之间互感强弱的物理量.

(16-20)式和(16-21)式中的负号表示,在一个线圈中所引起的互感电动势,要反抗另一个线圈中电流的变化.

互感系数的单位与自感系数的单位相同,在 SI 单位制中,互感的单位也是亨利(H).

互感现象在电工技术和无线电技术中有着广泛的应用. 通过互感线圈能够把能量或信号从一个线圈传递到与其绝缘的另一个线圈中,电工和无线电技术中使用的各种变压器都是互感器件. 但互感也能产生有害的影响,如在收音机各回路之间,电话线和电力输送线之间,会因互感产生严重干扰,这时需采取技术措施减小它们之间的互感作用.

例题 16.6 如图 16-13 所示,有一空心的长直螺线管,上面紧绕着两个长度为 l 的线圈 1 和线圈 2,横截面积 S,且 l 远大于 S 的线度. 线圈 1 和线圈 2 的匝数分别为 N_1 和 N_2,求两个线圈的互感系数 M,以及 M 与两线圈自感系数 L_1,L_2 的关系.

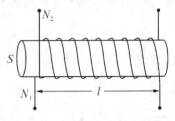

图 16-13 例题 16.6 图

解 因 l 远大于 S 的线度,螺线管可视为无限长. 当线圈 1 通过电流 I_1 时,由环路定理可得它在螺线管内产生的磁感应强度为

$$B_1 = \mu_0 n_1 I_1 = \mu_0 \frac{N_1}{l} I_1.$$

这一磁场通过线圈 1 的磁链(即自感磁链)为

$$\Psi_{11} = N_1 B_1 S = \mu_0 \frac{N_1^2}{l} S I_1.$$

穿过线圈 2 的磁链(即互感磁链)为

$$\Psi_{12} = N_2 B_1 S = \mu_0 \frac{N_1 N_2}{l} S I_1.$$

根据自感系数的定义(16-17)式,可求得线圈的自感系数为

$$L_1 = \frac{\Psi_{11}}{I_1} = \mu_0 \frac{N_1^2}{l} S.$$

根据互感系数的定义,即可求得两线圈的互感系数为

$$M = \frac{\Psi_{12}}{I_1} = \mu_0 \frac{N_1 N_2}{l} S.$$

同理,当线圈 2 通有电流 I_2 时,I_2 在螺线管中产生的磁感应强度为

$$B_2 = \mu_0 n_2 I_2 = \mu_0 \frac{N_2}{l} I_2.$$

I_2 引起的穿过线圈 2 的自感磁链为

$$\Psi_{22} = \mu_0 \frac{N_2^2}{l} S I_2,$$

因此线圈 2 的自感系数为

$$L_2 = \frac{\Psi_{22}}{I_1} = \mu_0 \frac{N_2^2}{l} S,$$

于是可以得到

$$L_1 L_2 = M^2, \text{或} M = \sqrt{L_1 L_2}.$$

上式只是在一个线圈所产生的磁通全部穿过另一线圈的情况下才适用,这时两线圈间的耦合最紧密,无漏磁现象发生,称为理想耦合.在一般情况下,两个线圈之间有漏磁现象,即一个线圈所产生的磁通只有一部分穿过另一线圈,这时

$$M < \sqrt{L_1 L_2},$$

或写成

$$M = k\sqrt{L_1 L_2}, \tag{16-22}$$

式中 $0 < k < 1$. k 的大小取决于两个线圈的相对位置和各自的绕法,反映两线圈耦合的紧密程度,称为耦合系数.

在电工技术和电子技术中,有时要求耦合系数越大越好,例如在变压器中,k 的值可以达到 0.98 以上.但对于有害的互感现象,就应尽量设法减小 k 值,以避免由于互感而引起的干扰.

§16.5　自感磁能与互感磁能

1. 自感磁能

电场具有能量,那么磁场有没有能量呢? 如图 16-14 所示,在一个含有电阻和自感的电路中,在开关未闭合时,线圈中的电流为零,这时线圈中没有磁场.当把开关闭合后,线圈中的电流由零逐渐增大,但是不能立即增大到它的稳定值 I,因为在电流的增长过程中,线圈有自感电动势产生,它会阻止磁场的建立.因此,在建立磁场的过程中,外界(即电源)必须提供能量来克服自感电动势做功.可见,在含有电阻和自感的电路中,电源供给的能量分成两个部分:一部分转换为热能,另一部分则转换为线圈中的自感磁能.

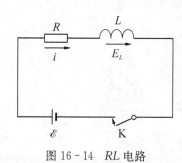

图 16-14　RL 电路

当设电路接通后,在 t 和 $t + \mathrm{d}t$ 时刻,电路中的电流分别为 i 和 $i + \mathrm{d}i$,则电流随时间的变化率为 $\mathrm{d}i/\mathrm{d}t$,相应的自感电动势为

$$\mathscr{E}_L = -L\frac{\mathrm{d}i}{\mathrm{d}t},$$

电源克服自感电动势所做的功为 $Li\,\mathrm{d}i = -i\mathscr{E}_L\,\mathrm{d}t$.

在自感线圈中的电流的建立过程中,自感线圈中贮存的总自感磁能为

$$W_m = \int \mathrm{d}W_m = \int_0^I Li\,\mathrm{d}i = \frac{1}{2}LI^2. \tag{16-23}$$

此式说明,自感线圈的磁能与自感系数和通过线圈的电流的平方成正比.

2. 互感磁能

当有两个线圈同时存在时,一个线圈中的电流发生变化,会在另一个线圈中引起互感电动势,接在两个线圈的回路中的两个电源,除了克服自感电动势做功之外,还要克服互感电动势做功,电源克服互感电动势做功,就把电源中的一部分能量转变为互感磁能,贮存在线圈中,

当电路接通后,在 t 和 $t+\mathrm{d}t$ 时刻,电路 1 中的电流分别为 i_1 和 $i_1+\mathrm{d}i_1$,电路 2 中的电流分别为 i_2 和 $i_2+\mathrm{d}i_2$,则两个电路中的互感电动势分别为

$$\mathscr{E}_{21} = -M\frac{\mathrm{d}i_2}{\mathrm{d}t}, \qquad \mathscr{E}_{12} = -M\frac{\mathrm{d}i_1}{\mathrm{d}t},$$

式中 $\mathscr{E}_{21}$ 和 $\mathscr{E}_{12}$ 分别为回路 1 和回路 2 中出现的互感电动势. 在 $\mathrm{d}t$ 时间内两个回路克服互感电动势所做的总功为

$$\mathrm{d}A = -\mathscr{E}_{21}i_1\,\mathrm{d}t - \mathscr{E}_{12}i_2\,\mathrm{d}t = M(i_1\,\mathrm{d}i_2 + i_2\,\mathrm{d}i_1) = M\mathrm{d}(i_1 i_2).$$

在两个回路中的电流分别从 0 变到 I_1 和 I_2 的过程中,电流克服互感电动势做的功为

$$A = \int \mathrm{d}A = \int_0^{I_1 I_2} M\mathrm{d}(i_1 i_2) = MI_1 I_2,$$

两个线圈中贮存的总的互感磁能为

$$W_m = MI_1 I_2. \tag{16-24}$$

3. 磁场的能量

磁场中单位体积中的磁场的能量叫作磁能密度,用 w_m 表示.

磁场能量可用磁感应强度来表示. 为简单起见,我们以长直螺线管为例进行讨论. 当长直螺线管中通有电流 I 时,螺线管中磁场的磁感应强度 $B = \mu nI$,螺线管的自感系数 $L = \mu n^2 V$,把这些关系代入(16-23)式,可得螺线管内的磁场能量为

$$W_m = \frac{1}{2}LI^2 = \frac{1}{2}\mu n^2 VI^2 = \frac{1}{2}\frac{B^2}{\mu}V,$$

其中 V 为长直螺线管的体积. 上式表明,磁场能量与磁感应强度,磁导率和磁场所占的体积有关. 由于长直螺线管内磁场均匀,磁场能量应以均匀体密度分布于其内,故磁场能量密度为

$$w_m = \frac{W_m}{V} = \frac{1}{2}\frac{B^2}{\mu}. \tag{16-25}$$

此式表明,磁场能量密度与磁感应强度的平方成正比. 对于各向同性的均匀磁介质,由于 $B=\mu H$,上式又可写成

$$w_m = \frac{1}{2}\mu H^2 = \frac{1}{2}BH. \tag{16-26}$$

上述的磁场能量密度公式虽然是从长直螺线管导出的,但可以证明,对于任意磁场,其中任一点的磁场能量密度都可用 (16-26) 式表示,式中的 B 和 H 分别为该点的磁感应强度和磁场强度. 对于非均匀磁场,其有限体积 V 中的磁场能量可由积分求得,即

$$W_m = \frac{1}{2}\iiint\limits_V BH\,dV. \tag{16-27}$$

习 题

16.1 一无限长螺线管每厘米有 200 匝,载有电流 1.5 A,螺线管的直径为 3.0 cm,在管内放置一个直径为 2.0 cm 的密绕 100 匝的圆线圈,且使其轴线与无限长螺线管的轴线平行. 在 0.05 s 内使螺线管中的电流匀速地降为 0,然后又使其在相反的方向匀速地上升为 1.5 A. 试问当电流改变时,线圈中的感应电动势有多大? 此过程中感应电动势的大小、方向变不变? 为什么?

16.2 如图所示,通过回路的磁通量与线圈平面垂直且指向纸面内,磁通量的变化规律 $\Phi = (6t^2 + 7t + 1) \times 10^{-3}$ Wb,式中 t 的单位为 s,求 $t = 2$ s 时回路中感应电动势的大小和方向.

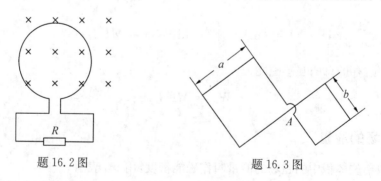

题 16.2 图　　　　　题 16.3 图

16.3 由两个正方形线圈构成的平面线圈,如图所示. 已知 $a=20$ cm,$b=10$ cm,今有按 $B=B_0\sin\theta$ 规律变化的磁场垂直通过线圈平面. $B_0=10^{-2}$ T,$\omega=100$ rad·s^{-1}. 线圈单位长度的电阻为 5×10^{-2} Ω·m^{-1}. 求线圈中感应电流的最大值.

16.4 如图所示的回路中,导线 ab 是可移动的,设整个回路处在一均匀磁场中,$B=0.5$ T,电阻 $R=0.5$ Ω,长度 $l=0.5$ m,ab 以速率 $v=4.0$ m·s^{-1} 向右匀速移动. 试求:

(1) 作用在 ab 上的拉力;

(2) 拉力的功率;

(3) 电阻 R 的发热功率.

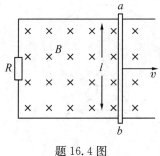

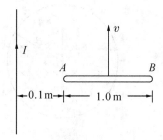

题 16.4 图   题 16.5 图

16.5　如图所示,金属杆 AB 以匀速 $v=2$ m·s^{-1}平行于一长直导线移动,此导线通有电流 $I=40$ A,问此杆中的感应电动势为多大? 杆的哪一端电势较高?

16.6　如图所示,一金属棒长为 0.5 m,水平放置,以长度 1/5 处为轴,在水平面内旋转,每秒转两圈.已知该处磁场 $B=0.5$ Gs,方向竖直向上.试求 ab 两端的电势差 U_{ab}.

16.7　如图所示,法拉第圆盘发电机是一个在磁场中转动的导体圆盘.设圆盘的半径为 R,它的轴线与均匀外磁场 $\boldsymbol{B}$ 平行.它以角速度 ω 绕轴转动时,求盘边与盘心间的电势差.

16.8　一圆形均匀刚性线圈,其总电阻为 R 半径为 r_0,在均匀磁场 $\boldsymbol{B}$ 中以匀角速度 ω 绕其轴 OO' 转动(如图所示),转轴垂直于 $\boldsymbol{B}$,设自感可以忽略,当线圈平面转至与 $\boldsymbol{B}$ 平行时,试求:

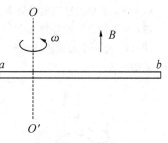

题 16.6 图

(1) E_{ab},E_{ac} 等于多少? (b 点是 ac 的中点)

(2) a,c 两点中哪点电位高? a,b 两点中哪点电位高?

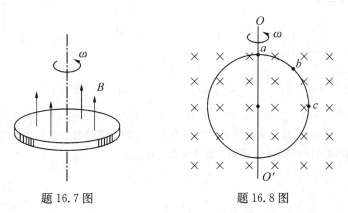

题 16.7 图   题 16.8 图

16.9　如图所示,一个限定在圆柱形体积内的均匀磁场,磁感应强度为 $\boldsymbol{B}$,圆柱的半径为 R.$\boldsymbol{B}$ 的量值以 100 Gs·s^{-1}的恒定速率减小.当电子分别置于磁场 a 点处,b 点处与 c 点处时,试求电子所获得的瞬时加速度(大小与方向)各为多少?(设 $r=5.0$ cm)

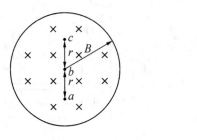

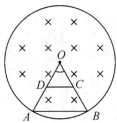

题 16.9 图　　　　　　　　　　题 16.10 图

16.10　在上题所述的变化磁场中,放置一等腰梯形金属框(如图所示)$ABCD$,已知 $AB = R,CD = R/2$,试求:

(1) 各边产生的感应电动势 $E_{AB},E_{BC},E_{CD},E_{DA}$;

(2) 线框的总电动势的大小.

16.11　矩形截面螺绕环的尺寸如图所示,总匝数为 N,试求其自感系数. 已知螺绕环中充满磁导率为 μ 的磁介质.

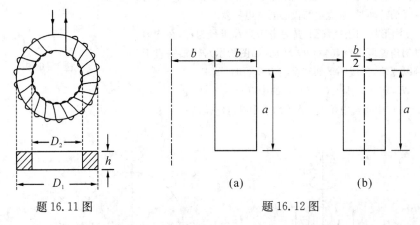

题 16.11 图　　　　　　　　　　题 16.12 图

16.12　如图所示,一矩形线圈长 $a=20$ cm,宽 $b=10$ cm,由 100 匝表面绝缘的导线绕成,放在一很长的直导线旁边并与之共面,这长直导线是一闭合回路的一部分,其他部分离线圈都很远,影响可忽略不计. 求图中(a)和(b)两种情况下,线圈与长直导线之间的互感.

第17章 麦克斯韦电磁理论

19世纪60年代,麦克斯韦总结了前人的实验和理论,对整个电磁现象进行了系统的研究,首先提出了涡旋电场的假说,即变化的磁场要在空间激发感生电场.其次,又提出了位移电流的假说,即变化的电场要在空间激发磁场.从而把整个电磁规律用四个方程来概括,这就是麦克斯韦方程组.

更令人震惊的是,麦克斯韦从这四个方程出发,利用数学推导,得到了电场强度 E 和磁感应强度 B 所满足的微分方程,这两个方程与数学上的波动方程,在形式上是完全一样的,从而麦克斯韦认为,电磁场是以波动的形式传播的.也就是说,麦克斯韦预言了电磁波的存在.并且在这个波动方程中,有一个常数,这个常数是波的传播速度.麦克斯韦计算出这个常数等于光在真空中的速度,由此麦克斯韦认为,光也是电磁波.

1888年,德国物理学家赫兹首次用实验验证了电磁波的存在.

§17.1 电磁场 麦克斯韦方程组

1. 位移电流

位移电流的假说是麦克斯韦的又一个假说,它是将安培环路定理运用于含有电容器的交变电路中出现矛盾而引出的.在稳恒电流产生的磁场中,安培环路定理具有如下的形式

$$\oint_L \boldsymbol{H} \cdot \mathrm{d}\boldsymbol{l} = I = \iint_S \boldsymbol{j} \cdot \mathrm{d}\boldsymbol{S}, \tag{17-1}$$

式中 j 为传导电流密度,面积分中的 S 是以 L 为边界的任意曲面,I 即是环路 L 所包围的电流的代数和,也是穿过 S 的电流的代数和,不论 S 的形状怎样,只要 S 以 L 为边界,这样穿过 S 的电流总是相等的.

在图17-1中,S_1,S_2,S_3 都是以 L 为边界的曲面,穿过 S_1,S_2,S_3 的传导电流都相等.但是当有电容器存在的交流电路中,情况就不一样了.在交流电路中,电容器 C 被反复地充、放电,连接电容器的极板的导线中有传导电流,但是电容器内部并无传导电流,如图17-2所示.

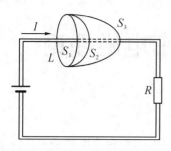

图 17-1 曲面上的稳恒电流

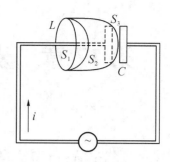

图 17-2 曲面上的传导电流

这时将安培环路定理应用于曲线 L,显然对 S_1,S_2 可得

$$\oint_L \boldsymbol{H} \cdot \mathrm{d}\boldsymbol{l} = i = \iint_{S_1} \boldsymbol{j} \cdot \mathrm{d}\boldsymbol{S},$$

$$\oint_L \boldsymbol{H} \cdot \mathrm{d}\boldsymbol{l} = \iint_{S_2} \boldsymbol{j} \cdot \mathrm{d}\boldsymbol{S} = i. \tag{17-2}$$

而对 S_3 面有

$$\oint_L \boldsymbol{H} \cdot \mathrm{d}\boldsymbol{l} = \iint_{S_3} \boldsymbol{j} \cdot \mathrm{d}\boldsymbol{S} = 0. \tag{17-3}$$

在穿过以 L 为边界的曲面 S_2,S_3 的电流并不相等,出现了矛盾.这说明,在稳恒情况下得到的安培环路定理,一般不能应用于非稳恒的电路中.那么,在非稳恒情况下的磁场强度沿任意闭合曲线的线积分具有什么样的表达式?也就是说,在非稳恒的情况下,安培环路定理应该采取什么样的形式呢?

在电流通过电容器时,电容器两极板上电荷 q 随时间变化,同时,电容器内部的 $\boldsymbol{E},\boldsymbol{D}$ 都在变化.我们知道,$q,\boldsymbol{E},\boldsymbol{D}$ 三者的关系,可以用高斯定理

$$\oiint_S \boldsymbol{D} \cdot \mathrm{d}\boldsymbol{S} = q \tag{17-4}$$

联系在一起.然而我们知道,$\oiint_S \boldsymbol{D} \cdot \mathrm{d}\boldsymbol{S} = q$ 是从静电场中得到的,它对非稳恒的情况是否也适用呢?麦克斯韦假设在一般情况下,高斯定理仍然成立(注意这种假设是成立的,因为由此假设得出的推论,已经被实验所证实,否则由此推出结论就不会得到实验验证),在高斯定理中,q 是闭合曲面 S 内包围自由电荷,上式两边都对时间求导得

$$\oiint_S \frac{\partial \boldsymbol{D}}{\partial t} \cdot \mathrm{d}\boldsymbol{S} = \frac{\mathrm{d}q}{\mathrm{d}t}, \tag{17-5}$$

其中 $\dfrac{\mathrm{d}q}{\mathrm{d}t}$ 是闭合曲面包围电荷的增加率.由电荷守恒定律知

$$\frac{\mathrm{d}q}{\mathrm{d}t} = - \oiint_S \boldsymbol{j} \cdot \mathrm{d}\boldsymbol{S}. \qquad (17-6)$$

代入(17－5)式得

$$\oiint_S \frac{\partial \boldsymbol{D}}{\partial t} \cdot \mathrm{d}\boldsymbol{S} = - \oiint_S \boldsymbol{j} \cdot \mathrm{d}\boldsymbol{S},$$

其中 $\boldsymbol{j}$ 是传导电流密度. 由上式可得

$$\oiint_S \left(\frac{\partial \boldsymbol{D}}{\partial t} + \boldsymbol{j} \right) \cdot \mathrm{d}\boldsymbol{S} = 0. \qquad (17-7)$$

麦克斯韦假设,$\dfrac{\partial \boldsymbol{D}}{\partial t}$ 也代表一种电流,叫作位移电流.那么空间的总电流密度,就是位移电流与传导电流之和,叫作全电流,全电流密度用 $\boldsymbol{j}_全$ 表示,则

$$\boldsymbol{j}_全 = \frac{\partial \boldsymbol{D}}{\partial t} + \boldsymbol{j}, \qquad (17-8)$$

式中 $\boldsymbol{j}$ 是传导电流密度,而$\dfrac{\partial \boldsymbol{D}}{\partial t}$叫作位移电流密度,用 $\boldsymbol{j}_d$ 表示

$$\boldsymbol{j}_d = \frac{\partial \boldsymbol{D}}{\partial t}. \qquad (17-9)$$

(17－7)式可以改写成

$$\oiint_S \boldsymbol{j}_全 \cdot \mathrm{d}\boldsymbol{S} = 0. \qquad (17-10)$$

从这个式子可以看出,全电流的电流线是连续的.也就是说,通过以闭合曲线 L 为边界的任意曲面上的全电流都相等,即

$$i_全 = \iint_{S_1} \left(\frac{\partial \boldsymbol{D}}{\partial t} + \boldsymbol{j} \right) \cdot \mathrm{d}\boldsymbol{S} = \iint_{S_2} \left(\frac{\partial \boldsymbol{D}}{\partial t} + \boldsymbol{j} \right) \cdot \mathrm{d}\boldsymbol{S}, \qquad (17-11)$$

式中 S_1,S_2 是以 L 为边界的两个曲面.麦克斯韦假设,在非稳恒情况下,安培环路定理转化为下面的形式,即

$$\oint_L \boldsymbol{H} \cdot \mathrm{d}\boldsymbol{l} = \iint_S \left(\frac{\partial \boldsymbol{D}}{\partial t} + \boldsymbol{j} \right) \cdot \mathrm{d}\boldsymbol{S}, \qquad (17-12)$$

S 是以 L 为边界的任意曲面.上式可以叙述为:磁场强度沿任意闭合曲线 L 的线积分,等于穿过以 L 为边线的任意曲面 S 上的全电流.

(17－12)式右边的积分中包含着 $\boldsymbol{j}_d = \dfrac{\partial \boldsymbol{D}}{\partial t}$,说明位移电流同传导电流一样,也要按相同的规律激发磁场.或者说,位移电流与传导电流在激发磁场方面是等效的.而$\dfrac{\partial \boldsymbol{D}}{\partial t}$总是和

变化的电场对应,这说明变化的电场在空间也要激发磁场. 这就是麦克斯韦的第二个假说.

在电容器以外的导线中,$\dfrac{\partial \boldsymbol{D}}{\partial t}=0$,即无位移电流,但是有传导电流 $\boldsymbol{j}$,位移电流像传导电流一样,也会产生磁场. 虽然在电容器内部,传导电流的电流线不连续,但这时,又有了位移电流的电流线接续下来,全电流的电流线是连续的.

值得说明的是在上式的积分中,涉及两个积分方向. 一是线积分中 L 的绕行方向;另一个是曲面积分中的 $\mathrm{d}\boldsymbol{S}$ 的方向. 我们规定,取 $\mathrm{d}\boldsymbol{S}$ 的法线方向时,要使得计算出的电位移通量大于零,然后,规定 L 的绕行方向与 $\mathrm{d}\boldsymbol{S}$ 的方向构成右手系.

如果在某曲面 S 范围内无导体存在,即只有绝缘体存在,则有 $\boldsymbol{j}=0$. 由(17-11)式可得

$$i_{全}=\iint\limits_{S}\left(\frac{\partial \boldsymbol{D}}{\partial t}+\boldsymbol{j}\right)\cdot \mathrm{d}\boldsymbol{S}=\iint\limits_{S}\frac{\partial \boldsymbol{D}}{\partial t}\cdot \mathrm{d}\boldsymbol{S}=i_{D}.$$

可见全电流等于该曲面位移电流密度的通量. 令

$$\Phi_{D}=\iint\limits_{S}\boldsymbol{D}\cdot \mathrm{d}\boldsymbol{S},$$

$$i_{全}=i_{D}=\frac{\partial \Phi_{D}}{\partial t}, \tag{17-13}$$

即位移电流等于该曲面 $\boldsymbol{D}$ 通量的时间变化率. 这时全电流等于位移电流.

将 $\boldsymbol{D}=\varepsilon_{0}\boldsymbol{E}+\boldsymbol{P}$ 代入(17-9)式得

$$\boldsymbol{j}_{d}=\frac{\partial \boldsymbol{D}}{\partial t}=\varepsilon_{0}\,\frac{\partial \boldsymbol{E}}{\partial t}+\frac{\partial \boldsymbol{P}}{\partial t},$$

式中 $\dfrac{\partial \boldsymbol{P}}{\partial t}$ 对应着电介质的反复极化,对真空来说

$$\frac{\partial \boldsymbol{P}}{\partial t}=0, \quad \boldsymbol{j}_{d}=\varepsilon_{0}\,\frac{\partial \boldsymbol{E}}{\partial t}.$$

归根到底,位移电流本质上是变化的电场,位移电流假说的中心思想是变化着的电场激发磁场.

位移电流和传导电流是两个不同的概念,他们的相同点是:都按照相同的规律激发磁场. 不同之处有两个:一是传导电流对应着电荷的定向移动,而位移电流对应着电场的变化,无电荷的定向移动;二是位移电流不产生焦耳热,但也会有热效应存在. 这是因为介质反复极化的过程中,分子之间进行碰撞,温度升高.

2. 电磁场

按照位移电流的概念,任何随时间变化的电场,都要在邻近的空间激发磁场,因而总是和磁场的存在联系着,如图 17-3(a)所示. 当电荷发生加速运动时,在其周围除了磁场

之外,还有随时间变化的电场,即变化的磁场在空间激发变化的电场,一般来说,随时间变化的电场(位移电流)也是时间的函数,它在空间激发磁场,如图 17-3(b)所示.也就是说,充满变化电场的空间,同时也充满变化的磁场.空间的电场与磁场相互激发,形成电磁场,电磁场由近及远地向前传播,形成电磁波.值得说明的是:$\dfrac{\partial E}{\partial t}$ 与 H 构成右手系,而 $\dfrac{\partial B}{\partial t}$ 与 E 构成左手系.

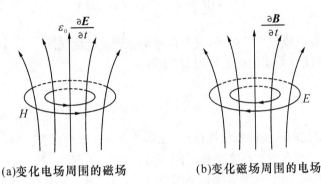

(a)变化电场周围的磁场 (b)变化磁场周围的电场

图 17-3 变化的电场和变化的磁场

3. 麦克斯韦方程组

(1) 电场强度沿任意闭合曲线的线积分等于以该曲线为边线的任意曲面的磁通量的变化率的负值.

$$\oint_L E_{感} \cdot \mathrm{d}S = -\iint_S \frac{\partial B}{\partial t} \cdot \mathrm{d}S,$$

$$\oint_L E_{库} \cdot \mathrm{d}S = 0,$$

其中 $E_{感}$ 是感生电场的电场强度,$E_{库}$ 是静电场的电场强度.两式相加得

$$\oint_L (E_{感} + E_{库}) \cdot \mathrm{d}S = -\iint_S \frac{\partial B}{\partial t} \cdot \mathrm{d}S.$$

令 $E = E_{感} + E_{库}$,E 是空间总的电场强度,则有

$$\oint_L E \cdot \mathrm{d}S = -\iint_S \frac{\partial B}{\partial t} \cdot \mathrm{d}S. \tag{17-14}$$

此式与原来讲的法拉第电磁感应定律在形式上完全相同,但包含的物理意义是不同的.

(2) 通过任意闭合曲面的电位移通量等于该曲面包围自由电荷的代数和,即

$$\oiint_S D \cdot \mathrm{d}S = q. \tag{17-15}$$

在形式上看,上式与电介质中的高斯定理完全相同,但是包含的物理意义也不一样,在静电场中的电介质一章中讲的在高斯定理中,D 仅包含着静电场中的电位移矢量,而现

在的 $\boldsymbol{D}$ 为

$$\boldsymbol{D} = \boldsymbol{D}_{库} + \boldsymbol{D}_{感},$$

其中 $\boldsymbol{D}_{库}$ 是静电场中的电位移矢量, $\boldsymbol{D}_{感}$ 是变化的磁场激发的电场中的电位移矢量.

(3) 磁场强度沿任意闭合曲线的线积分等于穿过以该曲线为边线的全电流

$$\oint_L \boldsymbol{H} \cdot d\boldsymbol{l} = \iint_S \left(\frac{\partial \boldsymbol{D}}{\partial t} + \boldsymbol{j} \right) \cdot d\boldsymbol{S}. \tag{17-16}$$

磁场 $\boldsymbol{H}$ 中既有传导电流产生的磁场, 又有位移电流产生的磁场.

(4) 通过任意闭合曲面的磁通量恒等于零

$$\oiint_S \boldsymbol{B} \cdot d\boldsymbol{S} = 0. \tag{17-17}$$

这是从静磁场到变化的磁场的假设性推广. 在形式上, (17-17)式与静磁场一章中的高斯定理完全相同, 但是包含的物理意义却不同, 此式中的 $\boldsymbol{B}$ 既有传导电流产生的磁场, 又有位移电流产生的磁场. 由于磁感应线总是闭合曲线, 因而有上式存在.

(17-14)式到(17-17)式的四个式子叫作麦克斯韦方程组.

当有介质存在时, $\boldsymbol{E}$ 和 $\boldsymbol{B}$ 都和介质的特性有关, 因此上述麦克斯韦方程组是不完备的, 还需要补充描述介质性质的下述方程, 即

$$\begin{cases} \boldsymbol{D} = \varepsilon \boldsymbol{E} = \varepsilon_r \varepsilon_0 \boldsymbol{E}, \\ \boldsymbol{B} = \mu \boldsymbol{H} = \mu_e \mu_0 \boldsymbol{H}, \\ \boldsymbol{j} = \sigma \boldsymbol{E}, \end{cases} \tag{17-18}$$

其中 ε, μ 和 σ 分别为介质的介电常数, 磁导率和导体电导率.

§17.2　赫兹实验

1865 年麦克斯韦由电磁理论预言了电磁波的存在, 1888 年赫兹用振荡偶极子产生了电磁波. 如图 17-4 所示, A, B 是两段共轴的黄铜杆, 它们是振荡极子的两半, A, B 中间留有一个火花间隙, 间隙两边的端点上焊有一对磨光的黄铜球. 振子的两半连接到感应圈上. 当充电到一定程度, 间隙被火花击穿时, 两段金属杆连成一条导电通路, 这时它相当于一个振荡偶极子, 在其中激起高频振荡(在赫兹实验中振荡频率约为 $10^8 \sim 10^9$ 周). 感应圈以每秒 $10 \sim 10^2$ 周的频率一次一次地使火花间隙充电. 但是由于能量不断辐射出去而损失, 每次放电后引起的高频振荡衰减得很快. 因此赫兹振子中产生的是一种间歇性的阻尼振荡, 如

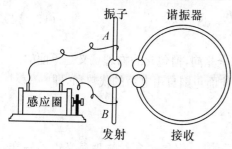

振子　　　谐振器

A

感应圈

B

发射　　　接收

图 17-4　赫兹实验

图 17-5 所示.

　　为了探测由振子发射出来的电磁
波,赫兹采用了一个圆铜环,在其中也
留有端点为球状的火花间隙,间隙的
距离可利用螺旋作微小调节,这种接

图 17-5　赫兹振子产生的间歇性阻尼振荡

收装置称为谐振器.将谐振器放在距振子一定的距离之外,适当地选择其方位,并使之与
振子谐振.赫兹发现,在发射振子的间隙有火花跳过的同时,谐振器的间隙里也有火花跳
过,这样,他在实验中初次观察到电磁振荡在空间的传播.

　　赫兹利用振荡偶极子进行了许多实验,不仅证实了振荡偶极子能发射电磁波,并且证
明这种电磁波与光波一样,能产生折射、反射、干涉、偏振等现象.因此赫兹初步证实了麦
克斯韦电磁理论的预言,即电磁波的存在和光波本质上也是电磁波.

§17.3　电　磁　波

1. 平面电磁波

　　变化的电场与变化的磁场相互激发,形成电磁场,电磁场由近及远地向前传播,形成
电磁波.

　　如果空间既无电荷,又无电流,这样的空间叫作自由空间.在自由空间中传播的电磁
波叫作平面电磁波,它是最简单的,也是最重要的电磁波.

　　在自由空间中,$j = 0, q = 0, \mu = \mu_0, \varepsilon = \varepsilon_0$,则麦克斯韦方程组变为

$$\begin{cases} \oint_L \boldsymbol{E} \cdot \mathrm{d}\boldsymbol{S} = -\iint_S \dfrac{\partial \boldsymbol{B}}{\partial t} \cdot \mathrm{d}\boldsymbol{S}, \\[2mm] \oiint_S \boldsymbol{D} \cdot \mathrm{d}\boldsymbol{S} = 0, \\[2mm] \oint_L \boldsymbol{H} \cdot \mathrm{d}\boldsymbol{l} = \iint_S \dfrac{\partial \boldsymbol{D}}{\partial t} \cdot \mathrm{d}\boldsymbol{S}, \\[2mm] \oiint_S \boldsymbol{B} \cdot \mathrm{d}\boldsymbol{S} = 0. \end{cases} \qquad (17-19)$$

　　由上面的方程,可以导出平面电磁波的运动方程.从运动方程可以证明,这种电磁波
是平面电磁波.同时可以证明平面电磁波具有如下 4 条性质.

　　(1) 平面电磁波为横波

　　即 $\boldsymbol{E} \perp \boldsymbol{k}, \boldsymbol{B} \perp \boldsymbol{k}$,其中 $\boldsymbol{k}$ 是电磁波的传播方向上的单位矢量.

　　(2) 电矢量 $\boldsymbol{E}$ 与磁矢量 $\boldsymbol{H}$ 垂直

　　$\boldsymbol{E} \times \boldsymbol{H}$ 的方向与 $\boldsymbol{k}$ 的方向相同,如图 17-6 所示.

　　(3) 在同一点上,$\boldsymbol{E}$ 与 $\boldsymbol{H}$ 的值成正比,且两者的频率、相位相同

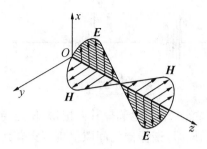

图 17-6　E, H, k 的方向关系

$$\sqrt{\varepsilon_0}E = \sqrt{\mu_0}H.$$

（4）电磁波的传播速度等于光速

$$v = \frac{1}{\sqrt{\varepsilon_0\mu_0}} = 3 \times 10^8 \text{ m/s}.$$

2. 电磁波的能量

交变电磁场是以电磁波的形式传播的. 因为电磁场具有能量, 所以随着电磁波的传播, 就有能量的传播, 这种以电磁波形式传播出去的能量叫作辐射能. 显然, 辐射能的传播速度就是电磁波的传播速度 v, 辐射能传播的方向就是电磁波的传播方向 k.

设 $\mathrm{d}A$ 为垂直于电磁波传播方向的截面积. 如果电磁场的能量密度为 w, 则在介质不吸收电磁能量的条件下, 在 $\mathrm{d}t$ 时间内通过面积 $\mathrm{d}A$ 的辐射能为 $wv\mathrm{d}A\mathrm{d}t$, 而单位时间内通过垂直于传播方向单位面积的能量, 即电磁波的能流密度为

$$S = wv. \tag{17-20}$$

在前面讲过, 电场和磁场的能量密度分别为

$$w_e = \frac{1}{2}\varepsilon E^2, w_m = \frac{1}{2}\mu H^2.$$

可以证明, 电磁场的能量密度为

$$w = w_e + w_m = \frac{1}{2}\varepsilon E^2 + \frac{1}{2}\mu H^2. \tag{17-21}$$

把这一关系代入（17-20）式得

$$S = \frac{v}{2}(\varepsilon E^2 + \mu H^2), \tag{17-22}$$

式中 $v = \dfrac{1}{\sqrt{\varepsilon\mu}}$, 又因为电场和磁场的能量相等, 故

$$\sqrt{\varepsilon}E = \sqrt{\mu}H, \tag{17-23}$$

代入（17-22）式, 化简后得

$$S = EH.$$

由于 E, H 和电磁波的传播方向 k 三者互相垂直, 并且组成一个右手螺旋系, 而辐射能的传播方向就是电磁波的传播方向, 所以上式又可以用矢量表示如下:

$$S = E \times H, \tag{17-24}$$

式中 S 为电磁波的能流密度矢量, 也叫作坡印廷矢量.

通过相关运算可求得振荡偶极子辐射的电磁波的能流密度为

$$S = EH = \frac{\sqrt{\varepsilon}\sqrt{\mu^3}\, p_0^3 \omega^4 \sin^2\theta}{16\pi^2 r^2}\cos^2\omega\Big(t - \frac{r}{v}\Big).$$

振荡偶极子在单位时间内辐射出去的能量,叫作辐射功率,用 P 表示. 如果把上式对以振荡偶极子为中心,半径为 r 的球面上积分,并把所得结果对时间取平均值,则得振荡偶极子的平均辐射功率为

$$\overline{P} = \frac{\pi p_0^2 \omega^4}{12\pi v}.$$

可见,平均辐射功率与振荡偶极子的频率的四次方成正比. 因此,振荡偶极子的辐射功率随着频率的增高而迅速增大. 普通发电厂发出的交流电的频率仅为 50 Hz,因此,电路中辐射的电磁波能量可以忽略不计. 为了获得一定的辐射功率,在无线电中使用的频率则在 100 kHz 以上.

3. 电磁波谱

电磁波的波长 λ,频率 ν 和传播速率 v 三者之间的关系为

$$v = \lambda\nu.$$

由于各种频率的电磁波在真空中的传播速度相等,所以频率不同的电磁波,它们的波长也就不同. 频率高的波长较短,频率低的波长较长. 实验证明,电磁波的范围很广,从无线电波、红外线、可见光、紫外线到 X 射线、γ 射线等都是电磁波,这些电磁波的本质完全相同,只是它们的频率(或波长)不同,具有不同的特性. 按照波长(或频率)的大小,把它们依次排列起来,这样就形成了电磁波谱,如图 17 - 7 所示.

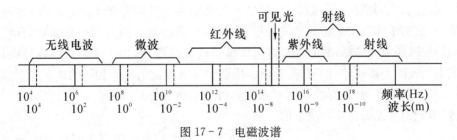

图 17 - 7　电磁波谱

第五篇 光 学

第18章 光的干涉

光的干涉和衍射现象是光的波动过程的基本特征之一. 本章主要讨论光的干涉的基本规律及典型的实验装置,并扼要介绍光的干涉现象的实际应用.

§18.1 光的干涉现象 光的相干性

1. 光的干涉现象 杨氏双缝实验

在振动和波一章中曾经指出两列波相遇发生干涉现象的条件是:振动频率相同、振动方向相同、位相相同或位相差恒定.满足这些条件的两列波叫作相干波,相应的波源叫作相干波源.波的干涉现象是指相干波在空间相遇时,有些地方的振动始终加强,有些地方的振动始终减弱或完全抵消的现象.这对机械波或无线电波,相干条件比较容易满足,也容易观察到波的干涉现象.但对光波来说,用两个通常独立的频率相同的单色光源发出的光,却观察不到干涉现象,即使是同一光源上两个不同部分发出的光,也观察不到干涉现象,这是由光源发光的特殊性决定的.

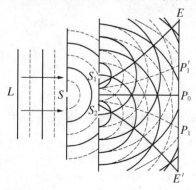

图 18-1 双缝干涉实验装置简图

怎样才能获得两束相干光呢? 如果使同一光源上同一点发出的光沿两条不同的路径传播,然后再使它们相遇,这时可得到频率相同、振动方向相同、位相差恒定的两束相干光. 显然,它们在空间相遇就产生干涉现象.

1801 年英国科学家托马斯·杨(Thomas Young)首先用实验的方法研究了光的干涉现象,并从他的实验数据推算出光波的波长,从而把光的波动理论建立在坚实的实践基础上.

如图 18-1 所示,让一束单色平行光垂直照射

到开有狭缝 S 的光阑上,后面置有另一开有两个狭缝 S_1 和 S_2 的光阑,S_1 和 S_2 到 S 的距离相等,且均与 S 平行,这时 S_1 和 S_2 构成一对相干光源. 从 S_1 和 S_2 射出的光将在空间叠加,形成干涉现象. 如果在 S_1 和 S_2 后放置一屏幕 EE',在屏幕上就可以观察到一系列稳定的明暗相间的干涉条纹. 实验表明,干涉花样具有以下三个特点:

第一,P_0 处为中央明条纹,在其两侧分布着明暗相间的条纹,所有条纹都与狭缝平行.

第二,若改变光的波长,条纹间距也相应改变. 波长越长,条纹越疏,反之越密.

第三,若用白光做实验,中央条纹是白色的,中央条纹两侧,各单色光所形成条纹疏密不同而出现彩色条纹重叠的现象.

设双缝 S_1 和 S_2 间距为 d,缝到屏的距离为 $D(D \gg d)$,P 为屏上任一点,P 到 S_1,S_2 的距离分别为 r_1,r_2,P 到 P_0 的距离为 x,如图 18-2 所示,从 S_1 和 S_2 发出的光到达 P 点的波程差为

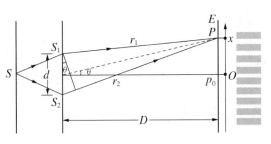

图 18-2　干涉条纹计算用图

$$\delta = r_2 - r_1 = d\sin\theta \approx d\tan\theta = \frac{d}{D}x. \tag{18-1}$$

设入射光波长为 λ,则由波动理论,干涉极值条件为

$$\delta = \begin{cases} \pm k\lambda, & \text{极大,} \\ \pm(2k+1)\dfrac{\lambda}{2}, & \text{极小,} \end{cases} \quad k = 0,1,2,3,\cdots$$

根据(18-1)式,干涉条纹各中心位置可表示为

$$x = \begin{cases} \pm k\dfrac{D}{d}\lambda, & \text{明纹,} \\ \pm(2k+1)\dfrac{D}{2d}\lambda, & \text{暗纹,} \end{cases} \quad k = 0,1,2,3,\cdots \tag{18-2}$$

式中 k 为干涉条纹的级次. 如 $k=1$,$k=2$ 的明纹分别称为第一级明纹和第二级明纹. 零级明纹在 P_0 处,也称中央明纹. 式中正负号表示各级干涉条纹对称分布在中央明纹的两侧.

由(18-1)式和(18-2)式可知,干涉条纹的位置、形状及间距等由波程差决定. 同一条纹由屏上具有相同波程差的点构成,因此条纹为与缝平行的直纹. 相邻两明纹(或暗纹)之间的距离 Δx 由(18-2)式可得

$$\Delta x = x_{k+1} - x_k = \frac{D}{d}\lambda. \tag{18-3}$$

可见,Δx 与 k 无关,条纹等间隔分布. 当 D 和 d 不变时,条纹位置及间隔将随波长而变,如果用不同的单色光实验,波长较短的单色光条纹较密,波长较长的单色光条纹较稀.

如果用白光做实验,则在屏幕上只有中央条纹是白色的,在中央条纹两侧,由于各单色光的同一级明纹位置不同,则形成由紫到红的彩色条纹. 由此,可圆满地解释实验所得干涉条纹的三个特点,利用杨氏实验可精确测定光的波长.

例题 18.1 杨氏双缝干涉实验中,双缝相距 $0.20\,\mathrm{mm}$,双缝到屏的距离为 $1\,\mathrm{m}$. (1) 若第二级明条纹距中心点 P_0 的距离为 $6.0\,\mathrm{mm}$,求此单色光的波长;(2) 求相邻两明纹之间的距离;(3) 如改用波长为 $500\,\mathrm{nm}$ 的单色光做实验,求相邻两明条纹之间的距离.

解 根据杨氏双缝干涉实验产生明条纹的条件

$$x = \pm k \frac{D}{d}\lambda, \ k = 0, 1, 2, \cdots$$

并取正值,则有

(1) 单色光的波长

$$\lambda = \frac{dx}{kD} = \frac{0.20 \times 10^{-3} \times 6.0 \times 10^{-3}}{2 \times 1.0}\mathrm{m} = 6.0 \times 10^{-7}\,\mathrm{m}.$$

(2) 相邻两明条纹之间的距离

$$\Delta x = \frac{D}{d}\lambda = \frac{1.0 \times 6.0 \times 10^{-7}}{0.20 \times 10^{-3}}\mathrm{m} = 3.0 \times 10^{-3}\,\mathrm{m} = 3.0\,\mathrm{mm}.$$

(3) 当 $\lambda = 500\,\mathrm{nm}$ 时,相邻两明条纹之间的距离

$$\Delta x = \frac{D}{d}\lambda = \frac{1.0 \times 500 \times 10^{-9}}{0.20 \times 10^{-3}}\mathrm{m} = 2.5 \times 10^{-3}\,\mathrm{m} = 2.5\,\mathrm{mm}.$$

2. 光的相干性

在杨氏双缝干涉实验中,从狭缝 S(看作光源)发出的一束单色光(或白光)通过双狭缝 S_1 和 S_2 被分为两束,在屏幕 EE' 上叠加而形成稳定的明暗(或彩色)相间的干涉图样. 如果移去图中光源,用两个普通光源代替 S_1 和 S_2,则在屏幕 EE' 上就不能形成干涉条纹,而是呈现光强的均匀分布. 即使这两个独立光源的频率相同,也观察不到干涉现象. 之所以观察不到干涉现象,是由光源的发光机制所决定的.

光是由光源中大量原子或分子的运动状态发生变化时以电磁波的形式辐射出来的. 对每个分子或原子的发光时间非常短,约 $10^{-8}\,\mathrm{s}$. 而且这种辐射是间歇的,发出一列波后,要停一会再发出另一列波,因此光波是由一段段有限长的、振动方向一定的、振幅不变或缓慢变化的正弦波组成,各段之间无固定的位相关系.

在普通的热光源中,大量分子和原子受热激发获得能量,也是以电磁波的形式把能量释放出来. 由于每个分子或原子发光的间歇性和无规则性,各个分子或原子所发出的波列的频率、周期和振动方向都各不相同. 由此可知,两个独立的热光源发出的光,也不可能产生干涉条纹,只能形成光强的均匀分布.

基于光源的发光过程的复杂性可知,两个通常的独立光源不能产生相干光,因而不能产生干涉现象,即使利用同一光源上两个不同部分,也不能产生相干光. 为了获得相干光,

一般有两种方法,一种方法是让同一光源的同一部分发出的光波通过并排的两个狭缝,或者利用反射和折射方法,把光波的波振面分割成两部分,这种方法称为波阵面分割法;另一种方法是利用同一光源上同一部分发出的光,在两种不同的媒质分界面上的反射和折射,把每一光束中的每一波列分成两个波列,这种方法称为振幅分割法.除了著名的杨氏实验外,历史上获得相干光的著名实验方法还有菲涅耳(A. J. Fresnel)双面镜和双棱镜实验、洛埃镜实验等装置.

3. 菲涅耳双面镜和双棱镜实验　洛埃镜实验

(1) 菲涅耳双面镜实验

杨氏双缝实验中,仅当 S_1,S_2 都很狭窄时才能保证 S_1,S_2 处发出的光束是相干光,但这时通过狭缝的光强太弱,干涉条纹不够清晰.1818 年菲涅尔进行了双面镜实验,基本思想是让一

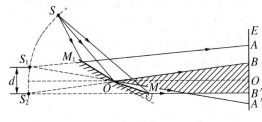

个点光源在两个夹角很小的平面反射镜中产生的两个虚像作为两相干光源.实验装置如图 18-3 所示,S 为点光源,S_1,S_2 分别为 S 在两平面镜 M_1 和 M_2 中所成的虚像,ε 为两平面镜之间的夹角.由 S 发出的单色光,经两平面镜 M_1 和 M_2 反射后,成为两束相干光 AS_1A' 和 BS_2B',这

图 18-3　菲涅耳双面镜实验装置简图

两束光好像是从 S_1 和 S_2 发出的,而 S_1 和 S_2 分别为 S 在 M_1 和 M_2 中所成的虚像,因此可把 S_1 和 S_2 看作两个相干光源(虚光源).图中阴影部分为相干光的空间叠加的区域,在此区域放一屏幕 E,可在屏幕 E 上出现明暗相间的干涉条纹.

在菲涅耳双面镜实验中,两平面镜间的夹角 ε 必须很小,这样虚像 S_1 和 S_2 间的距离 d 也很小,否则干涉条纹太密不易观测.由几何关系可求得

$$d = 2r\sin\varepsilon \approx 2r\varepsilon, \tag{18-4}$$

式中 r 为 S 到两平面镜交点 O 的距离.

(2) 菲涅耳双棱镜实验

实验装置如图 18-4 所示.棱镜的截面是一个底角 A 很小(约 $1°\sim 2°$)的等腰三角形.从狭缝 S 发出的单色光,通过双棱镜的折射形成两束相干光,这两束光好像是从虚光源 S_1 和 S_2 发出的.图中阴影部分为相干光叠加的区域,在此区域放一屏幕 E,可在屏幕 E 上出现明暗相间的干涉条纹.由几何关系可求得 S_1 与 S_2 之间的距离为

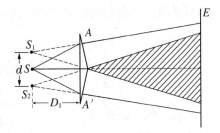

图 18-4　菲涅耳双棱镜实验装置简图

$$d = 2AD_1(n-1), \tag{18-5}$$

式中 D_1 为棱镜到 S 的距离,n 为棱镜的折射率.

(3) 洛埃镜实验

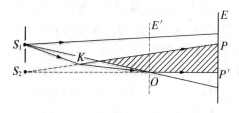

图 18-5　洛埃镜实验装置简图

洛埃(H. Lloyd)镜实验是获得相干光的最简单实验,实验装置如图 18-5 所示. S_1 为一狭缝光源,K 为一块背面涂黑的平面玻璃镜,从 S_1 发出的光波一部分直接射到屏幕 E 上,另一部分以接近 90°的入射角(掠角)射到 K 的上表面,然后反射到屏幕 E 上,反射光线好像是从 S_1 在镜中的虚像 S_2 发出的一样,S_2 是虚光源,这样两束光在屏幕 E 上的 PP' 区域相遇在屏幕 E 上产生干涉条纹.图中阴影部分是相干光在空间重叠的区域,屏幕只要放在该区域,就可观测到干涉条纹,但是,若将屏幕平移到与平面镜的一端点 O 相接触,即图中 E' 位置时,$S_1O = S_2O$,对 O 点来说,这两束光的位相差 $\Delta\phi = 0$,这样,O 点的光强应该为最大值,是一明条纹,然而观察到的却是暗条纹.这表明两束光中有一束的位相发生了 π 的变化.从 S_1 发出的光是在均匀媒质中传播的,不可能有位相的变化,因此只可能是从玻璃表面反射的光,其位相发生了 π 的变化,相当于波程少走了(或多走了)半个波长的路程,这种现象称为半波损失.当光从光疏媒质射到光密媒质,在界面的反射光有位相 π 的变化,会发生半波损失.但当光从光密媒质射到光疏媒质在其界面上反射回光密媒质时,不会发生半波损失,光在两种媒质界面上折射时,也不会产生半波损失.

例题 18.2　在图 18-3 所示的菲涅尔双面镜中,已知两平面镜的夹角 $\varepsilon = 10^{-3}$ rad,S 到 O 点的距离 $r = 0.5$ m,单色光的波长 $\lambda = 500$ nm,两镜两相交处到屏幕距离 $D_2 = 1.5$ m. 求屏幕上两相邻明条纹中心位置之间的距离.

解　根据(18-4)式有

$$d = 2r\sin\varepsilon.$$

由图 18-3,可有 $D = D_1 + D_2 = r\cos\varepsilon + D_2$,将上两式代入(18-3)式,得

$$\Delta x = \frac{D}{d}\lambda = \frac{(r\cos\varepsilon + D_2)}{2r\sin\varepsilon}\lambda = \frac{(0.5+1.5)}{2\times 0.5\times 10^{-3}}\times 5\times 10^{-7} \text{ m} = 0.001 \text{ m},$$

即两相邻明条纹中心位置之间的距离为 1 mm.

§18.2　光程　光程差　薄膜干涉

上节所介绍的几种获得相干光的方法,均属于分波阵面的干涉.本节所讨论的薄膜干涉是采用分振幅法获得相干光.当入射光到达薄膜的上表面时,被分解为反射光和折射光,折射光经下表面的反射和上表面的折射,又回到上表面上方的空间,与上表面的反射光叠加产生干涉.而此处涉及光在介质中传播所引起的位相改变问题,于是首先引入光程的概念.

1. 光程和光程差

（1）光程

设一频率为 ν 的单色光在真空中的传播速度为 c，波长为 λ，在折射率为 n 的媒质中传播时，速度为 $v = c/n$，波长

$$\lambda' = \frac{v}{\nu} = \frac{c/n}{\nu} = \frac{\lambda}{n},$$

则折射率可表示为

$$n = \frac{\lambda}{\lambda'}. \tag{18-6}$$

若波长为 λ 的光在真空中传播的几何路程是 l，其位相变化为

$$\Delta\phi = 2\pi\frac{l}{\lambda}.$$

如果同样的光在折射率为 n 的介质中传播的几何路程为 x，其位相的变化也为 $\Delta\phi$，则有

$$\Delta\phi = 2\pi\frac{x}{\lambda'}.$$

于是有 x 与 l 的关系

$$l = \frac{\lambda}{\lambda'}x. \tag{18-7}$$

将（18-6）式代入（18-7）式，则

$$l = nx. \tag{18-8}$$

此式表明，光在折射率为 n 的介质中传播 x 的路程所引起的位相变化与在真空中传播 nx 路程所引起的位相变化是相同的. 由此，我们把光传播的路程与所在介质的折射率的乘积，定义为光程.

（2）光程差

如图 18-6 所示，如果从 S_1 和 S_2 发出的相干光，在与 S_1 和 S_2 等距离的 P 点，其中一束光线经过空气（$n \approx 1$），另一束光线经过长为 x 折射率为 n 的媒质，虽这两束光线的几何路程都是 l，但光程不同. 光线 $S_1 P$ 的光程就是几何路程 l，光线 $S_2 P$ 的光程却是 $(l - x) + nx$，两者的光程差

$$\delta = (l-x) + nx - l = (n-1)x. \tag{18-9}$$

这两束光在空间相遇产生干涉现象与两者的光程差有关，而不是决定于两者的几何路程差. 其光程差与位相差之间的关系为

$$\Delta\phi = \frac{2\pi}{\lambda}\delta. \tag{18-10}$$

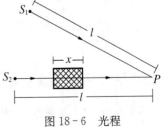

图 18-6 光程

利用此关系讨论干涉条件,干涉明暗条件为

$$\Delta\phi = \frac{2\pi}{\lambda}\delta = \begin{cases} \pm 2k\pi, & \text{明纹}, \\ \pm(2k+1)\pi, & \text{暗纹}, \end{cases} \quad k = 0,1,2,\cdots$$

用光程差直接表示,则

$$\delta = \begin{cases} \pm k\lambda, & \text{明纹}, \\ \pm(2k+1)\dfrac{\lambda}{2}, & \text{暗纹}, \end{cases} \quad k = 0,1,2,\cdots \tag{18-11}$$

上式表明,两相干光干涉的光强分布,在波长一定的条件下,由光程差惟一确定.因此,由光程差出发分析干涉条纹的分布及变化规律是处理干涉问题的基本方法,而(18-11)式是讨论光波干涉问题的基本公式.

例题 18.3 如图 18-7 所示,在杨氏双缝装置中,若在 S_2 后放一折射率为 n,厚为 l 的媒质薄片.(1) 求两相干光到达屏幕上任一点 P 的光程差;(2) 分析加媒质片前后干涉条纹的变化情况.

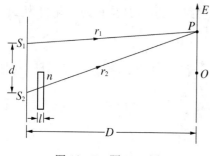

图 18-7 题 18.3 图

解 (1) 设 $S_1P = r_1$,$S_2P = r_2$,加媒质片后两光束到 P 点的光程差

$$\delta = S_2P - S_1P = \big[(r_2 - l) + nl\big] - r_1$$
$$= r_2 - r_1 + (n-1)l.$$

可见,屏上每一点的光程差都发生了变化,故干涉条纹亦将发生变化.

(2) 考察第 k 级明纹的位置,由明纹条件知

$$\delta = r_2 - r_1 + (n-1)l = k\lambda. \quad (k = 0,1,2,\cdots)$$

当 $D \gg d$ 时,由(18-1)式,$r_2 - r_1 = \dfrac{d}{D}x$,代入上式可得第 k 级明纹位置为

$$x_k' = \pm k\frac{D}{d}\lambda - (n-1)l\frac{D}{d}.$$

与未加媒质片时 $x_k = \pm k\dfrac{D}{d}\lambda$ 比较,加媒质后第 k 级明纹的位移为

$$\Delta x = x_k' - x_k = -(n-1)\frac{D}{d}l.$$

因 Δx 与 k 无关,可知所有条纹都向 X 轴负向移动了相同距离,即整个干涉图样向下平移,条纹间距不变.

2. 平行平面薄膜干涉

前面讨论的干涉现象中,相干光的获得都要通过某种特制的装置.在日常生活中,我们经常发现肥皂泡或水面上油层的表面呈现的彩色条纹,也是干涉现象.这些彩色条纹是

天然光在透明薄膜上、下两表面的反射光相互干涉形成的. 这种干涉叫薄膜干涉. 如果薄膜厚度是均匀的, 它所产生的干涉叫等倾干涉; 厚度不均匀时产生的干涉叫等厚干涉. 在此我们研究比较简单的等倾干涉, 即薄膜的两个表面是完全平行的平面, 这种薄膜叫平行平面薄膜.

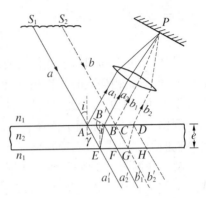

图 18 - 8 平行平面薄膜干涉

如图 18 - 8 所示, 设在折射率为 n_1 的均匀媒质中, 有一折射率为 n_2 的平行平面薄膜(厚度 e 处处相等), $n_2 > n_1$. 在媒质中有一扩展光源, 从扩展光源上的 S_1 点发出的光线 a, 以入射角 i 投射到薄膜的上表面 A 点处, 这时光线 a 将分成两束光线, 一条是直接由上表面 A 点反射出来的光线 a_1, 另一条是以折射角 γ 折入薄膜内, 经下表面 E 点反射后射到 B 点, 再折入原媒质中成为光线 a_2, 光线 a_1 和 a_2 经透镜后将会聚于 P 点. 因 aa_1 和 aa_2 是来自光源中的同一点 S_1, 所以满足相干光条件, 因此, 在 P 点相遇时将产生干涉现象.

3. 薄膜干涉条纹条件

因为 aa_1 和 aa_2 都是从同一光源发出的, 经透镜会聚于 P 点, 该点究竟是明还是暗, 要由相干光的光程差决定.

如图 18 - 8 所示, 作 $BB' \perp Aa_1$, 且 BP 与 $B'P$ 的光程相等, aA 段重合, 则 aa_1 和 aa_2 两条光线的光程差就等于 AEB 和 AB' 的光程差, 光线 AEB 在薄膜内通过, 其光程为 $n_2(AE + EB)$, 光线 AB' 在 n_1 媒质中传播, 光程为 $n_1 AB' - \dfrac{\lambda}{2}$ (因光线是由光密媒质反射回光疏媒质, 有半波损失), 故两束光的光程差为

$$\delta = n_2(AE + EB) - n_1 AB' + \frac{\lambda}{2}.$$

由图 18 - 8 可知

$$AE = EB = \frac{e}{\cos\gamma}, \quad AB' = AB\sin i = 2e\tan\gamma\sin i.$$

将上两式代入光程差 δ 公式中, 并由折射定律 $n_1 \sin i = n_2 \sin \gamma$, 可得

$$\delta = 2n_2 AE - n_1 AB' + \frac{\lambda}{2} = \frac{2n_2 e}{\cos\gamma}(1 - \sin^2\gamma) + \frac{\lambda}{2}$$

$$= 2n_2 e\cos\gamma + \frac{\lambda}{2} \tag{18 - 12}$$

若用入射角 i 表示光程差 δ, 则

$$n_2 \cos\gamma = \sqrt{n_2^2(1 - \sin^2\gamma)} = \sqrt{n_2^2 - n_1^2 \sin^2 i},$$

$$\delta = 2e\sqrt{n_2^2 - n_1^2 \sin^2 i} + \frac{\lambda}{2}, \tag{18-13}$$

故干涉条件为

$$\delta = 2e\sqrt{n_2^2 - n_1^2 \sin^2 i} + \frac{\lambda}{2} = \begin{cases} k\lambda, & \text{亮点,}\ (k = 1,2,3,\cdots) \\ (2k+1)\dfrac{\lambda}{2}, & \text{暗点,}\ (k = 0,1,2,\cdots) \end{cases} \tag{18-14}$$

显然,当 $n_1 > n_2$ 时,上式依然成立,而光程差只决定入射角 i,对相同的入射光所形成的反射光,到达相遇点的光程相同,位相相等,必定处于同一干涉条纹上,或者说,处于同一条干涉条纹上的各个光点,是由从光源到薄膜的相同倾角的入射光所形成的.

例题 18.4 在水面上漂浮着一层厚度为 $0.32\ \mu\mathrm{m}$ 的油膜,其折射率为 1.4,中午的阳光垂直照射在油膜上,问油膜呈现什么颜色?

解 如图 18-9 所示,垂直入射 $(i = 0)$ 的阳光被油膜的上、下两个表面反射为光 a 和光 b,光 a 产生了半波损失,所以光线 a 和光线 b 的光程差由(18-13)式可知

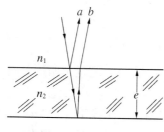

$$\delta = 2e\sqrt{n_2^2 - n_1^2 \sin^2 i} + \frac{\lambda}{2} = 2n_2 e + \frac{\lambda}{2}.$$

油膜所表示的颜色,是光 a 和光 b 干涉加强的光波的颜色.据干涉条件(18-14)式可知

$$2n_2 e + \frac{\lambda}{2} = k\lambda, \quad (k = 1,2,3,\cdots)$$

图 18-9 题 18.4 图   即

$$\lambda = \frac{2n_2 e}{k - \dfrac{1}{2}}, \quad (k = 1,2,3,\cdots)$$

时干涉加强. 将 $n_2 = 1.4$, $e = 0.32\ \mu\mathrm{m}$ 代入上式得到干涉加强时的波长为

$k = 1$ 时,$\lambda = 4n_2 e = 4 \times 1.4 \times 0.32 = 1.792(\mu\mathrm{m}) = 1\ 792(\mathrm{nm})$;

$k = 2$ 时,$\lambda = \dfrac{4}{3}n_2 e = \dfrac{4}{3} \times 1.4 \times 0.32 = 0.597(\mu\mathrm{m}) = 597(\mathrm{nm})$;

$k = 3$ 时,$\lambda = \dfrac{4}{5}n_2 e = \dfrac{4}{5} \times 1.4 \times 0.32 = 0.358(\mu\mathrm{m}) = 358(\mathrm{nm})$.

可见,只有 $k = 2$ 时干涉加强的光处在可见光范围内,而这种光的波长 $\lambda = 597\ \mathrm{nm}$ 是绿光,所以油膜呈绿色.

§18.3 劈尖干涉 牛顿环

上面讨论了光波入射到平行平面薄膜上所产生的干涉现象,本节讨论薄膜厚度不均

匀的情况,即表面不平行的薄膜上所产生的干涉现象.为简单起见,只讨论劈尖干涉和牛顿环.

1. 劈尖干涉 等厚干涉条纹

如图 18 - 10(a)所示,两块平面玻璃片,一端接触,另一端垫一薄纸片或一细丝,这时在两玻璃片之间就形成一端薄,一端厚的空气薄膜叫空气劈尖.两玻璃片的交线叫劈尖的棱边,在薄膜的表面上平行于棱边直线的各点上,劈尖的厚度 e 是相等的.两玻璃片的夹角叫劈尖角,一般劈尖角 θ 是很小的,所以单色点光源发出的光经过透镜后形成的波长为 λ 的平行光垂直入射时,从劈尖上、下两表面反射的光可看作是垂直反射的,入射光 a, b 和反射光 a_1, b_1 都垂直于劈尖的上表面,又垂直于劈尖的下表面,两反射光是相干光,于是在空气劈尖的上表面形成明暗相间的干涉条纹,如图 18 - 10(b)所示.图中实线表示暗条纹,虚线表示明条纹,这些条纹都与劈尖的棱边平行,条纹间距彼此相等,劈尖边缘处形成暗条纹.但应注意,玻璃片本身的厚度不起作用,起作用的只是夹在中间的空气膜.

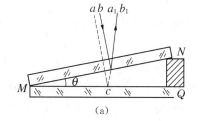
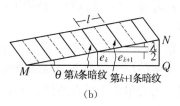

(a)　　　　　　　　　　　　(b)

图 18 - 10　劈尖干涉

在劈尖的任一处,空气膜的厚度为 e,光波在空气层($n_2 = 1$)上、下两表面反射后所引起的光程差,以 $i = 0$, $n_2 = 1$ 代入(18-13)式中得

$$\delta = 2e + \frac{\lambda}{2}.$$

于是,可得反射光的干涉条件为

$$\delta = 2e + \frac{\lambda}{2} = \begin{cases} k\lambda, & k = 1,2,3,\cdots \text{明条纹}, \\ (2k+1)\dfrac{\lambda}{2}, & k = 0,1,2,\cdots \text{暗条纹}. \end{cases} \quad (18-15)$$

可见,在劈尖上表面所形成的每一明、暗条纹都对应一定数值的 k,即对应于劈尖的一定厚度 e.因此,这些条纹称为等厚干涉条纹,这种干涉称为等厚干涉.

任何两条相邻的明条纹或暗条纹之间的距离可分别由(18-15)式中的一个公式得到.如图 18 - 10(b)所示,设相邻两条暗条纹之间的距离为 l,则

$$l\sin\theta = e_{k+1} - e_k.$$

由暗条纹的条件可有空气层厚度 e_k 和 e_{k+1} 分别满足

$$2e_k + \frac{\lambda}{2} = (2k+1)\frac{\lambda}{2}, \quad 2e_{k+1} + \frac{\lambda}{2} = [2(k+1)+1]\frac{\lambda}{2},$$

两式相减便有相邻两暗(或明)条纹之间的厚度差

$$\Delta e = e_{k+1} - e_k = \frac{1}{2}\lambda. \qquad (18-16)$$

将上式代入 $l\sin\theta = e_{k+1} - e_k$ 中,则有相邻两暗(或明)条纹之间的距离为

$$l = \frac{\lambda}{2\sin\theta}. \qquad (18-17)$$

若 θ 很小,则上式变为

$$l \approx \frac{\lambda}{2\theta}. \qquad (18-18)$$

可见,劈尖的夹角 θ 愈小,干涉条纹愈疏;θ 愈大,干涉条纹愈密,若 θ 相当大,干涉条纹就密得难以分辨.

若劈尖不是空气,而是由折射率为 n 的媒质制成,在计算光程差、相邻两暗(或明)条纹之间的厚度差及距离时,应考虑媒质的折射率.

在实际应用中,可以利用劈尖干涉测量微小的角度、厚度、单色光的波长和介质的折射率等.

例题 18.5 一折射率 $n = 1.40$ 的劈尖状板,在波长 $\lambda = 700\,\text{nm}$ 的单色光照射下,在板表面产生等厚干涉条纹,今测得两邻明条纹间的距离 $l = 0.25\,\text{cm}$,求劈尖的夹角 θ.

解 因为单色光垂直照到劈尖表面,所以其折射率 $n_2 = n$,$i = 0$,则由(18-13)式可得

$$\delta = 2n_2 e + \frac{\lambda}{2} = 2ne + \frac{\lambda}{2}.$$

由明条纹条件,第 k 级和第 $k+1$ 级明条纹所在处的板层厚度 e_k 和 e_{k+1} 分别满足

$$2ne_k + \frac{\lambda}{2} = k\lambda, \quad 2ne_{k+1} + \frac{\lambda}{2} = (k+1)\lambda.$$

两式相减得

$$e_{k+1} - e_k = \frac{\lambda}{2n} = l\sin\theta,$$

则

$$\sin\theta = \frac{\lambda}{2nl} = \frac{700 \times 10^{-9}}{2 \times 1.4 \times 0.25 \times 10^{-2}} = 10^{-4}.$$

因 $\sin\theta$ 很小,所以

$$\theta \approx \sin\theta = 10^{-4}\,\text{rad} = 20.8'.$$

2. 牛顿环

如图 18-11 所示,将一曲率半径很大的平凸透镜 A 放在一块平板玻璃 B 上,则在两玻璃面 A,B 之间形成劈尖形空气层. 单色光源 S 发出的光线经过透镜 L 成为平行光束,再经倾斜 $45°$ 的半透明平面镜 M 反射,然后垂直照射到平凸透镜 A 的表面上,入射光线

在空气层的上、下两表面反射后,一部分穿过平面镜 M,进入显微镜 T. 在显微镜中,可以观察到以接触点 O 为中心的环形干涉条纹. 如果光源发出单色光,这些条纹就是明暗相间的环形条纹,如图 18-12 所示. 如果发出白色光,则是彩色环形条纹. 这些环状干涉条纹叫作牛顿环.

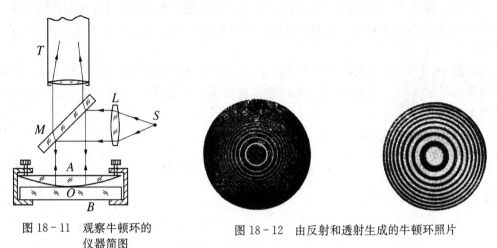

图 18-11　观察牛顿环的
仪器简图

图 18-12　由反射和透射生成的牛顿环照片

由于牛顿环是一种等厚干涉,所以干涉条件也适合. 则

$$\delta = 2e + \frac{\lambda}{2} = \begin{cases} k\lambda, & \text{明环 } k = 1,2,3,\cdots \\ (2k+1)\dfrac{\lambda}{2}, & \text{暗环 } k = 0,1,2,\cdots \end{cases} \tag{18-19}$$

将空气层厚度 e 用相应环半径 r 表示,由图 18-13 可得

$$R^2 = r^2 + (R-e)^2 = r^2 + R^2 - 2Re + e^2.$$

因 $R \gg e$,则 e^2 可略去,因此

$$e = \frac{r^2}{2R}.$$

代入(18-19)式可得

明环半径:$r = \sqrt{\left(\dfrac{2k-1}{2}\right) R\lambda}, \quad k = 1,2,3,\cdots$

暗环半径:$r = \sqrt{kR\lambda}, \quad k = 0,1,2,\cdots$

$$\tag{18-20}$$

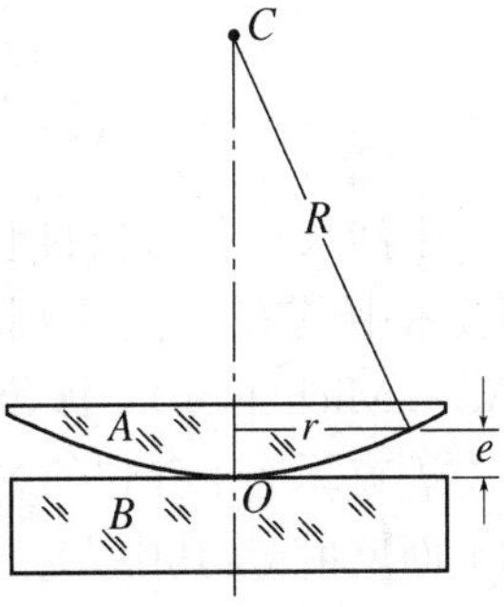

图 18-13　牛顿环半径
计算用图

上式表明,k 越大,环半径越大. 相邻两明环(或暗环)半径之间的距离 $r_{n+1} - r_n$ 由(18-20)式可得

$$r_{k+1} - r_k = \frac{R\lambda}{r_{k+1} + r_k}, \tag{18-21}$$

则 k 越大环半径之差 $r_{k+1} - r_k$ 愈小,表明随环半径的逐步增大,牛顿环变得愈来愈密.

此外,在中心 O 处 $e = 0$,空气层的下表面反射光有半波损失,故 $\delta = \dfrac{\lambda}{2}$,所以接触点即牛顿环中心点 O 处是一个暗斑.透射光也可以产生牛顿环,这些环的明、暗情形与反射光的明、暗情形恰好相反,环中心点是一个亮斑.

在实验室里,用牛顿环来测定光波的波长或平凸透镜的曲率半径.在制作光学元件时,可根据条纹的圆形程度来检验透镜的曲率半径是否均匀,以及平面玻璃是否为一光学平面.

例题 18.6 用紫光观察牛顿环现象时,看到第 k 条暗环的半径 $r_k = 4\,\mathrm{mm}$,第 $k+5$ 条暗环的半径 $r_{k+5} = 6\,\mathrm{mm}$,所用平凸透镜的曲率半径为 $R = 10\,\mathrm{m}$,求紫光的波长和环数 k.

解 根据牛顿环暗环半径公式 $r = \sqrt{kR\lambda}$ 得

$$r_k = \sqrt{kR\lambda}, \quad r_{k+5} = \sqrt{(k+5)R\lambda}.$$

由上两式可得环数

$$k = \frac{5r_k^2}{r_{k+5}^2 - r_k^2} = \frac{5 \times (4 \times 10^{-3})^2}{(6 \times 10^{-3})^2 - (4 \times 10^{-3})^2} = 4,$$

$$\lambda = \frac{r_k^2}{kR} = \frac{r_{k+5}^2}{(k+5)R}.$$

将 $k = 4$, $R = 10\,\mathrm{m}$, $r_k = 4\,\mathrm{mm}$ 或 $r_{k+5} = 6\,\mathrm{mm}$ 代入上式可得紫光波长为

$$\lambda = 400\,\mathrm{nm}.$$

§18.4 迈克耳逊干涉仪

干涉仪是利用光的干涉精确测量长度和长度变化的一种精密仪器,在科学研究及工程技术中具有广泛应用.根据不同的要求,曾制作出不同类型的干涉仪,迈克耳逊(A. A. Michelson)干涉仪是其中很典型的一种,近代许多干涉仪都是由它发展而来.

迈克耳逊干涉仪的主要构造和光路图如图 18-14 所示. M_1 和 M_2 是两块精细磨光的平面反射镜,其中 M_2 是固定的,M_1 用一螺旋控制,可做微小的移动. G_1 和 G_2 是两块厚薄均匀而且相等的玻璃片,G_1 的一个表面上镀有半透明的薄银层,使照射在它上面的光一半反射,一半透射. G_1 和 G_2 平行放置,并与 M_1 或 M_2 成45°角.

来自光源 S 的光线经透镜 L 后变成平行光线,当光线射入 G_1 的薄银层被分为反射光(1)和透射光(2),光线(1)向 M_1 传播,经 M_1 反射后再穿过 G_1 向 E 方向传播进入眼睛 E.光线(2)向 M_2 传播,经 M_2 反射后再穿过 G_2,并经 G_1 的薄银层反射也向 E 方向传播进入眼睛 E.显然,到达 E 处的两束光(1′)和(2′)是相干光,所以在 E 处可观测到干涉条纹.从上述光线行进情况可看到,光线(1)三次穿过 G_1,装置 G_2 的目的是使光线(2)也同样穿过玻璃片三次(一次穿过 G_1 和两次穿过 G_2),以补偿光线(2)只通过一次 G_1 而引起

与光线(1)的附加光程差.因此常把 G_2 叫作补偿玻片.

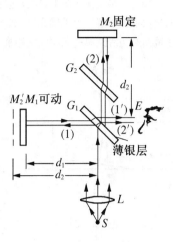

图 18-14　迈克尔逊干涉仪的
结构和原理示意图

因 M_2' 为镀银层所形成的 M_2 的虚像,所以来自 M_2 的反射光线(2′)可以看作是 M_2' 发出的,相干光(1′),(2′)的光程差主要取决于薄银层到 M_1 和 M_2' 的距离 d_1 和 d_2 之差.如果 M_1 和 M_2 并不严格地相应垂直,则 M_2' 与 M_1 就不严格地相互平行,因而两者之间的空气薄层就形成一个空气劈实.来自 M_1 和 M_2 的光线(1′)和(2′)(可看作 M_1 和 M_2' 上的反射光线)就类似于上节所述的劈尖两表面上反射的光线,结果所形成的干涉条纹将近似地为平行的等厚干涉条纹(如果 M_1 与 M_2 严格地相互垂直,则干涉条纹将为一系列同心圆环状的等倾条纹). M_1 的微小位移就要引起虚像 M_2' 的等值位移,按劈尖理论,也要引起等厚干涉条纹的移动.当 M_1 平移 $\dfrac{\lambda}{2}$ 的距离时,观察者将看到一个明条纹(或暗条纹)移过视场中某一固定直线.如果数出视场中明(或暗)条纹移动的数目 m,就可算出 M_1 移动的距离

$$\Delta d = m \frac{\lambda}{2}. \tag{18-22}$$

由上式用已知波长的光波可以测定长度(即 M_1 移动的距离 Δd),也可用已知的长度来测定波长.

迈克耳逊曾用自己的干涉仪精密测量了镉红线的波长,并证明了标准米 R 长度.而利用干涉现象制成的其他型号的干涉仪,还可测定机件磨光面的光洁度,各种液体和气体的折射率,并确定其所含杂质.此外,利用特殊用途制作的干涉仪还可以测定远距离星体的直径.

例题 18.7　迈克耳逊干涉仪的可动平面镜移动了 $0.273\,\mathrm{mm}$,数出有 1000 条条纹移过,该光的波长为多少? 是什么颜色?

解　根据(18-22)式可得光波的波长

$$\lambda = \frac{2\Delta d}{m} = \frac{2 \times 0.273}{1000} = 546\,\mathrm{nm},$$

则此光为绿色光.

习　题

18.1　单色光射在两个相距为 $d = 0.2\,\mathrm{mm}$ 的狭缝上,在缝后 $D = 1\,\mathrm{m}$ 处的屏幕上,从第一明条纹到同旁第四明条纹间的距离为 $7.5\,\mathrm{mm}$,求此单色光的波长.如果用白色光照射时将看到什么现象?

18.2　两狭缝相距 $0.3\,\mathrm{mm}$,屏幕距狭缝 $50\,\mathrm{cm}$.当用波长 $600\,\mathrm{nm}$ 的光照射双缝时,干涉图样的第三级暗条纹到中央明条纹中心位置的距离是多少?

18.3　设菲涅耳双棱镜的折射率为 1.5,棱镜的顶角为 $0.005\,\mathrm{rad}$,狭缝光源放在距双棱镜 $10\,\mathrm{cm}$ 远的地方,在距棱镜 $0.9\,\mathrm{m}$ 远的屏幕上测得干涉条纹的间距为 $1.2\,\mathrm{mm}$,求所用光的波长.

18.4 洛埃镜实验中,狭缝光源 S_1 和它的虚像 S_2 在离镜左边 20 cm 的平面内,镜长 30 cm,在镜的右边边缘处放置一毛玻璃光屏.如 S_1 到镜面的垂直距离为 2.0 mm,使用波长为 7.2×10^{-7} m 的红光,试求镜面右边缘到第一条明纹的距离.

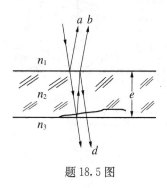

题 18.5 图

18.5 如图所示,折射率为 n_2,厚为 e 的透明媒质薄膜的上、下表面分别与折射率为 n_1 和 n_3 的媒质接触.当波长为 λ 的单色光垂直入射到薄膜上时,试问:

(1) 若 $n_1 < n_2$,$n_2 > n_3$,薄膜上、下两表面的反射光 a 和 b 的光程差 δ_{ab} 是多少?

(2) 若 $n_1 > n_2$,$n_2 > n_3$,δ_{ab} 又是多少? 此时,两透射光 c 和 d 的光程差 δ_{cd} 是多少? 试比较此情况中的 δ_{ab} 和 δ_{cd}.

18.6 如图所示,S_1 和 S_2 是 $\lambda = 500$ nm 的相干光源,在 S_1 前放入一块薄玻璃片 G,在屏幕 S_c 上得到一组稳定的干涉条纹,P 点是亮条纹.然后在 G 的一面均匀镀一透明介质薄膜,这种介质折射率 $n = 2.35$,随着薄膜厚度由 0 增加到 d 时,P 点的亮条纹逐渐变为暗条纹,求 d 为多少? 已知 S_1P 与 G 的表面是垂直的.

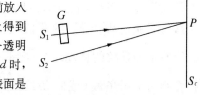

题 18.6 图

18.7 在空气中垂直入射的白光从肥皂膜上反射,对 630 nm 的光有一个干涉极大(即加强),而对 525 nm 的光有一个干涉极小(即减弱),其他波长的可见光经反射后并没有发生极小. 若肥皂膜的折射率作与水相同,即 $n = 1.33$,膜的厚度是均匀的,求膜的厚度.

18.8 有一玻璃劈尖,放在空气中,劈尖夹角 $\theta = 8 \times 10^{-5}$ rad,用波长 $\lambda = 589$ nm 的单色光垂直入射时,测得干涉条纹的宽度为 $l = 2.4$ mm,求此玻璃折射率.

18.9 氦-氖激光器中的谐振腔反射镜,要求对波长 $\lambda = 632.8$ nm 的单色光的反射率在 99% 以上. 为此,这反射镜采用在玻璃表面交替镀上高折射率材料 ZnS($n_1 = 2.35$) 和低折射率材料 MgF₂($n_2 = 1.38$) 的多层薄膜制成,求每层薄膜的最小厚度(设光线接近垂直方向入射).

18.10 检验某工件表面平整度时,观察到如图所示的干涉条纹. 如用 $\lambda = 550$ nm 的光照射时,观察到正常条纹间距 $b = 2.25$ mm,条纹弯曲最大畸变量 $a = 1.54$ mm. 问该工件表面有什么样的缺陷? 其深度(或高度)如何?

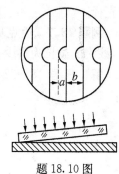

题 18.10 图

18.11 牛顿环实验中,透镜的曲率半径为 5.0 m,直径为 2.0 cm.

(1) 用波长 $\lambda = 589$ nm 的光垂直照射时,可看到多少条干涉条纹?

(2) 若在空气层中充以水(水的折射率 $n = 1.33$,玻璃的折射率 $n = 1.52$),此时可看到多少条干涉条纹?

18.12 在迈克耳逊干涉仪的 M_2 镜前,当插入一薄玻璃片时,可观察到有 150 条干涉条纹向一方移过,若玻璃片的折射率 $n = 1.632$,所用单色光的波长 $\lambda = 500$ nm,试求玻璃片的厚度.

第 19 章　光　的　衍　射

光的衍射是光的波动性的又一重要特征.本章从惠更斯-菲涅耳原理出发讨论光的衍射的基本规律,光的衍射现象的两个方面的重要应用,即光学仪器的分辨本领和衍射光栅,并扼要介绍 X 射线的衍射及全息照相.以及在光的干涉现象之外,从另一侧面再次了解光的波动性.

§19.1　光的衍射现象　惠更斯-菲涅耳原理

1. 光的衍射现象

当光通过一个宽度可调的缝隙,射到其后的光屏上,若单缝的宽度 a 足够大,光屏上将出现亮度均匀的光斑.如果单缝的宽度变小,光斑的宽度也相应变小,当单缝的宽度小到一定程度时,则光斑的区域要增大,原来亮度均匀的光斑变成了一系列明、暗相间的条纹,如图 19-1 中的 $a'b'$ 所示.此现象表明光波遇到障碍物而偏离直线传播,使光的强度重新分布,此种现象称为光的衍射现象.如平时我们通过手指缝隙观看透射光,就能看到很细的明暗条纹;通过真丝纱巾盯着路灯观察也能看到规则排列的亮格点,也是光的衍射现象.

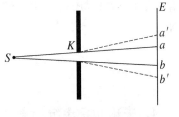

图 19-1　光的衍射现象

光的衍射现象可分为两种类型.一种是障碍物距光源及接收屏为有限远的衍射称为菲涅耳衍射;另一种是障碍物距光源及接收屏为无限远的衍射为夫琅和费衍射,此时入射光和衍射光都是平行光.在此,我们仅讨论后一类衍射.

2. 惠更斯-菲涅耳原理

惠更斯-菲涅耳原理是波动光学的一个基本原理,应用该原理可较好地解决光的衍射问题.

用惠更斯(C. Huygens)原理可以解释光经过障碍物边缘时所发生的现象,但它不能解释为什么会出现明暗相间(或彩色)的条纹.菲涅耳(A. J. Fresnel)在波的叠加原理与干涉现象的基础上,发展了惠更斯原理.他不仅和惠更斯一样,认为波阵面(波前)上每一点都要发射子波,而且还进一步提出:

从同一波阵面上各点发出的子波,在传播过程中相遇于空间某点时,可以互相叠加而产生干涉现象.

此即惠更斯-菲涅耳原理.根据这个原理,衍射现象中出现的亮暗条纹,是由于同一波阵面上发出的子波产生干涉的结果.如果已知波动在某时刻的波阵面为 S,就可以计算波动传到 S 面前方给定点 P 时振动的振幅和周相.

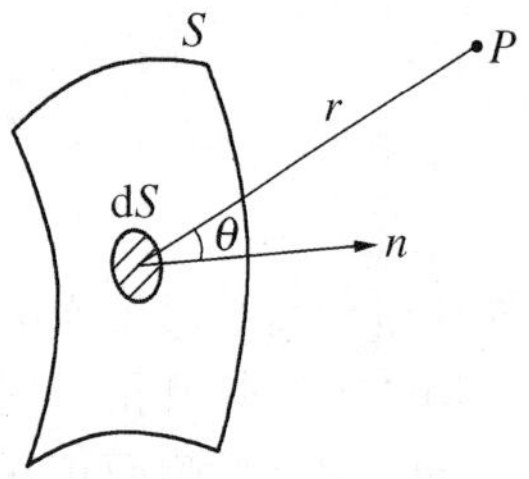

（1）波阵面 S 上任意一面元 $\mathrm{d}S$ 发出的子波在空间一点 P 所产生振动的振幅,正比于此面元的面积 $\mathrm{d}S$,反比于该面元到 P 点的距离 r,并且与面元 $\mathrm{d}S$ 对 P 点的倾角 θ（如图 19 - 2 所示）有关;$\mathrm{d}S$ 发出的子波到达 P 点的位相,取决于面元 $\mathrm{d}S$ 的位相和面元到 P 点的距离 r.所以 $\mathrm{d}S$ 在 P 点产生的振动可以表示为

图 19 - 2　惠更斯-菲涅耳原理

$$\mathrm{d}y = C \frac{k(\theta)}{r} \sin 2\pi \left(\frac{t}{T} - \frac{r}{\lambda} \right) \mathrm{d}S, \qquad (19 - 1)$$

其中 $k(\theta)$ 为随 θ 角增大而缓慢减小的函数,C 为比例常数.

（2）整个波阵面 S 在 P 点所产生的振动,等于此波阵面上所有面元 $\mathrm{d}S$ 发出的子波在该点所产生的振动总和,即

$$y = \int_S \mathrm{d}y = \int_S C \frac{k(\theta)}{r} \sin 2\pi \left(\frac{t}{T} - \frac{r}{\lambda} \right) \mathrm{d}S. \qquad (19 - 2)$$

一般来说,上式积分相当复杂,但在波阵面对以通过 P 的波面法线为轴而有回转对称的情况下,可以用代数加法和矢量加法来代替积分.

§19.2　单缝衍射　圆孔衍射

1. 夫琅和费单缝衍射

如图 19 - 3 所示,透镜 L_1 把单色光源 S 发出的光变成平行光,垂直照射在单缝 K 上,衍射后经透镜 L_2 会聚,在透镜 L_2 的焦平面处的屏幕 E 上呈现出衍射条纹.此即夫琅和费单缝衍射,简称为单缝衍射.

单缝衍射条纹的形成及光强的分布可以用菲涅耳波带法定性研究和积分法定量研究,而我们仅用菲涅耳波带法进行定性研究.

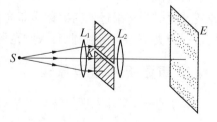

图 19 - 3　单缝衍射

单缝衍射图样的形成及特点,如图 19 - 4 所示,设单缝的宽度为 a（实际的单缝是一个长度比宽度大得多的长方形孔）,入射光波长为 λ.在平行单色光的垂直照射下,单缝所在处的平面 AB 是一个波阵面,根据惠更斯原理,波阵面 AB 上各点发射的初相相同的子波即衍射光线向各个方向传播,方向相同的一组衍射光线经透镜 L_2 会聚于屏幕 E 上同

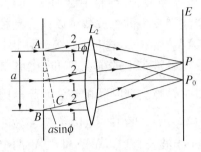

图 19-4　单缝衍射图样的形成

一点,不同方向的衍射光线分别会聚在屏幕 E 上不同位置.衍射光线的方向用衍射光线与缝平面法线的夹角 ϕ 表示,叫作衍射角.

当衍射光线 1 与入射光线方向相同,即衍射角 $\phi = 0$ 时,从波阵面 AB(同位相面)到达 P_0 点的光程相等,即光程差等于零,故各衍射光线到达 P_0 点时同相位.因此,它们在 P_0 点的光振动相互加强,在屏幕 E 上 P_0 点处就形成平行于缝的明条纹,称为中央明纹.

当衍射光线与入射光线方向不同,即衍射角 ϕ 为任意值时,相同衍射角的光线 2 经透镜 L_2 会聚于屏幕 E 上某点 P,由缝 AB 上各点发出的衍射光线到达 P 点光程不相等.过 A 点作 AC 线垂直于衍射光线 2,由透镜的等光程性可知,从 AC 面上,各点到达 P 点光程相等,所以各衍射线间的光程差就由它们从缝上的相应位置到 AC 面的距离之差来确定.而单缝两端点 A 和 B 点衍射线间的光程差为

$$BC = a\sin\phi,$$

显然,这是沿衍射角 ϕ 方向的最大光程差.由于各子波间光程差连续变化,P 点的光强就不能简单使用(18-11)式来判定.对此,菲涅耳采用将波阵面分割成许多面积相等的波带的方法,即菲涅耳波带法,定性地解决了上述问题.

如图 19-5 所示,用一组间距为半波长 $\dfrac{\lambda}{2}$ 的平行于 AC 的平面把 BC 分成若干相等

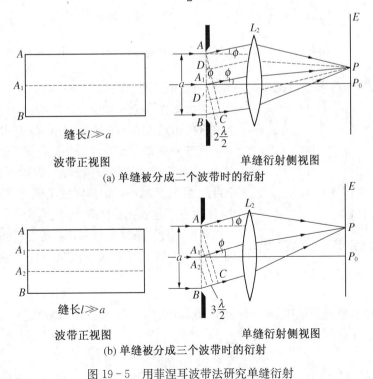

图 19-5　用菲涅耳波带法研究单缝衍射

部分,同时,这些平面也把单缝处的波阵面分成数目相等的波带,即将 AB 分为 AA_1, $A_1A_2,\cdots,A_nB$ 等.因为每个波带的面积相等,所以每个波带发生的子波数可以认为是相等的.如图 19-5(a)所示,将波阵面 AB 分为两个波带 AA_1 和 A_1B,这时 BC 等于两个半波长.由于两相邻波带上任何两个相对应的点(如 AA_1,A_1B 波带上的中点 D 和 D')各自发出的光线,从出发点到达 P 点的光程差总等于 $\dfrac{\lambda}{2}$,即在 P 点会聚时周相差总等于 π,因此它们在 P 点的光振动是相互抵消的,于是 P 点处出现暗条纹.如图 19-5(b)所示,将波阵面 AB 分为三个波带 AA_1,A_1A_2,A_2B,这时 BC 等于三个半波长.显然,AA_1 和 A_1A_2 两个波带发出的光线在屏幕 E 上会聚点 P 的光振动都相互抵消,只有 A_2B 波带发出的光线在 P 点的光振动没有被抵消,因此在 P 点处出现明条纹.

　　因屏上各点与衍射角 ϕ 一一对应,不同 ϕ 角又对应缝 AB 按半波带的不同分割情况.随 ϕ 角的变化,衍射子波在屏幕 E 上各点叠加结果也就不同.当 ϕ 角由小变大,对应的衍射线间的最大光程差 BC 逐渐增大,缝可分成的半波带数也由少到多,经历偶、奇、偶、奇、……的变化,在屏幕上显示明暗条纹的分布而形成单缝衍射图样.

　　由此可见,对于某一给定的 ϕ,光程差 BC 恰等于半波长的偶数倍,单缝恰被分为偶数个波带,其发出的光线在 P 点的光振动都成对地相互抵消,而在 P 点处出现暗条纹.若光程差 BC 等于半波长的奇数倍,单缝却被分为奇数个波带,光振动相抵消的结果总要剩下一个波带发出的光线在会聚点 P 没有被抵消,因而 P 点处出现明条纹.即

$$\begin{cases} a\sin\phi = 0, & \text{零级明纹(中央明纹)}, \\ a\sin\phi = \pm 2k\dfrac{\lambda}{2}, & (k=1,2,3,\cdots)\text{暗纹}, \\ a\sin\phi = \pm(2k+1)\dfrac{\lambda}{2}. & (k=1,2,3,\cdots)\text{明纹}. \end{cases} \quad (19-3)$$

式中正、负号表示各级衍射条纹对称地分布在中央明纹两侧.

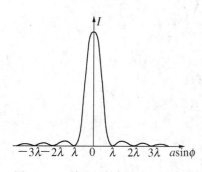

图 19-6　单缝衍射条纹中光强分布

　　条纹及光强分布如图 19-6 所示,由中央到两侧,条纹级次由低到高,光强迅速下降.而中央明条纹集中了大部分光能,最亮,同时也最宽.这是由于 k 增大,单缝被分成的波带数就越多,即衍射角越大,每一个带的面积就越小,而未被抵消的波带面积也就越小,所以光强迅速由最大值减小到零.

　　条纹宽度:条纹对透镜 L_2 光心所张的角度称为条纹的角宽度.由于中央明纹角位置满足

$$-\lambda < a\sin\phi < \lambda.$$

在夫琅和费单缝衍射中,ϕ 一般很小,则 $\sin\phi \approx \tan\phi \approx \phi$,于是角宽度

$$\delta\phi_0 = \frac{\lambda}{a} - \left(-\frac{\lambda}{a}\right) = \frac{2\lambda}{a}. \quad (19-4)$$

第 k 级明纹角位置在 ϕ 很小时满足

$$\delta\phi_0 = \frac{k+1}{a}\lambda - \frac{k}{a}\lambda = \frac{\lambda}{a}. \tag{19-5}$$

可见中央明纹的宽度是其他明纹的两倍. 当波长 λ 不变时, 各级条纹的角宽度 $\delta\phi$ 与缝宽 a 成反比, 即 a 越小, 条纹铺展愈宽, 衍射数应愈显著; 反之, 衍射效应减弱. 当 $a \gg \lambda$ 时, $\frac{\lambda}{a} \approx 0$, 各明纹向中央明纹靠拢而形成一亮斑, 光线呈现出光的直线传播, 波动光学趋于几何光学. 当缝宽 a 不变时, 各级条纹的位置和角宽度因波长而异. 若用白光做光源, 各种波长的中央明纹仍为白色, 而中央明纹边缘伴有彩色, 其他各级明纹成为彩色条纹并将出现重叠的现象.

例题 19.1 用波长 $\lambda = 632.8\,\text{nm}$ 的平行光垂直入射到宽为 $a = 0.1\,\text{mm}$ 的单狭缝上, 缝后放置一焦距 $f = 40\,\text{cm}$ 的透镜. 求在透镜焦面所形成的中央明纹的线宽及第一级明纹的位置.

解 单缝衍射中央明纹的线宽度 Δx_0 应等于焦平面上两个第一级暗条纹间的距离. 如图 19-7 所示, 设第一级暗纹角位置为 ϕ_1, 到焦平面中心的距离为 x_1, 则有

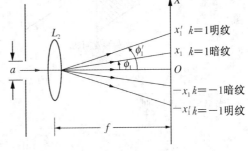

$$\Delta x_0 = 2x_1 = 2f\tan\phi_1.$$

由 (19-3) 式有第一级暗纹角位置 ϕ_1 为

$$a\sin\phi_1 = \lambda.$$

图 19-7 例题 19.1 用图

因在夫琅和费单缝衍射中, 一般 ϕ_1 很小, 有 $\tan\phi_1 \approx \sin\phi_1$, 由此关系并由上两式可得中央明纹线宽度

$$\Delta x_0 \approx 2f\sin\phi_1 = 2f\frac{\lambda}{a} = 2 \times 4 \times 10^{-2} \times \frac{632.8 \times 10^{-9}}{0.1 \times 10^{-3}}\,\text{m}$$

$$\approx 5.1 \times 10^{-4}\,\text{m} = 5.1\,\text{mm}.$$

设焦平面上第一级明条纹的角位置为 ϕ_1', 到中心 O 的距离为 x_1', 则有

$$x_1' = f\tan\phi_1'.$$

由 (19-3) 式, ϕ_1' 应满足

$$a\sin\phi_1' = \frac{3}{2}\lambda.$$

因 ϕ_1' 很小, $\tan\phi_1' \approx \sin\phi_1'$, 则焦平面上第一级明纹中心位置

$$x = \pm x_1' = \pm f\sin\phi_1' = \pm f\frac{3}{2}\frac{\lambda}{a} = \pm \frac{3}{4}\Delta x_0 \approx \pm \frac{3}{4} \times 5.1 = \pm 3.8\,(\text{mm}).$$

2. 夫琅和费圆孔衍射

如图 19-8(a) 所示, 用一小圆孔代替单缝, 同样也会产生衍射现象, 此就是夫琅和费

圆孔衍射. 当用单色平行光垂直照射到小圆孔上时, 若在圆孔后放置一个焦距为 f 的透镜 L_2, 则在透镜的焦平面处的屏幕 E 上出现明、暗交替的圆环. 中心光斑最明亮, 叫爱里 (G. Arry)斑, 其光强分布如图 19-8(b)所示. 第一暗环里的角位置(衍射角)ϕ 与圆孔直径 D 及入射的单色光波长满足

$$D\sin\phi = 1.22\lambda.$$

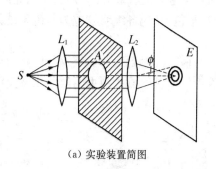 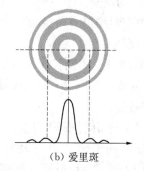

（a）实验装置简图　　　　　　　　　（b）爱里斑

图 19-8　圆孔衍射

当 ϕ 很小时, 则

$$\phi \approx \sin\phi = 1.22\frac{\lambda}{D}. \tag{19-6}$$

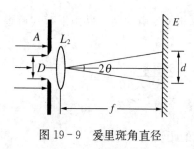

图 19-9　爱里斑角直径

可见, 第一暗环的大小(即爱里斑的大小)和圆孔直径 D 成反比. 如果 $D \gg \lambda$, 则 $\phi \approx 0$, 此时爱里斑缩至 P_0 点, 结果在 P_0 处形成一亮点, 此即光源 S 经透镜 L_1 和 L_2 所造成的像. 此时, 波动光学过渡为几何光学. 而式中 ϕ 为爱里斑的直径 d 对透镜中心张角的一半, 称爱里斑的角半径. 见图 19-9 所示, 由几何关系, 爱里斑角直径为

$$2\phi = \frac{d}{f} = 2.44\frac{\lambda}{D}.$$

由此可得爱里斑直径 d, 入射单色光波长 λ, 圆孔直径 D 及透镜焦距 f 的关系为

$$d = 2\phi f = 2.44\frac{\lambda}{D}f. \tag{19-7}$$

§19.3　光学仪器的分辨本领

从几何光学看来, 在物体通过光学仪器成像时, 每一个物点有一个对应的像点. 但由

于光的衍射,物点的像就不是一个几何点,而是有一定大小的亮斑,若两个物点的距离太小,以致对应的光斑互相重叠,这时就不能清楚地分辨两个物点的像.所以光的衍射现象限制了光学仪器的分辨能力.

一般光学仪器中都有一些透镜,透镜的边框就可以看成为一个圆孔.若在远处有两个点光源 a 和 b,它们各自发出的光到达透镜时可看成是平行光,在透镜焦平面上形成两个衍射圆环纹(即 a 和 b 的像).若两个圆环(爱里斑)相距充分远,或爱里斑半径充分小,则可清楚地分辨它们,如图 19−10(a)所示;若两个圆环相距很近,或爱里斑半径很大,以致它们重叠很厉害而不能分辨它们,如图 19−10(c)所示;而图 19−10(b)所示情况为两个爱里斑重叠到刚好能分辨它们的程度. 为了能分辨清两个像点,瑞利(L. Ragleigh)提出了一个判据:如果第一个爱里斑的中心和第二个爱里斑的边缘相重合,我们说这两个像点恰能分辨开. 如图 19−11可看出,这时两个衍射中心间的角间距

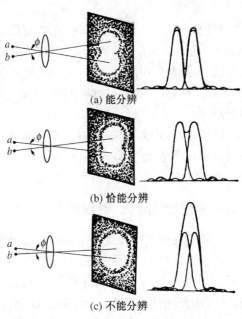

(a) 能分辨

(b) 恰能分辨

(c) 不能分辨

图 19−10　光学仪器的分辨能力

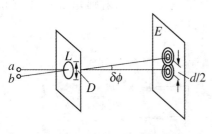

图 19−11　最小分辨角

$$\delta\phi = 1.22 \frac{\lambda}{D}. \qquad (19-8)$$

如果两个物点相对于透镜所张的角小于 $\delta\phi$,则这两个物体不可分辨,如果大于它,这两个物点就可分辨.因此 $\delta\phi$ 称为最小分辨角.在光学仪器中把 $\delta\phi$ 的倒数

$$\frac{1}{\delta\phi} = \frac{D}{1.22\lambda} \qquad (19-9)$$

叫作光学仪器的分辨率,即分辨本领.可见,为了提高光学仪器的分辨率,可增大透镜直径 D 或者减小入射光的波长 λ.

例题 19.2　用一架望远镜观察天空中的两颗星,这两颗星相对于望远镜所张的角 $\delta\phi = 4.84 \times 10^{-6}$ rad,由这两颗星发出的光波波长均为 550 nm.若要分辨出这两颗星,求所用望远镜的口径至少需多大?

解　根据公式(19−8)可得

$$D = 1.22 \frac{\lambda}{\delta\phi} = 1.22 \times \frac{550 \times 10^{-9}}{4.84 \times 10^{-6}} \text{m} = 1.38 \times 10^{-1} \text{ m} = 13.8 \text{ cm}.$$

§19.4 衍射光栅 衍射光谱

利用单缝衍射可以测量单色光的波长,但是为了测得准确的结果,就要把各级条纹分得很开,而且每一条纹又要很亮.但对单缝衍射来说,这两个要求不能同时满足,要把各级明条纹分得很开,单缝宽度就要愈小,而宽度愈小,则通过它的光能量愈小,因而条纹就不亮,界限不清,其位置不易准确测量.为此,实际测定光波波长中,使用的不是单缝而是衍射光栅.

衍射光栅,狭义地讲,是由一系列平行的等宽、等间隔的狭缝所组成的;广义地讲,任何只要能起等宽而又等间隔地分割波阵面的作用而产生衍射现象的装置均称为衍射光栅.

1. 衍射光栅的衍射现象

光栅有反射光栅和透射光栅两大类,而我们仅讨论透射光栅的衍射.常用的透射光栅是用光学玻璃制成的,在玻璃片上刻有大量等宽等间距的平行刻痕,在刻痕处,因为玻璃变毛,入射光线发生散射,几乎是不透光的,而相邻两刻痕之间的光滑部分与一个狭缝相当,可以透光.精制的光栅,$1\,cm$ 的宽度上可达 $10\,000$ 条以上.若刻痕的宽度为 b,狭缝的宽度为 a,则 $a+b$ 叫作光栅常数,当刻痕为 $10\,000$ 条,则光栅常数 $a+b = 1/10\,000\,cm = 10^{-4}\,cm$.

光栅衍射实验装置如图 19-12 所示.当一束平行单色光垂直入射到光栅上,对光栅中每一狭缝,都可以产生衍射效应,并在屏幕上形成各自的衍射图样.

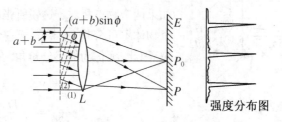

图 19-12 衍射光栅

2. 光栅衍射条纹的形成

光栅衍射条纹的分布与单缝衍射情况不同,在单缝衍射中,中央明条纹宽度很大,其他各级明条纹宽度较小,且其强度也随级数 k 递降.而在光栅衍射中,狭缝数目越多,则屏幕上明条纹变得愈亮愈细窄,且分离得愈开,即各细亮明条纹间的暗区扩大了.对光栅中每一个宽度相等的狭缝来说,它们各自在屏幕上产生强度相同和位置重合的单缝衍射图样.但是由于光栅中含有一系列相等面积的平行狭缝,并且从各狭缝射出的光束相互间要发生干涉,所以最后形成光栅衍射条纹的并不只是由单个狭缝所起的作用,而更重要的还有许多狭缝发出的光束之间的干涉,即多光束的干涉作用.因此,光栅衍射条纹是在单缝衍射的基础上,缝与缝之间的干涉作用的总效果.

3. 光栅方程

如图 19-12 所示,在 ϕ 方向衍射的光线,所有狭缝中有许多彼此相距为 $a+b$ 的对应点.从各狭缝对应点沿 ϕ 方向发出的光线经透镜聚焦而达屏幕上 P 点时,这些光线中任两条相邻光线之间的光程差都是 $\delta=(a+b)\sin\phi$. 如 δ 满足入射光波长的整数倍,即 ϕ 满足

$$(a+b)\sin\phi=\pm k\lambda, \quad k=0,1,2,\cdots \tag{19-10}$$

时,所有对应点发出的光线到达 P 点时周期都是相同的,因而相互干涉加强,即在 P 点出现明条纹.这种明条纹称为光栅条纹,(19-10)式叫作光栅方程,k 为光栅级数.由于这种明条纹是由所有狭缝的对应点发射的光线叠加而成,所以强度最大.光栅的狭缝数目愈多,则明条纹愈亮.

在两条相邻的明条纹之间,分布着许多暗条纹.当 ϕ 满足

$$(a+b)\sin\phi=\pm\left(k\pm\frac{n}{N}\right)\lambda, \quad k=0,1,2,\cdots \tag{19-11}$$

时,出现暗条纹.式中 N 为狭缝的总数,n 为正整数,$n=1,2,\cdots,N-1$. 由(19-11)式可见,在两个明条纹之间,分布着 $N-1$ 条暗条纹,在 $N-1$ 条暗条纹之间还有其他的 $(N-2)$ 个强度很小的明条纹,这些明条纹几乎观察不到,所以在两个明条纹之间是一片连续的暗区.可以证明,缝数 N 愈多,暗条纹也愈多,暗区愈大,即明条纹愈细窄.这样,就很容易确定明条纹的位置,因而可用衍射光栅精确测定光波的波长.

实验中测量条纹时不是用屏幕,而是用于以绕光栅转动的望远镜来观测.用衍射光栅测定光波波长的方法为:先用显微镜测出光栅常数,然后将光栅放在分光计上,如图 19-13 所示,光线由平行光管 C 射来,通过光栅 G 以后形成各级干涉条纹.用望远镜 T 来观察,从分光计上的读数可以测定相应的偏离角度 ϕ,将光栅常数、角度 ϕ 等数值代入(19-10)式,就可得到波长 λ.

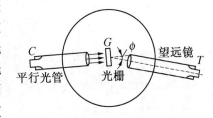

图 19-13　用光栅测定光波波长的装置

4. 衍射光谱

根据(19-10)式可见,在已知光栅常数的情况下,产生明条纹的角度 ϕ 与入射光波的波长有关.当以白光通过光栅后,各单色光将产生各自的明条纹,因而形成彩色的光栅光谱.但中央条纹或零级条纹仍为白色条纹,因各波长的中央明纹都是 $\phi=0$,是重叠的.在中央明条纹两侧,对称地排列着第一级、第二级等光谱,如图 19-14 所示(图中只画出了中央明纹一侧的光谱).图中第一级光谱的蓝紫色明纹的衍射角比橙红色明纹小,因此较靠近中央明纹,第三级光谱中的蓝紫色明纹已与第二级光谱中的橙红色明纹叠合起来了.

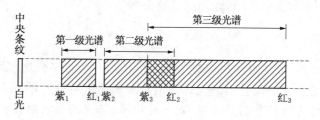

图 19-14 光栅光谱

由于各种物质都有各种不同的光谱,因此在工程技术等领域中广泛应用光栅光谱分析物质的成分.

例题 19.3 波长为 500 nm 及 520 nm 的光照射于光栅常数为 0.002 cm 的衍射光栅上.在光栅后面用焦距为 2 m 的透镜把光线会聚在屏幕上,求这两种光线的第三级光谱线间的距离.

解 根据光栅公式 $(a+b)\sin\phi = k\lambda$ 得

$$\sin\phi = \frac{k\lambda}{a+b}.$$

第三级光谱中,$k=3$,因此

$$\sin\phi_3 = \frac{3\lambda}{a+b}.$$

设 x 为谱线与中央明条纹间的距离(即图 19-12 中的 $P_0 P$),D 为光栅与屏幕间的距离或透镜的焦距,则 $x = D\tan\phi$,因此对第三级谱线有

$$x_3 = D\tan\phi_3.$$

由于 ϕ 角很小$\left(\text{用数字代入 } \sin\phi = \frac{k\lambda}{a+b}\text{可以看出}\right)$,所以 $\sin\phi \approx \tan\phi$,因此波长为 520 nm 与 500 nm 的两种光线的第三级谱线间的距离为

$$x_3 - x'_3 = D\tan\phi_3 - D\tan\phi'_3 = D\left(\frac{3\lambda}{a+b} - \frac{3\lambda'}{a+b}\right)$$

$$= 2 \times \left(\frac{3 \times 520 \times 10^{-9}}{2 \times 10^{-5}} - \frac{3 \times 500 \times 10^{-9}}{2 \times 10^{-5}}\right)\text{m}$$

$$= 6 \times 10^{-3}\text{ m} = 6\text{ mm}.$$

§19.5 伦琴射线衍射 布喇格公式

1. 伦琴射线衍射

1895 年,德国物理学家伦琴(W. K. Röntgen)在用真空放电管研究阴极射线时,首先

发现了一种肉眼看不见,但贯穿本领很强,能使一些物质产生荧光、使照相底片感光、使气体电离的射线. 由于当时还不知道它是什么射线,伦琴称它为 X 射线,为了纪念这一发现,又命名为伦琴射线. 后来,到 1912 年,劳厄(Laue)才肯定地证明伦琴射线是一种波长很短的电磁波,波长约 0.1 nm 左右. 伦琴射线与光波一样,具有反射、折射、干涉、衍射、偏振等性质. 由于其波长很短,当透过普通光栅时,则看不到任何衍射现象,只有在一定条件下才显示出衍射现象. 劳厄指出,晶体是由按一定的点阵在空间作用周期性排列的原子构成的,晶体中相邻原子的间距为几埃的数量级,与伦琴射线的波长同数量级. 因此,晶体相当于光栅常数很小的空间衍射光栅. 据此设想,果然观察到了伦琴射线通过晶体后产生的衍射图样,从而证实了伦琴射线的波动性. 劳厄的实验装置如图 19-15(a)所示. 当伦琴射线穿过铅板 L 上的小孔后,射到一薄片晶体 C 上,结果在垂直于射线的照相底片 E 上形成一系列按一定规则分布的斑点,这种斑点叫作劳厄斑,如图 19-15(b)所示. 这就是伦琴射线通过晶体时发生衍射的结果. 分析劳厄斑点的排列位置,可推知晶体内部的构造,这是一种利用伦琴射线进行晶体结构分析的常用方法.

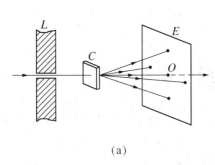

| (a) | (b) |

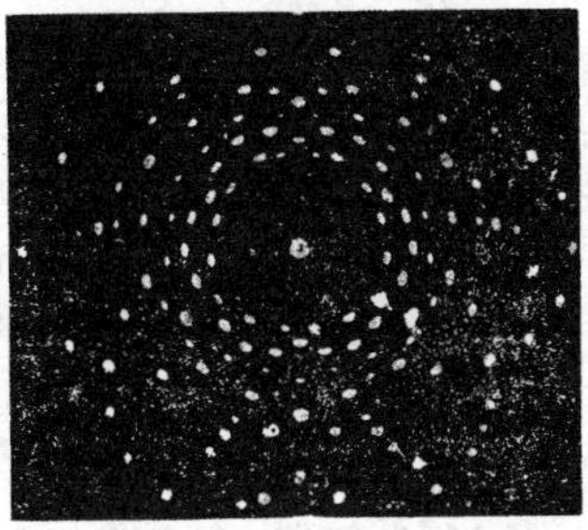

图 19-15 劳厄实验

2. 布喇格公式

1913 年,英国物理学家布喇格父子(W. HBragg 和 W. L. Bragg)对伦琴射线的衍射做了定量研究,他们将晶体看作是由一系列彼此平行的原子层(称为晶面)所组成,如图 19-16 所示. 当一束平行的伦琴射线以掠射角 ϕ 射到晶体上时,晶体表面和内部每一原子层中的每个原子(图中黑点)作为一个子波源向各个方向发出散射波,同一晶面上的散射波中满足反射定律的散射波(也称反射线)彼此间光程差为零,因而相互干涉加强,强度最大;相邻两晶面间的反射线,其光程差为

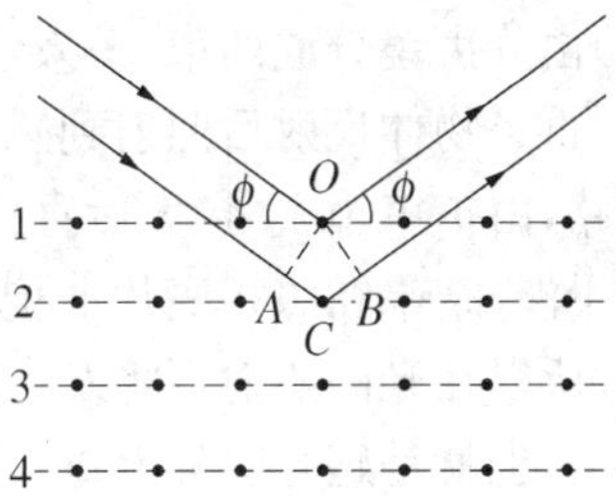

图 19-16 布喇格公式推导用图

$$\delta = AC + CB = 2d\sin\phi,$$

式中 d 为晶面间的距离(各原子层之间的距离),叫作晶格常数(或叫晶面间距). 当光程差 $2d\sin\phi$ 等于入射伦琴射线波长的整数倍,即

$$2d\sin\phi = k\lambda, \quad k = 1,2,3,\cdots \tag{19-12}$$

时,各晶面的反射线相互干涉而加强,形成亮点.此式称为布喇格公式,如果用已知晶格常数 d 的晶体作光栅,则可由测定的 ϕ 角,求得伦琴射线的波长;若对原子发射的伦琴射线的光谱进行分析,可用来研究原子内部结构.如果伦琴射线的波长 λ 已知,就可根据它在晶体上的衍射确定晶体的晶格常数 d,以研究晶体的结构,这在工业上及科技上有着广泛的应用.

例题 19.4 当伦琴射线照射岩盐晶体发生第一级反射而加强时,测得射线与晶体表面的掠射角为 $11°30'$. 已知岩盐的晶格常数 $d = 2.814 \times 10^{-10}$ m,求该伦琴射线的波长.

解 已知 $k = 1$ 时的掠射角 ϕ 和晶格常数 d,由布喇格公式

$$2d\sin\phi = k\lambda,$$

可得伦琴射线的波长为

$$\lambda = \frac{2d\sin\phi}{k} = 2 \times 2.814 \times 10^{-10} \times 0.1994 \, \text{m}$$

$$= 1.122 \times 10^{-10} \, \text{m} = 0.1122 \, \text{nm}.$$

§19.6 全息照相原理

全息照相是 20 世纪四十年代末出现的一种新型摄影技术,由于激光技术的发展,全息照相发展非常迅速.全息照相和普通照相不同,普通照相是应用透镜成像原理,通过透镜把物体的实像成在感光底片上,它只记录了物体表面发光或反射光的强度;全息照相是应用光的干涉原理,在照相底片上不仅记录了光的强度,而且还记录了光的位相,即记录了全部的信息,故曰全息照相.但对拍摄的底片,不能直接观察被摄物体的形象,而只能看到一些明暗条纹,还必须根据光的衍射原理才可使被摄物体再现,这时可观察到物体的立体图像,有如原物体又重现在眼前.

全息照片记录(拍摄)过程的示意图如图 19 - 17 所示.由激光器发射出的激光(单色光)由分束镜分成两束,一束经全反射镜 M_1 改变光路,由扩束镜 L_1 扩大照射到被摄物体上,再经物体反射后照射到感光底片上,这部分光叫作物光;另一束经全反射镜 M_2 改变光路,由扩束镜 L_2 扩大后直接照射到感光底片上,这部分光叫作参考光.物光和参考光发生干涉,结果在照相底片上记录下复杂的干涉条纹.由于大多数物体形状复杂且表面粗糙,所以在光的照射下将发生漫反射,因此,物体上每一点都可以把光反射到整个感光底片上,也就是感光底片上每一点都接到整个物体的光.因为物体上反射出来的物光的光强和位相不同,所以物体反射光中的全部信息都以干涉条纹的形式记录在感光底片上,经过显影和定影后,就制成了全息照片.为再现被摄物体,用激光照射全息片,如果照射的激光和底片的相对位置和拍摄时的参考光一样,从底片的一侧观察到物体的虚像,它和原来的实物一模一样.激光通过底片,同时还成一个实像,用一个光屏可在全息片的另一侧观察.其示意图如图 19 - 18 所示.

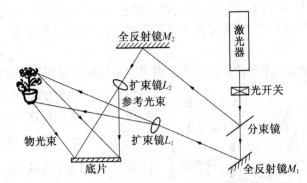

图 19-17 物光和参照光在感光底片上的叠加

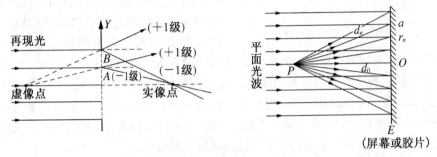

图 19-18 全息照相再现示意图　　图 19-19 同一物点的信息在底片上的再现

全息照相的记录过程是物光和参考光在底片上干涉的结果. 为了简单起见,我们只分析一个物点的情况. 设 P 点是一物点,屏幕 E 到 P 点的距离为 d_0,单色平面光波垂直照射屏幕 E,如图 19-19 所示. P 点被光照以后将成为一散射源向外发射球面光波. 该球面光波与平面光波是相干的,设在 O 点干涉加强. 若屏幕上某一点 a 到 P 点的距离 d_n 比 O 点到 P 点的距离 d_0 大波长 λ 的整数倍,即满足

$$d_n - d_0 = n\lambda, \quad n = 1,2,3,\cdots$$

时,在 a 点干涉加强. 满足上式的各点形成以 O 为圆心,以 r_n 为半径的圆,r_0 由下式给出

$$d_n - d_0 = \sqrt{d_0^2 + r_n^2} - d_0 = n\lambda,$$

$$r_n^2 = \lambda(2nd_0 + n^2\lambda).$$

当 $d_0 \gg \lambda$ 时,$n^2\lambda$ 项可忽略,因而有

$$r_n = \sqrt{2n\lambda d_0}. \tag{19-13}$$

由于 n 可取任何整数,因此干涉图样是一系列明暗相间的同心圆条纹,各明条纹(中心位置)的半径由(19-13)式给出. 如果把照相底片放在屏幕 E 的位置,就在底片上记录下了这个干涉图样. 这样,在底片上不同处分别记录了从同一物点发出的物光的信息. 对于整个物体来说,底片上同一处却以不同方向的物光记录了来自整个物体各点的信息. 所以通过全息照片的一个碎片也可看到整个记录的全部图像. 总之,全息照相记录的是物光

和参考光的干涉花样,其中记录了两光波的位相差,它是通过参考光把物光的全部信息(位相和强度)记录下来,假如没有参考光,或参考光和物光不相干,也无法把位相记录下来.

全息照相的再现,可用原波长的单色平面光波去照射全息照片,如图 19-20 所示.考

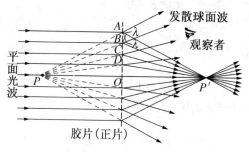

察与全息片相距为 d_0 的 P' 点,各明条纹中心到 P' 点的距离依次相差波长为 λ,即

$$AP' - BP' = BP' - CP' = \cdots = \lambda.$$

因此,各明条纹所发射的衍射光波在 P' 点的便依次相差 2π,所以它们相互加强. P' 亮点,也就是说,衍射光会聚于 P' 点.然后,从 P' 点又继续向左方传播,发散到 P' 的右侧,所以 P' 点可看成原来的物点的实像.在衍

图 19-20　全息照相的再现

射光中,还存在一束如图所示的发散球面波,这束光的光线的反向延长线会聚于 P 点,因此在全息片的右侧的观察者看到这束光如同是从 P 点发出的一样,在此情况下,各明纹所发出的衍射光波的位相差依次相差 2π,则看到 P 点为一亮点,这一亮点可看为原来的物点的虚像.任何一个物体都是由许多个物点构成的,所以上面讨论结论对物体的每一个物点都是适用的.当光照射全息片时,各个物点的像就同时被再现出来.

由于全息照相再现的像立体感很强,因此在科技领域应用很广.可利用全息照相研究振动、物体的微小位移或材料的微小形变、高速运动现象.全息显微镜可拍摄活的生物体,记录它们的三维图像,以用来研究活的生物体.红外、微波全息技术在军事侦察和监视上具有重要意义.超声全息技术可进行水下侦察和监视,并可用于医疗透视诊断,工业无损探伤.全息照相信息容量很高,用全息方法作为计算机的信息存储系统可达到很高的密度.总之,全息照相技术是一门新兴学科,在理论及应用中,都将不断得以发展.

习　题

19.1　如图所示,在单缝衍射中,如在某衍射角 ϕ 处,缝 a 的波面恰好能分为四个半波带,光线 1 与 3 是同相位,光线 2 与 4 也是同相位,为什么 P 点的光强是极小而不是极大?

19.2　试讨论下列情况下夫琅和费单缝衍射图样的变化:

（1）单缝在垂直于光轴的方向上平移;

（2）单缝在自身平面内转过 $\dfrac{\pi}{2}$;

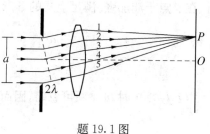

题 19.1 图

（3）整个装置放入水中.

19.3　在夫琅和费单缝衍射中,用单色光垂直照射缝面,已知入射光波长为 $500\,\mathrm{nm}$,第一级暗纹对应的衍射角为 $30°$,求缝宽为多少? 如果所用单缝的宽度 $a = 0.5\,\mathrm{mm}$,在焦距等于 $1\,\mathrm{m}$ 的透镜的焦平面上观察衍射条纹,求中央明纹及第一级明纹的宽度.

19.4　在宽度 $a = 0.6\,\mathrm{mm}$ 的狭缝后 $40\,\mathrm{cm}$ 处,有一与狭缝平行的屏幕.以平行光自左面垂直照射狭

缝,在屏幕上形成衍射条纹,若离零级明条纹的中心 P_0 点为 1.4 mm 的 P 点,看到的是第四级明条纹.求入射光的波长;从 P 点看这光波时,在狭缝处的面可作几个半波带?

19.5　在圆孔的夫琅和费衍射中,设圆孔半径为 0.10 mm,透镜焦距为 50 cm,所用单色光波长为 500 nm,求在透镜焦平面处屏幕上呈现的爱里斑半径.如果圆孔半径改为 1.0 mm,其他条件不变,爱里斑的半径变为多大? 强度对比将如何?

19.6　在迎面驶来的汽车上,两前灯相距 120 cm. 试问汽车离人多远的地方眼睛恰能分辨这两盏灯? 设夜间人眼瞳孔直径为 5.0 mm,入射光波长 $\lambda = 550$ nm.（这里仅考虑人眼圆形瞳孔的衍射效应.）

19.7　在通常亮度下,人眼瞳孔的直径为 3 mm 左右,求人眼的最小分辨角. 如果黑板上画一个等号 "＝",两横线间相距 3 mm,距黑板多远的同学才会把等号 "＝" 看成减号 "－"?（取 $\lambda = 550$ nm）

19.8　钠光波长 $\lambda = 589.3$ nm,垂直照射在每厘米有 500 条刻痕的衍射光栅上,求第三级明条纹的偏离角?

19.9　一光栅在 2.50 cm 的宽度中具有 1.48×10^4 条窄缝,单色平行光垂直入射时,测得第一级明条纹的衍射角为 $13°40'$,求此光的波长 λ.

19.10　每厘米有 500 条窄缝的衍射光栅,观察钠光谱线（$\lambda = 590$ nm）. 当光线垂直入射和 $30°$ 角入射时,最多各能看到第几级条纹?

19.11　为了测定一个给定光栅的光栅常数,用氦-氖激光器的红光（632.8 nm）垂直地照射光栅做夫琅和费衍射. 已知第一级明条纹出现在 $38°$ 的方向上,问这光栅的光栅常数是多少? 1 cm 内有多少条缝? 第二级明条纹出现在什么角度?

又使用这光栅对某单色光同样做衍射实验,发现第一级明条纹出现在 $27°$ 的方向上,问单色光的波长是多少? 对这单色光,至多可看到第几级明条纹?

19.12　有一束波长 $\lambda = 0.110$ nm 的伦琴射线,以掠射角 $\phi = 11°15'$ 照射晶面,在反射角方向上获得第一级极大,求晶格常数.

19.13　波长 λ 为 0.147 nm 的平行伦琴射线照射在晶体界面上,晶体的原子层间距离 $d = 0.280$ nm 当光线与界面分别成多大角度时,可观察到第一、第二级极大值?

第 20 章 光的偏振

光的干涉和衍射现象说明光具有波动性,光的偏振现象则进一步证实光是横波,充实了光的波动理论.本章我们主要介绍偏振光的概念,偏振光的产生和检验,布儒斯特定律和马吕斯定律,旋光现象,偏振光的干涉和人为双折射等内容.

§20.1 自然光和偏振光

1. 偏振现象

波动具有横波和纵波之分,凡是波动都能产生干涉和衍射现象.但有些过程中,横波和纵波却有不同现象.横波振动方向与传播方向垂直,且振动方向在一个平面内.在波传播的路径上置一窄缝,且缝平面与波的传播方向垂直,当缝长边方向与波的振动方向平行,则波能够通过窄缝继续传播;当缝的长边方向与波的振动方向垂直,则波受到阻碍而不能通过狭缝,如图 20-1(a)所示.对于纵波,其振动方向总是沿着传播方向,所以不论缝的方向如何,波都能通过窄缝,如图 20-1(b)(c)所示.

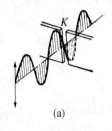 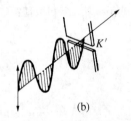 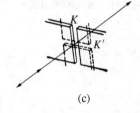

(a)　　　　　　　　(b)　　　　　　　　(c)

图 20-1　横波与纵波区别

横波与纵波之不同的主要特点在其振动方向对于传播方向不具有轴对称性,即在垂直于波传播方向的平面来看,横波的振动矢量偏于某一方向,而纵波的振动矢量则在传播方向对称轴上.横波的这种特性也叫偏振性,与光的偏振性直接有关的一些光学现象叫作光的偏振现象.

2. 自然光

光波是一定波长范围的电磁波,是横波.在光波的 E 振动和 B 振动中,引起感光作用和生理作用的是 E 振动,所以一般把 E 叫作光矢量,而 E 振动叫作光振动.

普通光源是由大量分子或原子构成的,它们发光是自发的,彼此独立的,不同分子或

原子在同一时刻光矢量的方向不同；即是同一分子或原
子，在不同时刻光矢量的方向也不同．所以普通光源光矢
量 E 不可能保持一定的方向，而是无规则取所有可能方
向，没有哪一个方向比其他方向更优越．因此，在垂直于光
传播方向的平面内任一个方向上，光振动的振幅都相等，
这样的光就叫作自然光，如图 20-2 所示．

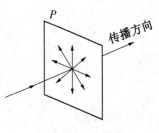

图 20-2　自然光

　　任一方向上的光矢量 E 都可分解为两个相互垂直的
分矢量，由于自然光光振动的对称性，各种取向的光矢量
在两个垂直方向上的分量的时间平均值应当彼此相等，所以自然光可用一对互相垂直且
振幅相等的独立的光振动来表示，如图 20-3(a) 所示，这两个方向上光振动的强度为自
然光强度的一半，用图 20-3(b) 中的方法来表示自然光，黑点表示垂直于纸面的光振动，
短线表示平行于纸面且与传播方向垂直的光振动，并用黑点和短线的多少表示两个分振
动的强弱．对自然光，由于两个分振动强度相等，所以短线和黑点的分布数相等．但是，由
于自然光中光振动的无规性，则自然光的两个互相垂直的分振动之间没有固定的位相差．
如果把自然光视为由光振动方向互相垂直，强度相等的两束光组成，则其是彼此独立不相
干的．

(a)　　　　　　　　　　　　　　(b)

图 20-3　自然光的表示方法

3. 偏振光

　　自然光经某些物质反射、折射或吸收后，可能只保留某一方向的光振动．这种只有某一
固定方向振动的光叫作线偏振光，简称为偏振光，如图 20-4(a)(b) 所示．偏振光的振动方向
与传播方向组成的平面叫作振动面．与振动方向垂直的面叫作偏振面．若光线中某一方向的
振动比另一方向的振动占优势，这种光叫作部分偏振光，如图 20-4(c)(d) 所示．

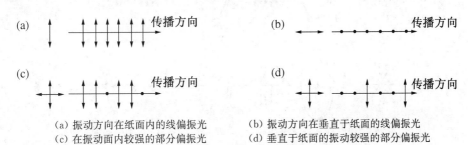

（a）振动方向在纸面内的线偏振光　　（b）振动方向在垂直于纸面的线偏振光
（c）在振动面内较强的部分偏振光　　（d）垂直于纸面的振动较强的部分偏振光

图 20-4　线偏振光和部分偏振光

§20.2 偏振片的起偏和检偏 马吕斯定律

1. 偏振片

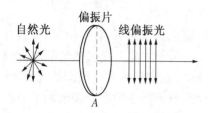

图 20-5 偏振片的起偏
（自然光透过偏振片成为偏振光）

偏振片是一种能使自然光变为偏振光的人造透明薄片. 某些物质对不同方向的光振动具有选择性的吸收（也叫二向色性），如天然的电气石晶体，硫酸碘奎宁晶体等，它们能吸收某一方向的光振动，而只让与此方向垂直的光振动通过，把这种物质涂在透明薄片上，就可制成偏振片. 偏振片所允许通过的光振动方向称为该偏振片的偏振化方向或透光轴，通常在偏振片上用记号"↕"表示. 如图 20-5 所示，自然光通过偏振片变成了线偏振光.

2. 偏振片的起偏和检偏

自然光通过偏振片后成为偏振光，这就是起偏振，而这种偏振片就叫作起偏振器. 偏振片不但可以把自然光变成偏振光，而且还可以检查某一光波是否是偏振光，这就是检偏振，而这种检验偏振光的偏振片就叫作检偏振器.

如图 20-6 所示. 偏振片 A 为起偏振器，B 为检偏振器. 让透过偏振片 A 的偏振光投射到偏振片 B 上，当 B 的偏振化方向与偏振片 A 的偏振化方向平行（$\theta = 0°$）时，则透过 A 的偏振光也能透过 B，这时从 B 射出的光强度大，最亮，如图 20-6(a) 所示情况. 如果把 B 旋转任一角度（$0° < \theta < 90°$），此时透过 A 的则是偏振光，这时从 B 射出的光强度随角度的变化而从亮到暗变化. 当 B 旋转 90° 时，则 B 的偏振化方向与 A 的偏振化方向互相垂直（$\theta = 90°$），透过 A 的偏振光就不能透过 B，这时就没有光从 B 射出，强度为零，最

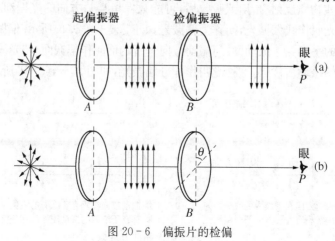

图 20-6 偏振片的检偏

暗. 如果 B 由 $\theta = 90°$ 继续转到 $\theta = 180°$, 则光强又由零逐渐变为最大(由暗变亮), 如图 $20 - 6(b)$ 所示. 由此可见, 转动 B 则可判断投射到 B 上的光是否是偏振光, 还可确定偏振光的振动面. 透过检偏器的光强的变化与两偏振片偏振化方向之间的夹角的关系可由马吕斯定律确定.

3. 马吕斯定律

上面仅定性的讨论了偏振光透过偏振片的光强随两偏振片偏振化方向间夹角的变化而变化的情形, 即得到了用偏振片区分自然光、偏振光和部分偏振光的方法. 下面将讨论两者之间的定量关系.

1809 年, 马吕斯(E. LMalus)由实验发现, 强度为 I_0 的偏振光, 透过检偏振器后, 透射光的强度为

$$I = I_0\cos^2\theta, \tag{20-1}$$

式中 θ 为偏振光的光振动方向与检偏振器的偏振化方向之间的夹角. 上式称为马吕斯定律. 此定律描述了当起偏器 A 固定, 旋转检偏器 B 时, 出射光强度变化的规律. 现证明如下:

如图 $20 - 7$ 所示, MM' 表示入射线偏振光的光振方向, NN' 表示检偏器偏振化方向, 两者的夹角为 θ. 将入射光光矢量 A_0 分解为两个互相垂直的分量 $A_0\cos\theta = A_1$ 和 $A_0\sin\theta = A_2$, 其中只有平行于检偏振器偏振化方向 NN' 的 A_1 分量可通过检偏振器. 所以透射光的振幅 $A = A_1 = A_0\cos\theta$, 由于光强与光振幅平方成正比, 故有

$$\frac{I}{I_0} = \frac{A_1^2}{A_0^2} = \cos^2\theta,$$

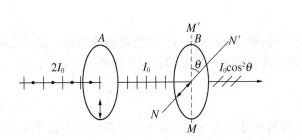
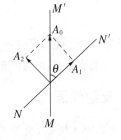

图 20 - 7 马吕斯定律的证明

所以

$$I = I_0\cos^2\theta.$$

此即证明了马吕斯定律. 可见, 当起偏振器和检偏振器的偏振化方向平行时, 即 $\theta = 0°$ 或 $180°$ 时, $I = I_0$, 光强最大; 当起偏振器和检偏振器的偏振化方向正交时, 即 $\theta = 90°$ 或 $270°$ 时, $I = 0$, 光强最小, 没有光透过检偏器; 当 θ 介于上述各值之间时, 则光强在最大值和零之间变化, 这和前面所观察结论是一致的.

例题 20.1 有两个偏振片, 其中一个用作起偏器, 另一个用作检偏器. (1) 它们的偏振化方向间夹角为 $30°$ 时观测一束自然光, 当它们间的夹角为 $60°$ 时观测另一束自然光,

发现从检偏器透过的两束光强相等,求自然光的强度之比;(2) 如果投射到检偏器的偏振光强度为 I_0,要求透射光的强度降低为原来的 $1/4$,则检偏器应绕入射光方向转过多少度?

解 (1) 设这两束自然光的强度分别为 I_1 和 I_2,透过起偏器后强度降为原来的一半,分别为 $\frac{I_1}{2}$ 和 $\frac{I_2}{2}$. 据马吕斯定律及题给条件可得

$$\frac{I_1}{2}\cos^2\theta_1 = \frac{I_2}{2}\cos^2\theta_2,$$

所以

$$\frac{I_1}{I_2} = \frac{\cos^2\theta_2^2}{\cos^2\theta_1^2} = \frac{\cos^2 60°}{\cos^2 30°} = \frac{1}{3}.$$

(2) 由于透射光的强度 $I = \frac{1}{4}I_0$,由马吕斯定律可得

$$\frac{1}{4}I_0 = I_0\cos^2\theta,$$

所以

$$\theta = \arccos\left(\pm\frac{1}{2}\right),$$

则 $\theta = \pm 60°, \pm 120°$.

不论检偏器沿哪个方向转动,都得到相同结果.

§20.3 反射光和折射光的偏振

自然光经过两种媒质界面反射和折射时,反射光和折射光都能成为部分偏振光,一定条件下,反射光还能成为偏振光.本节将介绍利用反射和折射获得偏振光的方法.

1. 反射偏振

如图 20-8 所示,自然光射向折射率分别为 n_1 和 n_2 两种媒质的分界面 MM' 上. SI 是一束自然光的入射线,IR 和 IR' 分别为反射线和折射线,入射角和反射角都为 i,折射角为 γ.自然光用两个振动方向互相垂直,振幅相等的分振动表示,一个是垂直于入射面的振动,另一个是平行于入射面的振动.从图(a)可见,反射光是垂直入射面的振动较强的部分偏振光,折射光是平行入射面振动较强的部分偏振光.当改变入射角 i 时,反射光中的垂直振动所占比例随之改变,即反射光的偏振化程度随入射角 i 而改变.1812 年,布儒斯特从实验中发现,当入射角 i 等于某一特定角度 i_0 时,则在反射光中只有垂直入射面的振动而没有平行入射面的振动,此特定的入射角 i_0 叫作起偏振角.如果自然光以起偏振角 i_0 入射到两种媒质分界面上时,如图(b)所示,反射光线与折射光线满足

$$i_0 + \gamma = 90°$$

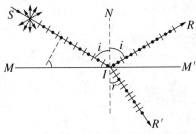

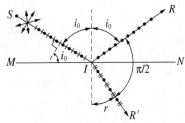

（a）自然光反射和折射所产生的部分偏振光　　　（b）产生反射完全偏振光的条件

图 20-8　自然光在两种媒质分界面上反射和折射时的偏振

时,由折射定律 $n_1 \sin i_0 = n_2 \sin \gamma$ 可得

$$n_1 \sin i_0 = n_2 \sin(90° - i_0) = n_2 \cos i_0,$$
$$(20-2)$$
$$\tan i_0 = \frac{n_2}{n_1} = n_{21}.$$

这就是布儒斯特定律.起偏振角 i_0 叫作布儒斯特角.例如自然光从空气 $(n_1 = 1)$ 射向玻璃 $(n_2 = 1.50)$ 时,布儒斯特角 $i_0 = 56.3°$;自然光从玻璃 $(n_1 = 1.50)$ 射向石英 $(n_2 = 1.46)$ 时,布儒斯特角 $i_0 = 44.2°$.

2. 折射偏振

　　当自然光以布鲁斯特角入射到玻璃面上时,反射光虽然是线偏振光,但其强度很弱,为了获得强度较大的线偏振光,可以让自然光通过许多平行玻璃片组成的玻璃片堆,在每一界面上垂直振动都要被反射掉一些,折射光的偏振程度就越来越高,当玻璃片足够多时,最后透射出来的光就几乎成为完全偏振光,如图 20-9 所示,振动面在入射面内,即光振动为平行振动.同时,由于玻璃片堆中每层反射光的累积,反射光的强度也增强了,其振动面垂直入射面,这样就可获

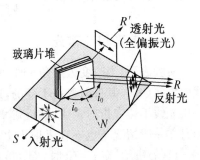

图 20-9　玻璃片堆产生偏振光

得两束偏振光.可见,玻璃片不仅可作为起偏器,而且还可作为检偏器,用来检验光线是否为偏振光.

　　例题 20.2　一束平行的自然光,以 $58°$ 角入射到平行玻璃表面上,反射光束是偏振光,则透射光束的折射角是多少? 玻璃的折射率是多少?

　　解　当入射角为布儒斯特角时,反射光为偏振光,此时反射光束与折光束满足

$$i_0 + \gamma = 90°,$$

所以透射光束的折射角为

$$\gamma = 90° - i_0 = 32°.$$

由布儒斯特定律 $\tan i_0 = \dfrac{n_2}{n_1}$，可得玻璃的折射率为

$$n_2 = n_1 \tan i_0 = \tan 58° = 1.60.$$

§20.4　双 折 射 现 象

一束自然光从空气射向某种媒质时，要发生反射和折射. 如果媒质是各向同性的，则只有一条折射光线在入射面内传播，方向由折射定律确定；如果媒质是各向异性的，将产生一系列特殊现象.

1. 双折射现象

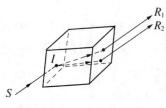

图 20-10　方解石的双折射

1669 年巴托里奴斯(Bartholinus)发现，通过一块透明的方解石(或冰洲石，即碳酸钙 $CaCO_3$)观察物体时，物体的像是双重的. 这一现象是由于光线进入方解石晶体后，分解成为两束折射光线，这种现象叫作双折射现象. 除了立方系晶体(如岩盐)以外，光线进入一般晶体都会产生双折射现象. 如图 20-10 表示光线在方解石晶体内的双折射，显然，晶体愈厚，透射出来的光线分得愈开. 产生双折射的原因是晶体内分子排列有一定的方向性，即由于各向异性所致.

2. 寻常光和非常光

实验表明，当改变入射角 i 时，两束折射线中的一条始终遵守折射定律，即无论入射线的方向如何，其折射率是不变的，这条光线称为寻常光线，通常用"o"表示，简称 o 光. 另一束光线不遵守折射定律，其折射率随入射线的方向而变化，即 $\sin i / \sin \gamma$ 不是一个常量，而且在一般情况下也不在入射面上，这束光线称为非常光线，用"e"表示，简称 e 光，如图 20-11(a)所示. 在 $i = 0$ 时，即在光线垂直入射情况下，寻常光线仍沿原方向前进，但非常光线一般不沿原方向前进，如图 20-11(b)所示. 这时，如果把方解石以入射光传播方向为轴旋转，将发现 o 光不动，e 光却随着晶体的旋转而转动.

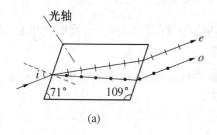

(a)　　　　　　　　　　　　(b)

图 20-11　非常光线和寻常光线

因为折射率 $n = c/v$,决定光在媒质中的速度,寻常光线在晶体中各方向的速度是相等的,而非常光线的速度则随着传播方向的改变而改变,所以双折射现象是由于在晶体中寻常光线和非常光线具有不同的传播速度引起的.

3. 晶体的光轴和主截面

（1）晶体的光轴

改变入射光的方向,可发现在晶体中存在着一个特殊的方向,光线沿着这个方向传播时不发生双折射,也就是说 o 光和 e 光的折射率相等,即 o 光和 e 光的传播速度相等. 这一个特殊方向就叫作晶体的光轴. 实验发现,天然方解石晶体是有 8 个顶点的 6 面棱体,如 20 - 12 所示,其中有两个顶点 A 和 B 是由 3 个 $102°$ 的钝角面会合而成,从这两个顶点中任一点引出一根直线,使它与晶体各棱边成等角,这条直线就是晶体的光轴方向. 因此光轴只表示晶体内的一个方向. 将晶体的垂直于光轴方向的两个端面磨光,当光线垂直入射磨光表面时则不会发生双折射.

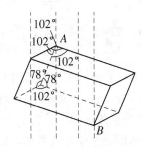

图 20 - 12 方解石晶体的光轴

只有一个光轴方向的晶体（如方解石、石英、红宝石等）叫作单轴晶体;另一类晶体有两个光轴方向（如云母、硫磺、蓝宝石等）叫作双轴晶体.

（2）晶体的主截面

通过光轴并与任一天然晶面相正交的平面叫作晶体的主截面. 在晶体中任一已知光线和光轴所组成的平面叫作这光线的主平面. 实验发现,o 光和 e 光都是偏振光,但它们的光矢量振动方向不同. o 光的振动方向垂直于晶体的主截面,e 光的振动方向平行于晶体的主截面. 一般来说,o 光与 e 光的主截面之间的夹角很小,因而这两条光线的振动方向是近乎垂直的. 仅当光轴位于入射面内（即入射光线、入射表面的法线以及光轴共面）,这两个主截面才严格重合,o 光和 e 光的振动方向相互垂直.

由上可知,在晶体光轴方向上,o 光和 e 光的折射率相等,在其他方向上则不等. 由实验可得在垂直光轴的方向上,o 光与 e 光的折射率相差最大. 在这个方向上,e 光的折射率 n_e 叫作主折射率（n_o 也叫作主折射率）. e 光在其他方向上的折射率介于 n_o 与 n_e 两个主折射率之间. $n_e < n_o$ 的晶体,$v_e > v_o$,这类晶体叫作负晶体（如方解石晶体等）;$n_e > n_o$ 的晶体,$v_e < v_o$,这类晶体叫作正晶体（如石英晶体等）.

4. 惠更斯原理对双折射现象的解释

在晶体内 o 光在各个方向的传播速度相同,因此,自晶体内任一点 C（波源）发出的 o 光的波面是球面. e 光沿各方向传播速度不同,所以晶体内任一点 C 发出的 e 光的波面是绕光轴方向的回转椭球面,如图 20 - 13 所示,把上述两波面图画在一起,其光轴方向传播速度相等,则两波面在光轴方向相切,在垂直光轴方向上两波面相距最远. 下面利用方解石晶体的波面图和惠更斯求波阵面作图法从四种情况说明平行光在晶体表面产生的双折射现象.

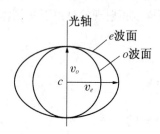

图 20-13　方解石晶体内 c 点周围
o 光与 e 光的波面

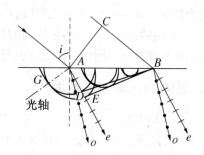

图 20-14　光轴在入射区内与晶体表面
有夹角平面波斜入射

（1）光轴在入射面内并与晶面成一夹角

如图 20-14 所示,平行光以入射角 i 射在方解石晶体表面上,AC 为入射平面波波阵面,当波阵面 AC 上的 C 点传播到 B 点时,自 A 向晶体内发出的子波已形成球形和旋转椭球形两个子波波阵面,球形波阵面在旋转椭球形波阵面之内,两者相切于光轴方向的 G 点.波阵面 AC 上的其他各点从 A 到 C 相继到达晶体表面,并相继向晶体内发出半径依次减小的球形子波波面和长、短轴依次减小的旋转椭球形子波波阵面.所有球形子波波面的包络面 BD 即为 o 光的新波阵面;引 AD 线就得到了 o 光在晶体中传播的方向.同样,所有旋转椭球形子波波阵面的包络面 BE,即为 e 光的新波阵面,引 AE 线,就得到了 e 光在晶体中传播的方向.由图中可见,e 光的传播方向与 e 光的波阵面并不垂直,e 光不遵守折射定律.

（2）光轴与晶面成一夹角,平行光垂直入射晶面

如图 20-15 所示,DD' 为 o 光的新波阵面,AD 线为 o 光在晶体中传播的方向;EE' 为 e 光的新波阵面,AE 线为 e 光在晶体中传播的方向.由图可知,在此情况下,虽入射光垂直入射,e 光也不遵守折射定律.

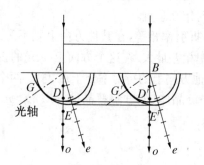

图 20-15　光轴与晶体表面有一
夹角且平面波正入射

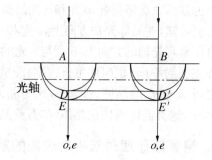

图 20-16　光轴与晶面平行且
平面波正入射

（3）光轴与晶面平行,平行光垂直入射晶面

如图 20-16 所示,o 光与 e 光都按原来入射光的方向在晶体内传播,但两者的传播速度和折射率都不相等（$v_o < v_e, n_o > n_e$）.此种情况与在晶体中沿光轴方向传播时无双折射现象的情况是不同的.

（4）光轴与晶面平行且与入射面垂直

如图 20-17 所示，在此情况下，o 光和 e 光的子波阵面均被入射面截成圆形，所以 o 光和 e 光光线传播的方向分别与各自的波阵面垂直. 虽一般情况下 e 光不遵守折射定律，但此时 o 光和 e 光都遵守折射定律. 如图，对 o 光有

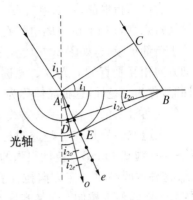

$$\frac{\sin i_1}{\sin i_{2o}} = \frac{BC}{AD} = \frac{c}{v_o} = n_o \qquad (20-3)$$

n_o 为 o 光的折射率（或主折射率）. 对 e 光有

$$\frac{\sin i_1}{\sin i_{2e}} = \frac{BC}{AE} = \frac{c}{v_e} = n_e, \qquad (20-4)$$

图 20-17　光轴与晶面平行且与
　　　　　入射面垂直

n_e 为 e 光的折射率（或主折射率）. 对于负晶体，$n_e < n_o$；对于正晶体，$n_e > n_o$，大多数晶体的 n_e 和 n_o 相差很小.

5. 应用双折射产生偏振光的仪器

利用晶体的双折射现象从一束自然光可以获得振动面相互垂直的两束偏振光，这两束偏振光的分开程度决定于晶体的厚度. 纯净天然晶体的厚度一般较小，实用价值不大，下面介绍两种常用的仪器，一是尼科耳（Nicol）棱镜，一是二色性晶体与人造偏振片.

（1）尼科耳棱镜

将两块根据特殊要求加工的直角方解石棱镜用特种树胶粘合成一体的长方形柱形棱镜叫尼科耳棱镜，如图 20-18 所示. AB，DC 为棱镜主截面. 自然光射入第一直角棱镜的端面 AB 后，分成 o 光与 e 光，由于所选的树胶的折射率介于方解石对 o 光的折射率（$n_0 = 1.658$）和对 e 光的折射率（$n_e = 1.468$）之间，所以 o 光由方解石射到树胶层，其入射角已超过临界角，o 光被全反射并被涂黑的棱镜侧面 BD 所吸收. 对 e 光，方解石对其折射率（约 1.516）较之树胶折射率小，因此不会发生全反射，能透过树胶层而穿过第二直角棱镜. 因入射光在主截面内，所以 e 光的光振动在主截面内，从棱镜透出的是光振动在主截面内的线偏振光. 由此可知，尼科耳棱镜是利用方解石的双折射现象及光的全反射现象而获得线偏振光的仪器. 它和其他偏振片一样，不仅是起偏振器，也是检偏振器. 其检验入射到它上面的光是偏振光还是自然光的方法与偏振片检偏方法类似.

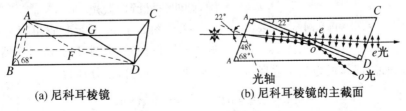

(a) 尼科耳棱镜　　　　　　(b) 尼科耳棱镜的主截面

图 20-18　尼科耳棱镜

(2)二色性晶体与人造偏振片

有些双折射晶体(如电气石),对 o 光吸收性能特别强,在 1 mm 厚的电气石晶体内,o 光几乎全部被吸收,如图 20-19 所示.晶体对振动方向相互垂直的 o 光及 e 光选择性吸收的性能,称为二色性,这种晶体称为二色性晶体.自然光通过二色性晶体可获得线偏振光.

人造偏振片是在一些透明材料的薄膜上涂一层(约 0.1 mm)二色性很强的晶体而制成的.这种薄膜经过一定方向拉伸后,二色性晶体的小颗粒便按拉伸方向整齐排列,于是就显示出只让大部分 e 光通过而吸收全部 o 光的现象,从而获得线偏振光.

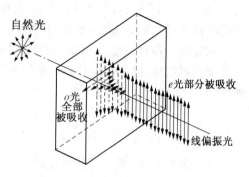

图 20-19 自然光通过二色性晶体情形

§20.5 椭圆偏振光和圆偏振光 波片

1. 椭圆偏振光和圆偏振光

在机械振动中讲过,当一个质点同时参与两个相互垂直、周期相同的谐振动时,该质点的合成运动的轨迹由两个分振动的振幅和位相差来决定.如果两分振动的位相差为 0 或 π,则合成运动是一个直线谐振动,但两者的振动方向不同;若位相差为 $\frac{\pi}{2}$ 或 $\frac{3\pi}{2}$,且 $A_1 \neq A_2$,则合成运动为一长、短轴与两分振动方向重合的椭圆,若 $A_1 = A_2$,则合成运动为圆.$\frac{3\pi}{2}$ 的运动方向与 $\frac{\pi}{2}$ 的运动方向相反.在位相差为其他量值的条件下,合成运动为一长短轴不与两分振动方向重合的椭圆.晶体中的 o 光和 e 光是频率相同、振动方向互相垂直的两束线偏振光.如果它们沿同一方向传播,而且保持彼此间位相差恒定,则 o 光和 e 光相遇点处的光矢量合成时,合成光矢量末端轨迹可以是椭圆或圆,也可以是直线.如果合成光矢量的末端轨迹是圆,则叫作圆偏振光;如果是椭圆,则叫作椭圆偏振光.

采用图 20-20 所示装置可以获得椭圆偏振光和圆偏振光.由图可见,从起偏器得到的线偏振光,经过晶片后,成为互相垂直的 o 光和 e 光,两者的振幅分别为

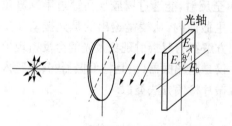

图 20-20 获得椭圆和圆偏振光装置

$$A_o = A_m\sin\theta, \quad A_e = A_m\cos\theta, \tag{20-5}$$

A_m 为入射偏振光的振幅,在晶体前表面,两者的位相差相同.由于 o 光和 e 光在晶体中的速度不同,两者的位相差随光在晶体中的路程的增加而增加.当它们穿出晶体时,两者的

光程差 δ 和位相差 $\Delta\phi$ 分别为

$$\delta = (n_o - n_e)d, \tag{20-6}$$

$$\Delta\phi = \frac{2\pi}{\lambda}(n_o - n_e)d, \tag{20-7}$$

式中 λ 为入射单色光在真空中的波长，n_o 和 n_e 分别为晶体对 o 光和 e 光的折射率. 可见，晶片材料和入射光一定时，晶片愈厚，o 光和 e 光的位相差愈大.

2. 波片

表面与光轴平行的晶体薄片称为波片. 使 o 光和 e 光的光程差为 $1/4$ 波长的奇数倍的波片称为 $1/4$ 波片，由 $(20-6)$ 式可知，$1/4$ 波片的最小厚度为

$$d = \frac{\lambda}{4(n_o - n_e)}. \tag{20-8}$$

偏振光通过本波片后，o 光和 e 光的位相差 $\Delta\phi$ 为 $\pi/2$ 的奇数倍，此时可获得椭圆偏振光. 若入射光的振动面与 $1/4$ 波片的主截面成 $45°$ 角，则偏振光通过 $1/4$ 波片可获得圆偏振光. 所以，$1/4$ 波片可以使线偏振光变成圆偏振光.

使 o 光和 e 光的光程差为 $1/2$ 波长的奇数倍的波片称为 $1/2$ 波片或半波片，由 $(20-6)$ 式可知，$1/2$ 波片的最小厚度为

$$d = \frac{\lambda}{2(n_o - n_e)}. \tag{20-9}$$

偏振光通过 $1/2$ 波片后，o 光和 e 光的位相差 $\Delta\phi$ 为 π 的奇数倍，此时得到的仍是线偏振光，但其振动面转过了 2θ 角. 所以，$1/2$ 波片不改变入射线偏振光的光矢量的振动轨迹，只改变其运动方向.

§20.6　偏振光的干涉　人为双折射现象

1. 偏振光的干涉

偏振光通过晶片后成为两束相互之间有一定位相差而振动面相互垂直的偏振光. 在一般情况下，该两束光合成为椭圆偏振光，若使这两束光再通过偏振器，就得到了在偏振器偏振化方向上振动的两束相干光. 这两束光叠加时，可发生干涉现象，这就是偏振光的干涉.

如图 $20-21(a)$ 所示，在晶片 C 前面放一偏振片 P，后面再放一偏振片 A；两偏振片 A 和 P 相互正交，从晶片 C 射出的两条具有一定位相差、振动方向互相垂直的偏振光，通过偏振片 A 后，成为振动方向相同的两束线偏振光，如图 $20-21(b)$ 所示. 由于只有与偏振片振动面平行的振动才可通过 A，所以透过的两分振动振幅矢量 A_{2o} 和 A_{2e} 的方向正好相反. 设晶片 C 的光轴方向 OO' 与 NN' 成 θ 角，由图可知

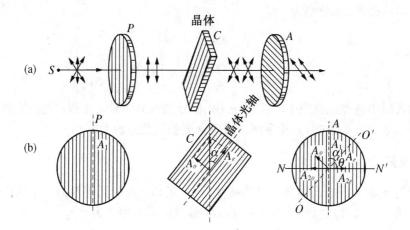

图 20-21 偏振光的干涉

$$\cos\theta = \sin\alpha, \quad \sin\theta = \cos\alpha.$$

于是可得两分振动振幅大小为

$$\begin{cases} A_{2o} = A_o\sin\theta = A_1\sin\alpha\sin\theta = A_1\sin\alpha\cos\alpha, \\ A_{2e} = A_e\cos\theta = A_1\cos\alpha\cos\theta = A_1\sin\alpha\cos\alpha. \end{cases} \tag{20-10}$$

上式表明,当 $A \perp P$ 时,$A_{2o} = A_{2e}$,且在同一振动方位 NN' 上,由于它们来自同一偏振光,因此振动频率相同,故是相干光. 由于振幅 A_{2o} 和 A_{2e} 方向相反,因此这两条相干光线之间除了有与晶片厚度有关的位相差 $\frac{2\pi}{\lambda}d(n_o - n_e)$ 外,还应加位相差 π,因此总位相差为

$$\Delta\phi = \frac{2\pi}{\lambda}d(n_o - n_e) + \pi. \tag{20-11}$$

当 $\Delta\phi = 2k\pi$ 或 $(n_o - n_e)d = (2k-1)\dfrac{\pi}{2}$ 时,干涉最强,视场最明亮,其 $k = 1,2,3,$ $\cdots$;当 $\Delta\phi = (2k+1)\pi$ 或 $(n_o - n_e)d = k\lambda$ 时,干涉最弱,视场最暗. 如果用自然光照射,对于一定厚度的晶片,因波长不同而有不同的干涉条件. 因此,视场中将呈现彩色,这种称为色偏振. 偏振光的干涉在采矿、冶金、材料工业及研究晶体的内部结构等方面得到了广泛应用.

2. 人为双折射现象

在外界(如机械力、电场、磁场等)作用下,使各向同性媒质变成各向异性媒质,从而产生双折射现象,这种现象是在人为的条件下产生的,所以叫作人为双折射现象.

(1) 光弹效应

各向同性的非晶体在机械应力作用下变成各向异性并显示出双折射现象,称为光弹效应或应力双折射. 如果将一块受有压力作用的玻璃或塑料板放在两正交偏振片之间,就可观察到干涉条纹(通过白光观察,可看到彩色图样,且其随应力的改变而随之改变).实验表明,压缩材料具有负单轴晶体的性质,拉伸时具有正单轴晶体的性质,不论是拉伸或压缩,等效光轴都在施力方向上,而且双折射的程度和应力成正比.利用应力双折射现象研究物体应力分布的方法称为光测弹性,它已成为一门专门学科,在工程技术上有着广泛应用.

(2) 克尔效应

克尔(Kerr)在1875年发现,某些晶体或液体在外加电场作用下能显示出双折射现象,这种现象称为克尔效应.这种物质的分子在电场中做定向排列,因而表现出各向异性的特性,它的等效光轴沿着电场的方向.而且双折射程度与外加电场的平方成正比,随着电场的变化可观察到不同的偏振光(椭圆、圆),出现彩色干涉条纹.克尔效应的重要特点是几乎没有延迟时间,它随着电场的产生与消失而迅速地产生与消失.利用克尔效应制成的高速开关被广泛用于许多技术领域,如高速摄影、电影、电视及脉冲激光器的 Q 开关等.

§20.7 旋 光 现 象

阿喇果(Arago)在1811年发现,当偏振光通过某些透明物体时,线偏振光的振动面将旋转一定的角度,这种现象称作振动面的旋转或旋光现象.能使振动面旋转的物质称为旋光物质.如石英晶体、糖及酒石酸溶液等都是旋光性较强的物质.实验表明,振动面旋转的角度由旋光物质本身的性质、厚度、浓度及入射光的波长决定的.

研究物质的旋光性的实验装置如图
20-22所示.图中 F 是滤光器,用以获
得较好的单色光. C 是旋光物体(如晶面
与光轴垂直的石英片).当旋光物质放在
两正交偏振片之间时,可以看到视场由
暗变亮,将偏振片 N 旋转某一角度后,

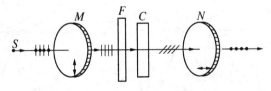

图20-22 研究物质旋光性的实验装置

视场重新变暗,这说明线偏振光透过旋光物体后仍然是线偏振光,但是振动面旋转了一个角度,这个角度等于偏振片 N 旋转的角度.以上实验结果表明:

(1) 不同的旋光物质可以使线偏振光的振动面向不同的方向旋转.如果面对光源观测,使振动面向左旋转(反时针方向)的物质称为左旋物质.石英晶体,由于结构不同而分别为左旋石英和右旋石英.

(2) 振动面旋转的角度与波长有关,在波长一定的条件下,与旋光物质的厚度 d 有关,即旋转角度

$$\phi = \alpha d, \qquad (20-12)$$

式中 α 为旋光恒量,是光通过单位长度物质时偏振面转过的角度,不同的物质,具有不同的 α.不同的波长,旋转角不同.如1mm厚的石英片能使红、黄、紫三种颜色的光所产生的

旋转角度分别为 $10°,21.7°,51°$. 当白色光通过旋光物质后,各种色光的振动面分散在不同的平面内,这种现象叫旋光色散现象.

（3）液体也有旋光性. 当偏振光通过糖溶液、松节油时,振动面的旋转角为

$$\phi = \alpha c d. \tag{20-13}$$

式中 c 是旋光物质的浓度, α, d 意义同上. 可见,当一定波长的偏振光通过一定厚度 d 的旋光物质后,其旋转角 ϕ 与液体浓度 c 成正比. 利用此法可测定糖溶液的浓度(糖量计),而且还可分析研究液体的旋光性,它们在化学、制药工业中有广泛应用.

如一种蔗糖溶液,在常温下使黄色光的偏振面旋转,每毫米厚溶液为 $3.55°$,已知蔗糖在常温下的旋光率 $\alpha = 66.67° \text{cm}^3 (\text{mm} \cdot \text{g})^{-1}$,则由(3-13)式可得此溶液的浓度为

$$c = \frac{\phi}{\alpha d} = \frac{3.55}{66.67 \times 1} = 3.32 \times 10^{-2} (\text{g} \cdot \text{cm}^{-3}).$$

习　　题

20.1　两偏振片平行放置,使它们的偏振化方向间夹角为 $60°$,(1) 自然光垂直偏振片入射后,其透射光强与入射光强之比是多少(不计偏振片的吸收)？(2) 若在两偏振片间平行地插入另一偏振片,使其偏振化方向与前两个偏振片均成 $30°$ 角,则透射光强与入射光强之比是多少？

20.2　如图所示,当一束光以入射角 i(或起偏振角 i_0)入射到两媒质界面上时,反射光和折射光的偏振情况如何？在图上标出.

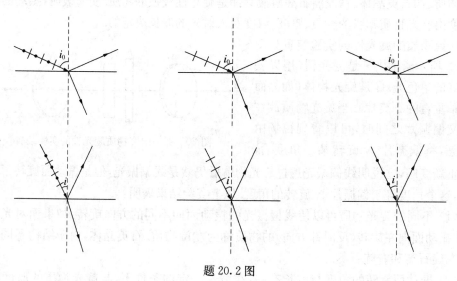

题 20.2 图

20.3　如图所示,一束振动方向平行于入射面的线偏振光沿 aO 从空气射向玻璃 $(n_2 > n_1)$, i_0 为此时的起偏振角, i_1 为折射角,(1) 有没有反射光？(2) 若该光束沿 bO 入射(即从玻璃射向空气),有没有反射光？

20.4　若使一平静的湖面上反射的太阳光完全偏振,太阳光应与水平面成什么角度入射？

20.5　已知冕玻璃和火石玻璃的折射率分别为 $n_1 = 1.50$, $n_2 = 1.62$,它们的起偏角各为多少？

20.6 已知某油质材料在空气中的布儒斯特角 $i_0 = 58°$,求它的折射率.如果将它放在水中(水的折射率为 1.33),它的布儒斯特角为多少?它相对水的折射率为多少?

20.7 某一光线通过尼科耳棱镜时,它对于寻常光线的折射率为 1.66,树胶的折射率为 1.53,求寻常光线射到树胶发生全反射的临界角是多少?

20.8 钠光波长为 589.3 nm,水银光波长为 546.1 nm.分别计算这两种光的 1/4 波片的最小厚度为多少?($n_o = 1.658$,$n_e = 1.486$)

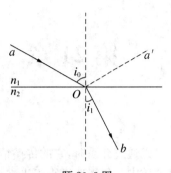

题 20.3 图

20.9 蔗糖的旋光率 $\alpha = 65° \text{cm}^3/(\text{dm} \cdot \text{g})$,今有一不知浓度的蔗糖溶液,该溶液的厚度为 20 cm,将一偏振光的振动面转过 26° 角,求该蔗糖溶液的浓度.

第 21 章　光的色散　吸收和散射

光通过介质时,它的传播情况会发生变化.这种变化主要发生在两个方面:一方面光在介质中的传播速度小于光在真空中的传播速度,且随波长不同而不同,这种现象就叫作光的色散.另一方面光束愈深入介质,光强度就会愈减弱,这是由于一部分光能量被介质所吸收,另一部分光被介质向各个方向散射所造成的.由此可见光的色散、吸收和散射既是光在介质中传播时所发生的普遍现象,然而它们又是相互联系着的.通过对光的色散、吸收和散射现象的研究,不仅可以了解光与物质的相互作用,而且为探索物质的结构、性质开辟了新的重要途径,同时又为多种光学测量提供了主要手段.

§21.1　光　的　色　散

1. 色散现象

在真空里,光以恒定的速度传播,与光的频率(波长)无关.但光通过介质时,光的传播速度要发生变化,不同频率的光在同一种介质中的传播速度不相同,这表明介质对不同波长的光有不同的折射率.所以当一束白光或多色光入射在两种透明介质分界面上时,只要入射角不为零,不同波长的光就会按不同折射角折射而散开.这种由于介质的折射率随光的波长而变化所发生的现象称为光的色散.1672 年牛顿发现了光的色散现象.它令一束近乎平行的白光通过玻璃棱镜,在棱镜后的屏上得一条按波长不同而规则排列的彩带.定量研究光的色射现象的结果表明,对于一定的介质,折射率是波长的函数,即

$$n = f(\lambda). \tag{21-1}$$

为了表征介质的折射率随波长变化快慢的程度,引入介质的色散率 ν,定义为介质的折射率对于波长的导数,即

$$\nu = \frac{\mathrm{d}n}{\mathrm{d}\lambda} = \frac{\mathrm{d}}{\mathrm{d}\lambda} f(\lambda). \tag{21-2}$$

在数值上色散率等于介质对于波长差为 1 单位的两光的折射率之差.色散率的数值越大,表明介质的折射率随波长变化越快,反之亦然.

2. 正常色散

描述折射率 n 随波长 λ 变化关系的曲线称为色散曲线.色散曲线首先是从实验获得

的. 用不同波长的单色光仔细测量该光线通过棱镜的最小偏向角, 再利用

$$n = \frac{\sin\frac{\delta_{\min} + A}{2}}{\sin\frac{A}{2}}$$

式, 就可求出构成棱镜介质的折射率 n 与 λ 之间的关系曲线, 即色散曲线.

图 21-1 是几种介质的色散曲线. 从图上可以看出, 凡对可见光透明的介质, 它们的色散曲线具有以下共同特点: 它们的折射率 n 都随波长的增加而减小, 而且波长越长, 曲线越平缓. 这就表明介质的折射率 n 及色散率 $\dfrac{\mathrm{d}n}{\mathrm{d}\lambda}$ 的数值都随波长的增加而减小, 这样的色散称为正常色散. 所有不带颜色的透明介质, 在可见光区域内都表现为正常色散. 当一束白光通过透明介质发生正常色散时, 白光中的紫光比红光偏折得更

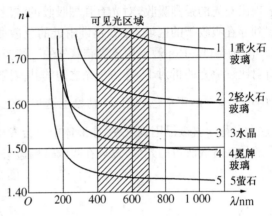

图 21-1 几种光学材料的色散曲线

厉害, 而且在形成的光谱中紫端比红端展得更开, 即紫光比红光折射率大, 紫光的色散率比红光的色散率也大些.

从图 21-1 中还可以看出, 不同介质的色数曲线没有简单的相似关系. 在波长一定时, 不同介质的折射率越大, 其色散率也越大, 因而用不同材料制成的棱镜, 得到的光谱所对应的谱线间隔也就不完全一致.

描述正常色散的经验公式是科希(Cauchy)于 1836 年首先给出的

$$n = A + \frac{B}{\lambda^2} + \frac{C}{\lambda^4} + \cdots \tag{21-3}$$

式中 A, B, C 是由所研究的介质特性决定的常数, 这些常数的值可由实验测定. 只需测出三个已知波长的折射率值并代入(21-3)式中即可求得. 当波长 λ 变化范围不大时, 科希公式只取前两项, 即

$$n = A + \frac{B}{\lambda^2}. \tag{21-4}$$

对上式求导可得介质的色频率

$$\nu = \frac{\mathrm{d}n}{\mathrm{d}\lambda} = -\frac{2B}{\lambda^3}, \tag{21-5}$$

式中 A, B 均是正值. 上两式表明: 当波长 λ 增加时, 折射率和色散率的数值均减小. (21-5)式中的负号表明, 当发生正常色散时, 介质的色散率 $\dfrac{\mathrm{d}n}{\mathrm{d}\lambda} < 0$, 科希方程在可见光区域内

对于正常色散相当准确.

对正常色散的观察,早在1672年牛顿就利用三棱镜把日光分解为彩色光带从而观察到了色散现象.以后牛顿又利用交叉棱镜法将色散过程非常直观地显示了出来.

3. 反常色散

折射率和波长之间还有更复杂的关系,对可见光透明的介质,在其他波段(如红外区)常表现出对光的强烈吸收,对光有强烈吸收的波段称为吸收带.如果将折射率的测量范围扩展到存在吸收带的区域,在吸收带附近的色散曲线的形状与正常色数曲线大不相同.1862年,勒鲁(Le Roux)曾用充满碘蒸气的三棱镜观察到光通过该三棱镜折射时,紫色光的折射比红色光的折射小,这两色光之间的其他波长的光几乎全部被碘蒸气吸收,这恰与色散率 $\frac{dn}{d\lambda} < 0$ 的正常色散相反,勒鲁把这种与正常色散相反的色散现象称之为反常色散.这个名称一直被沿用到现在.在液体中也会发生反常色散现象.研究充满三棱柱形容器中的品红溶液所得的光谱,发现在吸收带两边紫光的偏折比红光的偏折小.

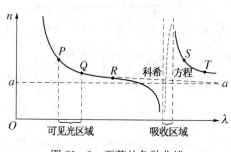

图 21-2 石英的色散曲线

图21-2是实际测量所得的石英的色散曲线.曲线在可见光区域内属于正常色散,PQ 段可由科希公式准确地表示出来.当向红外区域延伸并接近石英的吸收带时(图中的 R 点),曲线则明显偏离正常色散曲线而急剧下降,折射率的减少比科希公式预示的要快得多.在吸收带内光非常弱,所以折射率的测量比较困难,测量时需将石英制成薄膜.折射率 n 与波长 λ 的关系曲线测量的结果如图21-2中虚线所示.从图中可以看出,这段曲线是上升的,这表明吸收带内的折射率随波长的增加而增加,即 $\frac{dn}{d\lambda} > 0$,恰与正常色散率 $\frac{dn}{d\lambda} < 0$ 相反.过了吸收带重新进入透明波段时,曲线又逐渐恢复为正常色散曲线,折射率 n 与波长 λ 的关系重新遵守科希公式,不过 A,B,C 等常数应换为新的值.孔脱(Kundt)用正交棱镜法对反常色散进行了系统地研究后认为:反常色散总是与光的吸收有密切联系.任何介质在光谱某一区域内如有反常色散,则在这个区域的光被强烈吸收.

在反常色散被发现并确定了它与吸收有关后,塞尔迈尔(Seilmeire)于1871年提出了描述反常色散的理论公式,即塞尔迈尔方程

$$n^2 = 1 + \frac{B\lambda^2}{\lambda^2 - \lambda_0^2}, \tag{21-6}$$

式中 B 为一物质常数,λ_0 和物质的固有频率 ν_0 有关 $(\nu_0\lambda_0 = c)$,λ 为入射光在真空中的波长.按照电子论,同一介质的分子振子可能有几种固有频率 $\nu_0,\nu_1,\nu_2,\cdots$ 同时存在,普遍的塞尔迈尔方程可写成

$$n^2 = 1 + \frac{B_0\lambda^2}{\lambda^2 - \lambda_0^2} + \frac{B_1\lambda^2}{\lambda^2 - \lambda_1^2} + \cdots = 1 + \sum_{i=0}^{i} \frac{B_i\lambda^2}{\lambda^2 - \lambda_i^2}. \qquad (21-7)$$

方程(21-7)不但表达了正常色散,也近似地表达了吸收附近的反常色散.

　　在金属蒸气中最容易观察反常色散.伍德(R. W. Wood)曾在 1904 年利用正交棱镜法巧妙地显示出钠蒸气在可见光范围内的反常色散.实验装置如图 21-3 所示.T 为水平钢管,两端装有带水冷装置的玻璃窗,管内被抽成真空,沿管底

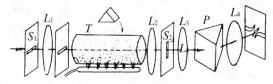

图 21-3　观察钠蒸气反常色散实验装置

放置一些金属钠,如果在管底下面用煤气灯加热.金属钠就会蒸发,钠蒸气从底部向顶部扩散,钠蒸气扩散到管的上部遇冷而凝结,从而在管内形成下部密度大,上部密度小的水平钠蒸气柱,这相当一个厚度从上往下增加,棱边水平且与管轴垂直的棱镜,狭缝 S_2,棱镜 P,透镜 L_3,L_4 组成一光谱仪.当一束白光经水平狭缝 S_1,透镜 L_1 变成为平行光经透镜 L_2 聚焦在光谱仪的狭缝 S_2 上.当管子未加热时,管内只有均匀气体,光束经过它时不会发生偏折,由 S_1 发出的白光经 S_2 进入光谱仪后,在光谱仪的焦面上得到一条很窄的水平连续光谱带.当钠被加热蒸发时,由于管内钠蒸气的色散作用,不同波长的光发生不同程度的偏折.由于钠蒸气对 $\lambda = 589.6\,\text{nm}$ 和 $\lambda = 589.0\,\text{nm}$ 两种波长的光产生强烈的吸收,所以光谱仪焦面上的光带在这两波附近表现出特殊的弯曲和断裂而发生反常色散.

　　通过对正常色散和反常色散的讨论,我们可以得到如下结论:

　　(1) 正常色散和反常色散都是物质一种性质,任何物质的色散图都由正常色散区域和反常色散区域构成.

　　(2) 在透明波段的色散曲线符合科希公式,在吸收带内及边缘附近不符合科希公式.

　　(3) 在吸收带两边区域,不管是否符合科希公式,总有 $\dfrac{\mathrm{d}n}{\mathrm{d}\lambda} < 0$,属正常色散;而在吸收带内,则有 $\dfrac{\mathrm{d}n}{\mathrm{d}\lambda} > 0$,属反常色散.

　　最后仍须指出,所谓反常色散并非"反常",它恰恰表明了物质在吸收区域内普遍遵从的色散规律.同一种物质在其透明波段表现出正常色散,而在其吸收带内则表现出反常色散,反常色散这一名称在今天不过只具有历史意义罢了.

　　色散现象已被广泛地应用于科学研究和生产之中,棱镜光谱仪就是根据色散原理制成的光学分光的常用仪器.棱镜光谱仪的分光元件是三棱镜,而棱镜光谱仪的分光性能与棱镜的色散能力有密切的关系,棱镜的顶角和棱镜材料的色散率 $\dfrac{\mathrm{d}n}{\mathrm{d}\lambda}$ 越大,则棱镜的角色散率就越大,最后获得的光谱中不同波长的谱线就分得越开,即光谱仪的分光性能越好.色散现象有利也有弊,在成像光学仪器中,由于光的色散,会影响成像质量而造成色像差,在精密的成像光学仪器中,就必须采取一些具体措施来减小和消除这种色像差,从而得到理想的像.

　　例题 21.1　一玻璃对于波长 435.8 nm 和 546.1 nm 的两种光的折射率分别为 1.613

0 和 1.602 6,试应用科希公式来计算这种玻璃对波长为 600 nm 的光的色散率的值.

解　对于波长为 435.8 nm 和波长为 546.1 nm 这两种光,根据科希公式则有

$$n = A + \frac{B}{\lambda^2}, \quad n' = A + \frac{B}{\lambda'^2},$$

于是有

$$n = A + \frac{B}{\lambda^2} = n' - \frac{B}{\lambda'^2} + \frac{B}{\lambda^2}, \quad B = \frac{n - n'}{\left(\frac{1}{\lambda^2} - \frac{1}{\lambda'^2}\right)} = \frac{n - n'}{\lambda'^2 - \lambda^2} \lambda'^2 \lambda^2.$$

代入数据得

$$B = \frac{1.613\,0 - 1.602\,6}{(5.461^2 - 4.358^2) \times (10^{-5})^2} \times 5.461^2 \times 4.358^2 \times (10^{-5})^4$$

$$= 0.543\,8 \times 10^{-10} (\text{cm}^2).$$

该玻璃对波长 600 nm 的光的色散率为

$$\frac{\mathrm{d}n}{\mathrm{d}\lambda} = -\frac{2B}{\lambda^3} = -\frac{2 \times 0.543\,8 \times 10^{-10}}{(6 \times 10^{-5})^3} = -504 (\text{cm}^{-1}).$$

§21.2　光 的 吸 收

1. 光的吸收现象

　　光通过介质会引起色散,同时它的强度也要减弱.一方面是由于介质材料吸收了它的能量,另一方面是由于介质材料的不均匀性及微粒杂质引起了光的散射.介质吸收光辐射(光能量)是物质的一般本性.

　　当光通过介质时,出射光强相对于入射光强被减弱的现象,称为介质对光的吸收.特别注意,这里所说的吸收,是指介质对光能量的真正吸收,不包括由于反射和散射引起的光强的减弱.当光通过任何介质时,由于吸收现象的存在,光能量都会程度不同的被介质所吸收而导致光强被减弱.光通过一定介质后,其光强减弱的程度不同不仅与光在与介质中所经历的路程和介质的性质有关,而且还与光波的波长有关.

　　现在从能量的观点来考察当一束单色平行光垂直入射到一块有吸收的平行介质板上,介质对光吸收的一般规律.

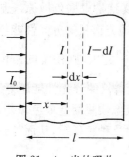

图 21-4　光的吸收

　　如图 21-4 所示,当一束光强为 I_0 的单色平行光束沿 X 方向通过均匀介质内一段距离 x 后,强度已减弱到 I;再通过厚度为 $\mathrm{d}x$ 的薄层时强度又减少了 $\mathrm{d}I$.光在同一介质内通过同一距离时,到达该处的光能量中将有同样百分比的能量被该层介质所吸收.这就表明,相对强度 $\frac{\mathrm{d}I}{I}$ 与吸收层的厚度成正比.即

$$\frac{\mathrm{d}I}{I} = -\alpha_a \mathrm{d}x, \tag{21-8}$$

上式中的 α_a 是与光强无关而决定于介质性质的常数,称为该介

质的吸收系数, 负号表示当 x 增加 ($dx > 0$) 时, 光强 I 减小 ($dI < 0$). 将上式积分, 便可求出光束通过厚度为 l 的介质后的光强

$$I = I_0 e^{-\alpha_a l}, \tag{21-9}$$

式中 I 和 I_0 分别代表透射光强和入射光强. 该式称为朗伯吸收定律.

吸收系数 α_a 标志着介质对光的吸收能力的大小. 吸收系数越大, 介质对光的吸收也就越强. 不同物质的吸收系数各不相同. 例如对于可见光, 大气压强下空气的吸收系数 α_a 为 10^{-5} cm^{-1}, 一般玻璃的 α_a 约为 10^{-2} cm^{-1}, 金属的 α_a 约为 10^4 cm$^{-1} \sim 10^5$ cm^{-1}.

实验表明, 当光被溶解在透明溶剂中的介质吸收时, 溶液的吸收系数与溶液的浓度有关. 比尔 (Beer) 指出, 溶液的吸收系数 α_a 正比于溶液的浓度 C, 即

$$\alpha_a = AC, \tag{21-10}$$

式中的 A 是与浓度无关的新的常数, 它只决定于物质的分子特性. 根据 (21-9) 式, 可得

$$I = I_0 e^{-ACl}. \tag{21-11}$$

(21-11) 式称为比尔定律. 比尔定律只在介质的吸收本领不受其邻近分子的影响时才成立. 在浓度很大时, 分子间的相互影响不能忽略, 此时比尔定律便不再成立了. 在比尔定律成立的情况下, 通过测定光在溶液中被吸收的比例, 根据比尔定律便可求出溶液的浓度. 但应注意, 朗伯定律始终成立, 比尔定律有时就不一定成立.

在生物学和化学中应用比尔定律时, 通常将其改写成

$$I = I_0 10^{-\varepsilon Cl}, \tag{21-12}$$

式中 ε 为消光系数, 是一常数, 其数值与吸光物质的种类有关, 对上式取常用对数, 则有

$$\log \frac{I_0}{I} = \varepsilon Cl. \tag{21-13}$$

式中的 $\log \dfrac{I_0}{I}$ 被称为光密度或吸光度. 它反映了光通过溶液时被吸收的程度. 由 (21-13) 式可以看出, 溶液的光密度与浓度之间存在着简单的正比关系. 这给实际测量带来了很大方便.

从能量转换这一观点来分析介质对光的吸收, 可认为光通过介质时, 光波的电矢量使介质结构中的带电粒子做受迫振动, 光的一部分能量用来供给受迫振动所需的能量. 这时介质粒子若和其他原子或分子发生碰撞, 振动能量可能转变成平动能, 使分子热运动的能量增加, 因而物体发热. 在此情况下, 这部分光能量转化为热能.

2. 光的吸收与波长的关系

除了真空外, 没有一种介质对任何波长的电磁波是透明的. 所有的物质都是对某些波长范围内的光是透明的, 而对另一些波长范围内的光不透明. 这就表明, 介质对不同波长的光表现出程度不同的吸收. 石英对所有可见光是透明的, 则表明石英对所有可见光吸收很少, 而对波长 $3.5\,\mu m \sim 5.0\,\mu m$ 的红外光都是不透明的, 这说明石英对上述红外光吸收强烈.

(1) 一般吸收　如果介质对某波段范围的光吸收很少,且吸收程度几乎不随波长而改变(即吸收系数与波长无关),这种吸收称为介质对光的一般吸收. 一般吸收的基本特点是吸收量很少且吸收程度在给定的波段内几乎不变. 石英对所有可见光发生的吸收正是一般吸收. 一束白光通过无色玻璃时,透过的光仍是白色,这说明玻璃对白光吸收较少,而且玻璃对白光中各种不同波长的光有相同的吸收,即吸收系数不随波长而改变.

空气、纯净水、无色玻璃等介质在可见光范围内都产生一般吸收,当可见光束通过这些介质后只稍微减弱其强度而不改变其颜色.

(2) 选择吸收　如果介质对某些波长的光吸收特别强烈,而对其他波长的光吸收较少,这种吸收则称为介质对光的选择吸收. 选择吸收的特点是吸收量很大且随波长不同急剧变化. 石英对波长 $3.5\ \mu m$ 到 $5.0\ \mu m$ 的红外光产生的强烈吸收则是选择吸收. 当白光通过绿色玻璃时,绿色玻璃把白光中除绿光外的光全部吸收掉,透过的光便呈绿色,这与一般吸收的情况就截然不同. 介质使某些波段的光不能通过(选择吸收),这主要是由于组成介质材料的原子或分子的电子在该波段光的作用下引起共振,从光中吸收了能量的缘故.

任何物质对光的吸收都存在着一般吸收和选择吸收. 在可见光范围内具有一般吸收特性的物质,往往在红外和紫外波段存在选择吸收,普通玻璃对可见光是透明的,对红外和紫外线有强烈吸收而不透明.

介质对光的吸收特性被广泛地应用在光学器件制造材料的选择上. 普通玻璃、纯净天然石英晶体、氟化钙晶体等是制作光学元件的首选材料. 由于普通玻璃对可见光是透明的,而对红外光和紫外光因有强烈地吸收会不透明,所以红外光谱仪的棱镜不用普通玻璃而用氯化钠晶体或氟化钙晶体制作. 紫外光谱仪的棱镜则用石英晶体制作. 红外和紫外光区域作透镜、窗片的材料通常采用熔融石英就能满足要求.

物体呈现的颜色与物体对光的吸收有着密切的关系. 绝大部分物体呈现的颜色,都是由于对可见光进行选择吸收的结果. 白光照射下呈现红色的物体就是因为它们对白光中的红光吸收量很少,而对其他波长的光产生强烈吸收的缘故. 一个物体若能对白光中的所有波长的光几乎全部吸收掉,它就是黑色,如煤炭、黑漆等. 假如用一定颜色的光照射物体,物体所呈现的颜色就与白光照射下所呈现的颜色大不一样. 红花、绿叶在钠黄光的照射下都呈现黑色,就是因为它们对钠黄光有强烈的吸收.

3. 吸收光谱

每一种物质能选择吸收的波长是固定的,它反映了物质本身的一种特性. 研究物质对光的吸收,可通过分光光度计来完成. 发射连续光谱的光源所发出的光,通过有选择吸收的介质后再通过分光光度计可以看出,某些波段或某些波长的光被介质吸收. 若以入射光的波长为横坐标,介质对光的吸收程度(光密度或吸收系数)为纵坐标,就可得到介质的吸收光谱图. 在连续的发射光谱中,发生波长被吸收的区域是暗的,不同介质的吸收光谱的形状各不相同. 图 21 - 5 是钠蒸气的吸收光谱. 不是所有的发射光

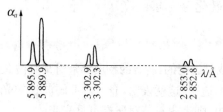

图 21 - 5　钠蒸气的吸收光谱

谱线系都有相应的吸收光谱,例如钠发射光谱中,只有主线系出现在吸收光谱中.稀薄气体的吸收波段很窄,所以形成的原子吸收光谱是线状光谱.这种光源灵敏度和准确度很高.极小量混合物或化合物中原子含量的变化,就会在光谱中反映出吸收系数的显著变化.所以在光谱的定量分析中,广泛地应用原子吸收光谱.

气体、液体和固体一般在较宽的波段有选择吸收,它们的吸收光谱是带状光谱.但不同分子有不同的红外吸收光谱.即使是分子量相同,其他物理化学性质也基本相同的同质异物体,红外吸收光谱也有显著的不同,对于诸如邻二甲苯与间二甲苯这样的异物体,则可利用它们的红外吸收光谱加以区别,也可从对固体和液体的红外光谱研究中,了解分子的振动频率,定性地分析分子结构和分子力等问题.

太阳光谱是一种典型的线状光谱,由于太阳四周的大气吸收内部的辐射,因而太阳发出的白光连续光谱的背景上分布着一条条暗线. 这些暗线是夫朗和费首先发现的,称为夫朗和费线. 这些谱线是处于湿度远比太阳内部湿度低的太阳大气层中的原子对太阳光进行选择吸收产生的. 根据概括这些谱线,人们曾经确定了太阳大气层中包含的 60 多种化学元素.

地球大气对可见光和紫外光是透明的,但对红外光的某些波段有吸收.透明度高的波段,称为大气"窗口". $1\,\mu\text{m}$ 到 $15\,\mu\text{m}$ 之间有 7 个"窗口". 充分研究大气情况的变化与"窗口"的关系,对红外遥感、红外导航和红外跟踪等技术的研究发展有很重要的作用. 另外,大气中的主要吸收气体为水蒸气、二氧化碳和臭氧,研究它们的含量变化,可为气象预报提供必要的依据.

例题 21.2 玻璃的吸收系数 $\alpha_{a_1} = 10^{-2}\,\text{cm}^{-1}$,空气的吸收系数 $\alpha_{a_2} = 10^{-5}\,\text{cm}^{-1}$,问厚度为 $1\,\text{cm}$ 的玻璃吸收的光,相当于多厚的空气层所吸收的光.

解 根据朗伯定律,介质所吸收的光强度为

$$I_0 - I = I_0(1 - \text{e}^{-\alpha_a l}).$$

同样强度的光,通过厚度分别为 l_1 和 l_2 的玻璃和空气层,若要产生相同的吸收,则必须满足

$$I_0(1 - \text{e}^{\alpha_{a_1} l_1}) = I_0(1 - \text{e}^{-\alpha_{a_2} l_2})$$

所以

$$\alpha_{a_1} l_1 = \alpha_{a_2} l_2,$$

$$l_2 = \frac{\alpha_{a_1} l_1}{\alpha_{a_2}} = \frac{10^{-2} \times 1}{10^{-5}} = 10^3 (\text{cm}),$$

即厚度为 $1\,\text{cm}$ 的玻璃所吸收的光相当于厚度为 $10\,\text{m}$ 空气层所吸收的光.

§21.3 光的色散和吸收的解释

光的吸收、色散和散射过程实质上就是光与介质中原子或分子相互作用的过程. 要深入研究这种作用,就必须考虑原子或分子这样一个复杂的电学系统与电磁波的相互作用. 然而这种作用过程又是一个微观过程,研究微观过程必须用量子理论. 因此如何用经典理

论解释上述现象是经典理论研究的一个重要课题. 19 世纪末, 洛仑兹提出了经典电子论, 从而定性地解释了光的吸收、色散问题.

1. 洛仑兹电子论假设

洛仑兹假定: 组成物质的原子或分子内的带电粒子被弹性力束缚在它们的平衡位置附近, 这些带电粒子还具一定的固有频率. 在入射光的作用下, 原子或分子发生极化, 并依入射光的频率做受迫振动, 形成振动的偶极子, 这种带电的振动偶极子将以入射光的频率辐射电磁次波, 这些次波叠加起来就形成在介质中传播的光波. 洛仑兹电子理论所提出的电偶极子这一模型虽然很粗浅, 但在定性方面能与实验结果大体相符, 物理图像也较为简明. 按照这一模型, 可以计算出介质中光的传播速度和折射率, 也可以求得光对介质的吸收系数.

2. 色散和吸收的电子论解释

按照洛仑兹的电子理论, 电偶极子发出的电磁次波在介质中传播时, 由于这些次波叠加的结果, 使光只有在折射方向上继续传播下去, 在其他方向, 因次波的干涉而互相抵消, 所以没有光出现.

(1) 关于色散的电子论解释

根据麦克斯韦电磁理论, 介质中电磁波的速度为

$$v = \frac{1}{\sqrt{\varepsilon_r \varepsilon_0 \mu_r \mu_0}} = \frac{1}{\sqrt{\varepsilon_r \mu_r}} c,$$

即

$$n = \sqrt{\mu_r \varepsilon_r},$$

式中 n 是真空中光速与介质中电磁波速的比值, 也就是介质的折射率. 对于大多数介质 $\mu_r = 1$, 因此 $n = \sqrt{\varepsilon_r}$. 在一个被极化的介质中, 极化强度 $\boldsymbol{P} = \frac{1}{\Delta V}\sum_{i=1}^{i} \boldsymbol{P}_i = \chi \varepsilon_0 \boldsymbol{E} = (\varepsilon_r - 1)\varepsilon_0 \boldsymbol{E}$, 式中的 $\boldsymbol{P}_i$ 就是体积 ΔV 中每个分子的电偶极矩.

为了简单起见, 我们假设色散介质中只有一个电子, 而且分子间没有相互作用, 例如气体的情况. 当电子偏离平衡位置的位移为 x 时, 其电偶极矩 $P = ex$, 根据受迫振动理论, 在 x 方向的外电场 $E = E_0 e^{i\omega t}$ 的作用下, x 满足方程

$$m \frac{d^2 x}{dt^2} + \gamma \frac{dx}{dt} + kx = E_0 e^{i\omega t}. \tag{21-14}$$

在阻尼很小时, $\gamma \to 0$, 电子在强迫振动下的位移为

$$x = x_0 e^{i\omega t} = \frac{eE_0}{m(\omega_0^2 - \omega^2)} e^{i\omega t}, \quad \omega_0^2 = \frac{K}{m}. \tag{21-15}$$

式中 ω_0 是振子的固有圆频率. 设单位体积中有 N 个分子, 则极化强度

$$P = Np = Nex = Nex_0 e^{i\omega t}.$$

P 与 $\varepsilon_0 E$ 的比值为

$$\varepsilon_r - 1 = \frac{P}{\varepsilon_0 E} = \frac{Nex_0 e^{i\omega t}}{\varepsilon_0 E_0 e^{i\omega t}} = \frac{Ne^2}{m\varepsilon_0(\omega_0^2 - \omega^2)}. \qquad (21-16)$$

式中 $\varepsilon_r = n^2$. 根据波长 λ 和固有频率的关系可知 $\omega = \dfrac{c}{2\pi\lambda}$，$\omega_0 = \dfrac{c}{2\pi\lambda_0}$，于是 $(21-16)$ 式可写成

$$n^2 = 1 + \frac{4\pi^2 Ne^2}{m\varepsilon_0 c_2} \cdot \frac{\lambda_0^2 \cdot \lambda^2}{\lambda^2 - \lambda_0^2} = 1 + A\frac{\lambda^2}{\lambda^2 - \lambda_0^2}. \qquad (21-17)$$

上式称的色散塞尔迈尔公式，它比科希公式更符合实际. 当 $x \gg 0$ 时，用二项式定理把它展开即到描述色散的科希公式.

（2）光的吸收的电子论解释

在上述讨论中，我们把介质的分子当作没有阻尼的振子. 在实际情况中，由于辐射或原子间的相互作用，都会使振子失去能量，因而它本身的振动就是有衰减的阻尼振动. 在外电场的作用下，受迫振动的振幅为

$$x = x_0 e^{i(\omega t + \varphi)} = \frac{eE_0}{m(\omega_0^2 - \omega^2 + ir\omega)} e^{i\omega t}. \qquad (21-18)$$

上式与 $(21-15)$ 式相比比较，可看出相当于把 $(21-16)$ 式改写为

$$\varepsilon_r - 1 = \frac{Ne^2}{m\varepsilon_0[(\omega_0^2 - \omega^2) + ir\omega]}. \qquad (21-19)$$

这说明 $n^2 = \varepsilon r$ 为一复数，n 也是一复数. 在介质中沿 x 方向传播的折射光可表示为

$$E = E_0 e^{i\omega\left(t - \frac{x}{v}\right)} = E_0 e^{\left(i\omega t - \frac{nx}{c}\right)}.$$

当 n 为复数时，令 $n = n_1 + in_2$ 则有

$$E = E_0 e^{-n_2\frac{\omega}{c}x} e^{i\left(\omega t - n_1\frac{x}{c}\right)}, \qquad (21-20)$$

因子 $\left(e^{-n_2\frac{\omega}{c}x}\right)$ 反映了因介质的吸收而引起光波振幅按指数衰减，这与朗伯吸收定律所描述的光波振幅的衰减情况是一致的. 当 $\omega = \omega_0$ 时，n_2 有极大值，这就是共振吸收.

§21.4　光 的 散 射

1. 光的散射现象

光通过光学性质均匀的介质（如纯净的水、玻璃等）直射，或光在光学性质均匀但介质材料不同的介质分界面上反射或折射时，光束的传播都被限制在确定的方向上，因此在其余方向进行观察时，则几乎看不见光，这时光与物质的相互作用主要表现为光的吸收和色散. 但当光通过光学性质不均匀介质（例如包含微小水滴的空气或雾、包含有悬浮微粒的液体、胶体溶液等）时，则从各个方向都可以看见光，这种现象称为光的散射. 例如从窗户

射入室内的太阳光、火车头和汽车的前置灯所发出光,我们都能不在光束传播的方向上清晰地看见光传播的轨迹,这就是光被空中散布的尘埃所散射的结果.

光的散射,是光与物质相互作用的结果.介质的光学性质不均匀主要由两方面造成,一方面是由于均匀介质中散布着与它折射率不同的其他物质的大量微粒;另一方面可能是由于物质本身组成部分(粒子)不规则的聚集,造成介质光学性质不均匀的介质微粒的线度一般比光的波长小,它们之间的距离又比波长大,而且它们又是大量无规则地排列着,按照洛仑兹电子理论,这些杂质微粒是产生散射次波的波源.当光与这些散射微粒作用时,它们的振动之间就没有固定的位相关系,因而向各个方向发射的次波产生不相干叠加而不会抵消,从而形成了散射光.

散射按介质不均匀结构的性质,可以分为两大类,一类由均匀介质中悬浮的杂质微粒所引起的光的散射,称为廷德尔(Tyndall)散射,烟、雾、含有尘埃的大气、乳状液、胶体溶液等浑浊介质的散射即属此类.另一类由于组成介质的分子热运动造成密度的局部涨落而引起的散射称为分子散射.十分纯净的液体或气体中的发生的比较微弱的散射,就属于分子散射.

光通过介质时,不仅介质的吸收会使透射光强减弱,而且散射也会使透射光强减弱.因此,透射光强的减弱将遵从

$$I = I_0^{-(\alpha_a + \alpha_s)l}, \tag{21-21}$$

式中 α_a 是真正吸收系数,α_s 是散射系数,两者之和称为衰减系数.在很多情况下,两系数中一个往往比另一个小得多,因而可忽略不计.

2. 瑞利散射

线度小于光的波长的微粒对入射光的散射现象通常称为瑞利(Rayleigh)散射.这种散射的规律性比较简单,通过实验可得出以下几点规律:

(1) 散射光的强度与波长的四次方成反比

$$I_s(\lambda) = \frac{f(\lambda)}{\lambda^4}. \tag{21-22}$$

从侧面观察散射光,包含比较多的短波成分,如果原光束是白光,在散射光中多呈现蓝色.天空的蓝色就是由于不规则的分子运动使大气中密度不均匀而使太阳光散射所造成.如果迎着原光束传播的方向观察,光线显得比较红一些.关系式(21-22)叫作瑞利散射定律.

(2) 散射光的强度与方向有关.在与原光束成 θ 的 OC 方向上观察到的光的强度 I_θ 可由下式表示

$$I_\theta = I_{\pi/2}(1 + \cos^2\theta), \tag{21-23}$$

式中 $I_{\pi/2}$ 是在与原光束成直角方向上($\theta = \pi/2$)散射光的强度.如图 21-6 所示的曲线表示散射光强度和方向的关系,原光束沿 Ox 轴传播,围绕 Ox 轴旋转 $360°$ 就得到光强

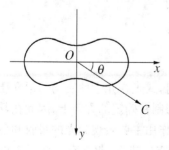

图 21-6 散射光强度分布

在空间所有方向上强度的分布.

（3）散射光具有确定的振动方向，也就是说，它是偏振光.当一束自然光照在浑浊介质上而被介质中微粒散射时，如果在原光束成直角的方向观察，则所观察到的散射光是电矢量具有确定方向的全偏振光.如果沿着与原光束倾斜的方向观察，则散射光是部分偏振光.通常我们观察的天空散射光都是部分偏振光.

以上几点规律，对较大的散射质点就不完全正确，散射光的强度与波长的关系就不显著，散射光的颜色要深些.这时散射的角度分布关系就更复杂.

3. 喇曼散射

一般情况下，散射光的频率与入射光的频率相同，这种散射叫瑞利散射.但在拍摄透明介质的散射光谱照片并作长时间的曝光，还可在散射光中找到与入射光频率不同的谱线，这就是喇曼（Raman）散射.这种散射光频率的改变与介质分子固有频率的振动有关.当光照射在介质上时，介质极化强度

$$P = \frac{\sum P}{\Delta V} = \chi \varepsilon_0 E$$

有两方面的周期性变化.一方面，入射光的电场 E 以频率 ν_0 变化；另一方面，由于介质分子以本征频率 ν 振动，极化率也以频率 ν 作周期变化，则有

$$\chi = \chi_0 + \chi_1 \cos 2\pi\nu t$$

χ_0 相当于分子静止在平衡位置时的极化率，χ_1 相当于分子因固有振动而引起的作周期变化的极化率的振幅.两种周期性变化叠加起来，就使介质分子发射的次波具有

$$\nu_0 + \nu, \quad \nu_0 - \nu$$

两种频率.利用喇曼光谱的这一性质，可以测定介质分子的固有频率.这在多原子分子结构的研究中是非常有用的.

例题 21.3　假定在白光中波长为 $600\,\mathrm{nm}$ 的红光与 $450\,\mathrm{nm}$ 的蓝光具有同样的强度，问在散射光中两者的比例是多少？

解　据瑞利散射定律，散射光的强度 I 与波长的四次方成反比，所以

$$\frac{I_{\text{红}}}{I_{\text{蓝}}} = \frac{\lambda_{\text{蓝}}^4}{\lambda_{\text{红}}^4} = \frac{4.5^4}{6^4} = 0.32.$$

因此观察白光散射时可看到青蓝色.

习　题

21.1　正常色散曲线反映了正常色散哪些基本规律？

21.2　何谓光的一般吸收和选择吸收？它们各自具有什么特点？

21.3　既然人眼对黄、绿光最敏感，为什么警示信号又用红光？

21.4　光学玻璃对水银蓝光（$435.8\,\mathrm{nm}$）和水银绿光（$564.1\,\mathrm{nm}$）的折射率分别为 $1.652\,50$ 和 1.624

50. 用科希公式计算:

(1) 此玻璃的 A 和 B;

(2) 它对钠黄光 589.0 nm 的折射率;

(3) 在此黄光处的色散率.

21.5　一玻璃三棱镜的顶角 A_0 为 60°,它的色散特性可用科希公式来描写,其中 $A = 1.416$,$B = 1.72 \times 10^{-10}$ cm². 棱镜放置的位置放得使它对 600 nm 波长的光形成最小偏向角. 试计算该三棱镜的角

色散率为多少 rad·nm^{-1}? $\left[$提示,三棱镜的角色散率由公式 $D = \dfrac{\mathrm{d}\theta}{\mathrm{d}\lambda} = \dfrac{2\sin\dfrac{A_0}{2}}{\sqrt{1 - n^2\sin^2\dfrac{A_0}{2}}} \cdot \dfrac{\mathrm{d}n}{\mathrm{d}\lambda}\right]$.

21.6　某介质的吸收系数 $\alpha_a = 0.32$ cm^{-1},当透射光强分别为入射光强的 0.1,0.2,e^{-1} 时,该介质对应的厚度各为多少?

21.7　已知某金属的吸收系数 $\alpha_a = 1.0 \times 10^4$ cm^{-1},问它厚度为多少时能透过 50% 的光?

21.8　浓度为 0.01 g/(100 ml) 的某溶液盛在一透明容器中,测得在 550 nm 处的光密度值为 0.16. 现有一未知浓度的同种溶液,用同一容器在同一波长处的光密度值为 0.58,求这种溶液的浓度.

21.9　一个长 30 cm 的管中充满含烟的空气,它能透过 60% 的光. 将烟粒完全除去后,则能透过 92% 的光,若烟粒对光只有散射而无吸收. 试计算吸收系数和散射系数.

21.10　试计算波长为 $\lambda = 253.6$ nm 和 $\lambda' = 546.1$ nm 的两条谱线强度相等时,两者散射光强之比. 设散射符合瑞利散射定律.

21.11　日光束由小孔射入暗室,室内的人沿着与入射光垂直以及与其成 45° 的方向观察这束光时,见到由瑞利散射所形成的强度之比为多少?

第六篇 量子物理

第22章 波和粒子

19 世纪末,由麦克斯韦创立的光的电磁理论已成为物理学的重要理论之一. 这一理论深刻地揭示了光的电磁本质,成功地解释了光的干涉、衍射和光的偏振等波动现象,从而确立了光具有波动性. 然而在进一步研究辐射和物质相互作用过程中,发现许多主要实验(如黑体辐射、光电效应、康普顿效应和原子光谱规律等)的实验结果却与经典的电磁理论相违背,用光的电磁理论更无法解释. 因此正是在研究上述实验的过程中、在探索光的本性方面建立了光的量子概念,确定了光具有粒子(量子)的特性. 光的量子性概念的确立及后来量子理论的发展,使人们对微观世界探索的认识论和方法论发生了深刻的变化,从而带来了物理学发展的又一次"革命".

本章将通过黑体辐射、光电效应、康普顿效应等实验及基本规律来阐明光的量子性,并对光及微观粒子的波粒二象性作初步介绍.

§22.1 热辐射和基尔霍夫定律

1. 辐射和热辐射

(1) 辐射和热辐射

物体以电磁波的形式向外发射能量称为辐射. 物体辐射能量有两种不同形式,第一种形式是物体在辐射过程中不能仅用维持其温度来使辐射进行下去,而是依靠其他一些激发过程来获得能量以维持辐射,这种辐射称为"发光". 维持"发光"的能量补偿方式可以有诸如光照、化学变化、其他粒子轰击和加热等. 另一种形式是通过加热来维持其温度,辐射就可以持续不断地进行下去,这种辐射称为热辐射(或温度辐射). 任何物体(固体、液体或相当厚的气体)在任何温度下都能进行热辐射. 例如,炽热的灯丝、灼热的铁块、人体乃至家具等一切物体都会进行热辐射. 低温物体辐射红外光,随着温度的升高,短波长的辐射会越来越丰富. 实验表明,热辐射的光谱是连续光谱,不同物体在不同的温度条件下,辐射能量的大小和辐射能量按波长分布有显著的不同;不同物体在相同温度下所辐射的光谱成分也不相同.

(2) 辐射本领和吸收本领

1) 辐射本领　为对热辐射进行定量描述,我们引进辐射本领的概念,它是描述物体热辐射能力大小的物理量.实验表明,热辐射时,在一定温度时物体向外辐射的各种波长的辐射能量不同;在不同温度时,同一波长的辐射能量也不同.这就是说,描述物体热辐射能力大小的辐射本领不但与辐射的波长 λ 有关,而且与辐射时的温度 T 有关.温度为 T 的物体在单位时间内从单位表面积上辐射出来的、波长在 λ 至 λ+dλ 间隔内的辐射能量 dΦ 与波长间隔 dλ 的比值定义为该物体的辐射本领 $E(\lambda, T)$.据此则有

$$E(\lambda, T) = \frac{\mathrm{d}\Phi(\lambda, T)}{\mathrm{d}\lambda}. \tag{22-1}$$

辐射本领 $E(\lambda, T)$ 是 λ 和 T 的函数.它表示从物体表面单位面积发出的波长在 λ 附近的单位波长间隔内的辐射功率.辐射本领不仅随波长和温度而变化,还与物体表面状况和性质有关.任何物体的热辐射性质,都可以用辐射本领来表示.如果我们在整个 λ 的范围内将 $E(\lambda, T)$ 积分,就可得出在单位时间内处于温度为 T 的物体单位面积上向各方向发出的包括所有波长的辐射能量.

2) 吸收本领　物体在进行热辐射的同时,也必定吸收从周围物体辐射出的辐射能.通常用吸收本领这一物理量来描述物体吸收辐射能量的能力大小.若一物体温度为 $T, \mathrm{d}\Phi_\lambda$ 是一定时间内照射到物体表面、波长在 λ 附近单位波长间隔内的辐射能,$\mathrm{d}\Phi'$ 是该物体在相同时间内所吸收的同一波长间隔的辐射能,那么两者的比值则定义为该物体的吸收本领 $A(\lambda, T)$,即

$$A(\lambda, T) = \frac{\mathrm{d}\Phi'_{\lambda T}}{\mathrm{d}\Phi_{\lambda T}}. \tag{22-2}$$

物体的吸收本领也随波长和温度而变化,并与物体的性质和表面状况有关.实际物体不可能全部吸收外来辐射的能量,总会有部分能量被反射、散射和透射,所以 $\mathrm{d}\Phi_{\lambda T}$ 总是小于 $\mathrm{d}\Phi'_{\lambda T}$.因此,吸收本领 $A(\lambda, T)$ 总是小于 1.

2. 基尔霍夫定律

实验表明,同一物体的辐射本领 $E(\lambda, T)$ 和吸收本领 $A(\lambda, T)$ 之间有一定关系.基尔霍夫(Kirchoof)辐射定律定量地描述了这种关系.

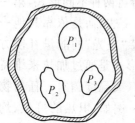

如图 22-1 所示,如果温度不同的三个物体 P_1, P_2, P_3 置于一个理想的密闭绝热容器中,容器的温度为 T,将容器内部抽成真空,各物体之间以及物体与容器壁之间只能通过辐射和吸收来交换能量.当单位时间内,物体向外辐射的能量多于吸收的能量,它的温度就会下降,辐射就会减弱;若物体吸收的能量大于辐射的能量,物体的温度就会升高,辐射也将会增强,在经过足够长的时间后,各物体和容器达到相同的温度,整个系统建立热平衡.在

图 22-1　基尔霍夫定律

此情况下,各物体辐射出去的能量就等于同一时间内所吸收的能量(对任何波长辐射都成立).既然物体的辐射本领不同,它们的吸收本领也就不同,否则就达不到热平衡.1859年,基尔霍夫根据热平衡原理指出物体的辐射本领和吸收本领所遵从的普遍规律:物体的辐射本领 $E(\lambda, T)$ 和吸收本领 $A(\lambda, T)$ 的比值与物体的性质无关,是波长和温度的普适函数,即

$$\frac{E_1(\lambda, T)}{A_1(\lambda, T)} = \frac{E_2(\lambda, T)}{A_2(\lambda, T)} = \cdots = f(\lambda, T). \qquad (22-3)$$

上式称为基尔霍夫定律.

基尔霍夫定律表明,各种不同的物体在某一温度时对某一波长的辐射本领和吸收本领的比值都相同,辐射本领大的物体其吸收本领也大,辐射本领小的物体其吸收本领也小.这种关系是一切物体热辐射时所遵从的普遍规律.黑色物体对可见光有强烈的吸收,白色物体对可见光吸收很少,因此在同一温度下,黑色物体比白色物体有较强的辐射,夏天有人穿黑色衬衫也就是这个道理.

3. 黑体和黑体辐射的经典定律

(1) 黑体

各种物体由于它有不同的结构,因而它对外来辐射的吸收以及它本身向外的辐射都不相同.设想有这样一种物体,其表面不反光,它能够在任何温度下全部吸收照射在其上面的任何波长的电磁辐射,这种物体称为绝对黑体,简称为黑体.

黑体的吸收本领 $A_0(\lambda, T)$ 与波长和温度无关,它是等于 1 的常数.根据基尔霍夫定律,黑体的辐射本领 $E_0(\lambda, T)$ 为

$$\frac{E_0(\lambda, T)}{A_0(\lambda, T)} = E_0(\lambda, T) = f(\lambda, T). \qquad (22-4)$$

由此可见,黑体辐射本领 $E_0(\lambda, T)$ 就是普适函数 $f(\lambda, T)$.

实际上,并不存在绝对黑体,黑体是一理想的模型.在实践中,如果一个物体涂上一层黑色的散射层(如铋黑或镉黑),这物体就可近似地看作黑体.

图22-2是一个带有小孔的空腔.当光通过小孔进入空腔后,就在空腔内壁反复反射,重新从小孔射出的机会很少,加之光在腔内的多次反射而损失了大部分能量,射出的光是极其微弱的,若将腔内壁完全涂黑,从小孔射进空腔的光几乎全部被吸收.空腔上小孔的吸收本领对于所有波长的光都几乎等于1,因而非常接近于黑体的吸收本领.若加热空腔,腔壁将向内发出热辐射,其中一部分从小孔射出.根据基尔霍夫定律,小孔向外的辐射非常接近于黑体的辐射.实验室通常就是在绕有电热丝的空腔上开一小孔来进行黑体辐射实验.

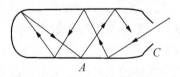

图22-2 人工黑体空腔

吸收本领与波长有关的非黑体称为灰体.灰体的吸收本领 $A(\lambda, T)$ 永远小于1,实际上也没有完全理想的灰体,有些物体只有在某一有限波长区域内可近似地看作灰体.一般金属材料在可见光区域可近似地看作灰体.若物体的吸收本领 $A(\lambda, T)$ 为零,这种物体称

作白体,纯净的雪面可近似地看作白体.

(2) 黑体的经典辐射定律

黑体的辐射本领 $E_0(\lambda, T)$ 是普适函数 $f(\lambda, T)$,因而研究黑体的辐射规律及黑体辐射本领 $E_0(\lambda, T)$ 的具体函数形式应成为热辐射理论的基本课题.

研究黑体辐射规律可由一定的实验装置来完成. 图 22-3 是用实验的方法测得描述黑体辐射本领 $E_0(\lambda, T)$ 与波长 λ 的关系曲线. 由图 22-3 可以看出:① 在任何确定的温度下,不同波长的辐射本领不同,在某一波长 λ_m 值时具有最大的辐射本领.② 温度升高时,与最大辐射本领对应的波长向短波方向移动,且辐射本领增加很快.

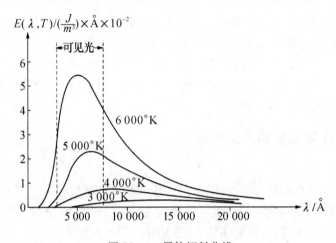

图 22-3   黑体辐射曲线

如何解释黑体辐射规律的实验曲线并找出辐射本领 $E_0(\lambda, T)$ 的具体函数形式,便成为研究黑体辐射的关键.

1) 斯忒藩-玻尔兹曼定律

根据辐射本领的定义,温度为 T 的黑体在单位时间内从单位表面上辐射的波长在 $\lambda \sim \lambda + d\lambda$ 间隔内的辐射能为

$$d\Phi_0(\lambda, T) = E_0(\lambda, T)d\lambda.$$

黑体在单位时间内从单位表面积上辐射的包括所有波的总辐射能为

$$\Phi_0(T) = \int_0^\infty E_0(\lambda, T)d\lambda.$$

$\Phi_0(T)$ 称为黑体的辐射度,单位是 $W \cdot m^{-2}$. 从上式可以看出 $\Phi_0(T)$ 只是温度的函数. 1879 年到 1884 年,斯忒藩(J. Stefan)和玻尔兹曼先后从实验和理论上指出:黑体的辐射度与黑体的绝对温度 T 的四次方成正比,即

$$\Phi(T) = \sigma T^4. \tag{22-5}$$

这就是斯忒藩-玻尔兹曼定律.式中 $\sigma = 5.670\,32 \times 10^{-8}\ W \cdot m^{-2} \cdot K^{-4}$,称为斯忒藩-玻尔兹曼常数.

斯忒藩-玻尔兹曼定律只指出黑体的辐射度与温度之间的关系,并没有指出 $E_0(\lambda, T)$ 的具体函数形式.

2) 维恩定律

为从理论上导出与实验曲线相符辐射本领 $E_0(\lambda, T)$ 的具体函数形式,1893 年维恩 (W. Wien)假设并研究了内壁具有理想反射面的密闭容器内的辐射,并运用热力学理论导出了黑体辐射本领的公式,即

$$E_0(\lambda, T) = \frac{c^5}{\lambda^5} f\left(\frac{c}{\lambda T}\right), \tag{22-6}$$

式中 c 是真空中的光速,f 是一个待求函数. 从上式可以看出,对于每一给定的温度,$E_0(\lambda, T)$ 有一最大值,这个最大值在光谱中的位置由 λ_m 确定. λ_m 的值可由 $\dfrac{\mathrm{d}E_0(\lambda, T)}{\mathrm{d}\lambda} = 0$ 的条件求得,即

$$T\lambda_m = b, \tag{22-7}$$

式中常数 $b = 2.897\,8 \times 10^{-3}$ m·K. 此式称为维恩位移定律.维恩位移定律可以表述为:任何温度下的黑体辐射本领 $E_0(\lambda, T)$ 都有一最大值,这最大值所对应的波长 λ_m 与其绝对温度 T 成反比.维恩位移定律清楚表明,随着温度升高,黑体辐射本领的最大值向短波方向移动.炽热物体温度不高时,辐射能量主要集中在长波区域,此时发出红外线和赭红色的光.温度较高时,辐射能量主要集中在短波区域,而发出白光或紫外线.

维恩在进一步研究黑体辐射和吸收过程后,假设谐振子的能量按玻尔兹曼分布规律分布,导出了黑体辐射本领的表达式为

$$E_0(\lambda, T) = C_1 \lambda^{-5} \mathrm{e}^{\frac{C_2}{\lambda T}}, \tag{22-8}$$

式中 C_1,C_2 为普适常数,此式称为维恩公式.维恩公式在波长较短时与实验结果相符,在长波段与实验结果产生了明显的偏离,如图22-4 所示.

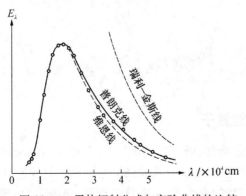

图 22-4　黑体辐射公式与实验曲线的比较

3) 瑞利-金斯定律

1900 年,瑞利与金斯(Jeans)曾应用经典的电磁理论,并假设振子的能量按自由度均

分,推导出黑体辐射本领

$$E_0(\lambda,\ T) = \frac{2\pi c}{\lambda^4} kT. \tag{22-9}$$

这就是瑞利-金斯定律.式中的 c 为真空中的光速,k 称为玻尔兹曼常数,T 为绝对温度.瑞利-金斯定律在波长很长时与实验结果相符,但在短波区域则完全不符合实验结果,如图 22-4 所示.

根据瑞利-金斯定律,随着波长的减小,从(22-9)式可以得出黑体的辐射度很大并趋于无穷

$$\Phi_0(T) = \int_0^\infty E_0(\lambda,\ T)\mathrm{d}\lambda = 2\pi ckT \int_0^\infty \frac{1}{\lambda^4}\mathrm{d}\lambda = \infty.$$

这显然是荒谬的结论.实验结果表示,随着波长减小,$E_0(\lambda,\ T)$ 及 $\Phi_0(T)$ 趋向于零.经典理论与实验结果在短波段的这一严重失败,在物理学史上被称为"紫外灾难".

上述三个定律依据经典理论,虽然从理论上描述了黑体辐射规律的不同侧面,但是,他们都没有完整地从理论上导出与实验曲线完全相符的函数 $E_0(\lambda,\ T)$ 的具体形式,这也就是说,经典理论在解释黑体辐射现象上遇到了不可克服的困难.尽管黑体辐射定律有其局限性,但在光测高温学领域却得到广泛和有效的应用.

例题 22.1 设空腔处于某温度时 $\lambda_m = 650.0\,\mathrm{nm}$,如果腔壁的温度增加,以至辐射度加倍时,$\lambda_m$ 变为多少?

解 设温度增加后空腔的温度为 T',相应的辐射度为 $\Phi'(T)$,辐射最大位置为 λ'_m.由斯忒藩-玻尔兹曼定律可得

$$\frac{\Phi'_0}{\Phi_0} = \left(\frac{T'}{T}\right)^4 = 2.$$

由维恩位移定律可得

$$\frac{\lambda'_m}{\lambda_m} = \frac{T}{T'},$$

于是

$$\lambda'_m = \left(\frac{T}{T'}\right)\lambda_m = \sqrt[4]{\frac{\Phi_0(T)}{\Phi'_0(T)}} \cdot \lambda_m = \sqrt[4]{\frac{1}{2}} \times 650 \approx 546.6\,(\mathrm{nm}).$$

4. 普朗克公式 能量子

在对黑体辐射"紫外灾难"的研究中,1900 年,普朗克(Planck)大胆地提出了与经典理论相违背的能量子假设,推导出了与实验结果完全相符的理论公式——普朗克公式,解决了黑体辐射能量分布的数学表达式,并推导出瑞利-金斯定律、维恩位移定律以及斯忒藩-玻尔兹曼定律,成功地解决了黑体辐射的理论问题.

普朗克认为,微观振子的能量不能像在经典理论中那样允许连续取值,而只能取特殊的分立值.为此在普朗克公式推导中,首先假定黑体是由带电的线性谐振子组成,其次他

又假设这些谐振子的能量不能连续变化,是某一最小能量单元 ε_0 的整数倍,即

$$E = \varepsilon_0, 2\varepsilon_0, 3\varepsilon_0, \cdots, n\varepsilon_0. \quad (n \text{ 为整数})$$

频率为 ν 的谐振子的最小能量单元为

$$\varepsilon_0 = h\nu. \tag{22-10}$$

ε_0 称为能量子,简称量子. h 是一个与频率无关也与辐射性质无关的新的常数,叫作普朗克常数,h 的值为 $6.626\,176 \times 10^{-34}$ J·s. 普朗克能量子假设就意味着物体辐射和吸收能量,只能以能量子 $h\nu$ 为单元一份一份地按不连续的方式进行,总的辐射或吸收的能量也只能是 $h\nu$ 的整数倍.

根据玻尔兹曼分布,在热平衡状态中,处于能量为 $\varepsilon = n\varepsilon_0$ 的一个状态的几率正比于 $\mathrm{e}^{-\frac{\varepsilon}{kT}}$,每个振子的平均能量为

$$\bar{\varepsilon}_\nu = \frac{\sum\limits_{n=0}^{\infty} \varepsilon \mathrm{e}^{-\frac{\varepsilon}{kT}}}{\sum\limits_{n=0}^{\infty} \mathrm{e}^{-\frac{\varepsilon}{kT}}} = \frac{\sum\limits_{n=0}^{\infty} nh\nu \mathrm{e}^{-\frac{nh\nu}{kT}}}{\sum\limits_{n=0}^{\infty} \mathrm{e}^{-\frac{nh\nu}{kT}}} = \frac{h\nu}{\mathrm{e}^{\frac{h\nu}{kT}} - 1}.$$

将这个 $\bar{\varepsilon}_\nu$ 代替(22-9)式中的 kT,可得

$$E_0(\lambda, T) = \frac{2\pi c}{\lambda^4} \cdot \frac{h\nu}{\mathrm{e}^{\frac{h\nu}{kT}} - 1} = 2\pi hc^2 \lambda^{-5} \frac{1}{\mathrm{e}^{\frac{hc}{\lambda kT}} - 1}, \tag{22-11}$$

式中 c 是光速、k 是玻尔兹曼常数,h 是普朗克常数. (22-11)式称为普朗克黑体辐射公式. 普朗克公式与实验结果完全相符. 不仅解决了黑体辐射理论的基本问题,而且还发现了辐射能量的量子性.

维恩公式和瑞利-金斯公式虽是由热力学得出的经典理论公式,其实它们正是普朗克公式分别在短波段和长波段两种极限情况下的简化形式,当波长较短时,$kT \leqslant \frac{hc}{\lambda}$,即 $kT \leqslant h\nu$,有

$$\mathrm{e}^{\frac{hc}{k\lambda T}} = \mathrm{e}^{\frac{h\nu}{kT}} \gg 1.$$

普朗克公式则变为

$$E_0(\lambda, T) = 2\pi hc^2 \lambda^{-5} \mathrm{e}^{\frac{hc}{k\lambda T}} = C_1 \lambda^{-5} \mathrm{e}^{\frac{C_2}{\lambda T}}.$$

这就是维恩定律公式(22-8)式. 式中 $C_1 = 2\pi hc^2$,$C_2 = \frac{hc}{k}$,当波长很长时,$kT \gg h\nu$,有

$$\mathrm{e}^{\frac{hc}{k\lambda T}} - 1 = \mathrm{e}^{\frac{h\nu}{kT}} - 1 = \left[\left(1 + \frac{h\nu}{kT} + \cdots \right) - 1 \right] = \frac{h\nu}{kT} = \frac{hc}{k\lambda T},$$

普朗克公式则简化为

$$E_0(\lambda,\ T) = 2\pi hc^2\lambda^{-5}\ \frac{1}{\dfrac{hc}{kT\lambda}} = 2\pi c\lambda^{-4}kT.$$

这就是瑞利-金斯公式(22-9)式. 利用普朗克黑体辐射公式还可以推导出斯忒藩-玻尔兹曼公式和维恩位移公式.

普朗克量子假设的意义不仅在于解决了黑体辐射的理论问题,更主要的是它首次提出了微观规律的基本特征,从而开创了物理学的新领域——量子理论.

§22.2　光电效应　爱因斯坦光子理论

1. 光电效应

普朗克在处理黑体辐射时,虽然指出辐射体中谐振子的能量是量子化的,但却认为空腔内部辐射场仍然是一种电磁波. 在光电效应的研究中,爱因斯坦指出,光辐射不仅是一种电磁波,而且也可以看作是一种粒子(称作光子)在空间的传播. 光电效应充分显示了光的粒子(量子)的性质.

当光束照射在金属表面上时,金属中有电子逸出的现象叫作光电效应,所逸出的电子叫光电子. 研究光电效应的实验装置如图 22-5 所示,光电阴极 K 和阳极 A 封闭在高真空的玻璃管内. 当光束照射在阴极 K 上时,便有光电子逸出,逸出的光电子受电场加速飞向阳极 A 而形成电流,这种电流称为光电流. 两极间的电压 V 和所产生的光电流 I 分别由伏特计和电流计测定.

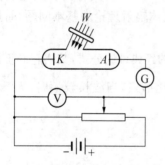
图 22-5　光电效应实验装置

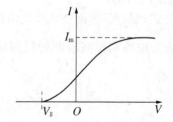
图 22-6　光电效应伏安曲线

实验表明,入射光和光电流之间存在依存关系. 实验时,以一定强度和波长单色光照射阴极 K,通过分层装置改变两极间的电压 V,同时记录电压 V 和光电流 I 的值可得到如图 22-6 所示的光电效应的伏安特性曲线.

曲线表明,当两极间加正向电压时,光电流随电压增加而增加. 当电压增加到一定值时,光电流达到饱和值 I_m. 这说明单位时间内从阴极 K 发出的光电子全部被阳极 A 吸收. 阴极单位时间内被击出的电子数目 n 是一定的,显然饱和电流为

$$I_m = ne. \tag{22-12}$$

曲线同时还表明,当所加电压减小并等于零时,光电流减小但并不为零.这说明光电子从阴极逸出具有初动能,这时虽没有外电场的作用,光电子仍会依靠其初动能到达阳极形成饱和电流.当两极间加反向电压时,光电流随反向电压的增加而减小,这是因为虽有外电场阻碍光电子运动,但那些初动能较大的电子仍能克服电场的阻碍作用到达阳极形成光电流.当反向电压增大到某一值 V_g 时,就能阻止所有光电子到达阳极,此时光电流变为零,V_g 称为截止电压.显然,截止电压 V_g 与光电子最大动能的关系为

$$eV_g = \frac{1}{2}mv_m^2, \tag{22-13}$$

式中 m 为电子的质量,e 是电子的电荷,v_m 是光电子的最大初速度.

如果改变入射光的强度和频率,所测得的伏安特性曲线和入射光频率与截止电压的关系曲线有所不同.

2. 光电效应的实验规律

(1) 饱和光电流 I_m 的大小与入射光的强度成正比,即单位时间内被击出的光电子数目与入射光的强度成正比,如图 22-7 所示.

(2) 光电子的最大初动能(或截止电压)与入射光的强度无关,如图 22-7 所示,而与入射光的频率成线性关系,即频率越高,光电子的能量越大,如图 22-8 所示.

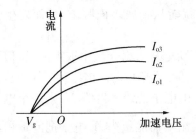

图 22-7 不同光强下的伏安曲线

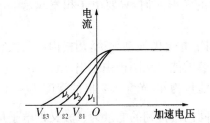

图 22-8 入射光频率与截止电压的关系

截止电压 V_g 与入射光的频率 ν 的线性关系解析式可表述为

$$V_g = k\nu - V_i.$$

直线斜率 k 是与阳极材料无关的常数,而 V_i 则随阳极材料种类不同而异,若令 $V_i = k\nu_0$ 则有

$$V_g = k(\nu - \nu_0), \tag{22-14}$$

其中 ν_0 为直线在横轴上的截距,利用(22-14)式可将上式改写成

$$\frac{1}{2}mv_m^2 = ek\nu - ek\nu_0. \tag{22-15}$$

上式表明光电子的最大初动能随入射光的频率线性改变.

(3) 入射光有一个极限频率 ν_0(或称"红限"),在这个极限频率以下,无论光强大小,照射时间多长都没有光电子发射.

（4）即使光的强度很弱，只要光一照射阴极 K 的表面，就立即发出光电子，其延迟时间在 10^{-9} s 以下.

3. 光电效应与经典理论的矛盾

光电效应的这些规律，与经典的波动理论发生着尖锐的矛盾.

第一，按电磁理论的观点，光波对阴极中的电子施以周期性的作用力，使电子产生受迫振动而从入射光波获得能量. 入射光波愈强，电场振幅也就愈大，电子受迫振动的振幅也就愈大，电子在挣脱原子束缚后的剩余动能也应愈大. 按此观点，光电子的最大初始动能随入射光强的增加而增大. 但事实上最大初始动能与光强无关.

第二，根据受迫振动的原理，当入射光的频率与阴极中电子的固有频率一致时，就产生共振，这时由光波传输给电子的能量最大，电子脱出后的初始动能也最大. 对其他频率，电子受迫振动的振幅则较小，从入射光波只得到较小的能量，因而光电子的初始动能也较小. 这虽然解释了光电子的最大初始动能与光波频率有关这一事实，但这一关系绝对不是线性关系. 如果阴极中的电子是自由的，不存在固有频率，那么光电子的最大初始动能就与光波频率无关而仅由光强决定. 总之，光的波动理论无法解释由（22 - 14）式所描述的实验规律.

第三，光的波动理论不能解释红限的存在. 因为根据光的波动理论，光波能量是连续传递的，在光的照射下，金属中的电子将连续不断地从光波中吸收能量. 因此，不论入射光的频率如何，只要电子积累起足够的能量，就能从金属表面脱出，从而发生光电效应.

第四，按光的波动理论，阴极内电子虽是连续不断地从入射光波中取得能量，但要积累起足够的能量从阴极中脱出，就需要一定的弛豫时间. 设单位时间内照到阴极单位面积上的光能量为 Φ，光穿入阴极的深度为 d，阴极内自由电子的线密度为 N，则一个电子在单位时间内所得到的能量为 $\dfrac{\Phi}{Nd}$. 又设电子从阴极脱出所需能量为 A，电子把能量积累到 A 所需时间为

$$\tau = \frac{ANd}{\Phi}.$$

这就是弛豫时间. 对一般金属 A 约为几个电子伏特. 设 $A = 3$ eV $\approx 5 \times 10^{-19}$ J，N 约为 3×10^{28} m^{-3}，如果光穿入阴极大约一个波长的深度，则有 $d \approx 5 \times 10^{-7}$ m. 再设 $\Phi = 1 \times 10^{-3}$ J·m^{-2}·s^{-1}（现代光电元件对这样的光照就足以引起反应）. 根据这些数据可算得 $\tau \approx 8 \times 10^6$ s，约为 3 个月. 即使设 $d = 5 \times 10^{-10}$ m，即假定阴极表面只有一层原子厚度内的电子能截获入射光能. 仍得 $\tau = 8 \times 10^3$ s，约 2 小时. 可是实际的弛豫时间不超过 10^{-9} s. 由此可见，按照经典的波动理论甚至连光电子发射这事实本身也无法解释清楚.

4. 光量子假设和爱因斯坦光电效应方程

经典的波动理论无法解释光电效应的规律，为此爱因斯坦提出了光量子的假设，并根据能量转化和守恒定律，得出了爱因斯坦光电效应方程，从理论上圆满地解释了光

电效应.

（1）爱因斯坦光量子假设

1905年，爱因斯坦根据普朗克的能量子假设提出了光量子假设. 他指出：谐振子系统只能依最小能量 $h\nu$ 为单元不连续地改变能量，同时辐射或吸收电磁波. 光本身就是由不连续的能量单元所组成的能量流，每一份能量单元称为光量子或简称光子，光量子的能量为

$$\varepsilon = h\nu. \tag{22-16}$$

式中 h 为普朗克常数，ν 为光波的辐射频率.

按照爱因斯坦光量子的假设，光不仅具有波的性质，同时还具有粒子（量子）的性质. 爱因斯坦在研究光电效应时还指出，光在传播过程中具有波动的特性，而在发射和吸收过程中，却具有粒子的性质.

（2）爱因斯坦光电效应方程

按照爱因斯坦光子的假设，光是由光量子组成的能量流，当光照射在金属表面上时，金属表面的电子与光子发生碰撞而获得能量. 电子一次吸收光子能量 $h\nu$ 后，把这能量的一部分消耗于从金属表面脱出所须做的功，余下部分就变成电子离开金属表面后的初始动能. 按能量转化和守恒定律应有

$$h\nu = \frac{1}{2}mv_{\mathrm{m}}^2 + A, \tag{22-17}$$

式中 ν 为入射光的频率，v_{m} 为电子的初速度，A 为电子脱出金属表面时所做的脱出功，(22-17)式则称为光电效应方程. 方程清楚地表明：

1）光电子的能量决定光子的频率，光子的频率越高，光电子的能量越大. 而光强只影响光电子的数目即只影响光电流的大小.

2）当光子的能量 $h\nu$ 小于脱出功时，电子不能逸出金属表面，因而不产生光电效应.

（3）光电效应的量子解释

爱因斯坦光子理论，成功地解释了光电效应的实验规律.

首先，根据爱因斯坦光子理论，入射光的强度是由单位时间到达金属表面的光子数目决定的. 而从阴极金属表面逸出的光电子的数目又与入射光子的数目成正比，这些逸出阴极的光电子到达阳极便形成了饱和光电流，逸出的光电子数目越多，饱和光电流就越大. 因此饱和光电流的大小与入射光强成正比.

其次，由爱因斯坦光电效应方程 $h\nu = \frac{1}{2}mv_{\mathrm{m}}^2 + A$ 可以看出，入射光子频率越高，光子的能量就越大. 而对于一定的金属阴极，其逸出功是一常数，因此光电子的初始动能就越大而与入射光强无关. 1916年，密立根用精密的实验不但证实了爱因斯坦光电效应方程的正确性，并且得出某些金属的截止电压的绝对值与入射光的频率成线性关系，即 $|V_{\mathrm{g}}| = k(\nu + \nu_0)$.

第三，如果入射光的频率较低，以致 $h\nu = A$，即使入射光很强，电子也不会逸出金属表面，就不会产生光电效应. 因此只有当 $h\nu > A$，即 $\nu > A/h$ 时，电子才会逸出金属表面而

产生光电效应. 能够产生光电效应的极限频率 $\nu_0 = A/h$ 称为光电效应的"红限". 不同金属的红限各有不同. 表 22 - 1 中列出某些纯净金属的"红限"值.

金属中的电子能够一次全部吸收入射的光子立即获得能量 $h\nu$, 因此光电效应的产生无需积累能量的时间.

表 22 - 1　某些纯净金属的"红限"值

金　　属	K	Na	Fe	Ag	Au	Tu
λ_0 (nm)	550	540	262	261	265	305

爱因斯坦光子理论不但成功地解释了光电效应的实验规律, 同时还揭示了光子的物理性质. 根据爱因斯坦光子假设, 光子具有一定的能量 $h\nu$, 它就必须具有质量. 光子是以光的速度运动, 牛顿力学便不能确定光子的质量. 根据相对论质量和能量的关系式 $E = mc^2$, 一个光子的质量为

$$m_\gamma = \frac{E_\gamma}{c^2} = \frac{h\nu}{c^2}.$$

在狭义的相对论中能量和动量的关系为

$$E^2 = p^2 c^2 + m_0^2 c^4,$$

而光子的静止质量为零, 故光子的动量为

$$p_\gamma = \frac{E_\gamma}{c} = \frac{h\nu}{c}. \tag{22-18}$$

根据光电效应原理制成的光电转化器件已被广泛应用在生产、国防和科学技术等诸多领域里. 例如真空光电管、充气光电管和光电倍增管等. 使用时只需要在光电管的两极间加上一定的直流电压, 光电管就可把照射在光电阴极上的光信号转化成电信号. 充气光电管中由于充有低压惰性气体, 可提高光电管的灵敏度. 而光电倍增管中由于在光电阴极和阳极之间增加了电位依次增加的若干个倍增电极, 其灵敏度比普通光电管高几百万倍, 即使是微弱的光照, 也能产生强大的电流. 利用光电效应原理还可制成多种光电转换器件. 在无线电传真、电视技术中, 可利用光电转化器件实现由光信号向电信号的转化; 在自动控制和自动保护装置中常用光电转化器件作自动开关; 在光学分析仪器中可采用光电转化器件测量和记录光强.

例题 22.2　已知铝的脱出功为 4.2 eV, 今有波长为 200.0 nm 的光投射到铝表面上, 求: (1) 铝的截止波长; (2) 出射光电子的最大初始动能; (3) 此情形下的截止电压.

解　(1) 因为极限频率 $\nu_0 = \dfrac{A}{h}$, 而 $\nu_0 = \dfrac{c}{\lambda_0}$, 故铝的红限波长为

$$\lambda_0 = \frac{hc}{A} = \frac{6.63 \times 10^{-34} \times 3 \times 10^{-8}}{4.2 \times 1.6 \times 10^{-19}}\,\text{m} = 2.96 \times 10^{-7}\,\text{m} = 296.0\,\text{nm}$$

(2) 由光电效应方程(22 - 17)式可得光电子的最大初动能为

$$\frac{1}{2}mv_0^2 = \frac{hc}{\lambda} - A_0 = \frac{6.63 \times 10^{-34} \times 3 \times 10^{-8}}{200 \times 10^{-9}} - 4.2 \times 1.6 \times 10^{-19}$$

$$= 3.23 \times 10^{-19} \text{(J)} = 2.0 \text{(eV)}.$$

(3) 由光电子的最大初动能与截止电压的关系 $eV_g = \dfrac{1}{2}mv^2$ 可得截止电压为

$$V_g = \frac{\dfrac{1}{2}mv^2}{e} = \frac{3.23 \times 10^{-19}}{1.6 \times 10^{-19}} = 2 \text{(V)}.$$

§22.3 康 普 顿 效 应

1923 年,康普顿(A. H. Compton)在观察伦琴射线被较轻的物质(碳、石蜡等)散射时,发现在散射光谱中除了波长和原射线相同的成分外,还包括一些波长较长的成分,两者的波长差值的大小与散射角有关,它们的强度遵从一定的规律. 这种现象称为康普顿效应.

1. 康普顿效应的实验规律

观察康普顿效应的实验装置如图 22 - 9 所示. 由伦琴射线管发出的一束单色 X 射线经光阑 D_1, D_2 后被散射物质所散射. 散射的 X 射线可由 X 射线分光仪或摄谱仪来测量. 图 22 - 10 是用波长 $\lambda_0 = 0.070\,78$ nm 的钼的特征伦琴射线在不同散射角时所测得的散射伦琴射线的强度随其波长变化的分布曲线. 图 22 - 11 是在散射角为 90° 时,对不同物质所测得的结果. 实验表明,康普顿效应有如下规律:

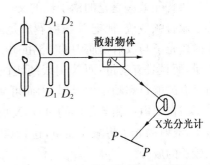

图 22 - 9　康普顿效应的实验装置

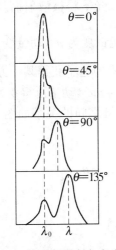

图 22-10　康普顿散射与角度的关系

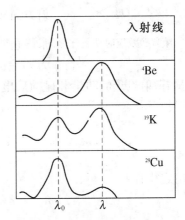

图 22-11　康普顿散射与物质的关系

（1）散射光中除了有和入射波长 λ_0 相同的谱线外,还有波长 λ 大于 λ_0 的谱线. 若用 θ 表示入射线方向和散射线方向的夹角,用 k 表示散射角为 $90°$ 时波长的改变量,则散射光波长的改变量与夹角 θ 的关系满足

$$\Delta\lambda = \lambda - \lambda_0 = 2k\sin^2\frac{\theta}{2}. \qquad (22-19)$$

（2）散射光中波长为 λ_0 的谱线的强度随 θ 增加而减小,波长为 λ 的谱线的强度则随 θ 增加而增加.

（3）对于不同元素的散射物质,在同一散射角下,散射光波长的改变量相同,但波长为 λ_0 的谱线强度随散射物质原子序数的增加而增加,波长为 λ 的谱线强度则随原子序数的增加而减小.

上述实验规律说明,康普顿效应既与瑞利散射不同,也有别于喇曼散射. 因此用经典理论虽能解释瑞利散射和喇曼散射,但不能解释康普顿效应,解释康普顿效应就必须采用量子的观点.

3. 康普顿效应的量子解释

康普顿效应是光的量子性的又一实验例证. 康普顿利用光子理论,成功而又简单地解释了康普顿效应. 他把 X 射线看成是由 X 射线光子组成, X 射线被散射物质所散射则是 X 射线光子与散射物质中的"自由"电子做弹性碰撞的结果. 光子作为一种微粒,不仅具有能量,而且具有动量,而 X 射线的波长极短,光子的能量和动量比轻原子物质中电子原来所具有的能量和动量大得多,因而可认为电子在碰撞前是静止的. 散射过程实质上就成为光子与自由电子相互作用的过程, X 射线光子与自由电子碰撞时,光子将一部分能量交给电子,散射的光子将减少能量,这就意味着光子频率变小,因而散射光的波长中会出现波长较长的成分.

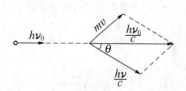

设入射 X 射线光子的频率为 ν_0,则它的能量为 $h\nu_0$,动量为 $\frac{h\nu_0}{c}$. 经弹性碰撞后,光子将被散射而与原来的入射方向成 θ 角,这时它的能量变为 $h\nu$,动量变为 $\frac{h\nu}{c}$. 而原来静止质量为 m_0 动量为零的电子获得某一方向的速度

图 22-12　康普顿效应时动量守恒

为 v,它的能量由 $m_0 c^2$ 变为 mc^2,动量由零变为 mv. 入射光子的动量、散射光子的动量和碰撞后电子的动量三个矢量之间的关系如图 22-12 所示. 根据动量守恒

$$(mv)^2 = \left(\frac{h\nu_0}{c}\right)^2 + \left(\frac{h\nu}{c}\right)^2 - \frac{2h^2}{c}\nu_0\nu\cos\theta \qquad (22-20)$$

和能量守恒定律有

$$mc^2 = h(\nu_0 - \nu) + m_0 c^2. \qquad (22-21)$$

将上式平方再减去 (22 - 20) 式,并利用相对论中质量与速度关系 $m = \dfrac{m_0}{\sqrt{1 - v^2/c^2}}$,则有

$$h\nu_0\nu(1 - \cos\theta) = m_0 c^2(\nu_0 - \nu).$$

利用关系式 $\nu = \dfrac{c}{\lambda}, \nu_0 = \dfrac{c}{\lambda_0}$,令 $\Delta\lambda = \lambda - \lambda_0$,上式可写成

$$\frac{hc^2}{\lambda\lambda_0}(1 - \cos\theta) = m_0 c^2 \frac{c\Delta\lambda}{\lambda\lambda_0},$$

最后得

$$\Delta\lambda = \frac{h}{m_0 c}(1 - \cos\theta) = \frac{2h}{m_0 c}\sin^2\frac{\theta}{2}, \qquad (22 - 22)$$

式中 $\dfrac{h}{m_0 c} = 0.002\,426\,5$ nm,是一个具有长度量纲的常数,称为康普顿波长. 若令 $k = \dfrac{h}{m_0 c}$,则 (22 - 22) 式可以写成 $\Delta\lambda = 2k\sin^2\dfrac{\theta}{2}$. 与实验观察的结果 (22 - 19) 式完全相符.

(22 - 2) 式表明,康普效应波长的改变与散射物的种类及入射光波的波长无关,仅与散射光的方向有关,并随散射角的增大而增大.

至于散射光中出现与原入射光波长 λ_0 相同的谱线,这是因为以上的推证中我们假定电子是自由的,这对于轻原子和最外层结合不太紧的电子是成立的. 内层电子,特别是重原子和束缚较紧的内层电子,就不能当成自由电子. 光子与这种电子碰撞相当于和整个原子碰撞,康普顿效应中波长改变量很小 (对碳原子为 10^{-3} nm) 以至于观察不到,故散射光中仍然保留有入射光波长 λ_0 的成分. 当光子与所谓的自由电子碰撞时,则会发生波长的改变,出现波长较长的成分.

由于元素中内层电子的数目随原子序数的增加而增加,所以波长为 λ_0 的谱线强度随原子序数的增大而增强,而波长为 λ 的谱线的强度也就会相应地逐渐减弱.

当用可见光观察康普顿效应时,康普顿效应很不显著,这是因为波长的改变量很小以至无法观察. 例如,波长为 400 nm 的紫光,在 $\theta = \pi$ 时,波长改变量 $\Delta\lambda$ 为最大值,这时的 $\Delta\lambda$ 为 0.004 8 nm,即 $\dfrac{\Delta\lambda}{\lambda} \leqslant \dfrac{0.004\,8}{400} \approx 10^{-5}$,可见光波长的改变量仅是原入射波长的十万分之几,实际上无法观察出来. 如果入射光波长很短 (0.01 nm~1 nm),波长改变量可与入射波长本身达到同一数量级,这时康普顿效应则比较显著.

最后还需指出,在光电效应中,光子和金属中的电子作用时,只保持能量守恒,而动量不守恒. 而在康普顿效应中,光子和电子 (自由电子) 作用时,不但能量守恒,而且动量也守恒. 因此,光子能量和电子所受束缚能相差不大时,主要产生光电效应;当光子能量远大于电子的能量时,主要产生康普顿效应.

光的干涉、衍射和偏振等光学现象证实了光具有波动性;而黑体辐射、光电效应和康普顿效应等证实了光具有粒子 (量子) 的特征. 统观全部光学现象,人们不得不承认光同时具有波动和微粒的双重属性,即光具有波粒二象性. 我们可以认为:光和实物一样,是物质的一种,它同时具有波的性质和微粒的性质,从整体上来说,它既不是波,也不是粒子,

亦不是这样或那样的混合物.

事实上,不仅光具有波粒二象性,而且一切实物粒子都具有波粒二象性,波粒二象性是一切微观粒子的共同属性.

§22.4 德布罗意波 波粒二象性

通过对各种光学现象的研究,我们已清楚地认识到光具有波粒二象性.光的波动性可用波长 λ 和频率 ν 来描述,光的粒子性质可用光子的能量 ε 和动量 p 来描述,这两种性质通过普朗克常数 h 定量地联系在一起.即

$$\varepsilon = mc^2 = h\nu, \qquad p_\varphi = \frac{h\nu}{c} = \frac{h}{\lambda}.$$

事实上客观实物和场都具有波粒二象性.

1. 德布罗意假设

作为粒子的光子具有波动性,那么对于实物微粒,例如电子、质子等是否具有波动性呢? 1924 年,法国人德布罗意(L. V. de Broglie)对此提出了大胆的假设. 他认为在对光的研究上,只重视了光的波动性而忽视了光的微粒性,那么会不会在对实物粒子问题的研究上发生了相反的错误,重视了实物的微粒性而忽视了实物的波动性呢? 于是德布罗意认为:对于自由空间中运动的电子或其他实物微粒,都存在一定的平面波与之相联系,该平面波的频率 ν 和波长 λ 由下式决定

$$\nu = \frac{\varepsilon}{h}, \qquad \lambda = \frac{h}{p} = \frac{h}{mv}, \tag{22-23}$$

式中的 ε 和 p 分别是微粒和能量和动量,该式称为德布罗意假设. 与实物微粒对应的平面波既不是机械波,也不是电磁波,通常称为德布罗意波或物质波.

德布罗意关于微粒具有波动性的假设,从经典物理学的角度来看是很难理解的. 但很多实验都表明,实物微粒与光一样在一定条件下能产生干涉和衍射现象,从而证实了实物微粒具有波动性.

1927 年戴维孙(C. J. Davisson)和革末(L. H. Germer)在研究电子束在晶体表面的散射时,观察到电子束的强度按散射角的分布与 X 射线在晶体上衍射时的强度分布很相似. 实验装置如图 22-13 所示. 从热阳极 K 发出的电子经过电势差为 U 的电场加速,通过 D 后成为平行电子束射到单晶片 M 上,从晶体表面散射出来的电子束进入接收器 B,由电流计 G 测出其电流. 实验时保持电子束掠角 α_0 不变,改变加速电压 U,可得到反映反射电子束强度的电流 I. 电流 I 随加速电压 U 的平方根而变化的关系曲线如图 22-14 所示,实验表明,当加速电压单值增加时,电流(反射电子束的强度)并不单调地变化,而是经历了一系列极大和极小周期性的变化. 只有当加速电压取某些值时(相应于发射电子束的速度为某些特定值时)才有足够强的反射;当加速电压取另一些值时,反射强度很弱,几

乎不反射. 如果把电子看作简单的机械粒子, 就无法解释上述实验结果. 如果把电子束看成是一束电子波时, 电子束具有波动性, 那么, 只有在满足布喇格公式

$$2d\sin\alpha_0 = k\lambda \quad (k = 1, 2, 3, \cdots) \tag{22-24}$$

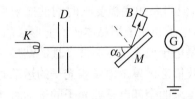

图 22-13 戴维孙-革末实验

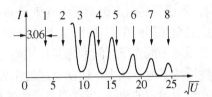

图 22-14 电子在晶体上散射的规律

时, 电子束才会有极强的反射. 戴维孙和革末利用这个公式计算的电子的波长得到与德布罗意公式计算的电子的波长符合得很好的结果. 同时定量计算表明使散射最强的加速电压值与实验结果也相符合. 这就充分证明德布罗意假设是正确的.

X 射线穿过细晶体粉末或很薄的金属箔可以观察到衍射条纹. 汤姆孙(J. J. Thomson)曾用一束高速电子束通过一个多晶的铝箔片(厚度为100 nm), 也观察到了典型的衍射花样. 1929 年, 用光栅试验电子衍射也获得了成功. 大量实验都验证了德布罗意假设的正确性, 光的叠加、干涉、衍射性质对它依然适用, 德布罗意关系是一个普遍的公式.

在研究宏观物体的运动时, 德布罗意波长极小, 例如对质量为1 g, 速度为 1 cm · s^{-1} 的物体, 它的德布罗意波长仅为 6.6×10^{-31} m. 运动物体的波长是这样小, 因此在力学研究中, 可以忽略不计. 而在研究原子结构时, 就必须考虑微观粒子的波动性. 例如原子中的电子, 能量为几个电子伏特的数量级, 它的德布罗意波长约为 10^{-10} m, 和 X 射线有相同的数量级, 这与原子的尺度即电子在原子中的运动范围属于同一数量级. 这时电子的波动性就不能忽略.

实物微粒的波动性早已为人们掌握和利用, 电子显微镜是比光学显微镜具有更强显微能力的显微工具. 显微镜的分辨本领决定于所用的光波波长, 波长愈短分辨本领愈高. 一百万电子伏的电子波长约为 10^{-13} m, 比可见光约小 10^6 倍, 所以电子显微镜能直接得到几个埃的分辨本领, 而普通光学显微镜却只能得到 10^{-7} m 的分辨本领. 另外电子的低能(0~500 V)衍射常用于分析晶体结构, 研究固体表面结构、腐蚀、催化等进程; 也被用于物质研究气体分子结构, 测量分子中原子之间的距离. 中子衍射、分子衍射也同样被用于结构分析.

2. 波粒二象性的统计解释

光的粒子性和电子的波动性的相继发现, 使人们进一步认识到在微观领域里, 不论是静止质量为零的光子, 还是静止质量不为零的电子、质子、原子等各种实物粒子, 都同时兼有波动的性质和粒子的性质, 它们在一定的条件下表现为波, 而在另一些条件下则表现为粒子, 这就是波粒二象性.

对于波动性和粒子性的统一性认识, 我们不妨先分析一下电子和光子的衍射实验. 在电子衍射实验中, 如果入射电子流的强度很大, 则照相底板上立即出现衍射花样. 当入射

电子流很弱时,在整个衍射过程中,电子几乎是一个一个地穿过晶体,则照相底板上出现一个一个的感光点,电子在各处的分布,最初是无规则的,经过一段时间积累之后,感光点数目会逐渐增多,才显示出衍射图样的规律,形成衍射花样.同样,在光子衍射实验中,如果入射光子流的强度很大,则照相底板上立即出现光子的衍射花样.如果入射光子流的强度很弱,则照相底板上记录了无规则分布的感光点,但当照相底板受长时间的照射后,就会形成完全相同的衍射花样.从上述分析可以看出,电子和光子被晶体所衍射形成的衍射花样不是电子或光子之间的相互作用而形成的,而是电子或光子具有波动性的结果,这种波动性反映了电子或光子运动轨迹的不确定性.当我们考虑单个电子或光子的运动时,电子或光子无确定的轨迹.当我们考虑组成电子或光子束的全部电子或光子的运动时,电子或光子的运动就表现出规律性,这种规律与经典波动理论计算的结果一致,是一种统计分布.它是单个光子到达屏幕上各处的几率分布规律.

电子和光子这类实验揭示了粒子性和波动性之间的关系.从统计的观点来看,在实验中电子或光子的衍射表现为许多电子或光子在同一实验中的统计结果,或者表现为一个电子或光子在许多次相同实验中的统计结果.因此,大量电子或光子被晶体衍射是对空间的统计平均,而一个一个电子或光子被晶体衍射则是对时间的统计平均.在前一种情况下,如果说电子或光子在某地方从空间上看出现得稠密些,而在后一种情况下,就是在这些地方电子或光子从时间上看出现得频繁些.因此,我们可以从统计的观点把波粒二象性联系起来,从而形成这样的概念:波在某一时刻,在空间某点的强度(振幅绝对值的平方)就是该时刻在该点找到粒子的几率.波的强度大的地方,每一个电子或光子在这里出现的几率也大,因此在这里出现的电子或光子多;波的强度很小或等于零的地方,电子或光子在这里出现的几率也很小或等于零,因而出现在这里的电子或光子很少或者没有.

综上所述,用统计的观点统一了粒子的概念和波的概念,确立了波动性和粒子性的联系.我们可以说,一方面光和实物粒子具有集中的能量、质量和动量,也就是具有微粒性;另一方面,它们作为粒子在各处出现,各有一定的几率,由几率可算出它们在空间的分布,这种空间分布又与波的概念相一致,这个波也可以看作是几率波,波振幅的平方则是它们在各处出现的几率.

但是,应当注意,光子或电子既不是经典的波,也不是经典的粒子,当光子和电子或它们和其他粒子相互作用时,它像粒子那样地交换能量、动量,就它被集中的意义来说,它是粒子;当它在运动时,就观察到衍射现象的意义来说,它是波.也就是说这些微观察体有时像粒子,有时像波,但它们究竟是什么,很难用经典物理学的概念来描述.

其次还应注意,和光子相联系的波是电磁波,和电子相联系的是德布罗意波.从波动的观点来看它们都是波.但是在经典物理学中,光作为电磁波,对宏观带电体有电磁力的作用,这种传播着的电磁作用显示了它的波动性质.而电子、中子等德布罗意波则完全没有这种经典物理学中的表现形式,它的波动性总是和粒子性联系在一起的,因此它只是一种几率波.同时光子和电子等实物微粒在传播速度以及质量等方面也存在着明显的差异.

习　题

22.1　A 和 B 两个相同的物体,具有相同的温度.A 周围的温度低于 A,而 B 周围的温度高于 B,试问 A,B 两物体在单位时间内辐射的能量是否相等? 单位时间内吸收的能量是否相等?

22.2　光电效应和康普顿效应都包含有光子与电子的相互作用,这两个作用过程有何不同?

22.3　地球表面每平方厘米每分钟由于辐射而损失的能量的平均值为 0.543 4 J. 试问若有一个绝对黑体辐射相同的能量时,其温度为多少?

22.4　若将恒星表面的辐射近似地看作黑体辐射.现测得太阳和北极星辐射波谱的 λ_m 分别为 510 nm 和 350 nm,其单位表面上的发出的功率比为多少?

22.5　热核爆炸中火球的瞬时温度达 10^7 K,试求(1) 辐射最强的波长;(2) 这种波长的能量 $h\nu$ 是多少?

22.6　某电台的发射功率为 10^6 W,频率为 1.5 MHz. 求:

(1) 每秒钟发出若干个能量子;

(2) 如果是均匀地向各个方向发射,处在 10 km 处,直径为 1.6 m 的接收天线,每秒能获得多少个能量子?

22.7　已知铯的逸出功为 1.88 eV,今用波长为 300 nm 的紫外光照射.试求光电子的初动能和初速度.

22.8　在光电效应实验中,测得某金属截止电位差 U 和入射光波长如下

λ(m)	3.60×10^{-7}	3.00×10^{-7}	2.40×10^{-7}
U_g(V)	1.4	2.00	3.10

试用作图法求:

(1) 普朗克常数 h 与电子所带电荷 e 的比值 h/e;

(2) 该金属的逸出功;

(3) 这一金属的光电效应红限频率.

22.9　波长为 0.1 nm 的 X 射线照射在碳块上,试求光子散射角为 30°,60° 和 90° 时,康普顿散射引起的波长各多少?

第 23 章 原子结构和运动规律

物质由原子组成,而原子并不像古代人想像得那么简单不可分割,它有复杂的内部结构.在 19 世纪末和 20 世纪初经过较长时间的实验和理论的研究已经证实原子是由电子和原子核组成.1913 年,丹麦物理学家玻尔(N. Bohr)根据黑体辐射及巴耳末(J. J. Balmer)和里德伯(J. Rydberg)所得原子光谱方面的实验事实,把普朗克(M. Planck)的量子论成功地应用于卢瑟福(E. Rutherford)原子模型,创立了原子的量子理论,成功地解释了氢原子光谱的规律,为原子理论的发展开创了一个新时代,为量子力学的建立奠定了牢固的基础.

§23.1 氢原子光谱的实验规律

19 世纪后半期已了解到线光谱是原子发射的,因而称线光谱为原子光谱,当时也发现原子光谱线并不是无规则地分布的,而是按照一定的规律组成若干线系,且不同元素的光谱互不相同,在 20 世纪初期,又发现了这些线系的规律性与原子内电子分布情况及运动规律密切联系,从此原子光谱的实验规律便成了探索原子内部结构的重要资料,为原子结构理论的发展起了很大作用.

1. 原子光谱的普遍规律

(1)任何原子不管处于什么情况都能发出自己独特的线状光谱.
(2)不同的光谱属于不同的线系,且有不同的表示式.
(3)任何光谱的波数都可用两项之差表示出来,且每一项都是整数的函数.
以上三条规律是 19 世纪以来许多人研究原子光谱中经验的总结,在没有搞清原子结构之前,使得当时的科学界又惊奇又迷惑不解,怎样解开这个谜,玻尔通过研究最简单的氢原子,使问题有了突破性的进展.下面介绍氢原子的光谱.

2. 氢原子光谱的规律性

(1)巴耳末系和巴耳末公式
1885 年,瑞士一中学教师巴耳末依据从氢气放电管中观察到氢原子在可见光中的四条明亮光谱线,分别命名为 H_α,H_β,H_γ,H_δ,且测得它们的波长为

$$H_\alpha \qquad \lambda = 656.210\,\text{nm} \qquad\qquad (红色)$$

H_β	$\lambda = 486.074\ nm$	（绿色）
H_γ	$\lambda = 434.010\ nm$	（青色）
H_δ	$\lambda = 410.120\ nm$	（紫色）

同年,巴耳末研究了这四条光谱线,又把从某些星体中观察到的 14 条氢光谱线归纳在一起,发现这些谱线的波长可用一简单的经验公式表示为

$$\lambda = B\,\frac{n^2}{n^2-4},\ n = 3,4,5,\cdots \tag{23-1}$$

式中 B 是一个经验常数, $B = 364.56\ nm$. 当 $n = 3,4,5,6$ 时,分别对应于氢气放电管中观察到的氢原子在可见光中的四条明亮光谱线.经计算所得理论值与实验值符合得很好.所以后人称(23-1)式为巴耳末公式,它所表达的一组谱线称为巴耳末系.当 $n \to \infty$ 时,波长趋近于 B,达到这个线系的极限,比此极限更短,存在一段连续光谱.

（2）里德伯对巴耳末公式的改进

1889 年瑞典物理学家里德伯利用波数与波长的关系 $\tilde{\nu} = \dfrac{1}{\lambda}$,将巴耳末公式改写为

$$\tilde{\nu} = \frac{1}{\lambda} = \frac{1}{B}\,\frac{n^2-4}{n^2} = \frac{4}{B}\left(\frac{1}{2^2} - \frac{1}{n^2}\right) = R_H\left(\frac{1}{2^2} - \frac{1}{n^2}\right),\ n = 3,4,5,\cdots \tag{23-2}$$

此式也称为里德伯方程,式中 $R_H = 4/B = 10\,972\,130\ m^{-1}$ 称为里德伯常数.而里德伯常数的现代值为

$$R_H = (1.097\,373\,177 \pm 0.000\,000\,083) \times 10^7\ m^{-1}. \tag{23-3}$$

从(23-2)式可见,随着 n 的增大,相邻谱线间的波数差 $\Delta\tilde{\nu}$ 愈来愈小,即谱线分布愈来愈密;当 $n \to \infty$ 时,波数趋近于极限,(23-2)式成为 $\tilde{\nu}_\infty = \dfrac{R_H}{2^2} = 2\,743\,032\ m^{-1}$,称为线系的极限波数.

（3）其他线系

进一步观察发现,氢原子光谱的其他谱线系,一个在紫外区,由赖曼(T. Lyman)1916 年发现;还有三个在红外区,分别由帕邢(F. Paschen)、布喇开(F. Brackett)和普丰特(H. A. Pfund)于 1908 年、1922 年和 1924 年发现.这些谱线系也像巴耳末线系一样可用下列公式表达.

$$\left\{\begin{array}{lll} \text{赖曼系} & \tilde{\nu} = R_H\left(\dfrac{1}{1^2} - \dfrac{1}{n^2}\right), & n = 2,3,4,\cdots \\[2mm] \text{帕邢系} & \tilde{\nu} = R_H\left(\dfrac{1}{3^2} - \dfrac{1}{n^2}\right), & n = 4,5,6,\cdots \\[2mm] \text{布喇开系} & \tilde{\nu} = R_H\left(\dfrac{1}{4^2} - \dfrac{1}{n^2}\right), & n = 5,6,7,\cdots \\[2mm] \text{普丰特系} & \tilde{\nu} = R_H\left(\dfrac{1}{5^2} - \dfrac{1}{n^2}\right), & n = 6,7,8,\cdots \end{array}\right. \tag{23-4}$$

（4）广义巴耳末公式

根据谱线出现的规律性,可将氢原子光谱的波数表达为

$$\tilde{\nu} = R_H \left(\frac{1}{m^2} - \frac{1}{n^2} \right), \tag{23-5}$$

式中 $m = 1, 2, 3, 4, 5$,分别表示氢原子的 5 个线系;对每一个给定的 m, $n = m+1$, $m+2$, $m+3$, … 而构成一个谱线系. 所以(23-5)式称为广义巴耳末公式.

根据近代光谱资料,测得真空中氢原子光谱的里德伯常数为

$$R_H = 10\ 967\ 757\ \text{m}^{-1}. \tag{23-6}$$

3. 里兹并合原则

(1) 并合原则

1908 年,瑞士科学家里兹(W. Ritz)在里德伯研究的基础上,提出任意一条谱线的波数都可以用两个正整数的函数之差来表示. 他将上述规律改写为

$$\tilde{\nu} = T(m) - T(n). \tag{23-7}$$

此式称为里兹并合原则. 其中 $T(m)$ 和 $T(n)$ 分别称为光谱项.

(2) 光谱项

根据里兹并合原则,对一定的线系来说,$T(m)$ 具有定值,$T(n)$ 可以改变,如氢光谱中,由(23-5)式可见,光谱项

$$T(m) = \frac{R_H}{m^2}, \quad T(n) = \frac{R_H}{n^2}. \tag{23-8}$$

光谱实验还告诉我们,除氢原子以外的其他元素的光谱,如碱金属原子的光谱,也可用两项之差的形式表示,只不过光谱项的形式不再是(23-8)式那样简单而已.

通过以上对氢原子光谱的讨论,其光谱确有以下规律:

(1) 光谱是线状的,谱线有一定的位置,即有确定的波长,且彼此分立;

(2) 谱线间有一定的关系,构成一谱线系,每一谱线系就有一个表达式,不同谱线系也有联系,如具有共同的光谱项;

(3) 每一谱线的波数都可表达为两个光谱项之差,即 $\tilde{\nu} = T(m) - T(n)$.

这三点便是原子光谱的普遍规律,不同的只是各原子的光谱项具体形式各有不同.

§23.2 玻尔的氢原子理论

玻尔在 1913 年 2 月之前,还一直不知道里德伯方程,2 月份,当他从他的学生那儿得知这一关于氢原子光谱的经验规律时,便得到了他理论的"七巧板中的最后一块". 同年 3 月玻尔就提出了关于氢原子的理论,并于 7,9,11 三个月,在英国的"哲学杂志"上连续发表了三篇具有历史意义的巨著. 下面将介绍玻尔的氢原子理论.

1. 玻尔的基本假设

（1）原子内部定态的存在

原子只能存在一些不连续的稳定状态，这些稳定状态各有一定的能量 E_1，E_2，E_3，…．处于这些稳定状态中运动的电子，虽有加速度，也不会发生能量辐射．原子的能量，不论通过什么方式，都只能在原子从一个稳定状态过渡到另一个稳定状态时才能发生改变．

（2）频率定则

原子从一个能量为 E_n 的稳定状态过渡到能量为 E_m 的稳定状态时，原子将辐射光子或吸收光子，其辐射频率为

$$\tilde{\nu} = \frac{E_n - E_m}{h}. \tag{23-9}$$

此式也是能量守恒定律在此的表现，其中 E_n 为辐射前状态的能量，E_m 为辐射后状态的能量．

2. 电子运动轨道量子化——角动量量子化条件

根据玻尔定态假设，电子绕核运动的角动量

$$p_\varphi = n\frac{h}{2\pi} = n\hbar, \; n = 1, 2, 3, \cdots \tag{23-10}$$

这就是角动量量子化条件．它说明原子中电子的轨道是量子化的．电子的角动量只能是普朗克常数的整数倍的轨道才能实际存在．其中 h 和 $\hbar$ 都是普朗克常数，是自然界的普适常数之一，它和电子的电荷绝对值 e，电子的质量 m_e 是描述原子世界的三个重要常数．其 h 的最新值为

$$h = (6.626\,176 \pm 0.000\,036) \times 10^{-34} \text{ J} \cdot \text{s} \tag{23-11}$$

3. 玻尔的氢原子理论

（1）电子运动半径

为讨论之便，认为原子核处于静止状态，电子绕核做圆周运动，如图 23-1 所示．

氢原子中，$Z=1$，质量为 m 的电子以速度 v 绕原子核做半径 r 的圆周运动，按经典力学，电子受到的向心力只能由作用在电子上的力即电子与原子核间的库仑力来提供．于是

$$\frac{1}{4\pi\varepsilon_0} \cdot \frac{Ze^2}{r^2} = \frac{mv^2}{r}. \tag{23-12}$$

根据角动量量子化条件，电子对核的角动量为

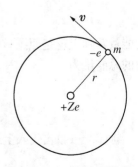

图 23-1　玻尔电子轨道

$$p = | \, \boldsymbol{r} \times m\boldsymbol{v} \, | = mvr = n\frac{h}{2\pi} = n\hbar. \tag{23-13}$$

联立(23-12)式及(23-13)式消去 v，可得量子化的稳定圆形轨道半径

$$r_n = \frac{4\pi\varepsilon_0 h^2}{4\pi^2 me^2} \cdot \frac{n^2}{Z} = \frac{4\pi\varepsilon_0 \hbar^2}{me^2} \frac{n^2}{Z}, \quad n = 1, 2, 3, \cdots \tag{23-14}$$

令

$$a_1 = \frac{4\pi\varepsilon_0 \hbar^2}{me^2}, \tag{23-15}$$

则(23-14)式就成为

$$r_n = a_1 \frac{n^2}{Z}. \tag{23-16}$$

可见，电子的量子化轨道半径随量子数 n 的平方成比例增加. 对氢原子, $Z = 1$，可能的轨道半径是

$$r = a_1, \ 4a_1, \ 9a_1, \ \cdots \tag{23-17}$$

将物理常数 $\hbar, m, e$ 的已知值代入(23-15)式得

$$a_1 = 0.529 \times 10^{-10} \text{ m.} \tag{23-18}$$

这就是氢原子中电子的最小轨道半径，也就是氢原子中的第一玻尔轨道半径，即氢原子处于正常状态时的半径. 它是关于原子的一个重要常数，常称为玻尔半径.

（2）能量量子化

按经典力学，氢原子中电子的动能为 $T = mv^2/2$，由(23-12)式知，电子的动能可表示为

$$T = \frac{1}{2}mv^2 = \frac{1}{4\pi\varepsilon_0} \frac{Ze^2}{2r}. \tag{23-19}$$

取电子在无限远处电势能为零，则电子在与核相距为 r 处的库仑势能为

$$U = -\frac{1}{4\pi\varepsilon_0} \frac{Ze^2}{r}. \tag{23-20}$$

此能量实际上就是原子核电荷与电子电荷之间的静电相互作用能. 由此可得电子在原子中的总能量为

$$E = T + U = -\frac{1}{4\pi\varepsilon_0} \frac{Ze^2}{2r}. \tag{23-21}$$

将(23-14)式代入上式，用 E_n 代替 E，便得

$$E_n = -\frac{me^4}{(4\pi\varepsilon_0)^2 2\hbar^2} \frac{Z^2}{n^2}, \quad n = 1, 2, 3, \cdots \tag{23-22}$$

这就是氢原子的能级公式. n 称为主量子数,只能取正整数.因此氢原子的能量只能取某些分立值.由于电子处于束缚态,所以氢原子的总能量为负值.当 $n = 1$ 时,能量最小,这一定态称为基态,正常情况下,原子处于基态;$n = 2, 3, 4, \cdots$ 时,能量依次增大,则原子处于激发态.这些不连续的定态能量依次便构成了原子的能级.

将 $n = 1$, $Z = 1$ 及常数 h, c, e, m, ε_0 代入(23 - 22)式可得氢原子基态能量

$$E_1 = -21.9 \times 10^{-19} \text{ J} = -13.6 \text{ eV}.$$

实验测得氢原子的电离电势为 13.6 eV,也就是说,给正常氢原子以 13.6 eV 的能量,便可使其电离.可见理论与实验符合得很好.

（3）光谱项与能量

按里兹并合原则,氢原子光谱中任一条谱线的波数为

$$\widetilde{\nu} = T(m) - T(n) = \frac{R_H}{m^2} - \frac{R_H}{n^2}.$$

上式两边乘以 hc 可得

$$h\nu = \frac{R_H hc}{m^2} - \frac{R_H hc}{n^2}. \tag{23 - 23}$$

又按玻尔的频率定则,原子从能量为 E_n 的初态跃迁到能量为 E_m 的末态,辐射光子的能量为

$$h\nu = E_n - E_m. \tag{23 - 24}$$

比较(23 - 24)和(23 - 25)两式可得原子初态和原子末态能量为

$$E_n = -\frac{R_H hc}{n^2}, \quad E_m = -\frac{R_H hc}{m^2}.$$

而氢原子的光谱项 $T_n = R/n^2$,所以能量与光谱项的关系为

$$E_n = -\frac{R_H hc}{n^2} = -T_n hc. \tag{23 - 25}$$

这便是氢原子能量的另一种表达式.可见氢原子的每一个光谱项数值乘以 hc,就是一个定态能量;两个光谱项之差乘以 hc,就是氢原子所辐射光子的能量.而且数值最小的能量相当于数值最大的光谱项,光谱项可测,能量可晓.能量只决定于正整数的量子数 n,从其对应关系便可解释光谱项是一正整数的函数之谜.

至此,我们介绍了玻尔在 1913 年提出的氢原子理论,其中关键的是玻尔提出的定态假设,频率定则及轨道量子化条件,其中隐含着深入到原子领域,能量守恒依然有效,但是,玻尔理论正确与否,还要靠实验来检验.

4. 玻尔理论对氢原子光谱的解释

（1）原子能级间的跃迁

氢原子的电子在正常状态时总是处于能量最小的轨道,即基态,当原子受到辐射的照

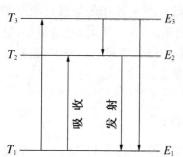

图 23-2 原子能级间的跃迁

射或高能粒子的碰撞等外界因素的激发时,就吸收一定的能量而跃迁到某一个能量较高的轨道上去,处于受激态,而处于受激态的原子能自发地过渡到能量较低的状态,同时辐射一个单色光的光子. 如图 23-2 所示,由玻尔的频率定则,其辐射光子的频率为

$$\nu = \frac{E_n - E_m}{h} = \frac{me^4 Z^2}{(4\pi\varepsilon_0)^2 4\pi\hbar^3}\Big(\frac{1}{m^2} - \frac{1}{n^2}\Big).$$
(23-26)

(2) 玻尔理论与巴耳末公式和里德伯常数

由(23-26)式及波数与频率的关系式 $\tilde{\nu} = \nu/c$ 可得

$$\tilde{\nu} = \frac{me^4 Z^2}{(4\pi\varepsilon_0)^2 4\pi\hbar^3 c}\Big(\frac{1}{m^2} - \frac{1}{n^2}\Big),$$
(23-27)

与广义的巴耳末公式(23-5)式比较,可得氢原子的里德伯常数

$$R_H = \frac{me^4}{(4\pi\varepsilon_0)^2 4\pi\hbar^3 c}.$$
(23-28)

此处的里德伯常数已不再是经验常数,而是由 $e, m, c, \hbar$ 组合而成的组合常数,将这些常数值代入(23-28)式,可求得 R_H 的理论值为

$$R_H = 10\,973\,730.3\ \mathrm{m}^{-1}.$$

而由实验测得 R_H 的实验值为

$$R_H = 10\,967\,758.1\ \mathrm{m}^{-1},$$

两者符合得很好. 由此,玻尔理论导出的光谱公式(23-27)式,不仅在形式上而且在数值上和观测结果一致,说明玻尔理论在处理氢原子问题上取得了很大成功,它对原子理论的进一步发展有着深远的影响.

(3) 氢原子的能级图

用图 23-2 所示状态过渡图表示氢原子的各种稳定状态及其间的过渡而产生的谱线系很不方便,当 n 较大的轨道,高能级间的过渡所产生的线系,乃至线系极限就很难表示出来,为此,采用能级图来表示便可避免这种困难.

利用(23-22)式及 $T = R/n^2$ 给主量子数 n 以一系列整数值,可得到相应的定态能量和光谱项值,而绘得氢原子的能级图如图 23-3 所示.图中 $n = \infty$ 的那一条横线,表示 $E = 0$,对应电子完全脱离原子时的状态(即电离能).图中还画出了在不同定态间发生的一些跃迁和辐射出的一些谱线相对应.$n = 2, 3, 4, \cdots$ 的激发态跃迁到 $n = 1$ 的基态,产生赖曼系;由 $n = 3, 4, 5, \cdots$ 的激发态跃迁到 $n = 2$ 的激发态,产生巴耳末系,其余类推. 从能级图可看到,跃迁的间距越大,辐射光的波长就越短,这就说明了为什么谱线系落在光谱的不同区域. 但邻近能级间隔却随着 n 的增大而减小,趋近于零,这又说明了为什么每一谱线系中谱线的间隔向着短波方向递减,在达到线系限处趋近于零.

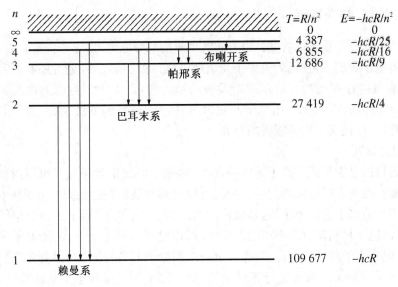

图 23 - 3　氢原子的能级图

（4）氢原子的连续光谱

氢原子的光谱并不总是线状的,在各线系系限外面的短波范围内存在着一个连续光谱带,如图 23 - 3 所示.

连续谱的存在是由于电子被离子化的原子所俘获的结果.按玻尔理论,如果取无穷远处势能为零,则束缚于原子之中的电子具有一系列不连续的负的定态能量,但自由电子只有动能,它们的能量是连续变化的.无论是在星体或实验室放电管中有相当多的氢原子被电离,因而存在大量的离子和自由电子.这就是形成连续谱之原因.这就是说,连续谱是自由电子与类氢离子结合时产生的.当类氢离子俘获一个动能为 $\frac{1}{2}mv^2$ 的自由电子时,所形成的氢原子要释放能量,此能量包括两部分,即

$$E = \frac{1}{2}mv^2 + hc\ \tilde{\nu}_\infty, \tag{23 - 29}$$

其第一部分是自由电子具有的动能,释放此部分能量后,电子由自由电子变成了与原子核开始有作用力的束缚电子(尽管作用力为零).第二部分是原子从 $n = \infty$ 的状态跃迁到某一个最后的原子态所释放的能量.因此,辐射能量为 $\frac{1}{2}mv^2 + hc\ \tilde{\nu}_\infty$ 的光子,其波数为

$$\tilde{\nu} = \frac{\frac{1}{2}mv^2}{hc} + \tilde{\nu}_\infty. \tag{23 - 30}$$

若离子俘获电子后形成一个基态的氢原子,则 $\tilde{\nu}_\infty$ 是赖曼系的系限波数;如果形成的氢原子处于第一激发态,则 $\tilde{\nu}_\infty$ 是巴耳末系的系限波数;以此类推.对每一个系限来讲,$\tilde{\nu}_\infty$ 是一定的,而式中第一项是任意的,所以在每一个线系限外出现了连续谱带.

5. 夫兰克-赫兹实验

玻尔理论的一个重要内容是：原子的能量只能取分立值，即原子内部存在着能级，能级大小可由量子数表示，这已为氢原子光谱所证实. 除光谱之外，是否还有更直观的方法证实原子能级的存在呢？在玻尔理论发表的第二年，即 1914 年，德国物理学家夫兰克(J. Franck)和赫兹(G. Hertz)用电子与稀薄气体原子碰撞的方法，测量原子的激发电势和电离电势，直接证实了原子能级的存在.

（1）设计思想

实验的目的是为了证实原子能级的存在. 对原子的稳定状态是否可以改变？采用什么方法改变？改变了以后又如何呢？是否可以得到和玻尔理论相同的结果呢？我们采用一束控制能量的电子去打原子，这是碰撞问题. 当电子打原子时，电子打到电子上或电子打到核上，而电子打到核上是不可能发生的. 所以电子打到电子上，由于原子中的电子处于束缚态，就相当于和原子的碰撞，那么电子打到原子上是怎样吸收能量的呢？

一个电子与原子碰撞将进行能量交换，如果原子的能量状态不是连续分布的，则它们相互交换的能量也应是不连续的. 设原子处于某一低能级 E_m，当电子与它碰撞后使它跃迁到某一高能级 E_n 上，如果不考虑它们平动能的变化，这时原子增加能量 $E_n - E_m$，电子减少相应数量的能量. 由于 E_n，E_m 是不连续的，原子吸收的能量以及电子失去的能量也都是不连续的. 夫兰克-赫兹实验就是在这个思想指导下观察电子能量变化不连续的现象.

（2）实验装置与原理

夫兰克-赫兹实验装置如图 23-4 所示，实验是对汞原子的能级研究的，将液态汞放入抽成真空的管子中就有水银蒸气充满在管中，管中装有阴极 K，栅极 G 和板极 P. 阴极

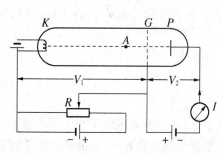

图 23-4　夫兰克-赫兹实验装置示意图

灯丝 K 加热后将发射电子，在栅极 G 与阴极 K 之间的加速电压 V_1 作用下电子不断加速. 在阴极与栅极的路途中电子将和汞原子发生碰撞，电子就有可能把能量转移给汞原子. 多数汞原子原来处于基态(低能级上)，获得能量后就可能跃迁到激发态上，设基态能量为 E_1，第一激发态能量为 E_2，则电子至少要具有动能 $E_2 - E_1$ 才可能引起原子的激发. 小于这一能量的电子只可能与汞原子发生弹性碰撞；如果电子能量大于 $E_2 - E_1$，

则可能把汞原子激发到更高的状态，能使汞原子激发的碰撞是非弹性碰撞，这时电子失去能量而汞原子获得能量.

调节电位器 R 可以改变加速电压 V_1 进而改变电子的动能. 当 V_1 较小时，电子加速后获得的动能不够大，不足以引起汞原子激发，发生的碰撞是弹性的. 随着 V_1 逐渐增大，电子动能也不断增加，当达到汞原子第一激发态与基态能量差 $E_2 - E_1$ 时，就会使原子激发，而电子把全部动能转移给汞原子，电子失去动能后速度就减少下来. V_2 是加在板极 P 和栅极 G 之间的反向电压，它的电场将阻止电子向板极运动. 当未发生弹性碰撞

时,电子有足够的能量克服这一电场的阻力,因而可以穿过栅极到达板极,形成板极电流 I;当发生非弹性碰撞后,电子失去了动能就无法克服这个电场的阻力而不能到达板极,这时板极电流 I 就会减少,所以通过测量板极电流 I 可以判断与汞原子发生非弹性碰撞的情况.

（3）实验结果与分析

图 23-5 给出了实验的结果.横坐标是电压 V_1,纵坐标是电流 I.开始,电流 I 随着电压 V_1 的增加而增加,当 $V_1 = 4.9\,\mathrm{V}$ 后,I 开始下降,于是形成一个峰,这时电子在 G 附近与原子碰撞,失去能量 $4.9\,\mathrm{eV}$.失去能量以后不再加速,故达不到板极致使电流下降.在 $V_1 > 4.9\,\mathrm{V}$ 后,电子到达 G 以前即发生了非弹性碰撞(失去能量 $4.9\,\mathrm{eV}$),但在这以后还可被加速一段路程才到达 G,因此电子获得了足够的能量以克服 V_2 引起的电场阻力而到达板极,电流又继续上升,当 $V_1 = 2 \times 4.9\,\mathrm{V}$,发生两次非弹性碰撞,第二次在 G 附近电流又突然下降,形成第二个峰.继续下去每相隔 $4.9\,\mathrm{V}$ 就会出现一个峰.显然 $4.9\,\mathrm{eV}$ 是汞原子中基态能级与第一激发态能级之间的能量间隔,这一点可

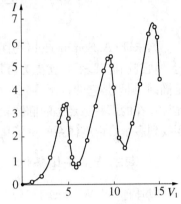

图 23-5　夫兰克-赫兹实验曲线

由汞原子发射光谱中得以证明.当电子与原子发生非弹性碰撞后,原子从基态被激发到第一激发态,这些原子从激发态再回到基态时就有发光现象,测得光波波长 $\lambda = 253.7\,\mathrm{nm}$.发射这一波长光波的能量间隔应为

$$h\nu = h\frac{c}{\lambda} = 4.89\,\mathrm{eV},$$

所以两者是一致的.

当汞蒸气稀薄时还可观察到波长 $185\,\mathrm{nm}$ 的汞原子光谱,这是汞原子被激发到更高激发态后返回基态时发出的谱线,这时相应的加速电压 $V_1 = 6.7\,\mathrm{V}$.计算表明,与 $\lambda = 185\,\mathrm{nm}$ 相应的光子能量恰好是

$$h\nu = h\frac{c}{\lambda} = 6.70\,\mathrm{eV}.$$

夫兰克-赫兹实验表明,水银原子被电子碰撞时,能够从电子接收的能量不是任意的,只能是一定数值的能量(例如 $4.9\,\mathrm{eV}$,$6.7\,\mathrm{eV}$ 等),从而证明了原子中确实存在不连续的能级,再一次表明原子能量是量子化的,而且还为测定原子的能级提供了一种直接量度的方法.

6. 类氢离子光谱

类氢离子是指原子核外只有一个电子的原子体系,但原子核带有大于 1 个单位的正电荷.一切类氢离子的光谱和能级公式都可表示为

$$\begin{cases} \tilde{\nu} = RZ^2 \left(\dfrac{1}{m^2} - \dfrac{1}{n^2} \right), \\ E_n = -\dfrac{Rhc}{n^2} Z^2. \end{cases} \tag{23-31}$$

§23.3 电子的椭圆轨道与空间量子化

索末菲(A. Sommerfeld)引用了经典力学中开普勒(Kepler)问题的普遍解答,将电子运动轨迹用椭圆表示,就更为合理,这是因为在平方反比力作用下,一个经典粒子的轨迹是椭圆,圆只是它的特例. 那么,在经典力学中可允许存在的诸椭圆轨道中,要选取量子论允许存在的那些稳定态的椭圆轨道,一个量子条件就不够了. 为此,首先要解决的问题是要找到多个自由度体系的量子化条件.

1. 索末菲量子化条件

威耳孙(W. Wilson)于1913年,索末菲于1916年各自独立地提出了一般的量子化通则,通常称为索末菲量子化条件. 他们假定体系的每个自由度都遵守

$$\oint p_i \mathrm{d}q_i = n_i h , \tag{23-32}$$

其中 q_i 为第 i 个自由度的广义坐标,它随时间做周期性的变化,p_i 为对应的广义动量,n_i 为一整数,称为量子数. 它说明了每一个自由度的广义坐标对应的广义动量对广义坐标的环积分只有等于普朗克常数的整数倍数的轨道才是允许存在的. 而每一个自由度的广义坐标对应的广义动量可以是线动量,也可是角动量或其他. 若体系有 f 个自由度,独立坐标数就有 f 个,则 $i = 1, 2, 3, \cdots, f$,对应 f 个量子化条件.

2. 电子的椭圆轨道

电子在核的库仑场中运动如同行星绕太阳运动,是一个平方反比的有心力场问题. 这样的运动,由经典力学可知,它的运动轨迹是椭圆轨道.

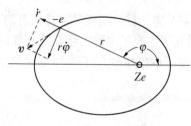

图 23-6 电子绕原子核的椭圆轨道

（1）椭圆轨道量子化条件

电子绕核做椭圆运动中,不但它的极角 φ 要变化,而其矢径 r 也要做周期性的变化,如图 23-6 所示,所以电子绕着原子核在一个平面上做椭圆运动是两个自由度的运动. 按索末菲量子化条件,容许存在的椭圆轨道,必须满足两个量子化条件

$$\oint p_\varphi \mathrm{d}\varphi = n_\varphi h , \tag{23-33}$$

$$\oint p_r \mathrm{d}r = n_r h \tag{23-34}$$

其中 n_φ 及 n_r 都为整数,分别称为角量子数和径量子数,p_φ 及 p_r 分别为 φ 及 r 对应的广义动量,称为角动量和径向动量.分别为

$$p_\varphi = mr^2 \frac{\mathrm{d}\varphi}{\mathrm{d}t}, \ p_r = m\frac{\mathrm{d}r}{\mathrm{d}t}, \tag{23-35}$$

其中 $\dfrac{\mathrm{d}\varphi}{\mathrm{d}t}$ 是电子的角速度,$r\dfrac{\mathrm{d}\varphi}{\mathrm{d}t}$ 是垂直于 r 的速度分量,$\dfrac{\mathrm{d}r}{\mathrm{d}t}$ 是 r 方向的速度分量.

（2）角动量量子化

据角动量定理,在有心力场中

$$\frac{\mathrm{d}}{\mathrm{d}t}(\boldsymbol{r} \times m\boldsymbol{v}) = \boldsymbol{r} \times \boldsymbol{F} = 0, \tag{23-36}$$

所以在有心力场中运动的质点,角动量是守恒量,则(23-33)式中的 p_φ 是恒量,可提到积分号外边,沿一循环积分得

$$\oint p_\varphi \, \mathrm{d}\varphi = p_\varphi \int_0^{2\pi} \mathrm{d}\varphi = 2\pi p_\varphi = 2\pi mr^2 \frac{\mathrm{d}\varphi}{\mathrm{d}t} = n_\varphi h, \tag{23-37}$$

或

$$p_\varphi = n_\varphi \hbar, \quad n_\varphi = 1, 2, 3, \cdots \tag{23-38}$$

此结果与玻尔理论中圆轨道的量子化条件相同,只是以 n_φ 代替了 n.

（3）径向运动的量子化及椭圆的限制

由经典力学,电子在库仑场中的椭圆方程为

$$\frac{1}{r} = \frac{1 + \varepsilon\cos\varphi}{a(1 - \varepsilon^2)}, \tag{23-39}$$

其中 a 为椭圆长半轴,ε 为其偏心率.上式两边微分后得

$$\frac{1}{r}\frac{\mathrm{d}r}{\mathrm{d}\varphi} = \frac{\varepsilon\sin\varphi}{1 + \varepsilon\cos\varphi}. \tag{23-40}$$

由 $p_\varphi = mr^2 \dfrac{\mathrm{d}\varphi}{\mathrm{d}t}$,则有

$$p_r = m\frac{\mathrm{d}r}{\mathrm{d}t} = m\frac{\mathrm{d}r}{\mathrm{d}\varphi}\frac{\mathrm{d}\varphi}{\mathrm{d}t} = \frac{p_\varphi}{r^2}\frac{\mathrm{d}r}{\mathrm{d}\varphi},$$

所以

$$p_r \mathrm{d}r = \frac{p_\varphi}{r^2}\left(\frac{\mathrm{d}r}{\mathrm{d}\varphi}\right)^2 \mathrm{d}\varphi = p_\varphi \frac{\varepsilon^2\sin^2\varphi}{(1 + \varepsilon\cos\varphi)^2}\mathrm{d}\varphi. \tag{23-41}$$

(23-34)式的循环积分可改写为

$$\oint p_r \mathrm{d}r = p_\varphi \int_0^{2\pi} \frac{\varepsilon^2 \sin^2 \varphi}{(1+\varepsilon \cos \varphi)^2} \mathrm{d}\varphi = n_r h. \tag{23-42}$$

由分部积分公式,令 $u = \varepsilon \sin \varphi$, $\mathrm{d}v = \dfrac{\varepsilon \sin \varphi \mathrm{d}\varphi}{(1+\varepsilon \cos \varphi)^2}$,则 $\mathrm{d}u = \varepsilon \cos \varphi \mathrm{d}\varphi$, $v = 1/(1+\varepsilon \cos \varphi)$,故得

$$\oint p_r \mathrm{d}r = p_\varphi 2\pi \left(\frac{1}{\sqrt{1-\varepsilon^2}} - 1 \right) = n_r h. \tag{23-43}$$

将(23-38)式代入(23-43)式,并令 $n_r + n_\varphi = n$,得

$$\frac{1}{\sqrt{1-\varepsilon^2}} = \frac{n_r + n_\varphi}{n_\varphi} = \frac{n}{n_\varphi}. \tag{23-44}$$

从解析几何知椭圆半短轴 $b = a\sqrt{1-\varepsilon^2}$,代入上式,得

$$\frac{a}{b} = \frac{n}{n_\varphi}. \tag{23-45}$$

可见,电子的椭圆轨道不能任意,其长、短轴之比等于两个整数之比.

(4) 电子做椭圆运动轨道的大小及总能量

由经典力学,电子做椭圆运动的总能量

$$E = T + U = \frac{1}{2} m \left[\left(\frac{\mathrm{d}r}{\mathrm{d}t} \right)^2 + r^2 \left(\frac{\mathrm{d}\varphi}{\mathrm{d}t} \right)^2 \right] - \frac{Ze^2}{4\pi\varepsilon_0 r}. \tag{23-46}$$

因 $p_r = m\dfrac{\mathrm{d}r}{\mathrm{d}t}$, $p_\varphi = mr^2\dfrac{\mathrm{d}\varphi}{\mathrm{d}t}$,且 $p_r = \dfrac{p_\varphi}{r^2}\dfrac{\mathrm{d}r}{\mathrm{d}\varphi}$,故上式可写为

$$E = \frac{1}{2m} \left(p_r^2 + \frac{1}{r^2} p_\varphi^2 \right) - \frac{Ze^2}{4\pi\varepsilon_0 r}, \tag{23-47}$$

或

$$E = \frac{p_\varphi^2}{2mr^2} \left[\left(\frac{1}{r} \frac{\mathrm{d}r}{\mathrm{d}\varphi} \right)^2 + 1 \right] - \frac{Ze^2}{4\pi\varepsilon_0 r}. \tag{23-48}$$

把(23-39)式代入上式,得

$$E = \frac{p_\varphi^2}{ma^2(1-\varepsilon^2)^2} \left(\frac{1+\varepsilon^2}{2} + \varepsilon \cos \varphi \right) - \frac{Ze^2(1+\varepsilon \cos \varphi)}{4\pi\varepsilon_0 a(1-\varepsilon^2)}. \tag{23-49}$$

对一保守系,其总能量 $T + U = $ 常数,不随时间及角 φ 变化,所以

$$\frac{\partial E}{\partial \varphi} = \frac{\partial (T+U)}{\partial \varphi} = 0.$$

由此可得

$$\frac{p_\varphi{}^2}{ma^2(1-\varepsilon^2)^2} - \frac{Ze^2}{4\pi\varepsilon_0 a(1-\varepsilon^2)} = 0,$$

则

$$a = \frac{4\pi\varepsilon_0 p_\varphi{}^2}{me^2 Z(1-\varepsilon^2)}. \tag{23-50}$$

将(23-38),(23-44)两式代入上式,得

$$a = \frac{4\pi\varepsilon_0 \hbar^2}{me^2}\frac{n^2}{Z} = a_1\frac{n^2}{Z}. \tag{23-51}$$

利用(23-49)式,得

$$b = a_1\frac{nn_\varphi}{Z}, \tag{23-52}$$

式中 a_1 是玻尔半径. 将(23-50)式代入(23-49)式,得体系总能量为

$$E = \frac{Ze^2}{4\pi\varepsilon_0 a(1-\varepsilon^2)}\left(\frac{1+\varepsilon^2}{2}-1\right) = -\frac{Ze^2}{8\pi\varepsilon_0 a}. \tag{23-53}$$

将(23-51)式代入上式后,得

$$E_n = -\frac{me^4}{2(4\pi\varepsilon_0)^2\hbar^2}\frac{Z^2}{n^2}. \tag{23-54}$$

此结果与玻尔圆轨道所得到的完全相同.

(5) 椭圆轨道一般特性

由(23-51)和(23-52)两式可知,当 $n=n_\varphi$ 时, $a=b$,是一个圆形轨道;当 $n_\varphi=0$ 时, $b=0$,椭圆轨道变成一条直线,这样电子将会与原子核相碰,索末菲认为这是不可能的. 所以 n_φ 的最小值是 1,最大值是 n,即

$$n_\varphi = 1, 2, 3, \cdots, n, \tag{23-55}$$

共有 n 个值. 这说明对每一个 n 值,即每一个半长轴,有 n 个不同的半短轴,即 n 个不同的轨道.

3. 空间量子化

如图 23-7 所示,引入极坐标 r, θ, ψ,极轴在磁场方向上. Ze 表示原子核位置, e 表示电子位置. 图中显示出电子轨道平面与坐标参考球面相截的圆. p_φ 是轨道角动量,它垂直于轨道平面. p_ψ 是 p_φ 在磁场方向的投影. 根据索末菲量子化条件,得

$$\oint p_r \mathrm{d}r = n_r h, \tag{23-56}$$

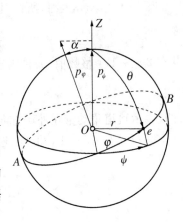

图 23-7　具有三个自由度的电子运动

$$\oint p_\theta \mathrm{d}\theta = n_\theta h, \tag{23-57}$$

$$\oint p_\psi \mathrm{d}\psi = n_\psi h, \tag{23-58}$$

其中 r, θ, ψ 的广义动量是径向动量 p_r, 角动量 p_θ 和角动量 p_ψ. n_r 为径量子数, n_θ 为纬量子数, n_ψ 为赤道量子数.

而电子在平面轨道 AB 上做椭圆运动时, 其角动量为

$$p_\varphi = n_\varphi \hbar, \quad n_\varphi = 1, 2, 3, \cdots \tag{23-59}$$

p_ψ 是 p_φ 在磁场方向的投影, 所以

$$p_\psi = p_\varphi \cos\alpha, \tag{23-60}$$

式中 α 是 p_φ 与磁场方向的夹角. 由于 p_ψ 在运动过程中恒定不变, 所以 p_φ 在外场方向的投影 p_ψ 也应是恒量, 不随 ψ 而变. 由 $(23-60)$ 式得

$$\oint p_\psi \mathrm{d}\psi = p_\psi \oint \mathrm{d}\psi = 2\pi p_\psi = n_\psi h,$$

所以

$$p_\psi = n_\psi \hbar. \tag{23-61}$$

将 $(23-59)$ 和 $(23-61)$ 式代入 $(23-60)$ 式, 得

$$\cos\alpha = \frac{n_\psi}{n_\varphi}. \tag{23-62}$$

引入一个可正可负而绝对值等于 n_ψ 的整数 m 代替 n_ψ, 得

$$\cos\alpha = \frac{m}{n_\varphi}. \tag{23-63}$$

因 $-1 \leqslant \cos\alpha \leqslant 1$, 所以对一定的 n_ψ 值, 量子数 m 可取下列整数值:

$$m = n_\varphi, n_\varphi - 1, \cdots, 0, \cdots, -(n_\varphi - 1), -n_\varphi, \tag{23-64}$$

共有 $2n_\varphi + 1$ 个整数值, m 称为磁量子数. 于是 $(23-61)$ 式可表示为

$$p_\psi = m\hbar. \tag{23-65}$$

此式表示轨道角动量在外场方向的投影也是量子化的. 可见, 角量子数为 n_φ 的电子轨道, 在空间只能有 $2n_\varphi + 1$ 种取向, 这种轨道平面在空间中的摆法有 $2n_\varphi + 1$ 种, 此即称为空间量子化.

§23.4　原子磁矩与史特恩-盖拉赫实验

1. 电子轨道运动的磁矩

由经典电磁学知,一载流线圈具有磁矩 μ,它的大小等于线圈的面积 A 和电流 i 的乘积,单位是 A·m²,方向与电流 i 的环流方向满足右手螺旋法则,其表达式为

$$\boldsymbol{\mu} = i\boldsymbol{A}. \tag{23-66}$$

同理,电子的轨道运动相当于一个闭合电路中的电流,其也会产生磁矩,这就是电子轨道运动的磁矩. 如果电子绕核旋转的周期为 T,则电流为

$$i = \frac{e}{T}. \tag{23-67}$$

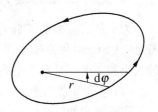

由于电子绕核做椭圆轨道运动,如图 23-8 所示 $\mathrm{d}t$ 时间内,电子的矢径 $\boldsymbol{r}$ 扫过的面积为 $\frac{1}{2}r^2\mathrm{d}\varphi$,绕行一周所扫过的面积为

图 23-8　电子轨道所围面积计算

$$A = \int_0^{2\pi} \frac{1}{2} r^2 \mathrm{d}\varphi = \int_0^T \frac{1}{2} r^2 \frac{\mathrm{d}\varphi}{\mathrm{d}t}\mathrm{d}t = \frac{1}{2m}\int_0^T mr^2\omega\mathrm{d}t = \frac{p_\varphi}{2m}T. \tag{23-68}$$

由于有心力场中角动量是守恒量,所以轨道角动量 p_φ 为常量.

将(23-67)和(23-68)式代入(23-66)式,得电子的轨道运动磁矩为

$$\mu = iA = \frac{e}{2m}p_\varphi, \tag{23-69}$$

用矢量式表示,得

$$\boldsymbol{\mu} = -\frac{e}{2m}\boldsymbol{p}_\varphi. \tag{23-70}$$

由于电子带负电,所以轨道运动的磁矩的大小与轨道角动量大小成正比,方向相反. 其两者之比为

$$\frac{\mu}{p_\varphi} = \frac{e}{2m}. \tag{23-71}$$

正好是荷质比的一半. 将角动量 p_φ 之值代入(23-71)式,得量子化的原子磁矩的数值大小为

$$\mu_\varphi = \frac{e}{2m}n_\varphi\hbar = n_\varphi\mu_B, \tag{23-72}$$

式中

$$\mu_B = \frac{e\hbar}{2m} = 9.274 \times 10^{-24} \text{ J} \cdot \text{T}^{-1}. \tag{23-73}$$

称为玻尔磁子,它是原子磁矩的基本单位.(23-72)式表明原子的磁矩是玻尔磁子的整数倍,也是量子化的.其玻尔第一轨道磁矩正好是一个玻尔磁子.

原子的轨道磁矩在外场方向的投影值为

$$\mu_z = \mu \cos\alpha = n_\varphi \mu_B \cos\alpha = m\mu_B. \tag{23-74}$$

由于 $m = n_\varphi$, $n_\varphi - 1$, $\cdots$, 0, $\cdots$, $-n_\varphi$, 共取 $2n_\varphi + 1$ 个值,所以,轨道磁矩在外场方向的投影有 $2n_\varphi + 1$ 种.

2. 史特恩-盖拉赫实验

为了从实验上证实原子存在磁矩及空间取向量子化效应.1921 年,德国物理学家史特恩(O, Stern)和盖拉赫(W. Gerlach)首先通过实验证实了原子不仅存在磁矩,而且磁矩的大小和方向都是量子化的,从而证明了原子角动量空间取向的量子化.

(1) 实验装置与原理

实验装置如图 23-9(a)所示,将金属银在容器 O 中加热成蒸气.基态银原子以一定的速度通过狭缝 S_1 和 S_2 后,形成很细的原子束.沿磁场的垂直方向进入一个不均匀的磁场区域,最后投射到照相底板 P 上,整个装置处于真空之中,结果在底板上留下两条黑斑,表示银原子经过不均匀磁场时被分成两束.

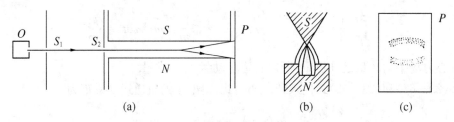

(a)　　　　　　　　　(b)　　　　　(c)

图 23-9　史特恩-盖拉赫实验装置示意图

1) 取向作用　按经典的电磁理论,在磁场中,一个原子体系的磁矩的行为可以想像为一个小的条形磁棒. 其磁棒要受到力矩

$$\boldsymbol{L} = \boldsymbol{\mu} \times \boldsymbol{B} \tag{23-75}$$

的作用. 以使磁棒与外磁场的取向一致,这就是取向作用. 但实际上又不可能,磁棒在均匀磁场中的两端受到一个力偶的作用,其结果使原子只绕外场方向做旋进运动. 为什么会发生旋转呢? 要改变磁棒相对于外场的取向,就必须对它做功. 如果取 $\boldsymbol{\mu}$ 垂直于 $\boldsymbol{B}$ 的势能为零,按势能定义,转动一个 $\mathrm{d}\alpha$ 角,力矩 $\boldsymbol{L}$ 所做的功为

$$\mathrm{d}A = L \cdot \mathrm{d}\alpha = \mathrm{d}(-\mu B \cos\alpha) = \mathrm{d}(-\boldsymbol{\mu} \cdot \boldsymbol{B}) = \mathrm{d}U. \tag{23-76}$$

正好是势能的改变量. 所以引起原子在磁场中旋转的原因就是外磁场中势能的变化.

2) 偏转作用　我们的实验是在非均匀磁场中进行的. 那么为什么要造就一个非均匀磁场呢? 这是因为原子在均匀磁场中只有取向作用,而没有偏转作用. 但在此我们最关心的就是原子射线的偏转作用.

当原子处于非均匀磁场中,磁棒的一个极上受到的作用力比另一个极上受到的作用力或大或小,这是取决于它的取向的.因此,磁棒要受到一个净合外力的作用,而引起原子射线的偏转,这便可直接测量磁矩.

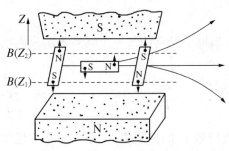

图 23-10 原子在磁场中的几种情形

从加热容器中发出的一束平行原子射线通过一个在 Z 轴方向上不均匀的磁场,最后投射到照相底板上.图 23-10 所示几种不同取向的小磁棒所受磁场作用的效应.除了仅使磁矩引起磁场方向进动的力矩 $L = \mu \times B$ 以外,还要受到沿磁场方向的净合外力

$$f = \mu_z \frac{dB}{dz} = \mu \frac{dB}{dz}\cos\alpha \quad (23-77)$$

的作用,以使其发生向上或向下偏转.式中 μ_z 是磁矩在磁场方向的投影,$\frac{dB}{dz}$ 是磁场的梯度.由于 $\frac{dB}{dz} > 0$,所以当 $\alpha < 90°$,f 为正,方向沿磁场方向;当 $\alpha = 90°$,$f = 0$;当 $\alpha > 90°$,f 为负,方向反磁场方向.所以偏转程度取决于外磁场的梯度 $\frac{dB}{dz}$ 和磁矩的投影 μ_z 的大小.

(2) 实验结果分析

按经典力学的观点,磁矩在空间的取向是连续的,则相应的偏转也是连续的.但因磁矩是量子化的,而 $\mu_z = \mu\cos\alpha = m\mu_B$,$m$ 可取 $2n_\varphi + 1$ 个值,所以应有 $2n_\varphi + 1$ 种偏转,但实际只有两种偏转,如图 23-9(c) 所示.实验中无论用银或氢做,都只出现两种偏转.

从实验的结果可见,偏转是不连续的,就进一步说明了 f 的不连续,可见偏转不连续是 f 不连续的结果.这就说明了原子磁矩在磁场中的取向是量子化的,即磁矩在空间的取向是不连续的,只能与磁场方向平行同向或平行反向.这就充分证明了空间量子化效应的存在.

从(23-67)式可见,磁场梯度 $\frac{dB}{dz}$ 是人为造成的,且 $\frac{dB}{dz} > 0$,由于发生了偏转,就说明 f 肯定不为零,则进一步说明 μ 肯定不为零,这就证明了原子磁矩的存在.

但是必须注意,实验结果并不完全和理论相符合,理应分裂为奇数条,但实际只观察到偶数条,后来的实验结果发现,不能单考虑电子的轨道磁矩来说明,还应考虑电子本身的自旋而具有的磁矩,故原子的磁矩必须从电子的轨道运动和自旋两方面来进行研究.

§23.5　碱金属原子光谱　电子自旋

1. 碱金属原子光谱线系

里德伯根据氢原子的广义巴耳末公式,把碱金属原子光谱的每一个线系表示成两项之差,即

$$\tilde{\nu}_n = \tilde{\nu}_\infty - \frac{R}{n^{*2}}, \tag{23-78}$$

其中 $\tilde{\nu}_\infty$ 是系限波数,是有效量子数 $n^* \to \infty$ 时谱线波数 $\tilde{\nu}_n$ 的极限值. R 是该元素的里德伯常数. 对碱金属,由实验算得 n^* 不是整数,它和整数(量子数)的差值随元素和线系的不同而不同. 将(23-78)式改写为

$$\tilde{\nu}_n = \tilde{\nu}_\infty - \frac{R}{(n - \Delta_l)^2}, \tag{23-79}$$

其中 n 叫作主量子数,Δ_l 是与角量子数有关的改正数,也称为量子数亏损. 对每一谱线系测量各谱线的波数,用适当方法处理数据便可求得该系的极限波数 $\tilde{\nu}_\infty$,把每一谱线的波数 $\tilde{\nu}_n$ 代入(23-78)式便可得谱项值,即

$$T_n = \frac{R}{n^{*2}}.$$

由此将该元素的里德伯常数 R 的数值代入,即可求得有效量子数 n^*,表 23-1 列出了锂的项值和有效量子数. 表中 n 表示主量子数,有效量子数 n^* 一般比 n 略小或相等(个别 n^* 比 n 略大,另有原因,此处不考虑),两者之差就是量子改正数 Δ_l. 同一谱线系的谱项,具有几乎相同的量子改正数,不同谱项的 Δ_l 则不相同. 谱项、原子态、电子态符号用角量子数 l 来标记. 大写的 S, P, D, F 表示谱项和原子态符号;小写的 s,p,d,f 表示电子态符号. 如锐线系,(23-78)式右边的第二项称为 S 项,相应的能级叫 s 能级,具有这种能级的电子状态叫 s 态,它和 $l = 0$ 的轨道相当. 对同一 n 的碱金属能级,$\Delta(l = 0) > \Delta(l = 1) > \Delta(l = 2) > \cdots$,则 s 能级低于 p 能级,p 能级低于 d 能级……所以,同一 n 值,S 项值最大,能级最低,相应 Δ_l 也最大,和氢原子轨道差别最大,F 项和氢的谱项几乎相同,Δ_l 也几乎为零.

表 23-1　锂的光谱项值和有效量子数

数据来源	电子态		$n = 2$	3	4	5	6	7	Δ
第二辅线系	s,$l=0$	T	43 484.4	16 280.5	8 474.1	5 186.9	3 499.6	2 535.3	0.40
		n^*	1.589	2.596	3.598	4.599	5.599	6.579	

（续表）

数据来源	电子态		$n=2$	3	4	5	6	7	Δ
主 线 系	p, $l=1$	T	28 581.4	12 559.9	7 017.0	4 472.8	3 094.4	2 268.9	0.05
		n^*	1.960	2.956	3.954	4.954	5.955	6.954	
第一辅线系	d, $l=2$	T		12 202.5	6 862.5	4 389.2	3 046.9	2 239.4	0.001
		n^*		2.999	3.999	5.000	6.001	7.000	
柏格曼线系	f, $l=3$	T			6 855.5	4 381.2	3 031.0		0.000
		n^*			4.000	5.004			
氢		T	27 419.4	12 186.4	6 854.8	4 387.1	3 046.6	2 238.3	

通过对光谱线系的研究,里德伯发现每一线系的线系限波数恰好等于另一线系公式第二谱项值中最大的. 即主线系的线系限波数恰等于第二辅线系公式中第二项的项值;两个辅线系的线系限波数恰等于主线系公式中第二项的项值;柏格曼线系的线系限波数恰等于第一辅线系公式中第二项的项值. 由上讨论,所有碱金属原子的四个光谱线系可用下式表示为

$$
\begin{cases}
\text{主 线 系} & \tilde{\nu}_n = \dfrac{R}{(m-\Delta_s)^2} - \dfrac{R}{(n-\Delta_p)^2}, \\[2mm]
\text{第二辅线系} & \tilde{\nu}_n = \dfrac{R}{(m-\Delta_p)^2} - \dfrac{R}{(n-\Delta_s)^2}, \\[2mm]
\text{第一辅线系} & \tilde{\nu}_n = \dfrac{R}{(m-\Delta_p)^2} - \dfrac{R}{(n-\Delta_d)^2}, \\[2mm]
\text{柏格曼线系} & \tilde{\nu}_n = \dfrac{R}{(m-\Delta_d)^2} - \dfrac{R}{(n-\Delta_f)^2}.
\end{cases}
\tag{23-80}
$$

根据里兹并和原则,则每一种碱金属原子的光谱项均可表示为

$$
T_{nl} = \frac{R}{(n-\Delta_l)^2}.
\tag{23-81}
$$

由上式可知,碱金属原子的光谱项是主量子数 n 和量子改正数 Δ_l 的函数,光谱项不但与主量子数有关,还与角量子数有关.

这样锂原子的四个线系公式用(23-80)式便可表示为

$$
\text{主 线 系} \quad \tilde{\nu}_n = \frac{R}{(2-\Delta_s)^2} - \frac{R}{(n-\Delta_p)^2} \quad n=2,3,\cdots
$$

$$
\text{第二辅线系} \quad \tilde{\nu}_n = \frac{R}{(2-\Delta_p)^2} - \frac{R}{(n-\Delta_s)^2} \quad n=3,4,\cdots
$$

$$
\text{第一辅线系} \quad \tilde{\nu}_n = \frac{R}{(2-\Delta_p)^2} - \frac{R}{(n-\Delta_d)^2} \quad n=3,4,\cdots
$$

$$
\text{柏格曼线系} \quad \tilde{\nu}_n = \frac{R}{(3-\Delta_d)^2} - \frac{R}{(n-\Delta_f)^2} \quad n=4,5,\cdots
$$

如对于钠原子的四个线系公式,只需将 m 取 3,主线系中 n 取 3,4,…;第二辅线系中 n 取 4,5,…;第一辅线系中 n 取 3,4,…;柏格曼线系中 n 取 4,5,….其他碱金属原子的四个线系公式可做类似分析,用(23-80)式给出.

2. 碱金属原子的能级

原子的光谱项与能级一一对应,所以碱金属原子的能级公式为

$$E_{nl} = - T_{nl}hc = - \frac{Rhc}{(n-\Delta_l)^2},\qquad (23-82)$$

即能量不但与 n 有关,而且也与角量子数 l 有关,关于角量子数,简并得到解除.

图 23-11 是锂原子的能级图.图中能级的高低用波数标度,能级按 l 值分类,l 值相同的能级画在同一列上,为便于比较,右边画出了氢原子的能级图.从图中可看出,对于同一个 n,碱金属原子能级分为 n 个层次.当 n 较大时,碱金属原子的能级与氢原子的能级接近;当 n 较小时,碱金属原子的能级与氢原子能级相差较大.图中还画出了产生各光谱线系的一些跃迁.可见,电子在不同能级间的跃迁,只能发生在 s↔p←d←f 之间,跃迁必须满足选择定则

$$\Delta l = \pm 1. \qquad (23-83)$$

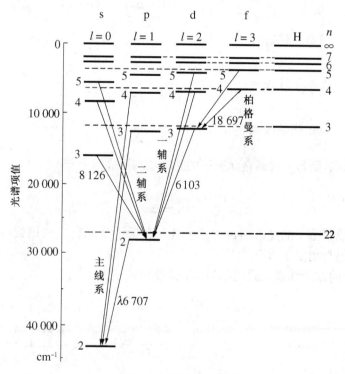

图 23-11   锂原子能级图

实验证明,不仅是碱金属原子,还是氢原子和类氢离子及所有单电子原子体系,在辐射跃迁中都遵守这一规律,此规律反映了原子实与价电子具有极性相反的等量电荷,因此

组成电偶极子.具有电偶极矩的原子与光子的电场发生的相互作用,这种相互作用引起原子在不同能级间跃迁,这种跃迁称为电偶极跃迁.而(23-83)式就给出了允许发生电偶极跃迁的范围,因此又称其为电偶极选择定则.它不仅可以从原子光谱的实验规律总结出来,还可通过量子力学的计算而具体得到,其实质就是原子体系的对称性所致.

3. 碱金属原子的结构

（1）碱金属原子结构模型

碱金属原子都是一价的,很容易失去一个电子而成为带单位正电荷的离子.该离子的电子结构与惰性元素原子的电子结构相同.所以,碱金属元素,原子中的电子都可看成是一个惰性元素原子的稳定结构和最外面的一个电子构成的.

根据碱金属和惰性元素特点可以设想,把碱金属原子的最外围有一个容易脱掉的电子称为价电子;其余电子在原子的较内层绕着原子核运动,这些电子和原子核形成一个比较稳定的集团,带有 $+e$ 电荷,我们称它为原子实.当价电子脱落后,原子实就成为正离子.可以说,碱金属原子就是由价电子在原子实的电场中运动所形成的.依据这一事实便可提出碱金属原子结构模型:一个外围电子围绕着其余的电子及原子核运动,如图 23-12 所示;也就是说,一个价电子围绕着原子实运动.碱金属原子的光谱就是这个价电子由一个轨道过渡到另一个轨道时发射出来的.

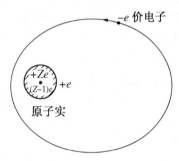

图 23-12　碱金属原子结构模型

价电子绕原子实运动,由于原子实中电荷的分布具有球对称性,因而原子实的场具有球对称性.当价电子远离原子实运动时,原子实的场与点电荷的场很相似,原子实对价电子的作用相似于带单位正电荷 $+e$ 的原子核——氢原子核的作用.由此可知,碱金属原子中价电子的远轨道应当与氢原子中的电子轨道相似,相应的能级和谱线和氢原子也颇为相似.由实验观测可知,在远轨道间跃迁所产生的谱线的波长也和氢原子光谱的相应谱线的波长相差甚微.这样一些事实正说明了碱金属原子的光谱确是价电子由一个较高的能级跃迁到一个较低的能级时发射出来的.

价电子围绕原子实运动可有各种不同的轨道.愈远离原子实的轨道,形状愈接近于圆轨道,说明 $n_\varphi(l)$ 较大,此时愈近似于氢原子的轨道,则原子实的场和点电荷的场愈相似,原子实对价电子的电作用相似于带单位正电荷的原子核——氢原子核的作用,此时能级的分布及其光谱项就愈接近于氢原子的能级及光谱项;愈靠近原子实的轨道,说明轨道愈扁,$n_\varphi(l)$ 较小,此时愈不同于氢原子的轨道,价电子在这一部分运动时,原子实不能再看作点电荷,此时将会发生原子实的极化作用和轨道在原子实中的贯穿效应.由于这些轨道所受的摄动各不相同,相应的能量和光谱项也就与氢原子的能量和光谱项有不同的差异.即碱金属原子的能级及光谱项不但与主量子数 n 有关,还与角量子数 $n_\varphi(l)$ 有关.量子数亏损也正是这个原因所产生.

（2）原子实的极化

波恩和海森伯认为,碱金属原子的能级及谱项和氢原子的能级及谱项不同,是由于原子实在价电子的电场中被极化所产生的. 原子实是一个球对称的结构,它里面的原子核带有 Ze 正电荷和 $Z-1$ 粒电子,所以共带 $(Z-1)e$ 负电荷. 当价电子在它外边运动时,好像是处在一单位正电荷的库仑场中. 但由于价电子的电场的作用,原子实中带正电的原子核和带负电的电子的中心会发生微小的相对位移,如图 23-13 所示. 于是正负电荷中心不再重合,而形成一个电偶极子,即价电子要使原子实极化,这就是原子实的极化作用. 极化而造成电偶极子的电场又作用于价电子,此时原子实的电场就不再是球形对称的库仑电场. 价电子不仅要受到库仑场的作用,而且还要受到电偶极子的场的作用,这样,价电子的势能为

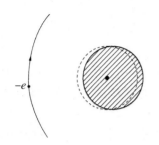

$$U = -\frac{1}{4\pi\varepsilon_0}\frac{e^2}{r} - \frac{1}{(4\pi\varepsilon_0)^2}\frac{ep}{r^2}, \qquad (23-84)$$

图 23-13 原子实极化示意图

式中 p 是电偶极矩,它与极化的程度有关. 上式中第一项表示电子在点电荷 $+e$ 场中的势能,第二项表示电子在偶极子场中的势能. 相对于库仑场其势能是降低了. 据量子力学计算结果表明,价电子在偶极子场的摄动下,其轨道由开普勒椭圆变为一个做平面进动的椭圆,如图 23-14 所示,其进动角速度与角量子数 $n_\varphi(l)$ 有关,因此,摄动能量也与角量子数 $n_\varphi(l)$ 有关,所以价电子的能级及谱项不仅与主量子数 n 有关,还与角量子数 $n_\varphi(l)$ 有关. 实际上,在同一 n 值中;$n_\varphi(l)$ 值较小的轨道是偏心率大的椭圆轨道,在一部分的轨道上电子离原子实很近,极化作用就很强,则相应于氢原子其能量降低就愈大. 相反,$n_\varphi(l)$ 值越大的轨道是圆轨道或偏心率不大的椭圆轨道,因而电子离原子实比较远,引起的极化作用就很

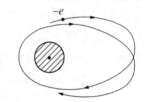

图 23-14 极化原子实周围的电子轨道

弱,所以相对于氢原子其能量的降低也就愈小. 它们的能级就愈接近氢原子的能级,这样,价电子在远轨道间跃迁产生的光谱也就愈接近氢原子的光谱.

(3) 轨道的贯穿效应

从锂的光谱项值表 23-1 和锂原子的能级图 23-11 可知,锂的 s 能级比氢原子能级低很多. 根据理论计算表明,只考虑原子实的极化是不可能产生这样大的能量差. 这就说明除了原子实的极化影响碱金属原子能量,还存在其他因素的影响. 如 s 和 p 能级都对应着偏心率很大的椭圆轨道,因而很可能靠近原子实的那部分轨道会穿入原子实而产生轨道贯穿效应,如图 23-15 所示. 当价电子不穿入原子实的轨道时,它基本上是在原子实的库仑场中运动. 原子实对外的作用好像是带单位正电荷的球体,对它外面的电子,有效电荷数 Z^* 等于 1,所以能级很接近氢原子的能级,原子实的极化作用使能级下移得不很多.

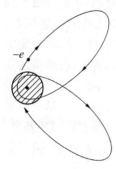

图 23-15 价电子的贯穿轨道

当价电子处在原子实的轨道上运动时,情形就不同了. 价电子处在原子实外边那部分轨道时,原子实对它的有效核电荷数 Z^* 是 1;当价电子处在穿入原子实那部分轨道时,对它起作用的 Z^* 就要

大于 1. 例如锂原子中，当价电子进入原子实，价电子距原子核的距离比原子实中两个电子还要近时，那么对它的有效核电荷数 Z^* 就是原子核的电荷数，即 $Z^* = 3$. 由于在贯穿轨道上运动的电子 $Z^* > 1$，因而它能够引起价电子轨道的很强的摄动，也就是角量子数 $n_\varphi(l)$ 很小的轨道，碱金属原子的能级及光谱项相应于氢原子差别很大.

考虑到原子实的极化作用和贯穿轨道效应，引入有效核电荷数 Z^* 代替 Z，由类氢离子能量公式可得碱金属原子的能级公式

$$E_{nl} = -\frac{Rhc}{n^2}Z^{*2} = -\frac{Rhc}{\left(\dfrac{n}{Z^*}\right)^2} = -\frac{Rhc}{n^{*2}}. \tag{23-85}$$

由于 $Z^* > 1$，所以 $n^* = (n/Z^*) < n$. 这就说明了有效量子数 n^* 要比主量子数 n 小. 所以它的能级也比氢原子相应的能级要低. 由 (23-82) 式和 (23-85) 式可见，n^*，Z^* 与量子数 n，l 都是有关的，由于原子实的极化和轨道贯穿效应导致了碱金属原子能级及相应谱项的分裂和移动，使得简并关于角量子数得到解除.

4. 碱金属原子光谱的精细结构

玻尔理论和价电子–原子实模型相当成功地解释了碱金属原子光谱的结构. 但当用高分辨本领的光谱仪来研究碱金属原子光谱时，却发现每一条光谱线不是简单的一条线，而是由两条或三条线组成，这就是光谱线的精细结构. 主线系和第二辅线系的每一条光谱线都是由两条线构成，第一辅线系和柏格曼线系由三条线构成. 如钠原子光谱中主线系的第一条线 3P→3S，就是由波长为 $\lambda_1 = 588.9963$ nm 和 $\lambda_2 = 589.590$ nm 的两条线构成的，两者波长之差 $\Delta\lambda \approx 0.6$ nm. 这条钠黄线的双线结构，就是用分辨本领不太高的光谱仪也可分辨得出. 图 23-16 是碱金属原子三个光谱线前四条线的精细结构和线系限的示意图. 竖直线代表光谱线的精细成分，这些竖直线的高低代表谱线的强度；它们的间隔代表谱线成分的波数差.

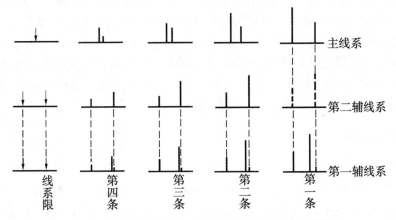

图 23-16　碱金属原子三个光谱线系的精细结构示意图

从图 23-16 可以看到，主线系第一条线中的两个成分的间隔随着波数的增加而减小，最后两成分并入一个线系限. 第二辅线系各线的成分具有相同的间隔，直到线系限都是这

样.第一辅线系的每一条线由三条线构成,但最外两条的间隔同第二辅线系各条线中两成分有共同的间隔,而且与主线系第一条中两成分的间隔也是相等的.另外还可注意到,第一辅线系每一条线中波数较小(图中靠右)的两条成分间的距离随着波数的增加而减小,最后并入一个线系限.所以这一线系的每条线虽有三个成分,线系限却只有两个.

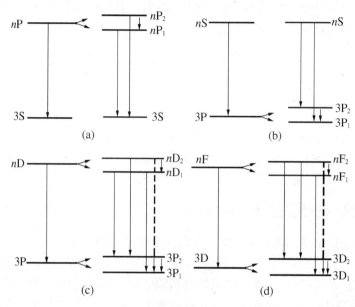

图 23-17　碱金属原子能级的分裂与双线的产生示意图

为了解释碱金属光谱的精细结构,可以假定 S 项的相应能级是单层的,P, D, F, …等项的相应能级都是由两个靠得很近的次能级构成的,随着 n 的增加,两个次能级的能量差依次减小;而且价电子在能级间的跃迁还应遵守一定的选择定则.据此假设,碱金属原子能级的分裂和双线及三线的产生情况,可用示意图 23-17 表示.由选择定则 $\Delta n_\varphi = \Delta_l = \pm 1$ 可以断定,角量子数相同的双重能级之间的跃迁是禁戒的,图中虚线所示.角量子数不同的双重能级间应有四种可能跃迁,但实际上只观察到三条,第四条(用虚线画出)肯定是被新的选择定则所禁戒.所以,上述假设虽能解释碱金属原子光谱的多重结构,但没有说明能级为什么会分裂,从史特恩-盖拉赫实验也反映了原子内部还有轨道运动之外的运动存在,说明原子结构是复杂的.为了进一步解释碱金属原子光谱的精细结构,必须引入电子自旋这一新的概念.

5. 电子自旋

为了解释史特恩-盖拉赫实验出现偶数条分裂,说明碱金属原子光谱的精细结构等实验事实.荷兰物理学家乌楞贝克(G. Uhlenbeck)和古德史密特(S. A. Goudsmit)于 1925年提出了电子自旋的假设.在原子行星模型的基础上,认为电子除绕核的轨道运动外,还具有某种形式的自旋.但对电子的结构尚不清楚,因此他们假设:每个电子都具有自旋的特性.根据这个假设,每个电子不仅具有电荷 e 和质量 m,而且还具有自旋角动量 p_s 和自旋磁矩 μ_s.自旋角动量又叫电子的固有矩或内禀角动量;自旋磁矩又叫电子的固有磁矩或内禀磁矩.

在假设中已指出,自旋角动量 p_s 是量子化了的,若描写自旋角动量的量子数称为自旋量子数,用 s 表示,则

$$p_s = s\hbar. \tag{23-86}$$

由空间量子化理论可知,轨道角动量在空间的取向为 $2l+1$ 种,由此可知矢量 $\boldsymbol{p}_s$ 在空间中的取向将有 $2s+1$ 种.但许多实验指出,电子自旋在空间的取向只有两种,则 $2s+1=2$,所以自旋量子数

$$s = \frac{1}{2}. \tag{23-87}$$

自旋角动量

$$p_s = \frac{1}{2}\hbar. \tag{23-88}$$

用量子力学的结论表示,自旋角动量为

$$p_s = \sqrt{s(s+1)}\,\hbar = \sqrt{\frac{3}{4}}\,\hbar. \tag{23-89}$$

自旋角动量也是空间量子化的,它在某一外场方向的投影为

$$p_{sz} = m_s\hbar. \tag{23-90}$$

与(23-74)式类似,自旋磁量子数 m_s 取值为

$$m_s = s,\ s-1,\ \cdots,\ -s. \tag{23-91}$$

m_s 共可取 $2s+1$ 个数值.而 $s = \frac{1}{2}$,所以 m_s 只能取两个值,即

$$m_s = +\frac{1}{2},\ -\frac{1}{2}. \tag{23-92}$$

与自旋运动相联系,还存在着自旋磁矩 μ_s,它的大小也和自旋角动量成正比,即

$$\boldsymbol{\mu}_s = -\frac{e}{m}\boldsymbol{p}_s, \tag{23-93}$$

其大小 $\mu_s = \frac{e}{m}p_s = \frac{e\hbar}{2m} = \mu_B$,正好是一个玻尔磁子.而自旋磁矩 μ_s 与自旋角动量的比值

$$\frac{\mu_s}{p_s} = \frac{e}{m}, \tag{23-94}$$

它比轨道运动的比值 $\frac{\mu_l}{p_l} = \frac{e}{2m}$ 大一倍,这是两种运动之间的重要区别.

由(23-93)式和(23-89)式得自旋磁矩在某一外场方向的投影

$$\mu_{sz} = -\frac{e}{m}p_s = -\frac{e}{m}m_s\hbar = \mp\frac{e\hbar}{2m} = \mp\mu_B. \qquad (23-95)$$

由于自旋角动量的空间量子化，μ_{sz} 可取两个数值，它们的大小相等，方向相反，因为自旋量子数 s 是半整数，所以自旋角动量在某方向投影值为偶数个．

电子自旋的存在为一系列实验所证实．除电子以外，人们发现，一切微观粒子都存在自旋，自旋是一切微观粒子的一个基本属性．但对"自旋"这一术语，不可想像为宏观物体的"自转"，因为微观粒子与宏观物体的运动是十分不同的，简单类比会产生错误概念．由于我们目前还没有完全了解微观粒子的内部结构，因此对自旋还不能给予更详尽的说明，只能说它是微观粒子的一种内禀运动．

6. 电子自旋与轨道运动的相互作用能

（1）单价电子矢量模型

我们用矢量模型来研究电子的轨道角动量 p_l 和自旋角动量 p_s 的合成．而合矢量 p_j 称为电子的总角动量，它也是量子化的，故有

$$\boldsymbol{p}_j = \boldsymbol{p}_l + \boldsymbol{p}_s. \qquad (23-96)$$

根据玻尔理论便有

$$p_l = l\hbar, \quad p_s = s\hbar, \quad p_j = j\hbar, \qquad (23-97)$$

j 称为内量子数，它只能取正的半奇整数值，即

$$j = l \pm s = l \pm \frac{1}{2}. \qquad (23-98)$$

若以 $\hbar$ 作为角动量单位，电子的轨道角动量、自旋角动量、总角动量可分别用矢量 $\boldsymbol{l}$，$\boldsymbol{s}$，$\boldsymbol{j}$ 表示，则（23-96）式可写成

$$\boldsymbol{j} = \boldsymbol{l} + \boldsymbol{s}. \qquad (23-99)$$

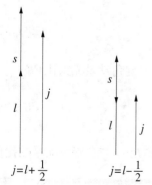

图 23-18 玻尔理论矢量模型

图 23-18 是应用玻尔理论所画出的碱金属原子的矢量模型．由于 $s = \frac{1}{2}$，l 是包括零在内的正整数，按上述规定 s 只能取和 l 平行和反平行的方向，这就是价电子的矢量模型．而碱金属中原子实是球对称分布，所以原子实的 $\boldsymbol{p}_l$，$\boldsymbol{p}_s$，$\boldsymbol{p}_j$ 之矢量和为零，原子的总角动量就是价电子的总角动量．

更精确的矢量模型应采用量子力学的结果，如图 23-19 所示．它给出的轨道角动量、自旋角动量、总角动量的表达式为

$$\begin{cases} p_l = \sqrt{l(l+1)}\,\hbar, \\ p_s = \sqrt{s(s+1)}\,\hbar, \\ p_j = \sqrt{j(j+1)}\,\hbar. \end{cases} \quad (23-100)$$

总角动量在某一外场方向的投影值为

$$p_{jz} = m_j \hbar. \quad (23-101)$$

m_j 为电子的总磁量子数,其取值为

$$m_j = j, \; j-1, \cdots, 0, \cdots, -j.$$

共取 $2j+1$ 个值.

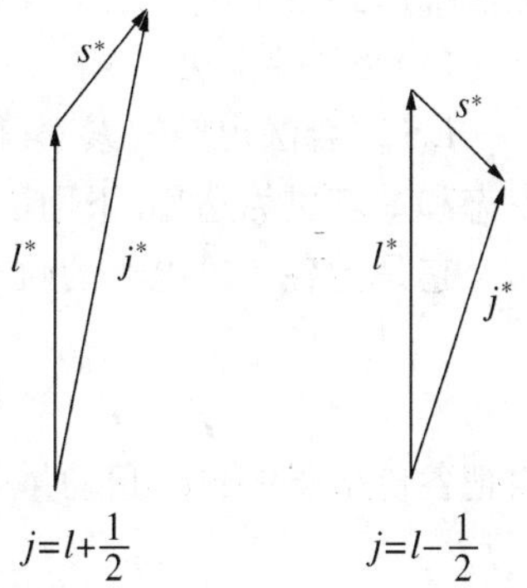

图 23-19　量子力学矢量模型

（2）自旋与轨道相互作用能及双重能级高低

由经典电磁理论可知,一个具有磁矩 μ 的磁体在磁场 B 中的能量是$-\mu B\cos\theta$, θ 是 $\boldsymbol{\mu}$ 和 $\boldsymbol{B}$ 的夹角. 而具有自旋磁矩 μ_s 的电子处在由于轨道运动而感受的磁场中,这样附加能量可以表达为

$$\Delta E_{ls} = -\mu_s B\cos\theta. \quad (23-102)$$

如图 23-20 所示,设价电子以一定速度绕原子实运动,据相对性原理,可认为原子实以同速绕电子运动. 由于原子实带正电,带电体的运动将产生磁场,所以 $\Delta E_{ls} = -\mu_s B\cos\theta$ 中的 B 就是这个磁场在电子位置的值,其方向向上. 由于这个磁场是电子轨道运动引起的,因此它与自旋磁矩的相互作用能就称为自旋-轨道耦合能. 图 23-20(a)代表 $\theta = 180°$ 的情况,其 $j = l + \frac{1}{2}$, $\Delta E_{ls} = \mu_s B$;图 23-20(b) 代表 $\theta = 0°$ 的情况,其 $j = l - \frac{1}{2}$, $\Delta E_{ls} = -\mu_s$. 可见(a)图情况的能量比(b)图情况的能量大,此能量加在未考虑自旋的原子能级上,就形成双层能级. 所以 $j = l + \frac{1}{2}$ 的能级高于 $j = l - \frac{1}{2}$ 的能级.

图 23-20　电子自旋角动量与轨道角动量的平行与反平行

§23.6　多电子原子的结构

1. 原子矢量模型

前面已介绍过单价电子矢量模型,用以解释碱金属原子光谱的双线结构很成功. 将此

方法推广到多价电子原子或离子,还可用来解决在外场作用下光谱线的分裂问题.

(1) LS 耦合法

LS 耦合法也叫罗素-桑德斯耦合法,它适合于大多数原子,特别是对较轻原子的低激发态和基态更为适用.下面以两个价电子的原子为例加以说明.

它是把各个价电子的轨道角动量矢量按矢量加法合成,得原子的总轨道角动量

$$\boldsymbol{P}_L = \sum \boldsymbol{P}_{li}, \quad \boldsymbol{P}_L = \boldsymbol{P}_{l_1} + \boldsymbol{P}_{l_2}. \tag{23-103}$$

再把各价电子的自旋角动量矢量按矢量加法合成,得原子的总自旋角动量

$$\boldsymbol{P}_S = \sum \boldsymbol{P}_{si}, \quad \boldsymbol{P}_S = \boldsymbol{P}_{s_1} + \boldsymbol{P}_{s_2}, \tag{23-104}$$

然后把原子的总轨道角动量矢量 $\boldsymbol{P}_L$ 和总自旋角动量矢量 $\boldsymbol{P}_S$ 按矢量加法合成,得原子的总角动量

$$\boldsymbol{P}_J = \boldsymbol{P}_L + \boldsymbol{P}_S. \tag{23-105}$$

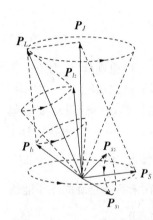

用矢量图表示,合成关系如图 23-21 所示. $\boldsymbol{P}_{l_1}$ 和 $\boldsymbol{P}_{l_2}$ 绕着 $\boldsymbol{P}_L$ 旋进, $\boldsymbol{P}_{s_1}$ 和 $\boldsymbol{P}_{s_2}$ 绕着 $\boldsymbol{P}_S$ 旋进, $\boldsymbol{P}_L$ 和 $\boldsymbol{P}_S$ 又分别绕着 $\boldsymbol{P}_J$ 旋进.而电子的轨道角动量 $\boldsymbol{P}_L$ 和电子的自旋角动量 $\boldsymbol{P}_S$ 及总角动量 $\boldsymbol{P}_J$ 都是量子化的,其大小及取值为

$$P_L = \sqrt{L(L+1)}\,\hbar, \tag{23-106}$$

L 只能取零或正整数值,则

$$L = l_1 + l_2, l_1 + l_2 - 1, \cdots, |l_1 - l_2|; \tag{23-107}$$

$$P_S = \sqrt{S(S+1)}\,\hbar, \tag{23-108}$$

图 23-12 LS 耦合矢量图 S 只能取半整数或整数值,即

$$S = s_1 + s_2, s_1 + s_2 - 1, \cdots, |s_1 - s_2|; \tag{23-109}$$

$$P_J = \sqrt{J(J+1)}\,\hbar, \tag{23-110}$$

J 只能取半整数或整数值,即

$$J = L + S, L + S - 1, \cdots, |L - S|, \tag{23-111}$$

如果 $L > S$, J 可取 $2S+1$ 个值; $L < S$, J 可取 $2L+1$ 个值.且 J 取值的个数决定了能级的重数.

对两个价电子的原子, S 只取 0 或 1 两个数值.在 $S = 0$ 时,对每一个 L, $J = L$,只有一个值,即一个能级,它就是单一态;在 $S = 1$ 时,对每一个 L, $J = L+1$, L, $L-1$ 共三个 J 值,相当于三个能级,所以是三重态.这就说明两个价电子的原子只能形成单重和三重能级结构.一般用 $2S+1$ 表示能级重数,则原子态符号用 $^{2S+1}L_J$ 表示.

(2) 洪特定则与朗德间隔定则

关于一个电子组态在 LS 耦合下形成的所有可能原子态的能级高低次序问题,1925年,德国物理学家洪特(F. Hund)提出了一个经验规则,称其为洪特定则.它可以表述为:

1)从同一电子组态所形成的具有相同 L 值的能级中,重数最高的,亦即 S 值越大的能级越低.所以单重能级比三重能级高;

2)从同一电子组态所形成的具有相同 S 值不同 L 值的能级中,L 值越大的能级越低;

3)从同一电子组态所形成的能级中,具有相同 L 值及相同 S 值、不同 J 值的能级中,当同科电子数小于闭合支壳层电子数的一半时,J 值小的能级越低,称为正常次序;当同科电子数大于闭合支壳层电子数的一半时,J 值大的能级越低,称为反常次序.

关于能级的间隔,朗德(Lander)就多重结构的研究,给出了一个定则,称其为朗德间隔定则,即在一个多重能级的结构中,能级的两个相邻间隔同有关的两个 J 值中较大的那一值成正比.

2. 多电子原子光谱

实验发现氦及周期系第二族的元素铍、镁、钙、锶、钡、镭、锌、镉、汞的光谱具有相仿的结构.从这些原子的光谱,可推得这些原子的能级都分成两套,一套是单层结构,另一套是三层结构.

（1）氦原子的光谱项与能级

氦原子光谱最早是由法国天文学家简逊(Jensen)于 1868 年在印度观察太阳日珥时发现的.他观察到钠黄线 (D_1, D_2) 旁边有一条波长 587.5 nm 的谱线,认为这是一种新元素的谱线,起名为 Helium,即氦(希腊文就是太阳的意思).30 年后才在地矿物质中找到此元素.

氦原子有两个电子,正常情况下都处在 1s 态.受激后,另一个电子可进入任一个较高能量的激发态而形成不同的电子组态.根据矢量耦合法可得到它们具有两套不同的谱项和能级,一套是单重项,相应单重能级,表示 $S=0$ 情形下自旋反平行时构成的;另一套是三重项,相应三重能级,表示 $S=1$ 情形下自旋平行时构成的.

（2）氦原子的光谱

由于氦原子有二套谱项,相应有两套能级,所以氦原子光谱也有两套谱线系,一套是单线系,一套是三重线系.

氦原子的能级跃迁如图 23-22 所示.可见跃迁只能在两套能级内各自跃迁,从而产生单线系和三重线系.这也正是选择定则所要求的.与碱金属原子光谱相似,氦的谱线系也可分为四个线系.

对于单线系有

$$\left\{\begin{array}{llll} \text{主 线 系} & \tilde{\nu} = 1^0 S_1 - n^1 P_1 & n = 2, 3, 4, \cdots \\ \text{第二辅线系} & \tilde{\nu} = 2^1 P_1 - n^1 S_0 & n = 3, 4, 5, \cdots \\ \text{第一辅线系} & \tilde{\nu} = 2^1 P_1 - n^1 D_2 & n = 3, 4, 5, \cdots \\ \text{柏格曼线系} & \tilde{\nu} = 3^1 D_2 - n^1 F_3 & n = 4, 5, 6, \cdots \end{array}\right. \tag{23-112}$$

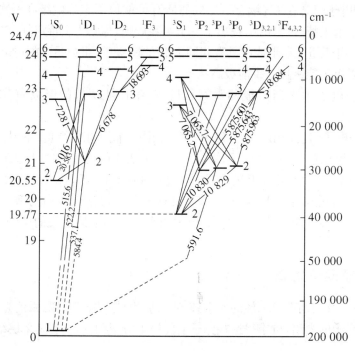

图 23-22　氦原子能级图

对于三重线系有

$$
\text{主线系}\quad
\begin{cases}
\tilde{\nu} = 2^3S_1 - n^3P_0, \\
\tilde{\nu} = 2^3S_1 - n^3P_1, \quad n = 2, 3, 4, \cdots \\
\tilde{\nu} = 2^3S_1 - n^3P_2.
\end{cases}
\tag{23-113}
$$

此三个成分之间的距离,随着 n 的增加而减小.

$$
\text{第二辅线系}\quad
\begin{cases}
\tilde{\nu} = 2^3P_0 - n^3S_1, \\
\tilde{\nu} = 2^3P_1 - n^3S_1, \quad n = 3, 4, 5, \cdots \\
\tilde{\nu} = 2^3P_2 - n^3S_1.
\end{cases}
\tag{23-114}
$$

三重线间距保持不变. 当 $n \to \infty$ 时,每一成分都趋近于自己的固有极限,它们就是项值 2^3P_0, 2^3P_1, 2^3P_2.

第一辅线系

$$
\tilde{\nu} = 2^3P_{0,1,2} - n^3D_{3,2,1}, \quad n = 3, 4, 5, \cdots
\tag{23-115}
$$

柏格曼线系

$$
\tilde{\nu} = 3^3D_{1,2,3} - n^3F_{2,3,4}, \quad n = 4, 5, 6, \cdots
\tag{23-116}
$$

它们有 6 种可能的跃迁,形成 6 种靠得很近的谱线,而在实际中观察到的只是 3 条.

图 23-22 表示了氦的能级和各条谱线的产生. 氦的三重能级分裂很小. 单项 $1s1s\,^1S_0$ 是氦原子的最低状态,正常情况下,氦原子就处在这个状态中,称为基态. 其次是 $1s2s\,^3S_1$,

它是三重态的最低能级,要使氦原子从基态到达这个状态,需做 19.77 eV 的功(通过碰撞);但原子不能由这个状态通过发射光子而回到基态,因它违背选择定则 $\Delta L = \pm 1$, $\Delta S = 0$. 三重态与单重态间不能跃迁,但有一条很弱的 $\lambda = 59.16$ nm 的谱线用虚线画出,实际它不是氦的而是氖的谱线. 处于 $1s2s\,^3S_1$ 态和处于 $1s2s\,^1S_0$ 态的电子,既不能跃到较高能级,也不可能跃迁到更低能级,因此把 $1s2s\,^3S_1$ 和 $1s2s\,^1S_0$ 叫作亚稳态. 处于亚稳态 $1s2s\,^3S_1$ 的原子和处于亚稳态 $1s2s\,^1S_0$ 的原子可用任何外界作用,如电子碰撞,使原子离开亚稳态,跃入更高的非亚稳态,然后通过辐射光子跃回基态. 此外当一个激发原子与另一个原子碰撞,直接把激发能传递给另一个原子时,可过渡到较低状态或基态而不发生辐射. 这种将能量从一个原子直接传给另一个原子的碰撞称为第二类碰撞.

除氦原子外,其余具有两个价电子的原子中离子的光谱都与氦原子光谱相似,也有单重项和三重项,具有同图 23 - 22 相仿的两套能级和两套光谱.

3. 泡利原理和同科电子

根据 LS 耦合法则,氦原子的最低可能能级有两个,即 $1s1s\,^1S_0$ 和 $1s1s\,^3S_1$,但实验上从来没有观察到 $1s1s\,^3S_1$ 能级. 同样,对镁原子来说,其基态电子组态为 $3s3s$,也没有构成 $3s3s\,^3S_1$ 能级. 这是为什么呢? 泡利(W. Pauli)不相容原理给了很完满的解释.

泡利不相容原理是 1925 年提出的,其先于量子力学之前. 也是在电子自旋假设提出之前,他发现,要完全确定一个电子能态,需要四个量子数,并提出:在原子中,每一个确定的电子能态上,最多只能容纳一个电子. 原来已经知道的三个量子数 (n, l, m_l) 只与电子绕核运动的轨道运动有关,第四个量子数表示电子本身还有某种新的运动,泡利当时就预言:它只可能取大小相等符号相反的两个值,且不能用经典物理来描述. 电子自旋假设提出后,泡利的第四个量子数就是自旋磁量子数 m_s,它可以取 $\pm\dfrac{1}{2}$ 两个值. 于是,泡利原理可以叙述为:

一个原子中不可能有两个或更多个电子具有完全相同的四个量子数 (n, l, m_l, m_s). 换句话说,每一个量子态(由 n, l, m_l, m_s 定)只能容纳一个电子.

在氦的基态中,$1s1s\,^3S_1$ 能级不存在是因为 $n_1 = n_2 = 1$, $l_1 = l_2 = 0$, $m_{l_1} = m_{l_2} = 0$, 其 $J = 1$,则说明 $S = 1$,这就说明两个电子的自旋必须平行同向,即 m_s 只能取 $m_{s_1} = m_{s_2} = +\dfrac{1}{2}$. 由此可见 $1s2s\,^3S_1$ 能级的四个量子数完全相同,违背泡利原理,所以观察不到. 同样理由,镁的 $3s3s\,^3S_1$ 能级也不存在.

泡利原理是一条重要的原理. 它不但可以帮助我们理解原子的电子壳层建造,而且还把原子结构的许多其他重要事实关联起来.

后来发现,不但电子遵守泡利原理,凡是自旋为 $\dfrac{1}{2}$ 的粒子,即费米(E. Fermi)子(如 P, n 等)都遵守泡利原理.

n 和 l 两量子数相同的电子称为同科电子;n 和 l 两量子数不相同的电子称为非同科电子. 同科电子确定原子态时,必须考虑泡利原理;非同科电子确定原子态时,不必考虑泡利原理(其自然满足,四个量子数已不相同). 所以同科电子形成的原子态比非同科电子形成的原子态少. 例如 1s1s 只能形成$^1S_0$一个原子态, 而 1s2s 可以形成$^1S_0$和$^3S_1$二个原子态. 又如两个 p 电子, 若 n 不同按 LS 耦合会形成^1S, ^1P, ^1D, ^3S, ^3P, ^3D 几种原子态. 如果是同科的, 则只能形成原子态^1S, ^1D 和^3P.

§23.7 元 素 周 期 系

1. 电子排列的壳层结构

由于主量子数 n 决定着椭圆轨道的长半轴, 随着 n 的不同, 可把轨道电子分成许多壳层.

主量子数 $n = 1, 2, 3, 4, 5, 6, \cdots$

壳层符号 $K, L, M, N, O, P, \cdots$

轨道角量子数 l 确定椭圆轨道的形状而把能级分裂, 所以对不同的角量子数 l 可把每一个壳层分成若干支壳层.

角 量 子 数 $l = 0, 1, 2, 3, 4, 5, \cdots$

支壳层符号   s, p, d, f, g, h, $\cdots$

设想原子处在很强的磁场中, 电子间的耦合以及每个电子的自旋同轨道的耦合都被解脱. 这样每个电子的轨道运动和自旋的取向都相对独立, 出现明显的对外场空间量子化. 因而就可用 (n, l, m_l, m_s) 四个量子数推断原子中的电子组态.

先计算一个 l 支壳层中最多容纳多少个电子. 由于每个给定的 l, m_l 可以取 $2l+1$ 个值, 对每一个 m_l 值, m 可取 $\pm\frac{1}{2}$ 两个值. 因此对每一个 l, 可有 $2(2l+1)$ 个量子态. 根据泡利原理, 每个支壳层中可以容纳的最多电子数是

$$N_l = 2(2l+1). \tag{23-117}$$

再计算每个壳层中最多容纳多少个电子. 对于每个给定的 n, l 可以取 $0, 1, 2, \cdots, n-1$, 共 n 个不同值. 根据泡利原理, 主量子数为 n 的壳层中可以容纳的最多电子数是

$$N_n = \sum_{l=0}^{n-1} 2(2l+1) = 2n^2. \tag{23-118}$$

从以上知识便可初步解释元素系统的周期性. 从氢原子开始, 原子中的电子逐个地被填充到壳层中去时, 它们的壳层填充次序不仅要遵守泡利原理, 还要满足能量最小原理, 即电子填充某一个壳层时, 首先要占据能量最小的支壳层, 只有这样原子才最稳定.

2. 电子壳层建造

实际周期系是考虑了能量最低原理而得到的, 原子的光谱, 特别是等电子数序光谱的研究, 使我们能够很详细的研究电子壳层的结构, 并揭示周期律的物理本质. 下面将研究

实际周期系的结构,并确定什么地方填充壳层及支壳层的理想次序被破坏,以及由此产生的结果.

(1) 等电子原子及离子光谱、莫色莱定律及莫色莱图

一切与它们的电子数目相同的离子叫作等电子数序的离子. 如 K Ⅰ,Ca Ⅱ,Sc Ⅲ,Ti Ⅳ,V Ⅴ,Cr Ⅵ,Mn Ⅶ,…,其中 Ⅰ 表中性,Ⅱ 表示电离掉一个电子,……而光谱由价电子产生,实验证实,等电子、原子及离子具有相仿的光谱,但对中性原子来说却大不一样.

类氢离子的光谱项可表示为

$$T = \frac{RZ^2}{n^2}, \qquad (23\text{-}119)$$

式中 Z 为原子序数. 碱金属原子的光谱项可表示为

$$T = \frac{RZ^2}{n^{*2}}, \qquad (23\text{-}120)$$

式中 n^* 为有效量子数. 推广到类碱离子,光谱项可表示为

$$T = \frac{R(Z-K)^2}{n^{*2}}, \qquad (23\text{-}121)$$

式中 K 表示内层电子数目或原子实中电子数目,$(Z-K)e$ 为原子实的电荷. 根据等电子、原子及离子设想,(23-121)式可进一步表示为

$$T = \frac{R(Z-\sigma)^2}{n^2}, \qquad (23\text{-}122)$$

式中 n 为主量子数,σ 为屏蔽常数,$(Z-\sigma)e$ 为有效核电荷. 这是因为光学电子在核的库仑场中运动,除受核的库仑场的作用,还要受内层电子的作用,相当于削弱了核的作用,使核的有效电荷变为 $(Z-\sigma)e$,即其他电子产生了一个屏蔽作用. 故 σ 表示了内层电子对核的库仑场的抵消作用. 由此称 σ 为屏蔽常数,$(Z-\sigma)e$ 就叫有效核电荷.

将(23-122)式改写为

$$\sqrt{\frac{T}{R}} = \frac{1}{n}(Z-\sigma), \qquad (23\text{-}123)$$

就是推广了的莫色莱(H. G. Mosely)定律. 可见光谱项值的平方根与原子序数 Z 成直线关系,如图 23-23 所示,以 Z 为横坐标,以 $\sqrt{\frac{T}{R}}$ 为纵坐标,可得一条直线,其斜率可以决定主量子数 n,而它与 Z 轴的交点可以决定屏蔽常数 σ.

(2) 电子的壳层结构和周期系的构成

依据玻尔的壳层假说. 按泡利原理和能量最低原理就可研究原子的电子壳层结构和周期系的构成.

1) 第一周期

第一周期即 $n=1$ 的 K 壳层有两种元素,氢和氦. 氢只有一个电子,基态电子组态为

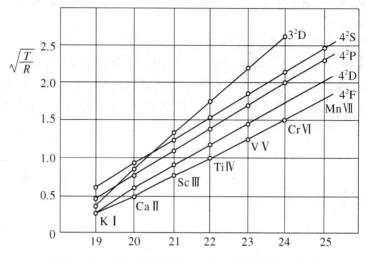

图 23-23　等电子数序 KⅠ,CaⅡ,ScⅢ等的莫色莱图

1s,由此得其基态是 $^2S_{1/2}$. 氦有两个电子,在基态时都在 1s 态,形成基态是 $^1S_0$. 到此第一电子壳层已填满而形成闭合壳层,则第一周期到此结束. 所以氦的化学性质很不活泼.

2) 第二周期

第二周期,即 $n=2$ 的 L 壳层有 8 种元素. 第一种是锂,有三个电子. 在基态时两个电子填满 K 壳层,第三个电子必须进入第二个壳层,并尽可能填在最低能级,所以填在 2s 支壳层. 这样锂原子的基态是 $^2S_{1/2}$. 铍原子有四个电子,它的基态电子组态是 $1s^2 2s^2$,形成原子基态 $^1S_0$. 而硼、碳、氮、氧、氟、氖分别有 5,6,7,8,9,10 个电子,前四个电子填充类似于铍原子,而新增电子依次填在 2p 支壳层,到氖为止,2p 支壳层填满,同时 L 壳层亦填满而形式闭合壳层,其电子组态是 $1s^2 2s^2 2p^6$,相应原子基态为 $^1S_0$. 到此第二周期结束.

在此周期中,锂的结构是一个满壳层之外加一个电子,此电子在原子中结合最不牢固最易被电离,所以锂原子易成为带一个单位正电荷的离子. 而氟的第二壳层差一个电子就要填满,所以氟易俘获一个电子成为一个具有完满壳层的体系,而成为带一个单位负电荷的离子. 元素周期表中靠近左边的元素具有正电性,右边元素具有负电性原因就在此.

3) 第三周期

第三周期即 $n=3$ 的 M 壳层也有 8 种元素. 钠有 11 个电子,像氖一样填满了 K 壳层和 L 壳层. 在基态时第 11 个电子只能填在第三壳层的 3s 支壳层,形成钠的基态 $^2S_{1/2}$,它具有同锂相仿的性质,这以后 7 种原子中电子逐一填充的情况同第二周期的原子相同,只是此处填充在第三壳层. 到了氩,第三壳层的第一、二支壳层已填满,它的基态是 $^1S_0$. 氩具有同氖和氦相仿的性质,它也是惰性元素.

由以上可见,第二周期和第三周期都是从碱金属元素开始到惰性气体元素终止. 而从表 23-2 可看出,在第三壳层中的 3d 支壳层完全空着,下一个元素钾的第 19 个电子是否填充在 3d 上呢? 光谱的观察及其他性质都显示出最后填充的不是 3d 而是 4s 支壳层. 钾原子中 18 个电子已经构成一个完整的壳层体系,第 19 个电子就要决定原子态的性质,如是 3d 电子,原子基态应是 ^2D,但实验得出基态是 $^2S_{1/2}$. 足见钾的第 19 个电子已进入第四壳层而开始新的周期.则第三周期到氩结束.

　　4)第四周期

　　第四周期即 $n=4$ 的 N 壳层有 18 种元素.开始的是钾,它的第 19 个电子不是填充在 3d 而是 4s 支壳层,这是为什么呢?这是由于 4s 的能量低于 3d 的能量.按第 4 章的讨论,4s 轨道是一个偏心率很大的椭圆轨道,原子实的极化和轨道贯穿都能使它的能级下移.3d 是圆轨道,不会有贯穿,极化作用也很小,它的能级应接近氢原子的能级,因此 4s 能级低于 3d 能级.按莫色莱图也可解释,由图 23-23 又知,基本平行的四条线是属于 $n=4$ 的,3^2D 线的斜度同这些线显然不同,它与 4^2S 线相交于 $Z=20$ 和 $Z=21$ 之间.当 $Z=19$ 和 20 时,4^2S 的谱项值大于 3^2D 的值,因能量与谱项值满足 $E=-hcT$ 关系,可见 K I 和 Ca II 的 4^2S 能级低于 3^2D 能级,这就解释了 K 和 Ca 的第 19 个电子应先填 4s 而不填 3d 支壳层.Ca 的第 20 个电子也应先充 4s 态.到了 Sc III 及其余等电子离子中,3^2D 才被 4^2S 态低,所以从钪到镍为止,第 19 个电子才填充在 3d 支壳层.这些元素称为过渡元素.到铜($Z=29$),它和钾原子相似正说明它的第 29 个电子填在 4s 态,其余 28 个电子把 K,L,M 壳层都填满了,从铜起开始正常填充第四壳层.到氪($Z=36$)为止,4s,4p 支壳层填满,形成原子态 $^1S_0$,第四周期结束,但此时第四壳层 4d 和 4f 支壳层还空着.

　　5)第五周期

　　第五周期即 $n=5$ 的 O 壳层共有 18 种元素.从铷($Z=37$)开始,它与钾原子有相仿的性质,它的第 37 个电子不是填在 4d 而是填在 5s 支壳层,从此开始了第五周期.此周期填充与第四周期相仿.铷和锶填充 5s 支壳层.从钇($Z=39$)到钯($Z=46$)陆续填充 4d 支壳层,与钪到镍类似构成另一组过渡族元素,此时 4d 支壳层已被填满,但 4f 支壳层还完全空着.从银($Z=47$)到氙($Z=54$)又恢复正常填充次序,新增电子依次填满了 5s 和 5p 支壳层,形成和氖、氩、氪类似的外壳层结构,成为第五个惰性气体元素 Xe,从而结束了第五周期.

　　6)第六周期

　　第六周期即 $n=6$ 的 P 壳层共有 32 种元素.到第五周期末,第四壳层的 4f 和第五壳层的 5d,5f,5g 都还空着.下一元素铯($Z=55$)又是一个碱金属元素,它的最外边一个电子填充在 6s 支壳层,从而开始了第六周期.钡($Z=56$)和第四周期的钙、第五周期的锶都是二价碱土金属,所以新增电子仍然填充 6s 支壳层.从铈($Z=58$)到镥($Z=71$)这 14 个元素新增电子都陆续填充 4f 支壳层,直到填满为止.这 14 个元素自成一体系,具有相仿性质,称其为稀土元素.从铪($Z=72$)到铂($Z=78$),5d 支壳层被依次填充,这些元素与镧($Z=57$)一起称为第六周期的过渡元素.到金($Z=79$),5d 填满而余一个 6s,所以它具有同银和铜相仿的性质.下一元素是汞($Z=80$),6s 支壳层填满.铊($Z=81$)到氡($Z=86$)电子依次将 6p 支壳层填满,从而完成了第六周期.

　　7)第七周期

　　第七周期即 $n=7$ 的 Q 壳层共有 23 种元素.此周期是一个不完全周期.钫($Z=87$)和镭($Z=88$)的最外边一个电子填充 7s 支壳层到满.锕($Z=89$)和钍($Z=90$)填充 6d 支壳层,直到铹($Z=103$)主要是填补 5f 支壳层.这些元素同稀土族元素相仿,自成一体系,具有相仿的性质.从𬬻($Z=104$)开始到 109 号元素,新增电子依次填充 6d 支壳层.第七周期中钫($Z = 87$)到铀($Z = 92$)是自然界存在的,其余都是人造的.

表23-2给出了各种原子的电子壳层结构,除第一周期只含氢、氦两种元素外,其他周期均从碱金属元素开始,以惰性气体元素结束.可见周期系以及元素的物理、化学性质的周期性完全可以用原子内的电子壳层结构得以解释.

表 23-2　原子在基态时的电子组态

Z	符 号	名 称	基态组态	基 态	电离能(eV)
1	H	氢	$1s$	$^2S_{1/2}$	13.599
2	He	氦	$1s^2$	$^1S_0$	24.581
3	Li	锂	$[He]2s$	$^2S_{1/2}$	5.390
4	Be	铍	$2s^2$	$^1S_0$	9.320
5	B	硼	$2s^2 2p$	$^2P_{1/2}$	8.296
6	C	碳	$2s^2 2p^2$	$^3P_0$	11.256
7	N	氮	$2s^2 2p^3$	$^4S_{3/2}$	14.545
8	O	氧	$2s^2 2p^4$	$^3P_2$	13.614
9	F	氟	$2s^2 2p^5$	$^2P_{3/2}$	17.418
10	Ne	氖	$2s^2 2p^6$	$^1S_0$	21.559
11	Na	钠	$[Ne]3s$	$^2S_{1/2}$	5.138
12	Mg	镁	$3s^2$	$^1S_0$	7.644
13	Al	铝	$3s^2 3p$	$^2P_{1/2}$	5.984
14	Si	硅	$3s^2 3p^2$	$^3P_0$	8.149
15	P	磷	$3s^2 3p^3$	$^4S_{3/2}$	10.484
16	S	硫	$3s^2 3p^4$	$^3P_2$	10.357
17	Cl	氯	$3s^2 3p^5$	$^2P_{3/2}$	13.010
18	Ar	氩	$3s^2 3p^6$	$^1S_0$	15.755
19	K	钾	$[Ar]4s$	$^2S_{1/2}$	4.339
20	Ca	钙	$4s^2$	$^1S_0$	6.111
21	Sc	钪	$3d4s^2$	$^2D_{3/2}$	6.538
22	Ti	钛	$3d^2 4s^2$	$^3F_2$	6.818
23	V	钒	$3d^3 4s^2$	$^4F_{3/2}$	6.737
24	Cr	铬	$3d^5 4s$	$^7S_3$	6.764
25	Mn	锰	$3d^5 4s^2$	$^6S_{5/2}$	7.432
26	Fe	铁	$3d^6 4s^2$	$^5D_4$	7.868
27	Co	钴	$3d^7 4s^2$	$^4F_{9/2}$	7.862
28	Ni	镍	$3d^8 4s^2$	$^3F_4$	7.633
29	Cu	铜	$3d^{10} 4s$	$^2S_{1/2}$	7.724
30	Zn	锌	$3d^{10} 4s^2$	$^1S_0$	9.391
31	Ga	镓	$3d^{10} 4s^2 4p$	$^2P_{1/2}$	6.000
32	Ge	锗	$3d^{10} 4s^2 4p^2$	$^3P_0$	7.880
33	As	砷	$3d^{10} 4s^2 4p^3$	$^4S_{3/2}$	9.810
34	Se	硒	$3d^{10} 4s^2 4p^4$	$^3P_2$	9.750
35	Br	溴	$3d^{10} 4s^2 4p^5$	$^2P_{3/2}$	11.840
36	Kr	氪	$3d^{10} 4s^2 4p^6$	$^1S_0$	13.996

续　表

Z	符　号	名　称	基态组态	基　态	电离能（eV）
37	Rb	铷	$[Kr]^{5}s$	$^2S_{1/2}$	4.176
38	Sr	锶	$5s^2$	$^1S_0$	5.692
39	Y	钇	$4d5s^2$	$^2D_{3/2}$	6.377
40	Zr	锆	$4d^2\,5s^2$	$^3F_2$	6.835
41	Nb	铌	$4d^4\,5s$	$^6D_{1/2}$	6.881
42	Mo	钼	$4d^5\,5s$	$^7S_3$	7.100
43	Tc	锝	$4d^5\,5s^2$	$^6S_{5/2}$	7.228
44	Rn	钌	$4d^7\,5s$	$^5F_5$	7.365
45	Rh	铑	$4d^8\,5s$	$^4F_{9/2}$	7.461
46	Pd	钯	$4d^{10}$	$^1S_0$	8.334
47	Ag	银	$4d^{10}\,5s$	$^2S_{1/2}$	7.574
48	Cd	镉	$4d^{10}\,5s^2$	$^1S_0$	8.991
49	In	铟	$4d^{10}\,5s^2\,5p$	$^2P_{1/2}$	5.785
50	Sn	锡	$4d^{10}\,5s^2\,5p^2$	$^3P_0$	7.342
51	Sb	锑	$4d^{10}\,5s^2\,5p^3$	$^4S_{3/2}$	8.639
52	Te	碲	$4d^{10}\,5s^2\,5p^4$	$^3P_2$	9.100
53	I	碘	$4d^{10}\,5s^2\,5p^5$	$^2P_{3/2}$	10.454
54	Xe	氙	$4d^{10}\,5s^2\,5p^6$	$^1S_0$	12.127
55	Cs	铯	$[Xe]6s$	$^2S_{1/2}$	3.893
56	Ba	钡	$6s^2$	$^1S_0$	5.210
57	La	镧	$5d6s^2$	$^2D_{3/2}$	5.610
58	Ce	铈	$4f5d6s^2$	$^1G_4$	6.540
59	Pr	镨	$4f^3\,6s^2$	$^4I_{9/2}$	5.480
60	Nd	钕	$4f^4\,6s^2$	$^5I_4$	5.510
61	Pm	钷	$4f^5\,6s^2$	$^6H_{5/2}$	5.550
62	Sm	钐	$4f^6\,6s^2$	$^7F_0$	5.630
63	*Eu*	铕	$4f^{7}\,6s^2$	$^8S_{1/2}$	5.670
64	*Gd*	钆	$4f^7\,5d6s^2$	$^9D_2$	6.160
65	*Tb*	铽	$4f^{9}\,6s^2$	$^6H_{15/2}$	6.740
66	*Dy*	镝	$4f^{10}\,6s^2$	$^5I_8$	6.820
67	*Ho*	钬	$4f^{11}\,6s^2$	$^4I_{15/2}$	6.020
68	*Er*	铒	$4f^{12}\,6s^2$	$^3H_6$	6.100
69	*Tm*	铥	$4f^{13}\,6s^2$	$^2F_{7/2}$	6.180
70	*Yb*	镱	$4f^{14}\,6s^2$	$^1S_0$	6.220
71	*Lu*	镥	$4f^{14}\,5d6s^2$	$^2D_{3/2}$	6.150
72	*Hf*	铪	$4f^{14}\,5d^2\,6s^2$	$^3F_2$	7.000
73	*Ta*	钽	$4f^{14}\,5d^3\,6s^2$	$^4F_{3/2}$	7.880
74	*W*	钨	$4f^{14}\,5d^4\,6s^2$	$^5D_0$	7.980
75	*Re*	铼	$4f^{14}\,5d^5\,6s^2$	$^6S_{5/2}$	7.870
76	*Os*	锇	$4f^{14}\,5d^6\,6s^2$	$^5D_4$	8.700

续　表

Z	符　号	名　称	基态组态	基　态	电离能（eV）
77	Ir	铱	$4f^{14}5d^76s^2$	$^4F_{9/2}$	9.200
78	Pt	铂	$4f^{14}5d^9s^1$	$^3D_3$	8.880
79	Au	金	$[Xe.4f^{14}5d^{10}]6s$	$^2S_{1/2}$	9.223
80	Hg	汞	$6s^2$	^1S	10.434
81	Tl	铊	$6s^26p$	$^2P_{1/2}$	6.106
82	Pb	铅	$6s^26p^2$	$^3P_0$	7.415
83	Bi	铋	$6s^26p^3$	$^4S_{3/2}$	7.287
84	Po	钋	$6s^26p^4$	$^3P_2$	8.430
85	At	砹	$6s^26p^5$	$^2P_{3/2}$	9.500
86	Rn	氡	$6s^26p^6$	$^1S_0$	10.745
87	Fr	钫	$[Rn]7s$	$^2S_{1/2}$	4.000
88	Ra	镭	$7s^2$	$^1S_0$	5.227
89	Ac	锕	$6d7s^2$	$^2D_{3/2}$	6.900
90	Th	钍	$6d^27s^2$	$^3F_2$	
91	Pa	镤	$5f^26d7s^2$	$^4K_{11/2}$	5.700
92	U	铀	$5f^36d7s^2$	$^5L_6$	6.080
93	Np	镎	$5f^46d7s^2$	$^6L_{11/2}$	5.800
94	Pu	钚	$5f^67s^2$	$^7F_0$	5.800
95	Am	镅	$5f^77s^2$	$^8S_{7/2}$	6.050
96	Cm	锔	$5f^76d7s^2$	$^9D_2$	
97	Bk	锫	$5f^97s^2$	$^8H_{17/2}$	
98	Cf	锎	$5f^{10}7s^2$	$^5I_8$	
99	Es	锿	$5f^{11}7s^2$	$^4I_{5/2}$	9.22
100	Fm	镄	$5f^{12}7s^2$	$^3H_6$	9.22
101	Md	钔	$5f^{13}7s^2$	$^2F_{7/2}$	9.22
102	No	锘	$5f^{14}7s^2$	$^1S_0$	9.22
103	Lr	铹	$5f^{14}6d^17s^2$	$^2D_{5/2}$	9.22
104	Rf	铲	$6d^27s^2$		
105	Db	𬭊	$6d^37s^2$		
106	Sg	𬭳	$6d^47s^2$		
107	Bh	𬭛	$6d^57s^2$		
108	Hs	𬭶	$6d^67s^2$		
109	Mt	𭻊	$6d^77s^2$		

习　题

23.1　试计算氢原子五个光谱系中每个线系的第一条谱线和极限的波数. 比较计算结果,哪些线的谱线是不掺杂的? 哪些线系的谱线是掺杂的?

23.2　氢原子处于基态时,试根据玻尔理论,分别计算其线动量、角动量、角速度、绕核转动的频率、加速度各是多少.

23.3　试证明氢原子中电子由 $n+1$ 的轨道跃迁到 n 轨道时所放射光子的频率 ν 介于电子在 $n+1$ 轨道和 n 轨道绕核转动频率 ν_{n+1} 与 ν_n 之间,并证明当 $n \to \infty$ 时,$\nu \to \nu_n$.

23.4　用能量为 $12.5\ eV$ 的电子去激发基态氢原子,问受激发的氢原子向低能级跃迁时,会出现哪些波长的光谱线?

23.5　试计算氢原子巴耳末系最长的波长和最短的波长各等于多少? 并由最短的波长确定里德伯常数 R_H.

23.6　处于基态的氢原子吸收 $12.09\ eV$ 的光子后可跃迁到哪个能态? 当其向低能级跃迁时,可发出几条谱线? 画出其能级图,并求各谱线波长.

23.7　试估算一次电离的氦离子 He^+、二次电离的锂离子 Li^{++} 的第一玻尔轨道半径、电离电势、第一激发电势和赖曼系第一条谱线波长分别与氢原子的上述物理量之比值.

23.8　当氢原子被外来单色光激发后发射的巴耳末系谱线中,仅观察到三条光谱线,试求外来光的波长.

23.9　对于 $^{206}Pb\pi^-$ 介子原子,π^- 介子的质量是电子质量的 273 倍,试计算第一和第二玻尔轨道半径是多大? 第一和第二玻尔轨道能量是多少? 当 π^- 介子从第一激发态向基态跃迁时所辐射光子的能量是多少?

23.10　试求电子偶素的里德伯常数 R,电离能,第一玻尔轨道半径,H_α 谱线的波长各是多少?

23.11　已知 Li 原子光谱主线系最长波长 $\lambda = 670.7\ nm$,辅线系线限波长 $\lambda_\infty = 351.9\ nm$,求 Li 原子第一激发电势和电离电势.

23.12　已知与跃迁 $3P \to 3S$ 相应的共振线的波长等于 $589.6\ nm$,而主线系线系限的波长为 $241.3\ nm$. 试问下列列举的谱线中哪些属于钠光谱的主线系:$331.6\ nm$,$314.9\ nm$,$286.0\ nm$?

23.13　Li 原子的基态项为 $2S$,当把 Li 原子激发到 $3P$ 态后,问当 Li 原子从 $3P$ 激发态向低能级跃迁时可能产生哪些谱线(不考虑精细结构)?

23.14　某原子 N 壳层可分为几个支壳层? 该壳层和它的每个支壳层各有多少个量子态? 能填充多少个电子?

23.15　某原子处在基态时,其 K,L,M 壳层和 $4s$,$4p$,$4d$ 支壳层都填满电子. 试问这是哪种原子?

23.16　如果电子的自旋是不是 $\frac{1}{2}$ 而是 $\frac{3}{2}$,周期表中头两个惰性元素的 Z 将是多少?

第 24 章　固体物理基础

固体是一种重要的物质结构形态. 固体物理学是研究固体的结构和组成粒子(原子、分子、离子、电子等)之间相互作用与运动的规律,从而阐明其性能与用途的科学. 本章主要讨论固体的能带理论、半导体的基本性质、固体内的力学特性及固体的超导电性. 为晶体的应用提供基本的理论基础.

§24.1　固体的力学性质

1. 晶态固体的点阵结构

从微观结构上看,晶体中的原子或分子或原子集团在空间做规则的周期性排列,这种有规则的排列为晶体点阵,即晶格,如图 24-1 所示. 而组成非晶体的微粒虽也紧密地结合在一起,却没有一定的排列规则;尽管有时在邻近的少数微粒范围内,也出现规则的排列,即具有短程有序性,但没有晶体中那样的长程有序的排列.

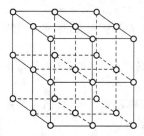

图 24-1　典型的晶格

用三个平面族(相互平行的等间距排列的一组平面)将晶格分成很多个完全相同的平行 6 面体,并使它的 8 个顶角都为一个格点所占据,这样的平行 6 面体称为晶胞. 晶胞 3 个棱的长度 a, b, c 称为晶格常数,对于立方晶系因 $a = b = c$,故只有一个晶格常数 a. 立方晶系中常见的晶胞有简单立方、面心立方、体心立方. 原子在晶胞中的排列为:简单立方晶胞中的原子在立方体的顶角上,即在此晶胞中共有 8 个原子;面心立方除顶角上有原子外,在立方体的 6 个面的中心区有 6 个原子,即在此晶胞中共有 14 个原子;体心立方除了顶角上有原子外,还有 1 个原子在立方体的中心,即在此晶胞中有 9 个原子.

2. 固体的力学性质

晶体中的原子(或离子、分子等)之所以能够结合成具有一定几何结构的稳定晶体,是由于原子间存在着结合力,而这种结合力又与原子的结构有关. 不同类型的原子之间,具有不同性质的结合力,因此可以设想,由于结合力性质不同,晶体会有不同类型的结合方式.

(1) 结合力的普遍性质

尽管各种不同的晶体具有不同的结合力类型,但它们在结合力的定性上仍有共同的普遍性质,即两原子间的相互作用力与相互作用能随原子间距离的变化在定性上存在着共同的普遍规律,如图 24-2 所示.当两个原子相距无穷远时,相互作用力为零;当两个原子靠近时,原子间产生吸引力,并随距离的缩短而增大;当达到 $r = r_m$ 时,吸引力最大;当达到 $r = r_0$ 时,相互作用力为零,此时达到平衡.r_0 为平衡时的距离;当 $r < r_0$ 时,相互作用力表现为斥力,并随距离的继续缩短而迅速增大;当 $r \to 0$ 时,斥力变为无穷大.

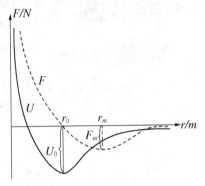

而原子间的相互作用能 $U(r)$ 与相互作用力 $F(r)$ 的关系为

$$F(r) = -\frac{\partial U(r)}{\partial r}. \qquad (24-1)$$

当 $r = r_0$ 时,$f(r_0) = 0$ 时,对应于能量的极小值,为稳定状态.

图 24-2　相互作用力和相互作用能随原子间距的变化

(2) 晶体的结合力类型

晶体可按照占优势的键联类型分类.不同类型的晶体,其物理性质不同.

1) 共价晶体(原子晶体)　组成共价晶体的粒子都是原子,其相邻点阵粒子间的结合作用与共价分子中各原子的结合作用相似,来自相邻点阵的粒子之间所共有的一对自旋相反的价电子称为共价键.金刚石、硅、锗等四价元素往往结成共价晶体.共价晶体由于其刚性的电子结构,表现出硬度很高,不易变形,是热和电的不良导体,温度升高或加入杂质时电导率将随之增加,整个晶体的振动频率很高,电子激发能高.

2) 离子晶体　由正负离子交替排列而成的晶体.在离子晶体的离子点阵中,粒子间的结合作用主要来自于相邻正负离子之间的库仑力,称离子键,如 NaCl 晶体.离子晶体由于没有自由电子,也是热和电的不良导体,但在高温下离子可能获得一些迁移率,从而导致较好的导电性.另外离子晶体硬而脆,并有高熔点.

3) 分子晶体　分子晶体的组成粒子是电中性的无极分子.点阵粒子间的结合作用主要来自于各分子的相互接近时互相诱发的瞬时电偶极矩,称为分子键或范德瓦尔斯键.如大部分有机化合物的晶体和 Cl_2,CO_2,CH_4 及惰性气体如 Ne,Ar,Kr,$\cdots$,在低温下形成的晶体.分子晶体不是热和电的良导体,由于范德瓦尔斯力很弱,所以分子晶体的结合力很小,熔点很低,硬度也很小,很容易压缩和变形.

4) 金属晶体　金属原子中的价电子受其母核的束缚较弱,结成晶体时每个原子失去其部分或全部价电子而成为带正电的离子实,构成点阵粒子.而那些离开母核的价电子不属于某一个离子实专有,而为全体离子实所共有,在离子实构成的点阵之间有一定的滚动性,此即为价电子的共有化(自由电子).在金属晶体中,由带负电的共有化电子和带正电的离子实之间的相互作用,称为金属键.由于价电子的流动性,使金属晶体具有极好的导电性和导热性,金属的结合很牢固,硬度和熔点都很高,金属晶体中的自由电子能吸收可见光区的光子,是不透明的.

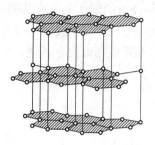

图 24-3 石墨晶体的层状结构

对于大多数晶体,它们的键具有一定程度的综合性,即晶体中若干粒子按某一类型的键集结成集团,而各集团之间按另一种类型的键互相结合. 如与金刚石一样由碳元素构成的石墨晶体呈层状结构,如图 24-3 所示,在一层内每个碳原子有 3 个价电子与邻近的碳原子的价电子结成共价键,而层与层之间主要由范德瓦尔斯键联系;并且每一碳原子还有一个价电子可以在层与层之间有一定的流动性,固而又有一定的金属导电性.

合金在大多数情形下为混合键,且键的性质随合金的成分的变化而变化.

§24.2 固体的能带理论

1. 晶体中的电子状态——电子的共有化

最早研究晶体中电子状态的理论是金属的自由电子论,即认为金属中的价电子基本上都是自由电子,电子可以在整个金属晶体中自由运动,这种简单的模型不能说明导体与绝缘体的本质区别,为此需对自由电子模型进行改进.

当大量的原子做有规则排列而形成晶体时,因相邻原子挨得非常近,相邻原子的电荷要相互影响,结果在晶体内形成如图 24-4(a) 所示的周期性势场. 每个电子不仅受到本身原子核的作用,还受到相邻原子核的作用,内电子被本身原子核牢牢地束缚着,所受影响并不大;价电子的轨道大小和相邻原子间的距离是相同的数量级,所受的影响很显著,从而使势垒宽度和高度都变小. 按经典物理,电子仍不能从一个原子越过势垒顶而转入另一原子里去,而量子力学理论却允许电子在势垒宽度变小的情况下,通过隧道效应而进入另一原子中. 这样价电子就不再分别属于各个原子,而被整个晶体中

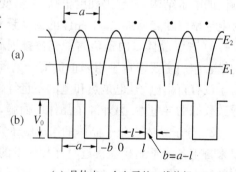

(a) 晶体内一个电子的一维势场
(b) 晶体内一个电子的势场的简化形式
图 24-4 晶体内电子的势场

的原子所共有,此即电子的共有化. 即在整个晶体中,各相邻原子的外层电子实际上是处于为各邻近的原子所共有或属于整个系统的状态. 电子的共有化是一种量子效应而非经典的性质.

2. 能带的形成

在单个原子中,电子具有的能量是量子化的,常用一系列的能级来表示. 而在晶体中,价电子共有化后,原来原子中电子的能级也要发生变化. 利用量子力学知识,用图 24-4

(b)所示的由方形势阱和势垒交替组成的一维无限长周期性势场,来模拟晶体中电子所处的周期性原子势场.设势阱宽度为l,势垒的宽度为b,则

$$a = b + l, \tag{24-2}$$

式中a为晶体常数,反映出势场的周期性.

利用薛定谔方程,此方程的解具有如下特性:在一定能量范围内,存在薛定谔方程的行波(即调幅度)型解.这种能量范围称为能带,它们被行波不能在其中存在的能隙(禁带)分隔开.一个电子在图24-4(b)的周期性势场中能隙产生的位置为

$$Ka = \pm n\pi,$$

即

$$K = \pm \frac{n\pi}{a}. \tag{24-3}$$

由此可见,在晶体的这种周期场中,电子能量状态不是一些分立的能级,而是一些能带,亦即电子所处的能量状态是由禁带分隔开的许多允许能带.

量子力学可以证明,晶体中电子的共有化结果是当N个原子相互接近而形成晶体时,由于力场发生变化,原来N个能级值相同的某个能级要分裂成N个与原有能级很接近的新的能级.由于晶体中N是一个很大的数(如1 m³晶体中的点阵粒子数,若被晶体常数$a = 10^{-10}$ m计,约有$10^{23} \sim 10^{24}$个粒子),所以这些能级相距很近,实际上可看成是连续分布的,形成一条有一定宽度ΔE的能带.原子的各个激发能级如2P,3P,3D,…也相应地形成不同的能带.图24-5所示是N个原子结合成晶体时形成能带的示意图.

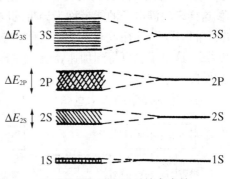

由价电子能级分裂而成的能带称为价带.由各激发态能级分裂而成的能带称为导带.有时也沿用分裂前的原子能级的名称,称为3S能带、3P能带等.理论计算和实际观测都指出,一般晶体每条能带的带宽约有几个电子伏特的数量级,与原子结合成晶体时结合的紧密程度和这一电子云重叠的程度有关,而与结合成晶体的原子数无关.

图24-5　N个原子结合成晶体时形成的能带

3. 能带中电子的分布

根据原子的壳层结构理论,每个s分壳层$(l = 0)$只能容纳一对自旋相反的电子.所以由N个原子组成的晶体,其s能带(不论是1s,2s还是3s,…)是由N个原子的s能级分裂而成的,其中就有$2N$个不同的能态,即最多可容纳$2N$个电子,同理对原子的P能级,$l = 1$,其中又可分为$m_l = -1, 0, +1$的3个支能级,每个支能级可容纳一对自旋相反的电子,一共可容纳6个电子,由N个原子组成的晶体,整个p能带最多就可容纳$6N$个电子.依次类推,对d和f能带,共可容纳$10N$和$14N$个电子.故由N个原子组成的晶体,其l一定的一条能带中的能态数最多可容纳的电子数为$2(2l+1)N$个.

§24.3 导体 绝缘体 半导体

导体、绝缘体和半导体是以它们的不同导电性能来区分的. 下面以能带理论对三种材料加以区别.

1. 满带、空带和导带

晶体中的电子应该由低到高依次占据能带中的各个能级. 如果一能带中所有能态都已被电子填满, 这能带称为满带. 一般原子内层能级在正常状态下都已被电子填满, 当结合成晶态时, 与此能级相应的能带如果不和其他能带重叠, 一般都是满带. 由于满带中所有可能的能态都已被电子占满, 因此不论有无外电场作用, 当满带中有任一电子由其他原来占有的能态向这一能带中的其他任一能态转移时, 就必有电子沿相反方向的转移与之抵偿, 其总效果与没有电子转移一样. 所以说满带中的电子没有导电作用(当然如果把满带中的电子激发到能量更高的非满带中去, 就会导电). 有的能带中只填入部分电子, 还有一些空着的能态, 能带中的电子在外电场作用下得到能量后, 可进入本能带中未被电子填充的稍高的能态, 并且它的转移不一定有反向的电子转移来把它抵消掉, 从而形成了电流. 这样未填满电子的能带称为导带. 此外, 与各原子激发的能级相应的能带. 在未被激发的正常情况下, 往往没有电子填入称为空带. 如果有电子因某种因素受激进入空带, 在外电场中, 这电子也可得到加速, 在该空带内稍高的空能态转移, 从而表现为具有一定的导电性. 因此空带也称为导带.

晶体中的能带结构示意图如图 24-6 所示.

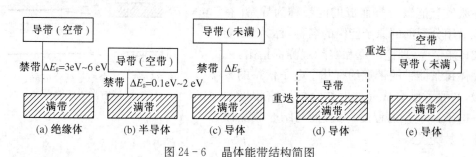

图 24-6 晶体能带结构简图

2. 绝缘体

绝缘体能带结构如图 24-6(a) 所示, 其价带已被填满, 即为满带. 它与上面最低的空带间的禁带宽度 ΔE_g 较宽, 约为 $3\,\text{eV} \sim 6\,\text{eV}$, 当采用一般的热激发, 光照或外加不太强的电场时, 满带中的电子很少能被激发到空带中去. 这样的晶体只有很弱的电导性(电阻率 $\rho = 10^{10}\,\Omega \cdot \text{m} \sim 10^{20}\,\Omega \cdot \text{m}$). 大多数离子晶体(如 NaCl, KCl 等), 分子晶体的(如 Cl^2, CO_2, Ne 等) 和由具有偶数个价电子的原子组成的大多数共价晶体(如金刚石)都是绝缘体. 如 NaCl 晶体, Na 的最外层 3s 电子移到元素 Cl 的 3p 壳层形成 Na^+, 正离子和 Cl 负离子, 并且 Na^+ 的最外壳层 2p 和 Cl^- 的最外壳层 3p, 都已被电子填满, 结成晶态时, 这些能带备有

6N 个电子所填满,都没有电子导电性.

3. 导体

导体能带结构如图 24-6(c)(d)(e)所示,其能带的特点是:其价带只填入部分电子(如 Li);或者价带虽已填满,但与另一相邻空带紧密相连或部分重叠,也形成一未满的能带(如二价金属 Be,Ca,Mg,Zn,Cd,Ba 等);或者其价电子能带本来就未填满,又与其他能带重叠(如过渡元素、稀土元素及 Na,K,Cu,Al,Ag 等).在外电场作用下,这些未满的能带中能量较大的电子在电场中受到加速,动能增加,就可进入到同一能带中略高的空能级,从而形成电子流而具有导电性.

4. 半导体

半导体能带结构如图 24-6(b)所示,其能带的特点是:最高的满带(价带)与最低的空带(激发带)间的禁带宽 ΔE_g 较窄,约为 0.1 eV～0.2 eV,见表 24-1 所示,因此用较小的激发能量(热、光或电场的能量)就可以把价带中的电子激发到空带中去.结果在价带顶部附近,由于电子受激进入空带而留下若干空着的能态,即空穴.在外电场作用下,价带中的电子就可受电场作用而填补这些"空穴",但又会产生新的"空穴",使空穴不断转移.因此半导体中有来自导带中的受激电子的导电和来自价带中的空穴的导电.但空穴和空穴导电的概念只有在基本上填满了满带中才有意义.

表 24-1　一些晶体的禁带宽度 ΔEg(eV)

绝缘体 ΔE_g		半导体 ΔE_g		半导体 ΔE_g	
金刚石(C)	5.33	硅(Si)	1.14	硫化镉(CdS)	2.42
氧化锌(ZnO)	3.2	锗(Ge)	0.67	氧化铜(Cu_2O)	2.17
氯化银(AgCl)	3.2	碲(Te)	0.33	砷化镓(GaAs)	1.43
		灰锡(Sn)	0.08	硫化铅(PbS)	0.34～0.37
				锑化铟(InSb)	0.18

对于半导体,当温度升高时,由于有更多的电子被激发到导带,所以电导率随温度而迅速增加.例如在硅中,当温度从 250 K 增加到 400 K 时,受激电子的数目增加到 10^6 倍.

5. 本征半导体和杂质半导体

(1) 本征半导体

没有任何外来杂质和晶体缺陷的理想半导体称为本征半导体.其导带中的电子浓度 n 和价带中的空穴浓度 p 相等,即 $n = p$.

在外电场作用下,导带中的电子和满带(价带)中的空穴都可参与导电,其中参与导电的电子和空穴称为本征载流子,这种导电性称为本征导电性.总电流是电子流和空穴的代数和.一般只有高纯度的半导体在较高温度时才具有本征导电性.

(2) 杂质半导体

在半导体中掺入一定量的其他元素(称为杂质),这种半导体称为杂质半导体.掺杂不仅可以改变其导电能力,而且可以决定导电的类型.把以电子导电为主的半导体称为 N 型(电子型)半导体,把以空穴导电为主的半导体称为 P 型(空穴型)半导体.具体方法是在半导体中掺入少量五价元素(如 P,As 等)可构成 N 型半导体;在半导体中掺入少量二价元素(如 B,Ga,In 等)可构成 P 型半导体.杂质半导体的电导率比本征半导体的电导率有明显的提高.

§24.4 超导电性

1. 超导电现象

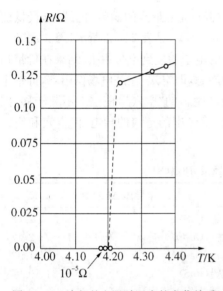

超导电性是物体在低温下所表现出的一种特性.当温度下降到某一温度 T_C 时,物体突然失去电阻的现象称为超导电现象,此状态为超导态,物体称为超导体,此温度 T_C 将称为临界温度.最早发现此现象的是荷兰物理学家卡末林·昂尼斯(H. Kamerling Onnes),在 1911 年,他发现温度在 4.2 K 时,水银的电阻突然消失,实验结果如图 24-7 所示.

实验表明,处于超导态的金属的电阻率小于 10^{-27} $\Omega \cdot m$.现在已发现 27 种元素,上千种合金及化合物具有超导电性.表 24-2 给出了一些超导材料的临界温度.

图 24-7 水银的电阻随温度的变化关系

表 24-2 超导材料的临界温度 T_C

物 质	$T_C(K)$	物 质	$T_C(K)$
水银(Hg)	4.2	LaBaCuO	35
铅(Pb)	7.2	LaSrCuO	40
铌(Nb)	9.2	YBaCuO	90
钒三硅(V_3Si)	17.1	BiSrCaCuO	110
铌三锡(Nb_3Sn)	18.1	TlBaCaCuO	125
铌铝锗($Nb_3Al_{0.75}Ge_{0.25}$)	20.5	HgBaCaCuO	133.8
铌三锗(Nb_3Ge)	23.2		

2. 超导体的物理性质

（1）零电阻效应

对于超导体，$T < T_C$ 时，$R = 0$，此即零电阻效应. 由持续电流实验可知，把一个超导线圈放入磁场中，然后降温至 T_C 以下，再把磁取掉，在超导圆环中所产生的感生电流可以持续地维持好几年也未见有衰减的迹象. 而正常金属中，这个感应电流会很快衰减为零，因为正常金属中有电阻，从而肯定了超导体的直流电阻为零，是一个完全导电性的理想导体.

实验还表明：（1）超导体在 $T < T_C$ 时，若外加磁场强度超过某一数值 H_C，超导体就会从超导态变为正常态而失去超导性，即有临界磁场 H_C；（2）对超导体，在 $T < T_C$ 时，若通过超导体中的电流大于某一数值 I_C，超导电性也会被破坏，即有临界电流 I_C；（3）超导体的临界温度 T_C 与同位素的质量有关，同位素质量越大，临界温度越低.

（2）迈斯纳效应

在弱磁场中，把超导体冷却到超导态时，超导体内的磁感应线似乎一下子被排斥出去，保持体内磁感应强度 B 等于零，超导体的这一性质称为迈斯纳（Meissner）效应，也叫作完全抗磁性. 实验表明. 不论在进入超导态之前超导体内有没有磁感应线，当它进入超导态后，只要外磁场 B 小于临界磁场 B_C，超导体内的磁感应强度 B 总是等于零.

超导体的迈斯纳效应和零电阻性质是超导态的两个独立的基本属性. 仅从超导体的零电阻现象出发得不到迈斯纳效应，同样用迈斯纳效应也不能描述零电阻现象，因此衡量一种材料是否具有超导电性必须看是否同时具有零电阻和迈斯纳效应.

3. 超导体的应用

超导研究的突破性进展，会带来一场与能源、电子、电工、交通等有关的工业和其他许多学科领域的革命，其应用前景十分诱人，已波及电力工程（电能传输、电动机及发电机的制造）、磁流体发电、超导磁体、超导磁悬浮列车、超导电子学、高灵敏度电磁仪器、大型磁体、高能加速器、高分辨率电子显微镜、核磁共振仪、生物磁学及医学、强磁场下物性研究、有机化合物或生物超导体研究等广泛的科学技术领域. 归纳起来，超导体的应用主要包括两个方面：超导强磁（强电）技术和超导弱磁（弱电）技术.

习　题

24.1　如何判断一块固体是晶体还是非晶体？提出几种简易可行的方法.

24.2　组成晶体的粒子间的结合力有哪几类？试举例说明.

24.3　Si 与金刚石 C 的能带结构相似，只是禁带宽度不同. 试根据它们的禁带宽度求出它们能吸收的辐射的最大波长各是多少 .（金刚石的禁带宽度为 $5.11\,\text{eV}$，Si 禁带宽度为 $1.1\,\text{eV}$）

24.4　从能带结构来看，导体、半导体和绝缘体有什么不同？

24.5　金属导体的电阻率随温度升高而增大，半导体的电阻率随温度的升高而减少，试定性说明其原因.

24.6　如果 Si 用 Al（铝），P（磷）掺杂会得到什么类型的半导体？

24.7　如果 Ge 用 In(铟)，Sb(锑)掺杂各会获得什么类型的半导体？

24.8　本征半导体与杂质半导体在导电性上有什么区别？

24.9　P 型半导体中没有自由电子，为什么能导电？

24.10　什么叫超导体？如何判断一个物体是否为超导体？

第25章 原子核与粒子物理简介

§25.1 原子核的电荷 质量 大小

1. 原子核的电荷

（1）带电荷

原子呈中性,原子核所带电荷与核外电子所带电荷等值反号,即

$$Q = +Ze, \tag{25-1}$$

其中 Z 既是核电荷数,又是原子序数,还表示了核内质子个数;e 是基本电荷,只要知道了 Z,便可求得原子核所带电荷大小.

（2）Z 的范围

$$1 \leqslant Z \leqslant 109. \tag{25-2}$$

目前已发现到第 109 号元素,但是理论上预言,在 $Z=114$ 附近存在着叫作超重岛的一些核,这还有待于进一步探索.

（3）Z 的测量

可利用 α 粒子散射测量,也可利用化学方法依据元素的化学性质和按质量的顺序来确定该元素在周期表中的位置. 一般来说,当 $Z \leqslant 13$ 时,化学方法很准确. 还可以利用莫色勒法测量.

1913 年莫色勒根据特征 X 射线的频率 ν 与原子序数 Z 的关系

$$Z = (\sqrt{\nu} + B)/A. \tag{25-3}$$

提出了精确测定 Z 的方法. 其中 A,B 为待定常数.

由于 $Z \leqslant 13$ 的元素一般不产生 X 射线,故该法只适用于 $Z \geqslant 13$ 的情况. 若与化学方法结合便可精确测定所有元素的 Z.

2. 原子核的质量

（1）计算公式

严格地讲,原子核的质量等于原子的质量与核外电子的质量之差,再加上与原子中所有电子结合能相联系的质量,即

$$M_{核} = M_{原子} - Zm_e + \sum \frac{E_{结合能}}{c^2}. \qquad (25-4)$$

若忽略电子在原子中的结合能,则

$$M_{核} = M_{原子} - Zm_e. \qquad (25-5)$$

原子核处于电子包围之中,所以核的质量很难直接测量,一般都是采用测定和推算原子的质量来确定.

（2）核素

质子数 Z 和中子数 N 相同的一类原子核,称为核素.核素用符号 $^A_ZX_N$ 或 ^A_ZX 表示.其中 X 是元素符号, A 是质量数.为了简便,通常只写出元素符号和质量数,即用 ^AX 表示某种核素.

（3）同位素、同量异位素、同质异能素

同位素即同 Z 不同 A 的核素,如 ^1_1H, ^2_1H, ^3_1H; $^{16}_8O$, $^{17}_8O$, $^{18}_8O$ 等.它们的物理、化学性质几乎相同,但核的性质完全不同.

同量异位素即同 A 不同 Z 的核素,如 $^{96}_{40}Zr$, $^{96}_{42}Mo$, $^{96}_{44}Ru$.

同质异能素即同 A 同 Z,核能量状态不同,半衰期也不同的核素.如 $^{80}_{35}Br$ 核.在发生 β 衰变时,半衰期有 18 min 和 44 h 的两种情况.表示同质异能素的方法是在质量数后加上一个 m,以标志原子核处在能量较高的状态,如 ^{60m}Co 为 ^{60}Co 的同质异能素.

3. 原子核的大小

原子核大小的知识最早来自 α 粒子散射实验,大量实验表明,原子核接近于球形,所以常用核半径表示其大小.由散射公式与实验结果比较算出原子核半径的上限为 10^{-14} m.因核半径无法直接测量,所以关于核大小的数据都是通过实验间接测量,其测量方法很多,可以利用核力作用半径、电荷分布半径及原子核库仑能作用半径来测定.各种方法都说明了原子核半径 r 与其质量数 A 之间满足关系

$$r = r_0 A^{1/3}, \qquad (25-6)$$

其中 r_0 是常数,其值为 $(1.2 \sim 1.5) \times 10^{-15}$ m.由此原子核体积为

$$V = \frac{4}{3}\pi R^3 \approx \frac{4}{3}\pi r_0^3 A. \qquad (25-7)$$

原子核的平均密度

$$\rho = \frac{M}{V} = \frac{M}{\frac{4}{3}\pi R^3} = \frac{M}{\frac{4}{3}\pi r_0^3 A} = \frac{3}{4\pi r_0^3 \frac{A}{M}} = \frac{3}{4\pi r_0^3 N_0}. \qquad (25-8)$$

代入 r_0 值及阿佛伽德罗常数 N_0,便有

$$\rho \approx 10^{17} \text{ kg} \cdot \text{m}^{-3}.$$

可见原子核的体积与质量数 A 成正比,核内物质密度差不多为常数.但应注意,原子

核半径并不是指原子核有一明显边界,核物质密度在表面处是逐渐下降的.

4. 原子核的结合能

(1) 质能关系

质量与能量都是物质的属性,相对论指出,两者存在如下关系

$$E = mc^2, \qquad\qquad (25-9)$$

其中 c 是真空中的光速,这就是著名的质能关系式.对(25-9)式取差分,则

$$\Delta E = \Delta mc^2. \qquad\qquad (25-10)$$

此式反映了体系能量的变化和质量的变化相联系.而且两种变化同时发生,密切联系.只有质量而没有能量或只有能量而没有质量的物质是不存在的,对孤立体系,总能量与总质量是守恒的.由此可以进行核能的计算.

根据质能关系,1u 物质相应的静质量能

$$E = 1.49 \times 10^{-10} \text{ J} = 931.5 \text{ MeV}.$$

(2) 质量亏损

原子核的质量总是小于组成它的自由核子的质量和,此差值称为质量亏损,可表为

$$\Delta m(Z, A) = Zm(_1^1\text{H}) + (A - Z)m_n - M(Z, A), \qquad (25-11)$$

其中 $m(Z, A)$ 表示 $_Z^A\text{X}$ 核的质量,m_n 表示中子质量,$m(_1^1\text{H})$ 表示质子质量.在具体计算时,通常用核素原子的质量,并在公式中略去与电子的结合能相联系的质量.

$$\Delta M(Z, A) = ZM(_1^1\text{H}) + (A - Z)m_n - M(Z, A).$$

根据相对论,与能量 ΔE 联系的质量 ΔM 为

$$\Delta M = \frac{\Delta E}{c^2}, \qquad\qquad (25-12)$$

所以只要知道原子核变化前后的静止质量之差值,便可得到核的结合能,反之可求得 ΔM.

当 $\Delta M > 0$,体系变化后静止质量减少,则 $\Delta E > 0$,说明此变化可自发进行,有能量释放.当 $\Delta M < 0$,体系变化后静止质量增加,则 $\Delta E < 0$,说明变化不能自发进行,需外界提供能量.

(3) 原子核的结合能

核子组合成原子核,是因为核子之间有一种很强的吸引力——核力,虽然质子之间有库仑力,也不会使它们分开.与核子处在自由态相比,原子核处在势能为负的状态,这就是说核子结合成原子核时质量减少了,要释放能量,此能量就称为原子核的结合能.也等于把原子核拆散成单个核子(质子和中子)时外界必需供给的能量.由(25-18)和(25-19)式知,任一个原子核的结合能可表示为

$$B(Z, A) = [ZM(_1^1\text{H}) + (A - Z)m_n - M(Z, A)]c^2. \qquad (25-13)$$

(4) 平均结合能与平均结合能曲线

1) 平均结合能　原子核中平均每个核子的结合能称为平均结合能,即

$$\varepsilon = \frac{B}{A}. \qquad (25-14)$$

它表示原子核拆散成核子、外界对每个核子所做功的最小平均值,或者核子结合成原子核时平均一个核子所释放的能量. ε 越大,说明核子结合得越紧,则越稳定,反之亦然.

2) 平均结合能曲线　以各原子核平均结合能为纵坐标,质量数为横坐标对所有核素作图,见图 25-1 所示. 由图可见,ε 随 A 的变化,曲线呈中间高,两头低. 除了在 $A \approx 20$ 以下的一段外,基本变化不大. 在 $A = 60$ 附近 ε 达最大值 8.6 MeV,以后单调下降. 到 $A \approx 240$ 时,ε 为 7.5 MeV. 中等质量的核,其每个核子的平均结合能比重核和轻核要大,因此重核裂变时会释放能量. 如 $A = 240$ 左右的重核,对称裂变时分裂成两个 A 约为 120 的核,每个核子的平均结合能变化约 1 MeV,即每个核裂变总共放能约 200 MeV,此即反应堆中能量的来源. 另外,轻核聚合成较重的核也要放出能量. 如 ^2_1H 的 $\varepsilon \approx 1.1$ MeV,当两个 ^2_1H 核聚合成一个 α 粒子时,每个核子平均结合能变化 6 MeV.

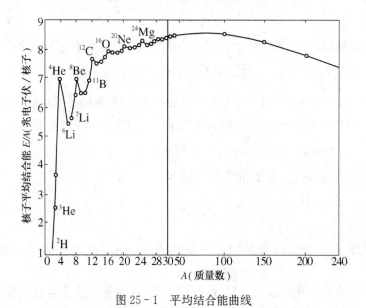

图 25-1　平均结合能曲线

§25.2　放射性衰变规律

1. 天然放射性的发现

1896 年,法国物理学家贝克勒耳(H. Becquerel)在研究能发出磷光的铀矿石时,发现了一种穿透力很强,可使照相底片感光而人眼看不见的射线. 同年,原籍波兰的法国物理学家居里(M. Curie)夫人发现了自然界中钍也有类似铀的放射性,后来她从沥青矿渣中

先后发现了另外两种放射性更强的新放射性元素钋和镭,而且通过大量实验表明,改变外界条件及化学状态都不会改变射线的发射.由此认识到射线是由于原子核内部的变化而引起的.原子核自发地放出射线的特性就称为放射性,具有此特性的原子核就称为放射性原子核,也叫作不稳定的核素.

那么这些天然放射性物质所辐射出的射线是什么成分呢?

人们用在垂直于射线方向加磁场的方法研究了射线的性质.如图25-2所示,磁场方向垂直纸面向里,将铀放在开有小孔的铅罐中,由于磁场的作用,从孔中出来的射线便分成了三部分:一部分向左偏转,说明是带正电的粒子流,称为"α射线";另一部分向右偏转,说明是带负电的粒子流,称为"β射线";第三部分不偏转,称为"γ射线".

这些射线本身又是什么呢? 1903年,卢瑟福用强磁场和电场做实验,证明了α射线就是带两个正电荷的氦原子核;β射线就是电子,后来又证明了γ射线就是波长比X射线还要短的电磁波.由于这些射线本身具有不同的性质,所以它们的电离作用和穿透能力也不同.α射线电离作用最强,贯穿本领最小,在磁场中要发生偏转;β射线电离作用较弱,但有较强的贯穿本领,在磁场中也要发生偏转,方向与α粒子相反;γ射线电离作用最弱,但贯穿本领最强,在磁场中不发生偏转.

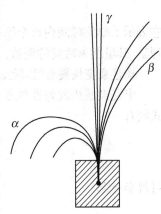

图25-2 铀射线在磁场中裂成三部分

2. 放射性衰变规律

(1) 放射性衰变规律

放射性原子核经α或β衰变成为另一种原子核,虽然我们不能断定某一个原子核在什么时候衰变,但对大量放射性原子核来说,是遵守统计规律的.某一放射性物质的衰变率是与当时存在的放射性原子核的数目成正比的,可表示为

$$\frac{dN}{dt} = -\lambda N, \qquad (25-15)$$

其中 N 表示时刻 t 存在的原子核数;λ 是比例系数,称为衰变常数;负号表示随着时间增加原子核数 N 减小.衰变常数 λ 与压力、温度及物质所处的化学状态无关,且不随时间改变.对(25-15)式积分,并取 $t=0$ 时刻的放射性原子核数为 N_0,则有

$$N = N_0 e^{-\lambda t}. \qquad (25-16)$$

此即放射性原子核的数目随时间按指数衰变的规律.也可用质量表示为

$$m = m_0 e^{-\lambda t}, \qquad (25-17)$$

其中 m 为 t 时刻放射性原子核的质量,m_0 为 $t=0$ 时刻的放射性原子核的质量.

(2) 衰变常数、半衰期、平均寿命

若某一放射性原子核在足够小的时间间隔 dt 内衰变的几率为 λdt(假定 $\lambda dt \ll 1$),则

大量原子核组成的体系,在时间间隔 dt 内的衰变数就是

$$dN = -\lambda N dt, \qquad (25-18)$$

这就是(25-15)式所表示的规律.因此,λ 可表为

$$\lambda = -\frac{dN/N}{dt}, \qquad (25-19)$$

它表示了单位时间内每个原子核衰变的几率,是描写原子核衰变快慢程度的一个重要物理量.其量纲为时间的倒数.

　　描述衰变快慢程度,除衰变常数 λ 外,通常还用半衰期 T 和平均寿命 τ 来描述.

　　半衰期是指放射性核素衰变掉一半所需的时间.设 $t = T$ 时,$N = N_0/2$,由(25-16)式则有

$$\frac{N_0}{2} = N_0 e^{-\lambda T},$$

可得半衰期

$$T = \frac{\ln 2}{\lambda} = \frac{0.693}{\lambda}, \qquad (25-20)$$

T 与 λ 成反比,λ 越大,T 越小,放射性核素衰变越快.

　　如常用的放射源 ^{60}Co 的半衰期 $T = 5.2$ 年,也就是说经过 5.2 年后原有的 ^{60}Co 剩下 1/2,再过 5.2 年就剩下 1/4,经过 n 个半衰期后剩下 $1/2^n$.

　　在 $t = 0$ 时刻有 N_0 个原子核,其中有些衰变早,有些衰变迟,t 时刻有 N 个原子核,在时间间隔 $t \to t + dt$ 内衰变的原子核数为 $\lambda N dt$,令这些原子核的寿命为 t,t 的值可取零到无穷之间的各种值,则平均寿命 τ 为

$$\tau = \frac{1}{N_0} \int_0^\infty t \lambda N dt = \frac{1}{\lambda}. \qquad (25-21)$$

可见平均寿命和衰变常数互为倒数.

　　由(25-20)和(25-31)两式可得 λ,T 和 τ 的关系,即

$$T = \frac{\ln 2}{\lambda} = \tau \ln 2 = 0.693\tau. \qquad (25-22)$$

可见 λ,T 和 τ 不是各自独立的,只要知其中一个便可求得其余两个.

　　由以上讨论可知,放射性衰变规律是一种统计规律.对每一个原子核,只能说在时间间隔 dt 内,其衰变几率为 λdt,不能说哪一个核先衰变,哪一个核后衰变.每一个原子核究竟何时衰变,完全是偶然事件,但是偶然中具有必然性.对大量 N 个原子核的集合,在时间间隔 dt 内,平均讲,衰变原子核是 $\lambda N dt$.而实际衰变对此平均值有一定的偏离,有时比平均值多一些,有时则少一些,此偏离不是测量误差,而是由放射性衰变规律本身引起的,称为统计涨落.

3. 放射系

递次衰变系列通称为放射系. 天然放射性元素除少数几个外,分属三个放射系,每个放射系的开头都是一个长寿命的放射性核素. 如钍系中母体$^{232}_{90}$Th的半衰期为 1.41×10^{10} 年,子体半衰期最长的是$^{228}_{88}$Ra,为 5.76 年;铀系母体$^{238}_{92}$U 的半衰期为 4.5×10^{10} 年,子体半衰期最长的是$^{234}_{92}$U,为 2.45×10^5 年;锕系中母体$^{235}_{92}$U 的半衰期为 7.038×10^8 年;子体半衰期最长的是$^{231}_{91}$Pa,为 3.28×10^4 年. 每个放射系经过连续衰变,最后达到稳定的铅同位素.

(1) 钍系

$$^{232}_{90}\text{Th} \xrightarrow[\text{4 次 } \beta \text{ 衰变}]{\text{6 次 } \alpha \text{ 衰变}} {}^{208}_{82}\text{Pb}, \tag{25-23}$$

其中每个核素的质量数满足 $A = 4n$, n 为整数.

(2) 铀系

$$^{238}_{92}\text{U} \xrightarrow[\text{6 次 } \beta \text{ 衰变}]{\text{8 次 } \alpha \text{ 衰变}} {}^{206}_{82}\text{Pb}, \tag{25-24}$$

其中每个核素的质量数满足 $A = 4n + 2$, n 为整数.

(3) 锕系

$$^{235}_{92}\text{U} \xrightarrow[\text{4 次 } \beta \text{ 衰变}]{\text{7 次 } \alpha \text{ 衰变}} {}^{207}_{82}\text{Pb}, \tag{25-25}$$

其中每个核素的质量数满足 $A = 4n + 3$, n 为整数.

(4) 镎系

它是用人工方法把$^{238}_{92}$U 放在反应堆中照射得到具有较长寿命的$^{241}_{94}$Pu,其半衰期为 14.4 年.

$$^{241}_{94}\text{Pu} \xrightarrow[\text{5 次 } \beta \text{ 衰变}]{\text{8 次 } \alpha \text{ 衰变}} {}^{209}_{83}\text{Bi}, \tag{25-26}$$

其中每个核素的质量数满足 $A = 4n + 1$, n 为整数.

§25.3　原子核反应　原子能

前面所研究的原子核的衰变是原子核的自发嬗变. 下面将通过另一重要途径——核反应来研究原子核,核反应是原子核的受激嬗变过程. 通过这些研究,可以使我们进一步了解原子核的性质和结构,以及核的变化规律、反应能等.

1. 核反应及核反应中的守恒定律

(1) 原子核反应

原子核反应是指核的受激嬗变,这是原子核被具有一定能量的粒子(如 α 粒子、质子、中子、γ 光子或其他粒子)轰击而转变为另一种原子核的物理过程.

在原子核反应中,粒子对原子核的轰击可以产生不同的效果.广义的核反应可分为核散射和核转变两大类,若出射粒子与入射粒子为同一粒子的核反应称为核散射,而核散射又可分为弹性散射和非弹性散射.其出射粒子与入射粒子不同,则称为核转变,这就是通常狭义的核反应.

核反应可用下列方程表示为

$$X + x \rightarrow Y + y, \tag{25-27}$$

或缩写为

$$X(x, y)Y, \tag{25-28}$$

其中 x, y 分别为入射粒子与出射粒子. X 为靶核,Y 为核反应后的剩余核.历史上几个著名的核反应如下:

1) 历史上第一个人工核反应

1919 年,卢瑟福利用 ^{212}Po 放出的 7. 68 MeV 的 α 粒子作为炮弹去轰击氮核,得到如下反应

$$^{14}_{7}\text{N} + ^{4}_{2}\text{He} \rightarrow ^{17}_{8}\text{O} + ^{1}_{1}\text{H}, \tag{25-29}$$

或缩写为 $^{14}\text{N}(\alpha, \text{p})^{17}\text{O}$.

2) 第一个在加速器上实现的核反应

1932 年,英国考克拉夫(Cockroft)和瓦耳顿(Walton)发明了高压倍加器,把质子加速到 500 keV 去轰击锂核,结果释放两个分别具有 8. 9 MeV 的 α 粒子. 即

$$^{7}_{3}\text{Li} + ^{1}_{1}\text{H} \rightarrow ^{4}_{2}\text{He} + ^{4}_{2}\text{He}, \tag{25-30}$$

或缩写为 $^{7}\text{Li}(\text{p}, \alpha)\alpha$. 由此开创了核反应的研究.

3) 产生第一个人工放射性核素的反应

1934 年,法国约里奥-居里 Joliot. curie 夫妇用下列反应产生了第一个人工放射性核素,即

$$^{27}_{13}\text{Al} + ^{4}_{2}\text{He} \rightarrow ^{30}_{15}\text{P} + \text{n}, \tag{25-31}$$

或缩写为 $^{27}\text{Al}(\alpha, \text{n})^{30}\text{P}$. 产物 ^{30}P 具有 β^{+} 放射性.

4) 导致发现中子的核反应

$$^{9}_{4}\text{Be} + ^{4}_{2}\text{He} \rightarrow ^{12}_{6}\text{C} + \text{n},$$

或缩写为 $^{9}\text{Be}(\alpha, \text{n})^{12}\text{C}$.

(2) 核反应中的守恒定律

大量实验表明,核反应过程中都遵守下列守恒定律:

1) 电荷守恒:$\sum\limits_{i=1}^{i} Z_i = \sum\limits_{f=1}^{f} Z_f$,即反应前后总电荷数不变;

2) 质量数守恒:$\sum\limits_{i=1}^{i} A_i = \sum\limits_{f=1}^{f} A_f$,即反应前后总质量数不变;

3）总质量守恒：$\sum\limits_{i=1}^{i} M_i = \sum\limits_{f=1}^{f} M_f$，即反应前后总质量不变. 此处总质量 $M = m_0 +$ E_k/c^2 指静止质量和由运动所联系的质量之和；

4）总能量守恒：$\sum\limits_{i=1}^{i} M_i c^2 = \sum\limits_{f=1}^{f} M_f c^2$，即反应前后总能量不变. 此处总能量 $Mc^2 = m_0 c^2 + E_k$ 指静止能量和动能之和；

5）动量守恒：$\sum\limits_{i=1}^{i} \boldsymbol{P}_i = \sum\limits_{f=1}^{f} \boldsymbol{P}_f$，即反应前后各粒子动量的矢量和不变；

6）角动量守恒：反应前后，体系有关粒子的角动量不变.

2. 反应能和 Q 方程

（1）反应能

核反应过程中放出或吸收的能量称为反应能，通常用 Q 表示反应能. 因此反应能就是反应前后各粒子的动能之差. 若考虑反应能后，核反应表示式为

$$X + x \rightarrow Y + y + Q. \tag{25-32}$$

令 E_X，E_x，E_Y，E_y 分别表示靶核、入射粒子、剩余核、出射粒子的动能；m_X，m_x，m_Y，m_y 分别表示它们的静止质量，并假设反应前后粒子都处于基态，根据反应能定义有

$$Q = E_Y + E_y - E_X - E_x. \tag{25-33}$$

根据总能量守恒定律有

$$m_X c^2 + E_X + m_x c^2 + E_x = m_Y c^2 + E_Y + m_y c^2 + E_y.$$

利用（25-32）式及广义质量亏损则有

$$Q = \Delta m c^2 = (m_X + m_x - m_Y - m_y)c^2 = (M_X + M_x - M_Y - M_y)c^2, \tag{25-34}$$

式中 M_X，M_x，M_Y，M_y 代表反应前后相应粒子的原子质量. 但应注意，反应前后电子在原子中的结合能有变化，因其很小，此处忽略未计.

由（25-33）和（25-34）式可见，Q 值既可通过实验测量反应前后各粒子的动能求得，也可由各粒子的原子质量求得. 当 $Q > 0$ 时，为放能反应，当 $Q < 0$ 时为 吸能反应.

例如核反应 $^{14}_{7}\mathrm{N}(\alpha, P)^{17}_{8}\mathrm{O}$，反应前后各粒子的原子质量分别为

$$M_X(^{14}\mathrm{N}) = 14.003\,074\mathrm{u} \qquad M_x(^4\mathrm{He}) = 4.002\,603\mathrm{u}$$

$$M_Y(^{17}\mathrm{O}) = 16.999\,133\mathrm{u} \qquad M_y(^1\mathrm{H}) = 1.007\,825\mathrm{u}$$

根据反应前后粒子的质量亏损计算 Q 值，则

$$Q = \Delta m c^2 = (M_X + M_x - M_Y - M_y)c^2 = -0.001281\mathrm{u} \cdot c^2$$
$$= -1.193\,\mathrm{MeV}.$$

可见这是吸能反应.

（2）Q 方程

下面将根据实验测量反应中有关粒子的动能来求 Q 值.

由于靶核在实验中往往是固定的,所以 $E_X = 0$,则按(25-33)式

$$Q = E_Y + E_y - E_x. \tag{25-35}$$

剩余核的动能 E_Y 一般较小,很难准确测定,有时还不能穿出靶物质,根本无法直接测量. 然而,利用动量守恒把 E_Y 消去. 由于靶核静止,利用动量守恒有

$$\boldsymbol{P}_x = \boldsymbol{P}_Y + \boldsymbol{P}_y. \tag{25-36}$$

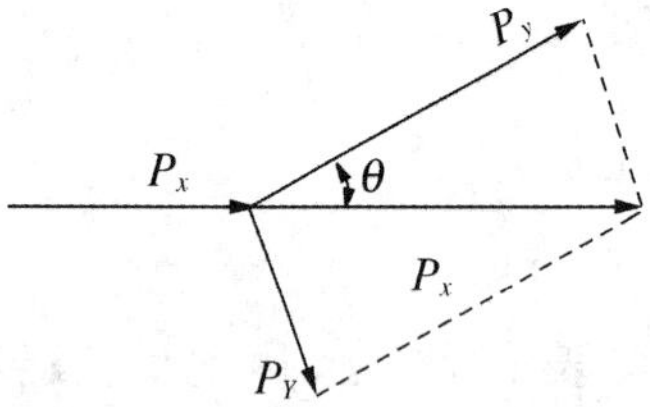

令 θ 表示出射粒子与入射粒子方向间的夹角,如图 25-3 所示,由余弦定理得

$$P_Y{}^2 = P_x{}^2 + P_y{}^2 - 2P_xP_y\cos\theta.$$

因 $P^2 = 2ME$,则有

$$\begin{aligned}M_YE_Y = {} & M_xE_x + M_yE_y \\ & - 2(M_xM_YE_xE_y)^{1/2}\cos\theta.\end{aligned} \tag{25-37}$$

图 25-3

核反应中动量守恒示意图

将此式与(25-35)合并消去 E_Y 便得

$$Q = \left(\frac{M_x}{M_Y} - 1\right)E_x + \left(\frac{M_y}{M_Y} + 1\right)E_y - \frac{2(M_xM_YE_xE_y)^{1/2}}{M_Y}\cos\theta. \tag{25-38}$$

把原子质量 M 用质量数 A 代替便有

$$Q = \left(\frac{A_x}{A_Y} - 1\right)E_x + \left(\frac{A_y}{A_Y} + 1\right)E_y - \frac{2(A_xA_yE_xE_y)^{1/2}}{A_Y}\cos\theta. \tag{25-39}$$

(25-38)和(25-39)式通常称为 Q 方程. 可见,如果由实验测得 E_x, E_y 及 θ,即可求得 Q 值. 当 $\theta = 90°$ 时,最后一项为零. 所以在 θ 等于 $90°$ 方向进行测量,计算尤为简单.

3. 原子核的裂变

(1) 裂变现象的发现

中子发现之后,费米等人就利用中子打击铀核而发现了超铀元素. 1938 年哈恩和斯特拉斯曼(Starassman)在实验中发现,当中子轰击铀核后,除产生超铀元素外,还引起了铀核的裂变. 接着梅德纳(Meitner)和费里什(Frisch)对此实验事实作了正确的解释,指出铀核只有很小的稳定性,在俘获中子之后本身分裂为质量差别不很大的两个核,并把这种新型的核反应过程称为核裂变. 这就是裂变现象的首次发现.

1947 年,我国物理学家钱三强和何泽慧夫妇发现了中子打击铀核的三分裂现象,即裂变碎块有三块. 不过这种过程的几率很小,约为二分裂的 3/1 000.

进一步研究发现,不仅中子能引起裂变,质子、氘核、α 粒子及光子也能引起裂变,且利用高能粒子还能使较轻的核发生裂变.

裂变的发现使蕴藏在核内的巨大能量有实际应用的可能. 1940 年秋天,一个模型裂变反应堆在柏林-德黑兰建成,为正式反应堆的建造提供了有价值的参考. 1942 年 12 月第一个铀堆在美国投入运行.

（2）裂变反应

当中子轰击^{235}U 时，^{235}U 吸收中子后，形成处于激发态的^{236}U*，^{236}U* 又分裂成为质量差不多的两个碎块，并放出 2～3 个中子，这就是裂变反应.

$$^{235}_{92}U + {}^1_0n \rightarrow {}^{236}U^* \rightarrow {}^{140}_{54}Xe + {}^{94}_{38}Sr + (2\sim3){}^1_0n. \qquad (25-40)$$

铀核裂变时，每次产生的两个碎块并非质量都是相同的，而以碎块 A = 95，及 A = 139 的几率为最大.

铀核裂变时要放出大量能量，我们已经知道重核的每个核子的平均结合能要比中等原子核小. 这说明中等重量的原子核结合得紧密. 当重核分裂成两个中等原子核时要释放出能量. 实验测知，一个$^{235}_{92}$U 核分裂时约释放出 210 MeV 的能量. 如有 1 g 铀全部裂变，则放出的能量约为 8.4×10^{10} J，相当于 3×10^3 kg 煤或 2 000 L 燃料油燃烧放出的能量，也相当于 2.1×10^4 kg TNT 炸药所释放的能量.

（3）链式反应

当^{235}U 俘获一个热中子发生裂变时，每次能放出 2～3 个中子. 这些中子又被^{235}U 吸收再产生裂变，又产生第二代中子. 第二代中子再引起裂变产生第三代中子，依此类推. 如果中子没有损失，就会一代一代地发生一系列的裂变反应，这种裂变反应称为链式反应，如图27-4所示. 当链式反应发生后，同时伴有巨大能量的释放.

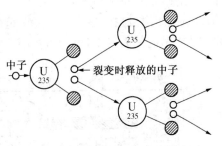

图 25-4　铀核裂变链式反应示意图

实际上链式反应并不是很容易发生的. 这是由于每次裂变放出的中子并不能完全用于铀核裂变，而损失太多. 中子损失一方面是裂变产生的中子被杂质吸收，或因铀堆不大而飞出堆外，不能与铀核相遇. 另一方面中子与铀核相遇被它吸收，但多余能量以 γ 射线形式放出，并不引起裂变. 还有中子轰击铀核时，可能发生弹性或非弹性碰撞，而不产生裂变. 此外以天然铀（其中^{238}U 占 99.3%，^{235}U 占 0.7%）为裂变原料，链式反应也难以进行. 这是因为^{238}U 只有被动能大于 1 MeV 的快中子轰击时才能发生裂变，且其几率很小. 虽^{235}U 能被热中子轰击裂变的几率很大，但热中子易被^{238}U 吸收，且^{235}U 含量也很小，这就大大降低了它裂变的几率.

由此，为了使链式反应发生，最基本的条件是：当一个核吸收一个中子发生裂变，而裂变释放的中子中至少平均有一个中子能又一次引起裂变. 如果平均不到一个中子能引起裂变，则链式反应逐渐停止. 超过一个中子引起裂变，则链式反应就会不断增强. 考虑到中子可能发生的一切损失，只有当每代中子数 N 稍大于前一代中子数 N_0，链式反应便可继续. 引入增殖系数 k，则有链式反应条件为

$$k = \frac{后一代中子数\ N}{前一代中子数\ N_0} \geqslant 1. \qquad (25-41)$$

为达此目的，还可采取以下措施，① 加大铀堆体积，使它大于临界体积，即大于使链

式反应维持下去的最小体积,同时在铀堆周围装上反射层,以减少飞出的中子数;② 减少铀的杂质含量,增加^{235}U 的百分比,即所谓浓缩铀;③ 使裂变产生的快中子减速成热中子,这需要在铀堆中加入减速剂(或称慢化剂),这些减速剂是由质量很轻的原子组成的,常用减速剂有重水、石墨等.

(4) 原子反应堆

为了把原子能用于能源,把铀和其他材料按一定的设计方式组合在一起,使之实现可控链式反应的装置称为原子反应堆,简称反应堆. 根据引进裂变中子的能量,反应堆可分为热中子反应堆和快中子反应堆.

1) 基本原理利用可控的中子引起连续进行的链式反应. 当热中子达到一定数目后,通过人工控制,不致在短时间内放出过多能量而引起爆炸,即要处于稳定的工作状态. 为此只要

$$1 < k < 1.007 \qquad\qquad (25-42)$$

即可. 当然,从理论上讲 $k = 1$ 的链式反应即可稳定进行,但若由于某种原因使 $k < 1$ 时,链式反应就不能维持. 在 $k < 1.007$ 范围也不会引起爆炸,这是由于缓发中子的作用,它要在几十秒时间内发出,可通过控制系统调节.

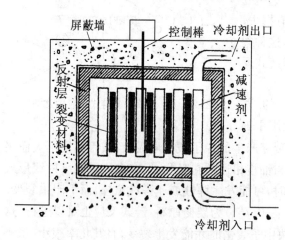

图 25-5　核反应堆结构示意图

2) 反应堆的组成核反应堆的结构如图 25-5 所示.

核燃料:产生链式反应的物质,热中子反应堆常用天然铀或低浓缩铀;快中子反应堆常用高浓缩的^{235}U 或^{239}Pu 作核燃料.

减速剂:用于中子减速且不吸收中子,也作反射层用,常用重水、石墨、铍等.

控制棒:反应堆完全采用自动控制,主要装置是控制棒,用强烈吸收中子的物质镉或硼做成. 以保证反应堆安全运行.

反射层:阻止中子从反应堆中逃逸. 一般用石墨或铍做成.

保护层:包括金属外套、水箱、钢筋混凝土墙等,用来防止中子及其他放射性射线射出铀堆而损害人体.

热能输出及冷却设备:裂变中放出的能量大部分转变为热能,为保证反应堆在一定温度下工作并利用热能,通过热交换器可将反应堆中热能传输出来加以利用.

3) 反应堆的应用

作为核动力:通过冷却剂和热交换装置把反应堆中的大量热量输送出来,将水变成蒸气,用以推动汽轮机发电或作为船用动力.

产生放射性核素:由于核反应堆内有高中子通量,它可以使放入堆内辐射的元素活

化,生成放射性核素,用于工业、科研、医疗、农业等.

作科研和试验用:在物理、化学、医疗等科研部门,为研究核辐射及核辐射对各方面的效应,在反应堆上进行各种实验和测量.反应堆还可提供强中子源和强 γ 射线源.

制造新裂变物质 $_{94}^{239}\mathrm{Pu}$ 和 $_{92}^{233}\mathrm{U}$:当 $_{92}^{238}\mathrm{U}$ 吸收中子后可经下列反应而得到 $_{94}^{239}\mathrm{Pu}$,即

$$_{92}^{238}\mathrm{U} + _{0}^{1}\mathrm{n} \longrightarrow _{92}^{239}\mathrm{U} \xrightarrow{\beta^-} _{93}^{239}\mathrm{Np} \xrightarrow{\beta^-} _{94}^{239}\mathrm{Pu}. \tag{25-43}$$

如果在反应堆中放入 $_{90}^{232}\mathrm{Th}$,其吸收中子后可经下列反应得到 $_{92}^{233}\mathrm{U}$,即

$$_{90}^{232}\mathrm{Th} + _{0}^{1}\mathrm{n} \longrightarrow _{90}^{233}\mathrm{Th} \xrightarrow{\beta^-} _{91}^{233}\mathrm{Pa} \xrightarrow{\beta^-} _{92}^{233}\mathrm{U}. \tag{25-44}$$

$_{94}^{239}\mathrm{Pu}$ 和 $_{92}^{233}\mathrm{U}$ 也可在热中子作用下发生裂变,作为反应堆的燃料或制造核武器.

产生超铀元素: $Z > 92$ 的元素在自然界中并不存在,但在反应堆内发生的核反应中可以产生.目前已能生产 $Z = 93$ 到 $Z = 109$ 的超铀元素.

4)原子弹

原子弹是利用快中子导致链式反应而发生原子爆炸的武器.在裂变材料的体积大于临界体积时,可使增殖系数 $k > 1$,这时中子数逐代倍增,最后引起原子爆炸.对纯 $^{235}\mathrm{U}$,其 $k \approx 2$.若 $N_0 = 1$,则到第 80 代时,中子数已增到 $N = 2^{80}$ 个,其已大到相当于 1 kg 铀的原子数.因此 1 kg 纯 $^{235}\mathrm{U}$ 只要经过 80 代裂变就可以全部发生裂变.若将 1 kg 铀做成球状,其直径不过 5 cm,而快中子的速度约为 $2 \times 10^7 \mathrm{\ m \cdot s^{-1}}$,所以裂变进行的极其迅猛,其爆炸可在百万分之一秒内完成.

原子弹的结构形式有许多种,一般是将两块或多块小于临界体积的纯 $^{235}\mathrm{U}$(或 $^{233}\mathrm{U}$, $^{239}\mathrm{Pu}$ 等)放在一个密封的弹壳内,平时这几块相隔一定距离,所以不会爆炸.使用时可通过引爆装置使它们骤然合为一体,于是其体积超过临界体积,爆炸即刻发生.图 25-6 为原子弹结构示意图.它的基本组成部分为引爆装置、普通炸药、弹壳、核燃料、中子反射层.

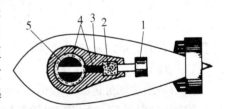

1. 引爆装置 2. 普通炸药 3. 弹壳
4. 核燃料 5. 中子反射层

图 25-6 原子弹结构示意图

4. 原子核的聚变

(1)轻核的聚变

由平均结合能曲线可知,中等原子核的核子平均结合能比重核大,也比轻核大.所以重核裂变时会放出巨大能量,轻核聚变转变成质量数较大的原子核时也能放出巨大能量,此种反应就是轻核的聚变反应.这是取得原子能的另一条途径.例如:

$$\begin{cases} _{1}^{2}\mathrm{H} + _{1}^{2}\mathrm{H} \rightarrow _{2}^{3}\mathrm{He} + _{0}^{1}\mathrm{n} + 3.25 \mathrm{\ MeV}, \\ _{1}^{2}\mathrm{H} + _{1}^{2}\mathrm{H} \rightarrow _{1}^{3}\mathrm{H} + _{1}^{1}\mathrm{H} + 4.00 \mathrm{\ MeV}, \\ _{1}^{2}\mathrm{H} + _{1}^{3}\mathrm{H} \rightarrow _{2}^{4}\mathrm{He} + _{0}^{1}\mathrm{n} + 17.6 \mathrm{\ MeV}, \\ _{2}^{3}\mathrm{H} + _{1}^{2}\mathrm{H} \rightarrow _{2}^{4}\mathrm{He} + _{1}^{1}\mathrm{H} + 18.3 \mathrm{\ MeV}. \end{cases} \tag{25-45}$$

上述反应都是放能反应. 而以上四个反应的总效果是

$$6{}_1^2\mathrm{H} \rightarrow 2{}_2^4\mathrm{He} + 2{}_1^2\mathrm{H} + 2{}_0^1\mathrm{n} + 43.15\ \mathrm{MeV}. \tag{25-46}$$

在释放的能量中, 每个核子的贡献是 3.6 MeV, 大约是 ${}_{92}^{235}\mathrm{U}$ 裂变时每个核子贡献的 4 倍. 由此看来如果能使上述反应大量连续发生, 就可获得巨大能量. 然而, ${}_{92}^{235}\mathrm{U}$ 可以由热中子引起裂变, 继而又发生链式自持反应. 而氘核是带电粒子, 由于库仑斥力, 室温下的氘核决不会聚合在一起. 为使氘核聚合在一起, 首先必须克服库仑斥力, 而核子之间的距离小于 10 fm 时才会有核力的作用, 此时库仑势垒高度为

$$E_\mathrm{c} = \frac{1}{4\pi\varepsilon_0} \cdot \frac{e^2}{r} = 144\ \mathrm{keV}. \tag{25-47}$$

两个氘核聚合, 首先必须克服这一势垒, 每个氘核至少要有 72 keV 的动能. 若将其看成氘核的热运动能 $\frac{3}{2}kT$ (k 是玻耳兹曼常数), 则相应的温度为 $T=5.6\times10^8\ \mathrm{K}$. 考虑到热运动能服从麦克斯韦分布, 有不少粒子动能大于平动动能. 另外, 粒子的动能小于势垒高度时, 由于隧道效应也可进入核内而发生聚变反应. 因此, 聚变温度可降为 $10^8\ \mathrm{K}$, 在这一温度下, 所有原子都被完全电离而形成了物质的第四态等离子体. 所以聚变反应也叫作热核反应. 为了实现自持聚变反应并从中获得能量, 单靠高温还不够, 除了把等离子体加热到所需温度外, 还要求等离子体的密度 n 必须足够大; 所要求的温度 T 和密度 n 必须维持足够长的时间 τ. 1957 年劳逊(Lawson)把这三个条件定量写成

$$\begin{cases} n\tau = 10^{14}\ \mathrm{sec} \cdot \mathrm{cm}^{-3}, \\ T = 10^8\ \mathrm{K}. \end{cases} \tag{25-48}$$

这就是著名的劳逊(Lawson)判据, 是实现自持聚变反应获得能量增益的必要条件.

(2) 太阳能

太阳是距地球最近的一颗恒星, 每年射向地球表面的太阳辐射能相当于 178,000 万亿瓦的能量, 相当于 100 亿吨优质煤燃烧所放出的能量. 考虑到地球距太阳的距离可估算出地球接受到的能量仅约占太阳向太空辐射的总能量的一百亿分之五. 那么, 如此大的能量又是怎样来的呢? 当今公认这些能量来源于太阳中不断发生的热核反应, 主要是氢核在极高温度下发生聚变反应, 最后生成稳定的 ${}_2^4\mathrm{He}$ 核. 这种核反应放出的能量, 一方面用来维持反应所需的温度, 另一方面向太空放射出辐射能. 关于太阳内的热核反应机制有两类, 一类是碳氮循环

$$\begin{cases} {}_6^{12}\mathrm{C} + {}_1^1\mathrm{H} \rightarrow {}_7^{13}\mathrm{N} + \gamma,\ {}_7^{13}\mathrm{N} \rightarrow {}_6^{13}\mathrm{C} + e^+ + \bar{\nu}^0, \\ {}_6^{13}\mathrm{C} + {}_1^1\mathrm{H} \rightarrow {}_7^{14}\mathrm{N} + \gamma,\ {}_7^{14}\mathrm{N} + {}_1^1\mathrm{H} \rightarrow {}_8^{15}\mathrm{O} + \gamma, \\ {}_8^{15}\mathrm{O} \rightarrow {}_7^{15}\mathrm{N} + e^+ + \nu^0,\ {}_7^{15}\mathrm{N} + {}_1^1\mathrm{H} \rightarrow {}_6^{12}\mathrm{C} + {}_2^4\mathrm{He}. \end{cases} \tag{25-49}$$

另一类是质子-质子循环.

$$\begin{cases} {}_1^1\mathrm{H} + {}_1^1\mathrm{H} \rightarrow {}_1^2\mathrm{H} + e^+ + \bar{\nu}^0, \\ {}_1^2\mathrm{H} + {}_1^1\mathrm{H} \rightarrow {}_2^3\mathrm{He} + \gamma, \\ {}_2^3\mathrm{He} + {}_2^3\mathrm{He} \rightarrow {}_2^4\mathrm{He} + 2{}_1^2\mathrm{H}. \end{cases} \tag{25-50}$$

两种循环的结果都是由 4 个质子形成一个氦核,即

$$4{}_1^1\mathrm{H} \rightarrow {}_2^4\mathrm{He} + 2e^+ + 2\bar{\nu} + (2 \sim 3)\gamma, \tag{25-51}$$

并放出 28 MeV 的能量. 而实际上两类循环都在起作用.

(3) 氢弹

氢弹是一种人工实现的不可控制的瞬时剧烈聚变的核能释放装置,同时氢弹内部还组装有一枚原子弹,如图 25-7 所示,利用普通炸药引爆使原子弹点火爆炸,释放大量能量,产生高温高压,同时放出大量中子,形成等离子体,并靠惯性力把高温等离子体约束在一起,满足劳逊判据,实现热核反应. 在此过程中,用氘化锂($^6\mathrm{Li}^2\mathrm{H}$)作为氢弹原料. 原子弹爆炸产生大量中子与 ${}_3^6\mathrm{Li}$ 反应生成氚.

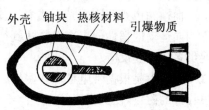

图 25-7 氢弹结构示意图

外壳 铀块 热核材料 引爆物质

$$_3^6\mathrm{Li} + \mathrm{n} \rightarrow {}_2^4\mathrm{He} + {}_1^3\mathrm{H} + 4.9\ \mathrm{MeV}. \tag{25-52}$$

氘、氚在高温高压下发生聚变反应

$$\begin{cases} {}_1^2\mathrm{H} + {}_1^3\mathrm{H} \rightarrow {}_2^4\mathrm{He} + {}_0^1\mathrm{n} + 17.6\ \mathrm{MeV}, \\ {}_1^2\mathrm{H} + {}_1^2\mathrm{H} \rightarrow {}_1^3\mathrm{H} + {}_1^1\mathrm{H} + 4.0\ \mathrm{MeV}, \\ {}_1^2\mathrm{H} + {}_1^2\mathrm{H} \rightarrow {}_2^3\mathrm{He} + {}_0^1\mathrm{n} + 3.25\ \mathrm{MeV}; \end{cases} \tag{25-53}$$

随即发生反应

$$\begin{cases} {}_2^3\mathrm{He} + {}_1^2\mathrm{H} \rightarrow {}_2^4\mathrm{He} + {}_1^1\mathrm{H} + 18.3\ \mathrm{MeV}, \\ {}_3^6\mathrm{Li} + {}_1^1\mathrm{H} \rightarrow {}_2^3\mathrm{He} + {}_2^4\mathrm{He} + 4.0\ \mathrm{MeV}. \end{cases} \tag{25-54}$$

由于 ${}_1^2\mathrm{H} + {}_1^3\mathrm{H}$ 反应截面比 ${}_1^2\mathrm{H} + {}_1^2\mathrm{H}$ 反应截面大两个数量级,其 ${}_1^2\mathrm{H} + {}_1^3\mathrm{H}$ 反应释放能量最多,它可产生 14 MeV 的中子使廉价的 $^{238}\mathrm{U}$ 裂变. 因此常把 $^{238}\mathrm{U}$ 与氘化锂混在一起,导致裂变—聚变—裂变. 而整个过程在瞬间完成. 而原子弹所释放的能量一般为百万吨 TNT 当量,而氢弹则可达几百万吨甚至千万吨 TNT 当量.

(4) 可控聚变反应堆途径

可控聚变反应堆是指可以输出可控能量的核聚变反应装置. 由于它较裂变反应堆具有污染小,核燃料资源丰富(海水中含有大量的氘,1 kg 海水中约含 0.03 g 氘),价格低廉等优点,因此,一直是世界各国能源开发研究的重点. 主要难点有三个方面,一方面是如何加热达到所需温度;另一方面是如何产生链式反应;再就是如何制备耐这种高温的"容器".

聚变反应堆运行后,聚变反应所需要的高温可以通过反应释放的能量来维持,但在反应堆启动时必须由外部能量"点火"加热. 加热的方法是:(1) 在等离子体中通以强大电流,产生焦耳热,以提高气体温度;(2) 将等离子体绝热压缩,对它做功以升高温度;(3) 用加速器加速氘核,使其能量超过热核反应所需能量,再将它引入等离子体以触发热核反应;(4) 用大功率激光束加热聚变物质.

要实现链式反应,满足劳逊判据,必须满足:(1)气体温度大于10^8k;(2)等离体密度应为$n \approx 10^{21} m^{-3}$;(3)等离子体在高温和适当高密度下需一定的持续时间,如氘氘反应T必须大于$10 s$,如为氘氚反应T必须大于$0.1 s$.

超高温等离子体约束问题就是"容器"问题. 在$10^8 K$高温下的等离子体是不能用任何固体容器来装盛的,因为它与器壁接触时,气壁将立刻被汽化,等离子体便很快散开.目前的途径有两条,一是惯性约束,一是磁约束.

惯性约束是利用激光束或电子、离子束同时从几个对称的方向打击聚变燃料小球,依靠内向运动的惯性使聚变燃料达到很高的温度并维持极短的时间(小于$10^{-9} s$),以发生足够多的聚变反应.

磁约束是根据带电粒子在磁场中运动时受到洛仑兹力的作用沿螺旋线运动,通过特殊设计的磁场,使低密度等离子体不与容器接触,在一定区域内维持足够长时间,以发生足够数目的聚变反应.磁约束中最成功的装置是拉卡马克.它通过环形磁感线和圆形磁感线矢量相加实现了磁感线扭转,并通过巧妙的设计使等离子体在一定时间内被稳定约束在一定区域内.

§25.4　粒子物理简介

粒子物理又称为高能物理,它是在高能条件下研究粒子的性质、结构、粒子之间的相互作用、相互结合、相互转变规律的学科. 1932年查德威克发现中子后,认识到原子核由质子和中子构成,因此把电子、质子、中子连同光子称为"基本粒子",认为它们是构成物质的基本单元.不久在β衰变中认识到中微子,安德森在宇宙射线中发现了正电子,随着探测仪器的不断创新,宇宙射线的研究迅速进展,加速器可达能量不断提高,高能物理发展很快.目前已发现的"基本粒子"近400余种,且实验已显示有些具有内部结构,因此将基本粒子改称为粒子,基本粒子物理学改称为粒子物理学.

1. 宇宙射线

宇宙射线是由宇宙空间射到地球上的高能粒子及其与大气层中的原子核作用后产生的次级粒子.前者称为初级射线,后者称为次级射线.

(1)宇宙射线的成分

通过大量的实验和观察知道,初级宇宙射线中绝大部分是高能质子,约占85.9%;α粒子,约占12.7%;此外还有从氦到铁的各种元素的原子核,约占1.4%.除铁原子核多一些外,越重者越少.初级射线中每个粒子的能量通常在$10^9 eV \sim 10^{11} eV$的范围,已探测到的粒子的最高能量达$10^{21} eV$.

在地面上所观察到的宇宙射线,大部分是次级射线. 它包括两部分,一部分可被$5 cm \sim 10 cm$厚的铅板全部吸收,称为软性部分;另一部分则可以穿透$1 m$甚至更厚一些的铅板,称硬性部分. 软性部分的主要成分是电子和光子,其次还有少量的慢介子、慢质子和其他重核. 硬性部分的主要成分是$\mu^{\pm}$子,其次还有少量的高能质子、中子、光子和其他重粒子. 而初级宇宙射线中没有电子、光子和介子.

初级宇宙射线到达靠近大气层顶部的高空时, 核子部分还占有较大比例. 但到达下层部分时出现了一些新粒子, 其中由于初级宇宙射线中高能核子的反应产生少量的 π^{+}, π^{-}, π^{0} 介子, 多数是由 π 介子衰变而成的 μ^{+}, μ^{-} 子. 在地面上, μ 子的平均能量约为 3×10^{9} eV, 少数的能量达到 10^{10} eV 以上. $\pi^{\pm}$, π^{0} 介子的产生及衰变方式为

$$
\begin{cases}
n+p \rightarrow n+n+\pi^{+}, \ n+p \rightarrow p+p+\pi^{-}, \\
n+p \rightarrow p+n+\pi^{0}, \ n+p \rightarrow p+n+\pi^{+}+\pi^{-}, \\
\pi^{-} \rightarrow \mu^{+}+\nu_{\mu}, \ \pi^{-} \rightarrow \mu^{-}+\bar{\nu}_{\mu}, \\
\pi^{0} \rightarrow \gamma+\gamma.
\end{cases}
\tag{25-55}
$$

这就是由高能核子组成的初级宇宙射线转变成次级宇宙射线中的硬性部分的过程.

μ 子的质量为电子的 207 倍, 带一个单位的电荷, 自旋为 $1/2$, 平均寿命为 2.2×10^{-6} s, 很快就衰变为能量约 10^{8} eV 的高能电子.

$$
\mu^{+} \rightarrow e^{+}+\nu_{e}+\bar{\nu}_{\mu}, \quad \mu^{-} \rightarrow e^{-}+\bar{\nu}_{e}+\nu_{\mu}.
$$

这就是软性部分中的电子的最初来源. 这些高能电子在大气层中因簇射过程而形成大量电子和光子流, 如图 25-8 所示. 高速电子经过核的近旁, 由于核的库仑场作用产生加速度, 因而以韧致辐射的形式放出光子, 同时损失能量, 这种光子的能量与电子能量的数量级相同. 高能电子在核的近旁又转化为正负电子对. 以上韧致辐射和电子对的交迭产生, 使电子和光子的数目迅速增加, 形成簇射. 簇射过程中粒子越来越多, 但每一个粒子所带能量却越来越少, 直到光子能量低于临界能量(1.02 MeV)时, 由于能量守恒的限制, 电子对的产生方才停止. 这就是宇宙射线演化的最后阶段.

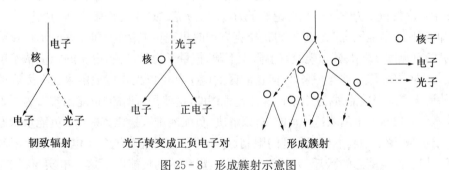

图 25-8　形成簇射示意图

（2）宇宙射线的特点

1）宇宙射线能量高, 存在着能量为 4×10^{21} eV 的粒子.

2）到达地球表面的宇宙射线成分复杂, 包括初、次级射线.

3）强度弱. 据估计, 在纬度 $45°$ 的海平面上, 平均每秒每平方厘米只有一个宇宙射线粒子通过, 且能量愈高, 粒子个数愈少.

4）宇宙射线总强度随高度而发生变化. 强度在海拔 20 km 处达极大值, 约为地面的 50 倍. 接着强度随高度增加而下降, 在海拔 50 km 以上的高空, 强度几乎不变化. 这是由于海拔 50 km 以上, 大气十分稀薄, 次级宇宙射线可忽略, 几乎全是初级宇宙射线. 在

50 km以下,大气密度增加,次级射线增强,使总强度超过初级宇宙射线强度.接近地面时强度减弱是由于大气吸收作用引起的.

5)宇宙射线受地磁场的影响而发生偏转,正粒子受洛仑兹力向东偏转,负粒子则向西偏转.

（3）研究宇宙射线的意义

研究宇宙射线,一方面是了解宇宙射线的成分,能量分布以及它随时间和空间的变化.从有关初级宇宙射线的数据分析进一步去探寻宇宙射线的来源.它对宇宙航行的发展也是必要的.另一方面利用宇宙射线中的高能粒子所产生的现象,可以和用高能加速器的粒子束所进行的实验相配合来研究高能原子核反应.

2. 反粒子

（1）正电子的理论预言及发现

狭义相对论产生后,理论物理学中就遇到负能量.由于在相对论中,能量的表达式是

$$E^2 = c^2 P^2 + m_0^2 c^4, \qquad (25-56)$$

因此有

$$E = \pm \sqrt{c^2 P^2 + m_0^2 c^4}. \qquad (25-57)$$

经典力学中能量与状态总是随时间连续变化,由于正能区与负能区之间总有一段间隔或禁区（见图25-9）,正能区的粒子永远在正能区,而不可能跃过禁区进入负能区.现实运动的始态都是正能量,因而理论上认为存在负能量态,实际上却永远不会出现负能态.这样,在经典物理范畴内,负能量的出现不会引起任何矛盾.1929年,物理学家狄拉克提出了满足狭义相对论要求的量子力学——相对论量子力学.狄拉克的理论在许多方面与实验符合得很好,但却遇到了"负能困难".解电子的狄拉克方程时出现负能量解,即允许电子存在能量为负值的状态（见图25-10）.负能级有上限无下限,据量子力学理论,电子的能量状态可以不连续变化,即发生跃迁.这样一来,任何正能区的电子都可以无止境地落入这个无底的负能深渊,从而无限地释放能量,这个结论显然是荒谬的,这就是所谓的"负能困难".为了说明电子为什么没有灾难性地陷入这些负能态,以解决"负能困难",狄拉克提出:负能量状态通常已被电子填满,由于泡利不相容原理的限制,每个量子态只能容纳一个电子,这就限制了正能量状态电子向负能态的跃迁.为了解释实验上观察不到负能电子这一事实,狄拉克还认为,整个填满了的负能电子海所造成总的效果是零,不具备任何观测效应,即整个负能电子海的所有可测量——电荷、质量、动量……都是零.也就是说负能电子海就是通常所说的真空.如果负能电子海中的电子吸收足够大的能量（$> 2m_e c^2$）它就会跃迁到正能级上去,而负能电子海（即真空）中将留下一空穴.真空中缺少了一个电荷为$-e$,能量为$-E$,动量为$\boldsymbol{P}$的电子,并留下一空穴.据"减去-1,等于加上$+1$"的道理,所留空穴的性质是:电荷为$+e$,能量为$+E$,动量为$-\boldsymbol{P}$.进一步的理论分析可知空穴的质量、自旋等与电子相同,这个空穴就是电子的反粒子——正电子.上述过程就是γ光子生偶的过程,即电子对产生的过程.如果电子再跃迁到这一空穴.就会释放能量,这就是电子对的湮灭.于是狄拉克的理论预言了

电子的反粒子——正电子的存在.同时也改变了对真空的认识,真空态并不是以前所想像的没有结构、空无一物,它存在着产生电子对的潜力.

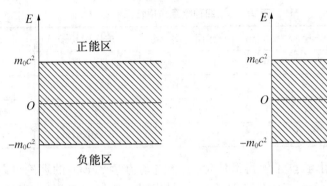

图 25-9 狄拉克理论允许存在的能区　　图 25-10 电子-正电子对的产生

1932年安德森在用云室对宇宙射线的研究中,发现了狄拉克预言的正电子.云室放在磁场中心,根据痕迹的长度、粗细、曲率半径,磁场的强度,方向等可以判断出观察到的粒子,带有和电子电荷相等的正电荷,质量也与电子十分相近.因此,它不可能是质子,而是带正电荷的电子——正电子.此后,人们改进了实验方法,再次得到相同的结果.正电子 e^+ 是在理论预言后经实验发现的第一个反粒子.

(2) 反粒子

正电子的发现,启发人们去寻找其他粒子的反粒子.如果将狄拉克的理论用于质子的话,那么也就应当预言存在反质子.后经科学工作者的努力,相继发现了一系列反粒子.现在人们已经清楚,每一种粒子都有相应的反粒子.粒子与反粒子的质量、自旋、寿命相同,如果带电荷,则电荷量相等,电性相反等等,对于大家已经熟悉的粒子的反粒子:反质子 $\bar{p}$ 带有正电荷、反中子 $\bar{n}$ 的磁矩为正(自旋与磁矩同方向),π^+ 与 π^- 互为反粒子,π^0 与 γ 的反粒子就是它本身,称为纯中性粒子,而中微子与反中微子仅螺旋性相反.

最后须指出,狄拉克上述说法并不严格.可以证明,不能形成稳定负能海的粒子也有相应的反粒子,严格的理论是量子场论.反粒子的发现是20世纪物理学的巨大发现之一,它表明实际上的物质世界比我们想像的要更丰富多彩.正、反粒子可以湮灭,也可以成对产生、自然界的物理规律,对粒子和反粒子是对称的.

3. 相互作用及粒子分类

(1) 物理学关于相互作用的认识

相互作用即力.它是物理学中最基本最重要的概念之一.物理学的兴起,起始于经典力学,现在它已大大发展了.对物质世界的认识,经典力学已很深刻,但随着对物质世界认识的深入,物理学不断认识到一些新的相互作用,这正是基本的物理理论都称之为某种力学的原因.如,牛顿力学、电动力学、量子味动力学、量子色动力学等.目前,物理学认识到的相互作用共有四种,它们是引力相互作用、弱相互作用、电磁相互作用及强相互作用.正是这四种相互作用支配了物质世界的运动,产生了物质世界运动变化的多样性.在经典物理学中,相互作用是通过场来实现的,而量子场论认为,各种相互作用都由某种相应的粒子来传递的. 如传递电磁相互作用的是光子 γ,传递弱相互作用的是中间玻色子 $W^{\pm}$, Z^0,实验上均已发现. 四种相互作用的基本情况见表 25 - 2 所示.

表 25 - 2 四种相互作用特点

相 互 作 用	强 度	力程(m)	作用时间(s)	被作用粒子	传递者
强 相 互 作 用	1	10^{-15}	10^{-23}	强 子	"胶子"
电磁相互作用	10^{-2}	∞	$10^{-20}-10^{-16}$	强子、轻子、光子	γ
弱 相 互 作 用	10^{-14}	$<10^{-17}$	$>10^{-10}$	强子、轻子	$W^{\pm}$, Z^0
引力相互作用	10^{-39}	∞		一切物体	"引力子"

对于电磁相互作用,目前了解得最清楚,量子电动力学(QED)的理论可以对电磁作用过程进行精确地计算,大到天体,小到 10^{-18} m 范围内,理论与实验符合得都很好.

对弱相互作用的认识,起始于 1934 年费米的 β 衰变理论,经 30 余年许多人的努力,到 1967～1968 年间温伯格(S. Weinberg)和萨拉姆(A. Salam)等人提出了弱电统一理论(又称量子味动力学 QFD)可以说认识已经比较深刻. 近年来这一理论的正确性已得到一些实验的证实. 尤其是 1983 年,实验上发现了 QFD 理论预言的中间玻色子 $W^{\pm}$, Z^0,使这一理论得到了物理学的承认. 但 $W^{\pm}$, Z^0 的发现,不能看成是 QFD 的终结,而是新探索的起点. 进一步的实验和理论工作仍在积极地进行着.

对强相互作用的认识、理解目前还比较浮浅. 虽然,关于强相互作用的实验数据已很多,也总结出了不少实验规律,但大多停在唯象的理论水平上,对于本质还未能掌握. 现已提出了描述强相互相作用过程的量子色动力学理论(QCD),它已取得了一些成果,但仍存在不少困难,成功与否还有待今后的实验作出判断.

万有引力支配着宏观物体间的运动变化规律,广义相对论已揭示了其本质,认为万有引力起源于时空的弯曲,大尺度时空引力作用下的过程可由广义相对论给出很好的描述. 但在微观世界里,由于它远远小于其他三种相互作用,实验上目前还无法检测它的影响,因而暂忽略不计.

在粒子世界里,除了强相互作用、电磁相互作用、弱相互作用外,已有迹象表明可能还存在着超强及超弱等不同类型的相互作用. 目前物理学的理论认为各种不同的相互作用之间可能有本质的联系,可以统一地理解. QFD 理论已对弱相互作用和电磁相互作用进行了统一解释. 现已有人提出在更广泛的范围内统一理解各种相互作用的本质的理论,如大统一理论、超统一理论等. 但这仅是理论上的猜想、距成功的目标还很遥远.

(2)粒子的分类

目前已经发现的几百种粒子中,有 40 余种粒子属稳定粒子,它们不在强作用下发生衰变,其余的均在强作用下发生衰变,其平均寿命 $\tau < 10^{-20}$ s,它们是重子共振态与介子共振态. 对于性质各异的几百种粒子,按照参与相互作用的性质可以分为三大类:传播子(又称为媒介子)、轻子、强子. 部分稳定粒子的情况见表 25 - 3 所示.

表 25-3 部分粒子表

类别	粒子名称	符号	质量（MeV）	自旋	平均寿命（s）	衰变方式举例
规范粒子	光子	γ	0	1	稳定	
	W 粒子	$W^\pm$	80 800	1	$>0.95\times10^{-25}$	$W^-\to e^-+\bar{\nu}_e$
	Z^0 粒子	Z^0	92 900	1	$>0.77\times10^{-25}$	$Z\to e^++e^-$
轻子	电中微子	ν_e	$<0.000\,06$	1/2	稳定	
	μ 中微子	ν_μ	<0.57	1/2	稳定	
	τ 中微子	ν_τ	<250	1/2	稳定	
	电子	e^-	0.511 003 4	1/2	稳定	
	μ 子	μ^-	105.659 32	1/2	$2.19\,709\times10^{-6}$	$\mu^-\to e^-+\bar{\nu}_e+\nu_\mu$
	τ 子	τ^-	1 784.2	1/2	3.4×10^{-13}	$\tau^-\to\mu^-+\bar{\nu}_\mu+\nu_\tau$
强子（介子）	π 介子	$\pi^\pm$ π^0	139.567 3 134.963 0	0 0	$2.603\,0\times10^{-8}$ 0.83×10^{-16}	$\pi^+\to\mu^++\nu_\mu$ $\pi^0\to\gamma+\gamma$
	η 介子	η	548.8	0	7.48×10^{-19}	$\eta\to\gamma+\gamma$
	K 介子	$K^\pm$ $K^0,$ $\bar{K}^0$	493.667 497.67	0 0	$1.237\,1\times10^{-8}$ $\begin{cases}0.892\,3\times10^{-10}\\5.183\,0\times10^{-8}\end{cases}$	$K^+\to\mu^++\nu_\mu$ $K^0s\to\pi^++\pi^-$ $K_l^0\to\pi^-+e^++\nu_e$
	D 介子	$D^\pm$ $D^0,$ $\bar{D}^0$	1 869.4 1 864.7	0 0	9.2×10^{-13} 4.4×10^{-13}	$D^+\to\bar{K}^0+\pi^++\pi^0$ $D^0\to K^-+\pi^++\pi^0$
	F 介子	$F^\pm$	1 971	0	1.9×10^{-13}	$F^+\to\eta+\pi^+$
	B 介子	$B^\pm$ $B^0,$ $\bar{B}^0$	5 270.8 5 274.2	0 0	14×10^{-13}	$B^+\to\bar{D}^0+\pi^+$ $B^0\to\bar{D}^0+\pi^++\pi^-$
强子（重子）	质子	p	938.279 6	1/2	稳定	
	中子	n	939.573 1	1/2	898	$n\to p+e^-+\bar{\nu}_e$
	Λ^0 超子	Λ^0	1 115.60	1/2	2.632×10^{-10}	$\Lambda\to p+\pi^-$
	Σ^+ 超子	Σ^+	1 189.36	1/2	0.800×10^{-10}	$\Sigma^+\to p+\pi^0$
	Σ^0 超子	Σ^0	1 192.46	1/2	5.800×10^{-20}	$\Sigma^0\to\Lambda+\gamma$
	Σ^- 超子	Σ^-	1 197.34	1/2	1.482×10^{-10}	$\Sigma^-\to n+\pi^-$
	Ξ^0 超子	Ξ^0	1 314.9	1/2	2.900×10^{-10}	$\Xi^0\to\Lambda+\pi^0$
	Ξ^- 超子	Ξ^-	1 321.32	1/2	1.641×10^{-10}	$\Xi^-\to\Lambda+\pi^-$
	Ω^- 超子	Ω^-	1 672.45	3/2	0.918×10^{-10}	$\Omega^-\to\Lambda+K^-$
	Λ_c 重子	Λ_c	2 282.0	1/2	2.300×10^{-13}	$\Lambda_c\to p+K^-+\pi^+$

1）传播子：传递各种相互作用的粒子．它们均是玻色子．现已发现的有传递电磁相互作用的光子 γ，及传递弱相互作用的中间玻色子 $W^{\pm}$，Z^0．传递强相互作用的胶子 g 及传递引力相互作用的引力子，只是理论上的预言，实验上尚未发现．

2）轻子：不参与强相互作用的费米粒子，轻子参与弱相互作用，带电轻子也参与电磁相互作用．目前已发现的轻子有电子 e^-，电子中微子 ν_e，μ 与 μ^-，μ 中微子 μ_{μ}^-，τ 子 τ^-，连同它们的反粒子 e^+，$\bar{\nu}_e$，μ^+，$\bar{\nu}_\mu$，τ^+ 总共 10 种．理论上断定还存在与 τ 子相应的 τ 中微子 ν_τ 及其反粒子 $\bar{\nu}_\tau$，但实验上尚未直接观察到．μ^- 的质量是电子质量的 200 多倍，而 τ^- 的质量比质子还大，故又将 τ^- 称为重轻子．μ^- 与 τ^- 除了质量比 e^- 大之外，其余性质与 e^- 完全相同．目前，物理学在 10^{-18} m 范围内，尚未发现轻子有内部结构．

3）强子：参与强相互作用的粒子，强子参与强相互作用、弱相互作用，带电强子和有磁矩的强子都参与电磁相互作用．自旋为整数的强子称为介子、自旋为半整数的强子称为重子．介子已发现的有 π 介子 π^+，π^0，π^-，K 介子 K^+，K^0，K^-，…稳定介子和为数众多的介子共振态．重子中质量较小的是核子(p, n)；质量较大的是超子(Λ，Σ，Ξ，Ω)等稳定重子和一系列重子共振态．

4. 对称性和守恒定律

（1）研究对称性的意义

对称性是自然界中存在的一个普遍现象，它在粒子物理研究中占有重要地位，原因之一是由于还没有满意的理论来描述粒子间的相互作用．在我们对相互作用动力学缺乏了解的情况下，通过对称性的研究也可获得许多有关相互作用的知识．如我们还不清楚强相互作用哈密顿量的确切形式，没有成功的理论定量计算强相互作用过程中的一些量，但根据实验事实，我们知道强相互作用遵守多种守恒定律，诸如能量(E)守恒、动量(P)守恒、轻子数(L)守恒、奇异数(S)守恒、宇称(π)守恒、同位旋(I)守恒等．从理论上说，这些守恒定律都是相互作用哈密顿量具有相应对称性的表现．这就使得我们对强相互作用中哈密顿量有某种程度的了解．据此便可对相互作用过程中的某些量作出预言或结论，进而与实验结果比较，从而更深层次地揭示物质结构的奥秘．

人们发现，守恒定律是客观世界对称性的反映．如动量守恒定律是一切物理定律都遵守的规律，它与空间平移对称性密切联系．物理规律不因空间位置的平移而发生变化，在相同条件下，在任何地点做实验都受同样物理规律支配，这就是物理定律的空间平移对称性，也即物理定律具有空间平移不变性．也就是说空间是均匀的，各点性质是相同的，从根本上来讲，物理定律的空间平移对称性与支配物质运动的各种相互作用具有空间平移对称性密切相关．所以它就反映了相互作用的一种对称性．

空间的另一种属性是各向同性，即任何方向具有相同的属性，物理定律不因空间的转动方向而发生变化，这就是物理定律的空间转动对称性或物理定律的空间转动不变性．从根本上讲，其与支配物质运动的各种相互作用具有空间转动对称性密切相关，这是相互作用具有的另一种对称性．空间转动对称性必然的结果是角动量守恒．任何一个具体的粒子反应都遵守角动量守恒．

时间是均匀的，所以物理规律不因时间的变化而发生变化，这就是物理定律的时间平移对称性(不变性),与之相联系的是能量守恒定律.根据相对论知道物理定律不因选择不同的惯性系统作参照系而变化,则必存在洛仑兹变换不变性(对称性),由此得到质能关系,因此从能量守恒必然得到质量守恒.

又如无论从哪一个反应过程都可验证电荷是守恒的,即反应前后各粒子的电荷数的代数和总是相等的.与此守恒定律对应,存在着电磁场(量子化的)规范变换不变性(对称性).

总之,对称性与守恒定律密切相关.存在一种对称性,就必然对应着一种守恒定律;反之存在一种守恒定律,就必然有一种对称性与之对应.在粒子物理中有些对称性是完善的,与之对应的守恒定律在各种相互作用中都严格成立,而另一些对称性是不完善的,或称之为破缺的,和其对应的守恒定律在一些相互作用中并不守恒,如弱相互作用中宇称不守恒.而检验一种对称性完善或破缺的标准则只能是实验事实,任何主观想像和直观感觉都是靠不住的.

(2) 粒子物理中的对称性和守恒定律

在实验和理论的发展过程中,粒子在相互作用和转化过程中,除遵守能量守恒、动量守恒、角动量守恒、电荷守恒等守恒定律外,粒子还遵守一些特有的守恒定律.

1) 重子数守恒定律:在重子参加的任何过程中,若规定重子的重子数 $B = +1$,反重子的重子数 $B = -1$,而其他粒子的重子数 $B = 0$,则一切过程前后重子数的代数和不变,即反应前后重子数守恒.如 Λ 的衰变过程为

$$\Lambda \rightarrow p + \pi^-, \quad \Lambda \rightarrow n + \pi^0. \tag{25-58}$$

衰变前后重子数代数和都为 1.又如质子的产生和湮灭过程

$$p + p \rightarrow p + p + p + \bar{p}, \tag{25-59}$$

$$p + \bar{p} \rightarrow \pi^+ + \pi^- + \pi^0. \tag{25-60}$$

其前式反应前后重子数为 2,后式反应前后重子数为零.又如 $p \rightarrow e^+ + \gamma$,其反应前后虽电荷守恒,动量守恒,但重子数不守恒,则此反应过程不能发生.

2) 轻子数守恒定律:对于

$$\nu_\mu + n \rightarrow e^- + p, \quad \bar{\nu}_e + p \rightarrow e^+ + n \tag{25-61}$$

的反应过程,并不违反任何已知的守恒定律,但从未在实验上观察到.理论研究表明,它们违反了轻子数守恒定律.进一步研究发现,与电子,μ 子和重轻子,相对应的中微子 ν_e,ν_μ,ν_τ 是不同的,其中 ν_τ 尚未发现,加上它们的反粒子,各类轻子和相应的中微子的轻子数分别守恒.不同轻子的轻子数如表 25-4 所示.

表 25-4 不同轻子的轻子数

粒 子	e^-	e^+	ν_e	$\bar{\nu}_e$	μ^-	μ^+	ν_μ	$\bar{\nu}_\mu$	τ^-	τ^+
L_e	+1	-1	+1	-1	0	0	0	0	0	0
L_μ	0	0	0	0	+1	-1	+1	-1	0	0
L_τ	0	0	0	0	0	0	0	0	+1	-1

例如 β^- 衰变

$$n \rightarrow p + e^- + \bar{\nu}_e, \qquad (25-62)$$

反应前后轻子数均为 0,利用轻子数守恒定律,就可说明 β^- 衰变中为什么产生的是反中微子 $\bar{\nu}_e$ 而不是中微子 ν_e. 又如 μ 子中微子可发生下列反应

$$\nu_\mu + n \rightarrow \mu^- + p, \quad \bar{\nu}_\mu + p \rightarrow \mu^+ + n. \qquad (25-63)$$

反应前后轻子数均为 0,满足轻子数守恒.

3) 同位旋守恒定律:质子和中子的质量非常接近,质子与质子、中子与中子、质子与中子之间具有相同的强相互作用,即核力具有电荷无关性. 1932 年海森伯提出可以把质子和中子看成是同一种粒子——核子的两种不同状态,质子的电荷态为 1,中子的电荷态为 0. 如果没有电磁相互作用,则质子与中子能量相同,质量相同. 考虑到电磁相互作用,则质子与中子能量相同,由于它们的电荷状态不同,则质量稍有差异. 为此,引进一个虚构的同位旋空间,它与粒子在其中运动的真实的物理空间不相关. 在此空间中的一个矢量称为同位旋矢量 I,它按角动量相同的规则量子化,也就是描述一个粒子总同位旋量子数必须是零、整数或半整数. 同位旋矢量在同位旋空间的不同取向,用同位旋第三分量 I_3 表示,它代表着粒子的不同荷电状态. 因为 I_3 可取 $-I$ 到 I 相差为 1 的 $2I+1$ 个值,所以粒子的不同荷电状态数为 $2I+1$,由此可确定 I 的大小. 如核子有两个电荷状态,同位旋应取 $I=1/2$,I_3 取 $+1/2$ 和 $-1/2$,分别对应质子和中子;π 介子有三个电荷态,同位旋 $I=1$,I_3 取值 $1,0,-1$,分别对应于 π^+, π^0 和 π^-;η 介子只有一种,同位旋 $I=0$,$I_3=0$.

实验表明,如果只存在强相互作用,则质子和中子,或三种 π 介子就成为无法区分的状态,这时在同位旋空间中,同位旋矢量 I 就是各向同性的,即同位旋空间具有旋转不变性,则 I 是个守恒量. 这表明强相互作用过程中同位旋守恒,即反应前后总同位旋及同位旋第三分量都不改变.

$$\Delta I = 0, \quad \Delta I_3 = 0, \qquad (25-64)$$

$$\pi^- + p \rightarrow K^0 + \Lambda \qquad (25-65)$$

反应中,π^- 的 $I_3 = -1$,p 的 $I_3 = 1/2$,所以左边 I_3 代数和为 $-1/2$;K^0 的 $I_3 = -1/2$,Λ 的 $I_3 = 0$,所在右边 I_3 代数和为 $-1/2$,即 I_3 守恒. 而 I 的合成遵守角动量合成法则,由于 π^- 的 $I=1$,p 的 $I=1/2$,所以左边合成同位旋为 $3/2, 1/2$;K^0 的 $I=1/2$,Λ 的 $I=0$,所以右边合成同位旋为 $1/2$,即这一反应发生在从 $I=1/2$ 到 $I=1/2$ 的两个状态之间,这时同位旋 I 是守恒的.

当存在电磁相互作用时,同位旋矢量的不同取向不再完全等效,同位旋空间就不是各向同性了,这时旋转不变性只对某些特殊方向成立. 因此,同位旋 I 不再守恒,遭到破坏,但同位旋第三分量 I_3 是守恒量. 而在弱相互作用中,同位旋 I 和同位旋第三分量 I_3 都不守恒.

4) 奇异数守恒定律:实验表明,K 介子、Λ 超子、Σ 超子和 Ξ 超子及它们的反粒子具

有两个奇异性质,一是快产生(作用时间约 10^{-23} s)而慢衰变(平均寿命约 10^{-10} s),另一是 K 介子和超子总是协同产生,从来没有发现单独产生 K 介子或单独产生超子的过程.因此称这些粒子为奇异粒子.如在实验中可观察到反应

$$\pi^- + p \rightarrow \Lambda^0 + K^0, \quad p + n \rightarrow \Lambda^0 + K^0 + p, \tag{25-66}$$

但从未发现

$$n + n \rightarrow \Lambda^0 + \Lambda^0, \quad n + n \rightarrow \Sigma^0 + \Lambda^0 \tag{25-67}$$

的反应过程.

1953 年盖尔曼(Gell-mann)和西岛(Nishijima)引入奇异量子数 S,称为奇异数.并规定各种奇异粒子的奇异数如表 25-5 所示.

表 25-5　奇异粒子的奇异数

奇异粒子	K^+, K^0	K^-, Λ^0	$\Sigma^\pm, \Sigma^0$	Ξ^0, Ξ^-	Ω^-	非奇异粒子
奇异数 S	+1	−1	−1	−2	−3	0

大量实验表明,奇异粒子的产生和衰变,遵守确定的选择定则,对强相互作用和电磁相互作用过程中,反应前后的奇异数守恒,即

$$\Delta S = 0. \tag{25-68}$$

在弱相互作用过程中,对于奇异粒子参加的过程,奇异数 S 的代数和改变是 ± 1,即

$$\Delta S = \pm 1. \tag{25-69}$$

根据奇异数守恒定律,可很快判断哪些反应可以实现,哪些反应是禁戒的.如 $\Sigma^0 \rightarrow \Lambda^0 + \gamma$ 衰变中,除重子数和电荷数守恒外,衰变前后奇异数均为 1 也守恒,且 Σ^0 的寿命 $0 \sim 10^{-14}$ s,是电磁作用过程,不是弱作用过程.所以衰变是可以实现的.又如 $\Sigma^0 \rightarrow p + \pi^-$ 或 $\Sigma^0 \rightarrow n + \pi^0$,虽衰变中电荷数守恒,重子也守恒,但奇异数不守恒,所以衰变不能实现.另外,根据奇异数守恒,还可解释粒子的奇异特性.如(25-66)式中的前式反应,左边 π^- 介子和质子的奇异数 $S = 0$,因此过程是强相互作用,奇异数守恒,而 Λ^0 超子的奇异数 $S = -1$.可见此过程不仅产生 Λ^0,还必须有 $S = +1$ 的 K^0 介子协同产生.

然而,以上四个守恒定律中,Q, I_3, S, B 四个量子数并不独立,而

$$Q = I_3 + \frac{B+S}{2}, \tag{25-70}$$

其中 $B+S$ 称为超荷数 Y,则 $Y = B + S$,代入上式,便得

$$Q = I_3 + \frac{Y}{2}. \tag{25-71}$$

此即盖尔曼-西岛关系.

5) 宇称守恒定律

宇称守恒定律是与物理系统的空间反演对称性相联系的. 而物理系统的空间反演对称性, 又可称为"镜像反射不变性"或"左右对称性". 如宇宙飞船的飞行、牛顿第二定律、电磁学规律等都具有"左右对称性".

在量子力学中, 我们用波函数 $\psi(x, y, z, t)$ 描述体系的状态. 如果体系的波函数在空间反演下不变, 即

$$\psi(-x, -y, -z, t) = \psi(x, y, z, t), \qquad (25-72)$$

则该体系处于宇称为 $+1$ 的状态, 即偶宇称态; 如果体系的波函数在空间反演下变号, 即

$$\psi(-x, -y, -z, t) = -\psi(x, y, z, t), \qquad (25-73)$$

则该体系处于宇称为 -1 的状态, 即奇宇称态. 对于具有"左右对称"的物理过程, 系统的宇称保持不变, 这就是宇称守恒. 直到 20 世纪 50 年代初, 人们所发现的物理规律都具有"左右对称性", 所以一直认为宇称守恒定律是物理学中普遍成立的定律.

在 1956 年前不久, 实验上发现了所谓 $\tau-\theta$ 之谜的难题. 当时发现 K^+ 介子的衰变方式有两种, 一种衰变成三个 π 介子, 记为 τ 介子; 另一种衰变两个 π 介子, 记为 θ 介子, 即

$$\tau \rightarrow \pi^+ + \pi^+ + \pi^-, \qquad (25-74)$$

$$\theta \rightarrow \pi^+ + \pi^0. \qquad (25-75)$$

由于 π 介子是奇宇称, 三介子态应该具有奇宇称, 而二介子态应该具有偶宇称. 因此, 宇称若守恒, 则 τ 和 θ 就必定是两种不同的粒子. 但实验测得 τ 和 θ 具有完全相同的电荷、质量、寿命, 它们只可能是同种粒子. 人们称此问题为 $\tau-\theta$ 之谜.

1956 年, 李政道和杨振宇仔细分析了当时已有的实验, 发现在强相互作用和电磁相互作用过程中, 宇称守恒已有确凿的实验证据. 但是 τ 和 θ 衰变是弱相互作用过程, 而在弱相互作用过程中宇称是否守恒还没有任何实验证据. 于是他们提出 τ 和 θ 是同一种粒子——K 介子, 并提出在弱相互作用过程中宇称不守恒. 不久, 吴健雄用极化钴(^{60}Co)做了实验, 发现极化的钴原子核在 β 衰变时所发射出来的电子的运动方向相对于原子核的自旋方向具有显著的前后不对称性. 这就证实了粒子在弱相互作用中宇称不守恒.

习　题

25.1　$^{12}_6$C, $^{13}_6$C, $^{14}_6$C, $^{14}_7$N, $^{15}_7$N, $^{16}_8$O, $^{17}_8$O, $^{18}_8$O 核素中, 哪些核的质子数、中子数、质量数及电子数是相同的? 哪些是同位素? 同中子素? 同量异位素?

25.2　试计算核的密度, 并与水的密度比较.

25.3　在铍核中, 每个核子的结合能为 6.45 MeV, 而在氦核内为 7.06 MeV, 要把 ^{9}Be 分裂为两个 α 粒子须消耗多少能量? 氘核内每个核子的结合能为 1.09 MeV, 若两个氘核组成氦核时放出多少能量?

25.4　一放射性元素的半衰期 $\tau = 3 \times 10^{-7}$ s, 问经过多长时间后, 其原子核的数目将衰变成原来的 $\frac{1}{10}$.

25.5　有一人造卫星需功率为 20 W 的电源, 若由转换 ^{238}Pu($T_{1/2} = 87.75$ 年)的 α 衰变核能 ($E_\alpha = 5.5$ MeV) 的办法来提供(转换效率为 5%), 试计算所需 ^{238}Pu 的放射性活度及其质量为多少? 一年后电

源的功率变化为多少?

25.6　计算 $^{14}N(\alpha, P)^{17}O$ 和 $^{7}Li(P, \alpha)^{4}He$ 的反应能 Q. 有关同位素的质量如下: ^{14}N, 14.002 074u; ^{4}He, 4.002 603u; ^{1}H, 1.007 825u; ^{17}O, 16.999 133u; ^{7}Li, 7.0160 05u.

25.7　在 $^{7}Li(P, \alpha)^{4}He$ 核反应中,如果以 1 MeV 的质子打击 ^{7}Li,问在垂直于质子束方向观察到 ^{4}He 的能量有多大?

25.8　试计算 1 g ^{235}U 裂变时全部释放的能量约等于多少煤在空气中燃烧放出的热能(煤的燃烧热约等于 33×10^{6} J/kg, 1 eV=1.6×10^{-19} J).

25.9　试计算原子核中两质子之间的万有引力和静电斥力. 设核中两质子间的距离为 10^{-15} m.

25.10　用守恒定律判断,下列反应哪些属强相互作用,哪些属弱相互作用? 哪些不能实现,并说明理由.

(1) $p \rightarrow \pi^{+} + e^{+} + e^{-}$;

(2) $\Lambda^{0} \rightarrow p + e^{-}$;

(3) $\mu^{-} \rightarrow e^{-} + \nu_{e} + \nu_{\mu}$;

(4) $n + p \rightarrow \Sigma^{+} + \Lambda^{0}$;

(5) $p + \bar{p} \rightarrow \pi^{+} + \pi^{-} + \pi^{0} + \pi^{0}$;

(6) $p + \bar{p} \rightarrow n + \overline{\sum^{0}} + K^{0}$;

(7) $K^{0} \rightarrow \pi^{+} + \pi^{-} + \pi^{0} + \pi^{0}$.

附　录

常用物理常数

1. 真空中的光速 $c = 2.997\,925 \times 10^8$ m/s

2. 引力常数 $G = 6.672 \times 10^{-11}$ N $\cdot$ m^2/(kg)^2

3. 阿伏伽德罗常数 $N_0 = 6.022\,0 \times 10^{23}$ 个/mol

4. 玻耳兹曼常数 $k = 1.3807 \times 10^{-23}$ J/K

5. 法拉第常数 $F = 96\,485$ C/mol

6. 真空介电常数 $\varepsilon_0 = \dfrac{1}{\mu_0 c^2} = 8.854\,19 \times 10^{-12}$ C^2/N $\cdot$ m^2

$4\pi\varepsilon_0 = 1.112\,65 \times 10^{-10}$ C^2/N $\cdot$ m^2

7. 真空磁导率 $\mu_0 = 4\pi \times 10^{-7}$ N $\cdot$ A^{-2} = $1.256\,6 \times 10^{-6}$ V $\cdot$ s/A $\cdot$ m

8. 库仑力常数 $\dfrac{1}{4\pi\varepsilon_0} = 8.987\,55 \times 10^9$ N $\cdot$ m^2/C^2

9. 斯忒藩-波耳兹曼恒量 $\sigma = 5.670\,32 \times 10^{-8}$ W $\cdot$ m^{-2}K^{-4}

10. 电子电荷 $e = 1.602\,19 \times 10^{-19}$ C

11. 电子的荷质比 $\dfrac{e}{m} = 1.758\,8 \times 10^{11}$ C/kg

12. 原子质量单位 $1u = 1.660\,57 \times 10^{-27}$ kg

13. 电子静质量 $m_e = 9.109\,53 \times 10^{-31}$ kg

14. 质子静质量 $m_p = 1.672\,65 \times 10^{-27}$ kg $= 1.007\,276\,5$ u

15. 中子静质量 $m_n = 1.674\,95 \times 10^{-27}$ kg $= 1.008\,665$ u

16. 普朗克常数 $h = 6.626\,18 \times 10^{-34}$ J $\cdot$ s

$\hbar = \dfrac{h}{2\pi} = 1.054\,59 \times 10^{-34}$ J $\cdot$ s

17. 里德伯常数 $R_\infty = 1.097\,373\,0 \times 10^7$ m^{-1}

$R_H = 1.096\,775\,76 \times 10^7$ m^{-1}

18. 精细结构常数 $\alpha = \dfrac{e^2}{4\pi\varepsilon_0 \hbar c} = \dfrac{1}{137.036} = 7.297\,2 \times 10^{-3}$

19. 玻尔半径 $a_1 = \dfrac{4\pi\varepsilon_0 \hbar^2}{m_e e^2} = 0.529\,177$ Å

20. 玻尔磁子 $\mu_B = \dfrac{e\hbar}{2m_e} = 9.274\,1 \times 10^{-24}$ J/T(或 A $\cdot$ m^2)

21. 电子经典半径 $r_e = 2.817\,938\,0 \times 10^{-15}$ m

22. 电子的康普顿波长 $\Delta\lambda = \dfrac{h}{m_e c} = 2.426\,31 \times 10^{-12}$ m

23. 核磁子 $\mu_N = \dfrac{e\hbar}{2m_p} = 5.050\,82 \times 10^{-27}$ J/T(或 A $\cdot$ m^2)

24. 电子磁矩 $\mu_e = 1.001\ 159\ 656\ 7\mu_B$

25. 质子磁矩 $\mu_p = 2.792\ 845\ 6\mu_N$

26. 质量-能量换算因数

$1\ g = 5.61 \times 10^{26}\ MeV \quad 1m_e = 0.510\ 976\ MeV$

$1M_p = 938.211\ MeV \quad 1M_n = 939.505\ MeV$

$1u = 931.501\ 6\ MeV/c^2$

25. 能量单位换算因数

$1\ eV = 1.602\ 189\ 2 \times 10^{-12}\ erg = 1.602\ 189\ 2 \times 10^{-19}\ J$

28. 长度单位换算因数

$1\ nm = 10^{-9}\ m \qquad 1\ fm = 10^{-15}\ m$

习题参考答案

第 11 章

11.1 (1) 8.23×10^{-8} N (2) 2.3×10^{39} (3) 2.18×10^6 m/s,6.57×10^{15} Hz (4) 因为万有引力和重力远远小于库仑力

11.2 9×10^9 N,9×10^3 N

11.3 距离 q 为 $(\sqrt{2}-1)L$ 处,才能使它所受的合力为零,此处合场强为零

11.4 $-\dfrac{\sqrt{3}}{3}q$

11.5 $r=\dfrac{\sqrt{2}}{4}a$

11.6 1.65×10^6 N/C,与 x 轴的夹角:$\alpha=\arctan\left(\dfrac{E_y}{E_x}\right)=49°$

11.7 (1) $\boldsymbol{E}=\dfrac{qx}{4\pi\varepsilon_0 (R^2+x^2)^{3/2}}\boldsymbol{i}$ (2) 略 (3) 位于轴上 $x=\pm\dfrac{\sqrt{2}}{2}R$ 点的场强取得极大值,其值为 $\boldsymbol{E}=\pm\dfrac{\sqrt{3}q}{18\pi\varepsilon_0 R^2}$

11.8 $\boldsymbol{E}=E_y\boldsymbol{j}=-\dfrac{q}{2\pi^2\varepsilon_0 R^2}\boldsymbol{j}$

11.9 $\boldsymbol{E}=\boldsymbol{E}_{直线}+\boldsymbol{E}_{弧}=0$

11.10 $E_x=\dfrac{\sigma}{2\varepsilon_0}\left[1-\dfrac{1}{\sqrt{1+(R/x)^2}}\right]$

11.11 (1) $\dfrac{q}{6\varepsilon_0}$ (2) $\dfrac{q}{24\varepsilon_0}$

11.12 $\boldsymbol{E}=\dfrac{\rho x}{\varepsilon_0}\boldsymbol{i}$,$\boldsymbol{E}=\pm\dfrac{\rho d}{2\varepsilon_0}\boldsymbol{i}$

11.13 $\boldsymbol{E}=\dfrac{\rho \boldsymbol{r}}{2\varepsilon_0}$,$\boldsymbol{E}=\dfrac{\rho R^2}{2\varepsilon_0 r}\boldsymbol{r}$,图略

11.14 (1) $r<R_1$ 的区域 Ⅰ 中的场强 $\boldsymbol{E}_{\text{Ⅰ}}=0$,在 $R_1<r<R_2$ 的区域 Ⅱ 中的场强 $\boldsymbol{E}_{\text{Ⅱ}}=\dfrac{\lambda_1}{2\pi\varepsilon_0 r}\boldsymbol{e}_r$,在 $r>R_2$ 的区域 Ⅲ 中的场强 $\boldsymbol{E}_{\text{Ⅲ}}=\dfrac{\lambda_1+\lambda_2}{2\pi\varepsilon_0 r}\boldsymbol{e}_r$ (2) 若 $\lambda_1=-\lambda_2$,$\boldsymbol{E}_{\text{Ⅰ}}=0$,$\boldsymbol{E}_{\text{Ⅱ}}=\dfrac{\lambda_1}{2\pi\varepsilon_0 r}\boldsymbol{e}_r$,$\boldsymbol{E}_{\text{Ⅲ}}=0$

11.15 (1) $r<R_1$ 的区域 Ⅰ 中的场强 $\boldsymbol{E}_{\text{Ⅰ}}=0$,$R_1<r<R_2$ 的区域 Ⅱ 中的场强 $\boldsymbol{E}_{\text{Ⅱ}}=\dfrac{q_1}{4\pi\varepsilon_0 r^2}\boldsymbol{e}_r$,$r>R_2$ 的区

域Ⅲ中的场强 $E_Ⅲ=\dfrac{q_1+q_2}{4\pi\varepsilon_0 r^2}e_r$　　(2) 若 $q_1=-q_2$,有 $E_Ⅰ=0$,$E_Ⅱ=\dfrac{q_1}{4\pi\varepsilon_0 r^2}e_r$,$E_Ⅲ=0$

11.16　$E=E_r e_r=q\left(1-\dfrac{4r^3}{3a_0^3}e^{-2r/a_0}\right)e_r/4\pi\varepsilon_0 r^2$

11.17　$U=\dfrac{\sigma}{2\varepsilon_0}(\sqrt{R^2+x^2}-x)$,$E=E_x i=\dfrac{\sigma}{2\varepsilon_0}\left[1-\dfrac{1}{\sqrt{1+(R/x)^2}}\right]i$

11.18　Ⅰ区($r<R_1$)的电势 $V_Ⅰ=\dfrac{q_1}{4\pi\varepsilon_0 R_1}+\dfrac{q_2}{4\pi\varepsilon_0 R_2}$,Ⅱ区($R_1<r<R_2$)的电势 $V_Ⅱ=\dfrac{q_1}{4\pi\varepsilon_0 r}+\dfrac{q_2}{4\pi\varepsilon_0 R_2}$,Ⅲ区

($r>R_2$)的电势 $V_Ⅲ=\dfrac{q_1+q_2}{4\pi\varepsilon_0 r}$;当 $q_1=-q_2$ 时,Ⅰ区($r\leqslant R_1$)的电势 $V_Ⅰ=\dfrac{q_1}{4\pi\varepsilon_0}\left(\dfrac{1}{R_1}-\dfrac{1}{R_2}\right)$,Ⅱ区

($R_1<r\leqslant R_2$)的电势 $V_Ⅱ=\dfrac{q_1}{4\pi\varepsilon_0}\left(\dfrac{1}{r}-\dfrac{1}{R_2}\right)$,Ⅲ区($r\geqslant R_2$)的电势 $V_Ⅲ=0$,图略

11.19　Ⅰ区($r\leqslant R_1$)的电势 $V_Ⅰ=0$,Ⅱ区($R_1<r\leqslant R_2$)的电势 $V_Ⅱ=\dfrac{\lambda}{2\pi\varepsilon_0}\ln\dfrac{R_1}{r}$,Ⅲ区($r\geqslant R_2$)的电势 $V_Ⅲ$

$=\dfrac{\lambda}{2\pi\varepsilon_0}\ln\dfrac{R_2}{R_1}$,$\Delta V=\dfrac{\lambda}{2\pi\varepsilon_0}\ln\dfrac{R_2}{R_1}$

第 12 章

12.1　略

12.2　10^5 V/m,3.2×10^{-10} μC

12.3　-2×10^{-7} C,-10^{-7} C,2.25×10^3 V

12.4　$E(r)=\begin{cases}\dfrac{q}{4\pi\varepsilon_0 r^2}e_r & (r<R_1)\\[2mm] 0 & (R_1<r<R_2)\\[2mm] \dfrac{q}{4\pi\varepsilon_0 r^2}e_r & (r>R_2)\end{cases}$,距球心为 $r(0<r\leqslant R_1)$ 处的电势 $U_Ⅰ=\dfrac{q}{4\pi\varepsilon_0}\cdot$

$\left(\dfrac{1}{r}-\dfrac{1}{R_1}+\dfrac{1}{R_2}\right)$,Ⅱ区($R_1<r\leqslant R_2$)的电势 $U_Ⅱ=\dfrac{q}{4\pi\varepsilon_0 R_2}$,Ⅲ区($r>R_2$)的电势 $U_Ⅲ=\dfrac{q}{4\pi\varepsilon_0 r}$,图略

12.5　(1) 1.2×10^2 V　(2) 2.98×10^5 V　(3) 1.2×10^2 V

12.6　(1) $\dfrac{1}{4\pi\varepsilon_0}\left(\dfrac{q}{R}-\dfrac{q}{R_1}+\dfrac{q+Q}{R_2}\right)$,$\dfrac{1}{4\pi\varepsilon_0}\dfrac{q+Q}{R_2}$　(2) $\dfrac{1}{4\pi\varepsilon_0}\left(\dfrac{q}{R}-\dfrac{q}{R_1}\right)$　(3) $U_1=U_2=\dfrac{q+Q}{4\pi\varepsilon_0 R_2}$　(4) $U_1=$

$\dfrac{q}{4\pi\varepsilon_0}\left(\dfrac{1}{R}-\dfrac{1}{R_1}\right)$,$U_2=0$,$\Delta U=\dfrac{q}{4\pi\varepsilon_0}\left(\dfrac{1}{R}-\dfrac{1}{R_1}\right)$　(5) $U_1=0$,$U_2=\dfrac{Q}{4\pi\varepsilon_0 R_2}\cdot\dfrac{R_2 R-R_2 R_1}{R_2 R-R_2 R_1-R_1 R}$,$\Delta U$

$=\dfrac{Q}{4\pi\varepsilon_0 R_2}\cdot\dfrac{R_2 R-R_2 R_1}{R_2 R-R_2 R_1-R_1 R}$

12.7　(1) $C=\dfrac{\varepsilon_0 S}{d-t}$　(2) 无影响

12.8　1.78×10^{-8} F

12.9　(1) 2倍　(2) 3倍

12.10　(1) 需要 5 个所给电容串联连接　(2) 需要 15 个已给的电容,其中每 5 个串联,然后再进行并联连接

12.11　C_1 将会被击穿

12.12　(1) $Q_1=1.6\times10^{-2}$ C,$Q_2=4\times10^{-5}$ C　(2) 8×10^2 V

12.13　圆柱导体内部的场强 $E=0$,圆柱导体外部的电场:$E=\dfrac{\lambda_0}{2\pi\varepsilon_0\varepsilon_r r}e_r$,$\sigma'=-\dfrac{(\varepsilon-\varepsilon_0)\lambda_0}{2\pi\varepsilon_0\varepsilon_r R}$

12. 14 $\frac{1}{\varepsilon_0 S}\left(Q-\frac{p}{d}\right)e_n$

12. 15 (1) 1.8×10^{-10} F (2) 5.4×10^{-7} C (3) 5.4×10^{-10} F (4) 3×10^5 V/m (5) 10^5 V/m

(6) 3.6×10^{-7} C (7) 3

12. 16 (1) $D_1=D_2=\frac{\varepsilon_0\varepsilon_r U}{(1-\varepsilon_r)t+\varepsilon_r d}e_r$，$P_2=\varepsilon_0 xE_2=\frac{\varepsilon_0(\varepsilon_r-1)U}{(1-\varepsilon_r)t+\varepsilon_r d}e_r$ (2) $\frac{\varepsilon_0\varepsilon_r US}{(1-\varepsilon_r)t+\varepsilon_r d}$

(3) $E_0=\frac{\varepsilon_r U}{(1-\varepsilon_r)t+\varepsilon_r d}e_r$，$C=\frac{\varepsilon_0\varepsilon_r S}{(1-\varepsilon_r)t+\varepsilon_r d}$

12. 17 (1) $\frac{\varepsilon_0 S}{2d}\cdot\frac{2\varepsilon_r d-\varepsilon_r l+l}{\varepsilon_r d-\varepsilon_r l+l}$ (2) $\frac{2dQ}{\varepsilon_0 S}\cdot\frac{\varepsilon_r d-\varepsilon_r l+l}{2\varepsilon_r d-\varepsilon_r l+l}$ (3) $\pm\frac{2Q}{S}\cdot\frac{(\varepsilon_r-l)d}{2\varepsilon_r d-\varepsilon_r l+l}$

12. 18 (1) $D(r)=\frac{\lambda_0}{2\pi r}e_r$，$E(r)=\frac{\lambda_0}{2\pi\varepsilon_0\varepsilon_r r}e_r$，$P=\varepsilon_0 xE=\frac{(\varepsilon_r-1)\lambda_0}{2\pi r\varepsilon_r}e_r$ (2) $U=\frac{\lambda_0}{2\pi\varepsilon_0\varepsilon_r}\ln\frac{R_2}{R_1}$ (3) 在半径

R_1 与 R_2 处，介质表面的极化电荷面密度分别为 $\sigma_1'=-\frac{(\varepsilon_r-1)\lambda_0}{2\pi\varepsilon_r R_1}$，$\sigma_2'=\frac{(\varepsilon_r-1)\lambda_0}{2\pi\varepsilon_r R_2}$

12. 19 $\frac{\varepsilon_0}{d}(\varepsilon_{r1}S_1+\varepsilon_{r2}S_2)$

12. 20 (1) $\dfrac{4\pi\varepsilon_0\varepsilon_{r1}\varepsilon_{r2}}{\varepsilon_{r1}\left(\dfrac{1}{R_1}-\dfrac{1}{r}\right)+\varepsilon_{r2}\left(\dfrac{1}{r}-\dfrac{1}{R_2}\right)}$ (2) $\sigma'(R_1)=\frac{(\varepsilon_{r1}-1)Q}{4\pi\varepsilon_{r1}R_1^2}$，$\sigma'(r)=\frac{Q}{4\pi r^2}\left(\frac{1}{\varepsilon_{r1}}-\frac{1}{\varepsilon_{r2}}\right)$，$\sigma'(R_2)=$

$-\frac{(\varepsilon_{r2}-1)Q}{4\pi\varepsilon_{r2}R_2^2}$

12. 21 (1) $w_{E_1}=1.11\times10^{-2}$ J/m³，$w_{E_2}=2.22\times10^{-2}$ J/m³ (2) $W_1=1.11\times10^{-7}$ J，$W_2=3.33\times10^{-7}$

J (3) a) 4.44×10^{-7} J b) 4.44×10^{-7} J

12. 22 略

第 13 章

13. 1 (1) $j_a=1\times10^5$ A/m²，$j_b=2\times10^5$ A/m²，$j_c=2\times10^5$ A/m² (2) $\left(\frac{dI}{dS}\right)_a=j_a=1\times10^5$ A/m²，

$\left(\frac{dI}{dS}\right)_b=j_b=2\times10^5$ A/m²，$\left(\frac{dI}{dS}\right)_c=j_c=2\times10^5$ A/m²

13. 2 (1) $R=\rho\frac{l}{\pi R_2^2-\pi R_1^2}$ (2) $R=\frac{\rho}{2\pi l}\ln\frac{R_2}{R_1}$ (3) $R=\frac{\pi\rho}{l\ln\frac{R_2}{R_1}}$

13. 3 $R=\frac{\rho l}{\pi ab}$

13. 4 $E=0.2$ V/m

13. 5 略

13. 6 $U_{ab}=0$，$U_{ac}=-8$ V，$U_{bc}=8$ V

13. 7 $U_a=\frac{\varepsilon_2}{R_2+R_4}$，$U_b=\varepsilon_3$，$U_c=\varepsilon_2$，$U_d=-\varepsilon_1$

13. 8 $I_1=4$ A，$R_2=4$ Ω，$I_3=-3$ A(负号表示电流的实际方向与我们假设的方向相反)

第 14 章

14. 1 (1) 1.14×10^{-2} T,方向在纸平面向里($\otimes$) (2) 1.57×10^{-9} s

14. 2 3.27 T,方向在纸平面向里($\otimes$)

14.3 $\dfrac{\mu_0 I}{8\pi a}(\pi+4)$,方向在纸平面向上

14.4 在 1,2 连线上距 1 线 2 cm 处(此线在 1,2 之间)且与 1,2,3 线平行

14.5 该线圈有 16 匝

14.6 6.16×10^{-3} T

14.7 $\dfrac{3\mu_0 I}{8R}$,式中 R 是圆形的半径

14.8 2.773×10^{-4} Wb

14.9 当 $0<r<r_1$ 时,$B_1=\dfrac{\mu_0 I}{2\pi r_1^2}$;当 $r_1\leqslant r<r_2$ 时,$B_2=\dfrac{\mu_0 I}{2\pi r}$;当 $r_2\leqslant r<r_3$ 时,$B_3=\dfrac{\mu_0 I}{2\pi r}\dfrac{r_3^2-r^2}{r_3^2-r_2^2}$;当 $r\geqslant r_3$ 时,$B_4=0$

14.10 (1) $B=\dfrac{\mu_0 NI}{2\pi r}\left(\dfrac{D_2}{2}<r<\dfrac{D_1}{2}\right)$ (2) 略

14.11 $B_{外}=\mu jd$,方向沿 x 轴负方向,$B_{内}=\mu_0 jy$,方向沿 x 轴负方向

14.12 略

14.13 $F_{21}=8\times10^{-2}$ N$=0.08$ N

14.14 (1) $F_a=F_b=F_c=F_d=0.1$ N   (2) $F_{dbc}=4$ N,方向向右   (3) $\boldsymbol{F}=\boldsymbol{F}_{dbc}+\boldsymbol{F}_{adc}=0$,线圈不动

14.15 (1) $M_{max}\approx0.181$ N・m   (2) $\varphi=30°$

第 15 章

15.1 $M\approx3.3\times10^8$ A/m

15.2 $i'=M\sin\theta\,\boldsymbol{e}_\varphi$

15.3 (1) $H=200$ A/m,$B\approx1.0555$ T   (2) $B_0\approx2.5\times10^{-4}$ T,$B'\approx1.05$ T

15.4 (1) 2×10^{-2} T   (2) 32 A/m   (3) $\chi_m\approx496$ (4) 1.59×10^4 A/m

15.5 $B=\begin{cases}\dfrac{\mu_0\mu_{r1} Ir}{2\pi R_1^2} & (0\leqslant r<R_1)\\[2mm]\dfrac{\mu_0\mu_{r2} Ir}{2\pi r} & (R_1\leqslant r<R_2)\\[2mm]\dfrac{\mu_0\mu_{r3}}{2\pi r}I\left(1-\dfrac{r^2-R_2^2}{R_3^2-R_2^2}\right) & (R_2\leqslant r<R_3)\\[2mm]0 & (r\geqslant R_3)\end{cases}$,$H=\begin{cases}\dfrac{Ir}{2\pi R_1^2} & (0\leqslant r<R_1)\\[2mm]\dfrac{Ir}{2\pi r} & (R_1\leqslant r<R_2)\\[2mm]\dfrac{I}{2\pi r}\left(1-\dfrac{r^2-R_2^2}{R_3^2-R_2^2}\right) & (R_2\leqslant r<R_3)\\[2mm]0 & (r\geqslant R_3)\end{cases}$

15.6 (1) $H=\begin{cases}\dfrac{Ir}{2\pi R_1^2} & (0\leqslant r<R_1)\\[2mm]\dfrac{I}{2\pi r} & (R_1\leqslant r<R_2)\\[2mm]\dfrac{I}{2\pi r} & (r\geqslant R_2)\end{cases}$,$B=\begin{cases}\dfrac{\mu_1 Ir}{2\pi R_1^2} & (0\leqslant r<R_1)\\[2mm]\dfrac{\mu_2 I}{2\pi r} & (R_1\leqslant r<R_2)\\[2mm]\dfrac{\mu_0 I}{2\pi r} & (r\geqslant R_2)\end{cases}$ (2) $i'=M_2=x_m H_2=\dfrac{\mu_2-\mu_0}{2\rho R_2\mu_0}I$

15.7 $\mu\approx1.597\times10^{-3}$ N/A^2

15.8 $w_m\approx0.63$ J/m^3

15.9 (1) $w_m\approx\dfrac{1.6\times10^{-4}}{r^2}$ J/m^3 (2) $W_m\approx1.96\times10^{-3}$ J

第 16 章

16.1 $\varepsilon\approx4.732\times10^{-2}$ V,感应电动势的大小和方向都不变

16.2 $\varepsilon=-3.1\times10^{-2}$ V,感应电流的方向为逆时针方向

16.3 $I_{max}=0.5$ A

16.4 (1) $F=0.5$ N (2) $P_F=2$ W (3) $P_R=2$ W

16.5 $\varepsilon\approx3.84\times10^{-5}$ V,A 端电势较高

16.6 $U_{ab}=5.34\times10^{-5}$ V

16.7 $U_{AO}=-\dfrac{1}{2}\omega BR^2$

16.8 (1) $\varepsilon_{ac}=\dfrac{1}{2}B\omega R^2$ (2) $a\to b\to c$,所以 a 的电位比 b 和 c 的电位高

16.9 $a_a=4.396\times10^7$ m/s^2,顺时针方向,$a_b=0$,$a_c=4.396\times10^7$ m/s^2,顺时针方向

16.10 (1) $\varepsilon_{AB}=-\dfrac{\sqrt{3}}{4}R^2\dfrac{dB}{dt}$,$\varepsilon_{BC}=0$,$\varepsilon_{CD}=\dfrac{\sqrt{3}}{16}R^2\dfrac{dB}{dt}$,$\varepsilon_{DA}=0$ (2) $\varepsilon=-\dfrac{3\sqrt{3}}{16}R^2\dfrac{dB}{dt}$

16.11 $L=\dfrac{\psi}{I}=\dfrac{\mu N^2 Ih}{2\pi}\ln\dfrac{D_2}{D_1}$

16.12 (a) $M=0.2772\times10^{-5}$ H (b) $M=0$

第 18 章

18.1 $\lambda=500$ nm

18.2 $x=3.5$ mm

18.3 $\lambda=600$ nm

18.4 4.5×10^{-5} m

18.5 (1) $2en_2+\dfrac{\lambda}{2}$ (2) $2en_2$

18.6 $d'\approx185.2$ nm

18.7 $e=592.1$ nm

18.8 $n=1.534$

18.9 $e_{min}=99.3$ nm

18.10 $h=188.2$ nm

18.11 (1) 明环数 $k_1\approx35$ 个,暗环数 $k_2\approx34$ 个,则干涉条纹总数为 $k=k_1+k_2+1=70$ 个 (2) 明环数 $k_1\approx46$ 个,暗环数 $k_2\approx45$ 个,则干涉条纹总数为 $k=k_1+k_2+1=92$ 个

18.12 $d=\dfrac{N\lambda}{2(n-1)}=0.0593$ mm

第 19 章

19.1 略

19.2 略

19.3 $\Delta x_0=2$ mm,$x_1^1=\pm1.5$ mm

19.4 波长分别为 $\lambda_2=466.7$ nm 和 $\lambda_1=600$ nm,当 $\lambda_1=600$ nm 时,$k=3$,半波带数目为 $(2k+1)=7$;当 $\lambda_2=466.7$ nm 时,$k=4$,半波带数目为 $(2k+1)=9$

19.5 $R=\dfrac{d}{2}=0.7625\times10^{-4}$ mm

19.6 $d=\dfrac{Dl}{1.22\lambda}=8941.9$ m

19. 7　$s=45.5$ m

19. 8　$\varphi=\arcsin 0.088\ 395=5°4'$

19. 9　$\lambda=399$ nm

19. 10　沿线两侧能观察到的最大级次分别为 52 级和 17 级

19. 11　$d=1.028\times10^{-6}$ m，$N=9\ 728$，$\sin\varphi_2=\dfrac{k\lambda}{d}=1.231>1(k=2)$，因此不会出现第二级明纹，$k\approx2$，
　　　故最多只能看到第二级明纹

19. 12　$d=0.28$ nm

19. 13　当 $k=1$ 时，$\varphi_1=\arcsin 0.262\ 5=15°15'$；当 $k=2$ 时，$\varphi_2=\arcsin 0.525\ 0=31°40'$；当 $k=3$ 时，$\varphi_3=$
　　　$\arcsin 0.787\ 5=51°57'$

第 20 章

20. 1　(1) $\dfrac{I}{I_0}=\dfrac{1}{8}$　(2) $\dfrac{I}{I_0}=\dfrac{9}{32}$

20. 2　略

20. 3　(1) 没有反射光　(2) 有反射光

20. 4　$i_0=\arctan 1.33=48°34'$

20. 5　$i_{01}=\arctan 1.50=56°11'$，$i_{02}=\arctan 1.62=58°17'$

20. 6　$i_0=\arctan 1.203\ 0=50°16'$，$n_{21}=1.2$

20. 7　$i_C=\arcsin 0.910\ 71=65°36'$

20. 8　$d_{min}=793.75$ nm

20. 9　$c=0.2$ g/cm^3$=0.2\times10^3$ kg/m^3

第 21 章

21. 1　略

21. 2　略

21. 3　略

21. 4　(1) $A=1.583\ 00$，$B=1.32\times10^{-10}$ cm^2　(2) $1.621\ 05$　(3) -0.076 cm^{-1}

21. 5　2.33×10^{-4} rad • nm^{-1}

21. 6　当 $I=0.1I_0$ 时，$l_1=7.20$ cm；当 $I=0.2I_0$ 时，$l_1=5.03$ cm；当 $I=\mathrm{e}^{-1}I_0$ 时，$l_1=3.13$ cm

21. 7　0.7×10^{-10} cm

21. 8　0.04g/(100 ml)

21. 9　$\alpha_a=1.42\times10^{-2}$ cm^{-1}，$\alpha_s=2.78\times10^{-3}$ cm^{-1}

21. 10　546.1 nm

21. 11　$\dfrac{2}{3}$

第 22 章

22. 1　略

22. 2　略

22. 3　200 K

22. 4　0.22

22.5　(1) 2.8978×10^{-10} m　(2) 6.860×10^{-16} J

22.6　(1) 1.006×10^{33} s^{-1}　(2) 1.61×10^{-24} s^{-1}

22.7　3.62×10^{-19} J, 8.9×10^5 m/s

22.8　(1) $\dfrac{h}{e} = 4.00 \times 10^{-15}$ J·s·C^{-1}　(2) $A = 3.2 \times 10^{-18}$ J　(3) 2×10^{-15} Hz

22.9　当 $\theta = 30°$ 时, $\Delta\lambda = 3.25 \times 10^{-13}$ m; 当 $\theta = 60°$ 时, $\Delta\lambda = 1.21 \times 10^{-12}$ m; 当 $\theta = 90°$ 时, $\Delta\lambda = 2.43 \times 10^{-12}$ m

第 23 章

23.1　赖曼系: $\tilde{\nu}_1 = 8.23 \times 10^6$ m^{-1}, $\tilde{\nu}_\infty = 7.097 \times 10^7$ m^{-1}; 巴耳末系: $\tilde{\nu}_1 = 1.52 \times 10^6$ m^{-1}, $\tilde{\nu}_\infty = 2.76 \times 10^6$ m^{-1}; 帕刑开系: $\tilde{\nu}_1 = 2.47 \times 10^5$ m^{-1}, $\tilde{\nu}_\infty = 6.85 \times 10^5$ m^{-1}; 普丰特系: $\tilde{\nu}_1 = 1.34 \times 10^5$ m^{-1}, $\tilde{\nu}_\infty = 4.39 \times 10^5$ m^{-1}

23.2　$p_l = 1.994 \times 10^{-24}$ kg·m·s^{-1}, $p_\varphi = 1.055 \times 10^{-34}$ kg·m^2·s^{-1}, $\omega_1 = 4.143 \times 10^{-16}$ rad/s, $v_1 = 0.659$ Hz, $a_1 = 9.080 \times 10^{22}$ m/s^2

23.3　略

23.4　$\lambda_1 = 6565\overset{\circ}{A}$, $\lambda_2 = 1215\overset{\circ}{A}$, $\lambda_3 = 1025\overset{\circ}{A}$

23.5　$\lambda_{max} = 6.577 \times 10^7$ m, $\lambda_{min} = 3.654 \times 10^{-7}$ m, $R_H = 1.097 \times 10^7$ m^{-1}

23.6　处于基态的氢原子吸收 12.09 eV 的光子后可跃迁到能态, 向低能级跃迁时, 可发出 3 条谱线, 波长分别为 $\lambda_1 = 6.56 \times 10^7$ m, $\lambda_2 = 1.22 \times 10^{-7}$ m, $\lambda_3 = 1.03 \times 10^{-7}$ m

23.7　$\dfrac{r_{He^+}}{r_H} = \dfrac{1}{2}$, $\dfrac{r_{Li^{++}}}{r_H} = \dfrac{1}{3}$, $\dfrac{0 - E_{He^+}}{0 - E_H} = 4$, $\dfrac{0 - E_{Li^+}}{0 - E_H} = 9$, $E_{He}^2 - E_{He}^1 = 4$, $\dfrac{E_{Li}^2 - E_{Li}^1}{E_H^2 - E_H^1} = 9$, $\dfrac{\lambda_1^{He^+}}{\lambda_1^H} = \dfrac{1}{4}$, $\dfrac{\lambda_1^{Li^+}}{\lambda_1^H} = \dfrac{1}{9}$

23.8　$\lambda = 4.86 \times 10^{-7}$ m

23.9　$r_1 = 2.363 \times 10^{-5}$ m, $r_2 = 9.452 \times 10^{-15}$ m, $E_1 = -2.5 \times 10^7$ eV, $E_2 = -6.2 \times 10^6$ eV, $\Delta E = 1.9 \times 10^7$ eV

23.10　$R_e = 5.485 \times 10^6$ m^{-1}, $E_e = 6.8$ eV, $r_{e1} = 0.529 \times 10^{-10}$ m, $\lambda_e = 2.432 \times 10^{-7}$ m

23.11　$U = 1.852$ V, $U' = 5.383$ V

23.12　略

23.13　能产生 3p→3s, 3p→2s 对应的两个谱线

23.14　对于 N 壳层可分为 s,p,d 三个分壳层, 填充电子数和量子态数相同, 分别为 $N_{n-3} = 18$, $N_{l-0} = 2$, $N_{l-1} = 6$, $N_{l-2} = 10$

23.15　钯($Z = 46$)原子

23.16　$Z = 8$ 和 $Z = 16$

第 24 章

24.1　略

24.2　略

24.3　$\lambda_1 = 1.13 \times 10^{-16}$ m, $\lambda_2 = 2.43 \times 10^{-7}$ m

24.4　略

24.5　略

24. 6 Si 用 Al(铝),P(磷)掺杂会得到 N 型半导体

24. 7 Ge 用 In 掺杂会获得 P 型半导体,Ge 用 Sb 掺杂会获得 N 型半导体

24. 8 略

24. 9 略

24. 10 略

第 25 章

25. 1 略

25. 2 $\rho=10^{17}$ kg·m^{-3},$\rho_{水}=10^3$ kg·m^{-3},$\dfrac{\rho}{\rho_{水}}=10^{14}$

25. 3 $E=1.57$ eV,$\Delta E=23.88$ MeV

25. 4 $t=9.97\times10^{-7}$ s

25. 5 $A=4.5\times10^{14}$ Bq/s,$m=0.71\times10^3$ g,$P'=19.84$ W

25. 6 $Q=-2.126$ MeV,$Q'=17.358$ MeV

25. 7 $E=9.049$ MeV

25. 8 $m=2.55\times10^3$ kg

25. 9 $f=1.86\times10^{-34}$ N,$F=2.303\times10^2$ N

25. 10 略

参 考 文 献

[1] 杨仲耆等编. 大学物理学. 北京：人民教育出版社,1980

[2] 张三慧、臧庚媛、华基美等编著. 大学物理学. 北京：清华大学出版社,1991

[3] 严导淦著. 物理学(第四版). 北京：高等教育出版社,2003

[4] 严导淦、彭德应编. 物理学(第四版)阅读与解题指导. 北京：高等教育出版社,2004

[5] 黄新民主编. 大学物理学. 西安：陕西科技出版社,1998

[6] 黄新民、潘宏利等编著. 原子物理学. 西安：陕西科技出版社,2000

[7] 邓明成编著. 新编大学物理. 北京：科学出版社,2000

[8] 吴百诗主编. 大学物理(新版). 北京：科学出版社,2002

[9] 程守诛、江之水主编. 普通物理学(第五版). 北京：高等教育出版社,1998

[10] [美] R. 瑞斯尼克,D. 哈里得著. 物理学. 北京：科学出版社,1980

[11] 李元杰、陆果编. 大学物理学. 北京：高等教育出版社,2004

[12] 高崇寿、谢柏青. 今日物理. 北京：高等教育出版社,2004

[13] 霍炳海、贾洛武等主编. 大学物理学概论. 天津：天津大学出版社,2000

[14] 姚启钧主编. 光学教程(第二版). 北京：高等教育出版社,1998

[15] 赵凯华、罗蔚茵. 新概念物理教程(力学). 北京：高等教育出版社,2002

[16] 漆安慎、杜婵英. 力学. 北京：高等教育出版社,1997

[17] 蔡枢、吴铭磊. 大学物理(第二版). 北京：高等教育出版社,2004

[18] 章志鸣等编著. 光学(第二版). 北京：高等教育出版社,2000

[19] 顾建中编. 力学教程. 北京：人民教育出版社,1979

[20] 梁昆淼. 力学(上、下册,修订版). 北京：人民教育出版社,1980

[21] 李椿、章立源、钱尚武. 热学. 北京：人民教育出版社,1978

[22] 赵凯华. 电磁学(上、下册). 北京：人民教育出版社,1978

[23] 梁灿彬、秦光戎、梁竹健. 电磁学. 北京：人民教育出版社,1980

[24] 苏曾燧. 普通物理思考题集(第二版). 北京：高等教育出版社,1983

[25] Dexin Lu. University Physics (Second Edition). 北京：高等教育出版社,2004

[26] Robert Resnick, David Halliday. Physics (Third Edition). New York：John Wiley，1977

[27] 赵凯华主编. 英汉物理学词汇. 北京：北京大学出版社,2002

[28] 周海宪、程云芳编. 英汉光学词典. 北京：机械工业出版社,1987